JN215442

PIV Particle Image Velocimetry

ハンドブック 第2版

一般社団法人 可視化情報学会 編

森北出版株式会社

第２版まえがき

PIV ハンドブック（第 1 版）が 2002 年に刊行されてから 15 年が経過した．この間，PIV はいくつかの技術的なブレイクスルーを経て著しい発展を遂げると共に，その応用が多岐にわたる分野の多層な利用者へと広がり，今日では流体の速度測定法の代表格として世界的に認知されるに至っている．

具体的には，2001 年にわが国と欧州の研究者が主導した国際的な PIV 開発に関するワークショップ「PIV Challenge」が突破口となり，PIV の高度化が一気に加速された．2006 年には欧州の研究者とメーカによりトモグラフィック PIV が発表され，高密度な速度ベクトル分布の得られる 3 次元 PIV が実用化された．最近では，流体関連の学術雑誌には PIV により計測されたベクトル分布や等値面表示の 3 次元構造が紙面を賑わせていると共に，得られた 3 次元速度場に基づいて圧力場を推定する試みなどが数多く発表されている．また，カメラの高速化と高解像度化，レーザの高繰り返し化は顕著であり，時系列情報を巧みに利用した高精度化も推し進められている．

その一方で，PIV の速度ダイナミックレンジは従来の熱線流速計やレーザ流速計のそれには及ばず，いまだに発展途上であることは否めない．また，PIV メーカや研究者によって得られた魅惑的な成功事例が取り沙汰される一方で，高額な PIV システムを導入したにもかかわらず期待した精度をもつ測定結果が得られず困惑するユーザも数多く，ユーザ層の広がりに伴って，十分な専門知識をもたずして計測に携わる技術者や研究者が増えているのも現状である．

そこで，ここ 15 年の PIV やハードウェアの進歩を包含しつつ，基礎的内容も着実に修得できることを目指して本書を改訂した．一人でも多くの PIV 利用者が本書を携えて計測に臨み，当初の期待を裏切らない測定結果が得られることを切望する．

最後に，本書の発行を実現するために多大なる時間を費やした編集委員および執筆者各位に深い感謝の意を表する．また，森北出版の石田昇司氏には，度重なる脱稿延期にもかかわらず根気よく執筆状況を見守りいただき，加藤義之氏には我々も気づかない細部にわたる誤りを指摘していただきながら校正作業を完遂していただいた．両氏のご尽力こそが本書完成の原動力であったことをここに記す．

2018 年 3 月

明治大学　榊原　潤
宇都宮大学　二宮　尚

まえがき

平成 8 年 11 月から平成 12 年 3 月まで 3 年半にわたって，（社）可視化情報学会の協力研究「PIV の実用化，標準化研究会」が行われた．研究会の主な研究課題は，PIV 標準画像の制定とその評価，PIV 標準実験の実施と評価，PIV の信頼性評価の指針および PIV データベースの構築である．この研究会では，それまでに研究者が独自に開発を進めてきた多くの PIV 手法を整理・統合し，これらを定量的に評価する試みがなされた．この研究会での成果を体系化するために「PIV ハンドブック編集委員会」が構成され，さらに討議を加えて編集されたのが本書である．

昨今のコンピュータの発達は流れ解析に新しい潮流を生み出している．それは，PIV に代表される流れ画像の解析による広域流れ場の画像計測手法と，コンピュータ・シミュレーションによる流れ解析技術である．一方，産業の発展は予測・制御すべき現象をますます複雑にしている．これらの解明あるいは予測に模型を用いた物理実験やコンピュータによる数値解析だけで対応していくことは現状では困難であり，両者の技術の高度化と融合は流体解析における大きな課題となっている．良質な物理実験と数値解析の相互補完が，流体解析の信頼性，高速性や経済性へと結びつくからである．このような社会的な背景のもとで，PIV をめぐる状況は大きく変化している．レーザやカメラ，コンピュータといったハードウエア環境が格段に進歩し，画像解析技術にもさまざまな改良が加えられ，精度管理された良質な物理実験が高速に実行できる環境が整備されつつある．すなわち，研究者・設計者自身の PIV に対するポテンシャルが，PIV を流体解析の有効なツールとして使いこなし，有用なデータを取得するための重要なポイントとなっている．可視化技術，画像取得および画像解析技術そして精度評価の方法などを総合的に理解することが，PIV 計測にあたっての不可欠な課題であろう．

このことから本書は，PIV 計測を行うための可視化技術，画像取得と画像解析手法，後処理手法そして評価手法の一連の基本項目を取り上げ，PIV にこれから取り組もうとする研究者が PIV の全容を的確に把握できるように構成した．同時に，多次元 PIV，PIV の応用計測および PIV 実用例の項目を設け，さらに高度な PIV をめざす研究者がより実用的に PIV を活用できるように考慮した．

本書の骨格となる議論に参加していただいた「PIV の実用化，標準化研究会」のメンバー，その議論の結果を基に執筆いただいた編集委員，執筆者の方々のご協力に厚く御礼を申し上げる．最後に，本書の編集にあたり森北出版の森北博巳氏に多大なご協力をいただいた．記して謝意を表したい．

2002 年 7 月

東京大学生産技術研究所　小林敏雄

「PIV ハンドブック（第２版）」編集委員会

委員長　榊原　潤　明治大学理工学部

副委員長　二宮　尚　宇都宮大学学術院

委員　岡本孝司　東京大学大学院工学系研究科

川橋正昭　埼玉大学

小林敏雄　東京大学

西尾　茂　神戸大学大学院海事科学研究科

西野耕一　横浜国立大学大学院工学研究院

村井祐一　北海道大学大学院工学研究院

執筆者（五十音順）

飯田明由　豊橋技術科学大学機械工学系

植村知正　関西大学

岡本孝司　東京大学大学院工学系研究科

川橋正昭　埼玉大学

加藤裕之　宇宙航空研究開発機構

桑原譲二　株式会社フォトロン

小池俊輔　宇宙航空研究開発機構

小林敏雄　東京大学

酒井康彦　名古屋大学大学院工学研究科

榊原　潤　明治大学理工学部

杉井康彦　元東京大学

鈴木博貴　山口大学大学院創成科学研究科

鈴木雄二　東京大学大学院工学系研究科

染矢　聡　産業技術総合研究所

店橋　護　東京工業大学工学院

富松重行　株式会社電業社機械製作所

中川雅樹　株式会社豊田中央研究所

長田孝二　名古屋大学大学院工学研究科

西尾　茂　神戸大学大学院海事科学研究科

西野耕一　横浜国立大学大学院工学研究院

二宮　尚　宇都宮大学学術院

長谷川豊　名古屋工業大学大学院工学研究科

服部康男　電力中央研究所

平原裕行　埼玉大学大学院理工学研究科

福地有一　株式会社本田技術研究所

藤田一郎　神戸大学大学院工学研究科

渕脇正樹　九州工業大学大学院情報工学研究院

本多武史　株式会社日立製作所

村井祐一　北海道大学大学院工学研究院

元祐昌廣　東京理科大学工学部

八木高伸　早稲田大学理工学術院

目　次

第1章 PIVとは

流れはわれわれの生活に深くかかわっている．古より人々は，たなびく煙や雲の動き，川の流れや打ち寄せる波の姿などを観察し，日々の生活における情報として利用してきた．近年の科学技術の発展と共に，流れについての詳細な計測や解析が可能となり，生活における利便性をもたらすさまざまな機器の開発や，安全・安心性の向上に役立てられている．地球規模での流れの観測や予測は自然エネルギーの利用や防災につながり，身近な環境における風や河川の流れの解析は日常生活における安全・安心に直結する．より快適で便利な生活をもたらす各種機器の開発においては，流れの解析がもっとも重要な要素となることが多く，ときにはマイクロスケールでの詳細な計測や解析が求められる．近年の医療における診断と治療においては，医工連携がキーワードとなっており，最先端の流れ計測技術や解析法が駆使されている．これらのマクロスケールからマイクロ・ナノスケールに至る流れに対する計測技術として，PIV（particle image velocimetry：粒子画像流速測定法）とよばれる流速計測法が，多くのケースで標準的手法として用いられている．

観測対象となる流れの多くは水や空気の流れであり，それらが透明物質であることから直接，目で観測することができない．この流れに，たとえば微細粒子をトレーサとして混入して目で見えるようにする技術が流れの可視化（flow visualization）である．もし，トレーサが流れに完全に追随していると仮定すれば，得られた流れの可視化画像を何らかの方法で処理してトレーサの動きを解析することで，流れ場における流速の時空間情報を得ることができる．

その原理は人間のもっとも素朴な観察行動に基づいている．すなわち，人は，流れの中に漂う目印があればその動きを読んで，無意識のうちに流れの速さや方向を推定している．PIV 手法の発想の原点がこのような素朴な行動である一方，人間が頭脳で行っている推定処理はきわめて高度で複雑な過程を経ている．それゆえ，PIV 手法の開発はさまざまな人々を魅了し，多くの発想から高度な数学的根拠に基づいた研究開発が進められてきた．その成果と，画像機器および画像処理技術の発展とが相まって実用的な PIV システムが構築され，流れの実験解析システムとして威力を発揮している．

この PIV の発展の背景には，可視化の基本技術を支える，光源，光デバイスや電子デバイス，コンピュータ，画像処理技術などハード・ソフト両面での開発と普及，および廉価化などがある．これらの周辺技術の発展は，PIVと共にほかの新たな可視化手法の発展をもたらし，従来，定性的な観察手法にすぎなかった流れの可視化が，いまでは主要な定量的実験解析技術として位置づけられている．このような状況のもとで，定量的可視化計測技術は，時・空間の4次元計測，複数物理量同時計測へと発展しつつある．

上述のように，実用的なPIVシステムの構築により，実際の流れ場の速度分布を手軽に計測できる状況になってきている．しかし，そのことと良質なデータが取得できることとは必ずしも一致しない．PIVの原理の理解，得られた結果の正しい解釈，そして問題点の認識が，対象とする流れ現象の解明へと結び付くことになる．

本章では，PIVの発展の歴史，手法の特徴および応用と課題などを略述してPIVとは何かを概観し，次章以降で具体的手法や応用の詳細について詳述する．

1.1　PIVの歴史的背景

PIVは粒子画像処理に基づく流速計測法の総称であり，具体的に流速を求める手順にはいくつかの手法が含まれる．その代表的な手法としては画像相関法，粒子追跡法などが挙げられる（詳細は第4章参照）．PIVの発展はめざましく，前述のようにすでに標準的流速測定法の一つとなっているが，初めて「PIV」という名称が登場したのは1980年代半ばのことである．PIVとしてその基本的手法が確立するまでには，基礎となるいくつかの技術的変遷を経ている．その過程を振り返ってみる．

1917年のNayler & Frazer[1]による論文とその図（図1.1）が最初の「PIV」あるいは「PTV」の例としてよく紹介されている．この図は，シネフィルムに撮影された粒子像の一つひとつを手作業で追跡して速度分布を求めたものである．しかし，人の判断によらず，一般性のある速度分布計測法としての本来のPIVが登場するには，そ

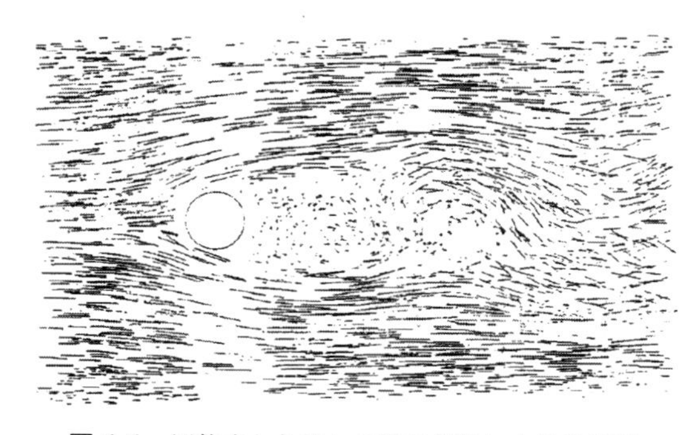

図1.1　円柱まわり流れの粒子追跡による計測[1]

の後半世紀以上を必要とすることになる．その間に，PIV が流速計測法として確立するのに必要なレーザ発振の成功，計算機性能の向上，新しい画像記録装置の開発がなされた．

今日にいたる PIV の発展の歴史は二つの流れに分けられる．その一つは，主に欧米を中心としたスペックル法に基づく光アナログ画像処理応用の速度分布計測手法を基礎とするものであり，もう一つはわが国で先行したディジタル画像処理に基づく粒子追跡法と画像相関法である．

1.1.1 スペックル法と PIV

レーザ発振の成功と同時に，光学ノイズであるランダムなスペックルパターンの発生が問題となったが，同時にこのパターンが光散乱面の微小な変位変形に比例して並進移動することが明らかにされた．この現象が物体の変形ひずみ量の定量的計測法（スペックル法：speckle method）として利用され，続いて流体計測にも試みられて発展した．最初の流体計測の適用例は，1974 年の Blows & Tanner[2] による油膜の移動量の計測例である．その後，1977 年に，米国の Barker & Fourney[3]，Dudderar & Simpkins[4] によってなされたポアズイユ流れの速度分布計測が Optics Letters と Nature にほぼ同時に発表され，スペックル法は急速に発展し，その基本的実験手法が確立した（スペックル法については第 4 章参照）．わが国では，1978 年に Iwata ら[5] によって初めて速度分布計測が試みられた．1980 年代に入って，この手法の欠点である変位の向きの不確定性を克服[6] することなどを含め，手法の特性に関する多くの研究がなされた．より実用的な手法として，流体中に密に分布するトレーサ粒子の分布パターン像を，光学的スペックルと同等のランダムパターンとして利用する方法が開発され，1982 年に細井ら[7] および Bernabeu ら[8] により流速分布計測に適用された．この方法では，とくにレーザを使用せず，通常光源の照明による画像記録が可能であることから，白色光スペックル法ともよばれた．

この頃より，トレーサ粒子を混入した流れ場の流速計測において，レーザ光照明によって得られるランダムパターンが，光学的に発生したスペックルパターンか，トレーサ粒子そのものの像分布であるのかが議論され始め，1984 年に Adrian[9] がこの議論に明確な判別基準を与えた．そして，スペックル法と区別するため，トレーサ粒子の像分布が記録されたパターンを利用する方法に対して particle image velocimetry（PIV）の名称が用いられた[10]．ついで，変位の向きの不確定性を本質的に解決するため，2 時刻のディジタル画像の局所的な相互相関関数を求めることで変位量を測定する方法が導入された．この方法は，1991 年に Willert & Gharib[11] によりディジタル PIV（DPIV）と名付けられて，CCD カメラと画像入力装置を用いて得られたディジタル画像の処理によるシステムとして報告された．このように，処理の基本は光学手法に基づくアナログ処理からディジタル処理へと移行し，1995 年以降にはディジタル CCD カメラを用いた画像取り込みが可能となり，今日の基本的な PIV システムが確立した．

1.1.2 PTV と画像相関法

PIV の歴史的発展過程のもう一つの流れは，個々の粒子像を意識したトレーサ粒子の追跡を基本概念としたもので，当初よりコンピュータによるディジタル処理を前提としている．この方法は PTV（particle tracking velocimetry：粒子追跡法）とよばれ，とくにわが国における多くの研究がこの方法の発展に大きく貢献してきた．前述の手法の発展過程とは，基本的発想がやや異なる．

1982 年頃より小林ら[12]，Utami & Ueno[13]，村田ら[14]により流跡線画像のコンピュータ解析による速度分布計測法の開発と応用が精力的に行われた．1983 年には Doi ら[15]による単一粒子の 3 次元的な追跡の報告がなされた．その後，1989 年に西野ら[16]によるステレオ写真法による 3 次元粒子追跡法，小林ら[17]による 4 時刻追跡法に発展し，現在の PTV における主要な手法として確立した．さらに，遺伝的アルゴリズムの応用[18]やバネモデル[19]，カルマンフィルタ法[20]など，多くの粒子追跡法が提案されている．欧米ではまだスペックル法が主流であった 1983 年には，トレーサ粒子画像の数値的相関演算による流速測定法が筧[21]によりいち早く提案され，それに続く木村ら[22]の報告により現在の PIV の主要な処理法の一つである直接相互相関法（direct cross-correlation method）の流れが作り出されると，次々に新しい手法が提案された．その後，相関法の概念の粒子追跡法[23]への導入，時空間微分法[24]などの高空間解像度の速度計測法，濃度ムラパターンの時間追跡法[25]，さらにはレーザ誘起蛍光法を併用した温度・速度同時計測法[26]も加わり，世界の中でユニークな PIV の発展過程をたどってきた（各種の画像解析手法については第 4 章参照）．

欧米では主に PIV を航空機や自動車などに関する現実の流れ場に対する計測手法としてハードウェアと共に発展させ，多くの技術的問題を詳細に解析しつつ計測のノウハウを蓄積し，実用化という観点からは一歩先んじてきた．一方，わが国では，当初より PIV にディジタル画像処理技術を組み込んだ開発が行われ，乱流解析などの基礎的な流れ解析への適用がなされてきた．画像解析アルゴリズムの開発過程では，優れたアイデアが数多く提案され，昨今の高空間分解能の画像解析手法や後述するトモグラフィック PIV（tomographic PIV：Tomo PIV．第 7 章参照）の画像解析などに導入されており，PIV の高度化に貢献してきた．

1.2 PIV の原理と特徴

複雑でしかも直接目で見ることが難しい流れの研究は，新しい流れ計測法が出現するたびに飛躍的な向上を遂げてきた．熱線/熱膜流速計測法（hot wire/hot-film anemometry：HW/HFAM）しかり，レーザドップラ流速計測法（laser doppler velocimetry：LDV）しかりである．しかし，この PIV の出現がもたらした流れ計測法の変革の影響は，従来法の比ではない．本節では PIV の原理と処理の概要とその特徴を述べる．

1.2.1 PIV の原理

PIV による流速測定の原理を，図 1.2 に模式的に示す．微細なトレーサ粒子（tracer particle）を混入させた流れ場を，パルスレーザなどの光源を用いて瞬間的にシート状に照明する．照明は，流れの面内で少なくとも 2 時刻（時刻 t_0 と時刻 t_1）で行われる．トレーサ粒子からの散乱光は，CCD 素子などの撮影装置を介して記録媒体に各時刻の瞬間的粒子画像として記録される．このとき，流れの局所の流速で流れと共にトレーサ粒子が移動していると仮定すれば，画像上の連続する 2 時刻のトレーサ粒子像からその変位ベクトル $\Delta \boldsymbol{X}$ を求め，これと画像記録の時間間隔 $\Delta t\ (= t_1 - t_0)$ および画像の変換係数（conversion factor）α とから，流れ場の局所の速度 $\boldsymbol{u}$ が次式

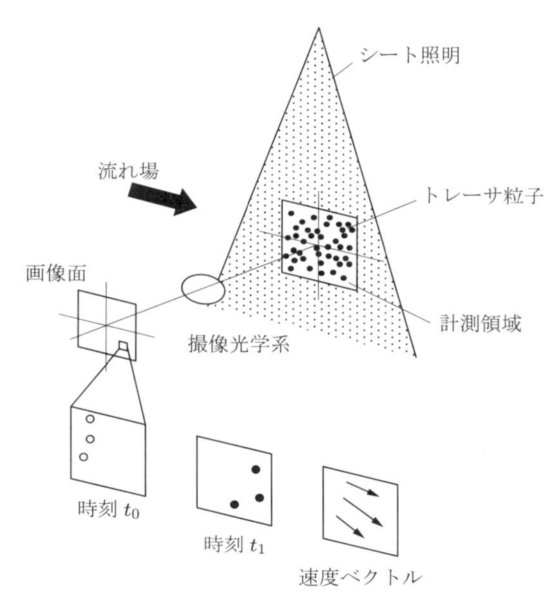

図 1.2　PIV の原理

のように求められる．

$$\boldsymbol{u} = \alpha \frac{\Delta \boldsymbol{X}}{\Delta t} \tag{1.1}$$

ここで，$\alpha = \alpha'/M$ で与えられる．なお，M は撮像系の横倍率（magnification）で，α' は単位換算係数である．これがPIVの速度計測の基本原理である．

画像解析手法については，第4章でその詳細を述べるが，大別して「画像相関法」と「粒子追跡法」とがある．最近では，この2種類の解析手法の長所を融合させた手法の開発あるいは時空間微分法の導入などで高精度化が図られている．なお，流れ空間の3次元速度分布を計測する方法については，第7章でその原理を詳しく解説する．

ここで，標準的な2次元PIVシステムの構成例（図1.3）を用いて，可視化された流れ場の画像から速度が求められる過程を具体的に示しておく．まず，流れ場に微細なトレーサ粒子を混入し，シート状の照明で流れ場を2次元的に光切断して可視化する．照明装置は小型のダブルパルスNd:YAGレーザと光シートを形成するための光学レンズ系で構成され，流れ観測面内のトレーサ粒子が短い時間間隔で2時刻連続して照明される．トレーサ粒子からの散乱光はCCDカメラなどで撮影され，コンピュータの画像メモリ上に各時刻の画像として別々に記録される．照明の発光とカメラ撮影の同期には遅延パルス発生器が用いられる．画像メモリに記録されたトレーサ粒子画像は，高速演算機能をもつコンピュータを用いて画像解析プログラムで解析され，速度分布が算出される．得られた速度分布から，後処理プログラムで誤ベクトルが除去され，最終的な瞬時の速度分布が求められる．この速度分布は，必要に応じて流れ関数，渦度あるいは圧力分布などに変換される．また，長時間のPIVの速度デー

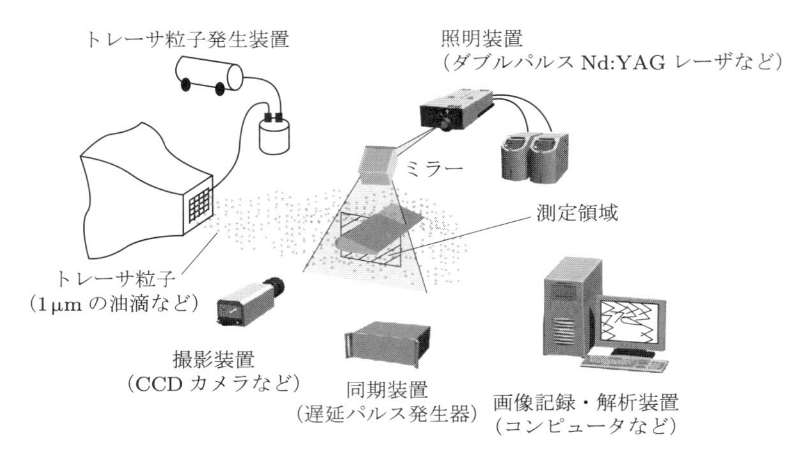

図1.3　PIVシステムの構成例と計測の概要

タからは乱流統計量などが求められる．これが，PIV における一連の処理の流れである．本書ではこの流れに沿って，第 2 章では可視化の方法，第 3 章では画像の取得，第 4 章では画像の解析，そして第 5 章では後処理の詳細を述べる．

1.2.2 PIV の特徴

PIV がほかの流体計測法と比較してどのような特徴を有するかについて述べる．図 1.4 は，図 1.3 の PIV システムから得られた典型的な PIV 画像と速度計測結果の一例である．微細なトレーサ粒子で可視化した画像を解析して得られるこの瞬時速度分布は，計測者に流れの定性的理解と共に多くの定量的情報を与える．

（a）PIV 入力画像　　（b）瞬時速度分布

図 1.4 PIV の入力画像と速度分布の一例

具体的に PIV と従来の流体計測法との特徴を比較すると，表 1.1 のようになる．熱線/熱膜流速計とレーザドップラ流速計はすでに確立された流体計測手法で，時間分解能が非常に高い（数 kHz～数十 kHz）という特徴をもつ．しかし，複数の速度成分を同時計測するためには，複数の熱線/熱膜センサあるいはレーザビームの組み合わせが必要となる．これらの手法は計測点における時系列速度情報を提供するが，複雑な流れ場全体の流速分布を解析するための要求には必ずしも応えられない．それに対して，超音波流速計測法（ultrasonic velocity profile monitor：UVP）は超音波ビーム上の多点（128 点程度）の速度 1 成分を測定する手法である[27]．また，ドップラグローバル流速計測法（Doppler global velocimetry：DGV）はレーザ光シート内の速度 1 成分を計測する方法で，PIV と同様に，複数台のレーザとカメラを同時使用することにより，速度 3 成分の測定も可能になる[28, 29]．

表 1.1 流体計測手法の種類とその特徴

測定次元	手法	測定成分数	測定次元数	時間分解能	空間分解能
点計測（point measurement）	熱線/熱膜流速計	1	0	****	—
	多線式熱線/熱膜流速計	2（3）	0	****	—
	レーザドップラ流速計（LDV）	1	0	****	—
	多ビーム式LDV	2（3）	0	****	—
線計測（line measurement）	超音波流速計	1	1	**	*
面計測（planar measurement）	ドップラグローバル流速計（DGV）	1（3）	2	**	***
	PIV/PTV	2	2	**	**
	時系列PIV	2	2	***	**
	ステレオPIV	3	2	**	**
	マイクロPIV	2	2	*	**
空間計測（volume measurement）	スキャニングPIV	2	3	*	**
	3次元PTV	3	3	***	**
	ホログラフィックPIV（HPIV）	3	3	**	**
	トモグラフィックPIV（Tomo PIV）	3	3	**	**

表1.1より，従来の流速計測手法と比較してPIVが2次元測定あるいは3次元測定に特徴を有することは明らかである．一方，測定成分数と測定次元数が増えるにつれて，一般に時間分解能は低下する．PIVシステムの時間分解能は，画像記録装置のフレームレートと照明に用いられるパルスレーザの繰り返し周波数の制限を受ける．近年の画像記録機器およびレーザ光源の急速な発展は，時間分解能の大幅な向上をもたらし，5〜10 kHz程度の時系列計測が可能となっており，非定常現象の解析に威力を発揮している．近い将来，さらに高い時間解像度での計測が実現する可能性がある．また，空間解像度に関しては，ホログラフィックPIV，Tomo PIVなどによって3次元3成分の高密度測定が可能となっており，画像記録系，照明系の高速・高機能化の実現により，流れ場の数値解析に匹敵する情報量を実験的に取得することが可能となる．さらに，マイクロ光学系の特性を利用したマイクロPIVは，これまで計測が困難であったマイクロ・ナノスケールの流れ解析に用いられており，MEMS関連技術や毛細血管内血流計測などで活用されている．これらのPIVシステムにより高度な流速計測が実現し，幅広い科学技術分野の発展に貢献している（第7章ではPIVのもっとも大きな特徴である多次元計測についての詳細を述べる）．

さらに，PIVはレーザ誘起蛍光法（laser induced fluorescence：LIF）や感温液晶法などと併用することにより，流れ場の瞬時速度分布と共に，濃度，温度などスカラー量の分布を同時に計測できる．これは，PIV 計測の大きな特徴である（第 8 章参照）．

1.3 PIV の応用と課題

PIV は，実際の流れ場計測に適用して，その得られた結果が，流れ現象の理解や流れが関連する機器などの設計・性能改善に具体的に役立つものでなければ意味がない．本節では，PIV の応用と課題について簡単にまとめておく．

1.3.1 PIV の応用

PIV は，流れが関与する工学，理学，医学から社会科学関連の行動分析などまで幅広い分野で活用され，基本的な流れの理解や，実機設計のためのデータ取得などがなされている．計測対象のスケールでいえば，地球規模の流れから 10 μm 程度のマイクロチャネル内流速分布計測までが，また，流速でいえば 500 m/s 以上の気流計測がなされている．複雑形状の流れでは，エンジン燃焼場，ターボ機械羽根車通過流，遷音速軸流圧縮機翼間流れ，3 次元噴流構造，気・液混相流，固・液混相流，微小重力下におけるマランゴニ対流，人工心臓内流れ，脳動脈瘤モデル内流れ，呼吸器（鼻腔・気管支）モデル内流れなどの計測例がある．これらのことは，PIV では少なくとも粒子変位の得られる連続した 2 時刻の画像が取得できれば，計測対象は原理的には問題とならないことを示している．

基本的な PIV の確立に伴い，1990 年代には PIV に関する研究や応用例についてまとめた多くの文献や，手法の解説書が発表されている．代表的な分野における PIV 応用については，平成 11 年度科学研究費報告書[30]で紹介されている．Grant の編集による SPIE Milestone Series Vol. MS99[31]には，PIV に関する多くの論文が集められている．また，Adrian がまとめたイリノイ大学報[32]の PIV に関する文献目録では，1995 年頃までの PIV 発展過程におけるほぼすべての文献が網羅されている．Raffel らによる PIV の解説書[33]およびその日本語版[34]には数多くの応用例が引用されている．PIV の標準化・実用化研究会の報告書（可視化情報学会）[35]には，PIV に関連する多様な情報と共に，多くの応用事例が示されている．最近では，2011 年に Adrian らにより最新の手法を含む PIV の解説書[36]が，また 2018 年には Raffel らの PIV の解説書第 3 版[37]が出版され，多くの実例が紹介された．

本書では，第 8 章で乱流，高速気流，燃焼場，あるいは速度・スカラー計測，混相流などへの応用手法の詳細を，第 9 章ではいくつかの応用事例を具体的な計測条件と共に掲載しているので，PIV の利用に際しては参照されたい．

1.3.2 PIVの課題

(1) ダイナミックレンジと計測精度

PIV計測を行うに際しては，まずPIVのダイナミックレンジがどのくらいか，どの程度の計測精度が保証されるかが問題となる（ダイナミックレンジについては8.1節参照）．PIVでは，これらを端的に表現するのは容易でない．たとえば，画像上での計測精度についていえば，現状では，サブピクセル処理により平均で0.1 pixel程度の精度であり，PTVアルゴリズムにおいても同程度の精度が得られる．しかし，これは直接計測の精度を表すものではなく，相対的なものである．PIVにおける実際のダイナミックレンジと計測精度は，観測領域の大きさ，撮影倍率，光散乱粒子のサイズおよびその像サイズ，粒子像の変位量，光源の発光時間，発光間隔，光源の輝度ムラ，使用するカメラの解像度，画像のひずみ，画像処理アルゴリズムあるいは解析領域サイズなど，多数のパラメータに依存する．さらに，流れに大きな変形成分（せん断，伸縮，回転など）が存在するかどうかという基本的な問題とも関係する．

これらは，PIVが従来の流体計測における点計測を基本とするものでなく，多次元計測であることを考えれば，きわめて当然の帰結であるが，PIVを実際に利用しようとする場合には，十分考慮すべき点となる．また，PIV計測における不確かさ解析については，第6章でその詳細を述べるが，まだ完全に確立されていない部分がある．より実用的なPIVシステムを構築するには，PIVの不確かさ解析を確立し，標準的なパラメータの選択で，簡単に計測のダイナミックレンジや測定の精度が推定できることが必要である．

(2) 応用と問題点

前述したように，PIVはすでに広く実用に供されている．実際にPIVで流速分布を計測する際の問題点としては，以下の事項が考えられる．

① 高速流の計測
② 計測の空間解像度，時間分解能
③ 3次元計測
④ 実計測領域のスケール
⑤ 計測の信頼性
⑥ 解析処理時間

これらの問題点については，適切なシステムを組み，計測技術を習得することにより，実用的な範囲で対応できる場合が多い．

1）高速流の計測

高速流の計測における具体的問題は，使用する光散乱粒子と光源の選択であり，とくにトレーサ粒子の追随性に注意する必要がある．実用的範囲の高速気流の計測では，粒径 1 μm 程度の粒子と高輝度パルスレーザ照明が適用される．

2）計測の空間解像度，時間分解能

計測の空間解像度は，微細な粒子と強力な光源，それに十分な画素数（数百万画素程度）の CCD カメラなどを使用し，高解像度 PIV アルゴリズムを適用すれば，実用上十分な結果が得られる．非定常現象の時系列計測における時間分解能は PIV 計測にとって一つの課題であるが，すでに画像サイズ約 1000 × 1000 pixel，フレームレート 7000 fps（fps：frame per second）程度の高速度ビデオカメラを用いた時系列計測が可能となっており，数百 Hz 程度の非定常現象に対応できる．高速度ビデオカメラのさらなる高機能化により，より高い周波数域，および高空間解像度での時系列計測が可能となる．一方，高速度ビデオカメラを使用する計測では，高輝度の光源が必要となることに注意しなければならない．

3）3 次元計測

3 次元計測は，複数台のカメラを用いた PTV で以前よりなされてきた．通常の PIV では，観測面内流速の 2 成分しか得られないが，観測面に対してカメラをステレオ配置して画像を同時取得し解析するステレオ PIV を適用すれば，観測面内の流速 3 成分が得られる．また，最近の高解像度・高速カメラを 3 次元 PTV に適用すれば，3 次元空間を高い空間解像度・分解能で解析できる．この手法は，非定常な 3 次元流れ解析に威力を発揮するが，カメラ校正の簡素化が課題となる．光波干渉を利用したホログラフィック PIV も 3 次元計測に適用され，空間解像度の点で優れているが，汎用性のあるシステム構築が課題となる．4 台以上のカメラを配置した光学系と CT 再構成アルゴリズムを応用した Tomo PIV も 3 次元計測に用いられており，今後，流れ場の 3 次元解析に威力を発揮することが期待されている．

4）実計測領域のスケール

計測現場から，しばしばスケールの大きな流れ場計測の要求がある．原理的には可能であることはいうまでもないが，技術的には，トレーサ粒子，光源，照明法，画像記録法など基本的な部分に大きな課題がある．近年では，ヘリウムを充填したシャボン玉を中立浮力のトレーサ粒子として用いることで，数メートル規模の流れ場の計測が試みられている[38]．また，画像解像度の不足も問題となるが，複数台のカメラを同時に使用するなどの対応も試みられている．新しい工夫による計測事例が積み重ねられれば，広い分野で PIV 応用の可能性が拡大するだろう．

5）計測の信頼性

一般的に，PIV では粒子像変位を大きくすることで，粒子像変位推定に伴う誤差（error）を相対的に縮小し，測定誤差を減らすことができる．しかし，それは同時に流体要素の変形が進むことに起因した測定誤差の増大にもつながるため，適切な変位となるように照明時間間隔を調整する必要がある．PIVによる計測手法および結果を適切に評価・管理するためには，PIV計測における不確かさ解析が不可欠である．

6）解析処理時間

最近のコンピュータの高機能化に伴い，感覚的にはほぼリアルタイムの計測が可能となっている．一方で，PIV計測技術が，高空間解像度および高時間分解能の計測，計測データの統計的処理，時系列・3次元計測へと発展するに伴い，発生するデータ量が指数関数的に増加する．そのため，使用する画像記録媒体の容量によって計測が制限されることが現実の課題となっている．これからのPIVシステムでは，基本設計の段階から大量のデータの発生，取得，処理，管理を考慮し，高密度・大容量記録媒体の導入のみならず，必要となる具体的な手立てをシステムに組み込んでおくことが求められる．

1.4　本ハンドブックの使い方

前節までに述べたように，PIVは流体の示す物理量を直接検出する計測法ではなく，流れに混入したトレーサ粒子を画像記録して速度場を復元する間接的計測法であり，いくつかのサブシステムから構成されている．したがって，PIVを有効に使いこなすためには，主として可視化，ディジタル画像処理および流体力学に関する基礎的な知識が要求される．

そこで本ハンドブックでは，PIVの基礎技術と応用技術に関連して必要と考えられる基本的な項目を選び出して，それらを章として分類した．各章はほぼ独立して構成されているが，章間での関連事項はできるだけ相互に参照できるようにした．各章での内容説明はできるだけ平易に行い，章ごとに関連する参考文献を添付した．したがって，PIVの初心者は，まず第2章から第7章までを順次読み進めてPIVの全容を把握するという教科書的な使い方ができる．一方，ある程度PIVに習熟した段階では，とくに感心のある項目について参照するという，いわゆるハンドブックとしての使い方ができる．また，PIV応用の検討段階，適用時あるいは得られた結果のまとめ段階などで特定の問題に遭遇し，不明な点などが生じた場合は，本ハンドブックで関連事項を検索・参照すれば，問題解決の助けになるだろう．

以下に，第2章以降の構成内容を簡単に示しておく．第2章では，PIV計測を行う際に重要となるトレーサ粒子の選択と光学特性，照明方法などの可視化方法の基礎について，第3章では，可視化された流れ場からの画像取得と画像解析を行うためのPIVシステムの構成方法，それらの機能などを説明する．第4章では，数多く提案されている画像解析手法を整理・分類し，それぞれの画像解析の基本と特徴，そして最新の画像解析技術などを説明する．第5章では，画像を解析して得られた速度データに含まれる誤ベクトルの除去や，得られた速度分布から流れの特性を示す微分積分量の推定などの後処理について説明する．第6章では，PIVの測定精度の評価と管理について，不確かさ解析の基礎および不確かさ解析の事例を交えて，PIVの計測精度の評価に対する考え方と精度の管理について説明する．ついで，第7章では，多次元PIV計測の原理，校正方法，装置および応用例などを交え，多次元計測について詳細に説明する．第8章，第9章は，PIVの応用に関連する事項を記述する．第8章では，乱流，高速気流，燃焼，速度・スカラー計測あるいは混相流と解析のテーマを具体的に設定して，PIVを使用するときの固有の計測手法，ノウハウ，計測上の注意点などを解説する．第9章では，PIVの25の計測事例について，実験条件と機器の構成および計測結果を示す．さまざまな条件下でPIVを応用しようとするときには，類似のパラメータの計測事例が，システム構成や各種の条件を設定するうえで参考になる．

また，付録には，各種のトレーサ粒子，画像処理システムの仕様，VSJ-PIV標準画像の使い方あるいはフーリエ変換と相関関数，最小2乗法など，実際にPIVを行ううえで必要な情報を記載したので参考にされたい．

参考文献

[1] Nayler, J. L. & Frazer, B. A.: Preliminary report upon an experimental method of investigating, by the aid of kinematographic photography, the history of eddying flow past a model immersed in water, *Tech. Rep. Advisory Commit. for Aeronau. for 1917–18*, Vol. 1, London, His Majesty's Stationery Office, 1917.

[2] Blows, L. G. & Tanner, L. H.: A method for the measurement of fluid surface velocities, using particles and a laser light source, *J. Physics*, Vol.7, pp.402–405, 1974.

[3] Barker, D. B. & Fourney, M. E.: Measuring fluid velocities with speckle patterns, *Opt. Letters*, Vol.1, No.4, pp.135–137, 1977.

[4] Dudderar, T. D. & Simpkins, P. G.: Laser speckle photography in a fluid medium, *Nature*, Vol.270, No.3, pp.45–47, 1977.

[5] Iwata, K., Hakoshima, T. & Nagata, R.: Measurement of flow velocity distribution by multiple-exposure speckle photography, *Opt. Communi.*, Vol.25, No.3, pp.311–313, 1978.

[6] Adrian, R. J.: Image shifting technique to resolve directional ambiguity in double-pulsed velocimetry, *Appl. Opt.*, Vol.25, No.21, pp.3855–3858, 1986.

[7] 細井健司，川橋正昭，豊岡了，鈴木允：白色光スペックル写真法による流速分布計測，流れの可視化，Vol.2，No.6，pp.409–414，1982.

[8] Bernabeu, E., Amare, J. C. & Arroyo, P.: White-light speckle method of measurement of flow velocity distribution, *Appl. Opt.*, Vol.21, No.14, pp.2583–2586, 1982.

[9] Adrian, R. J.: Scattering particle characteristics and their effect on pulsed laser measurements of fluid flow: speckle velocimetry vs. particle image velocimetry, *Appl. Opt.*, Vol.23, pp.1690–1691, 1984.

[10] Adrian, R. J.: Particle-imaging technique for experimental fluid mechanics, *Annu. Rev. Fluid Mech.*, Vol.23, pp.261–304, 1991.
[11] Willert, C. E. & Gharib, M.: Digital particle image velocimetry, *Exp. Fluids*, Vol.10, pp.181–193, 1991.
[12] 小林敏雄，佐々木伸夫，石原智男，佐賀徹雄，上村康幸：可視化技術と画像処理技術の円柱まわり流れへの適用，流れの可視化，Vol.2, Suppl.，pp.41–46，1982.
[13] Utami, T. & Ueno, T.: Visualization picture processing of turbulent flow, *Exp. Fluids*, Vol.2, pp.25–32, 1984.
[14] 村田滋，串山正，木瀬洋，前田貴史：1 枚の流跡画像における流れ方向の自動判定法，日本機械学会論文集（B 編），Vol.56，No.525，pp.1403–1408，1990.
[15] Doi, J., Miyake, T. & Asanuma, T.: Three-dimensional flow analysis by on-line particle tracking. *Flow Visual. III*, Wash. D. C., Hemisphere, pp.14–18, 1983.
[16] 西野耕一，笠木伸英，平田賢，佐田豊：画像処理流に基づく流れの 3 次元計測に関する研究，日本機械学会論文集（B 編），Vol.55，No.519，pp.404–412，1989.
[17] 小林敏雄，佐賀徹雄，瀬川茂樹，神田宏：2 次元流れ場の実時間ディジタル画像計測システムの開発，日本機械学会論文集（B 編），Vol.55，No.509，pp.107–114，1989.
[18] 大山龍一郎，高木敏幸，築地孝昭，中西祥八郎，金古喜代治：遺伝的アルゴリズム（GA）を用いた流れ場の速度計測－粒子追跡に関する考察－，可視化情報，Vol.13, Suppl. No.1，pp.35–38，1993.
[19] Okamoto, K., Hassan, Y. A. & Schmidl, W. D.: New tracking algorithm for particle image velocimetry, *Exp. Fluids*, Vol.19, No.5, pp.342–347, 1995.
[20] 竹原幸生，江藤剛治，村田滋，道奥康治：PTV のための新アルゴリズムの開発，土木学会論文集，Vol.1996，No.533，pp.107–126，1996.
[21] 筧源亮：トレーサ画像の相関処理による流速計測，流れの可視化，Vol.3，No.10，pp.189–192，1983.
[22] 木村一郎，高森年，井上隆：相関を利用した流れの画像計測－非定常流への適用－，流れの可視化，Vol.6，No.22，pp.269–272，1986.
[23] 植村知正，山本富士夫，幸川光夫：二値相関法－粒子追跡法の高速画像解析アルゴリズム－，可視化情報，Vol.10，No.38，pp.196–202，1990.
[24] 奥野武俊，中岡淳：可視化画像の時空間微分を利用した流場の画像計測，関西造船協会誌，No.215，pp.69–74，1991.
[25] Kaga, A., Inoue, Y. & Yamaguchi, K.: Application of a fast algorithm for pattern tracking on airflow measurement, *Flow Visualization VI*, Berlin, Springer, pp.853–857, 1992.
[26] Sakakibara, J., Hishida, K. & Maeda, M.: Measurements of thermally stratified pipe flow using image processing techniques, *Exp. Fluids*, Vol.16, pp.82–96, 1993.
[27] Takeda, Y.: Velocity profile measurement by ultrasound Doppler shift method, *Int. J. Heat Fluid Flow*, Vol.7, No.4, pp.313–318, 1986.
[28] Meyers, J. F.: Development of Doppler global velocimetry as a flow diagnostics tool, *Meas. Sci. Tech.*, Vol.6, pp.769–783, 1995.
[29] Ainsworth, R. W., Thorpe, S. J. & Manners, R. J.: A new approach to flow-field measurement-A view of Doppler global velocimetry techniques, *Int. J. Heat Fluid Flow*, Vol.18, pp.116–130, 1997.
[30] 小林敏雄ほか：多次元画像処理流速計測標準のための国際協力に関する企画調査，平成 11 年度科学研究費（基盤 C・企画）報告書，（課題番号 11895006）.
[31] Grant, I.: *Selected Papers on Particle Image Velocimetry*, SPIE Milestone Series Vol.MS 99, 1994.
[32] Adrian, R. J.: *TAM Report No.817*, UILU-ENG-96-6004, March 1996.
[33] Raffel, M., Willert, C. E. & Kompenhans, J.: *Particle Image Velocimetry - A Practical Guide*, Springer, 1998.

[34] 小林敏雄，岡本孝司，川橋正昭，西尾茂：PIV の基礎と応用 – 粒子画像流速測定法，シュプリンガー・フェアラーク東京（[13] の訳本），2000.
[35] （社）可視化情報学会編：PIV の標準化・実用化研究会最終報告書，2000.
[36] Adrian, R. J. & Westerweel, J.: *Particle Image Velocimetry*, Cambridge University Press, 2011.
[37] Raffel, M., Willert, C. E., Scarano, F., Kähler, C. J., Wereley, S. T. & Kompenhans, J.: *Particle Image Velocimetry - A Practical Guide 3rd Ed.*, Springer, 2018.
[38] Scarano, F., Ghaemi, S., Caridi, G. C. A, Bosbach, J., Dierksheide, U. & Sciacchitano, A.: On the use of helium-filled soap bubbles for large-scale tomographic PIV in wind tunnel experiments, *Exp. Fluids*, Vol.56, 42, 2015.

第2章 流れの可視化

本章では，PIV 計測における可視化技術の基礎を述べる．第 1 章で述べたように，PIV は流体の示す物理量を直接検出する計測方法ではなく，流れにトレーサ粒子を適当な空間密度で散布させて（シーディング（seeding）という．2.2.3 項参照），この画像を記録・処理して速度場を復元する間接的な計測方法である．PIV における速度場計測の成否は，適切なトレーサ粒子の選択とシーディングおよび良好な PIV 画像の取得にかかっているといっても過言ではない．すなわち，流れによく追随するトレーサ粒子を用いなければ速度計測の誤差が大きくなって計測は意味をなさなくなる．また，流れによく追随するトレーサ粒子を用いても，可視化の方法が適当でなく，取得した粒子画像が不鮮明でノイズが多いものであれば，PIV の画像解析技術や後処理技術は性能を十分に発揮することができない．その結果，誤ベクトルの発生や取得ベクトル数の減少など，計測の誤差の増大を招く結果になる．このように，PIV 計測では，可視化技術の良否が計測結果にきわめて重大な影響を及ぼすことをあらかじめよく認識し，十分な対応のもとに計測を行うことが重要である．そこで本章では，PIV 計測における重要な要素である，

- 照明
- トレーサ粒子の光学的特性と流れへの追随性
- トレーサ粒子の選択
- トレーサ粒子のシーディング（流れへの注入）

について解説し，良質な PIV 計測のための可視化技術の基礎を示す．

まず，PIV 計測の光源で用いられる可視光の基本的な性質とトレーサ粒子の光学的特性および照明光源，主としてレーザ光源の種類と照明の方法について解説する．ついで，トレーサ粒子の流れへの追随性を述べ，トレーサ粒子の選択のための指針を示す．最後に，気流，液流用のトレーサ粒子の種類を示し，流れへのシーディング方法を具体的に述べる．

2.1 光学基礎[1]

可視化の光源として用いられる光の基本的な特性を述べる．電磁波の一種である可視光の性質，反射，屈折あるいは直進性などの基本的な性質を示す．また，そのほか

の関連する光の基本特性として，偏光，回折，干渉などの性質について述べる．

2.1.1 光の性質

(1) 光の粒子性と波動性

可視化の光源として用いられる光は電磁波の一種で，ガンマ線，X 線，紫外線，可視光線，熱線，電場などはすべて電磁波（electromagnetic wave）である．その基本的な性質はマクスウェルの電磁方程式で記述される．これらの電磁波は，共通な基本特性として粒子性と波動性を併せもつことが量子力学により明らかにされている[2]．光をエネルギーとして細かく分割していくと，その最小単位は光の粒子，つまり光子（photon）または光量子となる．この 1 個の光子のもつエネルギーは，次式のように表される．

$$E = h\nu \tag{2.1}$$

ここで，h はプランクの定数（6.626070×10^{-34} J·s），ν は振動数 [1/s] である．このように，光子のエネルギーは光子の振動数に比例していて，振動数が高いほどエネルギーが大きい．このことを模式的に示したのが図 2.1 であり，エネルギー E_2 の状態から E_1 の状態に遷移するときに振動数 ν の光が放出される．光の波動性を考えると，光子の速度が光速 c（真空中の光の速度 $c_0 = 2.997925 \times 10^8$ m/s）となる．このとき，波長（wave length）λ と光速 c および振動数 ν との間には，

$$\lambda = \frac{c}{\nu} \tag{2.2}$$

の関係がある．この電磁波の伝播は，図 2.2 に示すように，空間の電場と磁場の変化を受けながら波のように伝播していく波動現象である．振幅，波長（振動数），速度の 3 要素をもっていて，振動の方向は進行方向に対して垂直である．

図 2.3 は各種の電磁波とその波長および振動数を示したものである．波長は 10^5〜

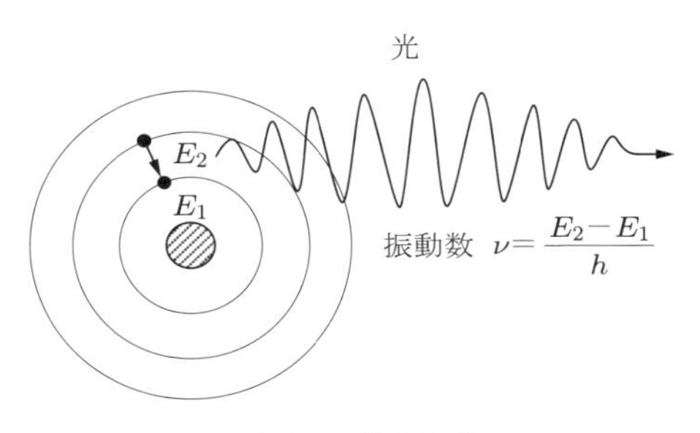

図 2.1 光の放出

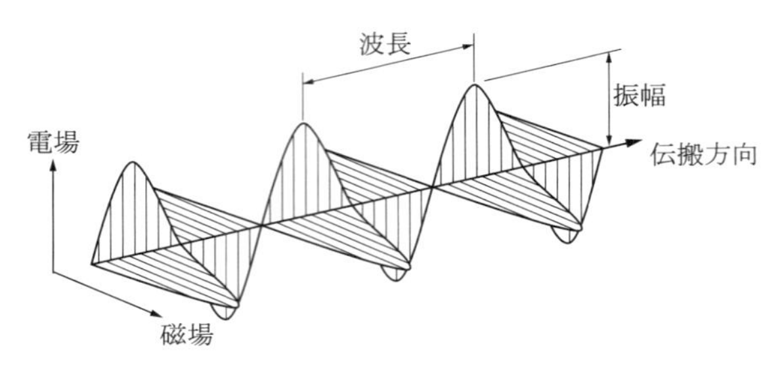

図 2.2　光の波動性

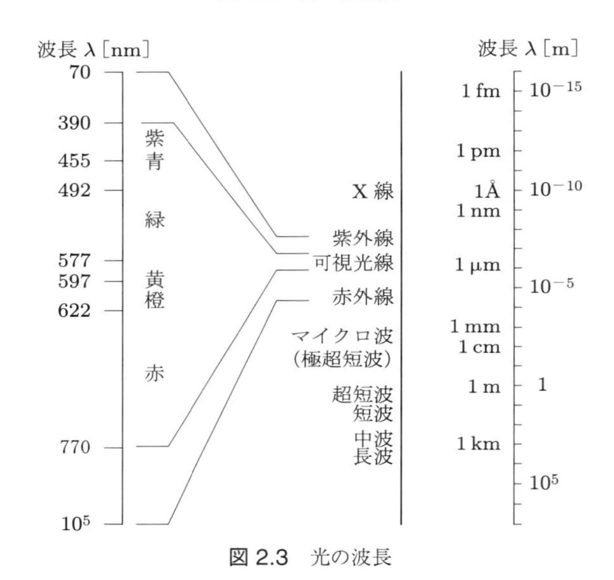

図 2.3　光の波長

10^{-15} m 程度にわたっている．このうち可視光とは，波長の下限が 380〜400 nm，上限が 760〜800 nm 程度の範囲の光を指す．なお，各電磁波の波長には厳密な境界値はなく，おおよその値で示される．光の波長を表す単位としては，オングストローム [Å]（10^{-10} m），ナノメートル [nm]（10^{-9} m），マイクロメートル [μm]（10^{-6} m）などが用いられる．

光の振る舞いは以上のように波動的な性質をもつ．光が波動であることをふまえ，光線として扱うときも含めてその性質をまとめると，光は直進，反射，屈折，回折および干渉することになる．

(2) 光の直進，反射，屈折，偏光

光学系の寸法が光の波長に比べて十分大きい場合，光は光線の振る舞いとして幾何

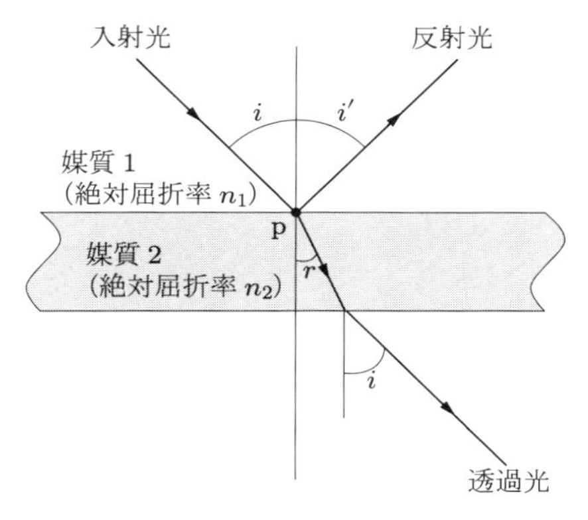

図 2.4 光の直進，屈折と反射

光学的に扱うことができる[3]．光は一様な媒質の中を進むときには直進する性質をもつが，図 2.4 に示すように，媒質の変化によりその一部は反射，一部は透過して屈折が生じる．図では，屈折率の異なる媒質は媒質 1 と媒質 2，媒質境界面の光の入射点は p，光の入射角は i，反射角は i'，屈折角は r で表している．一般に，光の直進，屈折，反射に関しては幾何光学的に，また，干渉，回折については波動的に扱われる．

1）反射

光は密度の異なる媒質 1 と媒質 2 の境界面で，その一部またはすべてが媒質 1 へ戻る．これを光の反射（reflection）という．このとき，媒質 1 を通る光が媒質 2 で反射する角度 i' は，その入射角 i に等しい．光を透過する媒質はその平面で入射する光の一部を反射するが，その反射の度合いは，入射する光の強さを I_1，反射する光の強さを I_2 としたとき，反射率 ρ で次式のように表される．

$$\frac{I_2}{I_1} = \rho = \frac{1}{2}\left\{\frac{\sin^2(i-r)}{\sin^2(i+r)} + \frac{\tan^2(i-r)}{\tan^2(i+r)}\right\} \tag{2.3}$$

式(2.3)は自然光のような無偏光に対する反射率であり，右辺中括弧内の第 1 項は s 偏光の反射率，第 2 項は p 偏光の反射率である（偏光については 2.1.1 項(3)参照）．$i + r = \pi/2$ のとき，p 偏光の反射率は 0 となり，透過率は 1 となることがわかる．このときの入射角をブリュースター角（Brewstar angle）とよぶ．

反射は媒質境界面の状態により変化する．滑らかな境界面で生じる反射を正反射または鏡面反射，すりガラスなどの不規則な境界面での反射を乱反射または拡散反射という．

2）屈折

光は屈折率の異なる二つの媒質 1 と媒質 2 の境界面で角度 r 方向に進行方向が変わ

る．これは，光の伝播速度が媒質の種類や密度によって異なるためである．この現象を光の屈折（refraction）という．媒質1と媒質2の絶対屈折率をそれぞれ n_1 と n_2 とすると，つぎのスネルの法則が成立する．

$$\frac{\sin i}{\sin r} = \frac{n_2}{n_1} = n \quad （定数） \tag{2.4}$$

定数 n は媒質2の媒質1に対する（相対）屈折率である．絶対屈折率は真空に対する相対屈折率である．単に屈折率という場合，固体，液体では空気に対する相対屈折率を，気体では絶対屈折率をいう．

光は屈折率が大きい媒質ほど内部での光の方向が大きく変化する．また，媒質が同じでも波長によって屈折の度合いが異なり，一般に波長の短い光が大きく屈折する．

3）直進性

光の直進性を端的に示すものとして，ピンホールカメラモデル（pinhole camera model）がある（図2.5）．光の直進性を利用した光学結像モデルとしてPIV計測で応用される（7.2.3項参照）ので，その原理を示しておく．

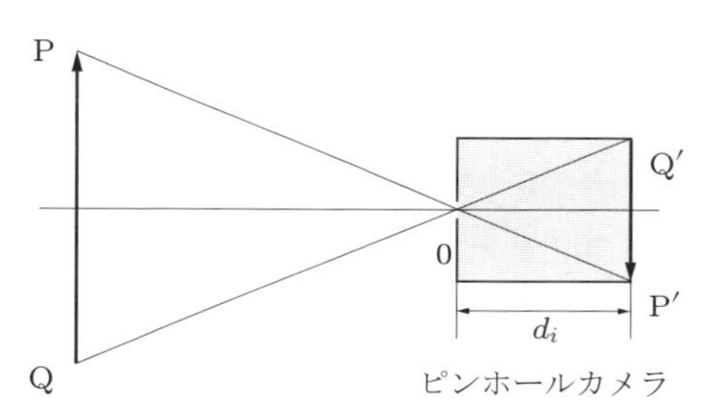

図2.5 ピンホールカメラモデル

ピンホールカメラでは，像が点射影により生じるので像にひずみがなく，どの距離の物体に対してもピントが合う[3]．空間の物体をピンホールを通してスクリーン上に結像させたとき，最良の結像を得るための条件が次式のように与えられる[3]．

$$D = \sqrt{2\lambda d_i} \tag{2.5}$$

ここで，D はピンホールの直径，λ は光の波長，d_i はピンホールと結像面の距離である．この条件は，光の直進性によって生じる幾何学的な像のぼけと，後述する光の回折によって生じるぼけとがほぼ等しいとおくことにより導かれる．

（3）そのほかの光の基本的な性質[4]

1）偏光

電磁波の電界の振動方向が，図2.6に示すようにある特定の方向に偏る現象を偏光

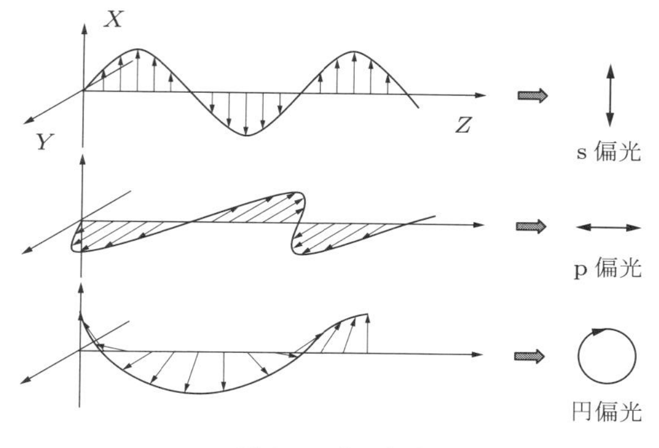

図 2.6 光の偏光

（polarization）という．電磁波の伝播方向（光軸方向）と電界によって決まる面を偏光面といい，偏光が光軸を含む平面内で振動するとき，これを直線偏光という．レーザの出力光はこの直線偏光の典型的な例である．一般に，光の振動方向は光の伝播方向を含むある注目する平面で定義される．注目する平面に対して偏光面が垂直な直線偏光を s 偏光，平行な直線偏光を p 偏光という．また，進行方向に対して光波の振動方向の軌跡が旋回してねじれるように進み，その振幅が一定のとき，その軌跡の形状からこれを円偏光という．

2）回折

回折（diffraction）とは，光の進行がある障害物で妨げられたとき，一部の光が進行方向とは異なる方向に曲がって進行する現象をいう．たとえば，図 2.7 に示すように平面波の光がその波長より小さな開口を通過すると，光の回折により球面波となる．光源と開口間の距離を無限大とする近似的な扱いがフラウンホーファー解析で，有限の場合がフレネル解析である[4]．

3）干渉

二つ以上の光が同時に合成され，ある定常的な空間的なパターン（光干渉パター

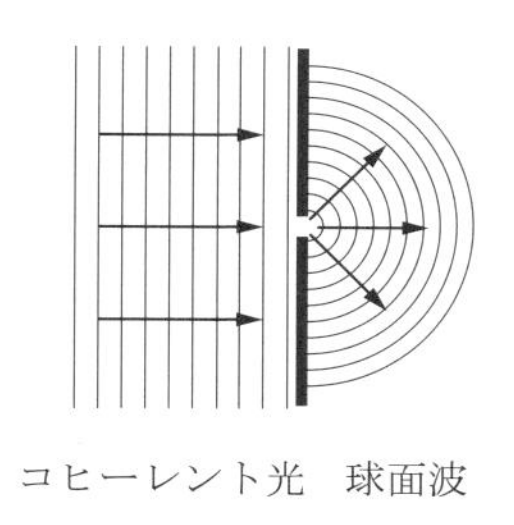

図 2.7 光の回折

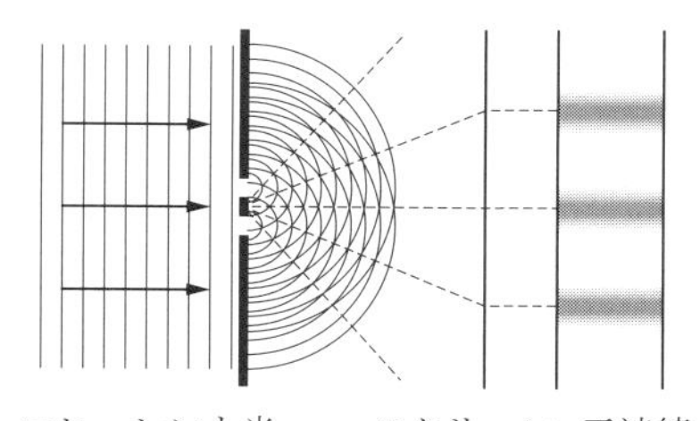

図 2.8 光の干渉

ン）を形成する現象が光の干渉（interference）である．干渉の発生に重要な要素は，光の波の周波数と位相の一定性が高いことで，これらが高い場合をコヒーレント（coherent：可干渉的），低いものをインコヒーレント（incoherent：非干渉的）という．たとえば，図2.8に示すような二つの開口にコヒーレントな光を通すと，少し離れた場所に置かれたスクリーン上では鮮明な干渉縞を観察できる．レーザ光は波長がほぼ一定であり，きわめて干渉しやすいコヒーレントな特性を有する．

2.1.2　光源[5]

(1) レーザの原理

PIVで主として光源に用いられるのはレーザである．単色性が高い，指向性がよい，パワー密度が高い，薄いシート状に光を形成できる，などがその主な理由である．同時に，画像の撮影・記録系と同期した照明の発光制御が容易に行えることが大きな特徴である．レーザ（laser）とは，light amplification by stimulated emission of radiation の頭文字をとったもので，その言葉のとおり，誘導放出（stimulated emission）により光を増幅するような工夫がなされている．以下に，レーザについての簡単な原理を説明する．

図2.9はレーザ装置の原理図である．装置の構造や大きさ，材質および動作特性はさまざまであるが，その基本原理はほぼ共通である．レーザ装置は，電気回路における発振回路に相当すると考えられるのでレーザ発振器ともよばれる．レーザ発振を起こすための構成要素は，誘導放出によって光増幅を行うレーザ媒質と，増幅された光の一部をレーザへ正帰還（フィードバック）させ，その光で新しい誘導放出を起こす光共振器，および励起（excitation）を誘起させるポンピング装置である．光共振器は図に示すような媒質を挟んだ厳密に平行な2枚の鏡で構成されている（鏡は凹面鏡が多く使用されるが，簡単のために平面鏡で説明する）．レーザ媒質内の原子が光ま

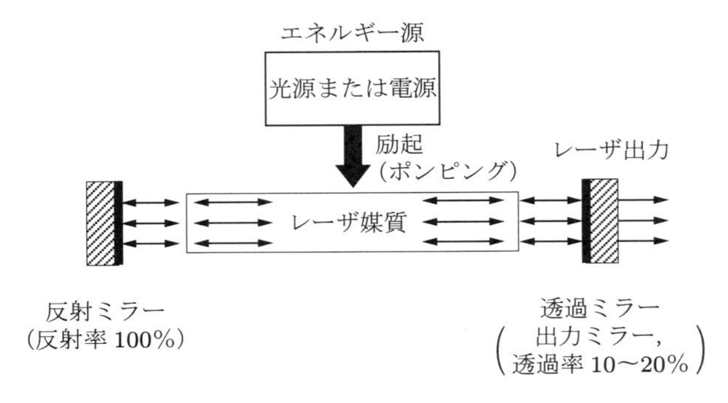

図2.9　レーザ発振器

たは電気的に励起されると，後述するような反転分布状態になる．この状態からレーザ媒質内のどこかで自然放出が起こると，励起状態にある原子は自然放出光によって刺激され，同じ位相，同じ方向，同じ偏光，同じ周波数の光子を放出し，この光子を源に次々と誘導放出が起こる．そして，媒質から出た光のうち鏡に垂直なものは鏡で反射されて再び元の媒質内に戻り，新たに誘導放出を誘起する．2 枚の鏡の垂線上では周波数と位相の揃った光が往復することになる．2 枚の鏡の距離を L とすると，$2L = n\lambda$（n は整数）となる波長 λ をもつ光は強められ，それ以外の波長は弱められる．波長 $\lambda = 2L/n$ のとき，レーザ媒質に最大の正のフィードバックがかかり，2 枚の鏡の間では定在波が生じて誘導放出が急激に増加する．これをレーザ発振という．この発振光をレーザ発振器から取り出して使うためには，媒質両端にある 2 枚の鏡のうち，一方を半透明にして，光の一部が外部へ透過できるようにする．このようにして，位相のよく揃った高い指向性の光線が軸方向に光束（ビーム）として放出され，レーザ光源として機能することになる．

誘導放出の理論的基礎は 1917 年にアインシュタインにより確立されたが，これを利用して光を増幅することは容易ではなかった．それは，エネルギーの低い状態にある原子の数は高い状態にある原子の数よりも多く，誘導放出が生じても光の吸収のほうが強いためである．レーザ発振を発生させるには，低いエネルギー状態の原子数よりも高いエネルギー状態の原子の数を多くしなければならない．このために，図 2.10 に示すように，少なくとも三つ以上の準位が利用される．レーザ媒質の原子がポンピングにより励起されるとき，すべてのエネルギー準位の電子は均等には励起されない．たとえば，基底のエネルギー準位 E_0 から，第 1 の準位 E_1 へは少なく，第 2 のエネルギー準位 E_2 へは多く励起されるなら，上の準位 E_2 の原子数が下の準位 E_1 の原子数より多くなって反転分布の状態になる．レーザ増幅とは，反転分布の状態のレーザ媒質に弱い光が入射し，光の吸収よりも誘導放出のほうが強く起こり，入射光が増幅されることである．光を増幅するレーザ媒質を励起して反射鏡でフィードバッ

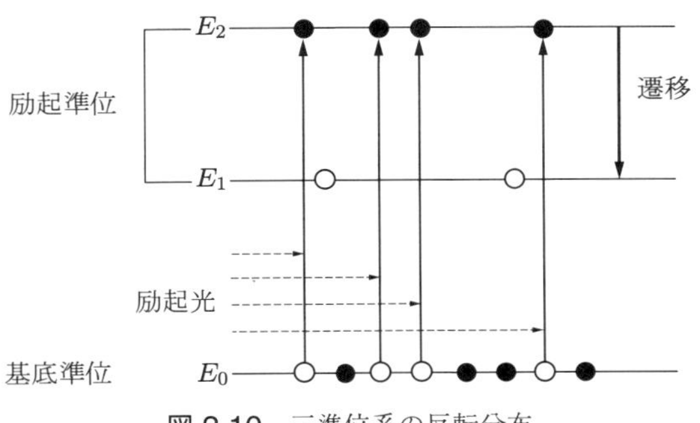

図 2.10　三準位系の反転分布

クをかけたものが光共振器である.

レーザは電磁波の一種であるので，レーザビームの断面形状と光の強度分布は一様にはならず，しかも光共振器内での光波の波面の乱れや鏡に付着したごみや汚れなどによって複雑な空間モードパターンを呈することがある．モードパターンはTEM波（transverse electro-magnetic wave）で分類される．たとえば，He-Neレーザのモードパターンは図2.11のようになり，一番単純な単一モード（図(a)）をTEM_{00}，高次のモード（図(b),(c),(d)）をTEM_{20}，TEM_{10}，TEM_{12}のように表し，これをマルチモードとよぶ．このモードパターンは，黒色のスクリーン（紙など）を遠方に置き，これに垂直にレーザビームを当てると簡単に観察できる．定量的にはビームプロファイラなどを用いて強度分布を測定する．モードはレーザビームの集光性や干渉性を利用する場合には重要な特性の一つとなる．光共振器の調整により単一モードにすると，そのビーム断面内の光の強度分布は，図2.12に示すようなガウス分布となる.

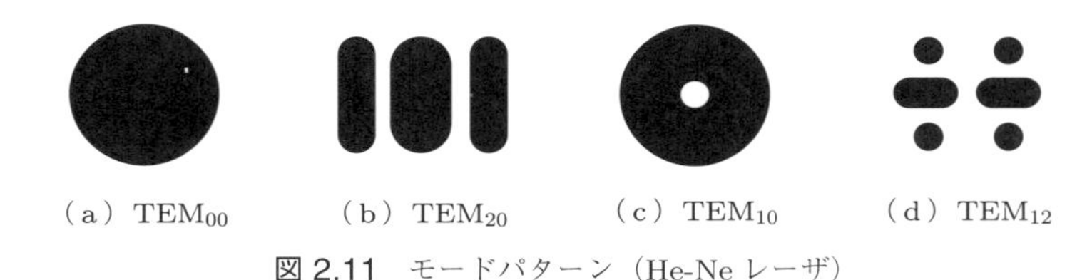

（a）TEM_{00} （b）TEM_{20} （c）TEM_{10} （d）TEM_{12}

図2.11 モードパターン（He-Neレーザ）

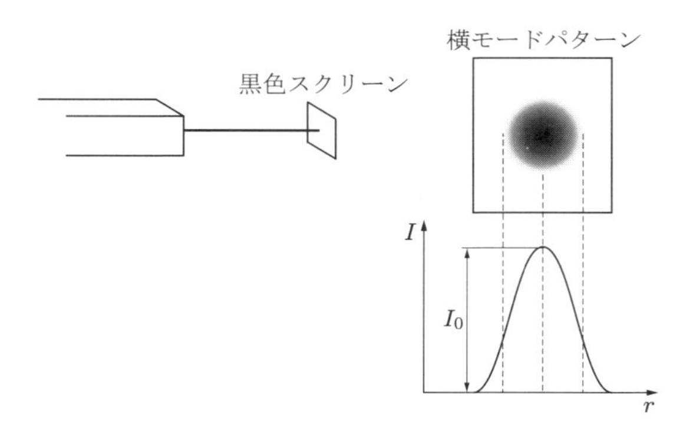

図2.12 レーザビームの光強度分布

(2) レーザの種類

現在，いろいろな種類の物質がレーザの媒質として用いられている．表2.1にPIVの光源としてよく使用されるレーザの特徴を示す．レーザは，連続発振レーザとパルス発振レーザとに大別される．さらに後者は低繰り返し（数十ヘルツ）と高繰り返し（数キロヘルツ～数十キロヘルツ）とに分類される．表中には，参考のためにレーザ出

表 2.1 PIV に用いられる代表的レーザの特性

種 類	発振波長	出 力	発光形態	そのほか
気体レーザ				
He-Ne（ヘリウムネオン）	632 nm, 1.15 μm	～50 mW	連続	AOM による光制御可
Ar（アルゴンイオン）	514 nm, 488 nm	5～20 W	連続	AOM による光制御可
Cu（銅蒸気）	510 nm, 578 nm	～100 W	パルス	$\tau = 10\sim40$ ns, $f = 5\sim20$ kHz
固体レーザ				
Nd:YAG	1.06 μm（532 nm）	～1000 W	パルス（低繰り返し），連続	$\tau = 10$ ns, $f = 10\sim30$ Hz
			パルス（高繰り返し）	$\tau \sim 170$ ns, $f = 1\sim40$ kHz
Nd:YLF	1.053 μm（527 nm）	～100 W	パルス（高繰り返し）	$\tau \sim 200$ ns, $f = 0.1\sim10$ kHz
ルビー	694 nm	～1000 W	パルス	$\tau = 1$ ms, $f = 1$ Hz
ガラス	1.06 μm	～100 kW	パルス	$\tau = 0.1$ ns
半導体レーザ				
Al Ga As	683 nm	～50 mW	連続	コンパクト
Ga ln P As	620 nm	～50 mW	連続	コンパクト

力，レーザのパルス幅と繰り返し周波数などの概略値を記入してある．

レーザ光は，上述のように，光エネルギーを時間的にも空間的にも集中させた光であり，PIV にとって有用な光源である．一方，これを不注意に扱えば事故が起こる可能性がある．とくに，使用者の目や皮膚に不可逆的損傷を与える危険性があるので，レーザの安全基準[5]に基づいた慎重な扱いが重要である．このため，労働衛生安全法に基づく厚生労働省「レーザー光線による障害の防止対策について」が 2005 年に発せられている．

1）気体レーザ

気体レーザは，レーザ媒質に気体を用いたもので，He-Ne（ヘリウム－ネオン）レーザは He 原子と Ne 原子の混合気体を媒質に用いている．放電を利用して容易に励起が行え，光学的に均質で干渉性がよいという特徴がある．装置は比較的コンパクトで，実験におけるセッティングが容易である．しかし，出力があまり高くないので，最近では PIV 計測で使われることはまれである．一方，Ar（アルゴンイオン）レーザは，純粋な Ar ガスを媒質とし，イオン状態のエネルギー準位を利用し，青色，緑色を中心に何本かのビームを同時に発振できるので，PIV やレーザ誘起蛍光法（laser induced fluorescence：LIF）で用いられる．空冷式と水冷式があり，水冷式は出力が大きい．He-Ne レーザ，Ar レーザ共に連続光であるが，音響光学変調器

(acousto-optic modulator：AOM）などを用いると，記録する固体撮像素子（カメラ）などと同期したパルス照明が可能となる．銅蒸気（Cu）レーザは，中性金属蒸気のレーザで，高平均出力をもっている．5 kHz から 15 kHz 程度の高繰り返しパルス発振ができ，高速現象を PIV で解析する際の重要な光源であるが，後述する高繰り返し固体レーザが近年の主流になっている．

2）固体レーザ

固体レーザとは，レーザ媒質に固体材料を使ったレーザを指す．Nd:YAG, Nd:YLF, ルビー，ガラスレーザなどが代表的な固体レーザである．ルビーレーザとガラスレーザでは，ルビーの結晶やガラスに少量のクロムイオン（Cr^{+}）やネオジウムイオン（Nd^{3+}）を加えて媒質としている．

Nd:YAG レーザは，現在の PIV で標準的に使用されているレーザ光源であり，レーザ媒質は YAG（yttrium aluminum garnet）の母体結晶に Nd^{3+} を活性物質として加えている．励起は光によって行われ，光源にはアークランプやフラッシュランプが用いられる．発振波長は 1.06 μm（赤外）であるが，非線形光学結晶を用いることで第 2 高調波（532 nm）にして用いられる．発振が短時間で起こること，小型で高出力パルスが得られることから，PIV では高解像度カメラと Nd:YAG レーザ光源との組み合わせが標準的に用いられるようになってきている（第 3 章参照）．

標準的な PIV 用 Nd:YAG レーザでは，1 台のレーザヘッドに二つの光共振器が収められており，ダブルパルス照明を任意の時間間隔で供給できる．パルス照明の繰り返し周波数は数十ヘルツである．ポンピングにはキセノンランプあるいは半導体レーザ（ダイオードレーザ：diode laser）が使われる．後者を DPSS（diode pumped solid stale）レーザとよぶ．出力エネルギーは数十ミリジュール毎パルスが標準であり，中には数百ミリジュール毎パルスに達するものもある．

パルス繰り返し周波数が高い（通常 1 kHz 程度以上）高繰り返しレーザは，高速度 PIV の光源として用いられる．レーザ媒質として Nd:YAG と Nd:YLF が使われる．ここで，Nd:YLF は YLF（yttrium lithium fluoride）結晶に Nd^{3+} を加えたもので，熱除去の効率が高く，熱レンズ効果が Nd:YAG より小さい．そのため，出力の大きな高繰り返しレーザに用いられることが多い．繰り返し周波数は Nd:YAG が 0.1〜10 kHz，Nd:YLF が 1〜40 kHz であり，後者のほうが高い．

3）半導体レーザ

半導体レーザは，媒質の GaAs（ガリウム，ヒ素）結晶を As 結晶で挟む二重ヘテロ構造で，PN 接合部ダイオードに直接電流を流して励起を行い，レーザ発振をさせるものである．キャリアと光を狭い空間に閉じ込めた高効率のレーザで，超小型軽量，発振効率が高い，電流による出力光の直接変調が可能，寿命が長い，価格が安いなどの特徴をもつ．近年は一つの素子で数ワットの出力をもつようになり，可視化や PIV 光源として使われている．

(3) 照明方法

PIV 計測の光源は，現在はレーザがもっとも多く用いられている．レーザ光源を用いた照明（illumination）の方法は，光シート照明，ビーム走査，光シート走査などが代表的で，流れ場のある断面をレーザ光シートで切り出して速度場の計測を行う．ここでは，レーザ照明装置，光学系の構成および照明の方法について述べる．

1) レーザ照明装置の構成

図 2.13 にレーザ照明装置の代表的な構成例を示す．連続発振レーザを用いて撮影カメラと同期した撮影を行う場合には，図(a)に示すようにレーザ光源，音響光学変調器（AOM），光ファイバおよびレンズ光学系で照明装置を構成する．レーザ光源からレンズ光学系までのレーザビームの導光は，両者を光学定盤などに設置して行うの

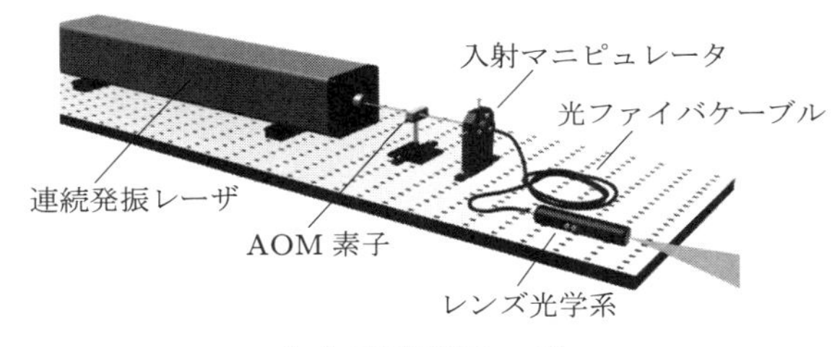

（a）連続発振レーザ

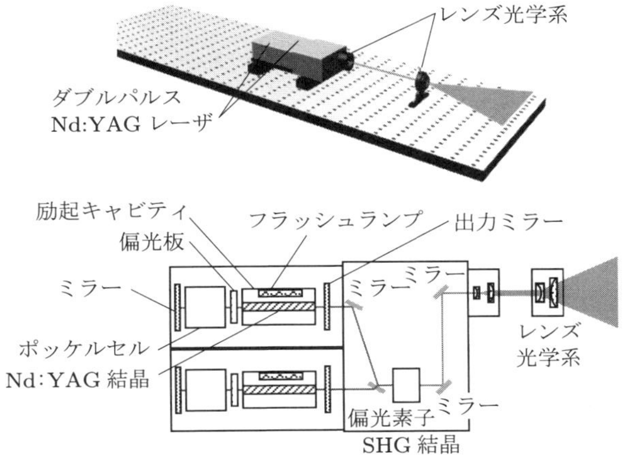

（b）ダブルパルス Nd:YAG レーザ

図 2.13 レーザシステムの構成

が一般的である．AOM を用いると，撮影カメラに同期させた発光時間の制御を行うことができる．また，光源とレンズ光学系との間に光ファイバを置くこともある．これには，照明位置を自由に設定できるという利点がある．一方，光ファイバから射出されるレーザ光は指向性が低下するという欠点もある．

出力が大きいダブルパルス Nd:YAG レーザなどでは，図 2.13 (b)のようなレーザ照明システムが用いられている．CCD カメラなどとセットで用いて，時間間隔 Δt を有する 2 時刻の瞬間画像を取得するのに用いられる．PIV 用のダブルパルス Nd:YAG レーザでは，二つの独立したレーザ発振器が一つのレーザヘッドに収められており，それぞれの Q スイッチにより瞬間的（数ナノ秒程度）な大出力のパルスレーザを繰り返し発生させている．Q スイッチは，光共振器の間に特殊なシャッタを設け，レーザ媒質が十分に励起された状態でシャッタを開いて瞬間的にレーザ発振を生じさせる方法である．シャッタに相当する部分には電気光学効果を利用したポッケルスセルなどが用いられる．二つのレーザ発振器からのレーザビームは，ミラーと偏光素子により同軸かつ同じ偏光特性を有する 1 本のビームとなり，レンズ光学系に入射され，光シートが形成される．このとき，2 枚の光シートは同一平面になるよう調節される．この調節は PIV 計測にとって非常に重要である．ダブルパルスの発光時間間隔は，カメラの外部同期信号などと同期させて任意に設定できるが，パルスの繰り返し周波数は，標準の PIV 用 Nd:YAG レーザでは数十ヘルツ程度である．照射位置を変える方法としては，つぎのようなものがある．

① レーザヘッドをレンズ光学系と共に移動させる．

② ビームデリバリアームを使う．

③ 光ファイバを用いる．

レーザヘッドを移動させる方法では，光学定盤や光学レールを用いてレーザヘッドとレンズ光学系を一体構造として移動させることが多い．あるいはレンズ光学系がレーザヘッドに取り付けられるものもある．ビームデリバリアームは多関節構造を有し，アーム先端にレンズ光学系を備える高出力レーザ用ミラーを用いてビーム伝送するため，ビームの減衰や部品の焼損が生じない．光ファイバを使用する場合，レーザ出力が高いと光ファイバを焼損する恐れがあり，注意を要する．

2）光シート照明

PIV は，流れ場の断面を光シート（light sheet）で照射し，この面内の速度を計測する．レーザビームは凹面を有するシリンドリカルレンズ（cylindrical lens）を用いて，光シート（レーザ光シート（laser light sheet：LLS）などとよぶこともある）を形成できる（図 2.14 (a)）．凹面を有するシリンドリカルレンズは負の焦点距離 f をもつ．レーザビームの広がり角 θ は，次式で与えられる．

$$\tan\frac{\theta}{2}=\frac{d_{\mathrm{b}}}{2\,|f|} \tag{2.6}$$

ここで，d_{b} はレーザビームの径である．広い計測領域を照明する場合には，短い焦点距離のシリンドリカルレンズを用いてレーザビームを広げる．光シートはレンズから遠ざかるほど広がるため，照明強度が光源からの距離と共に低下する．それを抑えるため，焦点距離の長いシリンドリカルレンズを用いて遠方から照明する方法などがとられる．なお，レーザビームを凸レンズで広げると，途中にできる焦点ではエネルギー密度が著しく高くなり，気体分子や塵埃がプラズマ化して周囲の光学部品にダメージを与えることがある．

光シートの厚さを調整するには，凸面を有するシリンドリカルレンズ（図 2.14 では $f=500\,\mathrm{mm}$）を光シートの経路に設置する．このとき，光シートの最小厚さ z_0 はレーザビームの強度分布がガウシアン分布と仮定した場合に以下のように決定される．

$$z_0=\frac{4f\lambda}{\pi d_{\mathrm{b}}} \tag{2.7}$$

ここで，f は凸レンズの焦点距離，λ はレーザビームの波長である．図の配置例の場合，$f=500\,\mathrm{mm}$ の凸レンズから 500 mm の位置で最小のシート厚さが得られる．流れは 3 次元的であることが多いので，光シートの厚さと面外速度（out-of-plane velocity：光シートに直交する速度．これに対して光シートと平行な速度を面内速度（in-plane velocity）という）の大きさとの関係に十分に注意する必要がある．すなわち，時間間隔 Δt におけるトレーサ粒子の面外方向の移動距離を光シートの厚さの 1/4 以下になるようにシート厚さと Δt を設定すること（クォータールール．4.2.7 項

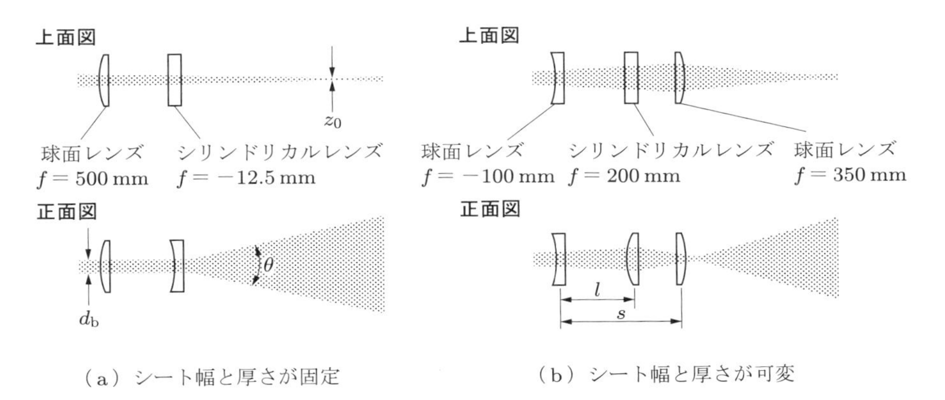

（a）シート幅と厚さが固定　（b）シート幅と厚さが可変

図 2.14　レーザ光シートを生成するレンズ配置の例

(7)参照）が数値シミュレーションに基づいて推奨されている[6]．レーザ光シートの広がり角と最小厚さ位置を可変にするには，たとえば図 2.14 (b)のように配置する[7]．レンズ間距離 l，s を変化させることで，最小厚さ位置と広がり角をそれぞれ変えることができる．ここで，レンズ間距離を変化させる際に光が集光し，それが人体や物体の表面に当たると高熱を発するので，十分注意しなければならない．なお，左端にある $f = -100\,\mathrm{mm}$ の球面レンズの左面で反射した光がレーザ光源に戻るときに，その焦点にレーザや光学部品がこないよう注意する．

光シートの面内あるいは厚さ方向に照明の強度分布にムラが生じることがある．これは，図 2.11 に示したような不均一なモード（たとえば，TEM_{20} や TEM_{10}）が存在するためである．シートの厚さ方向の照明強度にもレーザビームの強度分布が残存する．単一モード（TEM_{00}）に調整されたビームでは，強度分布はほぼガウス分布となり，光シート内の厚さ方向の強度分布もガウス分布状になる．

3）ビーム走査照明

He-Ne レーザや Ar レーザなどの比較的出力の小さな連続発振レーザをシート化すると，十分な光強度が得られず計測範囲に制限が生じることがある．そのような場合は，ビームの状態で空間を高速に走査する照明方法が有効である．この方法はビーム走査照明（beam sweep illumination）とよばれる．

ビームの走査にはガルバノミラーや回転多面鏡（ポリゴンミラー：polygon mirror）が用いられる．ポリゴンミラーは，図 2.15 (a)に示すような，アルミの板あるいはガラス板を回転軸に平行な多面体に加工して各面に反射鏡の処理を施したもので，反射面の数は 8〜48 面程度である．ポリゴンミラーの一つの反射面の角度を θ とすると，最大走査角度は 2θ となる．反射面の回転によりレーザビームは 0〜2θ の範囲で走査が行われ，この走査がポリゴンミラーの回転によって繰り返される．反射面の数を n

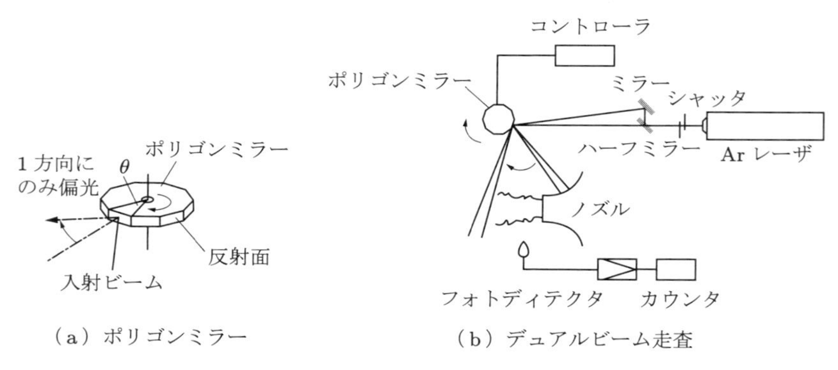

（a）ポリゴンミラー　（b）デュアルビーム走査

図 2.15　ビーム走査照明

とすると，最大走査角度 2θ は，$2\theta = 720/n\,[°]$ となる．ポリゴンミラーの回転数を $N\,[\mathrm{rpm}]$ とすると，走査周波数 f は，$f = Nn/60\,[\mathrm{Hz}]$ となる．反射面が多いほど走査周波数は高くなるが，最大走査角度は小さくなる．

上述のビーム走査では，照明の時間間隔 Δt が $\Delta t = 1/f$ となり，Δt を小さくすることへの制約が大きい．Δt を小さくするためには，多重露光単一フレーム記録（3.1.2 項(1)参照）に限って，図 2.15 (b)に示すようなデュアルビーム走査が行われることがある．レーザビームをハーフミラーで 2 本に分割し，微小な交差角を与えてポリゴンミラーの反射面に入射させる方法で，デュアルビーム走査照明法とよばれる[8]．照明の時間間隔をビーム交差角で調整できるので，流速適用範囲を大幅に拡大できる．

4）シート走査照明

3 次元的に流れの構造を解析するために，レーザ光シートを走査する照明方法がシート走査照明（sheet sweep illumination）である．レーザビームをシリンドリカルレンズでシート化し，光学スキャナに取り付けたミラー（ガルバノミラー）に入射する．ミラーの角度をステップ的に変化させることにより，レーザ光シートを空間的に走査する．走査とカメラのフレーミングの同期をとることで，各断面のトレーサ粒子画像を撮影する．

レーザ光シートを走査する方向に対して垂直な方向から高速度カメラなどで撮影すると流れの 3 次元的な構造が計測できる（7.3.3 項参照）[9]．そのためには，レーザ光シートの走査速度（周波数）が流速に対して十分大きいことが前提条件となる．

5）デュアルシート照明

2 枚の近接したレーザ光シートを同時に照射して，近接した 2 断面の流れを可視化するデュアルシート照明（dual sheet illumination）がある（図 2.16）[10, 11]．偏向の向きが 90° 異なる垂直偏光（p 偏光）と水平偏光（s 偏光）が用いられ，各レーザ光シートでのトレーサ粒子からの散乱光を偏光ビームスプリッタで分離して撮影できるため，近接した 2 断面の速度計測が可能になる．この方法はトレーサ粒子からの散乱光の偏光が保存されるという条件で成り立つものである．ステレオ PIV にデュアルシート照明を適用すれば，近接した 2 断面内での瞬時速度 3 成分に加えて，瞬時速度の 1 次の空間微分 9 成分が求められる．

(4) そのほかの光源

PIV では，単色光で直進性のよいレーザが光源として用いられることが多い．しかし，レーザは高価であること，安全な取り扱いに注意を要することなどから，熱光源のタングステンランプやハロゲンランプ，あるいは放電灯のキセノンランプや水銀ランプなども光源として用いられる．また，3 次元計測では空間照明が必要であり，カ

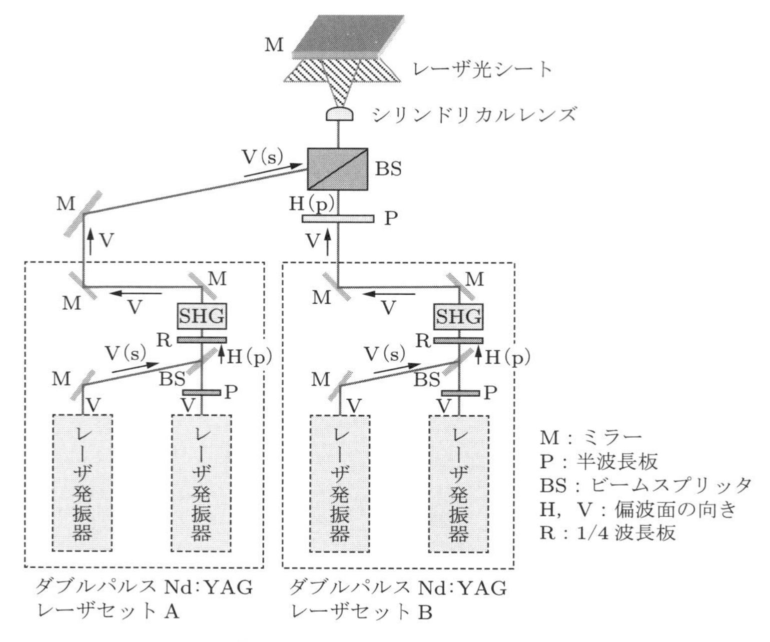

図 2.16 デュアルシート照明

表 2.2 各種光源の特性

ランプの種類	定格入力 [W]	ランプ電圧 [V]	全光束 [lm]	波長 [nm]	平均寿命 [h]
ハロゲン	500	12	850	連続スペクトル，400〜900	2000
キセノン	500	20	13500	450〜500，800〜900	2000
水銀ランプ	200	57	10000	546，579	400

メラと同期させたパルス発光を与えることから，キセノンランプのストロボ光源も用いられる．表 2.2 にレーザ以外の代表的な照明光源とその特性を示す．

(5) 照明発光とジッタ

PIV 計測では，上述のレーザ光源あるいはストロボ光源を撮影カメラと同期させてパルス発光させる．流速があまり大きくない PIV 計測では，照明の発光のずれ（ジッタ：jitter）はあまり問題にならないが，高速流測定や拡大撮影で照明の時間間隔を短くする必要がある場合には，トリガパルスや照明装置の発光のジッタが無視できなくなる．参考のため，以下に照明光源に関連する発光ジッタの概略の値を示しておく．

1) トリガパルスの時間間隔のジッタ

ダブルパルス照明を駆動するトリガパルスには，使用しているパルス発生器あるいはディレイジェネレータ（遅延パルス発生器）固有のジッタが存在する．たとえば，代表的なディレイジェネレータである DG535（Stanford Research Systems 社）では，RMS ジッタ [s] $= 60 \times 10^{-12} + \tau_d \times 10^{-8}$ である（ここで，τ_d は設定する遅延時間）．仮に $\tau_d = 1\,\mathrm{ms}$ とすると，RMS ジッタは $70 \times 10^{-12}\,\mathrm{s}$（70 ps）となり，ほとんどの PIV 計測で問題にならない．しかし，中には，RMS ジッタの大きなディレイジェネレータが存在し，時間間隔 Δt が μs オーダーとなる高流速の PIV 計測では影響が無視できない可能性があることに注意が必要である．

2）照明装置の発光ジッタ

照明装置がトリガパルスを受け取ってから実際に発光を行うまでの時間にも，装置固有のジッタが存在する．たとえば，上述の PIV 専用の低繰り返しダブルパルス Nd:YAG レーザ装置では，ジッタは ±0.5 ns 以下と小さい．一方，高繰り返しダブルパルス Nd:YAG/Nd:YLF レーザ装置では，低繰り返しよりもジッタが大きい．パルスレーザのジッタはレーザの機種に依存するため，数ナノ秒～数十ナノ秒のジッタが問題となるような Δt がきわめて短い条件の PIV 計測では，高速フォトダイオードを用いるなどしてジッタを直接に把握する必要がある．ストロボ装置のジッタは発光半値幅の短い低出力のもので ±50 ns 程度，発光半値幅の長い高出力（高輝度）のものでは ± 数マイクロ秒程度である．

2.2 トレーサ粒子による流れの可視化

PIV 計測にあたって，最初に行うのはトレーサ粒子の選択である．PIV の計測対象はさまざまで，粒子の選定には光の散乱特性，視認性，流体力学的特性あるいは粒子の大きさや密度の関係を考慮しなければならない．また，価格，安全性，耐熱性，扱いやすさ，装置への影響なども重要である．本節では，トレーサ粒子の選択にあたって考慮すべきトレーサ粒子の光学的特性と流体力学的な特性についてその基礎を述べる．

2.2.1 トレーサ粒子の光学的特性

PIV はトレーサ粒子像を解析対象とするので，粒子による光散乱から結像までの特性を把握しておくことは重要である．これらの特性は，得られる粒子像の明るさ，大きさ，形に影響を与え，PIV 計測における大きな誤差要因となるからである．ここでは，気流用トレーサ，水流用トレーサ粒子の光散乱特性および粒径と散乱光強度の関係を示す．また，散乱光の結像特性と共に微小なトレーサ粒子を撮影・記録する際の注意点について述べる．

(1) 粒子の光散乱特性

光の散乱は，粒子の大きさが入射光の波長と同程度以上の大きさの粒子によるミー散乱（Mie scattering），入射光の波長に比べて十分小さな粒子によるレイリー散乱（Rayleigh scattering），および分子または物質の格子振動に起因するラマン散乱（Raman scattering）に大別される．一般的なPIVで用いられるトレーサ粒子による光散乱はミー散乱とみなせ，散乱光の強度と分布は，粒子および流体の屈折率と粒径 d と波長 λ の比である粒径パラメータ a_{p} で次式のように表される．

$$a_{\mathrm{p}} = \frac{\pi d}{\lambda} \tag{2.8}$$

粒径パラメータが増加すると，散乱光の強度は急激に増加する．たとえば，波長532 nmの光に対する粒径パラメータ a_{p} と散乱光強度との関係は，表2.3のようになる（ここで，粒子は空気中のオイルミストを想定している）．

表2.3 粒径と散乱光強度との関係

粒径パラメータ	粒子径	散乱光強度
$a_{\mathrm{p}} < 0.3$	$d < 0.05\ \mu\mathrm{m}$	粒径の6乗に比例．レイリー散乱領域
$0.3 < a_{\mathrm{p}} < 5$	$0.05\ \mu\mathrm{m} < d < 0.85\ \mu\mathrm{m}$	粒径の6乗に比例
$5 < a_{\mathrm{p}} < 30$	$0.85\ \mu\mathrm{m} < d < 5.1\ \mu\mathrm{m}$	粒径への依存性が6乗から2乗に減少し，かつ粒径に対して単調でよい変化を示す前方散乱が卓越するようになる
$30 < a_{\mathrm{p}}$	$5.1\ \mu\mathrm{m} < d$	粒径の2乗に比例

PIVでは，500〜600 nm程度の波長の光源で粒径1〜数十マイクロメートルのトレーサ粒子を照明することが多いので，散乱光の強度はほぼ粒径の2乗に比例すると考えてよい．

均質媒質の球形粒子による平面波の光散乱はミー理論で説明され，詳細な解説がなされている[12〜14]．図2.17はミー理論による散乱光強度の分布を示したもので，空気中のオイルミスト（直径2 μm，屈折率1.5）と水中のポリスチレン粒子（直径10 μm，屈折率1.59）をNd:YAGレーザの第2高調波（$\lambda = 532$ nm）で照明した場合の結果である．ここで，レーザ光は非偏光の平面波であり，図の左側から右側に向かって進行し，丸印で示されている粒子を照明する．図では散乱光強度の常用対数が粒子中心からの距離となるように描かれている．どちらの粒子も，光の回折に支配される前方散乱がもっとも強く，側方散乱は弱い．標準的なPIVでは，ほぼ球形の微小トレーサ粒子をレーザ光シートで照明し，散乱光を側方から観察することが主流である．そのため，散乱光強度が不足しがちであり，それを補うためにNd:YAGレーザなどの出力の高い照明装置が用いられる．

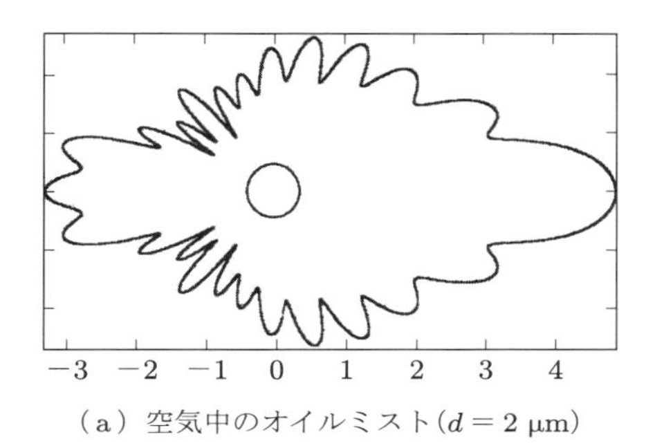

（a）空気中のオイルミスト（$d = 2\ \mu\mathrm{m}$）

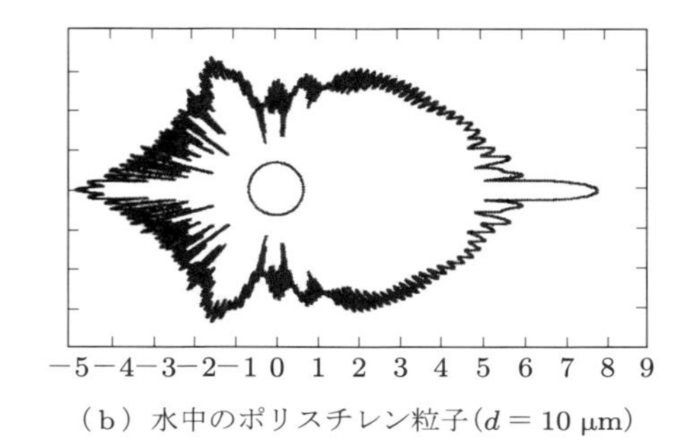

（b）水中のポリスチレン粒子（$d = 10\ \mu\mathrm{m}$）

図 2.17 ミー理論による散乱光強度分布（$\lambda = 532\,\mathrm{nm}$，log スケール表示）

トレーサ粒子の粒径と散乱光強度の関係は，表 2.3 に示したように粒径が数マイクロメートル以上では粒径のほぼ 2 乗に比例する．しかし，図 2.17 のオイルミストとポリスチレン粒子では，粒径が 5 倍異なるにもかかわらず，側方散乱に注目すると散乱光強度に大きな差はない．これはトレーサ粒子と周囲流体との屈折率の違いが，空気中のオイルミストでは 1 : 1.5 であるのに対して，水中のポリスチレン粒子では 1.33 : 1.59 であり，後者のほうが屈折率の比が小さく，光を散乱しにくいからである．このことは，水流では気流に比べ，より大きなトレーサ粒子を用いなければ十分な散乱光強度が得られないことを意味する．なお，水中でも粒子表面に銀などの金属をコーティングした粒子を用いることで強い散乱を得ることができる．

図 2.18 は，粒径と散乱光強度の詳細な解析結果の一例[15]である．水中に屈折率 1.59 の粒子をシーディングし，これをレーザ光シートで照明して，側方観察した場合の，露光強さをレンズの F 値（後述）をパラメータとしてプロットしたものである．

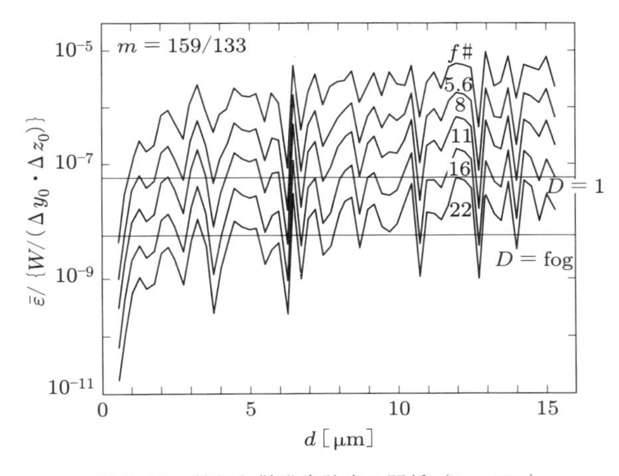

図 2.18 粒径と散乱光強度の関係（$\theta = 90°$）

ここで，図の縦軸はレーザ光強度（$W/\Delta y_0 \Delta z_0$）で無次元化した平均露光強度 $\bar{\varepsilon}$ である．図から，側方散乱光強度は粒径とともに単調に増加するのでなく，特定の粒径で1桁減少したり，あるいはその逆に1桁程度増加したりするといった変動を示すことがわかる．実際のトレーサ粒子は粒径分布を有し，図2.18のような単一粒径にみられる粒径依存性が平均化されるため，それほど神経質になる必要はない．ただし，粒径分布の幅が小さい単分散粒子を用いるような場合，使用する粒径と側方散乱光強度との関係をあらかじめ確認しておいたほうがよい．また，散乱光強度は散乱角度により大きく変化し，たとえば，オイルミストではやや前方散乱（$\theta \fallingdotseq 80°$）が，ポリスチレン粒子ではやや後方散乱（$\theta \fallingdotseq 120°$）が大きくなる．

ステレオPIVの場合には，レーザ光シートに対して斜めから2台のカメラで撮影する（図7.11参照）．その場合，レーザ光シートを左方から照射すると，右のカメラは粒子の前方散乱光を撮影するが，左のカメラは後方散乱光を撮影することになり，撮影される粒子像の輝度に大きな違いが発生する．そういう場合は，2台のカメラを右側の上下に配置するか，右側でレーザ光シート面に対して面対称の位置（レーザ光シートの表裏）に配置するとよい．

(2) 蛍光粒子

物体まわりの流れなどを計測する際には，レーザ光が物体表面で反射することで，トレーサ粒子の散乱光が見づらくなる場合が多々ある．こういう場合には，蛍光物質を含有した蛍光粒子（付録A参照）をトレーサ粒子に用いるとよい．一般に，蛍光物質は照射した光（励起光という）より波長の長い光（蛍光という）を発する．したがって，レーザ光シートを励起光として蛍光粒子に照射すれば，蛍光粒子はレーザ光よりも波長の長い蛍光を発する．ここで，レーザ光を遮断して蛍光のみを通す光学フィルタ（バンドパスフィルタやローパスフィルタ）をカメラに装着すると，レーザ光が物体表面で反射した光を遮断し，トレーサ粒子からの蛍光のみを観察することが可能となる．また，トレーサ粒子のミー散乱の強度は前方から観測した場合に著しく高くなるが，蛍光強度は観測角度に依存せず，蛍光粒子はどの方向から観測しても同一の明るさに見える．PIVではレーザ光シートの入射方向に対して90°程度の角度から撮影し，側方散乱をとらえることが多いが，その場合には蛍光粒子のほうがミー散乱よりも明るく見える．

(3) 粒子の結像

PIVで扱う粒子は点光源に近い小さな被写体であり，これを明るく結像させるためには撮像系（レンズ系）の設計が重要である．レンズ系の明るさは F 値（F value）に関係する．F 値は $F = f/D$ で与えられ，f はレンズ焦点距離，D は絞りの直径である．像の明るさは絞りの面積に比例するので，F 値の 2 乗に反比例する．一方，F 値を大きくしていくと，光の回折に起因する粒子像のぼけが強くなる．これは点光源の像が絞りにおける光の回折によって広がり，結像面で円盤（エアリディスク：Airy disk）として結象するためである．エアリディスクの半径は回折限界（diffraction limit）とよばれる[16]．円形開口に対するフラウンホーファー回折（Fraunhofer diffraction）として理論解析がなされていて，エアリディスクの直径 d_a は次式で与えられる．

$$d_\mathrm{a} = \frac{2.44\lambda d_\mathrm{i}}{D} \tag{2.9}$$

ここで，λ は光の波長，d_i はレンズ主点から撮像面までの距離，D は円形開口の直径である．レンズ系の横倍率 $M = d_\mathrm{i}/d_0$（ここで，d_0 は主点から物体までの距離）と F 値を用いると，$d_\mathrm{i}/D = (1 + M)F$ となるので，d_a は次式で与えられる．

$$d_\mathrm{a} = 2.44\lambda(1 + M)F \tag{2.10}$$

このように，エアリディスクの直径は F 値に比例するので，絞りを開けて撮影すると回折によるぼけを小さくできる．

つぎに，横倍率 M の影響を考える．たとえば，20 mm の視野幅を 1/2 インチ CCD 素子（幅 9 mm，1024 pixel，セルサイズ 8.8 μm）で撮影すると，$M = 0.45$ となる．この条件で，光源の波長 $\lambda = 532$ nm，F 値を $f/2.8$ とすると，$d_\mathrm{a} = 5.3$ μm となり，回折によるぼけは CCD 素子のセルサイズより小さな値となる．一方，撮影倍率を上げた場合を想定し，同じ視野幅を幅 5 インチ（= 127 mm）の大判フィルムで撮影すると，$M = 6.4$ となり，$d_\mathrm{a} = 26.9$ μm となる．フィルムの解像力は 100 本/mm（5 μm に相当）以上なので，回折によるぼけがはっきりと解像される．このように，トレーサ粒子を撮影倍率を上げて撮影すると，回折による像のぼけも一緒に広がってしまう．

撮像面でのトレーサ粒子像の大きさ d_e は，粒径 d の投影サイズである Md とエアリディスクの直径 d_a との二乗和平方根として，次式のように与えられる[15]．

$$d_\mathrm{e} = \sqrt{M^2 d^2 + d_\mathrm{a}^2} \tag{2.11}$$

たとえば，上述の $M = 0.45$，$\lambda = 532$ nm，F 値 $f/2.8$ の条件において，$d = 2$ μm では $d_\mathrm{e} = 5.4$ μm となる．$Md = 0.9$ μm なので，撮像面では粒子像ではなくエアリディスクを見ていることになる．このように，トレーサ粒子が小さいと結像される粒子像の大きさはトレーサ粒子の大きさとは無関係になり，回折現象で定まるエアリディスクの直径となる．2.2.1 項(1)で述べたように，散乱光強度は粒径の 2 乗に比例するため，トレーサ粒子が小さくなると光散乱が著しく弱くなるにもかかわらず，結像される粒子像の大きさはあまり変化しないため，粒子像が著しく暗くなる．つまり，撮影しにくいのは粒子が小さいためではなく，暗いためである．

(4) 収差と被写界深度

小さなトレーサ粒子を撮影するもっとも確実な方法は絞りを開ける（F 値を小さくする）ことである．これにより，上述の回折による粒子像のぼけを抑えることもできる．一方，絞りを開けることにより，以下に述べる収差と被写界深度の問題が顕在化する．

収差（aberration）とは結像系の近軸近似からの誤差であり，ザイデルの 5 収差（球面収差，非点収差，像面湾曲，歪曲収差，コマ収差）が知られている[3]．このうち，球面収差，非点収差，像面湾曲，コマ収差は，F 値を大きくする（絞りを絞る）と減少する．一方，歪曲収差は，像が樽型あるいは糸巻型に変形する収差で，その程度は F 値の大小に依存しない．歪曲収差の補正は写真測量における重要な課題であり，単写真標定（あるいはカメラ校正）とよばれる種々の方法が提案されている[17]．

PIV 計測では（とくに，3 次元 PIV 計測では）粒子像の撮影における被写界深度（depth of field：DOF）の検討が重要である．撮影系の奥行き方向の見える深さを与える指標が被写界深度 Δ で，前方被写界深度 Δ_1 と後方被写界深度 Δ_2（< 0）があり，横倍率 M が極端に小さくなければ次式のように与えられる．

$$\Delta = \Delta_1 = -\Delta_2 = \frac{2(1+M)F\varepsilon}{M^2} \tag{2.12}$$

ここで，ε はぼけの許容量である．式(2.12)から，被写界深度は F 値が小さいほど，また横倍率 M が大きいほど小さくなる．ぼけの許容量として，上述の回折限界を採用するという考え方がある[18]．この許容量はかなり厳しい条件であり，PIV では撮像面での粒子像の大きさ程度を用いてよい．

被写界深度は，奥行きのある 3 次元 PIV 計測ではとくに重要な問題となってくる．7.1.1 項(2)に具体例を記載するので参照されたい．

2.2.2 トレーサ粒子の流れへの追随性

トレーサ粒子の流れへの追随性について，周波数応答（frequency response），沈降速度（settling velocity），遠心力（centrifugal force）の影響などを液流と気流について説明する．

流体中を運動するトレーサ粒子は，粒子の慣性のために流体に完全には追随できず，周囲の流体と異なる速度を示す．PIV は，トレーサ粒子の速度を計測し，それを局所の流体速度とみなす手法なので，トレーサ粒子の速度と周囲流体の速度が異なることは計測原理にかかわる問題となる．流体中の粒子の運動を記述する非定常運動方程式の一つとしてつぎの Baset-Boussinesq-Oseen 式が知られている[19].

$$\frac{\pi d^3}{6}\cdot\rho_{\mathrm{p}}\cdot\frac{\mathrm{d}u_{\mathrm{p}}}{\mathrm{d}t}=3\pi\nu\rho_{\mathrm{f}}d\left(u_{\mathrm{f}}-u_{\mathrm{p}}\right)+\frac{\pi d^3}{6}\cdot\rho_{\mathrm{f}}\cdot\frac{\mathrm{d}u_{\mathrm{f}}}{\mathrm{d}t}+\frac{1}{2}\cdot\frac{\pi d^3}{6}\cdot\rho_{\mathrm{f}}\left(\frac{\mathrm{d}u_{\mathrm{f}}}{\mathrm{d}t}-\frac{\mathrm{d}u_{\mathrm{p}}}{\mathrm{d}t}\right)$$
$$+\frac{3}{2}\cdot d^2\rho_{\mathrm{f}}\sqrt{\pi\nu}\int_{t_0}^{t}\frac{d\xi\left(\frac{\mathrm{d}u_{\mathrm{f}}}{\mathrm{d}t}-\frac{\mathrm{d}u_{\mathrm{p}}}{\mathrm{d}t}\right)}{\sqrt{t-\xi}} \qquad (2.13)$$

ここで，u_{p}，u_{f}，ρ_{p}，ρ_{f} はそれぞれトレーサ粒子（p）と流体（f）の速度ならびに密度であり，d はトレーサ粒子の粒径である．左辺の $\mathrm{d}u_{\mathrm{p}}/\mathrm{d}t$ は粒子の加速度で，粒子自身の慣性を示す．右辺第 1 項はストークス則による粘性抵抗を与え，抵抗が流体と粒子の速度差に比例することを示している．第 2 項は流体の加速に起因する圧力勾配が粒子に作用することを示し，第 3 項は粒子の加速が周囲流体を引きずるための慣性力を与え，付加質量項とよばれる．最後の項は加速度差の履歴に起因する項（バセット項）である．

(1) 粒子の周波数応答

Hjelmfelt & Mockros[20] は，流体の速度 u_{f} が角速度 ω（$=2\pi f$．f：周波数）に対して

$$u_{\mathrm{f}}=\int_0^{\infty}\left(\zeta\cos\omega t+\lambda\sin\omega t\right)\mathrm{d}\omega \qquad (2.14)$$

と変動するとき，球形粒子の速度 u_{p} を以下のように誘導した．

$$u_{\mathrm{p}}=\int_0^{\infty}\left[\eta\left\{\zeta\cos\left(\omega t+\beta\right)+\lambda\sin\left(\omega t+\beta\right)\right\}\right]\mathrm{d}\omega \qquad (2.15)$$

ここで，η は粒子速度の流体速度に対する振幅比，β は位相遅れであり，それぞれに以下のように表される．

$$\eta=\sqrt{\left(1+f_1\right)^2+{f_2}^2} \qquad (2.16)$$

$$\beta=\tan^{-1}\left(\frac{f_2}{1+f_1}\right) \qquad (2.17)$$

$$f_1 = \frac{\left\{1 + \dfrac{9}{\sqrt{2}\,(s+1/2)} N_s\right\}\left(\dfrac{1-s}{s+1/2}\right)}{\dfrac{81}{(s+1/2)^2}\left(2{N_s}^2 + \dfrac{N_s}{\sqrt{2}}\right)^2 + \left\{1 + \dfrac{9}{\sqrt{2}\,(s+1/2)} N_s\right\}^2} \tag{2.18}$$

$$f_2 = \frac{\dfrac{9\,(1-s)}{(s+1/2)^2}\left(2{N_s}^2 + \dfrac{N_s}{\sqrt{2}}\right)}{\dfrac{81}{(s+1/2)^2}\left(2{N_s}^2 + \dfrac{N_s}{\sqrt{2}}\right)^2 + \left\{1 + \dfrac{9}{\sqrt{2}\,(s+1/2)} N_s\right\}^2} \tag{2.19}$$

$$s = \frac{\rho_p}{\rho_f}$$

$$N_s = \sqrt{\frac{\nu}{\omega d^2}}$$

式(2.19)を用いて藤澤[21]により解析された，水流と空気流の代表的なトレーサ粒子の追随性を以下に示す．図2.19は，水流に用いられることの多いナイロン粒子を想定し，密度比を1.02に固定して粒径を変化させてトレーサ粒子の振幅比（u_p/u_f）と位相遅れ（β）を算出したものである．水から受ける粘性抵抗が大きく，密度比が1に近いことから，かなり大きな粒径まで液体の変動によく追随することがわかる．たとえば，粒径500 μmの粒子でも150 Hzの変動に対して99%の振幅比かつ-0.17度の位相差で追随する．

一方，空気流のトレーサ粒子の場合は，密度比がかなり大きくなるので，粒径を小さくする必要がある．ここでは，空気流のトレーサとしてよく使用されるオイルミストとプラスチック中空粒子の追随性を検討する．

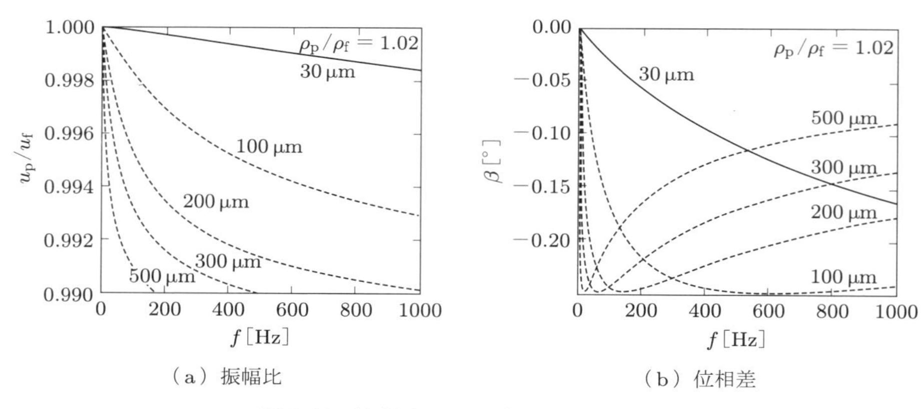

図2.19　液体用トレーサ粒子の周波数応答

図 2.20 (a)は，オイルミストについて速度の振幅比を粒径 1 μm から 20 μm で変化させて算出したものである．水流の場合に比べて，振幅比の減少が大きいことがわかる．オイルミストでは，振幅比 0.95 以上かつ位相遅れ 10 度以内を満たすのは粒径 3 μm 以下である．後述するラスキンノズルを用いたオイルミスト発生装置では，粒径 1 μm の粒子を容易に生成でき，高い速度変動周波数を有する流れ（乱流）へのトレーサ粒子を供給できる．図(b)はプラスチック中空粒子（密度比 33）の振幅比の周波数応答である．オイルミストに比べて密度比が小さいので，比較的大きな粒径でも良好な追随性を有することがわかる．すなわち，振幅比 0.95 以上かつ位相遅れ 10 度以内を満たすのは粒径 20 μm 以上となる．

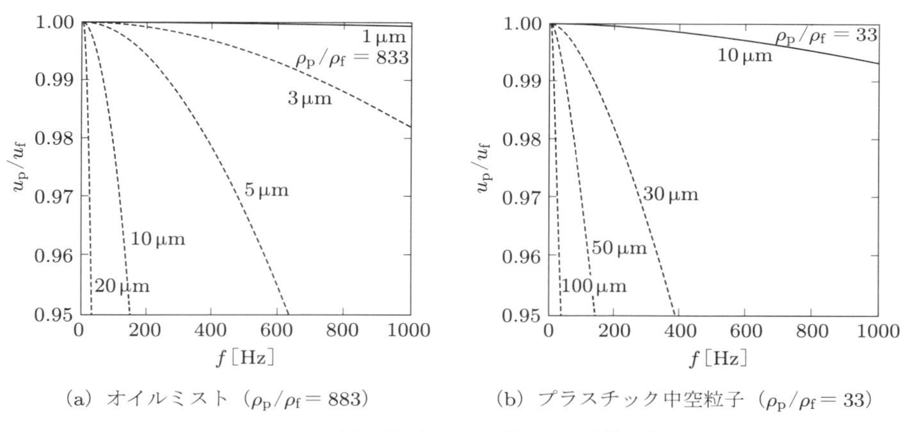

(a) オイルミスト（$\rho_p/\rho_f = 883$）　(b) プラスチック中空粒子（$\rho_p/\rho_f = 33$）

図 2.20　空気流用トレーサ粒子の周波数応答

(2) 粒子の沈降速度

流体中のトレーサ粒子は，密度差と重力の作用により流体中を沈降する．粒径が 2～100 μm の微小球形粒子およびミストについて，その沈降速度 u_{ps} はストークスの抵抗則にカニンガムの補正を加えた次式で表される[21]．

$$u_{ps} = \frac{1}{18}\left(\frac{\rho_p}{\rho_f} - 1\right)\frac{gd^2}{\nu}\left(1 + \frac{2al}{d}\right) \tag{2.20}$$

ここで，g は重力加速度，ν は流体の動粘性係数，a はカニンガムの定数，l は流体分子の平均自由行程で，常温・大気圧の空気中では $al = 9 \times 10^{-8}$ m である．式(2.20)が適用できる粒子レイノルズ数（$Re_p = u_{ps}d/\nu$）の範囲は $Re_p = 10^{-4}$～2 である．なお，カニンガムの補正は希薄気体効果に対するものであり，液体中では $a = 0$ としてよい．

図 2.21 に水流用のトレーサ粒子（ナイロン粒子：$\rho_p/\rho_f = 1.02$）と 2 種類の空気流

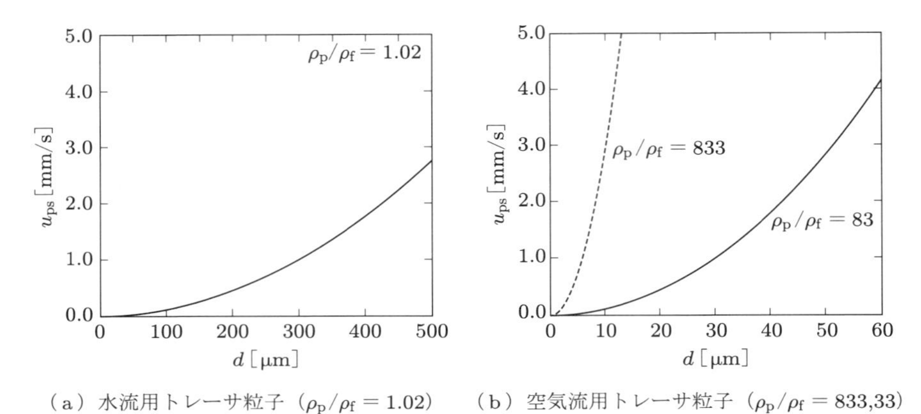

（a）水流用トレーサ粒子（$\rho_p/\rho_f = 1.02$）　（b）空気流用トレーサ粒子（$\rho_p/\rho_f = 833,33$）

図 2.21　粒子の沈降速度

用のトレーサ粒子（オイルミスト：$\rho_p/\rho_f = 833$，プラスチック中空粒子：$\rho_p/\rho_f = 33$）について粒径と沈降速度との関係を示す．沈降速度は基本的に粒径の 2 乗に比例して増大するため，密度比が 1 に近い水流用トレーサ粒子でも粒径 500 μm では $u_{ps} = 2.7$ mm/s に達する．密度比が大きな空気流用トレーサ粒子では，粒径が小さくても沈降速度が大きくなるので，注意が必要である．

(3) 遠心力の影響

PIV 計測は，流体機械内部の流れや，曲がり管内の流れ，あるいは旋回流れなど，流線曲率を有する流れ場の計測に頻繁に適用される．そのような流れ場にトレーサ粒子が置かれると，流体との密度差で粒子に遠心力あるいは向心力がはたらく．直径 d の球形粒子が，曲率半径 r の流れ場を接線方向に流体と同一の速度 u_f で運動するとき，粒子は曲率半径方向に速度 u_p（ただし，$u_p > 0$ は曲率中心に向かう速度）で移動する．このとき，粒子にはたらく曲率半径方向の流体抵抗は次式のストークスの抵抗則で表される．

$$C_D = \frac{24\nu}{u_p d} \tag{2.21}$$

粒子にはたらく遠心力と抗力とが釣り合う条件から，u_p と u_f の関係は次式のようになる．

$$\frac{u_p}{u_f} = \frac{d^2}{18}\frac{(1 - \rho_p/\rho_f)}{\nu}\frac{u_f}{r} \tag{2.22}$$

ここで，粒子の運動は粒子密度 ρ_f と流体密度 ρ_p との関係により以下のよう変化する．

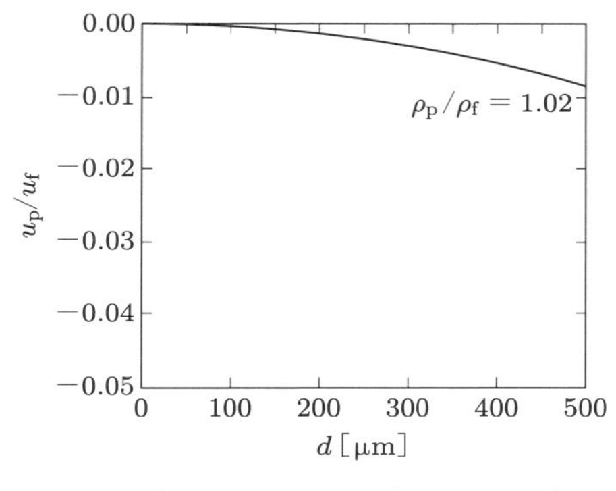

（a）水流用トレーサ粒子（$\rho_p/\rho_f = 1.02$）

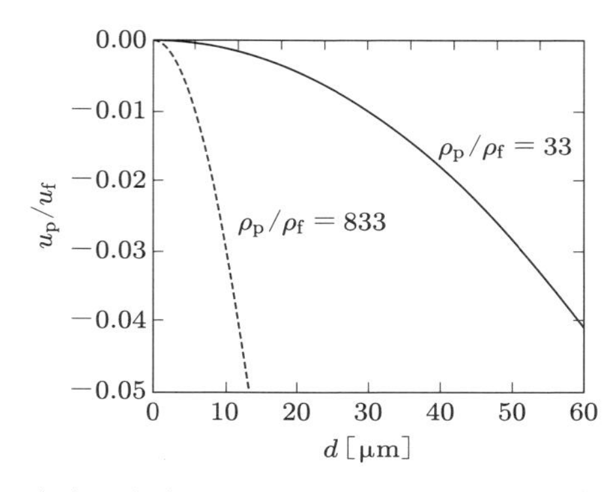

（b）空気流用トレーサ粒子（$\rho_p/\rho_f = 833,33$）

図 2.22 トレーサ粒子にはたらく遠心力の影響

$\rho_f > \rho_p$：粒子は曲率中心方向へ移動する．

$\rho_f < \rho_p$：粒子は曲率中心から離れる方向に移動する．

$\rho_f \approx \rho_p$：遠心力の影響が無視でき，粒子は流体と共に曲率に沿って移動する．

図 2.22 に水流用と液流用のトレーサ粒子の遠心力による影響を示す．ここで，水流用としてナイロン粒子（$\rho_p/\rho_f = 1.02$），空気流用としてオイルミスト（$\rho_p/\rho_f = 833$）とプラスチック中空粒子（$\rho_p/\rho_f = 33$）を想定した $r = 10\,\mathrm{mm}$ で $u_f = 0.33\,\mathrm{m/s}$ の条件下での u_p/u_f が示されている．図から明らかなように，水流用トレーサ粒子が受ける遠心力の影響は比較的小さく，粒径 500 μm でも ρ_p/ρ_f は 1% 未満である．しかし，空気流用のトレーサ粒子は密度比が大きいことから，遠心力の影響を受けやすい．

適用分野によっては，式(2.13)に含まれていないさまざまな要因がトレーサ粒子の運動に影響を与える場合がある．たとえば，速度勾配に起因する揚力，ブラウン運動，壁面や流面との相互作用，粒子どうしの干渉，静電気の影響などである．これらの要因について詳細な解説がなされた関連文献[22~24]があるので，必要に応じて参照されたい．

2.2.3 トレーサ粒子の種類とシーディング

トレーサ粒子の選択にあたって粒子の光散乱特性と，流れへの追随性について前項までに述べてきた．ここでは，粒子の種類とそのシーディングの方法について述べる．

トレーサ粒子のシーディング（seeding）は，計測対象の流れの特性や流体の物性に影響を与えないように行われる．これらの影響はトレーサ粒子が流体中に占める体積割合が大きくなると顕在化するが，通常の PIV 計測では体積割合は 10^{-5}～10^{-6} のオーダーであり，影響は無視できることが多い．ただし，体積割合は粒子数が一定であれば粒径の3乗に比例するため，大きなトレーサ粒子を用いる場合は注意が必要である．シーディングは，計測断面全体をできるだけまんべんなく行うことが望ましく，同時にPIVやPTVといった解析手法に適したシーディング密度が求められる．以下に，液流と気流に用いられる代表的なトレーサ粒子とシーディング方法について述べる．

(1) トレーサ粒子の種類

表2.4は代表的なトレーサ粒子をまとめたものである．各種のトレーサ粒子の特性や拡大写真およびその入手先などについては，付録Aに一覧をまとめたので参照されたい．

表2.4 代表的なトレーサ粒子

粒子	材質	粒径 [μm]	
		液体用	気体用
個体	イオン交換樹脂	30〜700	1〜30
	ナイロン	5〜300	—
	ポリスチレン	10〜100	0.5〜10
	アルミニウム	2〜7	2〜7
	ガラス球	10〜100	—
	表面コーティング粒子	10〜500	10〜50
	蛍光粒子	10〜50	—
	マグネシウム	—	2〜5
	煙	—	<1
	酸化チタン	—	1
液滴（ミスト）	オリーブオイル	50〜500	0.5〜10
	DEHS (di-ethyhexyl-sebacat)	—	<1
	水	—	0.5〜10
中空	シリカ	—	0.5〜5
	チタニア	—	0.5〜2
	プラスチック	10〜50	10〜50
	ガラス	10〜150	10〜100
	ソープバブル	—	200〜2000

(2) 液流におけるシーディング

樹脂系の固体球形粒子は，密度が水に近い，光散乱特性がよい，低コストである，などの理由から水流でのトレーサ粒子として多用される．さらに，光散乱効率のよい表面コーティング粒子などが市販されており，微小なトレーサ粒子（たとえば，粒径10 μm程度）でも比較的低出力のレーザ照明で鮮明な粒子像を得ることができる．気液二相流や固体壁面など，照明光の反射が強い場合には蛍光粒子を用いるとよい．すなわち，カメラレンズに蛍光波長を選択的に透過する光学フィルタを取り付けると，気泡や固体壁面からの散乱光の影響を受けずに粒子像を得ることができる．プラスチックを基材とする蛍光粒子はさまざまな粒径のものが市販されており便利であるが，一般的に高価であり，トレーサ粒子を大量に必要とする計測には適用しにくい．イオン交換樹脂はローダミン B などの蛍光染料による着色が可能である[25]．

液流用のトレーサ粒子のシーディングは，事前にトレーサ粒子の濃密な懸濁液を作り，それを流れに注入するのが基本的な方法である．濃密な懸濁液の作成にあたり，少量のアルコールや界面活性剤（ドライウェルなど）を加え，十分に攪拌すると，トレーサ粒子が一様に分散する．作動流体が循環する系では，シーディング量を徐々に増やしながら，トレーサ粒子の個数を画像で確認しながらシーディングを調整するとよい．

複雑形状の流路内の流れを測定する場合には，流路と流体の屈折率を一致させる屈折率一致法（index matching 法[26]）を用いることで，流路と流体の境界における屈折をなくし，像の歪みを抑えることが可能となる．

(3) 気流におけるシーディング

気流へのトレーサ粒子には，気体との密度差が大きいので，流れへの追随性を担保するために粒径の小さな固体粒子やオイルミストが使用される．もっとも頻繁に用いられるのはオイルミスト（とくにオリーブオイルミスト）であり，ラスキンノズル（図 2.23）を用いてオイル中に圧縮空気を吹き込むことによって平均粒径 1 μm 程度のオイルミストを生成できる．シリカ（SiO_2）やチタニア（TiO_2）は光散乱特性がよく，シリカは 1300℃，チタニアは 2000℃ 程度までの耐熱性を有するので，燃焼場などの

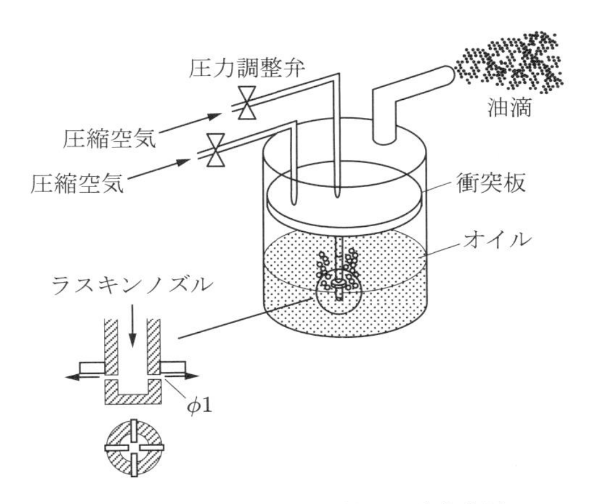

図 2.23 気流用オイル粒子の発生装置

PIV 計測に用いられる．プラスチック中空粒子は，光散乱特性はシリカなどに比べて劣るが，比較的低コストなので常温の気流計測（とくに PIV 計測）に使用される．

オイルミスト（オリーブオイル，DEHS（di-ethyhexyl-sebacat）など）は，平均粒径が約 1 μm で粒径のばらつきが少なく，大量に発生させることが容易であること，粒子の寿命が長いこと，DEHS は蒸発するので装置を汚しにくいこと，毒性がないことなどから，PIV の気流用のトレーサ粒子として頻繁に使用されている[10]．図 2.23 にオイルミスト発生装置の一例を示す．圧力容器中のオイルの中にラスキンノズル (Laskin nozzle)[27] をおき，ゲージ圧 0.3〜1 気圧の圧縮空気をオイル中に吹き込んで微細気泡を発生させる．その際，ノズルからの音速ジェットによるせん断力でオイルミストが発生し，気泡中に閉じ込められる．気泡は浮上してオイル液面に達し，そこで破裂して気泡中のオイルミストを放出する．容器の上部には衝突板が設けられていて，容器内壁との間の 2 mm 程度のすき間を通り抜ける際に大きなオイルミストはトラップされ，粒径 1 μm 程度のものがトレーサ粒子として供給される．オイルミストの濃度は，ラスキンノズルとは別系統で供給される圧縮空気の流量を調整することで制御される．大量のオイルミストを必要とする場合にはラスキンノズルの本数を増やす．オイルミストの粒径はオイルの種類により変化するが，圧縮空気の圧力にはそれほど依存しない．

風洞実験などでは，大量のシーディングが要求される場合がある．そのため，図 2.24 に示すような格子状のパイプに多くの穴をあけたオイルミスト供給装置を用いることがある．回流型風洞では，寿命の長いオイルミスト使用は有効で，一度シーディングを行うと比較的長時間の計測が可能になる．また，閉空間に実験装置を設置し，空間全体をオイルミストで充満させるグローバルシーディングは，一様なシーディン

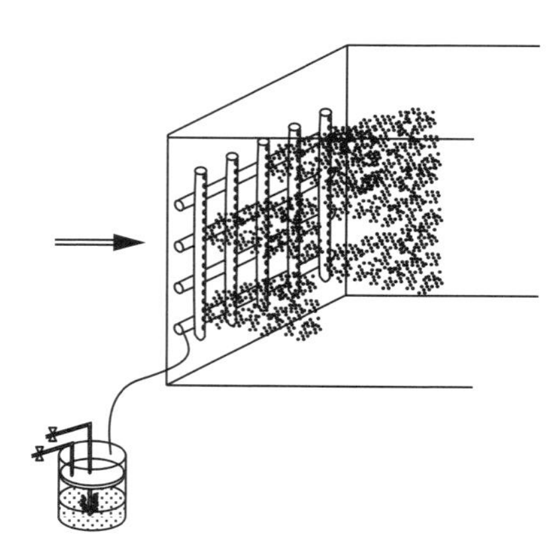

図 2.24 風洞試験におけるシーディングの一例

グを容易に実現できる．

固体粒子のシーディングにあたっては，図 2.25 に示すような粒子混合供給装置を用いると，トレーサ粒子を流れ場に均一に供給できる．混合容器の下部に撹拌ファンを設置して固体粒子を撹拌し，金網などのフィルタを通して，流れに乗った粒子を容器上部から取り出すしくみである．空気源としてコンプレッサあるいは空気ボンベが用いられる．トレーサ粒子の供給量は流量調整弁で調整する．数マイクロメートルの小径単分散の固体粒子は分散させにくい場合が多い．そのような場合，エタノールなどの揮発性の高い液体にいったん粒子を混入させ，その溶液をアトマイザーなどで噴霧すると一様に分散させることができる．固体粒子のシーディングでは，粒子の連続的な大量供給が難しいこと，空気中に飛散して計測者が吸い込む恐れがあること，実験装置を汚すことなど，取り扱い上の問題点に注意する必要がある．

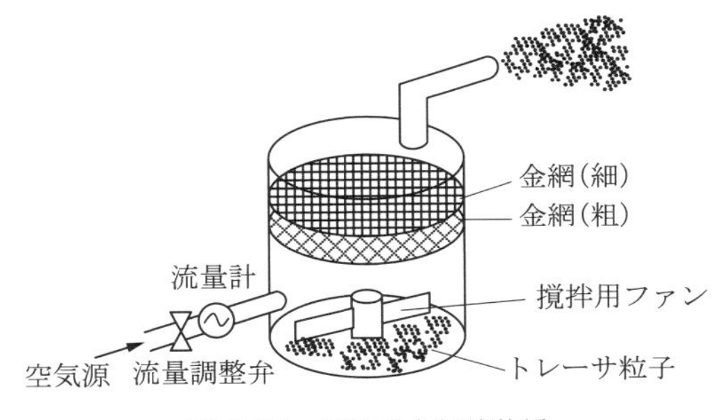

図 2.25　粒子混合供給装置

オイルミストや固体粒子は比較的狭い領域（画角 30 cm 程度）を測定するうえでは有用であるが，より広い領域に適用するには相当の出力をもつ光源を用いないかぎり散乱光が暗く撮影が困難となる．こうした場合には粒子径を大きくして散乱光強度を高める必要があるが，粒子径の増大はトレーサ粒子の流体への追随性をわるくすることとなり，望ましくない．とくに，液体や固体のトレーサ粒子は気体との密度比が大きいので，粒子径を増加させたときの追随性の悪化は深刻であり，粒子径を増加させるのであれば，気体と密度がより近いトレーサを用意して追随性を低下させない工夫が必要である．この場合，HFSB（helium-filled soap bubble：ヘリウム封入シャボン球）を用いるとよい．シャボン球の溶液には，シャボン球が割れにくくなるようにグリセリンを添加し，シャボン球の内部にヘリウムを封入することで，気体との密度比を 1 に近づけるように調整したものを用いるとよい．HFSB 自体は古くから用いられてきたが，近年，高速気流に対する追随性[28]を確保するために粒径が 1 mm 以下のものが盛んに用いられるようになってきた．

参考文献

[1] 野田健一監修：応用光エレクトロニクスハンドブック，昭晃堂，pp.1–32，1989.
[2] 小出昭一郎：量子力学（1），裳華房，pp.1–16，1998.
[3] 三宅和夫：幾何光学，共立出版，pp.1–6，68–76，1985.
[4] （社）照明学会編：光をはかる，日本理工学出版会，1996.
[5] 矢島辰夫，霜田光一，稲葉文男，難波進編集：新版レーザハンドブック，朝倉書店，1989.
[6] Keane, R. D. & Adrian R. J.: Theory of cross correlation analysis of PIV images, *Appl. Sci. Res.*, Vol.49, pp.195–215, 1993.
[7] Raffel, M., Willert, C. E. & Kompenhans, J.: *Particle Image Velocimetry - A Practical Guide*, Springer, 1998.
[8] Kawahashi, M. & Hosoi, K.: Dual-beam-sweep laser speckle velocimetry, *Exp. Fluids*, Vol.8, pp.109–111, 1989.
[9] 牛島省：レーザライトシートスキャニングシステムを用いた3次元画像処理流速計測法，日本機械学会論文集（B編），Vol.62，No.596，pp.1414–1419，1996.
[10] Kompenhans, J. & Kähler, C. J.: Fundamentals of multiple plane stereo particle image velocimetry, *Exp. Fluids*, Vol.29, pp.S70–S77, 2000.
[11] Saga, T. et al.: Simultaneous measurement of all three components of velocity vectors by using a dual-plane stereoscopic PIV system, *CD-ROM Proc.10th Int. Symp. Appl. Laser Tech. Fluid Mech.*, 2000.
[12] Kerker, M.: *The scattering of light and other electromagnetic radiation*, Academic Press, New York, pp.27–188, 1969.
[13] Durst, F., Melling, A. & Whitelaw, J. H.: *Principles and practice of laser-Doppler anemometry*, Academic Press, London, pp.58–96, 1981.
[14] 粉体工学会編：粒子径計測技術，日刊工業新聞社，pp.123–143，1994.
[15] Adrian, R. J. & Yao C. S.: Pulsed laser technique application to liquid and gaseous flows and scattering power of seed materials, *Appl. Opt.*, Vol.24, pp.44–52, 1985.
[16] 谷田貝豊彦：応用光学—光計測入門，丸善，pp.1–17，1988.
[17] 村井俊治：解析写真測量，日本写真測量学会，pp.46–56，1983.
[18] Adrian, R. J.: Particle-imaging technique for experimental fluid mechanics, *Annu. Rev. Fluid Mech.*, Vol.23, pp.261–304, 1991.
[19] Hinze, J. O.: *Turbulence* 2nd ed., McGraw-Hill, New York, pp.460–471, 1975.
[20] Hjelmfelt, A. T. & Mockros, L. F.: Motion of discrete particles in a turbulent fluid, *Appl. Sci. Res.*, Vol.16, pp.149–161, 1966.
[21] 藤澤延行：粒子の追従性，可視化情報学会協力研究「PIVの実用化・標準化研究会最終報告書」，可視化情報学会，pp.27–40，2000.
[22] 井伊谷鋼一編：粉体工学ハンドブック，朝倉書店，p.255，1965.
[23] 流れの可視化学会編：新版流れの可視化ハンドブック，朝倉書店，pp.158–164，1986.
[24] 粉体工学会編：粉体工学便覧—第2版，日刊工業新聞社，pp.59–92，1998.
[25] 奥野武俊，西尾茂：PIV用トレーサの開発とその応用実験，日本機械学会関西支部第256回講演会講演論文集，pp.27–40，1998.
[26] Budwig, R.: Refractive index matching methods for liquid flow investigations, *Exp. Fluids*, Vol.17, Is.5, pp.350–355, 1994.
[27] Echols, W. H. & Young, J. A.: Studies of portable air-operated aerosol generators, *NRL（Naval Research Laboratory） Report 5292*, Washington, 1987.
[28] Scarano, F., Ghaemi, S., Cardi, G. C. A., Bosbach, J., Dierksheide, U., & Sciacchitano, A.: On the use of helium-filled soap bubbles for large-scale tomographic PIV in wind tunnel experiments, *Exp. Fluids*, Vol.56:42, 2015.

第3章 画像の取得と処理

PIV では，画像情報からコンピュータを用いて粒子の移動情報を抽出し，それをもとに速度分布を決定する．このため，PIV における画像取得と画像解析の関係は非常に重要である．

PIV の一般的な原理は図 1.2 に示した．まず，第 2 章で解説した光学的手法を用いて流れ場のトレーサ粒子を可視化する．つぎに，この可視化された流れ場をカメラによって取り込み，コンピュータで理解できる形，つまり，ディジタル画像情報として記録する．そのためには，可視化された流れ場をディジタル画像に変換するシステムが必要となる．これらは，PIV システムの中でも解析結果の精度や測定範囲を左右する重要な項目である．なお，このディジタル画像を第 4 章に示す解析手法で解析することで速度分布を算出することが可能となる．

本章では，画像に関連するハードウェア一般を扱う．まず 3.1 節では，ディジタル画像の基礎と PIV におけるディジタル画像の意味について解説する．つぎに 3.2 節で画像入力機器としてのビデオカメラについて，3.3 節で照明のタイミングについて述べ，3.4 節ではディジタル画像を処理するコンピュータシステムについて解説する．

3.1 PIV 画像

PIV では，粒子の映っている画像情報から，その移動情報を抽出する．旧来は，画像をアナログ情報として扱うスペックル法といった手法も使われていたが，近年ではコンピュータの急速な発展により，ディジタル画像処理（digital image processing）が一般的になってきている．本節では，ディジタル画像の一般的な特徴とその数学的背景について述べる．

3.1.1 画像とは

画像（image）とは，3 次元空間に存在する物体によって散乱もしくは透過された光を 2 次元平面上（像平面）に投影したものである．この光には，発光部，散乱・透過された物体などのさまざまな時・空間情報が含まれている（第 2 章参照）．

一般に，画像から情報を抽出する場合には，光の強度（輝度）の 2 次元分布が用いられる．画像には輝度情報のほかに色情報（赤，青など）も含まれているが，輝度情報に比べて定量的な扱いが複雑である．色には対象の散乱特性だけでなく，受光素子の特性，照明光の特性など複雑な要因が強く影響する．色情報を使う PIV なども提案されてはいるが，一般的ではない．

像平面に投影された画像は，アナログ情報である．このアナログ情報をコンピュータで扱える形に変換することをディジタル化とよび，ディジタル化された画像をディジタル画像という．本書では以後，単に画像という．画像のディジタル化は時間標本化，空間標本化，および量子化の三つの操作により行われる．時間標本化（temporal sampling）とは，時間方向に連続的に変化する輝度を，一瞬の値もしくは有限時間における積分値として取り出すことである．CCD カメラなどのビデオカメラでは，時間標本化が一定時間間隔（たとえば 1/30 s）で連続的に行われるので，時間標本化された多数の画像が得られる．このときの 1 枚の画像をフレームとよぶ．さらに，1 秒間あたりに取得されるフレーム数をフレームレートとよび，fps（frame per second）で表す．空間標本化（spatial sampling）とは，画像を細かな画素（画像要素：picture element．ピクセル：pixel）に分けて表すことで，量子化（quantization）は各画素の明るさを離散的な輝度値（brightness）で表すことである．そして，1 枚の画像は何個の画素から構成されているか，輝度値が何個の離散的な量子化レベル（quantization level）で表されているかによってディジタル画像の良否が決まる．ここで，画素数の大きさの程度を空間解像度（spatial resolution）といい，画素数の多い画像を「空間解像度の高い画像」と表現したり，画素数を表すために「$M \times N$ pixel（画素）の空間解像度」といった使い方をしたりする．一方，量子化レベルの細かさは輝度階調やダイナミックレンジといい，8 bit，12 bit，16 bit などの値をとる．

コンピュータ上では，この 2 次元に分布している画素を 2 次元配列として扱う．たとえば，画像左上から水平方向に i 番目，垂直方向に j 番目の画素の輝度を $f(i,j)$ と表す．これは，輝度値パターンを表す 2 次元の連続関数 $f^*(x,y)$ に対して，各画素内で空間平均をとったものと考えることができ，次式のように表すことができる．

$$f(i,j) = \frac{1}{\Delta x \Delta y} \int_{i\Delta x}^{(i+1)\Delta x} \int_{j\Delta y}^{(j+1)\Delta y} f^*(x,y) \mathrm{d}x \mathrm{d}y \qquad (3.1)$$

ここで，(x,y) は像平面における座標，$(\Delta x, \Delta y)$ は画素の大きさ（セルサイズとよばれる）を表す．図 3.1 にディジタル化の概念を示す．上図は，1 次元を例にとり，連続的な輝度変化の離散的なディジタル情報への量子化を表している．また，下左図は一般的な PIV 画像である．この画像を細かく拡大していくと，一定の輝度をもった四角の画素が見えてくる．この画素はコンピュータ上においては輝度という整数値をもっている．

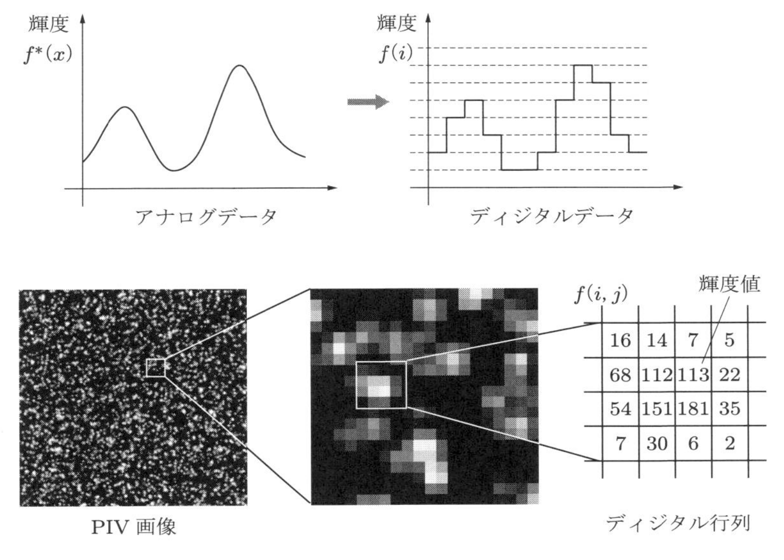

図 3.1 アナログデータとディジタルデータ

連続な輝度関数 $f^*(\Delta x, \Delta y)$ を離散化された輝度関数 $f(i,j)$ に変換することは，空間を標本化していることにほかならない．この画像上の画素の大きさが，標本化の指標となる．$(\Delta x, \Delta y)$ が大きければ，画像はモザイクをかけたような粗い画像になり，小さければ小さいほど画像を詳細に表すことが可能である．

輝度値の離散化レベル数は 8 bit（256 段階）が一般的であるが，近年では 12 bit（4096 段階）や 16 bit（65536 段階）が用いられることも多い．

2 次元配列の画素からなるディジタル画像がコンピュータプログラムの 2 次元メモリ配列に蓄えられれば，その内容（数値，画素ごとの輝度値）を操作することで画像処理が行える．プログラム上における輝度関数の具体的な表現は，FORTRAN では A(I,J)，C では a[j][i]（C 言語の 2 次元配列は，行 × 列の順に表記される）となる．図 3.1 の下側に画像とディジタル情報である配列との関係を概念的に表す．「画像処理は 2 次元配列の内容を操作することである」ということは，PIV など画像解析に新たに携わる研究者や技術者にとってきわめて基本的かつ重要な概念である．なお，先述した画像の量子化（空間の標本化，輝度の量子化）が画像処理結果に影響する場合がある．記述できる空間解像度が画素の大きさで決定されることから，とくに空間の標本化は重要である．また，輝度値を量子化することによる誤差の発生などについても考慮しなければならない場合があるので，画像情報は量子化されたディジタル情報であるということをつねに認識しておくことが重要である．

3.1.2 PIV 画像の種類

PIV においては，流体中に浮遊するトレーサ粒子が流体の動きを表していると考え，粒子からの散乱光情報を画像として捉え，粒子投影像の動きを解析する．つまり，3 次元空間中の粒子の投影像の画像上における移動，もしくは軌跡を解析することで流速を算出する．このためには粒子の投影像の動き，あるいは動いた跡を画像中に記録する必要がある．

画像は，3 次元空間の 2 次元投影であるだけではなく，時間を固定するという作用ももっており，パルス照明やカメラのシャッタを用いることで，瞬時の粒子像を記録できる．また，連続照明を用いれば，粒子の軌跡を記録することもできる．PIV 画像を粒子の記録方法によって分類すると，図 3.2 のようになる．ここで，図中の「露光時間」は画像の記録時間を，「照明」は画像を記録するために照明を行った時間を概念的に示している．

(1) 多重露光単一フレーム記録

1 枚の画像に，多時刻の粒子像を記録する方法を多重露光単一フレーム記録

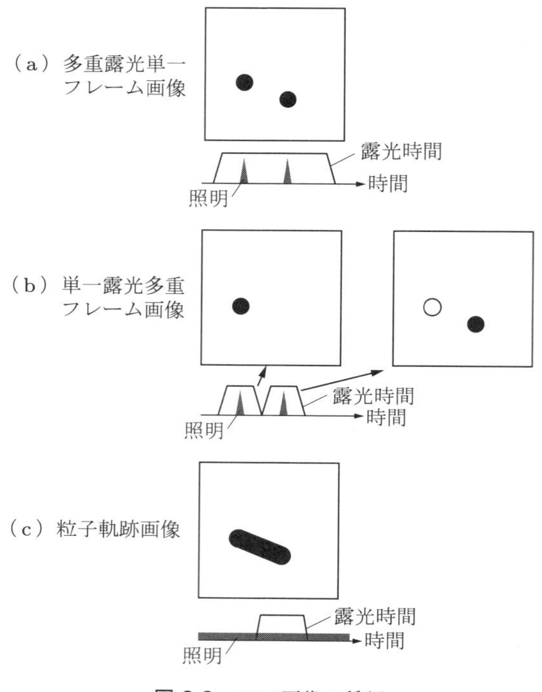

図 3.2 PIV 画像の種類

(multiple-exposure single-frame recording) とよぶ．図 3.2 (a)に多重露光によって得られる粒子像の例を示す．たとえば一眼レフカメラで多重露光を行うとすれば，カメラのシャッタを開放にしておいて，照明を 2 回以上照射する方法である．カメラ側の制御はほとんどなく，発光側のみを制御すればよいため，比較的簡単に画像を取得できる．このため，1980 年代における PIV ではこの手法が主に用いられていた．

この画像では，2 時刻以上の粒子の情報が画像上に記録され，この 1 枚の画像を解析することで粒子の変位ベクトルを算出する．しかし，二つの粒子からなる粒子対が記録されたときに，どちらの粒子像が時間的に最初であるかという情報が失われているため，得られるベクトルの方向が定められない．これを方向の不確定性 (directional ambiguity) とよぶ．しかし，簡単に画像が取得できるので，流れの方向がはっきりしている場合には現在でも使われることがある．なお，露光時間 (電荷を蓄積する時間) 中に粒子が移動すると，粒子像が楕円もしくは線分となる．位置計測精度を上げるためには露光時間中に粒子像があまり移動しないことが重要であり，照明の照射時間が十分短いことが必要である．

(2) 単一露光多重フレーム記録

1 枚の画像上に 1 時刻の粒子像のみを記録する方法が単一露光多重フレーム記録 (single-exposure multiple-frame recording) である (図 3.2 (b))．カメラの記録とパルス照明の発光を同期し，1 枚の画像に，特定の時刻の粒子像を記録する．したがって，時間や方向の不確定性は回避できる．2 時刻もしくは連続した数時刻の画像を解析することで粒子の変位ベクトルを算出する．記録されている粒子の時刻がわかっているので，画像間粒子の対応づけがとれれば方向を確定できる．2 時刻の時間間隔はフレームストラドリング (3.3.3 項) を用いることで，低フレームレートのカメラであってもごく短い時間間隔の 2 枚の画像を得ることが可能であり，高速流も測定可能である．

(3) 粒子軌跡記録

前述の多重，単一露光では粒子が露光時間中になるべく移動しないように制御したが，粒子軌跡記録 (particle trajectory recording) では，粒子が移動して線分となることを積極的に利用する．具体的には，露光時間を長くとることで，その時間内に移動した粒子の軌跡を線として記録する (図 3.2 (c))．また逆に，連続光を用いてシャッタを有限時間開けることでも実現できる．この方法では始点と終点の間が線で結ばれるので対応づけの誤りはほとんどなくなるが，画像上に記録される粒子像の画素数が増大するので軌跡の数をあまり多くは記録できない．また，線分のどちらが始点であるかという情報もないので，多重露光の場合と同様に方向の不確定性が残る．ただし，照明を工夫し，短い照明の後に長い照明を行うなどの方法により不確定性を回避することもできる．

照明光としてレーザ光シートを用いる場合，露光時間中にシート面内に粒子が存在し続ければ始点と終点が記録されるが，シート面を出入りした場合，光シートを外れた粒子は画像上には正しく記録されない．したがって，記録される線分の長さは，露光時間よりも短い時間の移動距離を表すことになり，3 次元性の強い流れ場には適用できないので注意が必要である．

3.1.3　PIV 画像に記録される情報

図 3.3 に示すように，PIV 画像に記録されている粒子位置は，3 次元空間の 2 次元断面がレンズ系によって撮像面に投影されたものである．空間中の 2 次元断面から像平面への投影行例を A とすると，次式のように表せる．

$$\boldsymbol{X} = A\boldsymbol{x} + \boldsymbol{B} \tag{3.2}$$

ここで，一般に A は非線形行例となるが，逆変換 A^{-1} が求められるものとする．両辺を時間 t で微分し，A^{-1} をかけると，

$$\boldsymbol{u} = A^{-1}\frac{\mathrm{d}\boldsymbol{X}}{\mathrm{d}t} \tag{3.3}$$

となる．つまり，画像上の粒子像速度 $\mathrm{d}\boldsymbol{X}/\mathrm{d}t$ に逆変換行例 A^{-1} をかけることで空間の速度ベクトルが求められる．

いま，レーザ光シート面が十分に薄く，かつ，レーザ光シート面と撮像面が平行であるとし，レンズによるひずみが無視できると仮定すると，速度ベクトルを成分で表せば，式(3.3)はつぎのように簡単化できる．

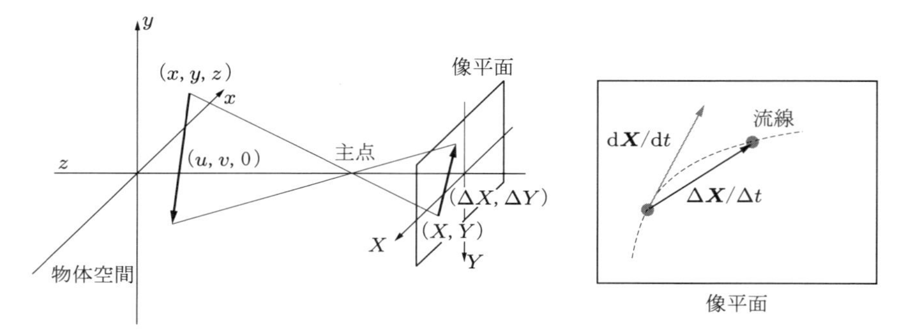

図 3.3　PIV 画像と空間，時間の関係

$$(u, v) = \alpha \left(\frac{\mathrm{d}X}{\mathrm{d}t}, \frac{\mathrm{d}Y}{\mathrm{d}t} \right) \tag{3.4}$$

ここで，α は撮像系の横倍率の逆数（$1/M$）と単位系変換係数の積で，一定値のスカラー量とみなすことができる．シート面に垂直な方向の速度 w の情報は画像上には記録されないので，算出することはできない．

多重露光でも単一露光でも，最低 2 時刻の情報から速度ベクトルを算出するが，この 2 時刻間は有限の時間である．よって，

$$(u, v) = \alpha \left(\frac{\Delta X}{\Delta t}, \frac{\Delta Y}{\Delta t} \right) \tag{3.5}$$

と変形できる（詳細な変換方法については第 7 章参照）．

一般的に用いられる PIV の手法では，式(3.5)で表される流速 (u, v) を時間 (t) における点 (X, Y) の流速と仮定している．つまり，1 時刻目における画像上の点 (X, Y) に対して，2 時刻目における画像上の変位ベクトル $(\Delta X, \Delta Y)$ を求める．このデータを式に代入して，点 (X, Y) の空間投影点である点 (x, y, z) における速度ベクトル (u, v) を算出する．なお，ここで，考慮すべき点を列挙する．

① 有限時間 (Δt) の変位ベクトルしか求められない（図 3.3 参照）．よって，粒子の移動曲線の接線 $(\mathrm{d}X/\mathrm{d}t)$ ではなく，弦 $(\Delta X/\Delta t)$ を求めている．より正確に求めるためには，計測点を (X, Y) ではなく弦の中点とすることで二次精度をもつ中心差分（4.2.7 項(10)参照）で速度を算出したり，3 時刻以上の粒子位置から粒子軌跡を推定して接線方向の速度を算出するといった方法が用いられる．

② α が定数で与えられるのは，限られた条件下のみである．シート面と撮像面が角度をもっていたり，レンズのひずみが無視できなかったりする場合には，α は一般に場所 (X, Y) の関数となる．このような場合には，空間中の実座標と画像中の座標を対応づけるための変換関数 α をテーブルもしくは多項式などにより算出する必要がある．このための詳しい校正については，第 7 章を参照されたい．さらに，光シートの厚みが無視できない場合，記録される情報には光シート面に垂直な方向への移動情報も記録されるため，1 枚の画像からだけでは，光シート面に対して平行方向と垂直方向の移動成分を分離することが困難となる（画像上の情報は 2 次元であるのに対し，空間の情報が 3 次元となり，逆変換マトリックスが求められなくなる）．この場合には，ステレオ PIV を用いて，同時に 2 方向から画像を取得することで情報の不足を補う（第 7 章参照）．

③ 変換係数もしくは変換関数 α は，対応する 2 時刻において不変であることが必要である．2 時刻の間で，カメラが振動もしくは移動したり，レーザ光シート

にずれがあって，照明している位置がずれていたりすると変換係数 α が2時刻で同一でなくなる．これらの場合には，画像内に異なる投影情報が記録されることになるため，正しい流速は求められない．

3.1.4　加速度などの算出

加速度（acceleration）は座標の2階微分値であり，3時刻以上の情報が必要である．通常のPIVでは2時刻の画像情報しか使わないために加速度を求めることはできないが，連続した多時刻の画像を取得できていれば算出可能である．この場合，流速と同様に画像上における粒子の移動から加速度を求め，実空間に投影することが一般的である．いま，時刻1，2，3の粒子像の対応する位置を (X_1, Y_1)，(X_2, Y_2)，(X_3, Y_3) とし，それぞれの時刻の間隔を一定値 Δt とおくと，時刻2における加速度 (a_x, a_y) はつぎのように表される．

$$(a_x, a_y) = \alpha\left(\frac{\mathrm{d}^2X}{\mathrm{d}t^2}, \frac{\mathrm{d}^2Y}{\mathrm{d}t^2}\right) = \alpha\left(\frac{X_1 - 2X_2 + X_3}{\Delta t^2}, \frac{Y_1 - 2Y_2 + Y_3}{\Delta t^2}\right) \tag{3.6}$$

同様に，高次の微分値も多時刻の情報がわかれば算出できる．多時刻にわたる連続画像を取得するような場合（高速度カメラ使用時など）や，時刻が重要な意味をもつような場合（あるイベントからの時間遅れを用いて位相平均を解析する場合など）には，時間方向の差分化にも注意を払う必要がある．得られた流速の時間は，2時刻の中間の時間と考えることが必要である．これは，差分式で前進差分と中心差分のどちらを使うかの違いを意味し，精度を上げるためには中心差分（4.2.7項(10)）を用いる必要があることに対応している．

3.2　画像取得システム

前節では，PIV画像の特徴について解説した．本節では，そのPIV画像を取得するためのハードウェアとその組み合わせに関して解説する．PIVにおいては，画像の品質がその計測精度を左右し，画像取得システムが画像の良し悪しを決める．可視化された粒子の情報を可能なかぎり多く，かつ，高精度でディジタル画像として取得することが必要であるため，画像取得システムはPIVの重要な位置を占める．

3.2.1　撮影・記録装置

トレーサ粒子により散乱された光は，レンズを介して撮像面に置かれた撮像体に投影される．撮像体としては，従来は写真フィルムや撮像管が用いられたが，今日では固体撮像素子が広く使われている．固体撮像素子は，光の強度分布を電圧の時系列信号として出力する．この電圧信号を増幅器で増幅した後，A/D 変換器によりディジタル信号に変換したうえで，メモリなどの記録媒体に記録して画像として保存する．ここでは，撮像体以下をカメラとよぶが，どこまでを筐体に内蔵するかにより，以下のように分類される．

① 撮像体から記録媒体までを一つの筐体に含むもの．撮影する画像枚数に相応する多くのメモリを搭載する必要があるが，伝送経路を短くできるため，高速度カメラなどで広く用いられている．

② 撮像体から A/D 変換器までを筐体に収め，画像は外部のメモリに伝送して記録するもの．筐体から出力されるディジタル信号を各種伝送規格にのっとって伝送し（3.2.4 項参照），専用インタフェースを介してパソコンなどに取り込む．カメラ本体にはメモリを搭載しておらず，伝送速度が制限されるので，比較的フレームレートが低いカメラに用いられる．

③ 撮像体とアンプのみを筐体に収め，アナログ信号を出力するもの．アナログ信号を各種伝送規格にのっとって伝送し，パソコンなどに設置された A/D 変換器でディジタル信号に変換し，メモリに保存する．近年は，放送通信のディジタル化に伴い，一般的には用いられなくなった．

3.2.2 固体撮像素子

今日のビデオカメラの撮像面には，固体撮像素子が置かれている．固体撮像素子は撮像面に入射した光強度を格子状に配置された多数のフォトダイオード（画素ともよぶ）により電荷に変換した後，これを順次転送して読み出す半導体デバイスである[1]．各画素の大きさ（cell size）は数マイクロメートル～十数マイクロメートル程度であり，総画素数は 10^4～10^8 程度である．転送方式の違いにより，以下に挙げる CCD 型と C-MOS 型がある．

(1) CCD

CCD（charge coupled device）撮像素子には，受光部であるフォトダイオードが格子状に配置されていると共に，半導体材料で形成された垂直伝送路が横方向の画素数分配置されている．各フォトダイオードで生成された電荷はいったん蓄積されたのち，すべての電荷が同時に垂直伝送路に転送される．垂直伝送路を経た電荷は，横方向に配置された 1 本の水平伝送路に転送され，これを経た後，増幅器で電荷から電圧に変換されて読み出される．各伝送路は電荷蓄積部が一列に並んだものであり，バケツリレーのように電荷が受け渡されながら転送される[2]．本来はこの転送路を CCD

と称するが，フォトダイオードを含めてCCDとよぶことが多い．伝送方法には，転送路とフォトダイオードの配列によりいくつかの構造がある．もっとも一般的なインターライン型CCDイメージセンサの場合，受光部と転送部を一列ごとに交互に配置されており，転送部は遮光しているため，受光面積が狭い．このため，高感度が必要な機種では，オンチップのマイクロレンズアレイを装着するなどの工夫が施されているものもある．一方，電荷の転送を行うタイミングを制御することで，露光時間を容易に制御することが可能であり，電子シャッタとして機能する．CCDは極端に明るい被写体を撮影した場合に，周囲の画素に電荷が漏れ出すブルーミングや，白い帯状に白飛びが起こるスミアが発生するという欠点もあるが，最近の製品ではこれらの問題点は改善されている．

一方，背面照射（back side illuminaiton：BSI）型CCDは，読み出し回路が受光部の反対側にあるため，受光面積を広くすることができ，同面積のチップに比べて感度が高い．しかし，背面照射のためにシリコン基板層を削り落とさざるを得ず，それにより熱容量が大幅に低下し，暗電流による発熱が増加するため，熱ノイズの影響を抑えるための冷却装置が必要となる．また，背面照射型に電子増倍（electron multiplication）を加えたEM-CCDは，高速度・高感度の撮影が可能である．

(2) CMOS

CMOS（complementary metal oxide semiconductor）型撮像素子は，電荷の転送路が金属材料などで形成されており，各転送路に接続されたスイッチ素子を順次導通状態にすることで電荷が読み出される．各画素や列ごとに増幅器をもつことで，光変換された電気信号の読み出しによる電気ノイズの発生が抑えられる．CMOSはロジックLSI製造プロセスの応用で大量生産が可能なため，CCDより安価で，消費電力も小さく，スミアやブルーミングが発生しないという長所がある．しかし，低照度では素子が不安定でノイズが多く，画素ごとの増幅器の特性差を補正する回路が必要となる．さらに，画像の上部と下部で露光タイミングが異なるローリングシャッタモードのカメラでは，フレームストラドリング（3.3.3項参照）が使用できない．フレームストラドリングを使用するには画像全域で同時に露光されるグローバルシャッタモードの製品を用いる必要がある．しかし，最近はCCDと同様にさまざまな改良が加えられており，CCDとCMOSの優劣はほとんどないといえる．

また，CMOSも背面照射型のセンサが開発されており，小型で高感度なセンサが利用可能となっている．

3.2.3 モノクロカメラとカラーカメラ

撮像素子を構成する各画素の受感部（フォトダイオード）はモノクロセンサである．すなわち，光強度の量子化はできるが色（波長）ごとの強度を量子化することはできない．色を捉えるためには，撮像素子へ入射する光を赤（R），緑（G），青（B）の三原色に分解して，それぞれの光強度を別個の受感部で量子化して記録する必要がある．入射光を三原色に分解する方法としては，三板式と単板式に分けられる．

三板式では，カメラの対物レンズを通過した光束をダイクロイックプリズムで色分解すると同時に投影方向を3方向に分け，それぞれの投影先に置いた独立した3枚の撮像素子で撮影する．一方，単板式では1枚の撮像素子を用い，その各画素にRGBのいずれかを透過する光学フィルタを取り付ける．多くのカラーカメラでは，フィルタの配列方法として図3.4に示すベイヤー配列が採用されている．三板式は三枚の撮像素子が必要であり，機器構成が単板式に比較して複雑であるが，画像中の各画素はRGBの全情報を有している．一方，単板式は構造が比較的簡単であるが，画像中の各画素はRGBいずれかの情報しか含んでおらず，近傍の画素の輝度を補間して不足する原色強度を求める必要がある．たとえば，緑色のレーザ光を光源とする場合にはGの画素には粒子からの散乱光が入射するが，隣接するほかの色の画素には入射しない．そのため，撮像面に投影される粒子像が忠実に標本化されず，モノクロカメラや三板式カメラに比べて粒子像変位の測定精度が低下する．よって，PIVに使用するカメラは，単板式カラーカメラよりもモノクロカメラや三板式カラーカメラのほうが望ましい．

G	B	G	B
R	G	R	G
G	B	G	B
R	G	R	G

図 3.4　ベイヤー配列

3.2.4 カメラから外部へのデータ転送

カメラからコンピュータなどへデータを転送する際には，信号の種別やインタフェースの仕様に注意する必要がある．本項では3.2.1項②および③に分類されるカメラで用いられる伝送方法について説明する．

(1) 信号種別

1) アナログ信号

以前は，ディジタル画像データの外部への高速転送が不可能であったため，ビデオ信号では1枚の画像を横長の短冊状に分割し，その輝度や色情報を時系列情報に変換して1次元の信号系列としていた．この信号はアナログであり，放送ではこれを変調して電波に載せて伝送していた．コンピュータでディジタル画像処理を行うためには，このアナログ信号から各画素の位置の輝度値を読み出すための画像取り込みボード（フレームグラバーボード）が必要であった．

2）ディジタル信号

汎用のディジタル動画信号としては，IEEE1394（FireWire，i.LINK，DV端子などともよばれた）などの信号規格が用いられた時期もあったが，近年は，ディジタル家電向けのインタフェースとしてHDMIが広く用いられている．しかし，産業用カメラは，解像度およびフレームレートが異なるカメラが多数登場し，汎用のディジタル動画信号が使われることは少なく，つぎに紹介する各種の高速インタフェース（I/F）で，カメラと画像入力ボードを接続し，専用のソフトウェアを用いて，画像データを取り込む場合が増えている．

(2) 入力I/F

1）CameraLink

旧来，ディジタル出力を備えたカメラは，各メーカごとに使用するコネクタやピンアサインが異なり，各々専用の入力ボードと専用のケーブルが必要だった．そこで，産業用ディジタルカメラのデータ伝送方式の規格として定められたのがCameraLinkである．RS-644をシリアル変換して伝送する方式で，理論上2.3 Gbpsの高速伝送が可能である．パラレル転送のため，ケーブルが若干太く堅いとか，コネクタが大きいなどの欠点はあるが，Mini CameraLinkの登場で小型化にも対応している．また，CameraLinkを介してカメラに電源を供給するPoCL（Power over CameraLink）を使えば，ケーブルが1本で済むなどの改良も進み，近年，多くのディジタルカメラに採用されている．

2）Ethernet

100 Base-Tや1000 Base-Tなどのいわゆる，LANケーブル用いた接続方法である．転送速度は，文字どおり100 Mbpsや1000 Mbpsである．100 Base-Tは，通常のPCにほぼ必ず装備されており，非常に簡単にカメラを接続できる．1000 Base-T（通称：Gigabit Ethernet）は，一部のPCにしか標準装備はされていないが，通常は安価なI/Fボードを装着すれば接続可能となり，1000 Mbps=1 Gbpsという高速な転送速度が実現可能なため，近年ではこの転送方式を選択するカメラが増えてきている．ケーブルは100 mの長さまで接続可能で，スイッチを使えば，さらに長距離の伝送が可能という長所もある．

3）USB3.0

USB（universal serial bus）の新しい規格で，スマートフォンの電源ケーブルなどにも使われている USB2.0 の転送速度の 480 Mbps に比べて，約 10 倍の 5 Gbps の理論転送速度があるが，実際には 2～3 倍の転送速度といわれている．最近のカメラでは，この方式も選択可能となっているものがある．USB3.0 のコネクタは，USB2.0 とは色や形状が違うので，注意が必要である．なお，ケーブル長は 3 m までである．

4）IEEE1394

Apple 社が開発した FireWire という技術を標準化した転送方式である．転送速度は，初期の規格では 100 Mbps だったが，3.2 Gbps まで高速化されている．家庭用ビデオカメラなどには，この形式のコネクタを有するものがある．なお，バスパワーに対応した 6 ピンのコネクタと非対応な 4 ピンのコネクタがあるので，注意が必要である．

5）HDMI/DVI

HDMI は，主にディジタル家電やモバイル端末向けに広く普及している信号規格である．映像の解像度は主に 1280×720（HD）と 1920×1080（Full-HD）があり，映像だけでなく音声信号も伝送可能である．対する DVI は，主に PC のモニタ接続用として普及している信号規格で，HDMI とは信号レベルでの相互互換性を有している．ただし，PIV によく用いられる産業用カメラはあまり対応していない方式である．

(3) バス I/F

バスとは，パソコン内部の各パーツ間を結ぶ伝送路のことである．長い間 ISA バスが標準であったが，PCI バスが急速に普及し，現在のほとんどのパソコンには PCI バスが使用されている．さらに，PCI をサーバ向けに拡張した PCI-X が登場し，転送速度のさらなる高速化を実現するために，PCI-Express が登場した．PCI-Express の規格は，1.1，2.0，3.0 と高速化し，複数レーンを使用する ×1，×2，×4，×8，×16，×32 などが仕様化されている．使用する画像取り込みボードのバス I/F が使用予定のパソコンに接続可能かどうかは，バス I/F が一致しているかどうかにかかっているので，注意が必要である．なお，ボードによっては，2 スロット分の高さが必要なものもあるので，小型のパソコンを使用する場合は，物理的に接続可能かどうかも注意する必要がある．

3.2.5 PIV カメラの種類

PIV に使用されるカメラの種類について概説する．

(1) 家庭用ビデオカメラ

以前は，家庭用ビデオカメラの信号規格はNTSCであったが，地上ディジタル放送の登場と共にアナログの映像信号は使われなくなった．現在は，動画もディジタル信号となり，解像度もフルハイビジョン（以下，Full-HD）（1920 × 1080）が当たり前となり，Full-HDのビデオカメラが数万円で入手可能となっている．さらに，Full-HDの縦横各々に2倍の解像度をもつ4K（3840 × 2160）のビデオカメラも10万円台で入手可能である．ただし，フレームレートは，NTSC（アナログ放送）の名残を残す30 fpsであるが，60 fpsのプログレッシブ（順次走査）も選択可能である．ちなみに，NHKが東京オリンピック・パラリンピックの2020年に実現を目指しているスーパーハイビジョンは，8Kともよばれ，4Kの縦横各々が2倍の7680 × 4320の解像度をもち，フレームレートは120 fpsもしくは60 fpsである．

一般に，照明にパルス光源を用いる場合には，カメラの露光フレームと光源の発光タイミングを同期させる必要がある．このとき，家庭用ビデオカメラの露光フレームのタイミングを外部から制御する（外部トリガをかける）ことは一般的に不可能なので，カメラの露光フレームタイミング（たとえば垂直同期信号）を何らかの方法で取り出したうえで，それを光源に対するトリガ信号として入力して同期を実現する．ただし，露光フレームタイミングの出力機能を有した家庭用ビデオカメラの入手は難しい．

なお，家庭用ビデオカメラは例外なくカラーカメラであるが，PIVに使用する場合には3.2.3項に記したようにモノクロカメラを用いることが望ましい．

(2) 産業用ビデオカメラ（マシンビジョンカメラ）

産業用カメラは家庭用カメラと異なり，一般的な信号規格がなく，カラーやモノクロ，さまざまな解像度とフレームレートをもつ製品がある．たとえば，同じ製造元の製品でも，2048 × 1088で337 fpsのカメラと5120 × 3840で32 fpsのカメラがある．前者はフレームレートが後者の約10倍で，後者は解像度が前者の約10倍となっており，データ転送量はほぼ同程度である．PIVに用いる場合，流れ場の性質や撮影領域の大きさなどを勘案し，最適な性能を有する製品を選択しなければならない．

多くの産業用カメラには，露光フレームタイミング（たとえば垂直同期信号）を出力する機能や，外部から同期制御できる（外部トリガ）機能が備えられており，そうしたカメラを用いることでパルス光源との同期を実現できる．後述のフレームストラドリングによってフレーム間隔に比べて短い時間間隔のダブルパルス照明を行う際には，時間的に連続した2フレームの間の露光不能時間（インターフレームタイムもしくはデッドタイム）に注意する必要がある．多くのマシンビジョンカメラのインターフレームタイムは水平同期信号周期程度（数十マイクロ秒）であるが，最近では数百ナノ秒程度のものもある．また，3.3.4 項で説明するダブルエクスポージャモード（PIV モード）付きのカメラも市販されている．

(3) 高速度ビデオカメラ

通常のビデオカメラでは，30 fps 程度の連続画像を得ることができる．もし，高速度ビデオカメラ（high-speed video camera）[3]によって任意のフレームレートの画像を連続的に取得すれば，流速の単なる空間分布だけではなく，流速分布の細かな時間変動も計測できる．このため，高速度ビデオカメラは PIV においても多く用いられている．

高速度ビデオカメラは，CCD カメラの読み出し部分を並列化するとか，CMOS を用いるなどの工夫により，高速に画像を取得できるようにしたものである．1000 × 1000 pixel の解像度を基準とすると，現在の最大撮影速度は 20000 fps であり，従来の 30 fps に比べると 3 桁高速化されている．また，1000 fps 程度のカメラを比較的安価に手に入れることも可能である．解像度を犠牲にすれば，たとえば 6400 fps のカメラであっても，256 × 256 pixel で 67500 fps などの高速撮影も可能となる．

高速カメラを利用する場合には，照明光は連続光を発するレーザまたは高繰り返しパルスレーザを用いる．連続光を照明とする場合は，カメラのシャッタで粒子の運動を凍結化する必要がある．なお，露光時間も短くなるので，一般に非常に強力な光源が必要となる．システムによっては，イメージインテンシファイアや電子倍増型背面照射フレームトランスファ CCD を用いて微弱な光を利用する．イメージインテンシファイア（image intensifier）は，光を電子に変換して増幅し，さらに光に変換することで，結果的に微弱な光を強力な光に増幅するシステムのことである．また，1 パルスあたり数ミリジュール〜数十ミリジュールの強度をもつ高繰り返しレーザを用いれば，イメージインテンシファイアを用いなくても PIV 処理が可能な画像が得られる場合が多い．

しかし，高速度カメラも高繰り返しレーザも非常に高価なため，システム全体にかけられる予算が限られている場合は，ダブルパルスレーザを用いて，フレームストラドリングで PIV 画像を取得するシステム構成を薦める．この場合にカメラに必要な性能としては，ダブルパルスレーザの繰り返し周波数に合ったフレームレートで，なるべく高解像度のものを選ぶとよい．

また，特殊なものとして，レンズによって同じ視野を 8 個の CCD カメラに入力し，CCD カメラのシャッタを利用して高速に画像を取得するシステムがある．8 個の CCD の撮影を微小時間ずつずらすことで，連続的に 8 枚の画像を得ることができる．イメージインテンシファイアを利用することで，最大 10^8 fps（10 ns）という高速現象を捉えることができる．ただし，このカメラでは連続 8 frame までしか撮影できないので注意が必要である．

現在，10^6 fps を長時間連続的に撮影するための，新しい概念に基づいた高速度ビデオカメラの開発が進められている[4]．また，各画素に演算装置を供えたカメラ（直接相関演算などを行う）の開発なども進められており，今後の発展が注目される．

3.2.6　計測範囲・精度とシステムの選択

PIV システムの選択は，何を測りたいのか（対象の大きさと流速など），どの程度の精度で測りたいのか（平均値だけか，変動量も必要か）によって大きく異なる．また，かけられる予算も大きな要因になる．これらの目安として，対象の大きさと流速について考察する．

一例として，2 時刻の画像から画像相関法（4.2 節参照）によって流速を計測するということに限定して考える．この場合，2 時刻間の粒子の移動距離が精度の目安となる．通常，この距離を 3〜5 pixel 程度にすると，比較的誤対応ベクトルが少なくなる．ここでは簡単のため，5 pixel の移動量を目安にして検討する．流速 U は，移動距離 ΔX を時間間隔 Δt で割ることによって求められる（式(1.1)）．空間と画像の変換係数 α は，対象領域の大きさ L と画像の解像度 N [pixel] との関係でおおよそ $\alpha = L/N$ と求められる．これらの関係から次式が導かれる．

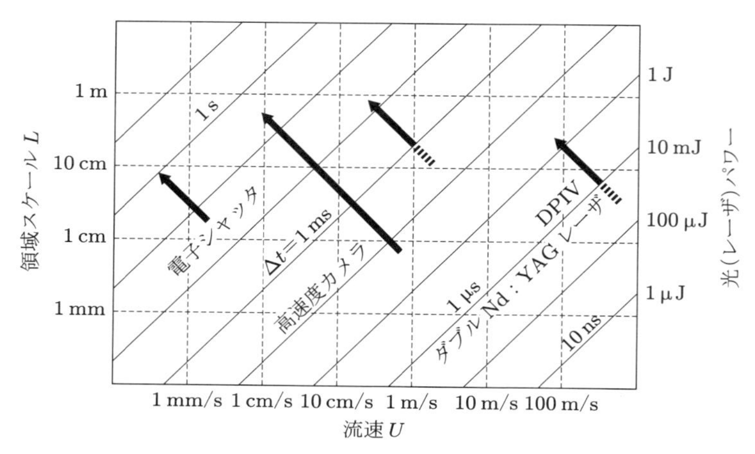

図 3.5　高解像度カメラ（1000 × 1000）による計測パラメータマップ

$$U = \alpha \frac{\Delta X}{\Delta t} = \frac{L \Delta X}{N \Delta t} \tag{3.7}$$

$$\Delta t = \frac{L}{U} \frac{\Delta X}{N} \tag{3.8}$$

図 3.5 に，高解像度 CCD カメラを用いた場合（$N = 1000$ pixel）の L と U の関係を示す．ここで，$\Delta X = 5$ pixel と固定している．たとえば，対象領域が $L = 10$ cm のとき，$\Delta t = 1$ ms とすると，計測可能な流速は $U = 50$ cm/s となる．

3.3 カメラと照明のタイミング

PIV システムでは，前項で解説した「カメラ」と第 2 章で解説した「照明」とを組み合わせて粒子画像を記録する．このとき，カメラと照明を適切に同期させることが必要となる．本項では図 3.2 (b) に示した単一露光多重フレーム記録を実現する動作タイミングについて説明する．

3.3.1 マスターとスレーブ

カメラと照明（レーザなど）を同期させるためには，同期信号を入力または出力できる機能を片方，もしくは，双方が備えている必要がある．通常，カメラやレーザは，内部で同期信号を生成しながら，単独で動作可能な内部同期（internal sync）モードと，外から供給された同期信号に従って動作する外部同期（external sync）モードを備えている場合が多い．双方が内部同期モードで動作すると，両者の同期をとることができないので，どちらかを主（マスター）として内部同期モードに設定し，他方を従（スレーブ）として外部同期モードに設定する必要がある．たとえば，カメラが同期信号出力（Sync Out，Strobe Out，VD など）端子を備えている場合，カメラの露光開始時刻に同期した TTL 信号（$5\,\mathrm{V_{p\text{-}p}}$）が出力されるので（マスター），これをレーザの同期信号入力端子に入力すれば，カメラの露光に同期してレーザが発光することになる（スレーブ）．

一方，任意のタイミングの同期信号を生成することが可能なパルス発生装置（一定時間間隔あるいは外部トリガ信号に同期したパルスを発生する装置）を用意すれば，パルス発生装置で生成されたパルスをカメラとレーザの双方に入力することで，システム全体を同期することができる．このときは，パルス発生装置がマスター，カメラとレーザはスレーブとなる．なお，後述のように，レーザの発光にはランプ入力と Q スイッチ入力の二つの同期信号が必要であり，PIV 用のダブルパルスレーザにはレーザ発振器が 2 台あるので，合計四つの同期信号が必要となる．さらに，ダブルパルスの時間間隔を制御するためには，カメラとレーザの動作タイミングに精密な時間的遅れを設定する必要があるため，5 ch 以上の遅延パルス発生装置（後述）が必須となる．なお，市販の遅延パルス発生装置は，上記のパルス発生装置の機能を含んでいる場合が多い．

3.3.2　等間隔照射（Δt 固定）

等間隔照射は，カメラのフレームに等しい時間間隔で 1 発ずつレーザを発光させる方法である．図 3.6 はカメラをマスター，レーザをスレーブとして同期動作させるもっとも単純な例である．カメラからは露光開始と同時に同期信号がストロボ出力から発行されるものとし，これをレーザのランプ入力端子に入力する．その立ち上がりからあらかじめレーザ内部で設定された時間後に Q スイッチ（2.1.2 項(3)の 1）参照）入力へ信号が送られ，レーザが発光する．なお，ランプ入力からレーザ発光（Q スイッチの入力）までの遅延時間（Q スイッチディレイ）によってレーザの出力が変化するため，ユーザが任意に設定できるものもある．

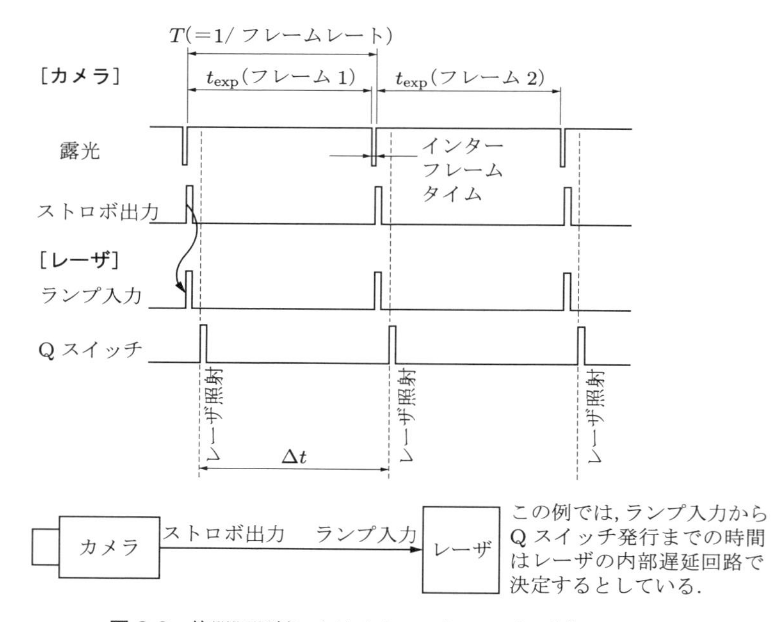

図 3.6　等間隔照射におけるカメラとレーザの動作タイミング

ここで，レーザ発光（Q スイッチの入力）がカメラの露光時間内に行われることが重要である．図中のインターフレームタイムは隣接する二つのフレームの非露光時間であり，この期間にレーザを発光してもカメラには何も記録されない．カメラ内部で露光開始とストロボ出力発行（すなわち，Q スイッチ入力）までの遅延時間を変更できない場合には，遅延パルス発生装置を用いて，適切な時刻に発光するように設定する必要がある．

この方法により，各フレームに粒子が 1 回ずつ露光された画像が得られる．露光開始から発光までの時間は一定であり，隣接する 2 回のレーザ発光時間間隔 Δt はつねに一定となり，カメラのフレームレートの逆数と等しくなる．Δt を変化させるためにはフレームレートを変える必要があり，高速な流れを測定する場合には高速なカメラと高繰り返しのレーザが必要となる．たとえば，画角 $L = 100\,\mathrm{mm}$ が $N = 1000\,\mathrm{pixel}$ に投影されるカメラで $U = 10\,\mathrm{m/s}$ の流れを測定する場合を考える．第 4 章で述べるように，粒子変位は短すぎても長すぎても測定誤差が大きくなるので，最適な変位は限られた値となる．仮に最適な変位を $\Delta X = 10\,\mathrm{pixel}$ と見積もったとすれば，それを実現するためには，式(3.8)より $\Delta t = L\Delta X/(NU) = 0.1\,\mathrm{ms}$ とする必要があり，フレームレートは $1/\Delta t = 10000\,\mathrm{fps}$ に設定する必要がある．これで良好な測定ができればよいが，そうでなければ変位をさらに小さくする必要があり，その際にはさらにフレームレートを上げる必要がある．カメラの最高フレームレートが十分高ければよいが，そうでなければ最適な変位が得られる Δt の設定が困難になり，良好な測定が実現できない．いかなる場合でも Δt は自由に決定できることが望ましく，そのためには以下のフレームストラドリングの使用が推奨される．

3.3.3 フレームストラドリング（Δt 可変）

PIV 用のダブルパルスレーザには，レーザ発振器が 2 台あり（図 2.13 参照），それぞれにランプ入力と Q スイッチ入力がある．ランプ入力に入力されたパルス信号に同期してレーザ発振器内のフラッシュランプが発光し，レーザ励起が開始される．その後，t_Q（Q スイッチディレイ：通常，150 µs 程度）後に Q スイッチ入力にパルス信号を入力することで，レーザ光が発光し，トレーサ粒子にパルス光が照射される．図 3.7 はレーザ発振器 1 および 2 をそれぞれフレーム 1 および 2 に照射する例を示している．

カメラからは露光開始と同時にストロボ信号が出力されるものとし，これを遅延パルス発生装置の外部トリガ入力に入力する．遅延パルス発生装置では，外部トリガ入力の立ち上がりからそれぞれ一定時間 $t_1 \sim t_4$ 経過後に出力 1〜4 よりパルスが送信され，図 3.7 の下図のようにレーザへ入力されるものとする．一定時間 $t_1 \sim t_4$ はユーザが任意に設定できるものとする．また，カメラの露光時間を t_{exp} とし，フレーム周期 T は 1/フレームレートの逆数である．

はじめに，1 時刻目の粒子像がフレーム 1 に露光されるよう，1 発目のレーザ発光

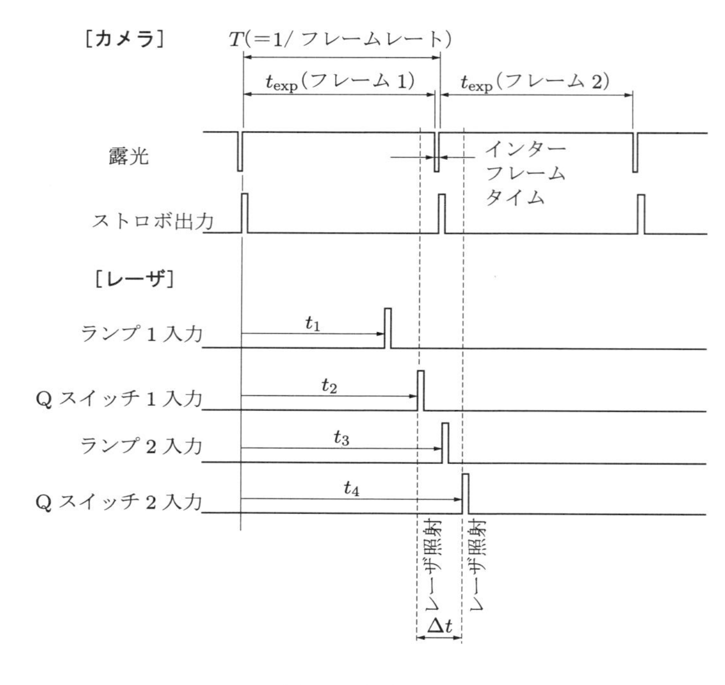

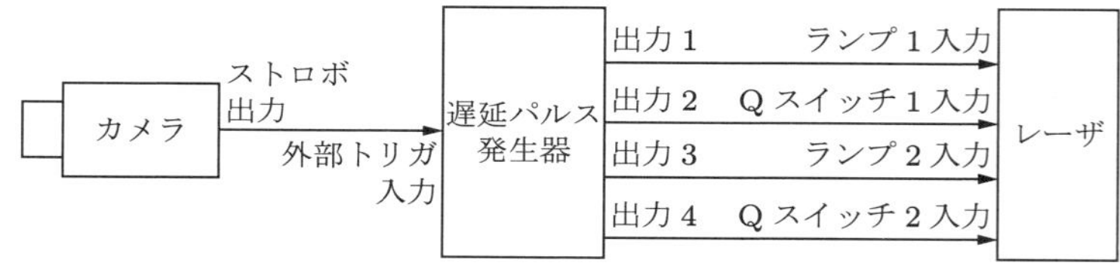

図 3.7 フレームストラドリングにおけるカメラとレーザの動作タイミング

タイミングを決定しよう．1発目はレーザ発振器1のQスイッチ1入力に送られるパルス（すなわち遅延パルス発生器の出力2）の立ち上がりと同時に発光するので，出力2の遅延時間である t_2 がフレーム1の露光時間内に立ち上がるよう，

$$t_2 < t_{\mathrm{exp}} \tag{3.9}$$

としなければならない．一方，2枚の画像の時間間隔を Δt としたとき，2発目は1発目の Δt 後に発光しなければならない．そのためには，2発目を発光するレーザ発振器2のQスイッチ2入力に送られるパルス（すなわち遅延パルス発生器の出力4）の遅延時間である t_4 を

$$t_4 = t_2 + \Delta t \tag{3.10}$$

とする．さらに加えて，2 発目がフレーム 2 の露光時間内で発光するためには

$$T < t_4 < T + t_{\mathrm{exp}} \tag{3.11}$$

としなければならない．そのためには，1 発目の発光がフレーム 1 の最後のほうで発光するように t_2 を t_{exp} よりもわずかに小さく設定しておき（たとえば，$t_2 = t_{\mathrm{exp}} - 1\,\mu\mathrm{s}$ 程度），かつ，Δt がインターフレームタイムよりも長ければ，$T < t_4$ を満たすことは容易である．

こうして t_2 と t_4 を決定したら，レーザのランプ入力へ送られるパルスである出力 1 と出力 3 の遅延時間をつぎのように設定する．

$$\left.\begin{aligned} t_1 &= t_2 - t_{\mathrm{Q1}} \\ t_3 &= t_4 - t_{\mathrm{Q2}} \end{aligned}\right\} \tag{3.12}$$

ここで，多くの Nd:YAG レーザでは $t_{\mathrm{Q}} = 150\,\mu\mathrm{s}$ 程度で最大のレーザ出力が得られる．なお，そこから Q スイッチディレイ t_{Q} を $20\,\mu\mathrm{s}$ 程度の範囲で増減することでレーザ出力を調整できる．これは，2 本のレーザ発振器の出力が異なる場合に，それらを近づける方法として有効である．具体的には，弱いレーザを最大出力で発光させ，強いレーザの t_{Q} を調整することで，同程度の出力になるように調節するとよい．

上記のタイミング調整を行った後，撮影された画像を用いて PIV 処理を実施してみる．もし期待した結果が得られない場合には，オシロスコープで遅延パルス発生器の出力を観察すると共に，撮影された画像を眺めて，連続する 2 フレームに 1 発ずつレーザ光が入っているかを確認する．一つ目のフレームに 2 発入っていると，その画像には粒子が 2 個ずつ見えると共に，つぎのフレームが真っ暗になっているので，タイミングが不適切であることが容易にわかる．そのときは，画像を確認しながら二つのフレームそれぞれにレーザが入るよう t_2 を少しずつ変化させてみる（当然，それに伴って t_1，t_3，t_4 も上記を満足するよう変更する）．連続する 2 フレームの画像の全体的な明るさがほぼ同程度になれば，それぞれのフレームに 1 発ずつのレーザが入っている可能性が高い．最終的には，2 フレームの画像を交互に観察して粒子がほんの少しの変位で類似した配置になっているかどうかを確認する．

3.3.4 ダブルエクスポージャモード

連続した 2 フレームを撮影するための専用機能であるダブルエクスポージャモードあるいは PIV モードなどとよばれる動作モードを有するカメラが市販されている．このカメラを用いた例を図 3.8 に示す．一定周期のパルスを発生するパルス発生装置，またはランダムにパルスを発生する装置（ロータリーエンコーダ，フォトインタ

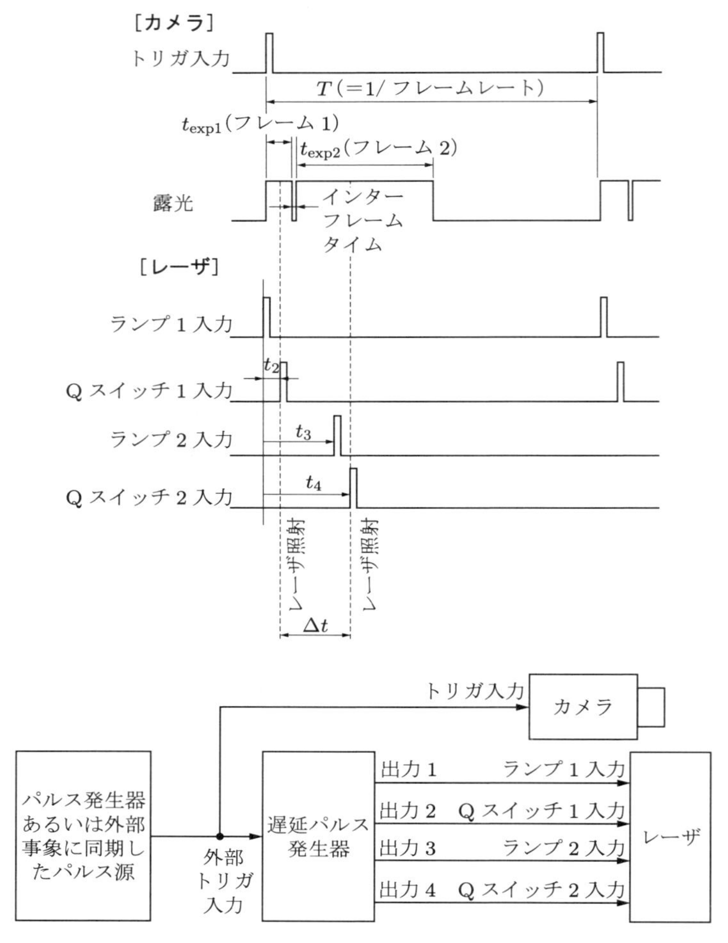

図 3.8　ダブルエクスポージャモードカメラとレーザの動作タイミング

ラプタ，手動のトリガスイッチなど）の出力を遅延パルス発生装置の外部トリガ入力およびカメラのトリガ入力に送信する．遅延パルス発生装置では外部トリガ入力の立ち上がりからそれぞれ一定時間 t_1〜t_4 経過後に出力 1〜4 よりパルスが送信され，図 3.7 と同様に，図 3.8 の下図に示すようにレーザへ入力されるものとする．この t_1〜t_4 はユーザが任意に設定できるものとする．

一方，カメラはトリガ入力の立ち上がりと同時に第 1 フレームの露光を開始する．あらかじめ設定した時間 t_{exp1}（200 μs 程度）を経過すると第 1 フレームの露光が終了し，その画像が外部（パソコンなど）へ転送されると同時に，続く第 2 フレームの露光が開始する．第 1 フレームの画像の転送が終了するまで第 2 フレームの転送を始めてはいけないので，第2フレームの露光時間 t_{exp2} は t_{exp1} よりも長い．たとえばフレームレート 30 fps のカメラでは 1/30 s 程度である．レーザの1発目の励起開始であるランプ1入力には外部トリガと同時に立ち上がる信号を入力する（この例では出力1を入力しているが，その遅れ時間は $t_1 = 0$ としているため，外部トリガを入力しているのとほぼ等しい）．続くQスイッチ1入力は第1フレームの露光時間内に発行する必要があるので，出力2の遅れ時間 $t_2 < t_{\mathrm{exp1}}$ となるようにする．レーザの2発目は第2フレームの露光時間内に発光するよう，ランプ2入力とQスイッチ2入力の遅れ時間（t_3，t_4）をそれぞれ設定する．

この方法では，カメラへのトリガ入力直後に連続した2画像が撮影できるので，たとえばランダムに発生する事象の直後の速度を測定する場合などにとくに有効である．なお，二つのフレームの露光時間が大きく異なるため，レーザ以外の光（たとえば部屋の照明や窓からの光）が入射することで，2フレーム目の画像全体の輝度が高くなり，明るい粒子の輝度が飽和する可能性がある．その対策としては，レーザ以外の光がカメラに入らないよう注意するか，レーザ光のみを透過させるバンドパスフィルタ（干渉フィルタ）をカメラに装着するとよい．

3.4 画像処理システム

3.1〜3.3節では，可視化画像をディジタル画像として記録する段階までを説明した．本節では，ディジタル可視化画像から速度分布情報を得るために必要となる画像処理システムのハードウェア構成およびソフトウェア環境について述べる．また，画面補正・画質改善などを目的とした一般的な画像処理アルゴリズムについても解説する．

3.4.1 解析環境

画像処理や画像解析は，ほかの技術に比べて非常に広い対象分野をもつ．身近なところではワードプロセッサの手書き文字認識やホームビデオカメラのモザイク/セピア処理といった映像加工などをはじめ，工業的には生産品の寸法計測や欠陥検出の自動化，さらに宇宙開発の先端分野では宇宙空間から地球に送信される観測画像にも画像処理が施されている．このような画像処理・画像解析に必要なコンピュータ環境はそれぞれの利用環境に特化している場合もあるが，通常はソフトウェアによってさまざまな対象画像に解析システムを適応させているといってよい．ここで扱う流れの可視化画像の画像解析も，一般的なコンピュータ環境があれば容易に実行できる．

解析システムは，中央処理装置（central processing unit：CPU＋外部メモリ）および外部記録装置といったハードウェアの側面と，オペレーティングシステムや処理言語（コンパイラ），解析結果を3次元的にまたは動画として表示するための処理手順などのソフトウェアの側面とからなる．

中央処理装置（CPU）では，画像処理にその性能が直接かかわる要素としてCPUと外部メモリが挙げられる．近年のCPUは独立した複数の命令処理装置（コア）が搭載されており，並列処理が可能である．CPUの処理能力はクロック周波数とコア数の積で概算できる．たとえば，パソコンに広く用いられているIntel Core i7-6700Kはクロック周波数が4 GHz，コア数が4であり，両者の積として得られる単位時間あたりの命令実行数は16 GIPS（giga instruction per second）である．一方，Intel Core i7-6950Xはクロック周波数は3 GHzであるがコア数が10であり，命令実行数は30 GIPSに達する．また，近年のCPUでは，CPU内部で値やアドレスを一時的に保持する汎用レジスタは64 bit幅であるが，それに加えて設けられた128 bitや256 bitの大型レジスタを用いて複数の値を同時に演算できるSIMD（single instruction multiple data）命令を使用することで，汎用レジスタを用いる場合に比べて8～16倍の速度で演算が可能である．

また，最近では，グラフィックボードの非常に高速な演算装置を汎用的な計算に用いるGPGPUの活用も行われているが，その性能を十分に引き出すためには，GPGPUに特化したプログラミングが必要である．GPGPUでは，千以上の演算ユニットを並列的に動作させ，複数の演算処理を高速に実行でき，相互相関演算や行列演算など画像処理に必要な計算をきわめて高速に実行することができる．GPUでは，CPUとは異なり多数のプロセッサを効率よく並列動作させるためのアルゴリズムや，メモリ帯域の制約，プロセッサ間の同期処理，アクセス速度が大きく異なる複数段キャッシュの構造の理解および効率的な利用が性能向上には必須である．

外部メモリ（external memory）の大きさは，実行するプログラムが扱うことができる記憶配列の大きさとなり，不十分だとコンピュータの処理速度に悪影響を与える．配列が大きなプログラムでは，外部メモリを多く搭載することによって処理速度の高速化が可能となる場合がある．画像はよく知られているようにそれ自体が大きなサイズとなり，そのプログラム処理には比較的大きな記憶容量を必要とするので，できるだけ大容量の外部メモリ（ステレオPIVなら8 GB程度，Tomo PIVなら32 GB以上）を実装することを薦める．

一方，ソフトウェアでは，オペレーティングシステム（operating system：OS）はUnix系，Windows系，Mac系に大きく分類できるが，MacOS XもUnix系と考えてよい．どのOSを利用するかは大きな問題ではなく，新しくソフトウェアを開発するなら使用したい処理言語のコンパイラが利用可能か，画像処理アプリケーションを用いる場合はそのアプリケーションが動作するOSか，といった点が検討項目になる．とくに，画像入力ボードを画像解析システムと一体で使用する場合は，画像取り込み処理も同じ環境で実行することになるので，画像入力ボードに付属の基本ライブラリがその OS に対応している必要がある．

3.4.2 基礎画像処理

PIV は工業製品の視覚的品質検査などに用いられるソフトウェア手法と同様，ディジタルコンピュータによる画像処理によって情報を定量的に測定する方法である．そのため，画質を改善して必要な情報をより簡単かつ正確に手に入れるために，さまざまな基本画像処理アルゴリズムが利用される．これらは次章で述べる PIV 解析を行う前に施されることが多く，以下では一般的な前処理法である画質改善と，PIV に固有な前処理法である背景除去などとに分けて説明する．

(1) 画質改善

本項では，一般的な前処理法である画質改善（image enhancement）に必要な画像処理の基礎事項と PIV で多用される一般的な画像処理法[5, 6]について簡潔に述べる．

一般に，画像処理は原画像に含まれる必要な情報をよりわかりやすく強調するために施され，そのための処理は大きくつぎの三つに分類される．

① 点処理（注目画素のみの輝度値を用いてその画素の新しい輝度値を決定する）

② 近傍処理（注目画素とその近傍画素の輝度値を用いて注目画素の新しい輝度値を決定する）

③ 大局処理（画像全体またはそれに準ずる画素における輝度値を用いて注目画素の新しい輝度値を決定する）

三つの分類に属する基本的な処理は数多くあり，それらを状況に応じて適切に用いることが大切である．ここではすべてを網羅することが本書の目的ではないので，PIV で用いられる代表的な処理のみを表 3.1 にまとめて示す．

点処理には輝度階調変換や二値化が挙げられる．輝度階調変換は，人間の目には輝度変化が認めにくい領域を明瞭に示すため，表中に示したような変換関数に従って輝度値を変更する処理である．この中で，ビット数を低減させ，白と黒だけに分類する変換を二値化（binarization），その白黒画像を二値画像（binary image）とよぶ．その際，どの輝度値を境に白または黒に対応づけるかを示す値をしきい値（threshold）という．二値画像は，粒子の有無を判断したり，面積を計算する場合などに使われ，二値画像専用のアルゴリズムが数多く知られている（たとえば SPIDER など）．

代表的な近傍処理としては，鮮鋭化，平滑化，微分処理がある．鮮鋭化は空間的な輝度変化の大きい箇所を強調するもので，トレーサ粒子など注目対象物が明瞭に示さ

表 3.1　代表的な画像処理法

分類	処理法	処理内容の概要および例		変更前	変更後
点処理	輝度階調変換	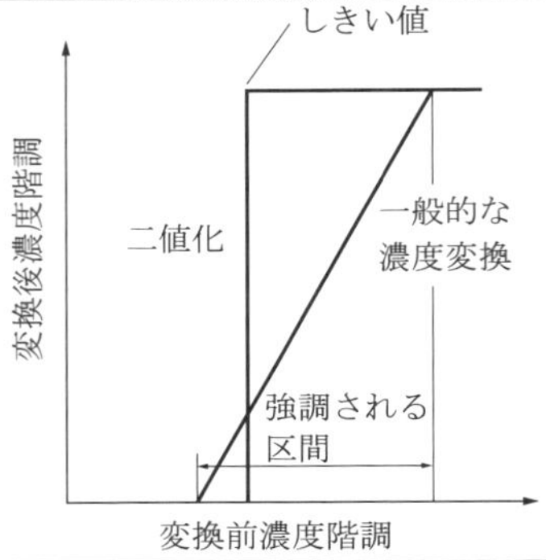 しきい値 変換後濃度階調 二値化 一般的な濃度変換 強調される区間 変換前濃度階調			
	二値化				
近傍処理	鮮鋭化	ラプラシアンフィルタによる鮮鋭化 →原画像からラプラシアンフィルタをかけた結果を差し引く	0 | −1 | 0 −1 | 5 | −1 0 | −1 | 0 3×3マスク		
	平滑化	メディアンフィルタ →輝度値 g_1〜g_9 の内5番目に大きな値を g_5 の新輝度値とする	g_1 | g_2 | g_3 g_4 | g_5 | g_6 g_7 | g_8 | g_9 3×3マスク		
	微分処理	ラプラシアンフィルタ →2次微分の差分形式，境界線（エッジ）近傍の肩部を強調	0 | 1 | 0 1 | −4 | 1 0 | 1 | 0 3×3マスク		
大局処理	フーリエ変換	スペクトル情報の算出 式(3.13)参照 実際には FFT を利用			2次元スペクトル分布
	アフィン変換	図形の平行移動・回転・拡大縮小 式(3.14)参照			

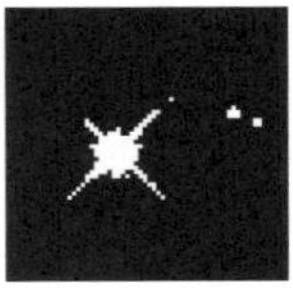

れる反面，ノイズを伴う画像ではノイズも強調されてしまうので注意を要する．平滑化は周波数が高く振幅の小さいノイズを除去する場合に用いられ，滑らかな画像が得られるが，画像がぼやけすぎないようにしなければならない．また，微分処理は勾配，1 次微分，2 次微分などがあり，境界線（エッジ）の検出などに用いられる．これら近傍処理では，近傍画素における輝度値をどの程度の重みで処理に取り入れるかを処理マスクによって示す．表では 3×3 pixel のマスクの場合を示しており，近傍処理を施したい注目画素をこのマスク中心に一致させ，マスクに示した値を重みとして近傍画素の輝度値の総和をとり，その値を注目画素の新たな輝度値として設定する．

最後に，大局処理としてフーリエ変換とアフィン変換を示す．フーリエ変換を画像に施すと，その画像に含まれる空間的な波のスペクトル情報が得られる．第 4 章でも利用するため，ここでは離散フーリエ変換を次式に示す．

$$F(p,q) = \frac{1}{N_x N_y} \sum_{m=0}^{N_{x-1}} \sum_{n=0}^{N_y-1} f(m,n) \exp\left\{-2\pi j \left(\frac{pm}{N_x} + \frac{qn}{N_y}\right)\right\} \tag{3.13}$$

ここで，f は $N_x \times N_y$ [pixel] からなる濃淡分布を表す原関数，F はフーリエ変換関数，m，n は空間位置，p，q は周波数，j は虚数単位を表す．

実際の処理では，式(3.13)と同じ結果を与える高速フーリエ変換（fast Fourier transform：FFT）のアルゴリズムが用いられる．フーリエ変換では，画像の輝度情報を物理空間 (m,n) の関数から周波数空間 (p,q) の関数に変換するので，特定の空間周波数の成分のみを抽出したり，除去したりといった処理が可能となる．

一方，アフィン変換（affine transform）は画像を平行移動，回転，拡大/縮小するために用いられ，$(x,y) \to (\xi,\eta)$ の座標変換は一般形でつぎのように示される．

$$\left.\begin{aligned} \xi &= ax + by + c \\ \eta &= dx + ey + f \end{aligned}\right\} \tag{3.14}$$

ここで，c，f は平行移動，a，b，d，e は拡大縮小に関係する係数で，$a = e = \cos\theta$，$-b = d = \sin\theta$ とおくと角度 θ の回転を表す．アフィン変換は，カメラを計測領域の真正面に設置することができずに，画像がひしゃげたり，回転してしまったりした場合の補正などに有効である．

表 3.1 に示さなかった画質改善手法が PIV の前処理として有効に用いられることも多い．たとえば，PIV では一般に暗い背景に白く小さなトレーサ粒子がまばらにシーディングされている状態を観測するため，カメラのゲインを非常に大きく設定して撮影することも多く，その場合にはノイズが顕著に含まれる．ノイズ除去にはメディアンフィルタを挙げたが，それ以外にも単純な 3×3 pixel 程度の平滑化フィルタ

が簡便に利用できる．また，FFT を用いて周波数領域で高域周波数のスペクトルを除去する方法も有用である．

(2) 背景除去

可視化画像から速度分布を求める一連の処理では，局所的な可視化画像パターンまたは各粒子位置の情報から速度ベクトルを求める PIV 解析がその中心となる．それに先立つノイズ除去や背景処理などの前処理は最終的に得られる速度ベクトルの測定精度にかかわるため，適切な利用を心掛ける必要がある．本項では PIV 固有の前処理として背景除去について解説する．背景除去には，背景画像をあらかじめ取得する方法と，多くの時系列画像から背景を再構築する手法とがある．

背景除去（background reduction）は，背景画像を各可視化画像から差し引くことにより，背景の不要な部分を消去してトレーサ粒子のみを画像に残す処理である．通常，つぎの 2 種類の方法で背景画像を得る．

一つはトレーサ粒子を流体にシーディングする前に，あらかじめ背景のみの画像を撮影しておく方法である．これは手順としては簡単な方法であるが，実際には背景画像の記録を忘れたり，背景画像を撮った位置から誤ってカメラを動かしたりしてしまうなどの理由で，背景画像が利用できない場合もある．

二つ目の方法は，PIV で撮影した可視化画像を多数枚用意し，これより背景画像を作成するものである．PIV 計測では，時系列画像を 1000 枚のオーダーで記録することも多いが，数十枚程度からであっても比較的良好な背景画像が得られる．具体的には，図 3.9 に示すように用意したすべての画像の中で画素ごとに最小輝度値または平均輝度値を求め，これを背景画像のそれぞれの画素における輝度値とする．図では左端の縦線が背景であり，移動している円形の像がトレーサ粒子に相当する．一般に，粒子像はつねに移動しており，画像の占有率もきわめて低いため，上記の手順で明瞭

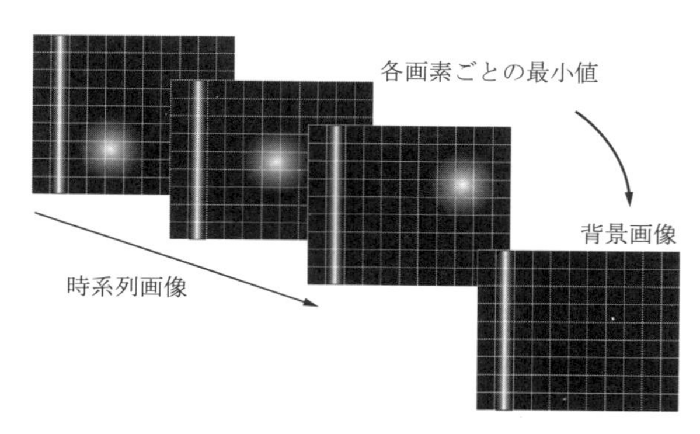

図 3.9 背景画像作成の概念図

な背景画像を構築することができる．この方法は，背景画像をあらかじめ撮影しなかった場合にも利用でき，また，移動平均をとるように，ある時間幅の背景画像を利用することにより，背景輝度がゆっくりと変化する場合にも適用できる．

この背景画像作成法で作成した背景画像例と，これを用いて背景除去した結果を図3.10に示す．この画像は，右側面から直方体タンクに流入した流れが下面の吐出口から出る循環流を対象としたものである．左側面からスリット状の連続光を入れて2次元断面を可視化している．図(a)は撮影時刻の異なる100枚の取得画像から上述の手順で背景画像を求めた結果である．アクリル樹脂のタンク壁面は照明光を受けて明るく反射するが，左側面，右側面，下面，流入口，流出口すべてが粒子像を伴うことなく抽出されていることがわかる．また，タンク内部に注目すると，左側面から入射した照明光が液面と下面で反射しており，照明光強度にムラができていることがわかる．可視化画像では背景に相当する部分は透明な流体であるが，現実には若干の不透明性をもっており，照明の光強度のムラが背景に生じることも多い．そしてこれらの背景はトレーサ粒子の運動とは無関係であるため，とくに輝度値パターンの追跡によって流体の運動を捉える場合，検出速度ベクトルに悪影響を与える．図(b)は図(a)の背景画像を求める際に用いた原画像の1枚であるが，これから背景画像を差し引くと図(c)に示す画像が得られる．図(b)では背景画像に見られた液面と下面からの照明反射光の影響が見受けられるが，図(c)の背景除去画像では壁面の明るい部分はもちろん，照明反射光による輝度値パターンのムラが低減されていることがわかる．

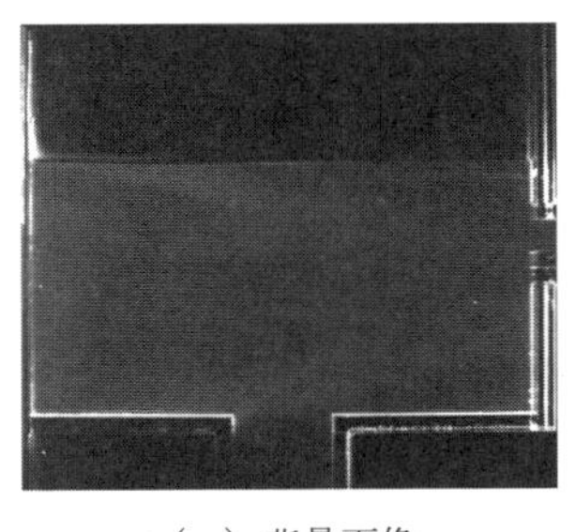
（a）背景画像

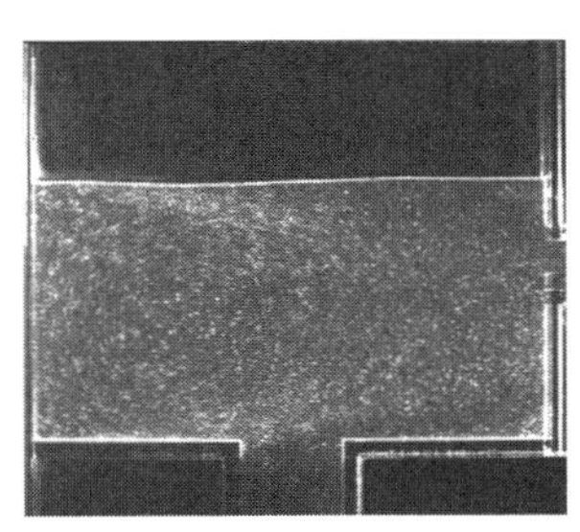
（b）原画像

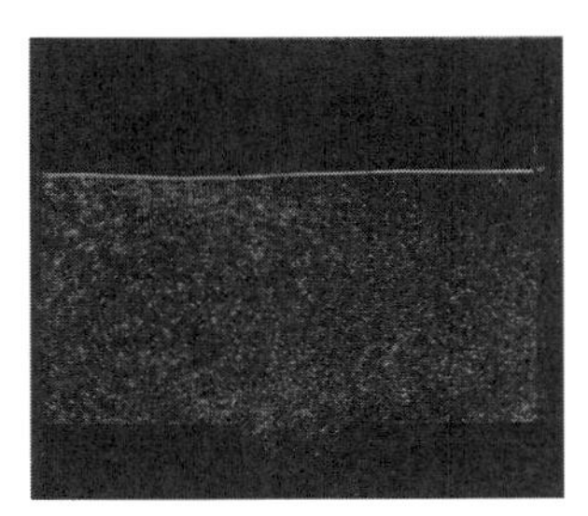
（c）背景除去画像

図 3.10 背景処理の一例

(3) Min-Max Filtering

背景除去では，粒子像以外の像を除去することが可能であるが，照明ムラなどによって部分的に暗くなってしまった粒子の輝度を改善することはできない．このような場合には，Min-Max Filtering[7]が有効である．Min-Max Filteringでは，まず粒子などの小さなスケールの輝度変化に比べて十分大きいサイズ $m \times n$ のフィルタを用いて，局所的な輝度の最小値と最大値の分布を求める．つぎに，同じ大きさのサイズの平均化フィルタを施して，準局所的に滑らかな最小値と最大値の分布を得る．最後に，各画素の輝度をその場所の最小値が 0 となり，最大値が 255 となるように正規化することで，輝度ムラのない粒子画像を得ることができる．フィルタサイズが 11×11 のときに過誤ベクトルの発生率が最小になるとの報告[8]があるが，最適なフィルタサイズは実験条件や画像の状態で変わる．なお，フィルタサイズの選定は 1 回の実験につき 1 度行えば十分である．

参考文献

[1] 特集・固体撮像素子の新展開，O Plus E，2001 年 4 月号．
[2] 竹村裕夫：CCD カメラ技術入門，コロナ社，1997．
[3] 小林敏雄ほか：多次元画像処理流速計測標準のための国際協力に関する企画調査，平成 11 年度科学研究費（基盤 C・企画）報告書，（課題番号 11895006）．
[4] Etoh. G. T., Takehara, K. & Takano Y.: Development of high-speed video cameras for dynamic PIV, *J. Visualization*, Vol.5, No.3, pp.213–224, 2002.
[5] 田村秀行監修：コンピュータ画像処理入門，総研出版，1985．
[6] 長谷川純一，輿水大和，中山晶，横井茂樹：画像処理の基本技法，技術評論社，1986．
[7] Stanislas, M., Okamoto, K. & Kähler, C.: Main results of the First International PIV Challenge, *Meas. Sci. Technol.*, Vol.14, pp.63–89, 2003.
[8] Meyer, K. E. & Westerweel, J.: Advection velocities of flow structure estimated from particle image velocimetry, *Exp. Fluids*, Vol.29, pp.S237–S247, 2000.

第4章 PIV解析

前章までに述べた流れの可視化手法と画像機器を利用すれば時系列ディジタル画像を得ることができる．本章ではそのディジタル画像から速度分布を測定するために必要な PIV（particle image velocimetry：粒子画像流速測定法）の解析手法について説明する．とくに，これから PIV を利用しようという研究者や技術者がそれぞれの実験環境に適した PIV 手法を選択する指針を与えると共に，基礎知識として必要な解析手法の基本概念，処理手順ならびに PIV 解析パラメータの設定方法を中心に解説する．

4.1 節で解析対象画像の特徴などをもとに各種 PIV 手法の選択基準を示し，それぞれの手法の詳細を 4.2 節以降の各項目で説明する．手法は，局所的な輝度値パターンの移動量を求める画像相関法，個々の粒子の移動を追跡する粒子追跡法，測定精度などの改善を試みた高解像度解析法に大きく分類できる．各分類項目では，基本的な手法である前二者について代表的な手法を詳述することにより，PIV の基礎的な考え方を示す．さらに，近年用いられている高度化 PIV 手法についても概説する．

4.1 基礎的 PIV 解析手法の分類と選択

PIV において流速を測定する基本方針は，流れの可視化に用いられるトレーサ粒子が微小時間 Δt に移動する変位ベクトル $\Delta\boldsymbol{X}$ を何らかの画像計測アルゴリズムで求め，Δt で除して流速を測定するというものである．図 4.1 はその概念図を表している．図(a)は時刻 t における粒子画像の輝度値パターン，図(b)は時刻 $t+\Delta t$ における輝度値パターンである．画像計測で変位ベクトル $(\Delta X, \Delta Y)$ が得られると，3.1.3 項ですでに示したように，撮像面と可視化された物理平面の変換係数を α，CCD のセルサイズを $\mathit{\Delta}_{\mathrm{p}}$，撮像系の横倍率を M として，次式で速度ベクトル (u, v) を求めることができる．

$$(u, v) = \lim_{\Delta t \to 0} \alpha \left(\frac{\Delta X}{\Delta t}, \frac{\Delta Y}{\Delta t} \right) = \frac{\mathit{\Delta}_{\mathrm{p}}}{M} \lim_{\Delta t \to 0} \left(\frac{\Delta X}{\Delta t}, \frac{\Delta Y}{\Delta t} \right) \tag{4.1}$$

PIV 解析では，変位ベクトル $(\Delta X, \Delta Y)$ を計測する方針が解析手法により異なる．図 4.1 では人間の目で見て右上方へ輝度値パターンが移動しているのがわかるが，そ

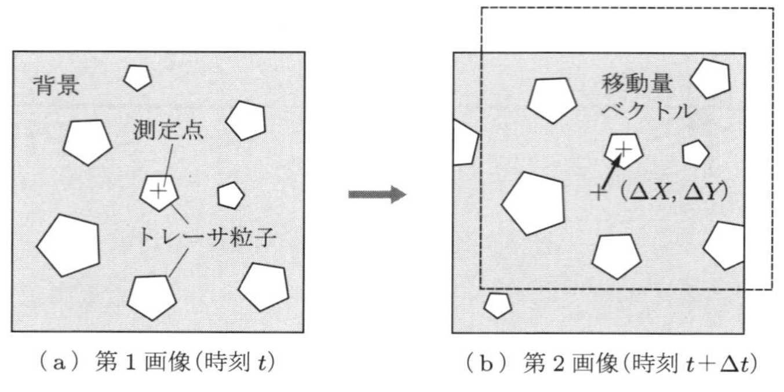

（a）第1画像（時刻 t）　（b）第2画像（時刻 $t+\Delta t$）

図 4.1　画像相関法と粒子追跡法

の移動を破線で囲った位置への領域の移動と考える手法と，中心にある1個のトレーサ粒子に関する移動と考える手法とに大別できる．

本章では前者を画像相関法（image correlation method），後者を粒子追跡法（particle tracking velocimetry：PTV）とよび，解析手法分類の基本とする．ちなみに，前者を粒子数密度が高い場合（high image density），後者を粒子数密度が低い場合（low image density）と分類する例もある[1]．また，前者を狭義の PIV，後者を PTV と区別する場合もある．

4.1.1　解析手法の分類

ここでは本章で扱う PIV 解析手法を分類し，後述する解析アルゴリズムの解説箇所との対応づけを行う．また，大分類である画像相関法と粒子追跡法の特徴を概説し，利用者が解析手法を選択する際に必要となる基礎的な情報を提供する．

まず，図 4.2 に本章で扱う PIV 解析手法の体系を示す．PIV は画像処理を用いて流れの可視化画像から瞬時の速度分布を求める手法の総称として用いられる．画像相関法は PIV でもっとも標準的に利用されてきた手法であり，情報処理の分野のオプティカルフローや，空間解像度を向上させるべくアルゴリズムの改善を図った高解像度手法である再帰的相関法もこの分類に含まれる．

本章では，解析手法の説明を画像相関法，粒子追跡法，高解像度手法に大きく分類し，それぞれ 4.2，4.3，4.4 節で解説する．それぞれの分類項目に属する手法としてもたいへん多くのものが提案されている．とくに，わが国では 1980 年台から解析アルゴリズムの開発が盛んに行われ，さまざまな特徴的なアルゴリズムが提案されてきた．また近年は，ヨーロッパにおいてアルゴリズムの改良が盛んに行われており，それらのすべてを網羅することは困難であるので，本書では利用者の便宜を考慮し，図 4.2 に示した分類に限定して各手法を重点的に解説する．

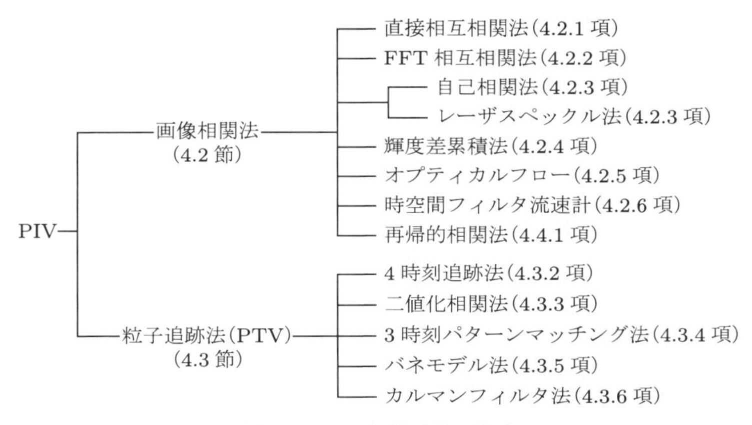

図 4.2　PIV 解析手法の体系

表 4.1　画像相関法と粒子追跡法の特徴比較

項目	画像相関法	粒子追跡法
測定原理	輝度値パターンの移動追跡	個々の粒子像の移動追跡
測定対象領域	2 次元	2 次元，3 次元
解析対象画像	濃淡画像	二値画像，濃淡画像
粒子数密度	高数密度	低数密度
使用画像枚数	1〜2 枚	2〜4 枚
測定点の設定	任意，正方格子が一般的	粒子像位置
空間解像度	低解像度	高解像度

ここで，画像相関法と粒子追跡法についてそれぞれの特徴を簡単に述べよう．表 4.1 は両者の特徴を項目ごとに比較している．

画像相関法は 2 時刻の輝度関数 $f(X,Y)$，$g(X,Y)$ を用いて，画像上における粒子パターンの変位を解析する．一般的には画像を検査領域（interrogation window）とよばれる小領域に切り出し，その切り出された領域内の輝度値パターンを用いて，領域内の粒子像の平均変位を算出する方法である．すなわち，2 画像間でパターンの類似している領域を探査することになるが，その類似度を相関係数などによって評価するため，一般に画像相関法とよばれる．この手法に用いられる画像は中間輝度レベルを多くもつ濃淡画像であり，比較的粒子数密度の高いものが利用される．画像上の輝度変化を用いて解析することになるため，個々の粒子像が分別できる必要はないが，後述のようにサブピクセル誤差を低く抑えるためには粒子像径が 2〜3 pixel 程度にすべきである．なお，画像相関法は輝度値パターンを基準に測定するため，画像内における粒子像の 2 次元変位ベクトルが得られる．この解析法では，2 枚の画像のみで粒子の対応づけが決定できる，相関係数分布に明瞭なピークがあれば対応づけが正しいことがわかる，測定点が任意の位置に設定できる，などの長所があり，画像相関法はPIV解析手法として広く普及している．

一方，粒子追跡法では，最初に可視化画像の輝度分布から個々の粒子像を抽出する．そして，それぞれの粒子像の位置情報や，大きさ，輝度といった付随情報を取得し，粒子像の移動を解析する．ただし，粒子追跡の立場をとる多くの手法は複雑な計算を回避するため位置情報のみを用いて解析している．複数時刻にわたり粒子像の移動方向が大きく変わらないことや，周囲の粒子像との相対位置関係が大きく変わらないことなどを利用して，複数時刻にわたる同一粒子像を追跡する．個々の粒子像を精度よく追跡するため，粒子数密度が中程度以下の粒子像が2〜4時刻分解析される．この解析法は，個々の粒子像の追跡を基本とするため，速度ベクトルを得られる点が粒子像位置に限定される反面，カメラ位置の3次元校正さえ実現できれば，3次元的な粒子の移動を測定することにも利用できるという長所をもつ．また，画像相関法では，測定点まわりの検査領域の空間的な平均速度を求めるため，空間分解能が検査領域の大きさ程度になるが，粒子追跡法は個々の粒子の追跡を行うため，画像相関法の検査領域に相当する大きさは粒子像径，すなわち2〜3 pixel程度ときわめて小さく，空間分解能は非常に高い．熱線流速計にたとえれば，画像相関法は大きなプローブで，粒子追跡法は小さなプローブで速度を測るようなものである．よって，粒子追跡法には，速度勾配の大きな領域などを高空間解像度で正確に測定できるという特徴がある．PIVでは原理的に粒子の移動がその空間の流速を代表しているとみなすので，粒子追跡法はその原理にのっとったより本質的な手法と考えることもできる．なお，粒子像位置解析では，位置精度は粒子像の大きさに依存しており，この位置精度は得ら

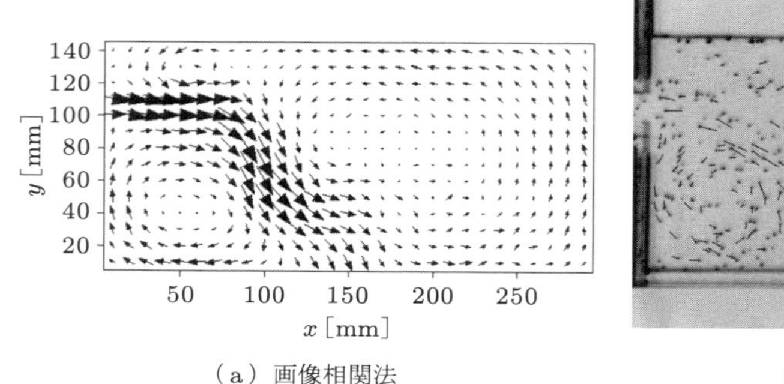

（a）画像相関法

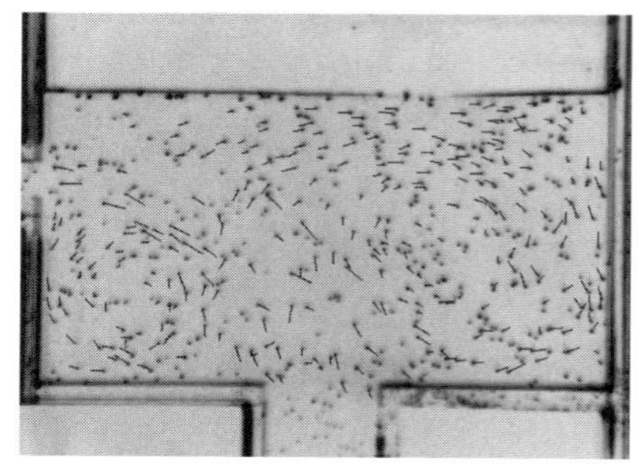

（b）粒子追跡法

図4.3 画像相関法と粒子追跡法による速度分布の例
（左壁面 $y = 110\,\mathrm{mm}$ に流入口，底面中央に流出口がある）

れる速度ベクトルの精度に影響を与えるため，粒子追跡法では粒子像抽出が重要な誤差要因となる．

図 4.3 に画像相関法と粒子追跡法によって測定された速度分布の例を示す．対象の流れ場は「噴流による自由液面自励振動流れ」であり，PIV 標準実験[2]に用いられたものである．図(b)は取得した速度ベクトルを原画像に重ね合わせて表示しており[3]，粒子像位置を始点とする線分が速度ベクトルを表している．表 4.1 にも示したように，正方格子状に測定点が配置された図(a)の画像相関法に対し，図(b)の粒子追跡法では背景に示した粒子像位置で速度ベクトルが測定されており，求められる速度ベクトルの位置に違いがあることがわかる．

4.1.2　解析手法の選択

PIV 計測を実施する場合，対象とする流れ場がどのようなもので，何を目的として計測するのかということが重要な要因となり，それに応じて可視化手法，トレーサ粒子，解析手法などを相互に関連づけながら統一的に選択する必要がある．一般的に，それらの選択に大きくかかわってくるパラメータとして，以下のような項目が挙げられる．

① 作動流体（気流，液流）
② 速度成分（2 成分，3 成分）
③ 速度情報（平均値，瞬時値，変動成分，乱流スケール）
④ 領域サイズ（μm，mm，m）
⑤ 流速条件（最大流速，最小流速）
⑥ 領域次元（2 次元，3 次元）
⑦ 時間解像度（定常，準定常，非定常）
⑧ 空間解像度（高，低）

PIV 計測が従来の流速測定法にない多くの長所を有しているにもかかわらず，未経験者から利用しやすい手法と認識されにくい一つの大きな理由は，これらのパラメータをすべて考慮しながら，最適なハードウェア，ソフトウェアを選択し，計測システム全体を構築する必要があるからである．したがって，システムの一部である PIV 手法だけを取り上げ，その選択基準を提示することは困難であり，第 9 章に紹介する事例などを参考にすることが有用である．ここでは取得した時系列ディジタル画像の特徴に基づいた PIV 手法の選択方針について説明する．

PIV 解析では粒子像の移動をもとに流速測定を行うため，取得した画像を特徴づける重要なパラメータとして画像上の粒子像密度（particle image density．撮像面の単位ピクセル数あたりの粒子像数）を挙げることができる．前節でも触れたように，画像相関法には粒子像パターンの区別がつきやすいように粒子像密度の高い画像が適しており，粒子追跡法には粒子像の誤追跡を生じにくい粒子像密度の比較的低い画像が適している．しかし，粒子像密度の高低の判断基準は，粒子が隣の粒子に出会わずに自由に運動できる範囲の大きさによって与えられるべきもので，時間的に連続した画像間における粒子像の移動距離の大きさに左右される．したがって，同じ粒子像密度の画像であっても，流速 u または時間間隔 Δt が変化すれば，その画像に適した PIV 手法も変化することになる．

そこで，画像における粒子の最大変位（maximum displacement）を r_{max}，全画像内の粒子数を N_0，画像の面積（画素数）を A_0 と表すと，ある一つの粒子が次時刻までに移動する可能性をもつ領域の大きさは πr_{max}^2，一様に分布した場合に一つの粒子が割り当てられる領域の大きさは A_0/N_0 となる．両者の比をとり，さらに平方根をとると，次式で表される相対変位（normalized displacement）ρ_{r} を得る．

$$\rho_{\mathrm{r}} = r_{\mathrm{max}}\sqrt{\frac{\pi N_0}{A_0}} \tag{4.2}$$

この相対変位 ρ_{r} は，最大変位 r_{max} と共に画像相関法と粒子追跡法の選択の目安として利用することができる．この定義によれば，ρ_{r} は無次元量となり，$\rho_{\mathrm{r}} \geqq 1$ のとき高密度（high-image density），$\rho_{\mathrm{r}} < 1$ のとき低密度（low-image density）と判断する．前者の場合，粒子像を個々に対応づけする粒子追跡法では誤対応が増加するため，画像相関法によらなければならない．図 4.4 は，式(4.2)右辺に含まれる $\sqrt{\pi N_0/A_0}$ と r_{max} を軸にとり，画像相関法と粒子追跡法のとり得る範囲を示している．横軸は右方向であるほど 1 枚の画像に含まれる粒子像の数が多いことを意味している．画像相関法では，注目する領域の輝度値パターンに 5 個程度の粒子像が含まれることが

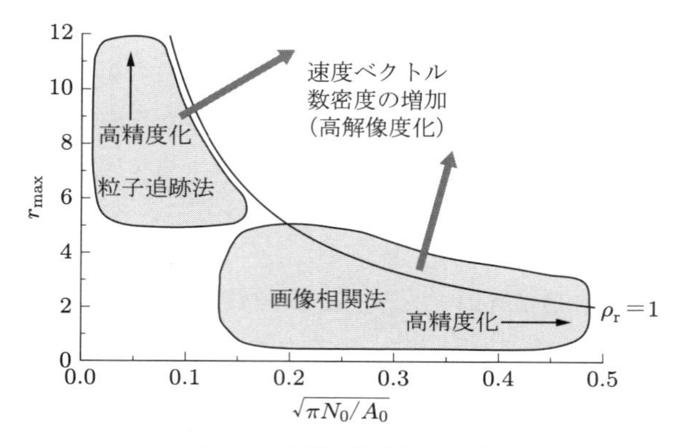

図 4.4　解析手法選択の目安

高精度計測の目安であり，注目する領域の大きさを 32×32 pixel とすると，横軸は $\sqrt{\pi N_0/A_0} > 0.125$ が適用範囲となる．また，相対変位 ρ_{r} の制約は基本的に受けないが，最大変位 $r_{\max}$ が大きくなると誤対応が増加するため，$r_{\max} = 5$ pixel を上限として示している．粒子追跡法では粒子像の誤対応づけの増加を避けるため，$\rho_{\mathrm{r}} < 1$ でなければならない．また，粒子変位の計測精度を高めるため，最大変位 $r_{\max}$ はある程度大きいほうがよい．図 4.4 は一つの目安を与えるものにすぎないが，画像相関法と粒子追跡法の適用範囲の関係を認識することは，PIV 解析に臨むにあたり重要なことである．

表 4.2 に本章で取り上げる解析手法の特徴を簡単にまとめる．上述のように画像相関法と粒子追跡法の選択が済めば，選択された手法に属する解析手法の中から，それぞれの実験目的や実験環境に適した解析手法をそれぞれの特徴を参考に決定すればよい．

表 4.2 解析手法の特徴

	解析手法	特　徴
画像相関法	直接相互相関法	相互相関の直接定義に基づく測定原理の簡潔性
	FFT 相互相関法	FFT による高速性，少ない設定パラメータ
	自己相関法	多重露光画像 1 枚のみ利用，画像取得の簡便性
	レーザスペックル法	波動工学に従う実験的な解析手法
	輝度差累積法	簡潔な類似性評価量の利用，解析処理の高速性
	オプティカルフロー	情報処理分野での応用
	時空間フィルタ法	取得速度ベクトルの高空間分解能，任意の方向
	再帰的相関法	取得速度ベクトルの高空間分解能
粒子追跡法	4 時刻追跡法	4 時刻画像に基づく粒子追跡の高信頼性
	二値化相関法	類似性評価量計算の簡便性と高速性
	3 時刻パターンマッチング法	実用的な画像枚数における粒子追跡の高信頼性
	バネモデル法	回転やせん断など変形流れ場に対するロバスト性
	カルマンフィルタ法	確率過程に基づく粒子追跡の高信頼性

4.2 画像相関法

本節では，可視化画像の局所的輝度値パターンの変位を求めることにより速度ベクトルを測定する手法を紹介する．いずれの方法も，異なる 2 時刻の画像の間で輝度値パターンの類似度の高い部分を対応づけるもので，類似度を表現する評価量の定義によって，その算出法が異なる．この種の解析手法がもつ最大の特徴は，流れの可視化法や解析パラメータの設定などの自由度が比較的高く，利用者が利用しやすい点である．たとえば，この方法では各々のトレーサ粒子像ではなく，輝度値パターンの移動を求めるため測定点が任意に設定でき，渦度やせん断応力などを求める測定結果の後処理に便利なように正方格子状の測定点を設定することが画像解析・計測の段階で可能である．画像相関法では2枚の瞬間照明された可視化画像が通常用いられるが，これらの画像が取り込まれる時間間隔の間に輝度値パターンが大きく変化しないことが解析の前提になる．

4.2.1 直接相互相関法

直接相互相関法（direct cross-correlation method）[4]は，輝度値パターンの類似度を相互相関関数などで評価する手法である．

(1) 測定点と検査領域，候補領域

図4.5は直接相互相関法による変位検出の概略を示している．1時刻目（時刻 t）および2時刻目（時刻 $t+\Delta t$）における2枚のトレーサ粒子画像の輝度値分布をそれぞれ $f(X,Y)$，$g(X,Y)$ とする．ここで，(X,Y) は画像に平行な2次元直交座標系であり，画素を単位とする．1時刻目におけるトレーサ粒子画像中に測定点を定め，その座標を $(X_{\mathrm{I}},Y_{\mathrm{I}})$ とする．測定点 $(X_{\mathrm{I}}, Y_{\mathrm{I}})$ を中心とした $N \times M$ pixel の矩形領域を検査領域（interrogation window）とよぶ．つぎに，検査領域と同一の形状でその中心が任意の位置をとり得る2時刻目の画像の領域を候補領域とする．ここで，検査領域に対する候補領域の相対的な位置を $(\delta X, \delta Y)$ とし，これを相対位置とよぶことにする．候補領域の中心位置を，あらかじめ定めた探査領域（4.2.1項(3)参照）内において変化させながら，逐次，検査領域と候補領域の輝度分布パターンの類似度を求めていき，両者がもっとも似ている候補領域の位置を検査領域内粒子群の移動先とし，そ

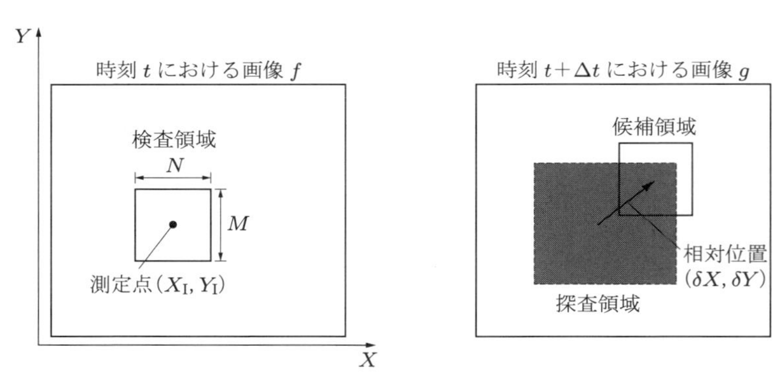

図4.5 直接相互相関法による変位検出の概略

のときの相対位置を測定点における流体の変位とする．すなわち，1 時刻目の検査領域ともっとも似ている 2 時刻目の領域をパターンマッチングで探し出す方法である．

(2) 類似度評価関数

輝度分布パターンの類似度は以下に挙げる相互相関関数，共分散および相互相関係数のいずれかで評価されることが多い．

1) 相互相関関数

相互相関関数（cross-correlation function）は，検査領域と候補領域のそれぞれの輝度値を画素ごとに乗じて和をとったもので，相対位置 $(\delta X, \delta Y)$ の関数である．

$$C_{fg}(\delta X, \delta Y) = \frac{1}{NM} \sum_{i=1}^{N} \sum_{j=1}^{M} f(X', Y') g(X' + \delta X, Y' + \delta Y) \tag{4.3}$$

ここで，i，j は整数，X' および Y' はそれぞれ

$$X' = X_{\mathrm{I}} - \frac{N}{2} - 1 + i$$

$$Y' = Y_{\mathrm{I}} - \frac{M}{2} - 1 + j$$

であり，この座標の定義はほかの 2 式についても同様である．相互相関関数の値は，f と g のパターンがもっとも似ているときに最大となり，まったく似ていない（無相関）場合は最小となる．その大きさは f と g の輝度値に依存する．すなわち，画像が全体的に明るく輝度値が大きいほど大きな値になり，パターンがまったく似ていない（無相関）場合にも画像の背景が明るければ，非ゼロの値をもつ．また，輝度値がすべての画素で正であれば，相互相関係数の値はいかなるパターンであっても正である．

2) 共分散

一方，次式の共分散は，検査領域と候補領域の輝度からそれぞれの平均値である $\bar{f}$ および $\bar{g}$ を差し引いた値の相互相関関数である．

$$\mathrm{Cov}_{fg}(\delta X, \delta Y) = \frac{1}{NM} \sum_{i=1}^{N} \sum_{j=1}^{M} \left\{ f(X', Y') - \bar{f} \right\} \cdot \left\{ g(X' + \delta X, Y' + \delta Y) - \bar{g} \right\} \tag{4.4a}$$

$$\bar{f} = \frac{\displaystyle\sum_{i=1}^{N} \sum_{j=1}^{M} f(X', Y')}{NM} \tag{4.4b}$$

$$\bar{g} = \frac{\displaystyle\sum_{i=1}^{N}\sum_{j=1}^{M} g(X' + \delta X, Y' + \delta Y)}{NM} \tag{4.4c}$$

共分散の値は両パターンがもっとも似ていれば相互相関関数と同様に最大となるが，まったく似ていない（無相関）場合は背景の明暗にかかわらずゼロとなり，明暗が反転した場合は負となる．

3）相互相関係数

相互相関係数（cross-correlation coefficient）は，共分散を検査領域と候補領域の輝度の標準偏差の積で除したもので，次式の定義による．

$$\begin{aligned} R_{fg}(\delta X,\delta Y) &= \frac{\mathrm{Cov}_{fg}(\delta X,\delta Y)}{\sigma_f \sigma_g} \\ &= \frac{\displaystyle\sum_{i=1}^{N}\sum_{j=1}^{M}\{f(X',Y')-\bar{f}\}\{g(X'+\delta X,Y'+\delta Y)-\bar{g}\}}{\sqrt{\displaystyle\sum_{i=1}^{N}\sum_{j=1}^{M}\{f(X',Y')-\bar{f}\}^2}\sqrt{\displaystyle\sum_{i=1}^{N}\sum_{j=1}^{M}\{g(X'+\delta X,Y'+\delta Y)-\bar{g}\}^2}} \end{aligned} \tag{4.5}$$

相互相関係数 R_{fg} の値のとり得る範囲は画像の全体的な明るさによらず $[-1, 1]$ であり，パターンが完全に一致する（ただし，輝度の分散は等しくなくてもよい）ときは1，まったく似ていない（無相関）ときは0，パターンは一致するが輝度が反転している場合は -1 となる．よって，画像の明るさによらず，つねに同じ尺度で類似度を評価することが可能である．

ちなみに，式(4.3)～(4.5)で示した相互相関の直接的な定義式によると，次項で解説するFFT相互相関法よりも計算量が大きいが，画像解析に与えるパラメータが多いため，測定精度の点ではFFT相互相関法よりも有利である．

(3) 探査領域内での相関ピーク検出

上記いずれの場合においても，類似したパターンを探すには，相対位置 $(\delta X, \delta Y)$ を変化させながら逐次，上記各値を算出し，それが最大となる（すなわちもっともパターンが似ている）相対位置 $(\delta X_\mathrm{p}, \delta Y_\mathrm{p})$ を見つける．これによりベクトル $(\delta X_\mathrm{p}, \delta Y_\mathrm{p})$ が検査領域内の粒子群の平均的な変位ベクトル，すなわち，測定点 $(X_\mathrm{I}, Y_\mathrm{I})$ の変位ベクトル $(\Delta X, \Delta Y)$ であると推定される．ここで，δX および δY を変化させる範囲を探査領域（search window）とよぶ．探査領域は流れ場における速度の変動範囲および

時間間隔 Δt などに基づいて決められる（詳細は 4.2.8 項(3)で後述）.

(4) 直接相互相関法による変位の算出例

図 4.6 に，実際の粒子画像[5]に対して相互相関係数に基づく直接相互相関法を適用した例を示す．粒子画像は X 方向に 6 pixel 移動しており，検査領域サイズ $(N \times M) = (32\,\text{pixel}, 32\,\text{pixel})$，探査領域範囲（$-16$〜$16$ pixel，-16〜16 pixel）に設定している．図(a)は検査領域の輝度値パターンであり，この輝度値パターンが図(b)に示す探査領域中のどこに移動したかを計測する．ただし，図(b)の中央部に示し

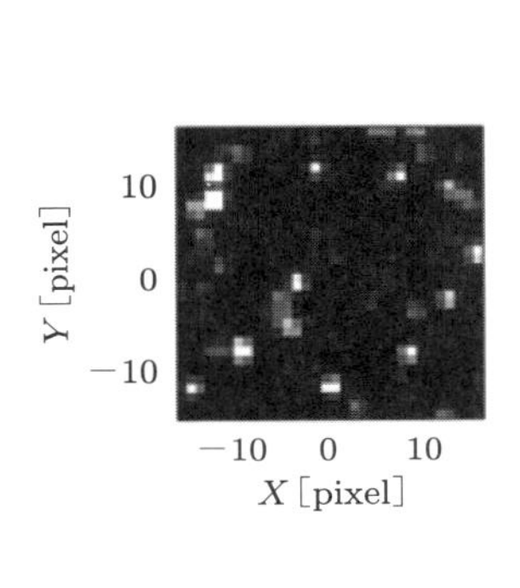

（a） 検査領域(1 時刻目)

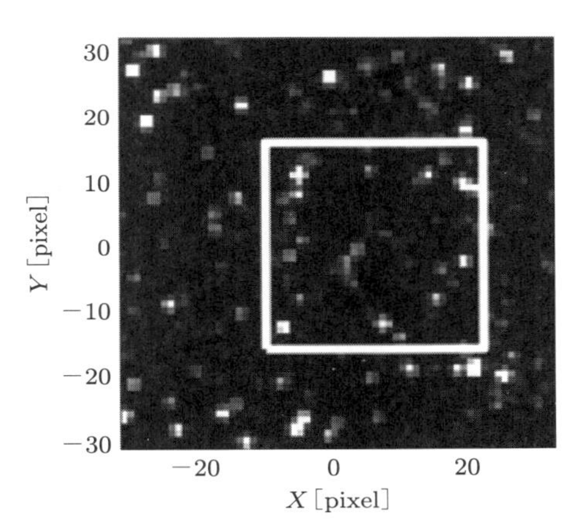

（b） 探査領域とその周辺(2 時刻目).
白枠は検査領域の移動先

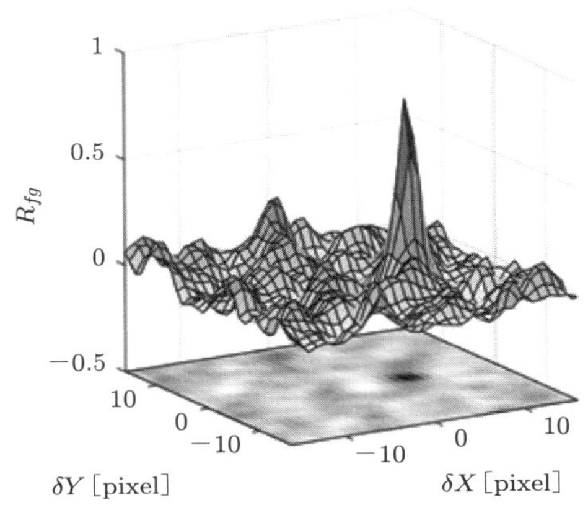

（c） 相互相関係数. (a)の検査領域と(b)の
白枠との相関係数が最大ピークに相当

図 4.6 直接相互相関法による処理例

た白枠線内は検査領域の移動先を表している．図(c)には探査領域内の各画素位置で算出された相互相関係数の分布を示している．X 方向変位 $\delta X = 6$ pixel，Y 方向変位 $\delta Y = 0$ pixel の位置で相関係数がピーク値をとっており，輝度値パターンの変位が得られていることがわかる．

4.2.2 FFT 相互相関法

(1) 測定原理

欧米で広く利用されている標準的な PIV アルゴリズムが，Willert ら[6]によって提案された FFT 相互相関法（FFT-based cross-correlation method）である．これは前項で述べた直接相互相関法と同様，局所的に輝度値パターンの類似度を相互相関で評価するもので，相互相関の算出にフーリエ変換（Fourier transform）を用いるところに特徴がある．一般の信号処理でよく知られているように，離散的な時系列データにフーリエ変換を施す場合，高速フーリエ変換（fast Fourier transform：FFT）を利用して計算の高速化を図るが，この方法でも 2 次元高速フーリエ変換を用いているため，FFT 相互相関法とよばれている．

(2) フーリエ変換による相互相関の算出

はじめに 1 次元信号の相互相関を考える．原関数 $f(X)$，$g(X)$ のフーリエ変換を $\mathcal{F}\{f(X)\}$，$\mathcal{F}\{g(X)\}$ と表すと，相関関数 $C_{fg}(\Delta X)$ は，クロススペクトル $\mathcal{F}^*\{f(X)\}\mathcal{F}\{g(X)\}$ を逆フーリエ変換することで求められる（付録 D）．ここで，(*) は共役複素数を表す．一方，画像は 2 次元信号であるが，基本的な考え方はまったく同じである．

直接相互相関法と同様に，1 時刻目（時刻 t）および 2 時刻目（時刻 $t + \Delta t$）における 2 枚のトレーサ粒子画像の輝度値分布をそれぞれ $f(X, Y)$，$g(X, Y)$ とする．1 時刻目におけるトレーサ粒子画像中に測定点を定め，その座標を $(X_{\mathrm{I}}, Y_{\mathrm{I}})$ とする．1 時刻目の画像の測定点 $(X_{\mathrm{I}}, Y_{\mathrm{I}})$ を中心とした $N \times M$ pixel の矩形領域を第 1 検査領域，2 時刻目の画像の同じ位置（平均速度に応じてシフトする場合もある）に設定した同じ大きさの矩形領域を第 2 検査領域とし，これら二つの領域の間で相関計算を行う．直接相互相関法では探査領域のサイズを自由に設置できたが，FFT 相互相関法では検査領域と探査領域はサイズが同じであり，画像中の位置も同一となる．第 1 検査領域および第 2 検査領域の輝度値パターンをそれぞれ $f(X', Y')$，$g(X', Y')$ とし，そのフーリエ変換を $\mathcal{F}\{f(X', Y')\}$，$\mathcal{F}\{g(X', Y')\}$ と表すとき，クロススペクトル

$$S_{fg}(\xi, \eta) = \mathcal{F}^*\{f(X', Y')\}\mathcal{F}\{g(X', Y')\} \tag{4.6}$$

を求め，さらにこれに逆フーリエ変換を施すことにより，つぎのように $f(X',Y')$ と $g(X',Y')$ の間の相互相関係数 $C_{fg}(\delta X,\delta Y)$ が得られる．

$$C_{fg}(\delta X,\delta Y)=\mathcal{F}^{-1}\{S_{fg}(\xi,\eta)\} \tag{4.7}$$

ただし，$\mathcal{F}^{-1}$ は逆フーリエ変換を表す．一方，式(4.6)に替えて

$$S^*_{fg}(\xi,\eta)=\mathcal{F}\{f(X,Y)\}\mathcal{F}^*\{g(X,Y)\} \tag{4.8}$$

をフーリエ変換することにより $C_{fg}(\delta X,\delta Y)$ をつぎのように求めることも可能である．

$$C_{fg}(\delta X,\delta Y)=\mathcal{F}\left\{S^*_{fg}(\xi,\eta)\right\} \tag{4.9}$$

このほうが同じ FFT アルゴリズムを用いることができるので，プログラミング上は簡単である．

(3) FFT 相互相関法における候補領域

FFT 相互相関法における第 1 検査領域は，直接相互相関における 1 時刻目の検査領域と等価である．一方，FFT 相互相関法における第 2 検査領域は直接相互相関法の候補領域とはやや異なる．FFT 相互相関法では，第 2 検査領域内の輝度値パターンが第 2 検査領域外に周期的に繰り返されていることを仮定して FFT 処理される．すなわち，その第 2 検査領域の画像をまるでタイルを貼るようにその四方に繰り返し並べた画像上（図 4.7 (b)破線部分）で，第 2 検査領域と同一の領域を探査領域として，直接相互相関の演算をすることと等価である．そのため，候補領域内の画像に着目しながら，たとえば候補領域を右へ移動していくと，候補領域の左側境界にあった粒子像が右側境界から流入してくる．すなわち，本来そこにあるべき粒子が消失し，その代わりとして存在しない粒子像が現れる．実際には画像取得時間間隔 Δt の内にトレーサ粒子は流れに乗って検査領域から消え去り，異なるパターンをもつトレーサ粒子が反対側の領域境界から検査領域へと流入してくるため，信号（輝度値パターン）の周期性は確保されていない．このため，候補領域が第 2 検査領域から離れるに従って，相関係数は低下していく．これを面内相関損失（in–plane loss–of–correlation）という．また，対応する粒子数が低下することを面内対応損失（in–plane loss–of–pairs）といい，変位の増加に伴う誤差の増加や誤ベクトルの発生を招く．面内相関損失は FFT 相互相関法における最大の欠点である．直接相互相関法では，この輝度値パターンの周期性の仮定は用いないため，測定精度の点で有利となる．

なお，FFT 相互相関法で直接相互相関法とまったく同じ結果を得ることも可能で

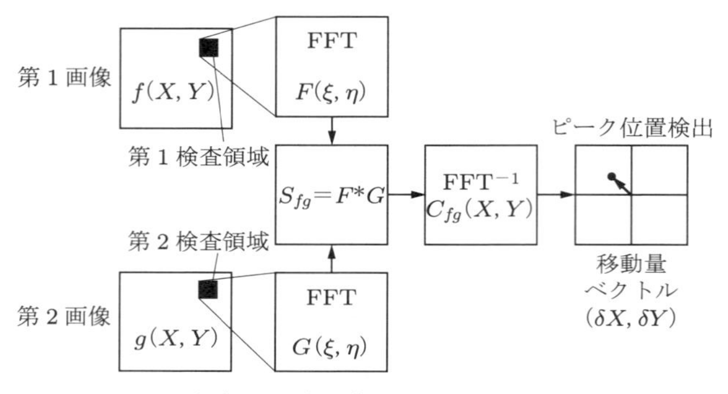

（a）FFT 相互相関法の処理手順

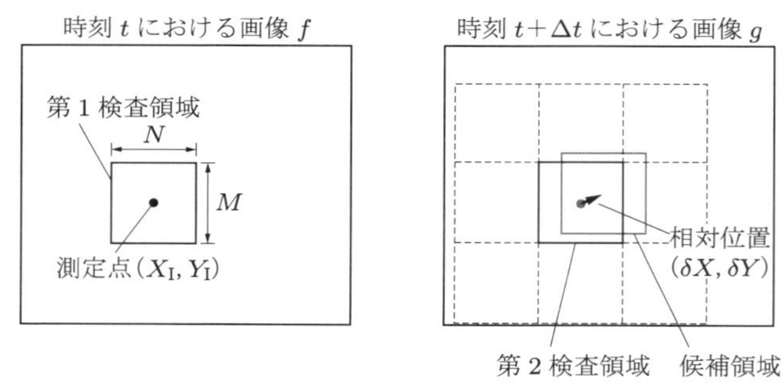

（b）FFT 相互相関法による変位検出の概略

図 4.7　FFT 相互相関法

ある．すなわち，第1検査領域の外側に0を並べ（zero padding），それと同じ大きさの第2検査領域をとればよい．ただし，zero padding した領域を含めた計算が必要になるため，計算が高速であるという FFT 相互相関法の利点はうすれる．

(4) window shift による FFT 相互相関法の精度向上

FFT 相互相関法では，図 4.22 (b) に示すように移動距離が 0.5 pixel 以上では誤差が大きくなる[7]ことから，いったん，相関法で求めた移動距離（サブピクセル補間は行わない）だけ2時刻目の画像をシフト（window shift，または window offset）させる．そして，再度，相関法を適用することで，見た目の移動距離が 0.5 pixel 以下になり，精度が上がる[8]．

具体的には，ステップ1で求められたベクトルを推定値 $(X_{\mathrm{est}}, Y_{\mathrm{est}})$ として利用し，1時刻目の検査領域 $f(X,Y)$ と，$(X_{\mathrm{est}}, Y_{\mathrm{est}})$ だけシフトさせた2時刻目の検査領域 $g\,(X-X_{\mathrm{est}}, Y-Y_{\mathrm{est}})$ の間で相互相関を求める．

$$R_{fg}(\delta X, \delta Y) = \mathcal{F}^{-1}\left[\mathcal{F}^*\{f(X,Y)\}\mathcal{F}\{g(X - X_{\text{est}}, Y - Y_{\text{est}})\}\right] \tag{4.10}$$

このようにシフトさせて FFT 解析することで，面内方向に流出する粒子の影響を小さくできる．さらに，FFT 相互相関法においては，求められた相関値の精度は原点近傍がもっともよくなるので，サブピクセル精度もある程度改善できる．

(5) FFT 相互相関法による変位の算出例

図 4.8 は図 4.6 で示したものと同一の画像を FFT 相互相関法により変位を求めた例である．図(a)の第 1 検査領域のサイズは前項と同様に 32 × 32 pixel であるが，図(b)の第 2 検査領域は前項に比べて小さく，第 1 検査領域と同じ大きさである．これらに対するクロススペクトルおよび相互相関係数分布を図(c)および図(d)に示す．図(d)において相互相関係数がもっとも高い位置 $(\delta X_{\text{p}}, \delta Y_{\text{p}})$ は図 4.6 (c)のそれと同様の位置に存在するが，その値は面内相関損失によりやや小さいことがわかる．なお，これは window shift により改善する．

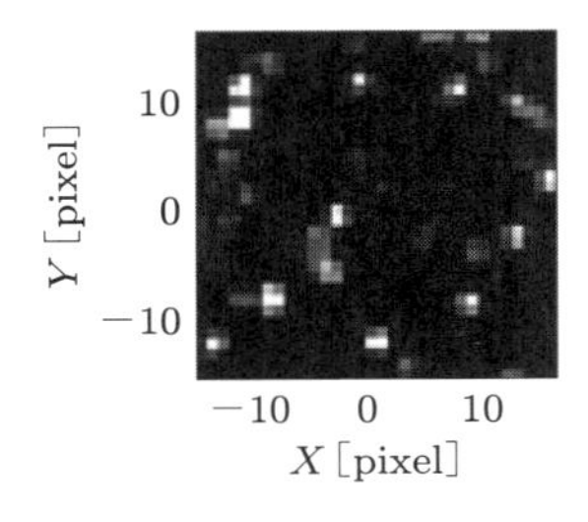

（a） 第 1 検査領域（1 時刻目）

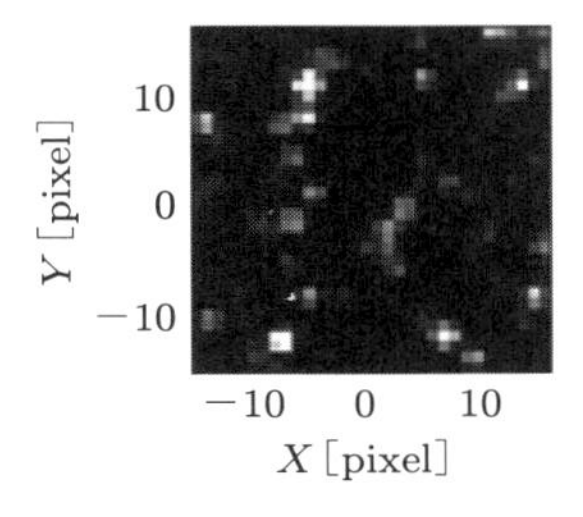

（b） 第 2 検査領域（2 時刻目）

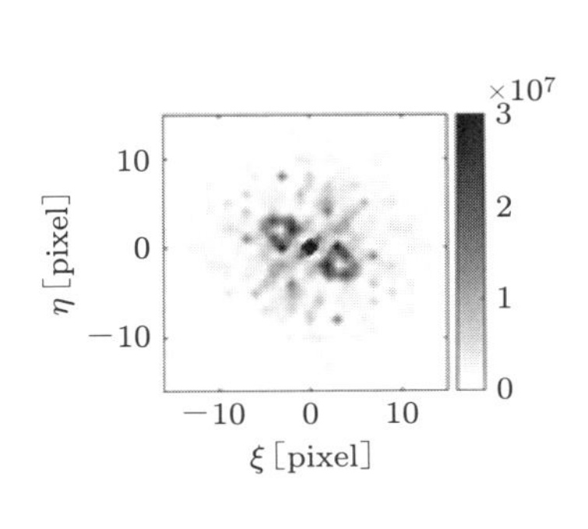

（c） クロススペクトル

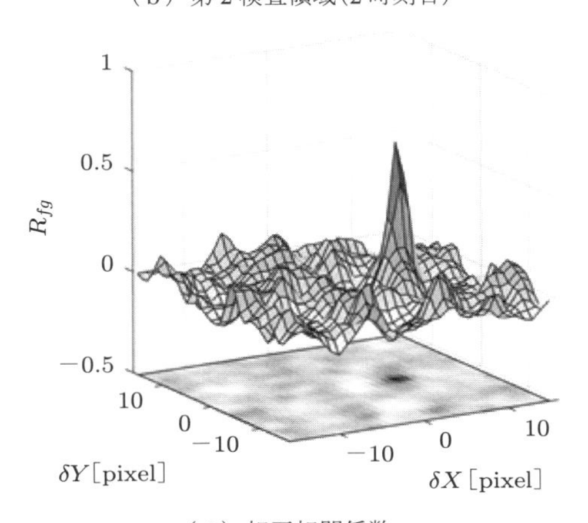

（d） 相互相関係数

図 4.8 FFT 相互相関法による処理例

4.2.3 自己相関法（ヤング縞法）

直接相互相関法や FFT 相互相関法は 2 時刻の粒子像を異なる 2 フレームの画像に記録された単一露光二重フレーム記録による粒子画像を用いて粒子像変位を求める方法であった．一方，2 時刻の粒子像を一つのフレームに記録した二重露光単一フレーム記録による粒子画像から変位を求めるときは，以下の自己相関法を用いる．自己相関をフーリエ変換で求める場合，それを FFT で数値的に行う方法と光学的に行う方法の二種類に分けられる．

前者では，二重露光画像ならびに三重露光画像に対して自己相関係数分布を求める手法[9]を紹介し，後者では，ヤング縞法を取り上げ，その光学的な理論背景と測定手順について説明する．また，レーザスペックル法にも言及する．

(1) 自己相関法（数値的）

図 3.2 に示した二重露光単一フレーム画像を考える．この画像はパルスレーザなどを 2 回発光させて取得する．輝度値パターンが複数個のトレーサ粒子像で表されているとすると，図 4.9 (a)のような二重露光画像が得られる．このような画像に対して検査領域 $N \times M$ をとり，その領域内でもっとも支配的な信号（輝度値パターン）の周期性を自己相関関数（auto-correlation function）の計算によって求める．簡単のために 1 次元信号について考えると，ラグを ΔX とするとウィナー－ヒンチンの定理（Wiener-Khintchine theorem）[10]は

$$C(\Delta X) = \int_{-\infty}^{\infty} S(\xi) e^{j\xi\Delta X} \mathrm{d}\xi = \mathcal{F}^{-1}\{S(\xi)\} \tag{4.11}$$

と表される．式(4.11)は自己相関関数 C がパワースペクトル S の逆フーリエ変換であることを示している．したがって，実際の手順としては 2 次元フーリエ変換を用いて二重露光画像のパワースペクトル S_{ff} を次式で求める．

$$S_{ff}(\xi, \eta) = \mathcal{F}\{f(X', Y')\}\mathcal{F}^*\{f(X', Y')\} \tag{4.12}$$

これを次式のように逆フーリエ変換すれば自己相関関数が得られる．

$$C_{ff}(\delta X, \delta Y) = \mathcal{F}^{-1}\{S_{ff}(\xi, \eta)\} \tag{4.13}$$

この処理法は 4.2.2 項の FFT 相互相関法と類似した手順をふむが，4.2.1 項の直接相互相関法のように，フーリエ変換を用いた上述の手順によらず，自己相関係数の定義式に従い，次式で直接自己相関関数 C_{ff} または自己相関係数 R_{ff} の計算を行ってもよい．

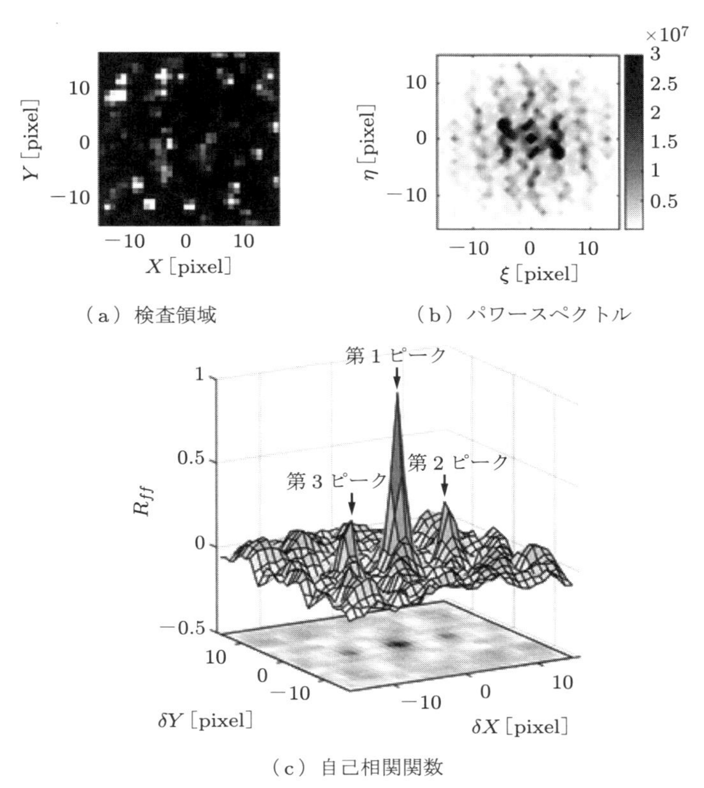

(a) 検査領域　　(b) パワースペクトル

(c) 自己相関関数

図 4.9 自己相関を用いた変位検出

$$C_{ff}(\delta X, \delta Y) = \overline{f(X', Y')f\left(X' + \delta X, Y' + \delta Y\right)} \tag{4.14}$$

$$R_{ff}(\delta X, \delta Y) = \frac{\overline{f(X', Y')f\left(X' + \delta X, Y' + \delta Y\right)}}{\overline{f^2(X', Y')}} \tag{4.15}$$

図 4.9 に処理例を示す．図(a)の二重露光画像に対して，正規化した自己相関関数，すなわち自己相関係数の分布は図(b)のようになる．自己相関係数値が 1 となる中央の最大ピークは移動量 (0,0) を表し，これを除く領域から自己相関係数のピーク位置を探す．図では $(\delta X, \delta Y) = (0, 0)$ を中心とする点対称の位置に第 1 ピークの約半分の大きさをもつ第 2 ピークが 2 箇所生じるが，この位置を求めることにより移動量の大きさが求められる．ここで，2 箇所のピークの一つは実際の変位の方向であるが，もう一つはその反対方向であり，どちらが正解であるかは自己相関係数分布から知ることはできず，流れ方向を求めることができない（方向の不確定性：directional ambiguity）．同様の問題は代表的な点計測法である熱線流速計でも生じ，これに対し

てフライングホットワイヤ法という手法が用いられる．これは主流方向に負の速度成分をもつ領域がある場合，その領域における相対速度が正となるよう熱線流速計センサを一定速度 U_b で主流方向と逆に移動させながら流速を測定する．計測結果はすべて一定速度 U_b だけバイアスされ正の流速値のみとなるため，流れ方向を求める必要がなくなる．そして，いったん出力された計測結果からバイアス分 U_b を差し引けば，符号付き速度分布が求められる．自己相関 PIV でも同じ原理を用いた画像シフト法[11]（image shift）を利用する．測定対象とカメラの間にガルバノミラーや回転ポリゴンミラーを置き，ミラーの角度を変化させながら粒子像を撮影することで，輝度値パターンの移動量に一定バイアスを光学的に加え，自己相関計算による検出速度ベクトルよりバイアス値を差し引けば，求めるべき正しい速度ベクトルが求められる．

さらに，二重露光画像を扱うだけでなく，1 枚の画像を記録する際に 3 回の照明を発光させる三重露光画像を用いることもできる．この場合，正しい移動量を示す $(\Delta X, \Delta Y)$ および $(-\Delta X, -\Delta Y)$ の位置に第 1 ピークの 2/3 程度の第 2 ピークが，その 2 倍の $(2\Delta X, 2\Delta Y)$ および $(-2\Delta X, -2\Delta Y)$ の位置に 1/3 程度の第 3 ピークが生じるため，輝度値パターンの移動量 $(\Delta X, \Delta Y)$ をより正確に測定することが可能になる．

(2) ヤング縞法（光学的）

ヤング縞法の測定手順を以下に説明する．

まず，トレーサ粒子を流体中にシーディングし，これにレーザ光を微小時間間隔で 2 回照射する．このレーザ光はトレーサ粒子により散乱するので，それを高分解能な写真乾板に記録すれば粒子像の二重露光画像が得られる．つぎに，図 4.10 に示すように二重露光画像が記録された写真乾板に細いレーザ光を照射すると，レーザ光内に存在する粒子像対による回折光の干渉により，レンズの焦点距離の位置に設置したスクリーン上にヤングの干渉縞が形成される．この干渉縞（Young's fringe）の縞間隔より速度の大きさが，縞の傾きより流れ角が求められる．波動光学の基礎式であるフレネル回折式[12]（Fresnel diffraction formula）を用いてこの光の回折現象を理論的に表すことができるが，干渉縞の間隔 L_f [mm] と速度の大きさ $|v|$ [mm/s] の関係は，輝度値パターン移動量の大きさを ΔL [mm]，二重露光の時間間隔を Δt [s]，レーザの波長を λ [mm]，撮像系の横倍率（像サイズ/対象物サイズ）を M，レンズの焦点距離を f_0 [mm] としてつぎのように示される．

$$|v| = \frac{\Delta L}{\Delta t} = \frac{\lambda f_0}{M L_\mathrm{f} \Delta t} \tag{4.16}$$

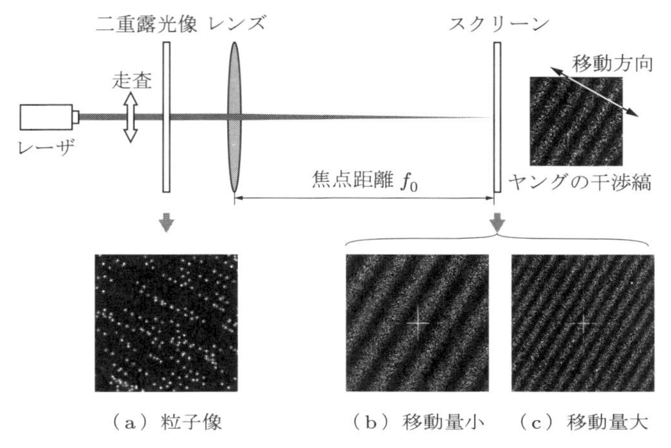

図 4.10 干渉縞と輝度値パターンの移動量ベクトルの関係

また，流れの方向は干渉縞に垂直な方向として検出できる．したがって，二重露光画像に対するレーザ光の照射位置をつど変えると，それぞれの位置における流速が順次求められることになる．図 4.10 (b)は移動量が小さい場合，図(c)は移動量が大きい場合の干渉縞を示すが，式(4.16)に示したとおり移動量 ΔL が大きいほど縞間隔 L_{f} が小さくなる．なお，この方法では，流れの方向と速度の大きさは測定できるが，流れの向きは求めることができず，また 3 次元測定には適さない．

なお，ヤングの干渉縞は 4.2.3 項(1)の自己相関法のパワースペクトルを光学的に求めたものと等価である．よって，ヤングの干渉縞を CCD カメラなどで撮影してコンピュータに取り込み，FFT を用いて式(4.13)の逆フーリエ変換を行えば，自己相関関数を求められる．すなわち，ヤング縞法と自己相関法は，パワースペクトルを求める方法が光学的であるかフーリエ変換によるものであるかという違いだけであり，本質的には同じ方法である．

(3) レーザスペックル法

レーザ光を固体表面に照射して散乱光をカメラで撮影すると，固体表面上の無数の点から散乱した光が撮像面で干渉することにより，撮像面に粒状の明暗の斑点模様が生じる．この現象（または個々の明暗の斑点）をスペックル（speckle）といい，斑点模様をスペックルパタン（speckle pattern）という．固体表面が変位するとスペックルも変位するが，固体表面が変形しなければ無数の点の相対的な位置も変化しないので，スペックルパタンは変化しない．スペックルの変位は固体表面の変位に比例するので，これから固体表面の変位を求める方法がスペックル法（speckle method）である．

スペックル法は流体の速度測定にも応用できる．固体表面の代わりに高い粒子数密度で分散したトレーサ粒子にレーザ光を照射し，それらからの散乱光をカメラで撮影すれば，固体表面のときと同様に多数の粒子からの散乱光が干渉してスペックルが観察されるので，スペックルを二重露光して自己相関法やヤング縞法により変位を求めれば粒子の速度が得られる．これをレーザスペックル法[13, 14]（laser speckle velocimetry：LSV）とよぶ．

ただし，固体表面と異なり流体中のトレーサ粒子群では複数の粒子の相対的な位置が変化するので，粒子の変位が大きいと散乱光の干渉により生じるスペックルパタンも著しく変化する．パタンの変化は自己相関係数の低下をもたらすので，粒子の変位を十分に小さく（レーザ光の波長の 1/2 程度[1]）しなければ，スペックルの変位を測定することは困難である．PIV の発展に先立ってレーザスペックル法が発達した（1.1.1 項参照）が，今日の PIV ではスペックルではなく粒子像を撮影することのほうが圧倒的に多い．また，PIV でスペックルが現れると測定が困難になるため，スペックルが現れないような粒子数密度で測定を行う必要がある．

4.2.4　輝度差累積法

輝度値パターンの移動量を定量的に捉えることは，異なる時刻の画像中に類似した輝度値パターンを見つけ，これらを対応させることによって実現できる．その類似性を表す指標として，4.2.1 項および 4.2.2 項で述べた相互相関関数がしばしば利用される．しかし，相互相関関数は積算の総和をとるなど計算量が多く，画像解析処理速度を向上させるためには計算量のより少ない指標が望ましい．本項で述べる輝度差累積法（gray level difference accumulation）[15]は簡潔な類似性指標を用いて処理速度を改善した方法である．

図 4.11 に示すように，1 次元的な輝度値パターンを考えよう．破線はいま注目している輝度値パターンで，この分布パターンが実線で示した輝度値パターンのどの部分と一致しているかを調べる．左端の類似性の低い候補領域 A では，破線と実線のパターンは一致しないため，それらの差は色つき部分の面積で大きく表される．一方，右端の候補領域 B ではガウス分布状の類似性の高い分布パターンがあるため，破線と実線の差は面積として大きく現れない．したがって，分布パターンの類似性の指標として，輝度値の差を有限領域内で積算したものが利用できることがわかる．

図 4.11 では簡単のために 1 次元分布として考えたが，これを 2 次元分布である輝度値パターンに適用すれば，相互相関係数に代わる指標を用いた手法が構築でき，これを輝度差累積法とよぶ．解析手順は直接相互相関法と同じであり，時刻の異なる 2 枚の画像間で輝度値パターンの似た領域の対応づけをするための類似性指標の計算法

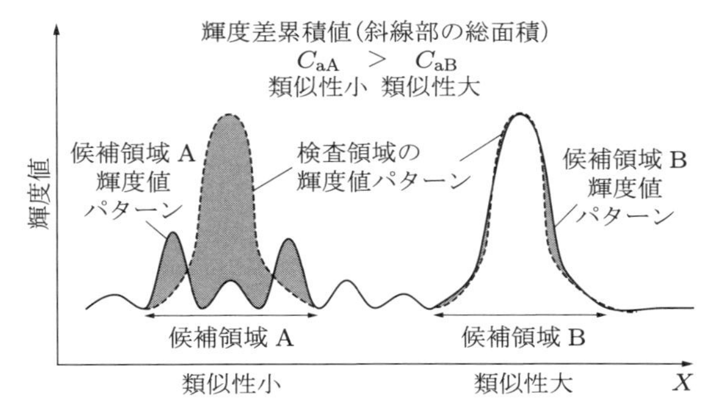

図 4.11 輝度差累積値による類似性評価

のみが異なる．第 1 画像中にある $N \times M$ [pixel] の注目している検査領域の輝度値パターンを f，第 2 画像中に設定した多数の候補領域における輝度値パターンを g と表すと，輝度差累積値 C_{a} は

$$C_{\mathrm{a}}(\delta X, \delta Y) = \sum_{i=1}^{N}\sum_{j=1}^{M} |f(X_i, Y_j) - g(X_i + \delta X, Y_j + \delta Y)| \tag{4.17}$$

と与えられる．そして，第 2 画像中の候補領域の中で，この輝度差累積値 C_{a} がもっとも低い候補領域が対応づけすべき領域として採択される．

上述のように，この手法の一つの特徴は輝度値パターンの類似性指標の計算がきわめて簡潔な点で，すべての画素位置において輝度差の絶対値の総和をとるだけである．もう一つの特徴は，類似度の低い輝度値パターンの組み合わせのとき，輝度差累積値 C_{a} の計算を途中で中止することができる点である．第 2 画像には候補領域を多数設定するが，ある候補領域に対する輝度差累積値がすでに求められている輝度差累積値の最小値を上回れば，それ以上計算を続けることなくその候補領域は類似度が低いとして棄却する（逐次棄却）．その結果，検査領域サイズ $N \times M$ にかかわらず，直接相互相関法に比べて 2～3 倍の処理速度が得られる．ただし，逐次棄却ではベクトルの抽出漏れが生じる危険性があるので，注意が必要である．

4.2.5 オプティカルフロー

一般の動画像解析では，運動する物体を静止カメラで観測したり，静止物体を移動カメラで観測するなどさまざまな状況が考えられるが，いずれにしても動画像に記録された画像から対象とする物体の見かけの速度を求めることができる．この見かけの速度は物体がカメラからどの程度離れているか（奥行き方向の距離）によって変化するため，画像全体にわたり見かけの速度を求めることによって奥行き情報の分布を得ることができる．この見かけの速度ベクトル（速度場）をオプティカルフロー[16]（optical flow）とよぶ．

代表的なオプティカルフローの検出法として勾配法（gradient-based method）があり，この考え方を PIV に適用した手法が時空間微分法[17]（spatio-temporal derivative method）である．この方法では，輝度関数 $f(X,Y,t)$ が不変であるとして時系列画像間で対応をとることにより，観測物体の見かけの速度を求める．図 4.12 に示すように，微小時間後 Δt に距離 ΔX，ΔY だけ離れた輝度が対応する場合を考えると，

$$f(X,Y,t) = f\left(X+\Delta X, Y+\Delta Y, t+\Delta t\right) \tag{4.18}$$

であるので，式(4.18)の右辺をテイラー展開し，高次の微小項を無視するとつぎの基礎式が得られる．

$$\frac{\partial f}{\partial t} + u\frac{\partial f}{\partial X} + v\frac{\partial f}{\partial Y} = 0 \tag{4.19}$$

非常に狭い領域内の各画素において式(4.19)左辺の各偏微分を差分近似すれば，u，v を未知数とする連立方程式が得られる．時空間勾配法ともよばれるこの方法が，上述のほかの PIV 手法と異なる点は，きわめて空間分解能のよい結果が得られることで，連立方程式は 2 次元の場合 2 式，すなわちわずか 2 pixel 分の位置で勾配情報が得られればよいことになる．また，輝度値の微分を計算することから，サブピクセル精度の計測結果が得られる一方，雑音や照明状態の急激な変化の影響を受けやすい．そこで，情報処理の分野では Lucas-Kanade 法[18]などさまざまな解の推定法が提案されている．

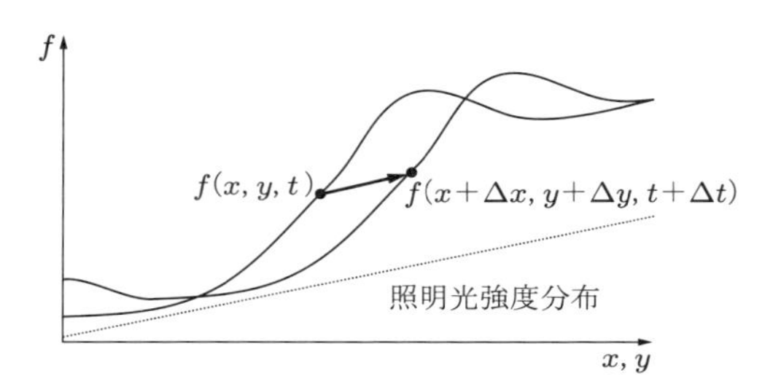

図 4.12　時空間微分法の概念図

4.2.6　時空間フィルタ流速計

PIV と同様に，流れ場中の散乱粒子を高速度カメラにより画像化し，得られた時系列の粒子画像の輝度分布 $I(x,y,t)$ に時空間フィルタ $F_{SF}(x,y,t)$ を乗じた後に，検査

領域内で積分した積分輝度の時系列波形 $I_{SF}(x, y, t)$ を得る．時空間フィルタに x 方向にのみ周期的に変化する関数を用いると，$I_{SF}(x, y, t)$ の変動周波数から x 方向速度を測定でき，時空間フィルタに y 方向にのみ周期的に変化する関数を用いると，y 方向速度を測定できる．この手法は，時空間フィルタ流速計（spatiotemporal filter velocimetry：SFV）[19] とよばれる計測手法で，LDV の計測原理に近い解析手法で，画像ノイズに強く，時空間フィルタの設定次第で任意の方向の速度成分を計測可能という特徴がある．

4.2.7 画像相関法の精度

本項では，直接相互相関法，FFT 相互相関法，自己相関法およびレーザスペックル法のサブピクセル補間による変位推定精度の向上と，変位推定誤差について解説する．

(1) サブピクセル補間

画像が標本化されているゆえに，相関ピークの相対位置 $(\delta X_{\mathrm{p}}, \delta Y_{\mathrm{p}})$（4.2.1 項(3)参照）は整数値であるため，その誤差は ±0.5 pixel である．一方，後述のように，変位ベクトルの大きさは通常 5〜10 pixel 程度であるので相対誤差は ±5〜10% となり，十分な測定精度があるとはいい難い．この精度を向上させるために，相関係数（または相関関数，共分散）の極大値近傍の相関係数の分布を用いて，変位の値の小数部分（fractional displacement，subpixel displacement）を推定する方法がとられる．このことを 1 次元の相互相関係数分布により模式的に示したのが図 4.13 である．ここで，横軸は相対変位 δ（すなわち δX もしくは δY）であり，棒グラフは各点における相関係数 R_{fg} の値を示している．実線は空間標本化されていない連続的な相関係数分布を示しており，それが極大となる相対変位を ε としている．標本化されている R_{fg} の極大はつねに $\delta = 0$ にあるが，その両隣の値は ε の変化に応じて大小関係が大きく変わることがわかる．すなわち，極大値およびその両隣の値から ε が推定できると期待される．

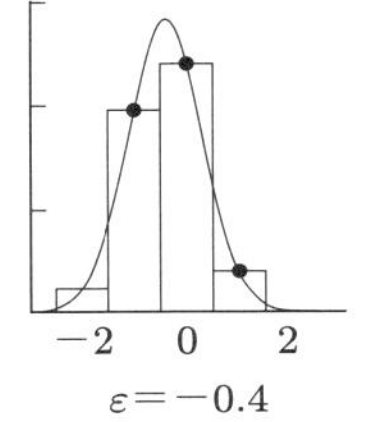

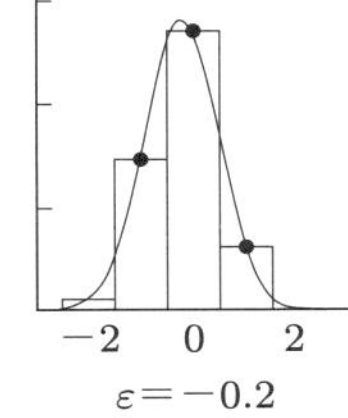

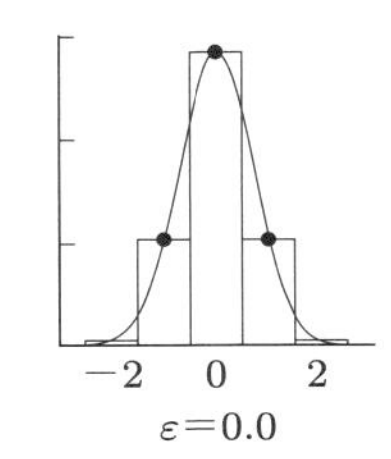

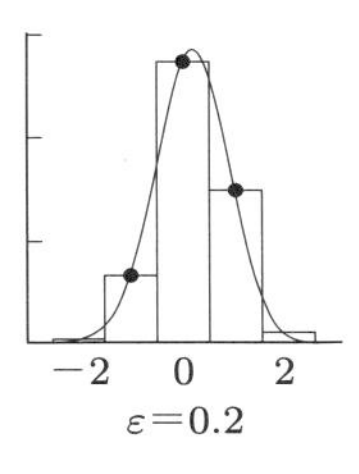

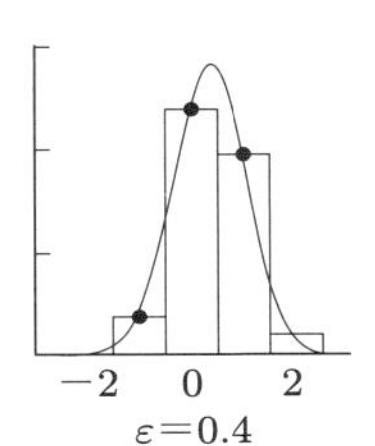

図 4.13 相関係数分布の極大値近傍の振る舞い

これまでに，極大値およびその周囲の相関係数の重心から推定する方法や，放物線やガウス分布を当てはめる方法（サブピクセル補間，subpixel interpolation）[20, 21]が試みられてきた．この中で，ガウス分布による当てはめ（Gaussian peak fitting）がもっとも精度が高いことが知られている[1]．多くの場合，極大を中心に X および Y 方向に 3 点，合計で 5 点にガウス分布を当てはめる次式が採用される．

$$R_{fg}(\delta X_{\mathrm{p}}+i,\delta Y_{\mathrm{p}}+j)=c_1\exp\left\{-c_2(i-\varepsilon_X)^2\right\}\exp\left\{-c_3(j-\varepsilon_Y)^2\right\} \quad (4.20)$$

ここで，(i,j) は整数であり，$(i,j)=(0,0)$ と，その東西および南北の各々 3 点に関する連立方程式を解くことにより R_{fg} の極大位置からの偏差 $(\varepsilon_X,\varepsilon_Y)$ を次式により得る．

$$\varepsilon_X=\frac{\ln R_{fg}(\delta X_{\mathrm{p}}-1,\delta Y_{\mathrm{p}})-\ln R_{fg}(\delta X_{\mathrm{p}}+1,\delta Y_{\mathrm{p}})}{2\left\{\ln R_{fg}(\delta X_{\mathrm{p}}+1,\delta Y_{\mathrm{p}})+\ln R_{fg}(\delta X_{\mathrm{p}}-1,\delta Y_{\mathrm{p}})-2\ln R_{fg}(\delta X_{\mathrm{p}},\delta Y_{\mathrm{p}})\right\}} \quad (4.21a)$$

$$\varepsilon_Y=\frac{\ln R_{fg}(\delta X_{\mathrm{p}},\delta Y_{\mathrm{p}}-1)-\ln R_{fg}(\delta X_{\mathrm{p}},\delta Y_{\mathrm{p}}+1)}{2\left\{\ln R_{fg}(\delta X_{\mathrm{p}},\delta Y_{\mathrm{p}}+1)+\ln R_{fg}(\delta X_{\mathrm{p}},\delta Y_{\mathrm{p}}-1)-2\ln R_{fg}(\delta X_{\mathrm{p}},\delta Y_{\mathrm{p}})\right\}} \quad (4.21b)$$

これを $(\delta X_{\mathrm{p}},\delta Y_{\mathrm{p}})$ に加えることで，変位が小数点以下にも有効桁をもって推定される．すなわち，次式となる．

$$\Delta X=\delta X_{\mathrm{p}}+\varepsilon_X,\qquad \Delta Y=\delta Y_{\mathrm{p}}+\varepsilon_Y \quad (4.22)$$

式(4.20)，(4.21)は相互相関係数 R_{fg} に当てはめる場合を示しているが，相互相関関数や共分散にも適用できる．ただし，相互相関係数や共分散の値は負の値をとり得るため，その場合には式(4.21)の ln が不定となって ε_X，ε_Y の値が定まらない．よって，5 点すべて正である場合にのみ式(4.21)を適用し，それ以外の場合には不定とするか，または，適当な値を加えて強制的に正にする[22]．一方，相互相関関数は画像の輝度値がすべて正であれば，式(4.21)はつねに適用できる．しかし，前述のとおり，画像の背景が明るい場合には無相関の相対位置においても相互相関関数の値がゼロを上回るため，極大点から離れるにつれてゼロに漸近する式(4.20)による当てはめは適切ではない．Fore[22]は，式(4.21)により変位を求める際には相互相関関数よりも共分散を用いるほうが大抵の場合に誤差を少なくでき，後述のピークロッキングも少なく抑えられることを示している．

(2) ピークロッキング

図 4.14 は円管内乱流を相互相関法 PIV で測定した際に得られた粒子像の例と，管

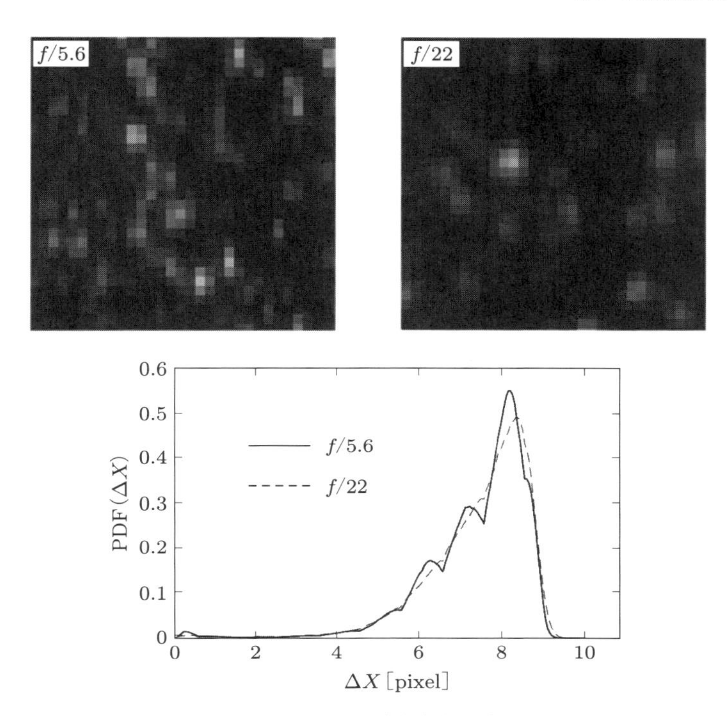

図 4.14　粒子像変位の確率密度関数と粒子像

直径全域にわたる粒子像変位の確率密度関数（PDF：probability density function）を，レンズ F 値が $f/5.6$ と $f/22$ の二種類について示したものである．粒子像において主たる粒子変位方向（X）は図中右方向である．$f/5.6$ では粒子像の大きさは X 方向に 1〜2 pixel 程度である．一方，絞りを絞った $f/22$ ではエアリディスクが広がり粒子像が大きく撮影されるために，X 方向に 4 pixel 程度に広がっている．この差は粒子像変位の PDF に顕著に現れてくる．すなわち，$f/5.6$ では変位が整数値である部分において PDF が極大を示し，小数部が.5 である部分で極小となっている．一方，$f/22$ ではおおむねスムースな曲線を描いており，正しく測定されていると考えられる．撮影に際して絞りを変化させたことが，測定値の PDF に大きな変化をもたらした例である．PDF が変位に対して周期的に変動し，整数値部分に極大（あるいは極小の場合もある）部分が固定される現象をピークロッキング（peak locking）[23]という．後述（図 4.16）するように，ピークロッキングは粒子像径が 2 pixel を下回ると増大する．サブピクセル補間を用いる際には，ピークロッキングに対する注意が必要である．

(3) 人工画像と粒子像径

変位に含まれる誤差を求めるには，真の変位があらかじめわかっている粒子画像から変位を推定し，それを真の変位と比較すればよい．そのための粒子画像としては，変位のわかっている実際の粒子を撮影した画像（実写画像）と，コンピュータ上で人工的に作成した画像（人工画像：simulated image，synthetic image）に分けられる．前者は現実の測定状況を反映している反面，粒径を一定にすることやノイズをなくすことなど理想的な状態を生み出すことが難しく，各種パラメータの調整も容易ではない．一方，後者は現実の状況下で起こり得ることのすべては再現できないが，理想的な状態を生み出すことが可能で，各パラメータの調整が容易であり，結果の各パラメータに対する依存性を明確に知ることができる．ここでは，各パラメータの影響を調べるのに適した後者について説明する．なお，人工画像については第6章でも説明する．

コンピュータ上で作成する粒子の輝度分布は，ガウス分布で表す場合が多い．いま，粒子像の中心が画像上の位置 $(X_\mathrm{p}, Y_\mathrm{p})$ にあり，その点おける輝度を I_0 とするとき，標本化前の粒子像の輝度分布を以下の式で与える．

$$I(X, Y) = I_0 \exp\left(-\frac{r^2}{2\sigma^2}\right) \tag{4.23}$$

$$r = (X - X_\mathrm{p})^2 + (Y - Y_\mathrm{p})^2$$

ここで，σ は標準偏差である．粒子像の直径は多くの場合 $d_\mathrm{p} = 4\sigma$ で定義される．

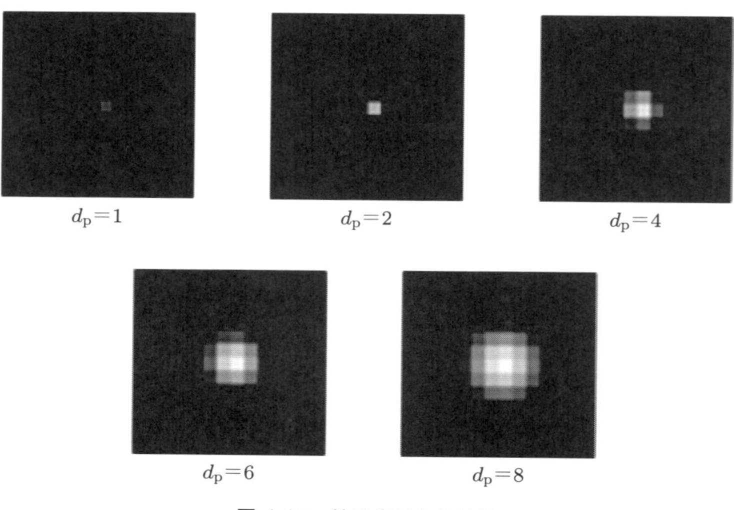

図 4.15 粒子像径と粒子像

このとき，半径 $r = d_{\mathrm{p}}/2$ における輝度は $I = I_0/e^2$ であり，粒子像の全輝度の約86% をその内側に包含する．つぎに，式(4.23)を標本化する．撮像素子のセル面積（各画素の面積）を無限小と仮定する場合には離散的に標本化すればよいが，実際にはフィルファクタ（＝セル面積/隣接するセルの中心間隔の二乗）が有限であるため，式(4.23)を当該画素のセル面積で積分することで各画素の値を求める．図 4.15 はフィルファクタが 1 の場合における粒子像の例を示している．

(4) バイアス誤差とピークロッキング

図 4.16 は Fore[22]によって推定された変位の誤差を示している．64 × 64 pixel の領域に粒子をランダムに配置した後，ノイズを 5% 付加した画像を 40 枚用意した．検査領域サイズは 32 × 32 pixel で，その中の平均粒子数は 10 である．図中，縦軸は上から順に確率密度関数（PDF），バイアス誤差（bias），ランダム誤差（random error），横軸は真の変位を示している．ここで，バイアス誤差およびランダム誤差とは，推定された変位から真の変位を差し引いた値のアンサンブル平均値および推定された変位の標準偏差である．全体的に，粒子像径が大きくなるにつれていずれの誤差

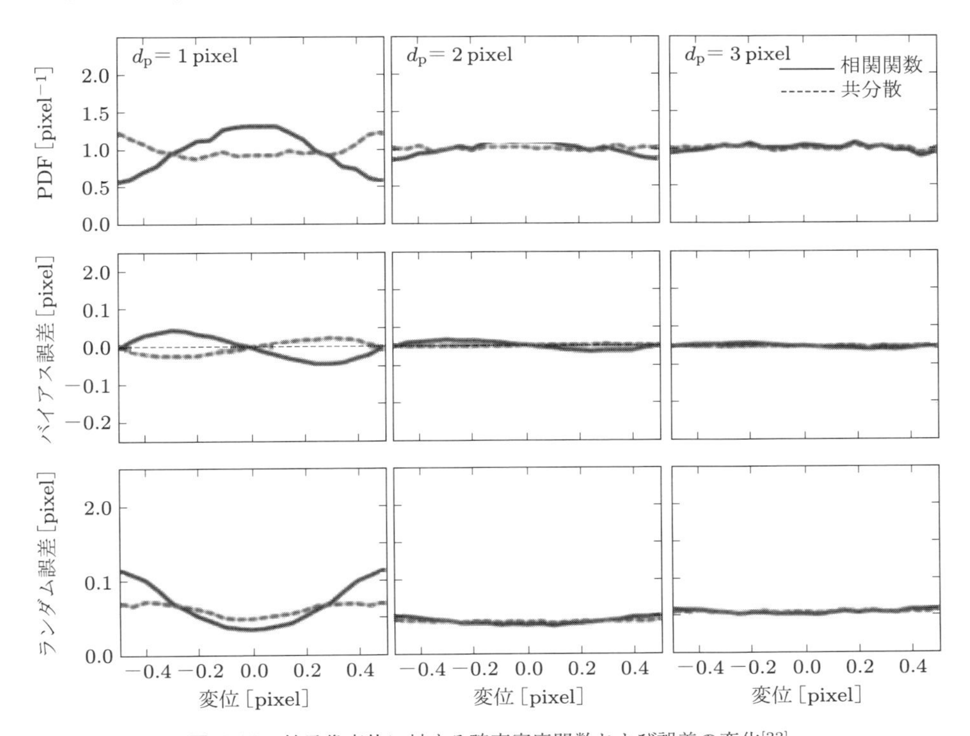

図 4.16 粒子像変位に対する確率密度関数および誤差の変化[22]

も減少するが，粒子像径が小さい場合，とくに $d_\mathrm{p} = 1\,\mathrm{pixel}$ の場合はきわめて誤差が大きくなるので注意が必要である．このとき，共分散（covariance）に基づいて推定された変位のバイアス誤差は，真の変位が 0 から 0.5 pixel にかけて正，−0.5 pixel から 0 にかけては負に転じていることがわかる．これに伴い PDF も変位が 0 付近で最小，−0.5 および 0.5 付近で最大になっている．一方，相関関数（correlation）に基づいた変位では，PDF とバイアス誤差の変化が大きく，位相も反転している．こうしたバイアス誤差や PDF の変化は，図で示された横軸の範囲を超えても繰り返され，整数値となる変位において PDF が極小（あるいは極大）をもつ，いわゆるピークロッキングとして測定結果に現れる．

PDF の変動振幅を PDF の値で除した値をピークロッキングの振幅とすれば，それは画素単位のバイアス誤差の 2π 倍である[24]．すなわち，バイアス誤差がたかだか ±0.02 pixel であったとしても，PDF 上では ±13% の振幅をもった明らかなピークロッキングが観察されてしまうので，粒子像径が小さくならないように注意すべきである．

(5) ランダム誤差と最適な粒子像径

一方，ランダム誤差は共分散と相関関数共に変位が 0 で最小，変位が ±0.5 で最大である．測定された変位は整数値に近づきがちであり，変位が ±0.5 付近では誤差が大きくなる恐れがある．

図 4.17 は，図 4.16 と同様に推定された変位の誤差を全変位範囲で平均し，粒子像径に対して示したものである[22]．ここで，縦軸は左図が全誤差，右図がランダム誤差である．ただし，全誤差とは指定された変位から真の変位を差し引いた値の標準偏差である．おおむね，粒子像径が 1.5〜2.5 pixel でランダム誤差と全誤差は共に最小

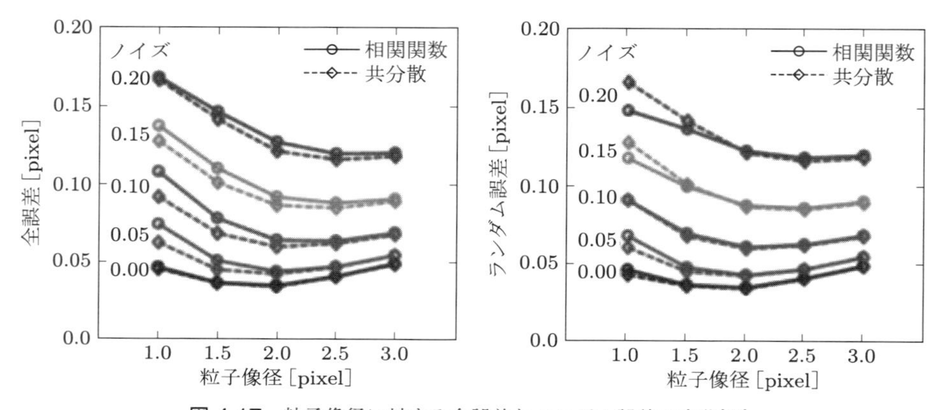

図 4.17 粒子像径に対する全誤差とランダム誤差の変化[22]

となり，ノイズの増加に伴って両誤差，および誤差を最小とする粒子像径も増加している．

一方，Prasad ら[25]はサブピクセル変位の算出には相関関数の重心を用いて，実写による二重露光単一フレームの人工画像を用いて自己相関法（後述）により誤差評価を行った．それによれば，粒子像径が 2 pixel を下回ると粒子像径の減少と共にバイアス誤差が急激に増加することがわかった．一方，ランダム誤差を $\sigma_{\Delta X}$ とすれば，$\sigma_{\Delta X}$ は粒子像径に比例し，

$$\sigma_{\Delta X} = cd_{\mathrm{p}} \tag{4.24}$$

で表される．ここで，$c = 0.05$〜0.07 であった．その結果，全誤差は粒子像径 2 pixel 程度で最小となることを示した．Westerweel[26]は FFT 相互相関法に対する理論解析により同様の結論を得ており，検査領域サイズ 32×32 pixel において典型的な誤差が 0.05〜0.1 pixel であると述べている．Adrian[27]は，ランダム誤差が粒子像径に比例して増加するのは粒子像の不規則な形状やカメラの電子的ノイズによる影響であると推測している．

以上のことから，粒子像径が 2〜3 pixel 程度になるように画像を取得することが望ましい．粒子像径は，実際の粒子径，レンズのフォーカスや絞りなどさまざまな要因で変化するが，粒子像が小さい場合にはたとえば，絞りを絞ってエアリディスクを大きくするか，画像が暗い場合には画像取得の段階で意図的に焦点ぼけを与えるなどの対策がとられる．

(6) 検査領域内の粒子数と有効検出確率

検査領域に含まれる粒子の個数は重要なパラメータの一つである．図 4.18 は同一径の粒子を平行移動した人工画像である．32×32 pixel の検査領域内に 20 個程度の粒子がある図(a)では，最大ピーク以外の相関係数は小さく，ピークが際立っている．しかし，図(b)のように検査領域に 2 個しか粒子がない場合には，相関係数分布の最大ピーク以外にも複数の大きなピークが存在している．検査領域の粒子数が少なくて輝度パターンが単純であると，探査領域内に検査領域と似たパターンがいくつも存在し，結果として相関関数に複数のピークが出現することになる．それでも本来の粒子像変位に対応するピークがほかのピークよりも大きければよいが，流体変形に伴う 2 時刻間における粒子配置の変化や輝度変化，画像ノイズなどにより本来のピークがほかのピークよりも小さくなれば，2 時刻間の対応づけを大きく間違うことになる．これを誤対応による誤ベクトル（erroneous vector，または spurious vector）とよぶ．誤ベクトルの発生を避けるためには，本来のピークの相関係数がほかのピークのそれ

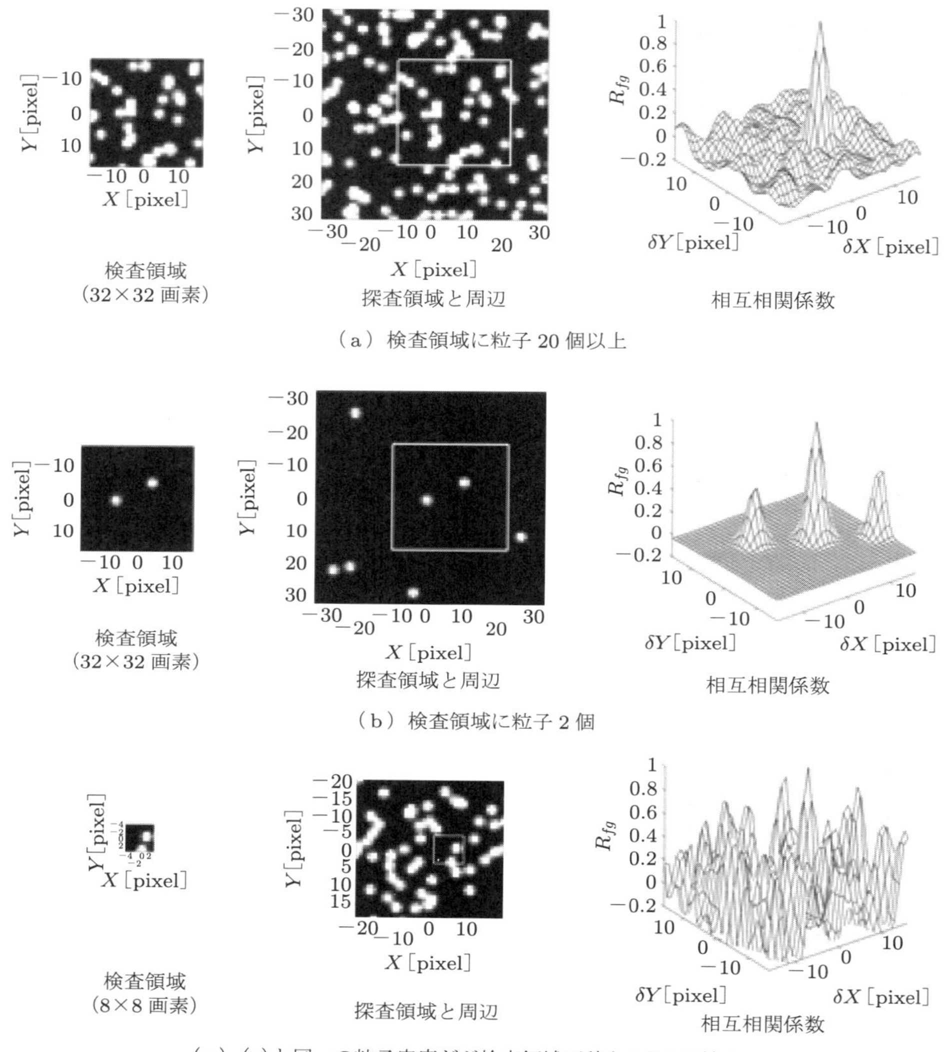

（a） 検査領域に粒子 20 個以上

（b） 検査領域に粒子 2 個

（c） (a)と同一の粒子密度だが検査領域面積を 1/16 に縮小

図 4.18 粒子数密度と相関係数

を十分に上回る値をもち，際立ったピークとなることが重要である．

また，図 4.18 (c)は図(a)と同一の粒子数密度で検査領域面積を 1/16 に縮小し，検査領域内の粒子が 2 個程度の場合である．探査領域面積はほかと同一であるが，多数のピークがある一方で際立った高いピークがない．これでは検査領域の変位を正しく測定することは不可能である．

図 4.19 は相互相関法 PIV で測定した円管内乱流の瞬時速度ベクトル分布の一部である．検査領域が 32 × 32 pixel の場合には相関係数分布に際立ったピークは一つのみで，変位ベクトルは一意的に決まるため，速度ベクトル分布の方向はおおむね揃って連続的に変化している．一方，検査領域が 16 × 16 pixel ではほかのピークも現れるが，それでも本来のピークが高いため，速度ベクトル分布も大きく変化していない．しかし，検査領域が 8 × 8 pixel や 4 × 4 pixel に狭められると，ピークが増えると共にベクトルの向きの空間的な連続性が失われ，誤ベクトルが増加している．

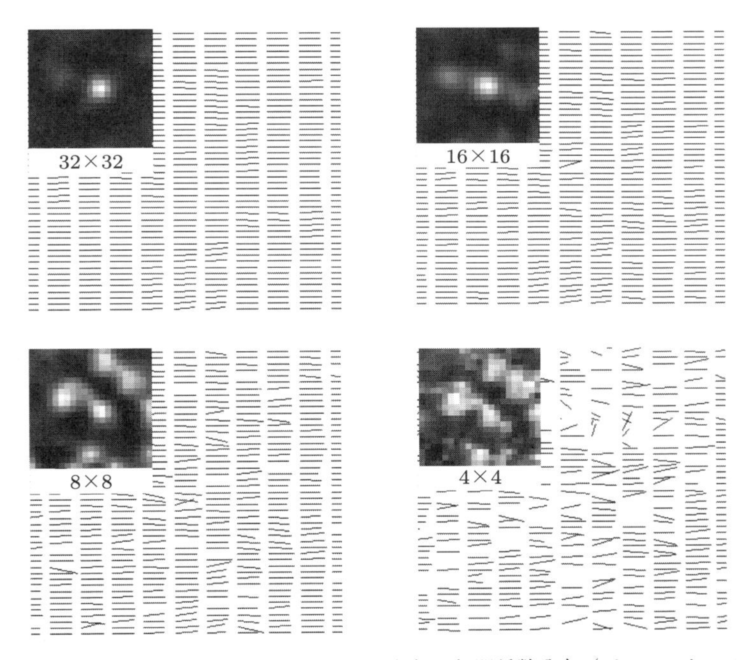

図 4.19 円管内乱流の瞬時速度ベクトルと相互相関係数分布（グレースケール，黒 ＝ −1，白 ＝ 1）の例（数値は検査領域の画素数である）

Keane & Adrian[28] は，人工画像を用いて相互相関法や後述の FFT 相関法と自己相関法における粒子数密度と有効検出確率（valid detection probability）の関係を明らかにしている．彼らは，有効検出を，相関関数の第 1 ピークが第 2 ピークの 1.2 倍以上であると定義した．図 4.20 は有効検出確率を縦軸に，検査領域内の粒子数を N_I，FFT 相関法において検査領域から 2 時刻目に粒子が消失しない割合を F_I，レーザ光シート面外に粒子が消失しない割合を F_O とし，その積である「有効粒子数」を横軸としている．A_1，A_2 は相互相関法における 1 時刻目の検査領域と 2 時刻目の探査領域に周辺領域を加えた面積である．いずれの場合においても，検査領域内の有効

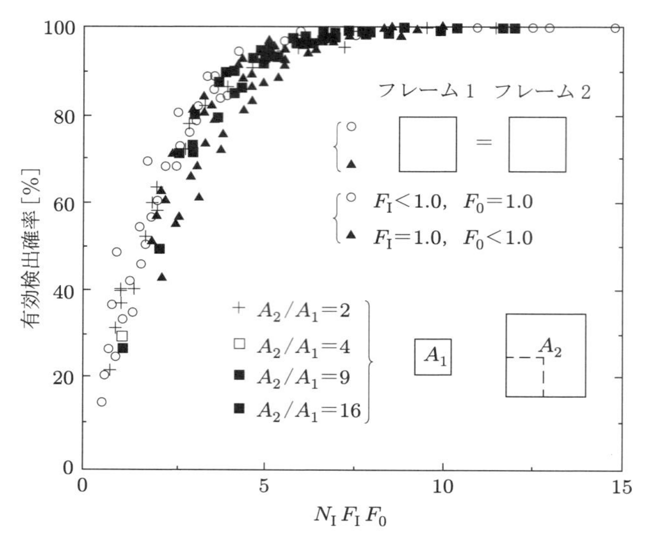

図 4.20　変位が有効に検出される確率[28]

粒子数が5個以上でおおむね90% 程度が有効と判断される．Keane & Adrian[28]は7個以上を推奨している．

以上は誤ベクトルを抑えるために必要な粒子数であった．一方，誤ベクトルが発生しない状態において，粒子数と変位推定の誤差の関係についてはWesterweel[23]により示されている．図4.21は横軸に検査領域内の粒子数（ここではimage density とよばれている），縦軸に推定された変位のランダム誤差を示しており，検査領域サイズは 32×32 pixel，粒子像径は4 pixel である．粒子数の増加に伴ってランダム誤差が減少し，粒子数6で約0.05 pixel である．それ以上の粒子数ではランダム誤差の減

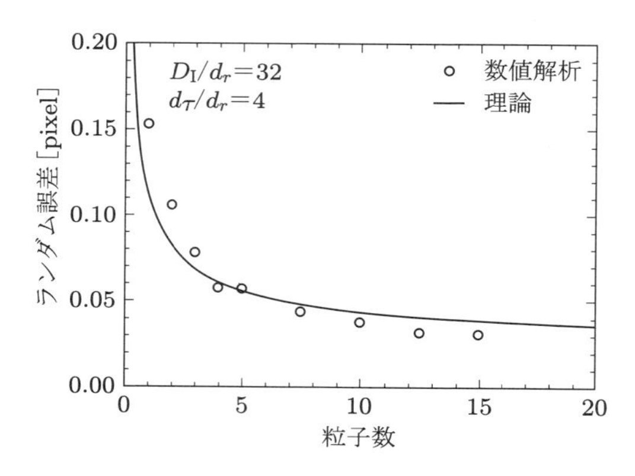

図 4.21　検査領域内の粒子数に対する変位推定誤差[23]

少は鈍く，粒子数に対する依存性は小さい．Westerweel[23]は，ランダム誤差が検査領域の面積に対する粒子像の占める面積（source density）に依存し，上記結果が粒子数の増加に伴う source density の増加によることを示している．すなわち，検査領域内の粒子数を増加させることは誤ベクトルの発生を抑えることに，source density の増加はランダム誤差の低減にそれぞれ寄与すると述べている．

(7) 検査領域内の粒子の消失や発生

FFT 相関法では面内相関損失により，候補領域が移動すると移動方向にある境界から本来そこにあるべき粒子が消失し，異なる粒子が流入してくる．また，レーザ光シート面に対して垂直な速度成分（面外速度成分）により，トレーサ粒子がレーザ光シート内に流入・流出することで，検査領域に 2 時刻目に突然新しい粒子が加わったり消失したりする．こうした粒子は 2 時刻間で対応づけがとれないので，相関係数の低下を招き，誤ベクトルや変位推定誤差を引き起こす．

McKenna & McGillis[7]は，人工画像を用いて直接相互相関法と FFT 相関法の変位に対する誤差を調べた．粒子径は $d_{\mathrm{p}} = 2.8\,\mathrm{pixel}$，検査領域サイズは $32 \times 32\,\mathrm{pixel}$ であり，ノイズは加えていない．図 4.22 は粒子を平行移動したときの変位に対する誤差の変化を示している．直接相互相関法（direct）ではバイアス誤差はないに等しいが，FFT 相互相関法（FFT）は面内相関損失により変位 0.6 pixel まで線形に誤差が増加し，その後バイアス誤差は −0.04 pixel 弱で一定となる．ランダム誤差も直接相互相関法では誤差 0.01 pixel で一定に近いが，FFT 相互相関法では変位 0.6 pixel 程度まで線形に増加したのち，誤差 0.03 pixel 程度で一定となる．

面外速度成分による対応損失は Keane & Adrian[29, 30]が明らかにしている．図 4.23 は面外速度成分の大きさに対する有効検出確率の関係を示している．検査領域内粒子数は $N_{\mathrm{I}} = 15$，相関関数の第 1 ピークが第 2 ピークの 1.5 倍以上を有効検出と

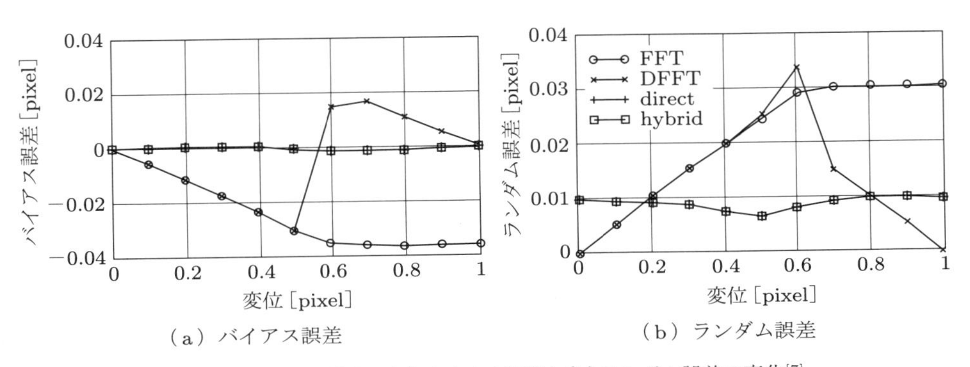

(a) バイアス誤差　(b) ランダム誤差

図 4.22 変位に対する (a) バイアス誤差と (b) ランダム誤差の変化[7]

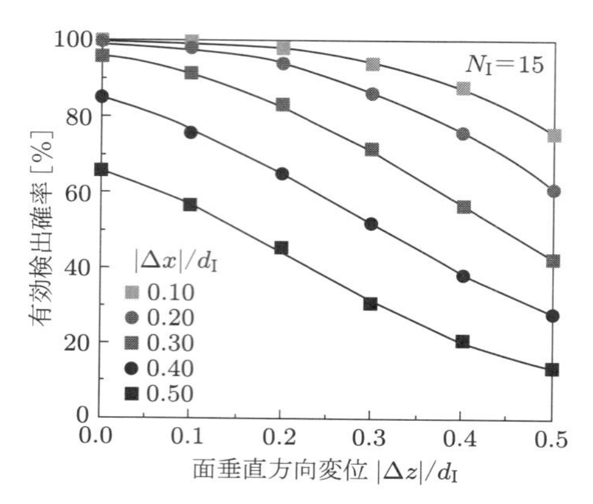

図 4.23 面外速度成分と有効検出確率の関係[29]

定義した．面内変位がもっとも少ない $|\Delta x|/d_I = 0.1$ において，レーザ光シート厚さに対するトレーサ粒子の面垂直方向変位（横軸）が 0.25，有効検出確率が 95% 程度で，それ以降急激に低下している．Keane & Adrian[29] はこの結果から，トレーサ粒子の面垂直方向変位をレーザ光シート厚さの 1/4 以下にすることを推奨している．これはクォータールール（quarter rule）とよばれ，レーザ光シート厚さや時間間隔 Δt の決定に用いられる．クォータールールは面内対応損失についても成立し，FFT 相互相関法においては粒子像変位を検査領域サイズの 1/4 以下にすることが推奨されている．

(8) 検査領域内の速度の非一様性

流体の局所的な回転や変形に伴い，検査領域内の流体速度が一様でないときは，粒子像変位にばらつきが生じる．その結果，相関係数ピークの幅が広がる．相関係数ピークの幅の増加は変位推定の誤差の増加につながる．

Westerweel[31] は，検査領域内の速度分布に平面せん断および軸方向変形がある場合の誤差を理論的に示した．ここでは平面せん断がある場合を取り上げる．平面せん断により，検査領域の粒子像の X 方向変位が Y 方向に線形に変化し，

$$\Delta X(Y) = \Delta X_0 + \frac{a}{M}(Y - Y_0) \tag{4.25}$$

で与えられるとする．ここで，M は検査領域の Y 方向画素数，a は検査領域内の上端と下端の粒子像変位の差（すなわち最大変位と最小変位の差．図 4.24 参照）である．相関ピークの幅 d_D は粒子像径 d_p と a による次式

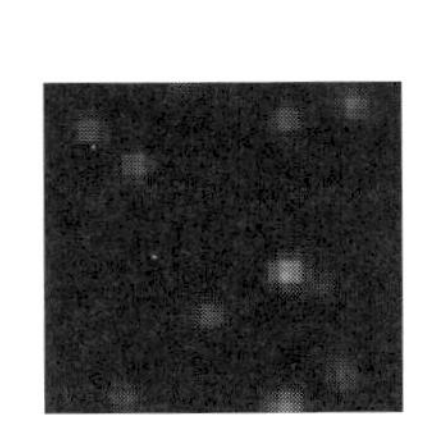

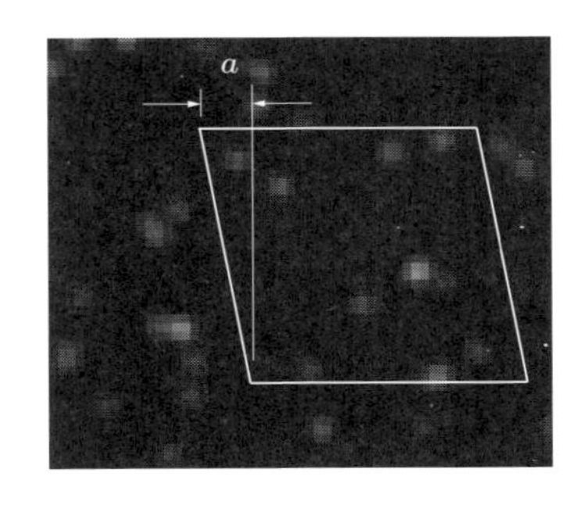

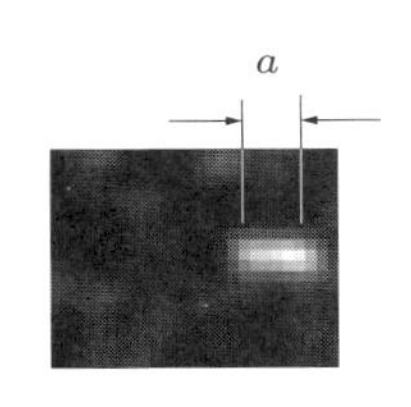

図 4.24　粒子像変位の差

$$d_{\mathrm{D}} \cong \sqrt{2d_{\mathrm{p}}^2 + \frac{4}{3}a^2} \tag{4.26}$$

で求められる．すなわち，相関ピークの幅は粒子像径と粒子像変位差の二乗和に関連し，粒子像変位差がなければ相関ピーク幅は粒子像径に比例する．粒子像変位の誤差は，式(4.24)と式(4.26)より

$$\sigma_{\Delta X} \cong c d_{\mathrm{p}} \sqrt{1 + \frac{2a^2}{3d_{\mathrm{p}}^2}} \tag{4.27}$$

で表される．ただし，粒子像径は $d_{\mathrm{p}} \geq 2$ でバイアス誤差は十分小さいとする．a が d_{p} に比較して十分小さければせん断による誤差の発生は無視し得るが，$a = d_{\mathrm{p}}$ に達すると誤差は約 1.3 倍に増加する．さらに，相関ピークが広がるとその高さが低くなるため，4.2.7 項(6)で説明した有効検出確率も低下し[28]，誤ベクトルの発生が増える．また，粒子数が十分でなければ a の増加に伴って単一の相関ピークが複数のピークに分裂することもある（peak splitting）．検査領域内の粒子像変位の最大値と最小値の差が粒子像径を上回らないよう，粒子像を大きくするか，あるいは変形を小さく抑えるためには，Δt を小さくする必要がある．ただし，粒子像径を 2 pixel 程度を超えて大きくすることはランダム誤差を増加させることになり，また，Δt の抑制は粒子像の変位そのものを小さくするため，相対的な誤差（誤差/変位）を増加させることになるので，流れ場に合わせた適切な値の選択が必要となる．

(9) 誤ベクトルの低減

速度ベクトルが 2 次元分布として得られる PIV では，各時刻の速度分布を見ればどれが誤ベクトルであるかが一目瞭然であることが多く，統計的な処理でこれを排除，またはより正しい推定量と置換することができる．ここでは，相関法の場合の（統計的な後処理ではなく）各速度ベクトルを求める段階で誤ベクトルとなる可能性を低減する方法[32]について説明する．

図 4.25 (a)は，一つの検査領域内における輝度値パターンの変化を示している．薄い色の粒子像が時刻 t，濃い色の粒子像が時刻 $t+\Delta t$ のものであり，便宜的に両者を1枚の画像として重ね合わせて表示している．この場合，正しい移動量ベクトルは右上方へ向いている．しかし，検査領域内の粒子パターンの変化を見ると，左下へ移動したかのようにも見えるし，またまったく異なる方向へ移動したかのようにも見える．図(b)は相関係数の分布を示しているが，正しい移動量を示すピークをはじめ，そのほかの誤った移動量を示すピークが多数認められるため，間違った輝度値パターンの追跡をしてしまい，誤った速度ベクトルが求められる可能性をもっている．実際この例では，最大ピークは左下方向を表す位置で生じており，わずかな数値的な差で誤った移動量を示すピーク値が第1ピークとして採択されてしまっている．

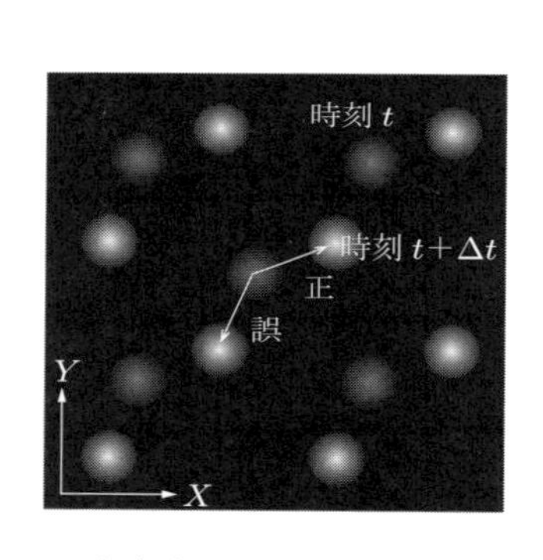

（a）粒子パターンの移動

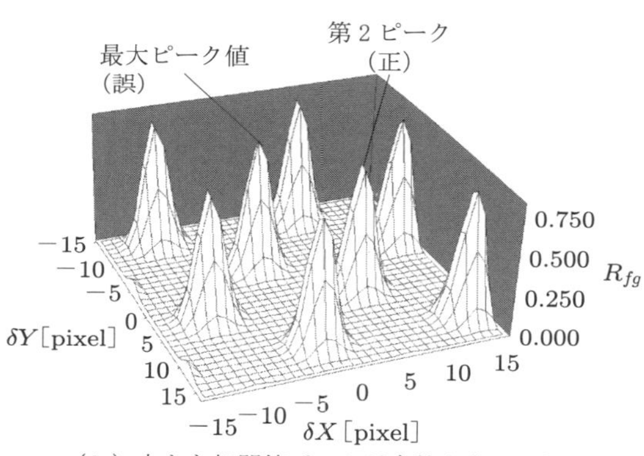

（b）大きな相関値ピークが多数発生した例

図 4.25 第2ピーク以降を利用した誤ベクトルの修正

このような可能性を排除するためには，相互相関係数分布の中でもっとも大きな値を示す相対位置だけを記録するのではなく，第2ピーク以降に大きな値を示す相対位置も記録しておく．そして，最終的に画像全体のすべての測定点で速度ベクトルの分布として求められた後に，着目する測定点の周囲8近傍の速度ベクトルの平均値や中央値と近い結果を示すピーク位置を検出値として採用する．最終的に検出値とする値は相関法の考え方で求められた値の一つであり，選択するときに周囲の速度ベクトルを参考にするだけなので，単純に統計的に除去・補間する方法とは本質的に異なる．なお，統計的な後処理としての誤ベクトル除去については，第5章を参照されたい．

(10) 中心差分

2時刻の画像間の変位を用いて速度ベクトルを算出する式(4.1)は，時間に関しては前進差分となっているが，差分スキームに中心差分を用いることで精度向上を図ることが可能である．

1）前進差分

1 時刻目の粒子像の撮影時刻を $t=0$，2 時刻目の粒子像の撮影時刻を $t=\Delta t$ としたとき，$t=0$ における速度ベクトルを次式で推定する．

$$\tilde{\boldsymbol{V}}=\boldsymbol{V}_{\text{forward}}=\frac{\boldsymbol{X}(\Delta t)-\boldsymbol{X}(0)}{\Delta t} \tag{4.28}$$

ここで，流体は角速度 ω が一定で剛体回転していることを仮定し，図 4.26 (a)に示すように，回転中心から半径 r における速度を求める場合を考える．真の速度を $\boldsymbol{V}=(V_r,V_\theta)$ とすれば，誤差は次式で表される．

$$\Delta V_r=\tilde{V}_r-V_r=-\frac{R\omega^2}{2}\Delta t+\frac{R\omega^4}{24}\Delta t^3+\cdots$$

$$\Delta V_\theta=\tilde{V}_\theta-V_\theta=-\frac{R\omega^3}{6}\Delta t^2+\frac{R\omega^5}{120}\Delta t^4+\cdots$$

ここで，添え字 r および θ はそれぞれ半径方向と周方向の成分であることを示す．周方向の誤差 ΔV_θ は Δt に関して 2 次のオーダーとなるが，半径方向の誤差 ΔV_r は Δt に関して 1 次のオーダーであるため，この誤差が支配的となる．

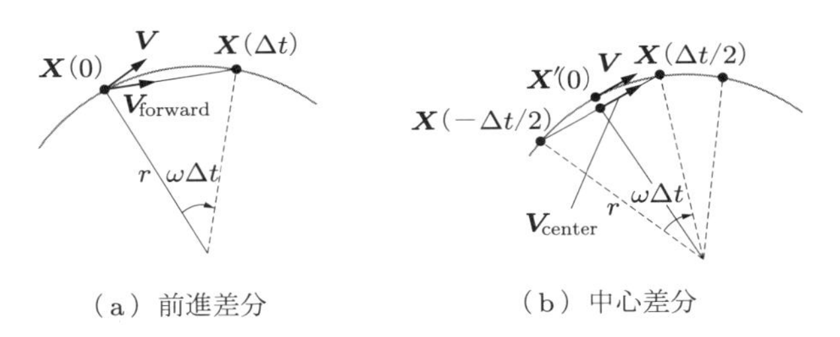

（a）前進差分　（b）中心差分

図 4.26　軌道上を運動する点の速度ベクトル

2）中心差分

前進差分では，$t=0$〜Δt の期間にわたって速度ベクトルを定義するため，速度ベクトルを定義した時刻が $t=\Delta t/2$ であるといえる．これを $t=0$ における速度ベクトルとみなすことが，前進差分の誤差の主要因である．そこで，速度ベクトルを定義する時刻が $t=0$ となるようにした差分スキームを中心差分という．

具体的には，1 時刻目の粒子像の撮影時刻を $t=-\Delta t/2$，2 時刻目の粒子像の撮影時刻を $t=\Delta t/2$ としたとき，$t=0$ における速度ベクトルを次式で推定する．

$$\tilde{\boldsymbol{V}}=\boldsymbol{V}_{\text{center}}=\frac{\boldsymbol{X}(\Delta t/2)-\boldsymbol{X}(-\Delta t/2)}{\Delta t} \tag{4.29}$$

前述の前進差分と同様の運動を仮定し，図4.26 (b)に示すように，$\boldsymbol{X}(-\Delta t/2)$ と $\boldsymbol{X}(\Delta t/2)$ の中点である $\boldsymbol{X}'(0)$ における速度を真の速度 $\boldsymbol{V}$ とすれば，誤差は次式で表される．

$$
\begin{aligned}
\Delta V_r &= \tilde{V}_r - V_r = 0 \\
\Delta V_\theta &= \tilde{V}_\theta - V_\theta = -\frac{R\omega^3}{24}\Delta t^2 + \cdots
\end{aligned}
\tag{4.30}
$$

周方向の誤差 ΔV_θ は前進差分と同様に Δt に関して2次のオーダーとなる．一方，半径方向の誤差 ΔV_r も Δt に関して2次のオーダーとなるはずであり，前進差分（ΔV_r は Δt）のオーダーより精度的に優れているといえる．ちなみに，ここで式(4.30)において $\Delta V_r = 0$ となっているのは剛体回転を仮定したためである．

中心差分により変位ベクトルを求める場合には，測定位置（速度の定義点）は1時刻目の検査領域と2時刻目の対応する領域の中点とすべきであるが，その点の位置は測定前には不明である．Wereley & Meinhart[33]はつぎの方法により測定位置を定めた．はじめに1時刻目の画像の測定位置 $\boldsymbol{X}$ に検査領域を設定し，通常の相関法により変位ベクトル $\Delta\boldsymbol{X}$ を求める．つぎに，測定位置を $\boldsymbol{X} - \Delta\boldsymbol{X}/2$ に移動し，再度，相関法により変位ベクトルを求める．これにより得られた変位ベクトルはその中点が当初の測定位置 $\boldsymbol{X}$ に近くなり，この推定を繰り返すことで速度ベクトルが Δt の2次精度で算出できる．中心差分による速度ベクトルの算出は，window shift によるFFT相互相関法（4.2.2項(4)）や反復画像変形法（WIDIM．4.4.3項(3)で後述）においても積極的に用いられている．

4.2.8 パラメータの設定

計測者が設定可能で，測定精度に影響を与えるパラメータには，粒子像径，粒子数密度と検査領域サイズ，探査領域，時間間隔と粒子変位などがある．それぞれの設定方針はつぎのとおりである．

(1) 粒子像径

4.2.7項(1)～(5)で述べたように，十分なサブピクセル精度を実現しつつ，ピークロッキングを防止するためには，粒子像径が2～3 pixel となるように撮影するとよい．粒子像径を大きく撮影するためには，以下の対策が有効である．

- 光量を上げて，レンズの絞りを絞り（$= F$ 値を上げ），エアリディスクを大きくする．
- 故意にフォーカスをずらす（わずかにピントをぼかす）．

- 大きい粒子を使用する．ただし，エアリディスク直径が粒子投影サイズに比べて十分小さいときのみ有効である（式(2.11)参照）.
- セルサイズの小さなカメラを使用する.

ただし，絞りを絞ると画像が暗くなり，相対的に画像ノイズの影響が大きくなり，変位推定のランダム誤差も増加することを念頭におく必要がある.

(2) 粒子像密度と検査領域サイズ

直接相互相関法では，検査領域サイズ N と探査領域の位置やサイズ N_{s} が主要なパラメータとなる．直接相互相関法の検査領域サイズ N は，FFT 相互相関法と異なり，基本的に自由に設定可能である．ただし，実際は検査領域の中心座標を定義しやすくするために検査領域サイズ N は奇数とすることが多く，回転やせん断による輝度値パターンの変形の影響を極力低減させるために，基本的に N は小さくとることが望ましい．また，検査領域サイズ N の大きさは，粒子像密度とも密接な関係がある．仮に，輝度値パターンの変形を抑えるために小さな N を採用したとすると，極端なケースとして，トレーサ粒子が検査領域内にまったく存在しない場合や 1 個しか記録されていない場合が考えられ，このときには相互相関による輝度値パターンの移動量計測が正しく行われない．一般には，$N \times N$ [pixel] の検査領域中に 5 個以上のトレーサ粒子が記録されているように N の大きさを決める．逆に，N の大きさを先に決める場合には，決められた検査領域内に 5 個以上のトレーサ粒子が記録されるように，流れの可視化の際にトレーサ粒子密度を適切に調整する必要が生じてくる.

一方，FFT 相互相関法の場合には，検査領域サイズと探査領域サイズが同じとなるので，後述の探査領域の設定を優先すべきである．ただし，FFT のプログラミングの制約から N や M は 2^n に限定される場合が多く，検査領域サイズは $N \times M = 32 \times 32$ や 64×64 に設定されることが多い．検査領域サイズを小さくすると，空間的な解像度は増加し，より小さな渦を解像することができる．一方で，検査領域サイズが大きいほど包含する粒子数が多くなり，相関係数の極大が明瞭になるが，大きくとりすぎると 4.2.7 項(8)で説明した検査領域内の速度の非一様性により，誤差が増大したり，誤ベクトルが発生するので，検査領域内の粒子像の最大移動量と最小移動量の差が粒子像径を超えないよう検査領域を小さくするか，Δt を小さくする．しかし，4.2.7 項(6)で説明したように，検査領域内の粒子数は 5 個以上が望ましいので，検査領域が小さすぎるとこれを満たさなくなる可能性があるので注意が必要である．さらには，高い計測精度を実現するためには，4.2.7 項(7)で示したクォータールールを満足することも重要である.

(3) 探査領域

探査領域は，直接相互相関法でも FFT 相互相関法でも，粒子のとり得るあらゆる変位を包含するように設定しなければならない．なお，直接相互相関法では，探査領域のサイズだけでなく，検査領域からの相対的な位置も自由に決めることが可能である．

基本的に，探査領域は流れ場における速度の変動範囲および時間間隔 Δt などに基づいて決められるべきである．速度の x 方向成分 u の最小値および最大値をそれぞれ $u_{\min}$，$u_{\max}$ [m/s] とすれば，探査領域の X 方向範囲 $\Delta X_{\min}$～$\Delta X_{\max}$ [pixel] は式(4.1)に基づいてつぎのように得られる．

$$\Delta X_{\min} = \frac{u_{\min}\Delta t}{\alpha}, \qquad \Delta X_{\max} = \frac{u_{\max}\Delta t}{\alpha} \tag{4.31}$$

探査領域サイズは，最大移動量 $\Delta X_{\max}$ より十分大きくないと，正しい移動先を含まなくなる危険性がある．図 4.27 は，円管内乱流に対する PIV 計測の一例で，図(a)は探査領域が適切に設定されている場合の速度ベクトル分布である．速度ベクトルが流路全域にわたって連続的に変化しており，良好な結果となっている．一方，図(b)は探査領域の大きさが不十分な場合の結果で，管路中央の流速の大きい部分で速度ベクトルがランダムな方向を向き，不連続に分布している．これは探査領域が狭く，流速の大きい部分で，見つけるべき相関係数の最大値が探査領域の範囲外になってしまい，それ以外の相関係数の極大値をベクトルの終点と判断したためである．図(b)

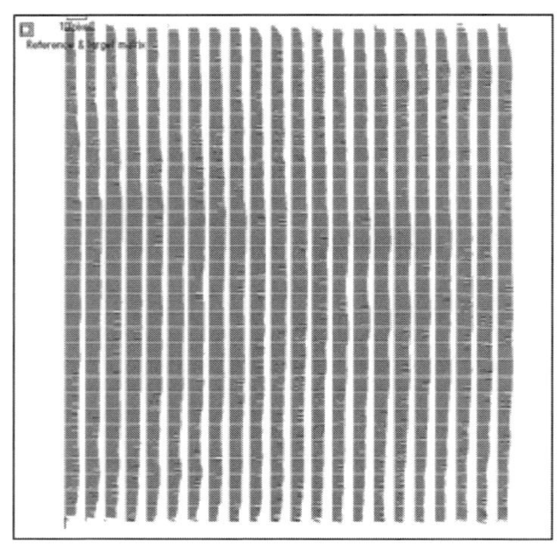

(a) 探査領域を適切にとった場合

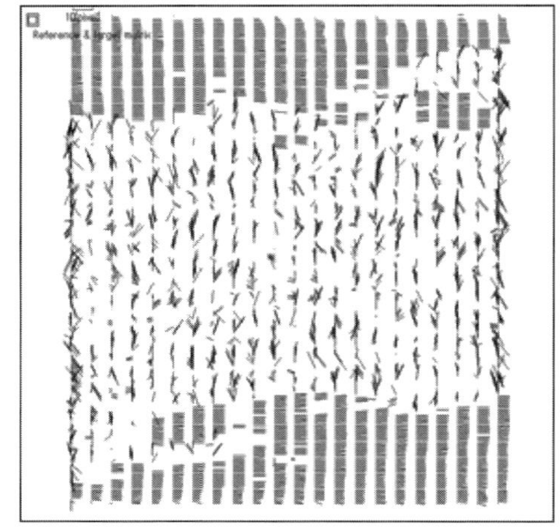

(b) 探査領域の大きさが不十分な場合

図 4.27　円管内乱流に対する PIV 計測結果（探査領域の設定）

のように，計測領域の一部には綺麗に揃った速度ベクトルが得られているが，一部に不揃いな速度ベクトルが見られる場合には，探査領域の設定を見直すべきである．一方，探査領域サイズが大きすぎると，偶然性による過誤の類似パターンを検出してしまう可能性が高くなってしまう．また，探査領域は，検査領域と同様に任意の値をとり得るため，誤ベクトル発生を避けられるように対象とする流れ場に合わせて縦横比が 1 以外の探査領域を設定してもよい．

(4) 時間間隔と粒子変位

可視化画像の撮影時間間隔 Δt の設定は非常に重要である．画像上の平均粒子変位を ΔX_{m} [pixel]，撮像面と可視化された物理平面の変換係数を α [m/pixel]，対象流体の予想される平均速度を U [m/s] とすると，撮影時間間隔 Δt [s] は式(4.1)より次式で与えられる．

$$\Delta t = \frac{\alpha \Delta X_{\mathrm{m}}}{U} \tag{4.32}$$

式(4.32)より，時間間隔 Δt と画像上での平均粒子変位は比例するので，平均粒子変位 ΔX_{m} が適切となるように Δt を設定する．はじめに，計測の準備段階ではなるべく Δt を小さくすると，変位がゼロに近づくことを確認する．もし，測定された変位ベクトルがゼロに近づかず，有限な長さでランダムな方向を向く場合には，1 時刻目と 2 時刻目のレーザ光シートがシート面垂直方向にずれている可能性があるので，ずれをなくすようにレーザ光シートの光学系を調整する．つぎに，Δt を徐々に大きくしていき，平均粒子変位 ΔX_{m} が 5〜10 pixel 程度となるように調整する．検査領域内の速度が一様でない場合には，検査領域内の粒子像の変位差が粒子像径を超えないように Δt を設定する．

4.2.7 項(7)で述べたように，面外方向の粒子の移動距離が大きい場合には，Δt の間の粒子の面外方向の平均移動距離がレーザ光シート厚さの 1/4 を超えないようにする必要がある（面外成分に関するクォータールール）．さらに，FFT 相互相関法の場合には，面内方向変位に関しても粒子変位が検査領域サイズの 1/4 を超えないようにする必要がある（FFT 相互相関法におけるクォーターールール）．

(5) FFT 相互相関法におけるパラメータの設定

FFT 相互相関法の測定精度に影響を与えるパラメータには検査領域サイズ，粒子数密度，画像上平均移動量などがあるが，解析アルゴリズム上のパラメータは検査領域サイズ N だけであり，非常に簡便である．検査領域サイズが N [pixel] のとき，理

論的には $\pm N/2$ 未満の移動量が測定可能であるが，大きくとりすぎると輝度値パターンの並進運動以外に回転やせん断の影響が顕著となるため，できるだけ小さい検査領域サイズを設定する．現実には FFT アルゴリズムの関係から $N = 2^n$ と限定される場合が多く，$N = 16, 32, 64$ pixel をとることが多い．また，4.2.2 項(3)にも述べたように，離散フーリエ変換のもつ原信号の周期性の仮定が実際の可視化画像に当てはまらず，誤ベクトル発生の原因となることが多く，とりわけ移動量が測定限界 $\pm N/2$ に近づくほど誤ベクトルの発生率が増大する．さらに，4.2.7 項(7)で述べたように，精度の高い測定を行うためには，クォータールールを満たす必要がある．

(6) オーバーラップ

測定点はすでに述べたように通常は正方格子状に設定され，その格子間隔は検査領域サイズ N の半分，すなわち隣どうしの測定点における検査領域が互いに 50% オーバーラップするように設定されることが多い．50% より低いオーバーラップ率では，原画像を飛び飛びにしか利用しないことになり，貴重なデータが無駄になる．一方，オーバーラップ率が極端に高い場合（たとえば 90% 以上）は，隣り合う検査体積の画像パターンが酷似するため，隣り合う計測点が同じ計測結果を与えてしまう危険性がある．したがって，50～75% の値を用いるとよい．

4.3 粒子追跡法

4.1 節で述べたように，粒子追跡法（以下 PTV とよぶ）は，ある時間間隔で画像中の各トレーサ粒子の移動を自動的に追跡し，流れ場を計測する方法である（図 4.2 参照）．PTV の利点は，直接相互相関法などに代表される画像相関法に比べて高い空間解像度の計測ができる点である．画像相関法では，数個から十数個のトレーサ粒子が含まれる検査領域を設け，検査領域内の粒子像の分布状態を判断基準として，次時刻の粒子像群の移動先を求める．一方，PTV では個々の粒子像の移動を求めるため，同じ粒子数密度の画像であれば数倍から十数倍の空間解像度が得られる．

一般的な PTV では，つぎのような処理を行う必要がある．

① 撮影された可視化画像から粒子像のみの情報を抽出する（粒子像抽出）．

② 個々のトレーサ粒子を自動追跡する（自動粒子追跡）．

③ 得られた粒子像の位置を画像座標から実空間へ変換する（逆投影）．

①の粒子像抽出は，画像中からいかに高精度に粒子位置などの個々の粒子情報を抽出するかが問題となる．PTV でも，抽出された粒子情報の精度が計測精度に大きくかかわる．また，粒子数が 1 画像中に数千個以上になると画像上での粒子像の重なり

が生じる．粒子像の重なりが生じた場合，通常の二値化法では分離ができず，一つの粒子として判断してしまい，これもまた計測上の誤差となる．この粒子像抽出の段階では，粒子の重なりを精度よく分離すること，および個々の粒子像からサブピクセルオーダーで精度よく粒子情報を抽出することが要求される．

②の自動粒子追跡に関しては，自動的に追跡する粒子数が比較的少なければ，2 時刻間の粒子位置のもっとも近いものどうしを対応づける最近法（nearest neighbor search）で計測できる．一方，1000 個以上のトレーサ粒子を自動的に追跡する場合，最近法では同一粒子でないものを同一粒子と誤って判断し（誤対応），誤ベクトルが多く生じて実用が困難となる．この誤差は，トレーサ粒子の画像中での数密度が増加すると顕著になる．この誤対応確率をなるべく低く抑える方法として，種々の自動追跡アルゴリズムが提案されている．これまでに提案された自動追跡アルゴリズムは，追跡性能を向上させる手段として，時間情報を利用する手法と，空間情報を利用する手法に大別できる．前者は粒子像の軌跡が滑らかであることを仮定する方法で，後者は前節の画像相関法と同様に，粒子像の分布パターンが移動の前後で類似していることを仮定する方法である．また，その両方の情報を複合的に利用する方法も提案されている．

③の逆投影は，2 次元計測と 3 次元計測の場合で大きく異なる．一般的に用いられているレーザ光シート照明による 2 次元計測の場合，基準点を精度よく配置した校正板をレーザ光シート断面と同じ位置にセットし，その画像を撮影することで画像座標から実座標変換係数を比較的簡単に求めることができる．3 次元計測の実座標計測としては，2 台のカメラを用いたステレオ法（stereoscopic method）がよく用いられる．ステレオ法では，2 台のカメラで撮影された画像中で同一粒子を同定できれば，三角測量の原理で粒子の 3 次元位置を計測できる．しかし，多数のトレーサ粒子が存在する場合，同一の粒子を同定することが困難となる．また，気流の計測ではあまり問題とならないが，水流の計測では空気と水の屈折率が異なるため，その効果を考慮した計測法が必要となる．ステレオ法のほか，色画像を用いた方法，ホログラフィを用いた方法などもある．今後，水流計測にも適用可能な高精度な 3 次元粒子位置計測法が望まれる（第 7 章）．

本節では，PTV の測定精度に強く関係している①粒子像抽出と，②自動粒子追跡について，これまで提案されている手法を説明する．

4.3.1 粒子像抽出

PTV により粒子画像から速度分布を求める一連の解析では，各粒子位置の情報から速度ベクトルを求める処理がその中心となるが，それに先立つ粒子位置など粒子像の情報を抽出する処理は，最終的に得られる速度ベクトルの測定精度にかかわるためたいへん重要である．これは，トレーサ粒子を個々に追跡する PTV では，異なる時刻の画像間で同一粒子の粒子像位置を対応させることによって移動量ベクトルを求めるため，粒子像位置の検出精度が PTV の測定精度に直接影響するからである．本項では，PTV で重要な粒子位置検出の手法について説明する．

一般的に，粒子位置検出では，粒子画像は二値化，ラベリング，粒子像中心計算の手順で解析される．二値化は暗い背景から明るい粒子像を抽出するための処理であり，背景の輝度値が 0 の場合，一つの粒子像は輝度値 1 の画素の集まりとして表される．この輝度値 1 をもつ画素の一つの集まりは基本的に 1 個の粒子像に対応する．粒子画像中にはこのような画素の集まりが多数存在するため，個々の粒子像を区別するのにそれぞれの画素の集まりに番号づけを行う．これをラベリング（labeling）という．そして，その番号ごとに画素の集まりの中心を求め，その座標をその粒子像位置とする．通常，画素の集まりの中心は重心から求めるが，重心計算の際，すべての画素に対する重みを 1 とする場合と，もとの粒子画像の輝度値を重みとする場合がある．

一方，一つの理想的な輝度分布の粒子像をテンプレートとしてあらかじめ準備し，粒子画像の中からテンプレートに類似した領域を粒子像として抽出する方法もある．ここでは，ガウス分布のテンプレートを用いる粒子マスク相関法（particle mask correlation method）[34]について以下に説明する．

各トレーサ粒子はほぼ点状に見えるため，旧来より点広がり関数として用いられてきたガウス分布で個々の粒子像の輝度値パターンが表現できると考えられている．粒子マスク相関法は，図 4.28 に示すように，あらかじめ用意したガウス分布と粒子画像の局所領域との相互相関をとり，ある相互相関係数がしきい値以上のピーク位置を粒子位置として求める方法で，非常に粒子数密度が高く，多少は粒子の重なりがある

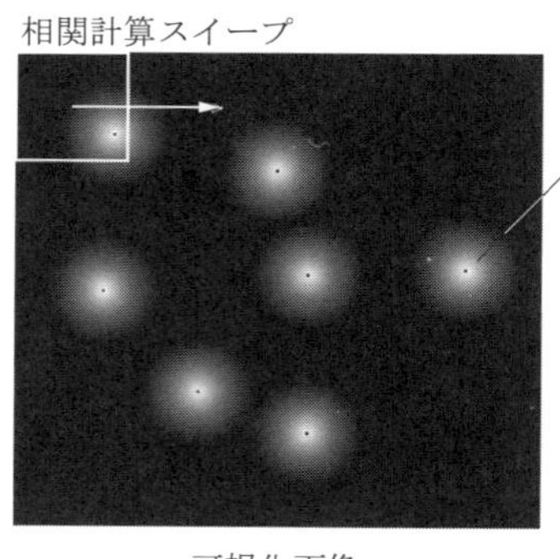

図 4.28　粒子マスク相関法による粒子位置検出

場合でも比較的良好な粒子像位置検出が行える．また，トレーサ粒子以外の寸法の大きな背景の輝度分布に対しては大きな相互相関係数値が現れないため，その除去にも利用できる．パラメータの一つである相関係数のしきい値は，式(4.5)に示した規格化された相互相関係数を用いる場合，最大値 1 に対して 0.7 が一つの目安となる．また，基準粒子像として用いるガウス分布の標準偏差は（粒子像の大きさにも依存するが）2〜3 pixel 程度，検査領域の大きさはその 3〜4 倍程度に設定すればよい．

図 4.29 に粒子マスク相関法による粒子位置検出例を示す．図(a)は粒径 0.32 mm のポリスチレン粒子の分布を撮影した粒子画像から 64 × 64 pixel の小領域を切り出した画像である．境界にかかった粒子像や背景にわずかな非一様性が認められるが，粒子マスクとして，検査領域の大きさ 9 pixel，標準偏差 2 pixel のガウス分布を用いて全画面にわたり相互相関係数を求め，しきい値 0.7 以上となった画素を白く示すと図(b)のようになる．ちょうどそれぞれの粒子像の位置に 0.7 以上の相互相関係数をもつ画素が集中しており，さらに画像境界周辺の粒子像が途切れたものがうまく排除されていることがわかる．白く示されたそれぞれの相互相関係数値の高い部分について，相互相関係数のピーク位置または重心を求めれば各粒子の位置が求められることになる．図(c)は簡単のために極大相互相関係数値をもつ画素位置を示しているが，図(a)の原画像の粒子分布とよく一致していることがわかる．さらに，相互相関係数の極大値近傍の分布からサブピクセル精度で粒子位置を算出可能である．

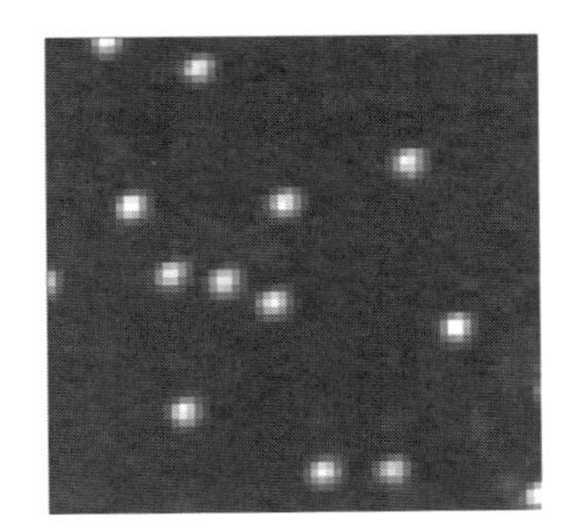

（a）原画像

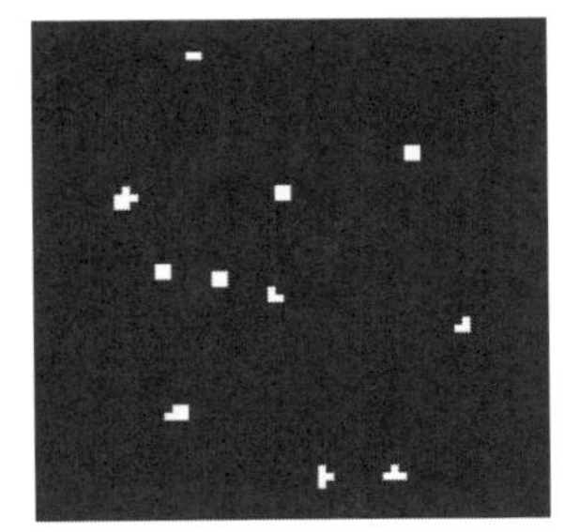

（b）相互相関係数分布の二値画像

（c）粒子位置分布

図 4.29 粒子マスク相関法による検出例

つぎに，VSJ-PIV 標準画像（VSJ-PIV standard image）[2]（6.3 節参照）を用いた数値シミュレーションにより，粒子マスク相関法の測定誤差を評価した結果を示す．粒子像数が 20000 個の画像 10 枚に対して，標準偏差 1.5 pixel のガウス分布で表した基準粒子像を用いて粒子像検出している．図 4.30 は粒子像位置測定誤差の分布を示している．粒子画像中の粒子像サイズを 1，3，5 pixel と変化させているが，粒子像サイズが大きくなるにつれて誤差の分布が誤差 0 の中心部へ集中していることが

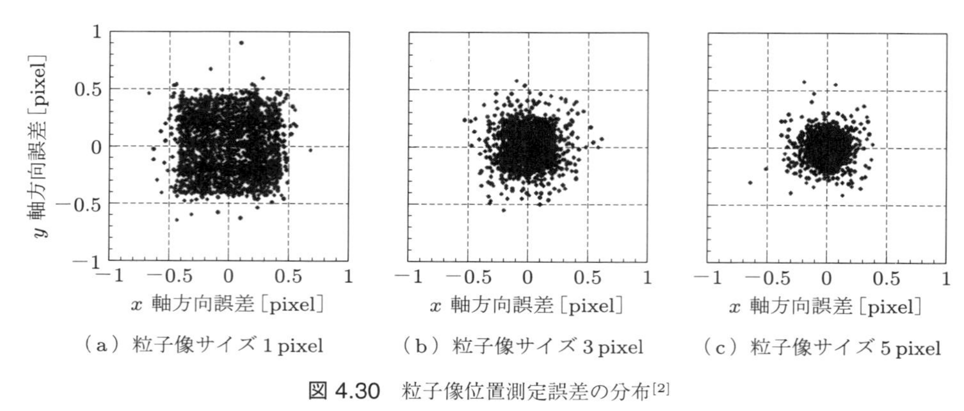

（a）粒子像サイズ 1 pixel　（b）粒子像サイズ 3 pixel　（c）粒子像サイズ 5 pixel

図 4.30　粒子像位置測定誤差の分布[2]

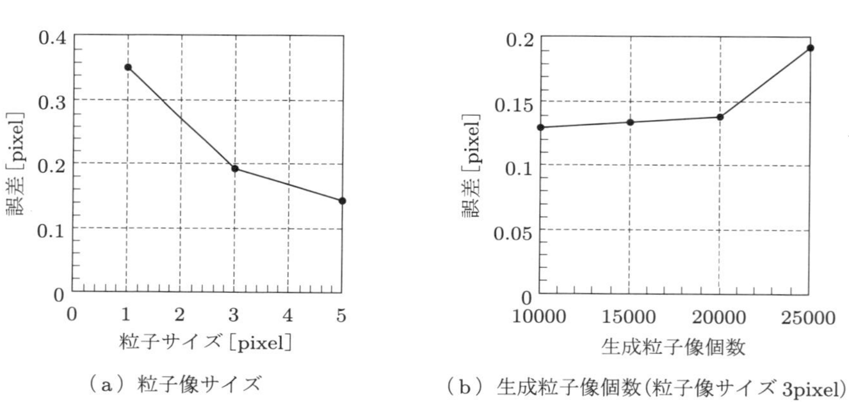

（a）粒子像サイズ　（b）生成粒子像個数(粒子像サイズ 3pixel)

図 4.31　粒子像位置測定誤差に及ぼす粒子像サイズおよび生成粒子像個数の影響[2]

わかる．これらの結果に基づき，粒子像サイズと粒子像位置測定誤差の関係を示したものが図 4.31 (a)である．粒子像サイズが 1 pixel でも約 0.36 pixel の誤差であり，3 pixel 以上であれば誤差は 0.2 pixel 以下で粒子像位置を精度よく測定できることが示されている．図(b)は生成粒子像個数と粒子像位置測定誤差の関係を示している．粒子像サイズを 3 pixel に固定しているが，粒子像数が 20000 個までは測定誤差が約 0.13 pixel でほぼ一定であることがわかる．

4.3.2　自動粒子追跡

(1) 4 時刻追跡法

1）測定原理

4 時刻追跡法（four time steps PTV）は時間情報を利用する手法に分類され，PTV アルゴリズムのうち初期に提案されたものの一つである（たとえば，Chang ら[35]，小林ら[36]，Sata ら[37]，渡邊ら[38]）．撮影される連続 4 時刻間で流れ場が急激に変化せず，局所的な流れにトレーサ粒子が追随して移動すると仮定して計測が行われる．撮影された 4 時刻の粒子位置をもとに，ある基準に基づき，4 時刻間にわたって対応づけられる．対応づけられた軌跡のうちもっとも滑らかなもの，つまり移動距離，移動方向の変化がもっとも少ない軌跡を同一粒子とし，流速を推定する方法である．たとえ第 1 時刻と第 2 時刻での対応づけが間違っていたとしても，第 3 時刻で対応づけできる確率は小さくなり，さらに 4 時刻連続で対応する確率はかなり小さくなる．4 時刻の情報を用いることにより，同一粒子の対応づけ精度を向上させる（誤対応確率を減少させる）方法である．

もっとも一般的な手順は以下のとおりである（図 4.32 参照）．まず，第 1 時刻の画像中で対象とするトレーサ粒子 $P_{0,1}$ に着目する．$P_{0,1}$ のまわりに，$P_{0,1}$ が第 2 時刻までに移動する可能性のある領域（第 1 次探査領域 S_1）を設定し，この探査領域 S_1 内にある第 2 時刻のトレーサ粒子が候補粒子として探査の対象になる．$P_{1,1}$ を第 2 時刻の粒子位置と仮定すれば，$P_{0,1}$ と $P_{1,1}$ から第 3 時刻の粒子位置 Q_2 を外挿し，外挿点まわりに第 3 時刻での同一粒子を探査する領域（第 2 次探査領域 S_2）を設定する．第 2 次探査領域のサイズは乱れ強度や変形速度などの流れ場の特性によって決定されるが，一般的に第 1 次探査領域に比べて小さい．この第 2 次探査領域の中に第 3 時刻の粒子が存在すれば $P_{0,1}$ の同一粒子組候補として残る．この操作を第 1 次探査領域 S_1 の中にある第 2 時刻の粒子に対してすべて行う．

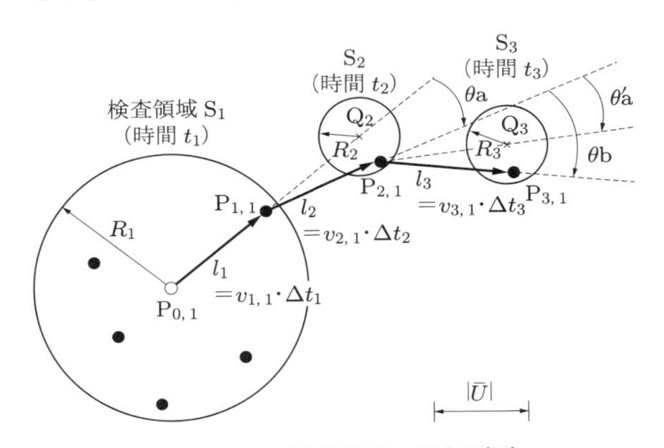

図 4.32 4 時刻追跡法の概念図[36]

第 3 時刻まで対応づけができる粒子の組に対して，さらに同様の考え方で第 4 時刻における同一粒子像を求めるために，第 3 次探査領域 S_3 を設定する．この領域の設定法は，第 2 次探査領域 S_2 とまったく同様である．4 時刻間で対応づけられる確率は同一粒子を除いては非常に小さくなり，誤対応の確率は非常に小さくなる．もし，

$P_{0,1}$ に対して数個の粒子組が最終的に残った場合には，後述するように，ある基準を設定して一つの組を決定する．この一連の操作を，第1時刻の画像上の全粒子に対して行う．

この方法は，4時刻間にわたって同一粒子が画像上に存在することが必要である．よって，レーザ光シートなどを用いた2次元計測では，3次元性の強い流れ場を計測することは困難である．

2）設定すべきパラメータ

本手法において設定すべきパラメータは以下の三つである．

● **第1次探査領域サイズ（$\boldsymbol{R_1}$）**　第1次探査領域 S_1 のサイズ R_1 を決定するには，あらかじめ計測しようとしている流れの速度を知っておく必要がある．大まかな流速がわかっていれば，第2時刻に $P_{0,1}$ が存在する可能性が高い領域を設定できる．もし，移動方向がわかっていれば，図4.32に示したような対象としている第1時刻の粒子 $P_{0,1}$ のまわりに設ける必要はなく，予測される第2時刻の粒子位置まわりに設定してもよい．

この場合，第1次探査領域サイズは2）で設定する第2，3次探査領域サイズと同等の探査領域サイズでよく，計算効率も向上する．

● **第2，3次探査領域サイズ（$\boldsymbol{R_2}$，$\boldsymbol{R_3}$）**　第2，3次探査領域 S_2，S_3 のサイズ R_2，R_3 は流れ場の特性に依存して変化する．$P_{0,1}$ と $P_{1,1}$ より求められる第3時刻の外挿点から，流れ場の乱れ特性や変形速度により移動距離や移動方向にずれが生じる．そのずれに対する判定基準をあらかじめ設定しておき，その判定基準をもとに第2，3探査領域を決定する．たとえば，Chang ら[35]によれば，移動距離の判定基準 ε_l，移動方向の判定基準 ε_θ とすると，つぎのような条件を満たす探査領域を設定できる．

$$|l_i - l_{i-1}| < \varepsilon_l \tag{4.33}$$

$$|\theta_i - \theta_{i-1}| < \varepsilon_\theta \tag{4.34}$$

ここで，l_i は i 時刻における注目粒子の移動距離，θ_i は注目粒子の時刻 $i-1$ から時刻 i への移動量ベクトルと時刻 i から時刻 $i+1$ への移動量ベクトルのなす角度である．第1次探査領域サイズは，局所平均速度の予測値からのずれ，乱流変動，3次元位置計測誤差の和を含む必要があるが，第2次探査領域サイズは乱流変動と計測誤差の和でよく，流体の加速度の変化が小さいと仮定すれば，第3次探査領域はさらに小さく設定してもよい．

判定基準は上記のものに限る必要はなく，流れ場に応じて検索領域サイズを設定すればよいが，十分な大きさがないと正しい計測ができない可能性があり，大きすぎると計算効率がわるくなる可能性がある．

● **最終的に複数の組が残った場合の判定基準**　同一粒子の対応づけは連続する4時刻間で行うので，かなりの確率で正解の粒子組を一つ見出すことができるが，画像中の粒子像数が増加すれば，同時に複数の粒子組が検出される可能性が出てくる．安全側に考えれば，複数の候補がある場合はすべて棄却してもよいが，複数の候補が生じた場合の同一粒子の判定基準例として以下のものが挙げられる．

$$\varepsilon = (X_{3\mathrm{m}} - X_{3\mathrm{e}})^2 + (X_{4\mathrm{m}} - X_{4\mathrm{e}})^2 \tag{4.35}$$

この ε が最小の粒子組を同一粒子と判定する．ここで，$X_{3\mathrm{e}}$，$X_{4\mathrm{e}}$ は予測される第3，4時刻の粒子像位置，$X_{3\mathrm{m}}$，$X_{4\mathrm{m}}$ は実際に得られた第3，4時刻の粒子像位置である．このほか，個々の粒子像の特徴を判定基準に用いる方法もある．

3）拡張と応用

4時刻追跡法の3次元計測への拡張は比較的簡単である．4.3.2項(1)の説明でもわかるように，3次元の粒子位置が求められればアルゴリズムはまったく同じである．また，3次元計測を行うほうが複数の粒子組が残る確率が低く，より信頼性の高い計測が可能である．ここで問題となるのは，3次元粒子位置を計測する方法である．西野ら[39]はステレオ法の原理に基づいて3台のビデオカメラを用いた3次元粒子位置計測法により，チャネル内の3次元乱流計測を詳細に行っている．また，Kobayashiら[40]は立方体キャビティ内流れと撹拌容器内流れの計測に4時刻追跡法を適用している．図4.33(a)は立方体キャビティ中心を通る垂直対称面内の速度分布であり，図(b)は円筒容器に水平に設置された撹拌翼（4枚ピッチドパドル）によって撹拌された流体の底面付近垂直断面の速度分布を示している．とくに前者は，数値計算法の性能検討の際に対象とされる代表的な流れ場であるが，上壁面のみが一定の速度で移動

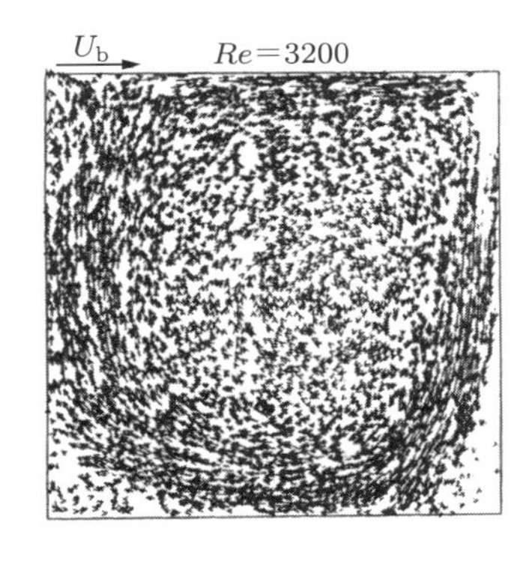

（a）立方体キャビティ内流れ

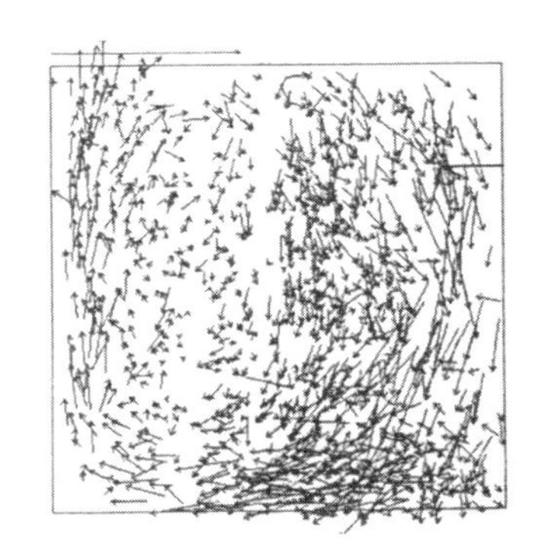

（b）撹拌容器内流れ

図4.33　立方体キャビティ内流れと撹拌容器の計測結果[40]

するため，移動壁面近傍は速度勾配がきわめて大きい．しかし，図からもわかるように，速度勾配の大きな領域も良好な空間解像度で測定されており，粒子追跡法の高空間解像度の特徴がよく現れている．

また，津田ら[3]は高速流れを対象として，通常の NTSC 方式のビデオカメラを用いる 4 時刻追跡法を提案している．照明として用いる Ar レーザ光シートを音響光学セル（AOM）を利用してパルス的に発光させ，その発光間隔を調整することにより各フィールドに写し込む粒子画像を調整する方法である．図 4.34 に示すような発光タイミングで照明すれば，第 1 フレームの上に 4 時刻分の粒子画像が写し込まれ，その情報から 4 時刻追跡法により粒子追跡を行うことができる．1 枚の画像中に等時間間隔で移動する粒子画像を写し込むと，画像からはその粒子の移動方向が判定できない．そこで，第 1－第 2 時刻間とそのほかの時間間隔を変化させることで，流れの方向を決定している．

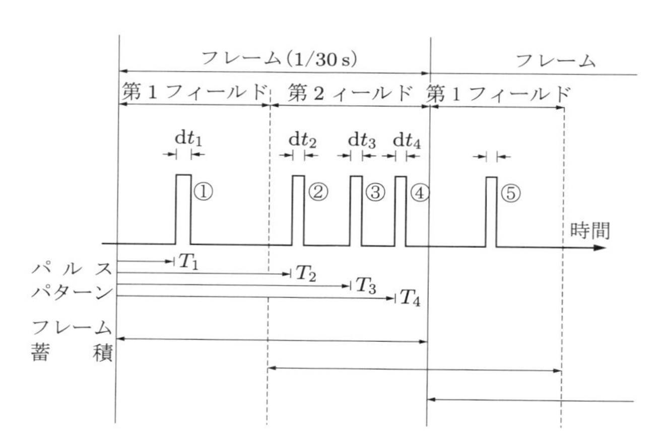

図 4.34 高速流れ用照明タイミング[3]

(2) 二値化相関法

二値化相関法は，空間情報を利用する手法に分類され，PTV アルゴリズムのうち早い時期に提案されたものの一つであり，植村ら[42]によって提案された手法である．具体的には，注目している粒子像まわりの粒子パターンの類似性を利用して，2 時刻間での同一粒子の追跡を行うものである．類似性の判断基準として，探査領域内の相関値が用いられる．粒子抽出には，通常の画像相関法で行われる濃淡画像による相関値ではなく，あるしきい値により二値化された画像を用いるため，二値化相関法（binary cross-correlation method）とよばれる．二値化することにより，論理演算により相関値を求めることができ，高速処理が可能となる．

1）測定原理

具体的な追跡法を以下に説明する（図 4.35 参照）．まず，撮影された画像は，輝度などのしきい値をもってすでに二値化されているものとする．いま注目している第 1 時刻の粒子 A 周辺に相関を計算する検査領域を設定する．また，第 2 時刻における A が存在する可能性のある探査領域を設定する．探査領域内に存在する粒子像が A と同一粒子である候補として選ばれる．たとえば，第 2 時刻の探査領域内における a 粒子について相関値を計算するとき，A の検査領域を A と a の重心位置が一致するように平行移動する．そのときの相関値 C は以下の式で計算される．

$$C = \frac{\Sigma' q_j^b}{\sqrt{m' \cdot n'}} \tag{4.36}$$

ここで，q_j^b は第 1 時刻の粒子部分に重なる第 2 時刻の画素数，Σ' は第 1 時刻の画像の粒子部分についての総和，つまり，注目粒子の重なり（S_{Aa}）を除いた第 1 時刻と第 2 時刻の粒子の重なっている画素数である．m'，n' はそれぞれ検査領域における粒子と判定された画素数から注目粒子の画素数を除いた数である．この相関値を探査領域内にあるすべての粒子について計算し，相関値がもっとも高い粒子を同一粒子と判定する．なお，式(4.36)は式(4.5)中の $\bar{f} = \bar{g} = 0$ とし，f，g を二値 $(0, 1)$ 関数とした式と等価である．

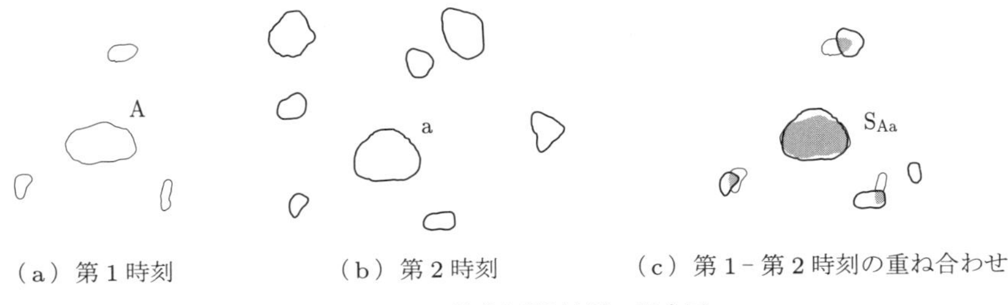

図 4.35　二値化相関法[42]の概念図

追跡原理からもわかるように，粒子パターンがほとんど変化しないことを仮定しているため，極端に変形の大きな流れ場の計測には適用が困難である．

2）設定すべきパラメータ

二値化相関法において設定すべきパラメータは以下の二つである．

● **検査領域サイズ**　検査領域サイズは，流れ場の変形速度と粒子数密度の関係で決定される．もし，粒子数密度が低く流れ場の変形速度が小さければ，検査領域サイズを大きくするほうがその領域に含まれる粒子像数が増加し，相関値の精度が上がる．しかし，変形速度が増加するにつれて，また注目粒子像から離れた粒子像については距離が離れるにつれてずれが大きくなり，相関値を減少させる．変形速度が大きくても粒子数密度が高ければ検査領域を小さくすることができ，ある程度の変形速度の条件までは計測できる．よって，粒子数密度と変形速度の関係から最適な検査領域サイズが決定される．ただし，粒子数密度があまりにも増加しすぎると画像上で粒子像の重なりなどが多く生じるようになり，誤差が増す．植村ら[42]は，注目粒子像周辺に 4〜6 個の粒子が含まれるような検査領域サイズを推奨している．

● **探査領域サイズ**　探査領域サイズは，4 時刻追跡法における第 2 時刻の探査領域と同様な考え方で決定される．つまり，第 1 時刻の粒子像 A が第 2 時刻に存在する可能性のある領域を探査領域として設定し，そこに含まれる第 2 時刻の全粒子像に対して相関値を計算する．前もって，流速，方向などがわかっていれば，推定した第 2 時刻粒子像位置まわりに探査領域を設定することができ，サイズを小さくできる．

3）二値化相関法の改良手法

山本ら[43]は，二値化相関法を 3 次元計測に拡張した．基本的な考え方は 2 次元の場合と同じである．ステレオ PIV などにより，すでに各時刻のトレーサ粒子の 3 次元位置は計測されているものとする．図 4.36 に示すように，得られたすべての粒子 3 次元位置において，一定の直径 D の球体を仮定して計算を行う．

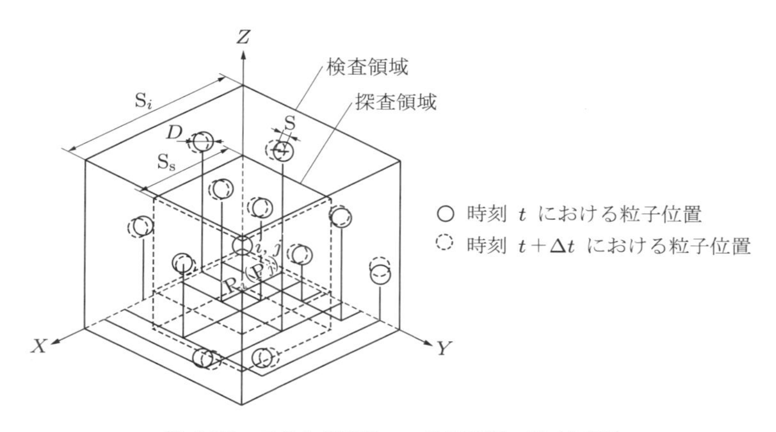

図 4.36　二値化相関法の 3 次元計測の概念図[43]

まず，探査領域 $\mathrm{S_s}$ を設定し，第 1 時刻の注目粒子 P_i に対して，探査領域内のある粒子と中心位置が重なるように，第 1 時刻の検査領域 S_i を平行移動する．そこで，第 2 時刻の検査領域内での粒子の重なりを調べる．3 次元空間における粒子の重なりの判定は以下のような方法による．

第 1 時刻の粒子位置を x_{1i}, y_{1i}, z_{1i} $(i = 1, 2, \ldots, m)$，第 2 時刻の粒子位置を x_{2j}, y_{2j}, z_{2j} $(j = 1, 2, \ldots, n)$ とする．以下の条件を満たすとき，第 1 時刻の粒子 P_i と

第 2 時刻の粒子 P_j は重なっていると判断する．ただし，S_k はつぎの不等式を満足する粒子 P_i－粒子 P_j 間距離を表し，添字 k は重なった粒子ペアの番号を表している．

$$\mathrm{S}_k = \sqrt{(x_{1i} - x_{2j})^2 + (y_{1i} - y_{2j})^2 + (z_{1i} - z_{2j})^2} < D \tag{4.37}$$

また，重なった粒子ペアの数を N_p と表すと，相関係数は次式によって計算される．

$$C = \frac{\displaystyle\sum_{k=1}^{N_\mathrm{p}} \left\{ 1 - \frac{3}{2}\frac{S_k}{D} + \frac{1}{2}\left(\frac{S_k}{D}\right)^3 \right\}}{\sqrt{N_1 \cdot N_2}} \tag{4.38}$$

ここで，N_1，N_2 は第 1 時刻および第 2 時刻の検査領域内にある粒子数である．上記の相関係数をもとに，2 次元の場合と同様に，探査領域内で最大の値をとる第 2 時刻の粒子を同一粒子と判定する．

(3) 3 時刻パターンマッチング法

PTV では，追跡する時刻数が多ければ追跡精度は向上するが，実際には撮影領域に粒子の出入りがあるため，追跡時刻数は少ないほうがよい．そこで，時間情報と空間情報を同時に利用する方法として，3 時刻パターンマッチング法（triple pattern matching）が西野ら[44, 45]によって提案されている．基本的に 4 時刻追跡法の考え方と二値化相関法の考え方を組み合わせ，粒子パターンを同一粒子の判定基準にして，それを 3 時刻にわたって追跡する方法である．

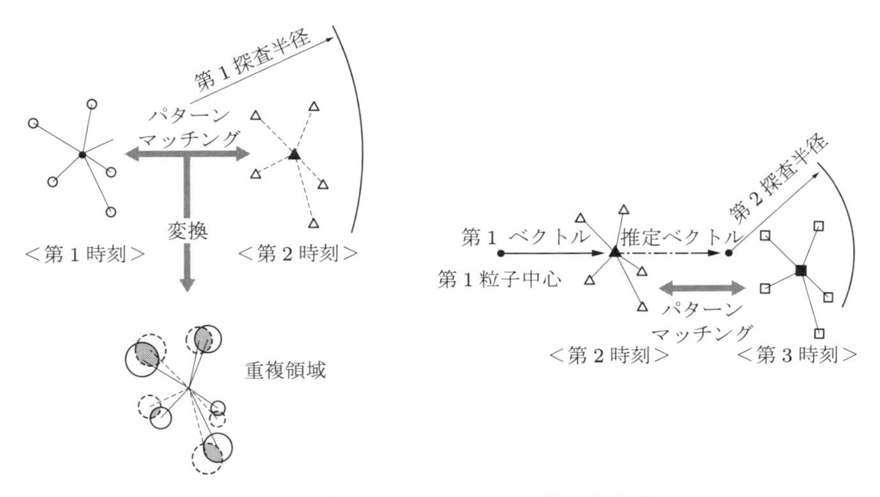

図 4.37　3 時刻パターンマッチング法の概念図[44]

基本的な手順はつぎのとおりである（図 4.37 参照）．二値化相関法と同様の手法により，第1時刻と第2時刻の粒子パターンの類似性指標を求める．このとき，ある基準を満足する粒子組だけつぎのステップに進むこととする．もし，この段階で3組以上残った場合，大きいものから3組選び，つぎのステップに進む．つぎのステップとして第1時刻と第2時刻の粒子像位置を利用して第3時刻の粒子像位置を推定し，そのまわりに探査領域を設ける．その領域内の候補粒子に対して第2時刻と第3時刻の粒子パターンの類似性指標を求める．得られた第1－第2時刻間の類似性指標および第2－第3時刻間の類似性指標を利用して，同一粒子の組を判定する．

設定すべきパラメータとしては，第2時刻における探査領域サイズ，第3時刻の探査領域サイズ，相似性指標を判定する検査サイズと判定基準，最終的に選ばれた粒子組に対する誤対応判定基準などが挙げられる．

(4) バネモデル法

バネモデル（spring model）法は，空間情報を判定基準として2時刻間で同一粒子像を同定する手法の一つで，岡本[46]によって提案された．二値化相関法では，注目粒子像の周辺粒子パターンが2時刻間で重ならなければならず，それ以上の変形がある場合には計測できない．これに対して，バネモデル法ではある程度の変形が生じても計測できる利点を有する．

基本的な考え方はつぎのとおりである．注目粒子像 P のまわりに，図 4.38 に示すような粒子群を考え，粒子像どうしを仮想的なバネで結び付ける．第1時刻の状態ではそれぞれのバネには荷重が作用しておらず，基底状態にある．流れによる移動が単なる並行移動の場合，バネには荷重が生じない．せん断変形などにより，第2時刻の粒子群が図に示すような変形をした場合，それぞれのバネには荷重 E_i が生じる．2

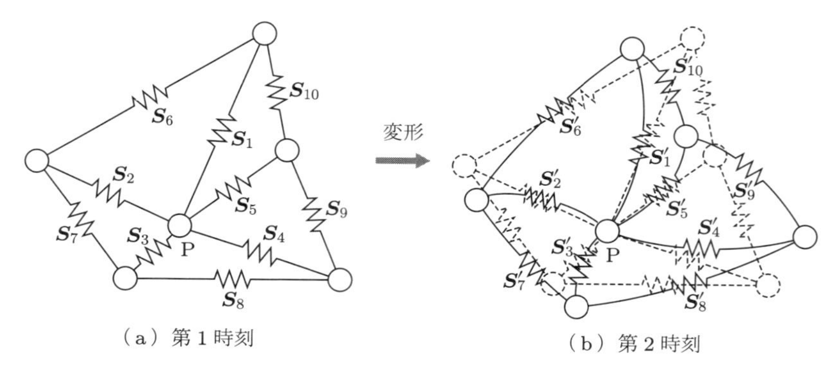

図 4.38　バネモデル法の概念図[46]

時刻間で正しい粒子組の対応づけでは，バネの荷重は，誤対応の場合に比べて小さくなると考えられる．よって，もっとも平均荷重の小さい候補粒子群が正しい対応づけとして選ばれる．粒子群の平均荷重は以下の式により計算される．

$$E = \frac{1}{N_{\rm sp}} \sum_{i}^{N_{\rm sp}} E_i = \frac{1}{N_{\rm sp}} \sum_{i}^{N_{\rm sp}} k_i \left| s'_i - s_i \right| = \frac{1}{N_{\rm sp}} \sum_{i}^{N_{\rm sp}} \frac{|s'_i - s_i|}{|s_i|} \qquad (4.39)$$

ここで，s_i，s'_i は第 1 および第 2 時刻の粒子クラスタ内を構成するバネの相対ベクトル，$k_i = 1/|s_i|$ はバネ定数，$N_{\rm sp}$ はバネの総数である．これは，クラスタ中の粒子間距離が近い粒子像の影響を大きくし，遠い粒子像の影響を小さくすることを意味している．

実際の計測では，第 1 時刻と第 2 時刻の間で粒子像が消えたり，新たに現れたりする．粒子像が消えた場合はバネを消去し，新たに現れた場合にはバネを新設して，付加荷重を加えるようにしている．岡本[46]は，バネの消去・新設に対してそれぞれ $E_i = 0.3$ の付加荷重を加えている．

上記の対応づけを第 1 時刻の全粒子像に対して行う．その結果にはいくつかの誤対応が含まれている可能性があるので，何らかの誤対応除去操作が必要となる．たとえば図 4.39 に示すような対応づけの結果が得られたとする．第 1 時刻のクラスタ 1，2，4 が第 2 時刻のクラスタ 2 に対応づけられている．この場合，バネの平均荷重 E がもっとも小さいものを正しい対応づけ，つまり第 1 時刻のクラスタ 1 と第 2 時刻のクラスタ 2 が正しい対応づけと判断する．

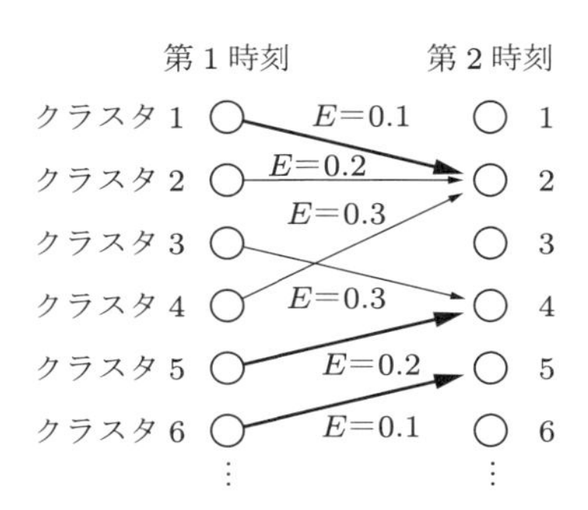

図 4.39 バネモデル法における誤対応除去操作[47]

設定すべきパラメータとしては粒子クラスタリングのサイズ，新たに現れた粒子像に対する付加荷重，誤対応と判定する基準荷重などが挙げられる．

バネモデル法では，粒子像位置を用いてバネの平均荷重を求めているため，まったく同じ考え方で 3 次元への拡張が可能である[47]．

(5) カルマンフィルタ法

カルマンフィルタ法は，確率・統計学の基礎に基づいたカルマンフィルタ（Kálmán filter）理論を粒子追跡に適用した手法である（江藤ら[48]，家谷ら[49]）．カルマンフィルタ[50]は動的システムを線形で表すことができ，システムのノイズが白色雑音である場合，時々刻々の観測データからシステムの状態を表す量の最小二乗推定値を逐次与える．カルマンフィルタでは，ある時刻までの観測データすべてを記憶する必要がなく，前時刻に得られたデータのみで次時刻の最適推定値を得ることができ，工学分野で広く適用されている．

基本的な考え方として，まず，粒子像座標，速度，加速度などを状態量として選び，それらの動的システムの線形方程式を状態方程式に設定する．また，実際に計測できる粒子像座標や移動距離などを観測量として選び，状態量と観測量を関係づける観測方程式を設定する．状態方程式，観測方程式が決まれば，カルマンフィルタ理論により逐次最適推定値を求めることができる．

一般的に，離散型の線形動的システムは次式で表される．

$$\mathbf{h}(t+1) = T(t+1|t)\mathbf{h}(t) + D(t)\mathbf{u}(t) + \boldsymbol{\zeta}_1(t) \tag{4.40}$$

$$\mathbf{m}(t) = H(t)\mathbf{h}(t) + \boldsymbol{\zeta}_2(t) \tag{4.41}$$

ここで，$\mathbf{h}(t)$ は時刻 t の状態量ベクトル，$\mathbf{m}(t)$ は観測量ベクトル，$\mathbf{u}(t)$ は入力制御ベクトル，$T(t+1|t)$ は時刻 t から $t+1$ への遷移行列，$D(t)$ は駆動行列，$H(t)$ は観測行列，$\boldsymbol{\zeta}_1(t)$，$\boldsymbol{\zeta}_2(t)$ はそれぞれ誤差ベクトルである．制御系統を考えなくてよい場合は $D(t)\mathbf{u}(t)$ の項は無視できる．

ある時刻 t に粒子像座標，速度，加速度などの状態量がわかっていれば，次時刻 $t+1$ の最適状態量がカルマンフィルタによって推定される．その最適推定値と観測値から，同一粒子像の同定を行う．同定ができれば，観測データからさらに $t+2$ 時刻の状態量の最適推定値が求められ，さらに同様の操作を繰り返し行うことにより同一粒子像を時々刻々追跡していく．同定法として，家谷ら[49]は4時刻追跡と同様の考え方を用いている．江藤ら[48]は同定法として2時刻間で χ^2 検定を用いる方法を提案している（図4.40参照）．

カルマンフィルタ法の利点として，粒子像の輝度や粒子像サイズなどの情報もカルマンフィルタの中に組み込むことができ，追跡精度を向上できることが挙げられる．しかし，これらの情報を組み込んで追跡を行う場合，各粒子情報の最適推定値と実測値との誤差のスケールがまったく違うため，単に二乗和をとっただけでは対応づけは誤差スケールの大きな粒子情報のみに左右される．幸い，カルマンフィルタのアルゴリズム中で状態量の最適共分散行列が計算されているため，その共分散行列を用い

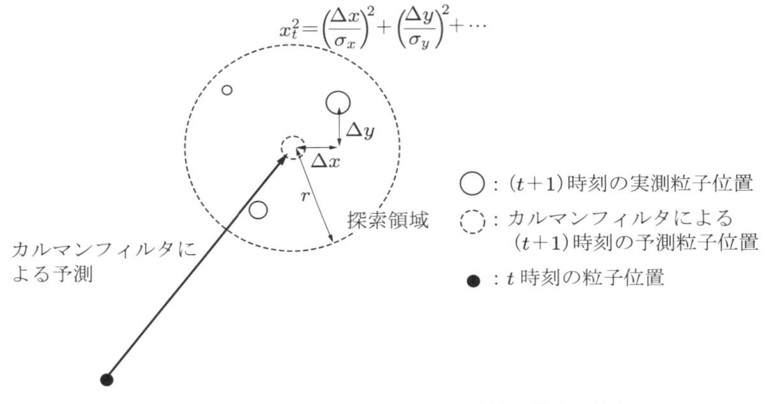

図 4.40　カルマンフィルタ・χ^2 検定法の概念図[48]

て，各状態量を正規化することができる．江藤ら[48]は，推定値と測定値を規準化した誤差の二乗和が χ^2 分布に従うことにより，同一粒子の判定基準として χ^2 検定を行う方法を提案している．よって，彼らの方法はカルマンフィルタ・χ^2 検定（Kálmán filter-χ^2-test：KC）法とよばれる．

さらに，竹原ら[51]は，直接相互相関法などの画像相関法と KC 法を組み合わせた Super-Resolution KC 法を提案し，PTV の部分に KC 法を使用することにより，2 時刻間の粒子画像から高精度に粒子追跡を行うことができる手法を開発した（図 4.41 参照）．

3 次元計測への拡張性については，状態量が 3 次元データになるだけで，カルマン

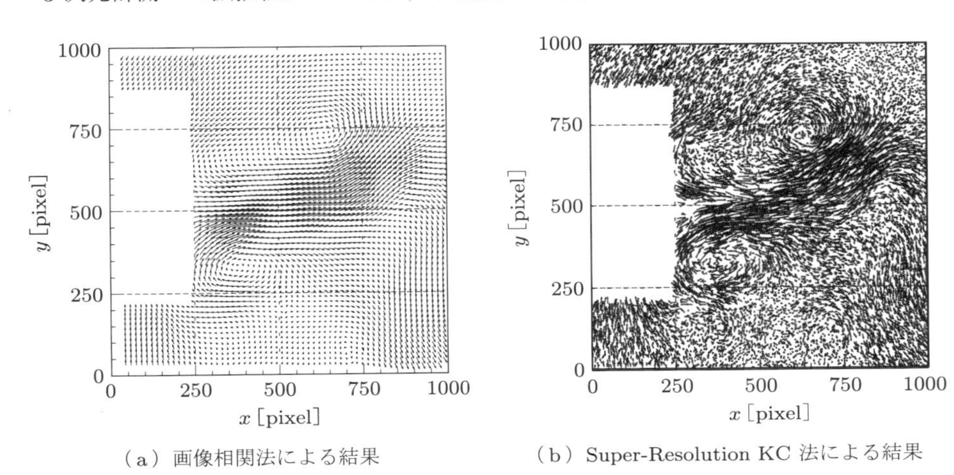

（a）画像相関法による結果　（b）Super-Resolution KC 法による結果

図 4.41　Super-Resolution KC 法の計測結果[51]

フィルタのアルゴリズムは変わらないため，比較的簡単である[52]．設定すべきパラメータとしては，速度，加速度などの初期値，および探査領域サイズなどがある．

なお，KC法による測定結果について誤差とせん断率の関係が報告されている[2]．これは人工画像（6.3節）によるもので，発生粒子像数500〜4000個のVSJ-PIV標準画像各29枚を用いて検討されている．1 pixel以下の誤差をもつ移動量ベクトルの検出率を正対応率とすると，正対応率に対するせん断率の影響は明確には認められず，せん断率0.2に至る範囲で正対応率が約0.95でほぼ一定である．すなわち，その程度のせん断率を生じさせる速度勾配に対しては，速度勾配による誤差は無視し得る程度と考えてよい．濃度相関法では検査領域内の粒子パターンの並行移動量を検出するため，粒子パターンのせん断変形の影響を受けやすく，せん断率0.2では1 pixel以上の誤差が生じるが，粒子追跡法では速度勾配の影響を受けにくいことがわかる．

4.4 高度化PIV手法

前節までに紹介してきたように，さまざまなPIV画像解析アルゴリズムがある．近年，画像中の情報を最大限利用することで，高解像度でかつ高精度，高ダイナミックレンジというPIVの究極の目的を目指したアルゴリズムが開発されてきている．本節では，それらの中からとくに効果の大きい，再帰的相関法と，その改良アルゴリズムについて紹介する．

4.4.1 再帰的相関法

PIVで得られる流速分布に望まれるものは，高空間解像度で分布が得られること，得られるベクトルの精度が高いこと，微小な変位も計測できることなどである．再帰的相関法は，誤ベクトルを減らすと共に，高い空間解像度でデータを取得しようとする方法である．

(1) 従来の手法の問題点

一般に，PIVにおける誤差には，誤った対応づけを選択することに起因する誤ベクトル（第5章）と，ピクセル以下の変位量の算出に起因するサブピクセル補間に伴う誤差（4.2.7項(5)）の二つがある．これらの誤差はほぼ独立であり，別々に考慮する必要がある．相関法においては，小さな検査領域を用いるほど似たパターンが存在する確率が高くなり，誤ベクトルが増大する．なお，画像中の情報量が減るのでサブピクセル誤差も増大する．一方，検査領域が小さいほど，空間解像度が高くなるので，できるだけ小さい検査領域を用いたほうが望ましいが，誤ベクトルが増大するため，あまり小さな検査領域は用いることができなかった．その結果，従来の手法では，検査領域は 32×32 pixel 程度になることが多い．

(2) 再帰的相関法

検査領域サイズが大きければ，誤ベクトルの発生は抑えられるが，空間解像度はわるくなる．一方，検査領域を小さくすれば，解像度はよくなるが誤ベクトルが増大する．この両者のメリットのみを用いようとする手法が，再帰的相関法である．小さな検査領域での誤ベクトルの発生は，似たパターンが多数発生することに起因している．しかし，検査領域が小さくても，探査領域を正しい移動先の近傍に限定できれば，似たパターンの発生確率を小さくできる．

以下に，その具体的な解析手法を直接相互相関法（4.2.1 項）について示す．

① まず，比較的大きな検査領域（64×64 pixel など）を用いて解析し，輝度値パターンの移動量ベクトルを求める．このとき，計算を速くするため，画像をダウンサンプリングすることも行う．ダウンサンプリングの例としては，2×2 pixel の平均輝度を用いることで，1024×1024 pixel の画像を 512×512 pixel の画像に変換する方法などがある．検査領域が十分大きいので，誤ベクトルは多くは発生していないと考えられる．

② 5.1 節の方法などにより，誤ベクトルの除去を行う．このとき，しきい値を下げるなどして，誤ベクトルが残らないように注意する必要がある．さらに，5.2 節の方法などで，除去された誤ベクトル位置におけるベクトルを補間して求め，ベクトル候補とする．誤ベクトル除去で正しいと判断されたベクトルは，そのままベクトル候補とする．

③ 検査領域サイズをひとまわり小さくすると共に，探査領域を②で求めたベクトル候補の周囲に限定する．探査領域を限定することで，小さな検査領域でも誤ベクトルの発生を抑えることができる．

④ 上記の②と③を繰り返す．このことで，検査領域サイズはどんどん小さくなるが，誤ベクトルの発生も抑えられる．

検査領域の縮小を再帰的に行うことから，再帰的相関法（recursive cross-correlation method），または階層的相関法（hierarchical cross-correlation method）などとよばれる[20, 53, 54]．図 4.42 に VSJ-PIV 標準画像[2]（付録 C，6.3 節参照）を再帰的相関法によって処理した例を示す．まず 64×64 pixel の検査領域で移動先を求め，順次検査領域を小さくしていきながら，最終的には 8×8 pixel という高空間解像度が達成できている．図(d)は，検査領域が小さくなっても誤ベクトルが現れない精度の高い解析ができていることを示している．

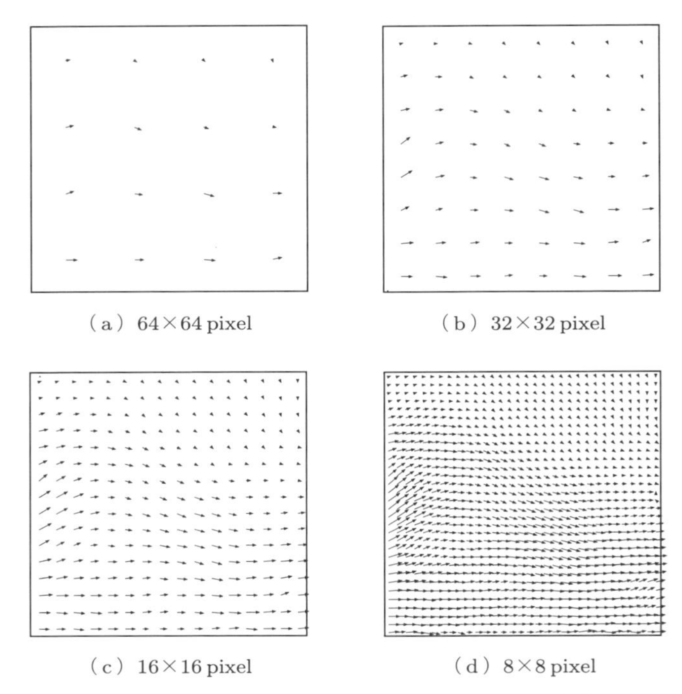

（a） 64×64 pixel　（b） 32×32 pixel

（c） 16×16 pixel　（d） 8×8 pixel

図 4.42　再帰的相関法による VSJ-PIV 標準画像の解析例

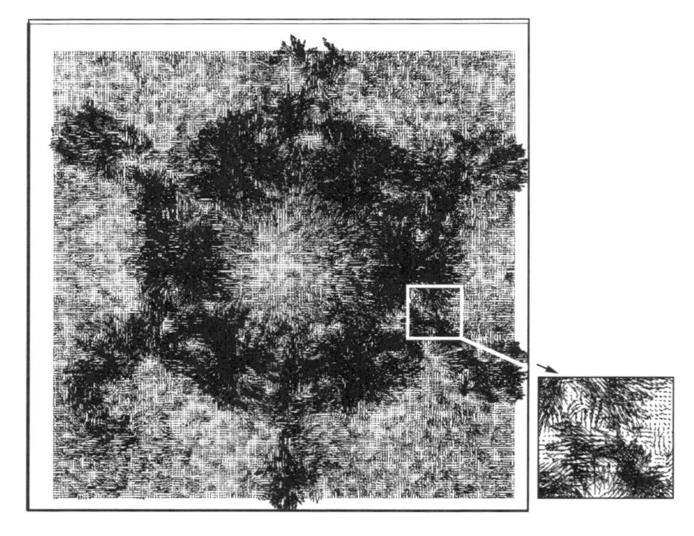

図 4.43　再帰的相関法の適用例[55]

なお，実際の画像に再帰的相関法を適用した例[55]を図 4.43 に示す．ロブノズルからの噴流の様子を高解像度に計測できているよい例である．

(3) 再帰的相関法を用いる場合の留意点

再帰的相関法には以下のメリットがある．

① 空間解像度が増大する．検査領域が小さくなるので，得られるベクトルは小さな検査領域の平均ベクトルとなり，細かな情報を抽出できるようになる．

② 誤ベクトルが減少する．正解ベクトル候補近傍のみに探査範囲を限定することで，誤って似たパターンを抽出する可能性が低くなる．

③ 探査範囲を狭くできるため，計算時間の増加はあまり大きくない．条件によっては速くなることもある．

一方，再帰的相関法には以下のデメリットがある．

① 高解像度のベクトルが粒子情報に基づいていることを確認する必要がある．正解ベクトル候補を補間によって求めているため，場合によっては粒子がない部分にもベクトルが出てくることがあり得る．補間されたベクトル情報は単なる推定の結果であり，計測結果ではない．

② 検査領域が小さくなり，相関値に寄与するデータの量が減ってくるので，サブピクセル誤差が若干増大してくる．誤差の中で誤ベクトルは減少するが，サブピクセル誤差が増大することに留意する必要がある．

(4) まとめ

再帰的相関法は，PIV 画像のもっている情報量をできるだけ多く抽出したいという要求から生まれてきたアイデアである．十分高密度な粒子画像を取得できていれば，空間解像度を飛躍的に増大させることができる手法であり，今後の主流となると考えられる．ただし，仮に粒子密度以上のベクトルが求められたとしても，それはベクトルを空間補間しているだけなので注意されたい．

4.4.2 再帰的相関－勾配法

前節の再帰的相関法は，誤差のうち誤ベクトルに着目し，誤ベクトルの除去と空間解像度の向上を目指した手法であった．再帰的相関法のデメリットとして，誤ベクトルに起因する誤差は減少するが，逆にサブピクセル誤差は増大するということがある．これは，相関値をベースとしたサブピクセル補間（4.2.7 項(1)参照）においては，精度が検査領域内の粒子像の個数に依存するためである．検査領域を小さくすることで，検査領域内の粒子像の個数は減少する．通常，十分な数の粒子像があればサブピクセル誤差は 0.04 pixel 程度であるが，検査領域を小さくして粒子像の個数が少なくなると，サブピクセル誤差は 0.2 pixel 程度にも増大してしまう（図 4.21）.

再帰的相関－勾配法（recursive cross-correlation based gradient method）では，このサブピクセル誤差に着目し，再帰的相関法において問題となるサブピクセル誤差を減らすために，画像工学で用いられている時空間微分法（4.2.5 項参照）を用いる．この手法は，画像の輝度変化を直接捉えているので，相関係数のガウス分布近似（式(4.20)）などよりも利用している情報量が増大している．一方，時空間微分法は移動量が小さければ精度がよいが，移動量が大きいと精度がわるいという特徴をもっている．よって，図 4.44 に示すように，大きな移動量は再帰的相関法によって算出し，サブピクセル精度の移動量のみを時空間相関法によって取得する手法が提案されている[56]．このことで，2 種類の手法のメリットのみを生かした高精度解析が可能となる．

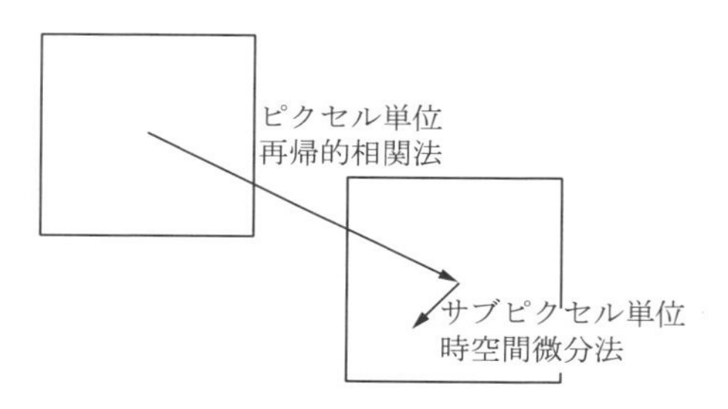

図 4.44 時空間微分法と再帰的相関法の組み合わせ

図 4.42 の最終結果である図(d)に，本手法によるサブピクセル解析を追加した結果[56]を図 4.45 に示す．ベクトル分布の見た目ではほとんど差がないので，誤差のグラフを示す．横軸は各ベクトルの誤差で，そのヒストグラムを累積したものを縦軸に示す．たとえば，0.1 pixel 以下の誤差をもつベクトルの個数が通常のガウス分布近似では 18% しかないことを示している．またガウス分布近似では，検査領域が小さくなると，サブピクセル誤差が増大していることがわかる．一方，時空間微分法をサブピクセル解析に使うと，小さな検査領域（8×8 pixel）であっても，ガウス分布近似の結果よりもよい結果が得られていることがわかる．

なお，時空間微分法をフーリエ空間に展開すると，オフセット FFT 相互相関法と同様のことを行っていることになる．サブピクセル精度の算出に最小二乗法を用いるか，デルタ関数の近似にガウス分布を用いるかの違いである．ただし，最小二乗法を用いる時空間微分法のほうが実験誤差などのノイズに比較的強いと考えられる．

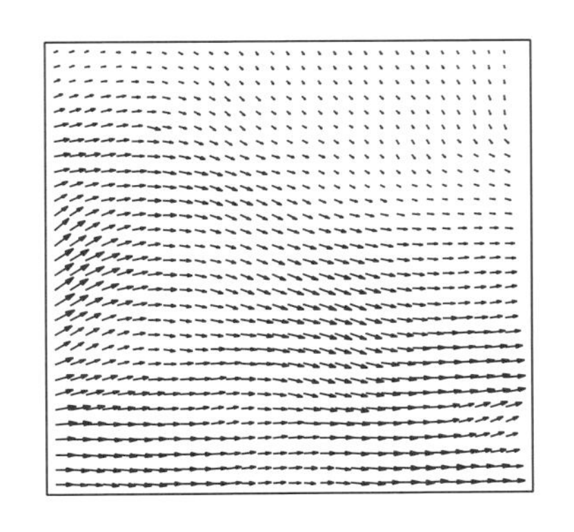

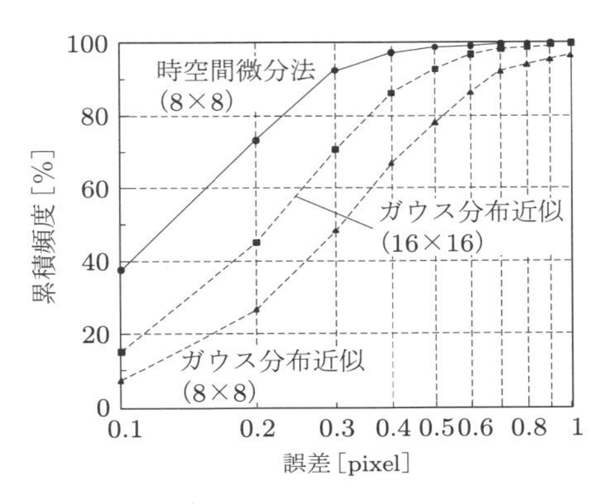

図 4.45 時空間微分法によるサブピクセル解析の結果[56]

4.4.3 回転や変形を考慮した画像相関法

画像相関を用いる手法は，輝度値パターンの画像相関や差の絶対値を用いて比較を行っている．このとき，検査領域と，その相手側（候補領域）として小領域を取り出している．式(4.3)にあるように，輝度値パターンの比較は単純に並行移動を仮定して求められている．しかし，微小時間の間にも流体は変形したり回転したりする．このような流体の変形や回転を考慮するためには，従来は粒子追跡法に頼らざるを得なかった．なぜなら，粒子追跡法では，4.3 節に示したように，並行移動のみでなく回転や変形も考慮しているが，輝度値パターンの並行移動を本質的に仮定している画像相関法では，大きな変形がある場合に誤差が大きくなってしまうためである．そこで，考案されたのが，回転（rotation）や変形（transformation）を考慮する画像相関法である[57, 58]．

(1) 画像補間

本来，画像はアナログの連続情報である．画像を $f(X,Y)$ として表す場合，f，X，Y は実数であることになる．しかし，コンピュータ画像解析では，f を 0〜255 の 256 階調で表し，X，Y も整数値に離散化して扱う．

ここで，離散化されたマトリックス f から連続関数 f^* を復元することを考える．離散化の過程で情報量が減っているため，完全な連続関数を復元することは原理的に不可能である．そこで，画像が連続的に変化することを仮定し，スプライン関数などで画像を補間する（image interpolation）．スプライン補間は，微係数が連続であることなどを仮定して，滑らかに関数値が変化するように補間を行うため，離散的な点間の任意の点での情報を得ることが可能である．つまり，連続関数 f^* を推定して用いることになる．

さて，連続関数 f^* が推定できれば，さまざまな手法を用いることができる．離散点間のデータは，あくまでも離散点からの推定値であるから，もっている情報量は変化しない．しかし，連続性を仮定したことから，仮想的に情報量が増大している．つまり，解像度を仮想的に高めて解析を行うことができる．図 4.46 (a)は 1 次元に直して模式的に示したものであるが，たとえば，256 × 256 pixel の画像にスプライン補間を用いて 512 × 512 pixel の画像に変換できる．本質的な情報量は増大していないが，精度が相対的に増大する．なお，2 倍程度の解像度までの解析は意味があるが，それ以上の解像度増大を行っても，補間した情報を用いているだけとなり，無意味である．また，2 倍の解像度を用いたとしても，あくまで画像の連続性を仮定した粒子画像に対して比較的よい近似となっているにすぎない．連続性を仮定できないような画像（たとえば，粒子径が 1 pixel 程度のものなど）には適用できず，どのような画像にも適用できるわけではないことに注意したい．

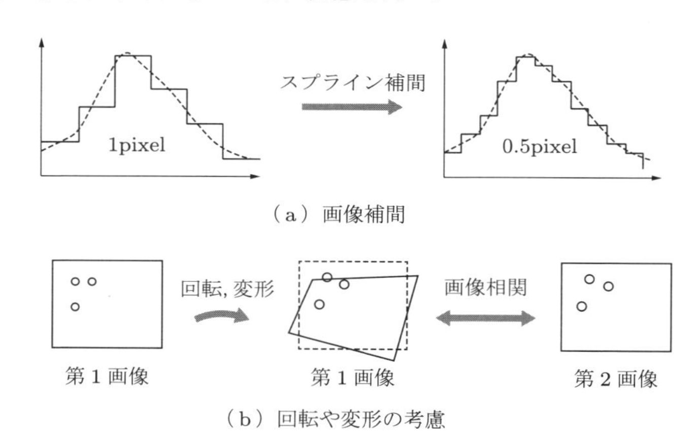

図 4.46 回転変形を考慮した画像相関法

(2) 回転や変形の考慮

再帰的相関法を用いることで，空間的に解像度の高いベクトルを得ることができる．しかし，この得られたベクトルは，検査領域の並行移動を仮定して求められている．ある検査領域に着目すると，この検査領域の周囲で得られているベクトルを参照することで，検査領域の回転や変形行列を算出できる．1 時刻目の検査領域をこの回転変形行列によって変形させたものを計算する．この変形後の検査領域（図 4.46 (b)の点線領域）と 2 時刻目の対応領域とを用いて画像解析を行い，詳細な移動先を決定する．その概略を図 4.46 (b)に模式的に示す．

なお，変形後の画像と 2 時刻目の画像の相関を計算する場合には，画素ごとの計算を実施する必要がある．一般に，変形後の画素位置はずれているため，画像補間によって各画素位置における変形後の輝度値を算出する必要がある．画像の変形を補間しているため，より精度の高い解析が行える．この方法で，回転や変形が激しい流れ場に対しても，0.1 pixel 以下の高精度で解析が可能となっている．

(3) 反復画像変形法

上述の方法では検査領域内の画像のみを回転や変形したが，画像全体にわたって変形を施す反復画像変形法（window deformation iterative multigrid：WIDIM）が提案されている[59〜61]．画像を格子状に区切ったうえで，その格子点上の粒子変位を通常の相互相関法によって求める．得られた変位分布を双一次内挿（bilinear interpolation）することで格子点間の画素の予測変位分布（predictor）を求める．1 時刻目の画像の各画素を予測変位の 1/2 ずらすと共に，2 時刻目の画像の各画素を予測変位の −1/2 ずらすことで，1 時刻目の画像と 2 時刻目の画像を変形すれば，両画像における粒子配置が似てくる．この 2 画像から再び相互相関法によって粒子変位分布を求めれば，その変位はおおむね一様にゼロに近づくが，わずかに残差が残るので，その変位分布に基づいて再度予測変位分布を求め，収束するまでこれを繰り返す．繰り返しの過程で格子を細かくしたり，検査領域サイズを小さくすることで空間解像度を向上させることができる．また，画像を変形させることで，大きな回転や変形を伴う画像であったとしても，2 時刻の画像がよく一致して高い相関係数が得られると共に，変形に伴う誤差を軽減できる．

4.4.4 高次精度 PIV

(1) 概要

ディジタルの高速度カメラは，この 15 年で大きく発展した．2002 年に C-MOS を用いた高速度カメラが登場し，100 万画素（1024 × 1024 pixel）の解像度を保ったままで，毎秒 2000 コマの画像を連続的に数秒間記録できるようになった．当時の PIV 用カメラが 100 万画素で毎秒 30 コマであったことから，一気に時間方向に 2 ケタの時間分解能改善が図られることになった．その後も高速度化，高解像度化が図られ，2014 年の時点においては，100 万画素（1024 × 1024 pixel）で，毎秒 20000 コマの画像を数秒間記録できるカメラがある．12 年で 1 ケタの改善である．

従来のカメラでは，フレームストラドリングを用いて，100 μs 間隔の 2 枚の画像を取得していたが，これらの高速度カメラとカメラシャッタを使えば 50 μs 間隔の画像を連続して取得でき，Time-Resolved PIV（もしくは，ダイナミック PIV）が実現可能になる．もちろん，フレームストラドリングを用いることによって，画像間隔を

0.1～50 μs の時間間隔とすることも従来どおり可能である．

通常の流れ場であれば，高速度カメラと CW レーザを組み合わせるだけで PIV に必要な画像を取得することができる．CW レーザでは光量が不足する場合には，シングルパルスのレーザを用いることが必要である．シングルパルスレーザとしては，1～10 kHz は Nd:YLF レーザ，5～50 kHz までは Nd:YAG レーザ，20～100 kHz までは Nd:YVO4 レーザなどが用いられる．いずれも，レーザ溶接などで用いられる高輝度の赤外線レーザを倍波（second harmonic generation：SHG）結晶に通して，緑色のレーザとして用いる．さらに，ツインキャビティレーザ（発振器が 2 個内蔵されているレーザ）を用いることで，フレームストラドリングも容易に可能である．

気をつけなくてはいけないのは，得られる画像の量が非常に膨大となることである．1 秒の実験であっても 20000 枚の粒子画像が得られ，8 bit 階調であれば 1 枚 1 MByte の画像となるので，20 GB になり，ハードディスクなど記録媒体への転送にも数分かかることになる．また，1 枚の PIV 処理に 1 秒かかるとしても，すべての画像を処理するのに 6 時間近くかかることになる．

Time-Resolved PIV のメリットは，時間方向の高解像度化である．簡単な PIV であっても，ある一点に着目すれば，2 成分速度ベクトル情報が 20 kHz のサンプリング間隔で得られるので，2 成分レーザドップラ流速計（LDV）と同等の情報になる．これは，速度が空間分布情報として得られることになり，1 万台の LDV と同じデータが得られるという意味であり，時空間に高解像度なデータを得られることになる（図 3.5）．毎秒 2000 コマ程度のカメラは安価になってきていることもあり，今後の PIV システムは，高速度カメラを用いることが標準になっていくとも考えられる．

(2) Time-Resolved PIV 用画像解析方法

時系列方向に密な画像情報が得られることを利用したさまざまな画像処理手法が提案されてきている．たとえば，時刻 t に得られる画像を $f_t(X, Y)$ とおくと，空間方向には通常 $X, Y = 0$～1023，時間方向には $t = 0$～$32000\,\Delta t$ 程度（8 bit/32 GB メモリの場合）の情報が得られる．この画像群は，時間方向にも高解像度の情報であり，3 次元情報 $f(X, Y, t)$ と考えることも可能である．PIV 解析はこの 3 次元情報 f の中から，変化量 $\Delta X/\Delta t$ を求める問題に置き換えられる．場合によっては，微分量 $\partial X/\partial t$ の算出と考えたほうがわかりやすいかもしれない．

1) 時間画像化

1980 年代には，これらの 3 次元情報を，たとえば Y を固定した $f_Y(X, t)$ の 2 次元画像に展開し，得られる粒子像（直線になる）の傾き $\partial X/\partial t$ から速度を求める方法なども提案されている．図 4.47 に，このように変換した画像の一例を示す．PTV

図 4.47 時空間粒子軌跡画像[62]

的な画像処理法になるが，線分抽出は Hough 変換が利用可能で，画像処理の基本的なルーチンであり，一般的な画像処理ソフトに含まれている．ノイズの多い画像などでは，有効にはたらく．X 方向，Y 方向それぞれに時間画像を求めることで，速度変動を含めた速度分布を求めることが可能である．

2）オーバーサンプリング PIV

通常の PIV では，連続する 2 画像を用いて 1 枚の相関マトリックスを抽出する．相互相関法を用いる場合，検査領域内の画像相関 C はつぎのように表される（第 4 章参照）．

$$C(\Delta X, \Delta Y) = f(X, Y, t) * f(X + \Delta X, Y + \Delta Y, t + \Delta t) \tag{4.42}$$

ここで，$*$ 演算子は相互相関を求める演算子とする．

つぎに，3 枚の画像を用いることを考える．時間間隔 Δt は同一とし，$t = -\Delta t, 0, \Delta t$ の 3 枚を用いる．これらの時間間隔は十分に小さいため，もっとも単純には，

$$\begin{aligned} C(\Delta X, \Delta Y) &= f(X, Y, t - \Delta t) * f(X + \Delta X, Y + \Delta Y, t) \\ &\quad + f(X, Y, t) * f(X + \Delta X, Y + \Delta Y, t + \Delta t) \end{aligned} \tag{4.43}$$

として相関マトリックスを求める．$t = -\Delta t$, 0 の 2 枚による相関マトリックスと，$t = 0$, Δt の 2 枚による相関マトリックスを単純に足し算し，その最大値を示す変位 ΔX，ΔY を得られたベクトルとする．なお，この相関マトリックスは，$t = t - \Delta t$〜$t + \Delta t$ の $2\Delta t$ 間の情報を含んでおり，時間平均相関を求めていることになる．

なお，この場合，空間方向に中心差分を用いることが可能であり，

$$\begin{aligned} C(\Delta X, \Delta Y) &= f(X - \Delta X, Y - \Delta Y, t - \Delta t) * f(X, Y, t) \\ &\quad + f(X, Y, t) * f(X + \Delta X, Y + \Delta Y, t + \Delta t) \end{aligned} \tag{4.44}$$

を解析することが有効である.

繰り返しになるが，この手法は，3枚の画像を用いて1時刻のデータを算出していることになり，時間方向に平均化を施していることにほかならない．つまり，20 kHz の時間サンプリング画像を，10 kHz に時間平均をしていることになる.

この手法では時間方向に用いる画像枚数を増加させることが容易に可能である.

$$C(\Delta X, \Delta Y) = \frac{1}{N} \sum_{k=-N/2}^{N/2} f(X, Y, t + k\Delta t) \\ * f(X + \Delta X, Y + \Delta Y, t + (k+1)\Delta t) \tag{4.45}$$

$N = 2$ として，2時刻分使う考え方が，3枚の画像を用いる方法であり，N を増加させることによって，精度向上を図ることができる．一方で，時間方向の平均をとっていることにほかならず，時間解像度はその分減少していることに注意する必要がある.

また，情報量との関連があるが，利用する時間方向の画像枚数を増加させることで，空間方向の解像度，つまり検査領域の大きさを削減することも可能となる．つまり，これは時間方向解像度を犠牲に空間解像度を向上させていることになる.

情報量は増加させられないため，3次元画像情報 $f(X, Y, t)$ から時空間方向に十分な情報を抽出することが最終目的である．時間方向に変動の少なく空間方向に変動の多い領域などには，この手法が有効である．一方，空間方向に変動が少なく，時間方向に変動の多い領域は，Δt を小さくすることが望ましい.

対象の時間方向変動量，空間方向変動量に応じて，最適な検査領域，時間方向検査領域（平均時間）が存在する．まず，適切な検査領域と時間差を用いて速度 $U_0(x, y, t)$ を求めた後で，それぞれの時空間領域における変動成分を検出し，再帰的手法によって，最適な時空間サンプリング領域を決定することも可能である.

以上より，光量にもよるが，可能なかぎり画像としてはオーバーサンプリングで情報を取得しておくことが望ましい．なお，時間方向にまったく変動がないような場合では，オーバーサンプリングしても情報量は増加しないことに留意する必要がある．ただし，このような場合であっても，ランダムノイズによる誤差を低減することは可能である.

3）アダプティブ時間間隔 PIV

複数枚の連続画像を用いる場合，相関式を求めるペア画像としては必ずしも連続画像ではなく，$k\Delta t$ 離れた画像を用いることも考えられ，画像相関は次式で与えられる.

$$C_k(\Delta X, \Delta Y) = f(X, Y, t) * f(X + \Delta X, Y + \Delta Y, t + k\Delta t) \tag{4.46}$$

容易に考えられるように，速度の速い領域においては最適な k が小さくなり，速度の遅い領域においては最適な k は大きくなる．つまり，まず $k=1$（隣接画像）を用いて速度分布を求める．移動量が小さすぎる場合には，得られた移動量をもとに最適な移動量になるように k を決定して，再度移動量を求める．このプロセスを複数回繰り返して，最適な移動量における速度ベクトルを求める．その結果，時間方向の平均時間が場所によって変わることになる．

なお，この手法は，あくまでも速度の精度を向上させることを目的としており，流れ場の特性周期（特性周波数の逆数）との比較で，最大の k は制限されることに留意する必要がある．たとえば，振動流のような場合には，ナイキスト周波数の逆数で最大の k は制限される．

4）フレームストラドリング利用ダイナミックレンジ改善

一般の流れ場で高速度カメラを用いた場合には，通常は連続画像を用いるのが簡便である．これは，Δt が一定になることと，照明にシングルパルスレーザもしくは CW レーザを用いることができるためである．一方，高速流れの場合には，ダブルパルスレーザを用いたフレームストラドリングの利用が必要になる．また，比較的低速流れにおいても，フレームストラドリングを積極的に利用して，速度ダイナミックレンジを改善できる．

たとえば，高速度カメラを 20 kHz で動かし，ダブルパルスレーザを 10 kHz で同期し，パルスレーザ間を 10 ms に設定すると，連続する 4 枚の画像（f_1，f_2，f_3，f_4 とおく）間の時間差は，10 ms，90 ms，10 ms，90 ms となる．f_1，f_2 および f_3，f_4 の時間間隔は 10 ms，f_1，f_3 および f_2，f_4 の時間間隔は 100 ms である．これは，上述のアダプティブ時間間隔法で，$k=10$ とおいた条件に一致する．速度ベクトルを，10 ms の 2 ペア（f_1-f_2，f_3-f_4）で求めると共に，100 ms の 2 ペア（f_1-f_3，f_2-f_4）でも求める．変位量をベースとして，変位の小さい領域については $\Delta t=100\,\mathrm{ms}$ のデータを用い，変位の大きい領域については $\Delta t=10\,\mathrm{ms}$ のデータを用いることによって，ベクトルのダイナミックレンジを 10 倍に改善することが可能となる．得られるベクトルは 100 ms の時間平均量ではあるが，精度は向上する．なお，ここでは，10 ms と 100 ms を示したが，これらの時間は任意に設定可能であり，高速度カメラとフレームストラドリングを併用することで，速度計測のダイナミックレンジを改善できる．

5）Shake-The-Box

3 次元粒子追跡法の新しい方法として，Schanz ら[41]は Shake-The-Box を発表した．この方法は，時系列に沿った n 時刻までの粒子の 3 次元位置の追跡結果から，ウイナーフィルタによって $n+1$ 時刻目の 3 次元位置を推定し，追跡する．この際，粒子の 3 次元位置をカメラ校正情報に基づいて投影した画像と実際に撮影された粒子画像を比較し，その差分が最小となるように粒子の3次元位置をサブピクセル単位で調整するIPR（iterative particle reconstruction）法[64]を用いることで，粒子の3次元位置を高い精度で求める．4時刻以上連続して追跡できた粒子の軌跡を正しい軌跡とみなし，この操作を多時刻にわたって繰り返し行うことで，正しい軌跡の修得率を上げると共に，虚偽の粒子の発生を劇的に抑えることができる．Tomo PIV の時間追跡は，3次元の時空間相関を用いるため，非常に計算負荷が大きいが，Tomo PIV の計測結果を初期値として Shake-The-Box による推定と補正を行うことで，大幅に計算時間を短縮することができる．

(3) データの後処理

前の(2)は，3次元 $f(X,Y,t)$ 画像からの速度情報抽出手法であるが，画像に戻らなくても，単純な PIV によって得られる時系列速度ベクトルをベースとして，後処理によってノイズを除去することも可能である．

1) 時間フィルタリング

ダイナミック PIV で得られる情報を，$U(x,y,t)$ とおく．時間方向に高解像度のデータを得ていることから，時間方向のフィルタを施すことによって，ランダム誤差を除去することが可能である．フィルタのかけ方には，単純な移動平均をとる方法のほかに，フーリエ空間やウェーブレット空間に展開して高周波のノイズ成分を除去するなどの方法をとることができる．また，固有直交分解（proper orthogonal decomposition：POD）[63]を用いることで，エネルギーの小さな高周波成分をカットすることなども可能である．

一般に，移動平均は，

$$U(x,y,t) = \Sigma w(\tau) U(x,y,t+\tau) \tag{4.47}$$

で表される．w は重み関数であり，総和が1となる任意の関数をとる．ここで，単純平均を考えると，枚数が偶数（$2N$）の場合は，

$$\tau = \left(\frac{1}{2} - N, \frac{1}{2} + N - 1\right), \qquad w(\tau) = \frac{1}{2}N \tag{4.48}$$

となり，奇数（$2N+1$）の場合は，つぎのようになる．

$$\tau = (-N, +N), \qquad w(\tau) = \frac{1}{2N+1} \tag{4.49}$$

一方，フーリエ変換においても，周波数成分において，ローパスフィルタなどさまざまなフィルタを利用することが可能である．

ただし，たとえば乱流計測など，変動量が重要な場合には，計測目的と場の変動量との関係から，むやみな平均操作は情報を棄却する可能性があるので注意が必要である．しかし，一般に高周波成分にはノイズがのりやすいため，周波数空間における S/N 比を評価することも重要である．

2）時空間フィルタリング

上記は時間方向だけへのフィルタであるが，データが時空間方向に分布があることを考慮し，空間方向も考慮した 3 次元フィルタをかけることもできる．POD を用いて低次元成分のみを抽出することで，流れ場で重要な組織的構造を抽出することも可能である[63]．

計測対象の寸法が大きくなれば，同じ時間間隔でも計測が可能な流速を速くできる．なお，ここで考えているのは，単純に時間と領域の大きさの関係だけである．トレーサ粒子の散乱光を記録しているということから，実際には粒子の大きさなどのパラメータも影響する．計測対象が大きくなると粒子の散乱強度が相対的に小さくなり，粒子が記録できなくなるという問題もある．必要な照明出力は対象の大きさの 2 乗に比例するので，大きな領域は照明が困難になる．

図 3.5 で，100 mm 程度の領域を 30 fps の高解像度カメラで撮影すれば，電子シャッタを利用して 10 cm/s 程度までは計測できることがわかる．一方，高解像度カメラとダブルパルスレーザを用いると，はるかに大きな流速範囲を計測できる．ただし，カメラとレーザの制御が必要であることなどでシステムが複雑化し，高価格になってしまうという問題点がある．また，高解像度高速度カメラを用いると，連続照明と電子シャッタで比較的広い範囲のデータを取得できる．たとえば，100 m 程度の計測領域でも 10 m/s という高速場の撮影が可能である．ただし，電子シャッタの露光時間が短くなればなるほど，より強力な照明が必要となるので注意が必要である．

なお，画像解析の精度には，粒子の大きさや流れの 3 次元性などさまざまな要因が絡んでくる．そのため，図 3.5 はあくまでも目安として利用されたい．

参考文献

[1] Adrian, R. J. & Westerweel, J.: *Particle Image Velocimetry*, Cambridge University Press, 2011.

[2] （社）可視化情報学会協力研究報告書：PIV の実用化・標準化研究会最終報告書,（社）可視化情報学会，VSJ00-PIV-3-1，2000.

[3] 津田宜久，小林敏雄，佐賀徹雄：画像処理を用いた高 Re 流れの可視化システムの開発，可視化情報，Vol.11，Suppl. No.1，pp.181–184，1991.

[4] 木村一郎，高森年，井上隆：相関を利用した流れ場の速度ベクトル分布の画像計測—円柱後流の変動渦への適用，計測自動制御学会論文集，Vol.23，No.2，pp.101–107，1987.

[5] Kähler, C. J., Astarita, T., Vlachos, P. P., Sakakibara, J., Hain, R., Discetti S., La Foy, R. & Cierpka, C.: Main results of the 4th International PIV Challenge, *Exp. Fluids.*, Vol.57,

Is.6, 97, 2016.
[6] Willert, C. E. & Gharib, M.: Digital particle image velocimetry, *Fluid Meas. Instrum. Forum*, ASME FED-Vol.95, pp.39–44, 1990.
[7] McKenna, S. P. & McGillis, W. R.: Performance of digital image velocimetry processing techniques, *Exp. Fluids*, Vol.32, pp.106–115, 2002.
[8] Westerweel, J., Dabiri, D., & Gharib, M.: The effect of a discrete window offset on the accuracy of cross-correlation analysis of digital PIV recordings, *Exp. Fluids*, Vol.23, No.1, pp.20–28, 1997.
[9] Lourenco, L.: Recent advances in LSV, PIV and PTV, *Flow Visualization and Image Analysis*, Springer, pp.81–99, 1993.
[10] 日野幹雄：スペクトル解析，朝倉書店，pp.40–66，1977.
[11] Adrian, R. J.: Image shifting technique to resolve directional ambiguity in double-pulsed velocimetry, *Appl. Opt.*, Vol.25, pp.3855–3858, 1986.
[12] 飯塚啓吾：光工学，共立出版，pp.29–50，1989.
[13] Farrell, P. V.: Optical evaluation methods in particle image velocimetry, *Opt. Lasers Eng.*, Vol.17, pp.187–207, 1992.
[14] 日本機械学会編：光応用機械計測技術，朝倉書店，pp.95–123，1985.
[15] 加賀昭和，井上義雄，山口克人：気流分布の画像計測のためのパターン追跡アルゴリズム，可視化情報，Vol.14，No.53，pp.108–115，1994.
[16] 三池秀敏，古賀和利編：パソコンによる動画像処理，森北出版，pp.133–178，1993.
[17] Nishio, S., Okuno, T. & Morikawa, S.: Higher order approximation for spatio-temporal derivative method, *Flow Visualization VI*, Springer, pp.725–729, 1992.
[18] Baker, S. & Matthers, I.: Lucas-Kanade 20 years on: a unifying framework, *Int. J. Comput. Vis.*, Vol.56, Is.3, pp.221–255, 2004.
[19] Hosokawa, S. & Tomiyama, A.: Spatial filter velocimetry based on time-series particle images, *Exp. Fluids*, Vol.52, pp.1361–1372, 2012.
[20] Raffel, M., Willert, C. E. & Kompenhans, J.: *Particle image velocimetry, a practical guide*, Springer, 1998.
[21] Westerweel, J.: Effect on sensor geometry on the performance of PIV interrogation, *Proc. 9th Int. Symp. Appl. Laser Tech. Fluid Mech.*, Lisbon, Paper No.1.2, 1998.
[22] Fore, L. B.: Reduction of peak-locking errors produced by Gaussian sub-pixel interpolation in cross-correlation digital particle image velocimetry, *Meas. Sci. Tech.*, Vol.21, 035402, 2010.
[23] Westerweel, J.: Theoretical analysis of the measurement precision in particle image velocimetry, *Exp. Fluids*, Vol.29, Suppl.1, pp.S003–S012, 2000.
[24] Cholemari, M. R.: Modeling and correlation of peak-locking in digital PIV, *Exp. Fluids*, Vol.42, pp.913–922, 2007.
[25] Prasad, A. K., Adrian, R. J., Landreth, C. C. & Offutt, P. W.: Effect of resolution on the speed and accuracy of particle image velocimetry interrogation, *Exp. Fluids*, Vol.13, pp.105–116, 1992.
[26] Westerweel, J.: Fundamentals of digital particle image velocimetry, *Meas. Sci. Tech.*, Vol.8, pp.1379–1392, 1997.
[27] Adrian, R. J.: Particle-imaging technique for experimental fluid mechanics, *Annu. Rev. Fluid Mech.*, Vol.23, pp.261–304, 1991.
[28] Keane, R. D. & Adrian, R. J.: Theory of cross-correlation analysis of PIV images, *Appl. Sci. Res.*, Vol.49, pp.191–215, 1992.
[29] Keane, R. D. & Adrian, R. J.: Optimization of particle image velocimeters, Part I: Double pulsed systems, *Meas. Sci. Tech.*, Vol.1, No.11, pp.1202–1215, 1990.
[30] Keane, R. D. & Adrian, R. J.: Optimization of particle image velocimeters, Part II:

Multiple pulsed systems, *Meas. Sci. Tech.*, Vol.2, No.10, pp.963–974, 1991.

[31] Westerweel, J.: On the velocity gradients in PIV interrogation, *Exp. Fluids*, Vol.44, pp.831–842, 2008.

[32] Bjorkquist, D. C.: Particle image velocimetry analysis system, *Proc. 5th Int. Symp. Appl. Laser Tech. Fluid Mech.*, Lisbon, Paper No.12.1, 1990.

[33] Wereley, S. T. & Meinhart, C. D.: Second-order accurate particle image velocimetry, *Exp. Fluids*, Vol.31, pp.258–268, 2001.

[34] 竹原幸生，江藤剛治，道奥康治，久野悟志：粒子マスク相関法の性能評価，可視化情報，Vol.17，Suppl. No.1，pp.117–120，1997.

[35] Chang, T. P. & Tatterson, G. B.: An automated analysis method for complex three dimensional mean flow field, *Flow Visualization III* (ed. W.-J. Yang), pp.236–243, Hemisphere, 1983.

[36] 小林敏雄，佐賀徹雄，瀬川茂樹，神田宏：2 次元流れ場の実時間ディジタル画像計測システムの開発，日本機械学会論文集（B 編），Vol.55，No.509，pp.107–115，1989.

[37] Sata, Y., Nishino, K. & Kasagi, N.: Whole field measurement of turbulent flows using a three-dimensional particle tracking velocimeter, *Flow Visualization V* (Ed. Reznicek, R.), pp.248–253, Hemisphere, 1990.

[38] 渡邊義明，加賀昭和，井上義雄，山口克人，吉川暲：VTR を用いたトレーサ追跡による流れ場の計測—2 次元計測—，流れの可視化，Vol.7，No.26，pp.167–170，1987.

[39] 西野耕一，笠木伸英，平田賢，佐田豊：画像処理に基づく流れの 3 次元計測に関する研究，日本機械学会論文集（B 編），Vol.55，No.510，pp.404–412，1989.

[40] Kobayashi, T., Saga, T., Lee, Y. H. & Kanamori, H.: Flow visualization and analysis of 3-D square cavity and mechanically agitated vessels by particle-imaging velocimetry, *Proc. 3rd FLUCOME*, pp.401–406, 1991.

[41] Schanz, D., Gesemann, S. & Schröder, A.: Shake-The-Box: Lagrangian particle tracking at high particle image densities, *Exp. Fluids*, Vol.57, No.5, 70, 2016.

[42] 植村知正，山本富士夫，幸川光雄：二値化相関法 – 粒子追跡法の高速画像解析アルゴリズム，可視化情報，Vol.10，No.38，pp.196–202，1990.

[43] 山本富士夫，田懐璋，植村知正，近江和生：相関法による 3 次元 PTV（粒子対応付けのアルゴリズム），日本機械学会論文集（B 編），Vol.57，No.543，pp.192–196，1991.

[44] Nishino, K. & Torii, K.: A fluid-Dynamically Optimum Particle Tracking Method for 2-D PTV: Triple Pattern Matching Algorithm, *Transport Phenomena in Thermal Engineering* (ed. J. S. Lee, S. H. Chung and K. H. Kim), Vol.2, pp.1411–1416, Begell House, 1993.

[45] 西野耕一：PTV 計測の実際，熱流体計測における先端技術（平田賢，岡本史紀編），pp.125–153，日刊工業新聞社，1996.

[46] 岡本孝司：バネモデル粒子追跡アルゴリズム，可視化情報，Vol.15，Suppl. No.2，pp.193–196，1995.

[47] Okamoto, K., Hassan, Y. A. & Schmidl, W. D.: New tracking algorithm for particle image velocimetry, *Exp. Fluids*, Vol.19, pp.342–347, 1995.

[48] 江藤剛治，竹原幸生：多数のトレーサー粒子の自動追跡のための新しいアルゴリズムの開発，水工学論文集，Vol.34，pp.689–694，1990.

[49] 家谷克典，小河原加久治，飯田誠一：カルマンフィルタを用いた画像処理による 3 次元流れ計測，日本機械学会論文集（B 編），Vol.57，No.542，pp.308–315，1991.

[50] Kalman, K. E. & Bucy, R. C.: New results in linear filtering and prediction theory, *Trans. ASME, J. Basic Eng.*, Vol.82D, No.1, pp.95–108, 1961.

[51] 竹原幸生，R. J. Adrian，江藤剛治：KC 法を用いた新しい Super-Resolution PIV の提案，水工学論文集，Vol.44，pp.431–436，2000.

[52] 竹原幸生，江藤剛治，村田滋，道奥康治：PTV のための新アルゴリズムの開発，土木学会論文集，No.533/Ⅱ-34，pp.107–126，1996.

[53] Hart D. P.: PIV error correction, *Exp. Fluids*, Vol.29, pp.13–22, 2000.
[54] Hart D. P.: Super-resolution PIV by Recursive Local-correlation, *J. Visualization*, Vol.3, No.2, pp.187–194, 2000.
[55] Hu, H., 佐賀徹雄，小林敏雄，谷口伸行，瀬川茂樹：Hierarchical Recursive PIV と噴流解析への応用，日本機械学会流体部門講演会講演論文集，No.99-19，pp.345–346，1999.
[56] Sugii, Y., Nishio, S., Okuno, T. & Okamoto, K.: A highly accurate iterative PIV technique using gradient method, *Meas. Sci. Tech.*, Vol.11, pp.1666–1673, 2000.
[57] Fincham, A. & Delerce, G.: Advanced optimization of correlation imaging velocimetry algorithms, *Proc. 3rd Int. Workshop on PIV*, additional print, 1999.
[58] Lecordier, B., Lecordier, J. C. & Trinite, M.: Iterative sub-pixel algorithm for the cross-correlation PIV measurements, *Proc. 3rd Int. Workshop on PIV*, pp.37–43, 1999.
[59] Scarano, F. & Riethmuller, M. L.: Iterative multigrid approach in PIV image processing with discrete window offset, *Exp. Fluids*, Vol.26, Is.6, pp.513–523, 1999.
[60] Scarano, F. & Riethmuller, M. L.: Advances in iterative multigrid PIV image processing, *Exp. Fluids*, Vol.29, Suppl.1, pp.S51–S60, 2000.
[61] Scarano, F.: Iterative image deformation methods in PIV, *Meas. Sci. Tech.*, Vol.13, pp.R1–R19, 2002.
[62] Yoda, M., Hesselink, L. & Mungal, M. G.: The evolution and nature of large-scale structures in the turbulent jet, *Phys. Fluids* A, Vol.4, No.4, pp.803–811, 1992.
[63] Lumley, J. L.: The structure of inhomogeneous turbulent flows, In *Atmospheric turbulence and wave propagation*, eds. Yaglom, A. M. & Tatarski, V. I., Moscow, Nauka, pp.166–178, 1967.
[64] Wieneke, B.: Iterative reconstruction of volumetric particle distribution, *Meas. Sci. Tech.*, Vol.24, 024008, 2013.

第5章 後処理

PIV および PTV によって得られた生のデータの妥当性を判断すると共に，流れ場の瞬間の構造や統計量を評価するうえで，後処理（ポストプロセッシング：post processing）は重要な役割を果たす．後処理の具体的な内容は，以下の三つに分けられる．

① 誤ベクトルの検出とその除去
② データ欠落領域の補間
③ 速度分布に対する時間・空間的な微積分量の推定

今日では，空間分解能の向上により取得されるデータが大量となっており，後処理にも大きな計算負荷を伴う．しかし同時に，後処理の手法は，より一般性・汎用性の高いものでなければならない．なぜなら，データの客観性を保証することが求められているためである．

ここでは，PIV および PTV によって得られた速度ベクトル分布の後処理のもっとも広く利用されている手法を中心に説明する．また，圧力分布を推定する手法を始め，新しく提案されている後処理の理論についても簡単に紹介する．

5.1 誤ベクトル除去

PIV および PTV では，ディジタル画像処理を基盤とすることから，その特有の誤差の形態が含まれる．この中でも，「誤ベクトル」とよばれるものにはひときわ大きな誤差が含まれ，計測結果の信頼性を著しく阻害する．本節では，この誤ベクトルとは何か，誤ベクトルの特徴，ならびに，誤ベクトルの除去手法について説明する．誤ベクトルの除去は，あくまで，全体のベクトル数に対して誤ベクトルの発生割合が少ないことを前提として利用される．誤ベクトルの発生割合が全体の 5% 以上ある場合には，後処理だけでは解決できない．この場合は，第 3 章，第 4 章を十分に参考にされたい．

5.1.1 誤ベクトルとは

PIV あるいは PTV において，実際とは異なる誤った粒子対応づけが行われてしまうと，その結果，非常に大きな誤差を含むベクトルが現れる．このベクトルを誤べクトル（incorrect vector）という．誤ベクトルは，採用するPIVおよびPTVアルゴリズムによっては，虚偽ベクトル（false vector，またはoutlier），過誤ベクトル（erroneous vector），誤対応ベクトル（mismatched vector），などとも称される．多少の意味の違いについては無視し，ここでは統一して誤ベクトルと称する．

誤ベクトルの発生している速度ベクトル分布の例を図5.1に示す．この例は，VSJ-PIV標準画像（付録C）を用いて，壁面衝突噴流の衝突領域における速度ベクトルデータを出したものである．図より，誤ベクトルは明らかにその周囲とは異なる方向，大きさをもっており，一見してそれが正しくないデータと判断できる．また，わずかな頻度であっても，このような誤ベクトルを少しでも含んだまま瞬時の流線や渦度分布を導出すると，誤ベクトルの周囲に誤差が伝播し，非常に不可解な結果を得ることになる．図5.2は，図5.1の生データに対して，後述する誤ベクトル除去処理を施した例である．

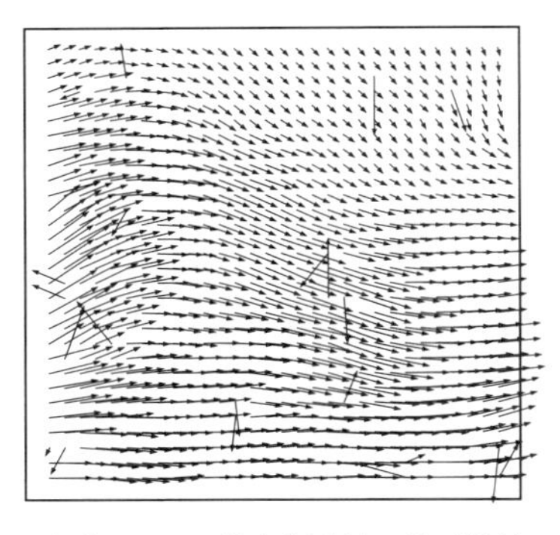

（a）PIVの場合（直接相互相関法）

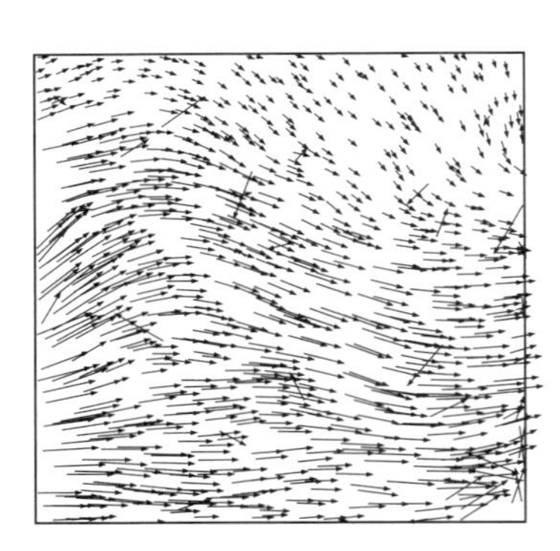

（b）PTVの場合（4時刻追跡法）

図5.1　誤ベクトルの発生例

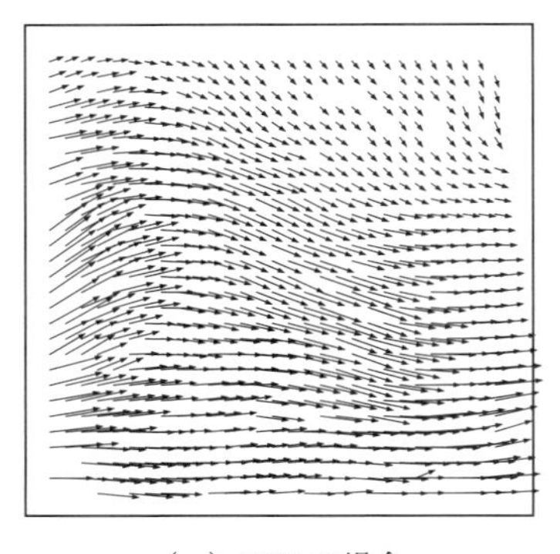

（a）PIVの場合

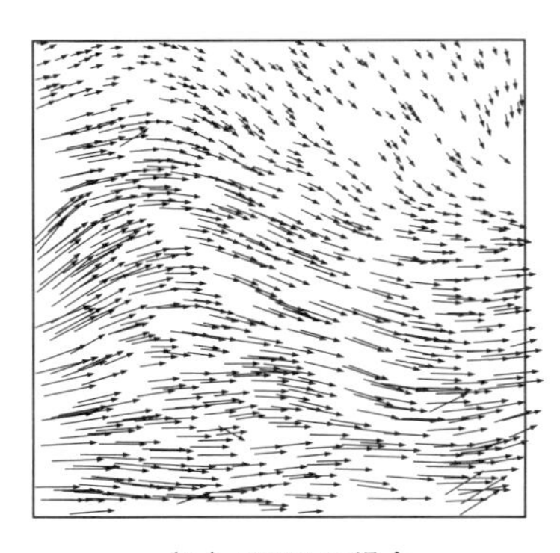

（b）PTVの場合

図5.2　誤ベクトル除去処理を施した結果の例

5.1.2 誤ベクトルの特徴

誤ベクトルの発生する原因は，利用する PIV ならびに PTV の解析アルゴリズムによって異なる．このため，誤ベクトルを自動的に判断・除去するには，解析アルゴリズムによる誤ベクトルの発生の特徴を多少なりとも知っておく必要がある．ここではよく使用される代表的な解析アルゴリズムを取り上げ，誤ベクトルの発生パターンを説明する．

(1) 画像相関法の場合

画像相関法（4.2 節参照）では，二つの時刻の粒子画像で相関係数が最大となる部分を対応づける．したがって，誤ベクトルの発生は，相関係数のピーク値が低いことや，あるいはその唯一性が不十分であるということに起因する．二つの画像の間での相関係数のピーク値を下げる原因には，以下のようなものがある．

① 輝度階調数の不足
② 輝度レンジの不足（画像エントロピーの不足）
③ 物体，自由表面，流体の白濁，画像ノイズなど，トレーサ粒子以外の像の重複
④ 探査領域の過不足
⑤ 検査領域の過不足
⑥ 粒子群の並行移動成分に比べて回転やせん断などの変形運動が強い場合
⑦ そのほか，照明ムラや，粒子の光散乱特性に依存した相関係数の低下

これらのうち，①，②，③，⑥，⑦については，トレーサ粒子の選択・添加・照明・撮影方法に依存するので，撮影の時点でモニタを監視しながら，より高い品質の画像を記録するよう努めることが重要である（2.2 節参照）．④，⑤については，画像解析での操作であり，4.2.8 項に従って調整する必要がある．

①〜⑥については，図 5.3〜5.8 に試験例を示す．試験対象は，VSJ-PIV 標準画像の一部分の画像であり，2 時刻間の移動量が $(9.0, 0.7)$ となる部分である．各図で左側は人為的に画像を加工して，①〜⑥のような誤差要因を与えたもの，右側は 32×32 pixel の探査領域における相関係数のマップを示す．各右図の下には，得られた移動量（単位は pixel）と最大相関係数を示す．なお，移動量ベクトルは，放物線の当てはめによるサブピクセル補間（4.2.7 項(1)参照）により算出されている．

画像相関法とは原理を異とするオプティカルフロー（4.2.5 項参照）では，輝度の移流方程式を基礎式として，その式の中に含まれる輝度の空間微分値，時間微分値をもとに速度ベクトルを算出する．この場合の誤ベクトルの発生は，輝度の空間微分値，時間微分値が精度よく得られないときに起こる．誤ベクトルを発生させないためには，画像ノイズの十分な除去，微分スケールの調整などに注意を払う必要がある．移

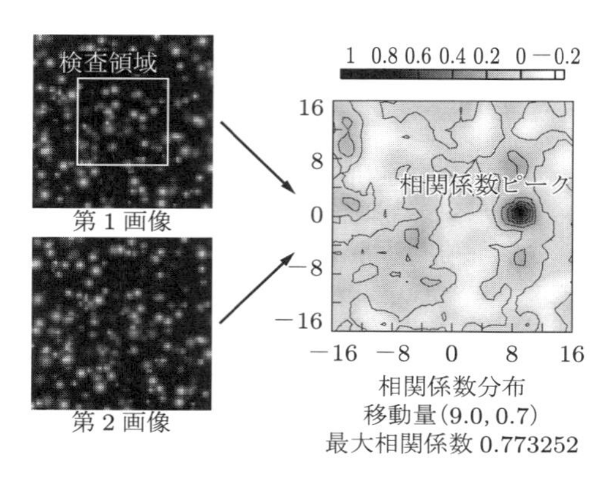

VSJ-PIV 標準画像の衝突噴流の一部分の画像を対象として，2 時刻間の移動量が（9.0, 0.7）となる場合の 32×32 pixel 中での相関係数をマップ表示したもの．最大相関係数 0.77 がその移動量点で得られる．

図 5.3 PIV における誤ベクトルの発生原因（きれいな粒子画像の場合）

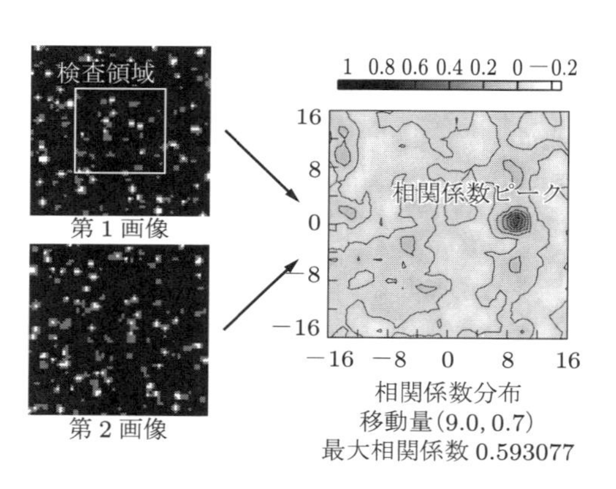

通常の 8 bit の画像では輝度階調数が 256 あるが，これを 3 階調に変換し，試験した．最大相関係数は 0.77 から 0.59 に減少した．

図 5.4 PIV における誤ベクトルの発生原因（①輝度階調数の不足）

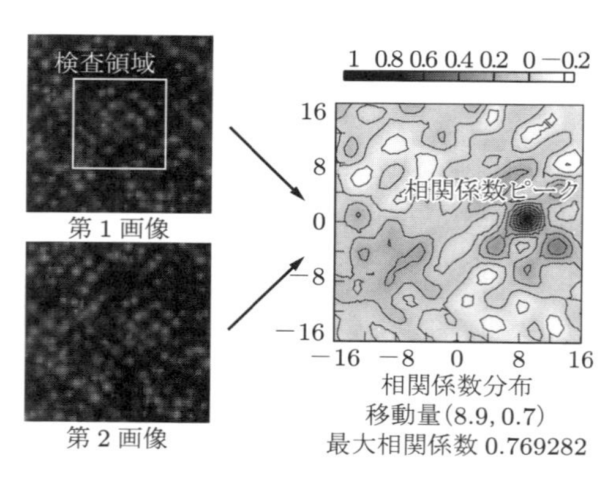

256 階調の輝度値パターンのうちもっとも暗い部分と明るい部分の差を輝度レンジという．輝度レンジを減少させると明暗の差が少なくなる．最大相関係数は輝度レンジの不足によりあまり低下しないが，移動量に 0.1 pixel の誤差が生じた．

図 5.5 PIV における誤ベクトルの発生原因（②輝度レンジの不足）

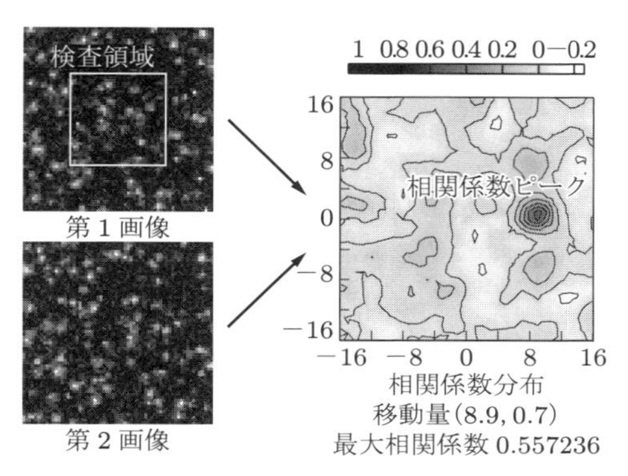

画像に人為的にノイズを付加した．ノイズは輝度が 128 でサイズが 4 pixel の粒子状とし，領域全体で 100 個分散させた．最大相関係数が 0.77 から 0.55 に減少した．また，移動量ベクトルにも 0.1 pixel の誤差が生じた．

図 5.6 PIV における誤ベクトルの発生原因（③ノイズの影響）

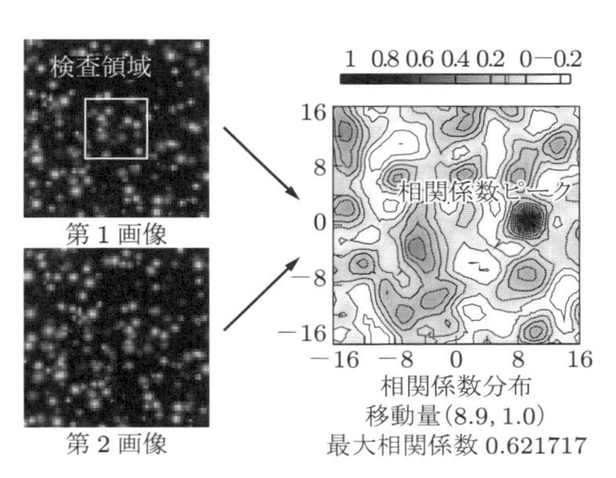

相関係数を算出するための検査領域の面積を 1/4 に減少させた．最大相関係数が 0.77 から 0.62 に減少し，移動量ベクトルは 1 pixel の誤差が生じた．また，最大相関係数をもつ点以外に，いたるところで高い相関係数をもつピークが現れた．

図 5.7 PIV における誤ベクトルの発生原因（④，⑤探査領域や検査領域の過不足）

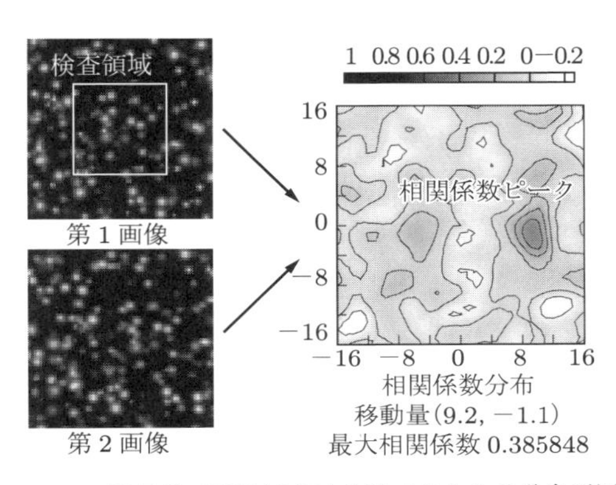

最大相関係数をもつ点を中心に，人為的に画像を 10° 回転させ，さらに 10%のせん断を与えた．この結果，相関値のピークは明瞭でなくなり，最大相関係数は 0.77 から 0.39 に減少した．また移動量ベクトルにも大きな誤差が生じた．

図 5.8 PIV における誤ベクトルの発生原因（⑥回転やせん断による変形過多）

流方程式のほかに渦度輸送方程式や連続の式を併用することで，速度ベクトルの計測精度を向上させるという提案もある[1, 2].

(2) 粒子追跡法の場合

粒子追跡法（4.3節参照）のうち4時刻追跡法（4.3.2項参照）では，個々の粒子の重心座標を計測して，連続する4時刻の間で粒子を追跡し，もっとも滑らかな軌跡をもつ組み合わせを選定する．この滑らかな軌跡とは，多時刻間における粒子の運動の角度や移動量の分散が最小となる軌跡のことである．このような原理から，粒子追跡法における誤ベクトルは，粒子の時間対応づけにおける誤対応（ミスマッチ）によって生じる．この誤対応が生じる原因には，以下の要因がある（図5.9〜5.12参照）.

① 画像ノイズと粒子の混同による粒子追跡の失敗
② 粒子が重なって映る場合の計測誤差の発生
③ 粒子数密度が過多の場合における粒子追跡候補数の増加
④ 流れの空間変動波長が短い，あるいは変形速度が大きい

また，粒子追跡法では全体照明に基づく3次元PTV計測が可能であるが，その場合では，上述の要因のほか，ステレオペアマッチング（空間対応づけ）の失敗による誤ベクトルの発生が加わる．この詳細は7.3節を参照されたい.

2時刻間で粒子分布の類似性を判断して追跡するタイプの2フレームの粒子追跡法

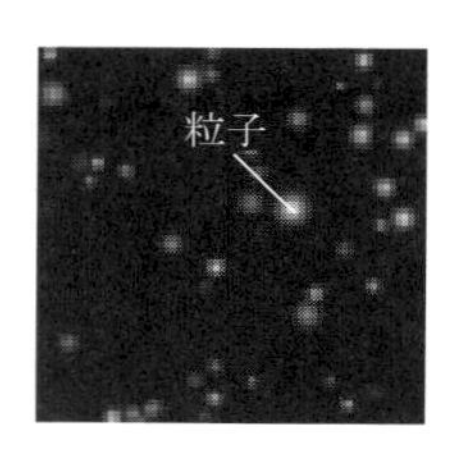

（a）原画像

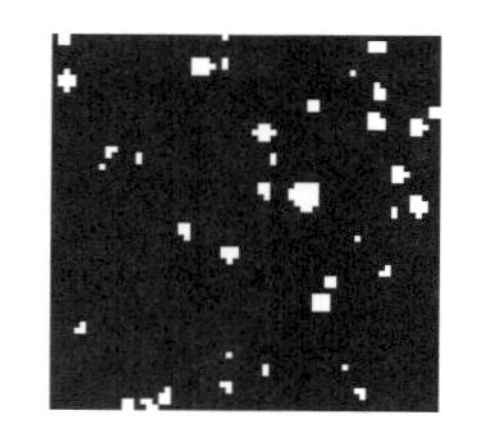

（b）二値化画像（しきい値＝64）

ノイズなし

（c）原画像

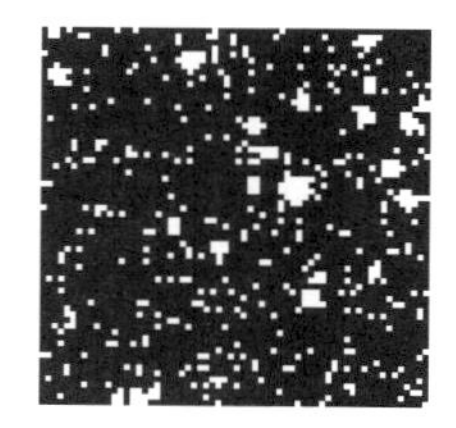

（d）二値化画像（しきい値＝64）

ノイズあり

きれいな画像（a）を二値化すると，（b）のようになる．これに対して，ノイズを含む画像（c）を二値化すると，（d）のようになる．このまま重心座標を算出すると，ノイズが粒子として認識されてしまう．

図5.9 PTVにおける誤ベクトルの発生原因（①画像ノイズと粒子の混同）

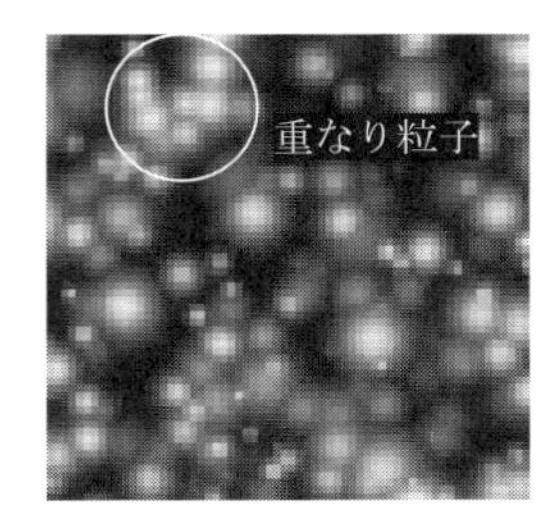

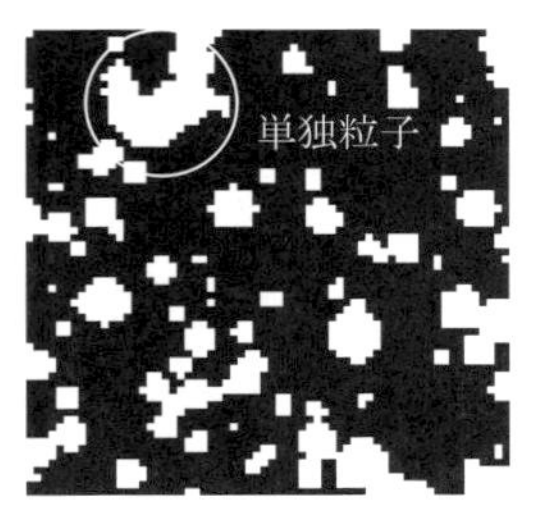

（a）原画像

（b）二値化画像（しきい値＝64）

粒子濃度の高い画像（a）では，部分的に複数の粒子が重なって見える．これを単純に二値化すると（b）のようになり，複数の粒子が単独粒子として認識される．この結果，得られる重心座標は一つになり，誤ったものとなる．

図 5.10 PTV における誤ベクトルの発生原因（②粒子像の重なり）

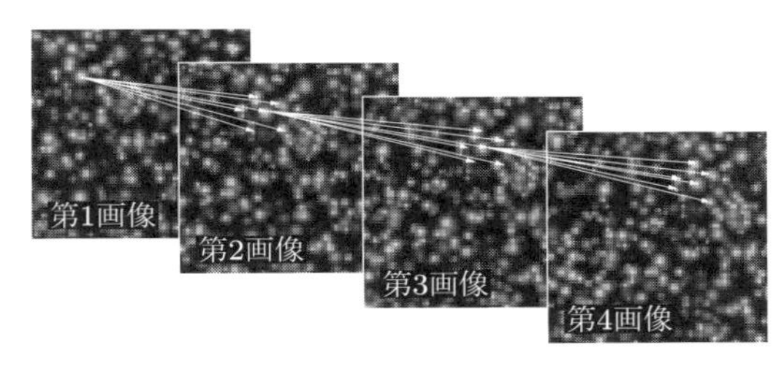

計測領域内で粒子数が過多の場合，追跡すべき粒子の候補数が多くなる．また，探査領域内で多数の粒子が近接していると，滑らかな軌跡を選定する際の唯一性が低下し，誤ベクトルを生じる．

図 5.11 PTV における誤ベクトルの発生原因（③粒子数密度の過多）

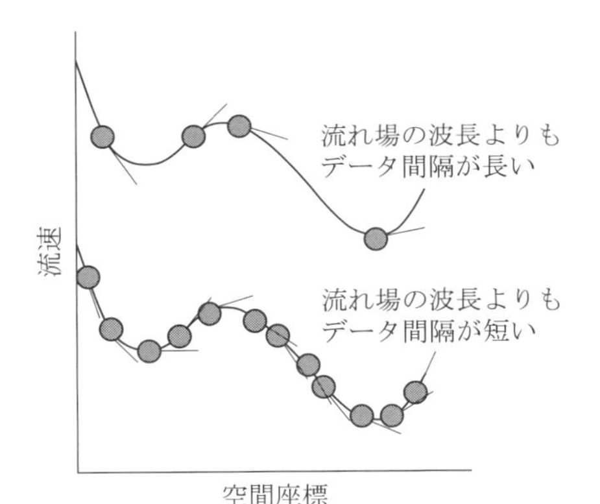

粒子間距離に比べて流れの変動波長が短い場合では，粒子運動が空間的・時間的に連続的なものとして映らない．このような場合，粒子の追跡ができなくなり，誤ベクトルが発生する．

図 5.12 PTV における誤ベクトルの発生原因（④空間変動波長・変形速度）

（たとえば二値化相関法[3]など．4.3.2 項(2)参照）では，例 1 の場合と同様に，2 時刻間における粒子分布の類似性が保たれていない場合，すなわち，回転やせん断など流体の変形速度が大きい場合において誤ベクトルが発生する．2 フレームの粒子追跡法に属するもので，流体の変形速度を考慮してそれによる誤ベクトルの発生を抑制するものには，バネモデル法[4]，デローニ三角形追跡法[5]，速度勾配テンソル法[6]が提案されている．上述の誤差要因のうち①，②については，ガウシアンフィルタ[7]や光学法則による抽出方法の工夫と併用して，誤認識の少ない追跡を行う手法もある[8, 9]．詳しくは3.3節を参照されたい．

5.1.3 誤ベクトルの除去手法

誤ベクトルを自動的に除去するための，いくつかの代表的な手法を説明する．その手法には，大別して二つの考え方がある．一つは，統計に基づく手法，もう一つは，流体の物理法則を導入するなどの応用解析的な手法である．前者は平易かつさまざまな流れ場に対して一般的に使うことができる手法である．後者は，流れ場やデータの取得状況によってケースバイケースで利用される．

(1) 統計に基づく誤ベクトルの除去手法

統計に基づく誤ベクトルの除去手法とは，取得された速度ベクトルが，実際にあり得る妥当な範囲に入っているか，あるいは周囲の速度ベクトルに対して，大きな偏差がないか，などを統計的に診断する手法である．具体的に以下の二つの手法を挙げる．

1）周囲の速度ベクトルとの比較による方法

流体のもつ速度分布は，連続体として近似できるかぎり，空間的に滑らかに分布するはずである．また，計測の空間分解能が流れ場の最短波長より短ければ，局所的に大きさや方向の異なる速度ベクトルが突如として現れない．一方，誤ベクトルは通常，周囲の速度ベクトル分布とは無関係に発生し，周囲に比べて大きさと速度が極端に異なるベクトルをもつ（図5.1参照）．このような性質から，周囲の速度ベクトルとの比較によって誤ベクトルを除去する方法が広く使われている[10]．

● **周囲との偏差ベクトルで判定する方法**　PIVの場合では，速度ベクトルが格子配列状に得られる．いま，格子位置 (i,j) の速度ベクトル $\boldsymbol{U}_{i,j}$ に着目すると，それが誤ベクトルであるかどうかは，つぎのように判定できる

① (i,j) 周囲の8点における速度ベクトルの平均値 $\boldsymbol{U}_{\mathrm{m}_{i,j}}$ を求める．

② その8点の速度ベクトルの標準偏差 $\sigma_{i,j}$ を求める．

③ 着目格子点の速度ベクトル $\boldsymbol{U}_{i,j}$ と周囲8点の速度ベクトルの偏差ベクトル $\boldsymbol{U}_{i,j} - \boldsymbol{U}_{i',j'}, (i' \neq i,\ j' \neq j)$ を求める．

④ 偏差ベクトルの絶対値の8点に対する平均値 $\varepsilon_{i,j}$ を求める．

⑤ 次式を満たす場合に，$\boldsymbol{U}_{i,j}$ を正しいベクトル，満たさない場合に誤ベクトルと判定する．

$$\varepsilon_{i,j} < \varepsilon_t, \qquad \varepsilon_t = C_1 + C_2\sigma_{i,j} \tag{5.1}$$

ここで，ε_t は誤ベクトルを判断するためのしきい値で，C_1，C_2 は定数である．C_1，C_2 の与え方は，扱う流れ場の状況や誤ベクトルの発生頻度によって変化し，必ずしも普遍的な定数とすることはできないが，統計的な基準として $C_2 = 2$ または $C_2 = 3$ がよく用いられる．

● **メディアンフィルタを用いる方法**　周囲の速度ベクトルと比較する方法の一種として，メディアンフィルタを用いる方法も広く使われる[10]．メディアンフィルタは画像のノイズ除去などの前処理にも使用されるアルゴリズムであるが，「局所的に特異な値」を除去するという操作では，誤ベクトルの除去と共通している．メディアンフィルタ法では，速度ベクトル $\boldsymbol{U}_{i,j}$ とその周囲 8 点，計 9 点の速度ベクトルから，中央値ベクトル $\boldsymbol{U}_{\mathrm{M}}$ を算出し（3.3 節参照），

$$|\boldsymbol{U}_{i,j} - \boldsymbol{U}_{\mathrm{M}}| < \delta_t \tag{5.2}$$

となる場合に $\boldsymbol{U}_{i,j}$ が正しいベクトル，それ以外は誤ベクトルと判断する．式(5.2)で，しきい値 δ_t は，流れ場の状況によって最適な値は変動するだろうが，基本的には，式(5.1)と同じように，周囲との速度ベクトルの偏差に対する標準偏差の 2 倍あるいは 3 倍が目安となる．

● **普遍的誤ベクトル検知法**　以上で説明した方法では，速度ベクトル $\boldsymbol{U}_{i,j}$ が誤ベクトルであるかを判断するために，周囲の 8 個の速度ベクトルを参照するが，その周囲の速度ベクトルに誤ベクトルが含まれる可能性がある．これを排除するために，しきい値の算出にも中央値を用いる普遍的誤ベクトル検知法（universal outlier detection）が提案されている[11]．この方法では，周囲 8 点の速度ベクトルの中央値を $\boldsymbol{U}_{\mathrm{M}}$ としたとき，8 近傍の速度ベクトルと $\boldsymbol{U}_{\mathrm{M}}$ の差の絶対値の中央値 r_{m} を求め，

$$r_0^* = \frac{|\boldsymbol{U}_{i,j} - \boldsymbol{U}_{\mathrm{M}}|}{r_{\mathrm{m}} + \varepsilon}$$

を算出する．Nogueira ら[12]では $\varepsilon = 0.1$ とすること，および，$r_0^* < 2$ が満たされるときに正しいベクトルとすることを推奨している．

● **デモンストレーション**　図 5.13 に，周囲の速度ベクトルとの比較による誤ベクトルの除去の試験結果を示す．試験は，図 5.1 に示した結果を対象としたもので，図(a)は誤ベクトル残存率，図(b)は全ベクトル率を表す．これらは，$C_1 = 0$ とし，C_2 による変化を調べたものである．ここでは，全ベクトル数 900 のうち人為的に誤ベクトルを 25 含むようにして試験を行った．この場合の誤ベクトル残存率は，正しく除去された誤ベクトル数を n とすると，$n/25$ である．また，この処理によって除去された全ベクトル数を m とすると，全ベクトル率は $(900 - m)/900$ である．m には

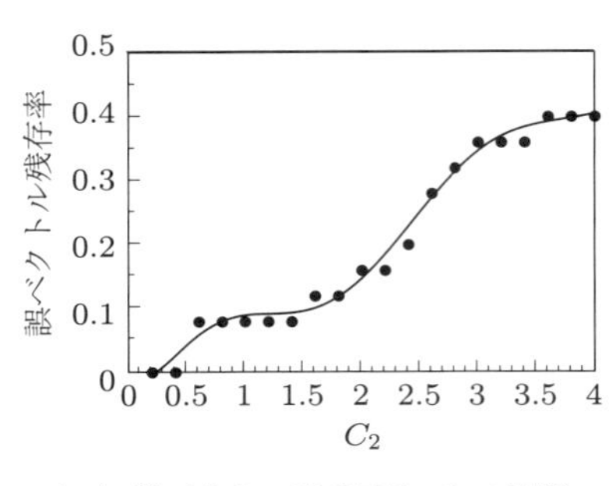

(a) 誤ベクトル残存率と C_2 の関係

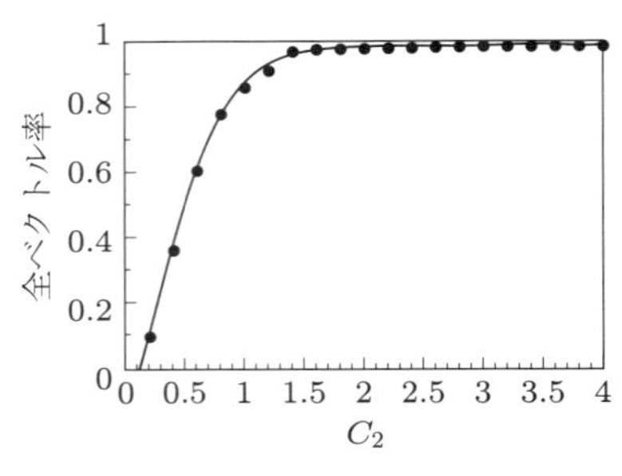

(b) 全ベクトル率と C_2 の関係

図 5.13 周囲の速度ベクトルとの比較による誤ベクトル除去性能

正しいベクトルも含まれており，$m \geqq n$ の関係がある．図(a)の結果より，C_2 を小さくするほど誤ベクトル残存率が減少することがわかる．しかし，図(b)に示すように，C_2 を小さくするほど全ベクトル率も急激に減少してしまう．このように，正しいベクトルまでもが除去される理由は，その近傍で流れに大きな変形速度があるときに，誤ベクトルとして誤認識されるためであり，この傾向は，C_2 の減少と共に大きくなる．正しいベクトルを残し，誤ベクトルのみを除去するという二つの目的を両立するためには，C_2 の与え方に，ある一定の適切な範囲があるといえる．統計的には C_2 を 2〜3 で与えることが多いが，最終的には対象とする速度ベクトルデータの特性に帰属するので，個々に検討してほしい．考慮の対象となる要因は，流れ場の最小波長，最大変形速度，サンプリング周波数，トレーサ粒子数密度などである．またこの手法は，誤ベクトル発生率が 5% 以内のデータに適用するのが望ましい（本例は 25/900 ≒ 2.8%）．なぜなら，誤ベクトル発生率がそれ以上の場合では，統計的手法による判定自体が不可能になるためである．

2）移動ベクトルピーク分布の評価による方法

計測領域全体で得られた速度ベクトル（あるいは移動ベクトル）の分布をプロットすると，図 5.14 のようになる．この図で，横軸は x 方向の移動画素数，縦軸は y 方向の移動画素数である．この結果は，VSJ-PIV 標準画像で扱われている衝突噴流場の例である．

この結果では，速度ベクトル (u, v) は，そのほとんどが楕円で包囲したエリアの内部に集中しており，ほかのエリアにはわずかにしか分布しない．そのわずかな分布となっているデータが，誤ベクトルや計測誤差である可能性が高い．頻度が少ないというだけで誤ベクトルであると確定はできないが，少なくとも連続体では，速度ベクトルは隣どうし，滑らかに分布して全体が連結され，離れた位置に孤立して分布するデータは不自然とみなすことができる．実際に，誤ベクトルの多くは，真の流れ場と

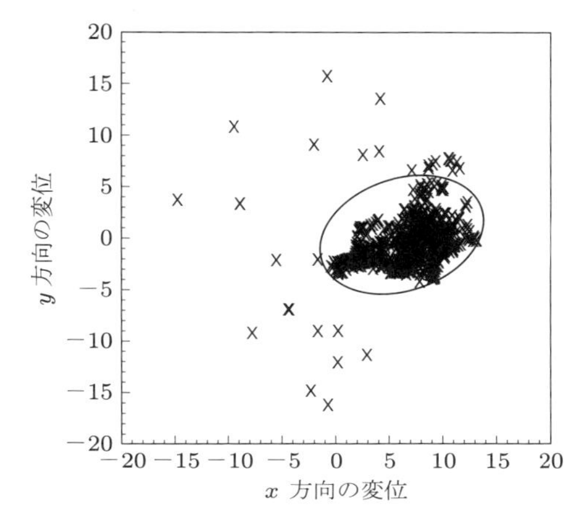

図 5.1(a)の速度ベクトルの各成分 (u, v) をそれぞれ横軸，縦軸にとり，全体の頻度をマップにしたもの．ある領域で (u, v) が集中しており，誤ベクトルはそれ以外の領域に希薄な状態で分散する．このことから，(u, v) に制限を与え，この制限する領域の外に分布するものを誤ベクトルと判断して除去できる．

図 5.14 相関ピーク分布の評価による速度ベクトルの制限

は無関係な速度ベクトルを示す．仮に誤ベクトルではないものも部分的に除去してしまったとしても，後で誤ベクトルが大きな誤差を伝播することを考慮すると，安全側に考えて，これらのデータをすべて除去したほうがよいといえる．

このように相関ピークの分布による評価法では，結果的に得られた速度ベクトル分布が系全体の統計値から外れていないかを判断する．Kompenhans ら[13, 14]は，この手法を全体ヒストグラム処理（global histogram operator）と名付けている．この手法の欠点は，つぎの 2 点である．一つは，等方性乱流など幅広い速度ベクトルエリアをもつ場合に判断が難しくなること，もう一つは，速度ベクトルの頻度の高い部分のエリアに誤ベクトルが潜んでいても，それがまったく除去されないことである．

3）第 2 ピーク速度ベクトルへの置換

画像相関法やそれに類する PIV では，誤ベクトルと判定されたときのために，あらかじめ候補として記憶しておいた第 2 番目に大きい相関係数（第 2 ピーク）をもつ速度ベクトルに，置き換える方法がある．この第 2 ピーク速度ベクトルが，周囲との比較において妥当であれば，そのまま採用する（4.2.7 項(9)参照）．この手法は，PIV 解析アルゴリズムと後処理を一体化したものであり，誤ベクトルと判定されたデータに対して，いわば PIV 解析のやり直しをさせることに相当する．ただし，実際にやり直し演算に入るのではなくて，PIV 解析時に相関係数の大きいものから順番に 2〜3 個の速度ベクトルデータを記録しておくだけである．そのため，後処理の時点で，速度ベクトルの入れ替えを実施するだけで済む．このような操作により，誤ベクトル判定によるデータの欠落が起こらなくなり，しかも誤ベクトルが正しいベクトルに置換される点で，ほかの方法より優れている．なお，相関係数の第 1 ピークと第 2 ピークの比をみれば，置換の必要性の有無はあらかじめおおむね判断できる[15]．

図 5.15 は，VSJ-PIV 標準画像を用いた試験例を示す．図(a)のように画像相関のピークが明瞭な場合では，誤ベクトルはまれにしか発生しないが，それでも計測領域の境界部分で発生していた誤ベクトルが，第 2 ピークの採用で正しいベクトルに置換されていることがわかる．実際の適用では，物体の表面や水面などトレーサ粒子以外の像が入り込むようなケースで，相互相関が誤った第 1 ピークを示す場合があり，本手法が利用できる．つづいて図 5.16 は，相関係数が多数のピークをもち，第 1 ピークによる速度ベクトルに誤ベクトルが多発している極端な場合の例である．第 2 ピークの採用により，誤ベクトルの割合は 20% から 5% 程度に低下した．この後に，誤ベクトル除去判定を行えば，データ欠落を最小限にして後処理を適用できる．

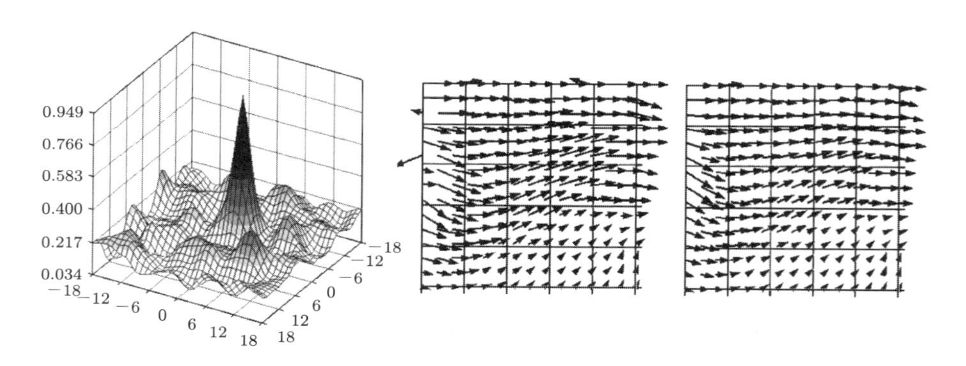

（a）探査領域内の相関係数　（b）第 1 ピーク結果　（c）第 2 ピーク置換

図 5.15 第 2 ピーク速度ベクトルへの置換（相関ピークの唯一性が高い場合）

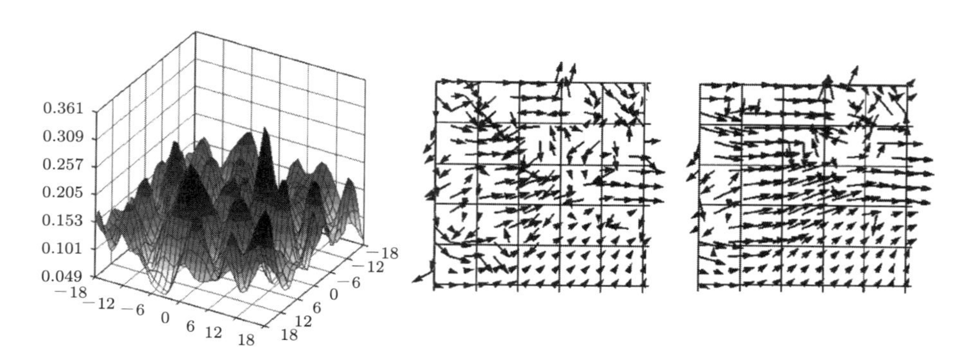

（a）探査領域内の相関係数　（b）第 1 ピーク結果　（c）第 2 ピーク置換

図 5.16 第 2 ピーク速度ベクトルへの置換（相関ピークの唯一性が低い場合）

4）クロスチェックによる誤ベクトルの検出

PIV や PTV の解析アルゴリズムは，それぞれ固有の誤ベクトル発生パターンをもつ．したがって，意図的に異なるタイプのアルゴリズムを用いて，両者の結果を比べれば，互いに同じベクトルをもつ部分は正しいベクトル，互いに異なるベクトルをもつ部分は誤ベクトルと判定できる．原理的には，画像相関法と時空間微分法によるクロスチェック，4 時刻粒子追跡法と二値化相関法によるクロスチェックなどが利用できる．ただし，対象画像が二つの PIV アルゴリズムを共通して適用できるような条件に限られること，また解析のための時間を二つ分必要とするため，計算負荷が増大するという問題点がある．

(2) 応用解析に基づく誤ベクトルの除去手法

原理的に，誤ベクトルの除去に対して流体力学の諸法則を導入することも可能である．データのばらつきや連続性からデータの信頼性を判断するだけでなく，流動現象を支配している基礎方程式群，たとえば「連続の式」,「運動量保存式」，あるいは「エネルギー保存式」を利用するというものである．多くの場合，誤ベクトルはこれらの法則に反した誤差をもつためである．このような応用解析的な手法のメリットは，速度ベクトルそれ自体だけでなく，流体の基礎方程式に対する誤差を評価できるので，見た目の判断よりも厳密に誤ベクトルを検知できることである．すなわち，統計的には異常でなくても，連続の式などの基礎方程式をまったく満足していない「異常なベクトル」が隠れているのを発見できる．このような隠れた誤ベクトルが検出できれば，流線や渦度を評価する際にも誤差の増幅が抑えられる．

一方，流体法則を用いる誤ベクトル除去方法には現状においてさまざまな欠点がある．一つは，どの流体法則を用いるかなどの選択肢の問題，もう一つは次元の問題である．たとえば，前者では粘性，圧縮性，層流，乱流，混相流などで正確に使い分けなければならない．後者では，実際の 3 次元流れに対して成立する諸方程式を，通常の PIV で取得される 2 次元速度ベクトル分布においてどこまで利用できるかについて注意を払う必要がある．以下に，数例の方法を紹介する．

1）連続の式に基づく誤ベクトルの検出（PIV データの場合）

PIV において完全な非圧縮性 2 次元流れを計測した場合，つぎの連続の式を満足するはずである．

$$\frac{\partial u}{\partial x} + \frac{\partial v}{\partial y} = 0 \tag{5.3}$$

ここで，速度ベクトルが格子点状に配置し，その成分が $u_{i,j}$，$v_{i,j}$ の配列で扱われる

とすると，微分値を2次中心差分することにより，発散値 $D_{i,j}$ は，

$$D_{i,j} = \frac{u_{i+1,j} - u_{i-1,j}}{2\delta x} + \frac{v_{i,j+1} - v_{i,j-1}}{2\delta y} \tag{5.4}$$

で与えられる．$D_{i,j}$ の絶対値がある許容値 D_c よりも大きな場合，$u_{i+1,j}$，$u_{i-1,j}$，$v_{i,j+1}$，$v_{i,j-1}$ の四つの速度ベクトル成分のいずれかが誤ベクトルによるものと推定できる．ただし，PIV の速度分解能と空間分解能の制限から，正しいベクトルであっても発散値 $D_{i,j}$ はゼロでない値を示すので，許容値 D_c はそれを考慮して決めなければならない．

2）連続の式に基づく誤ベクトルの検出（PTV データの場合）

PTV データでは速度ベクトルが個々の粒子点の位置で得られるため，式(5.4)のような差分がそのまま適用できない．このため，一つの方法として，速度ベクトルの得られた近接する3点で三角形要素を構築し，この三角形要素に対する流入・流出の流量から，連続の式の満足性を判定する方法がある．Song ら[5]は，空間的にランダムに分布する速度ベクトルデータを，有限要素法（finite element method：FEM）においてよく用いられるデローニ三角形で要素分割し，それぞれの三角形要素において3辺からの流入・流出流量がバランスしない場合に誤ベクトルと判定する手法を提案している．また，Ishikawa ら[6]は，PTV データにおける近接した数個の速度ベクトルから，最小二乗法により速度勾配テンソルの4成分を算出する方法を説明している．この速度勾配テンソルを利用して発散値を算出すれば，PTV データの中に潜む，発散値を大きくするような誤ベクトルを検知できる．

3）ラプラス方程式による誤ベクトルの検出

速度ベクトルの空間二階微分値であるラプラシアン値を用いると，空間的な異常値の検出により誤ベクトルを検出できる[16]．速度ベクトルのラプラシアン値は次式で与えられる．

$$\boldsymbol{L} = \frac{\partial^2 \boldsymbol{U}}{\partial x^2} + \frac{\partial^2 \boldsymbol{U}}{\partial y^2} \tag{5.5}$$

ここで，$\boldsymbol{L}$ はベクトル量であり，$\boldsymbol{U}$ は速度ベクトル (u, v) である．具体的にはつぎの手順で行う．

① 格子点状に速度ベクトルが配置する場合，2次中心差分などにより $\boldsymbol{L}$ の分布を求める．

② ベクトルの絶対値 $|\boldsymbol{L}_{i,j}|$ に対して許容値 L_c を設定し，$|\boldsymbol{L}| > L_c$ となる格子点があれば，その点の速度ベクトル $\boldsymbol{U}_{i,j}$ を誤ベクトルとして除去する．

③ 誤ベクトルの検出頻度が少ない場合では，いったん，PIV データより流れ場全

体の $|\boldsymbol{L}|$ の平均値を求め，それより明らかに大きな $|\boldsymbol{L}|$ の値をもつ格子点 (i,j) の速度ベクトル $\boldsymbol{U}_{i,j}$ を誤ベクトルとして除去する．

速度ベクトルのラプラシアン値は，ナビエ－ストークス方程式の粘性項に対応しており，粘性流としての速度分布の滑らかさを基準に誤ベクトルを検出するものである．

4）ニューラルネットワーク，ファジィ推論，カルマンフィルタ

誤ベクトルの検出に用いる評価パラメータは一つよりも複数のほうが多面的に判定できる．そもそも，誤ベクトルであるか否かを決めるしきい値は決して自明なものではなく，実用上はある程度の幅が設けられる．ニューラルネットワーク[17, 18]やファジィ推論[19]は，誤ベクトルであるか否かを多くの因子を用いて柔軟に判定することを可能とする．カルマンフィルタを用いれば，流体運動を粒子の運動方程式として記述した場合に，どの程度の運動の変化をもつかの上限を判定できる[20, 21]．なお，ナビエ－ストークス方程式を利用して速度データの修正や補間を行う手法については，5.2.4 項で述べる．

5.2 ベクトルの補間

PIV および PTV によって計測された速度ベクトルは離散的であり，全体あるいは局所の速度ベクトル分布は，これらの離散的速度ベクトル分布からの補間（vector interpolation）によって求められる．また，補間は誤ベクトル除去によって失われた点の情報を推定するためにも利用される．このとき，線形補間などの初歩的手法では性能が不十分なことが多い．そのため，本節で説明するようなより高度な補間手法が求められるが，それが最終的なデータの品質に影響を与えることに注意する必要がある．これは PIV および PTV における以下の要求による．

① PIV および PTV において，補間をしなくてもよいほど完全なデータが得られていることは非常に少ない．照明やトレーサ粒子分布，ならびにベクトルの除去により，データの欠落は少なからず起こる．

② 渦度や流れ関数などの微積分量を正確に求めたいという要求がある．それゆえ，微積分に耐えるような高精度の補間が必要である．

③ PIV および PTV で得られる結果が実測値であるのに対して，その補間結果は推定値を含むものになる．計測ツールの精度を生かすためには，より正確な補間が必要である．

5.2.1 補間の方法

速度ベクトルを補間する方法は，以下の三つに分けられる．

① 内挿補間（PIV 用）
② 格子点補間（PTV 用）
③ 流体力学的補間

①は，画像相関法などにおいて 1 格子分の速度ベクトルが欠落したり，誤ベクトル除去処理において 1 格子分のデータがなくなったりした場合に適用する．②は，PTV において個々のトレーサ粒子の位置でもつ速度ベクトルを格子配列上に再配置する場合に利用する．③は，可視化の制約などでデータが一定の範囲で欠落した場合に，流体法則を導入してその領域の速度分布を推定するときに利用する．実際の補間操作は，①，②，③のうち複数の目的を兼ねているものが多く，必ずしも明確な役割の分担はない．しかし，最後に見た目できれいな補間データが出ればよしというものでもない．補間の役割を理解したうえで使用する必要がある．

5.2.2　内挿補間（PIV 用）

PIV では通常，格子点状に速度ベクトルが計測される．格子点のうち，一つの速度ベクトルが何らかの理由により欠如した場合，周囲の格子点の速度ベクトルを用いた内挿補間を適用する．以下に，よく利用される補間方法を説明する．

(1) 多項式によるラグランジュ補間

1) 線形補間

正方格子状に配列するデータのうち，ある格子点 (i, j) の流速ベクトル $\boldsymbol{U}_{i,j}$ がデータをもたなかった場合，周囲の 4 点の速度ベクトルを用いれば，次式で $\boldsymbol{U}_{i,j}$ が補間される（図 5.17 参照）．

$$\boldsymbol{U}^*_{i,j} = \frac{1}{4}\left(\boldsymbol{U}_{i+1,j} + \boldsymbol{U}_{i-1,j} + \boldsymbol{U}_{i,j+1} + \boldsymbol{U}_{i,j-1}\right) \tag{5.6}$$

$\boldsymbol{U}_{i,j}$ のまわりの周囲 8 点の速度ベクトルを用い，斜め方向に対する重み係数 w を考慮することで，次式による補間ができる．

$$\begin{aligned}\boldsymbol{U}^*_{i,j} = &\frac{\boldsymbol{U}_{i+1,j} + \boldsymbol{U}_{i-1,j} + \boldsymbol{U}_{i,j+1} + \boldsymbol{U}_{i,j-1}}{4(1+w)} \\ &+ w \cdot \frac{\boldsymbol{U}_{i+1,j+1} + \boldsymbol{U}_{i+1,j-1} + \boldsymbol{U}_{i-1,j+1} + \boldsymbol{U}_{i-1,j-1}}{4(1+w)}\end{aligned} \tag{5.7}$$

ここで，斜め方向の格子点は上下左右方向より遠いので（正方形格子の場合 $\sqrt{2}$ 倍），重み係数 w を距離の逆数に比例するとすれば $w = 1/\sqrt{2}$ となる．距離の二乗の逆数に比例するとすると考える場合は $w = 1/2$ を与える．

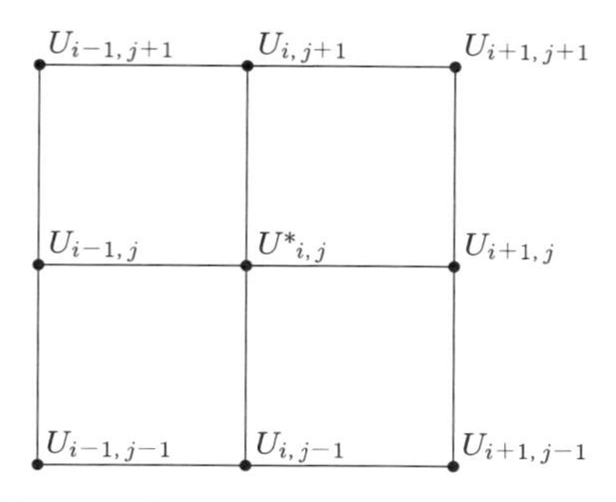

図 5.17 直列 3 点の格子点による線形補間

2) 3 次精度補間

図 5.18 に示すように，流速成分 U について，$\boldsymbol{U}_{i,j}$ から二つ遠くの格子まで範囲を拡大して補間を考える．格子点 (i,j) 上を通る直線上の速度ベクトルは，$U_{i,j}$ 以外の 4 点の速度ベクトルを用いれば，次式による 3 次精度補間（cubic spline）を行うことができる．

$$U^*(x) = ax^3 + bx^2 + cx + d \tag{5.8}$$

x は，着目する方向の座標を格子間隔で除した無次元座標で，着目格子点 (i,j) 上を $x=0$ とする．境界条件として前後の速度ベクトルデータを代入すれば，i 方向に対する 3 次関数補間結果は次式で与えられる．

$$U^*_{i,j} = \frac{4\,(U_{i-1,j} + U_{i+1,j}) - (U_{i-2,j} + U_{i+2,j})}{6} \tag{5.9}$$

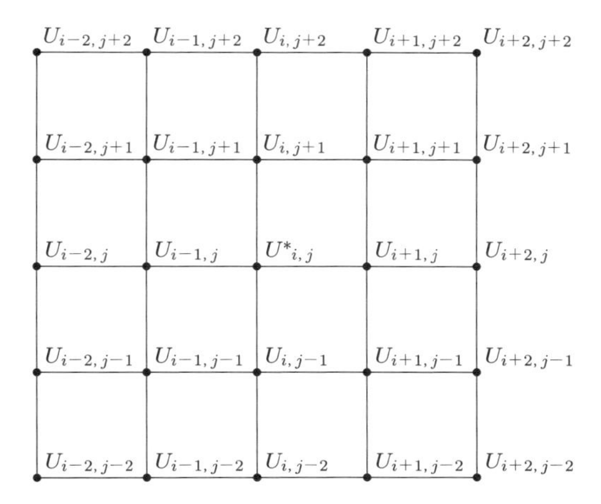

図 5.18 直列 5 点の格子点による高次精度補間

j 方向の3次関数補間結果を組み合わせ，それらの平均値をとれば，次式が得られる．

$$U^*_{i,j} = \frac{U_{i-1,j} + U_{i+1,j} + U_{i,j-1} + U_{i,j+1}}{3} - \frac{U_{i-2,j} + U_{i+2,j} + U_{i,j-2} + U_{i,j+2}}{12} \quad (5.10)$$

(2) 多項式による最小二乗法を用いた補間

PIVでは実測値に誤差が含まれることから，高次多項式による補間が必ずしも好結果を導くとは限らない．なぜなら，計測誤差がかえって増幅する恐れがあるためである．最小二乗法による補間は，個々の速度ベクトルにランダム誤差が含まれていても誤差が増幅しにくい手法である．速度成分 $U(x, y)$ について最小二乗法に用いる多項式には，以下が挙げられる．

$$U(x, y) = ax + by + c \quad (5.11)$$

$$U(x, y) = ax^2 + by^2 + cxy + dx + ey + f \quad (5.12)$$

$$U(x, y) = ax^3 + by^3 + cx^2y + dxy^2 + ex^2 + fy^2 + gxy + hx + py + q \quad (5.13)$$

ここで，x は格子幅で無次元化された座標で，格子点 (i, j) において $x = 0$ とする．未定係数 a, b, c, $\ldots$ は，その数よりも多い周囲の速度ベクトルデータを参照することによって決定される．式(5.11)～(5.13)の場合，着目する格子点 (i, j) 上の，すなわち $x = 0$，$y = 0$ の点での値さえ求められれば十分であるから，各式の右辺最終項の未定係数だけを決定すればよい．最小二乗法による具体的な誘導方法は以下のとおりである．

① 多項式を選定する．このとき未定係数の数を N とする．

② 多項式中の未定係数の数よりも多い n 個（$n > N$）の周囲の参照速度ベクトルを選ぶ．

③ 次式で定義される二乗誤差 g に対して，未定係数による偏微分式（$\partial g/\partial a$, $\partial g/\partial b$, $\partial g/\partial c$, $\ldots$）を導く．ここで，U_i は実測された速度ベクトル，$U(x, y)$ には選定した多項式が入る．

$$g = \sum_{i=1}^{n} \{U(x, y) - U_i\}^2 \quad (5.14)$$

④ すべての未定係数に対する偏微分値がゼロとなるような未定係数を算出する．これにより g は最小値になる．未定係数が n 個の場合，それらは n 元1次連立方程式を解くことによって得られる．

以上の方法で得られる結果を以下に示す.

1) 1 次多項式(式(5.11)の場合)

着目格子点上の速度ベクトルの値は,そのまわりのすべての参照速度ベクトルの平均値として与えられる.左右 4 点の平均値,周囲 8 点の平均値,十字に並ぶ 8 点の平均値などが用いられる.

2) 2 次多項式(式(5.12)の場合)

参照速度ベクトルのとり方によって異なるが,着目格子点の上下左右に 2 点ずつ,合計 8 点を用いる場合,次式が得られる.式(5.15)は結果的に式(5.10)と同じになる.

$$U^*_{i,j} = \frac{U_{i-1,j} + U_{i+1,j} + U_{i,j-1} + U_{i,j+1}}{3} - \frac{U_{i-2,j} + U_{i+2,j} + U_{i,j-2} + U_{i,j+2}}{12} \tag{5.15}$$

3) デモンストレーション

図 5.19 に上述の方法のうち三つに対する 1 次元的な補間例を示す.■の印が着目する格子点の周囲に得られた PIV データである.U^* の補間結果(●印)は,それぞれの手法の間で差が発生する.U^* の真値(true value)はわからないので,どの手法がもっとも誤差が小さいかは特定できない.しかし,補間特性の違いは,あとで統計量や渦度などの微分量を推定するうえで問題となってくる.以下に重要なポイントをまとめておく.

① 1 次元の線形補間の場合では,補間された領域の速度勾配は一定になる.2 次元の線形補間の場合でも,渦度などの速度勾配テンソルは,補間領域で一定値に近い値をとる.

② 線形補間の場合では,隣接する二つの格子点における速度の間の値が必ず得られる.これに対し,高次多項式を用いた補間では,周囲の速度の最大値・最小値の範囲を超える場合がある.流れの最短波長を表現していないようなデータ密度の場合では,高次多項式による補間がかえって大きな誤差をもたらすこと

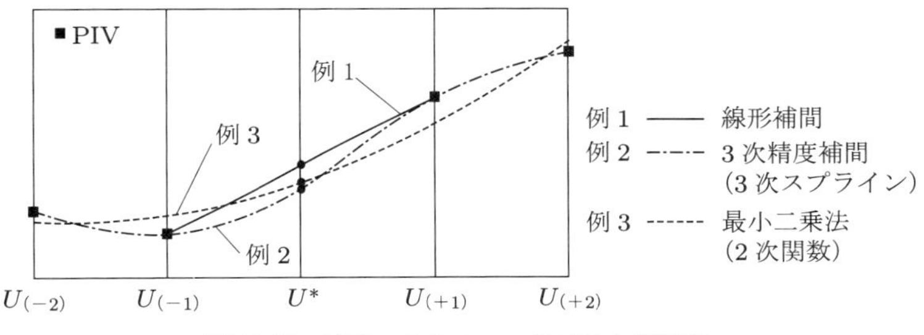

図 5.19 速度ベクトルの 1 次元的な補間例

がある．これはエイリアシング（aliasing）とよばれ，補間に伴うノイズの発生としてよく知られている．

③ 最小二乗法を用いた補間は，与える関数自体が近似式であり，周囲の速度ベクトルはそれを完全に満たさない（二乗誤差がゼロでない）．また，用いる格子点数が多いほど，この格子空間で平均化された分布をもたらす．この改善のためには，二乗誤差を定義する際に，式(5.14)に重み係数 w_i（着目格子点からの距離の関数）を加える方法がある．

5.2.3　格子点補間（PTV 用）

PTV では個々のトレーサ粒子位置で速度ベクトルが得られる．したがって，のちに渦度や流れ関数など，格子点上で計算される物理量を算出するには，格子点への補間（grid point interpolation）を行う必要がある．この補間にあたっては，採用する格子幅によっていくつかの考え方がある．たとえば，図 5.20 (a)に例示するように，速度ベクトルのデータ密度が少ないにもかかわらず細かい格子に補間しようとするときは，データのない領域を推定するための補間になる．図(b)に示すように，一つの格子に多くの速度ベクトルがある場合では，統計によって格子点上に再配置するという操作になる．格子幅とデータ間隔がほぼ等しい場合では，それら二つの中間的な操作となる．

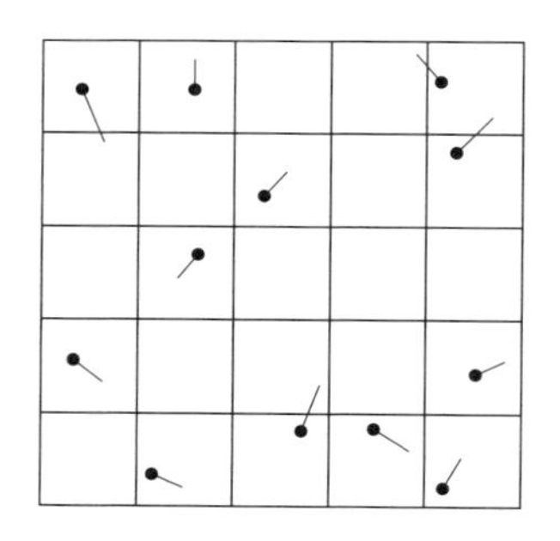

（a）格子間隔に対して疎な場合

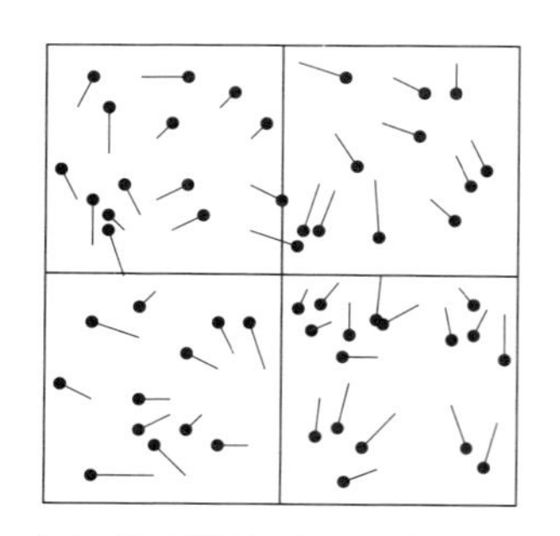
（b）格子間隔に対して密な場合

図 5.20　格子点補間における格子幅とデータ密度の関係

いま，領域面積 A の中に，N 個のトレーサ粒子が完全に一様に分布するとき，平均粒子間距離 L [pixel] は，

$$L = 2\sqrt{\frac{A}{\pi N}} \tag{5.16}$$

で与えられる（第 4 章参照）．式(5.16)は，1 個の粒子が担う面積 A/N の円相当直径

を意味する．L より大きな格子幅を利用する格子点補間では，統計的原理に基づく再配置法を適用することになる．L より小さな格子幅で格子点補間をする場合は，データ欠落領域を埋めるような推定的な補間になる．

参考までに，一様分布とランダム分布の違いについて説明する．よほど粒子の配置状態を意図的に制御しないかぎり，基本的に，トレーサ粒子はランダムな分布をもっている．したがって，PTV データは少なからず密な領域と粗な領域をもつ．この粗密の程度を評価する方法に，動径分布関数（radial distribution function）がある．このうち最接近する二つの粒子の距離だけを平均した次式は，ランダム分布からの偏差を表す指標となる．

$$\eta = \frac{1}{NL}\sum_{i=1}^{N} \min\left[\sqrt{(x_i - x_j)^2 + (y_i - y_j)^2}\right]_j \tag{5.17}$$

ここで，L は式(5.16)で定義された，完全に一様な分布のときの粒子間距離である．関数 min は，着目粒子 i に対して i 以外のほかの粒子 j までの距離のうちの最小値を求める操作を表す．すなわち，η は一様分布時の平均最接近粒子間距離と，対象とする粒子分布のそれの比である．η は，粒子分布が完全に一様なとき $\eta = 1$，ある一点にすべて粒子が集中しているとき $\eta = 0$ となる[22]．ランダムに分布するときは，コンピュータシミュレーションによる統計から，$\eta = 0.5$ が得られている．もし，粒子分布の重心座標からこの一様率を計算してみて $\eta > 0.5$ であれば，粒子は比較的均一に分布しているといえる．$\eta < 0.5$ の場合では，粗密が目立つ状態といえる．

(1) 統計的補間

1) 距離の逆数補間

図 5.21 のように，着目する格子点 (i, j) のまわりにいくつかの PTV データがあったとする（このとき格子幅に比べて式(5.16)による L が小さい）．格子点と PTV データ点の距離を r とし，r が小さいものから順に，$r_1, r_2, r_3, \ldots$ とする．このとき，距離 r を変数とする重み関数 $w(r)$ を用いれば，格子点 (i, j) における流速は，

$$\boldsymbol{U}_{i,j} = \frac{\sum_{i=1}^{n} w(r_i)\,\boldsymbol{U}_i}{\sum_{i=1}^{n} w(r_i)} \tag{5.18}$$

で補間される．n は，補間のために考慮する最大の PTV データ数である．この定義式に従う諸量の幾何学的補間は，シェパード補間（Shepard interpolation）と称され

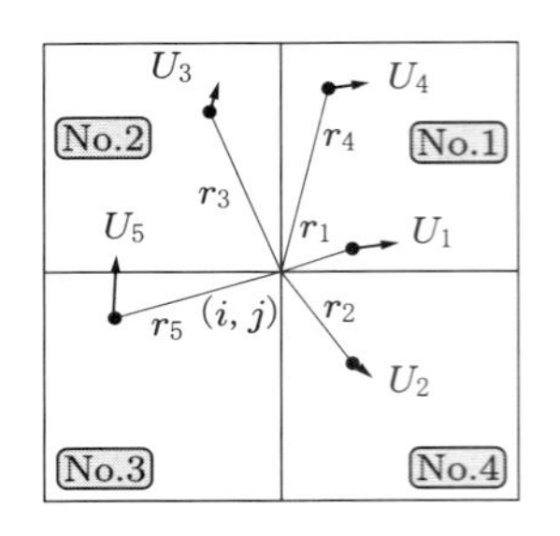

（a）着目格子点まわりのPTVデータ

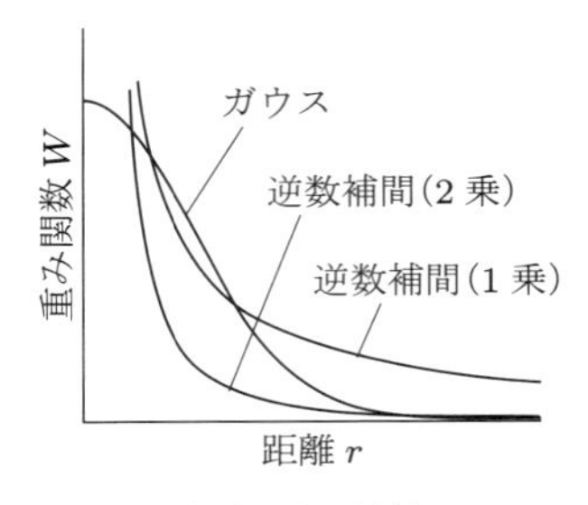

（b）重み係数

図 5.21　PTVにおける速度ベクトル配置例と重み関数

る．重み関数 $w(r)$ が，$w(r) = 1/r$ のときは距離の1乗の逆数補間（IDR-1. inverse distance rearrangement. 図5.20 (b)参照），$w(r) = 1/r^2$ のときは距離の2乗の逆数補間（IDR-2）とよぶ．いずれも $r \to \infty$ で $w \to 0$ となるが，領域全体で空間積分すると前者は無限に発散し，後者は有限値に収束する．したがって，後者のほうがコンパクトな補間を実現するものとして広く使われている．$r = 0$ の点（すなわち格子点上）にPTVデータ（$\boldsymbol{U}_1$）がある場合では，いずれの場合でも $\boldsymbol{U}_{i,j} = \boldsymbol{U}_1$ となり，ほかのデータの寄与はなくなる．実際に考慮するデータ数 n は，格子点 (i, j) に近いものから数個（3〜10個）に制限してもよい．距離の二乗の逆数補間では，遠方ほどそのデータの補間値に対する寄与は急激に小さくなるため，範囲を狭く制限してよい．

2）ガウシアンフィルタによる補間

式(5.18)の重み関数 $w(r)$ をガウス分布とすることで，ガウシアンフィルタによる空間平均化で補間できる．ガウス分布は次式で与えられる．

$$w(r) = \exp\left\{-\left(\frac{r}{\sigma}\right)^2\right\} \tag{5.19}$$

ここで，標準偏差 σ は，

$$\sigma = 1.24\sqrt{\frac{A}{N}} \tag{5.20}$$

で与えるのがよいという調査結果がある[23]．A は領域全体の面積，N は全体のPTVデータ数である．ガウシアンフィルタの場合では，距離の逆数補間とは異なり，$r = 0$ において $w = 1$ の値をもつ．したがって，格子点 (i, j) 上に速度ベクトルデータ $\boldsymbol{U}_1$ があった場合でも，$\boldsymbol{U}_{i,j} = \boldsymbol{U}_1$ とはならず，周囲のほかのデータの影響を受ける．つまり，ガウシアンフィルタによる補間は，平均化フィルタに属し，元のPTVデータそれ自体の修正も含まれる．重み関数 $w(r)$ をほかの関数で与えることも可能である

が，PTV データを修正するかしないかについて，すなわち w $(r=0)$ が有限か否かで，処理結果が異なることに留意されたい．

3）最小二乗法による線形補間

一つの格子点の近傍に複数の PTV データがある場合は，つぎのような最小二乗法による格子点補間が可能である．図 5.21 に示したように，位置ベクトル $\boldsymbol{r}_i=(x_i,y_i)$ $(i=1,2,\ldots,n)$ の点で速度ベクトル $\boldsymbol{U}_i=(U_i,V_i)$ $(i=1,2,\ldots,n)$ が与えられているとする．このとき，着目格子点 (i,j) まわりの速度ベクトル成分 $U(x,y)$ をつぎのような 1 次関数で近似する．

$$U(x,y)=ax+by+c \tag{5.21}$$

ここで，a，b，c は未定係数で，このうち $x=y=0$ における流速は c に対応する．式(5.21)と PTV データの二乗誤差の累積値が最小となる条件を満たすような，着目する格子点上の速度成分 $U_{i,j}$ は，次式で与えられる．

$$U_{i,j}=\frac{(BE-CD)F_1+(BC-AE)F_2+(AD-B^2)F_3}{(AD-B^2)n+2BCE-(AE^2+C^2D)} \tag{5.22}$$

$$\left.\begin{array}{lll} A=\Sigma x_i^2, & B=\Sigma x_i y_i, & C=\Sigma x_i, \\ D=\Sigma y_i^2, & E=\Sigma y_i, & \\ F_1=\Sigma U_i x_i, & F_2=\Sigma U_i y_i, & F_3=\Sigma U_i. \end{array}\right\} \tag{5.23}$$

PTV データがちょうど格子点上に存在していても，周囲の速度ベクトルを参照して (u_0,v_0) が決定される．すなわち，PTV データが周囲の統計値により修正されるタイプの手法である．この手法の提案者は，格子点まわりの参照速度ベクトル数が 4〜30 個の範囲で性能を調べている[24]．その結果によれば，図 5.21 に示したように，No.1〜4 の 4 象限のうち，一つの象限に最低でも一つの速度ベクトルデータがあるのが望ましいとしている．

(2) 推定的補間

格子幅に比べて PTV データの平均間隔 L が長い場合には，距離の逆数補間やガウシアンフィルタによる補間がよい近似ではなくなる．そのような条件でも，まばらに分布する PTV データから，連続的な速度ベクトル場を大雑把に推定する方法が提案されている．

1）ラプラス方程式再配置法

この方法は，補間のための基本式を，上述のシェパード補間ではなく，ラプラス方程式に置き換えて，場全体としての補間を実現する方法である（ラプラス方程式再配置法[25]）．ラプラス方程式は，多次元の線形補間（linear interpolation）を実現する基礎式であり，1 次元においては 2 点の PTV データを線形補間することと等価である．7.4.3 項(2)で説明する 2 次元以上の空間に対する双線形補間（bi-linear interpolation）とは異なり，ラプラス方程式再配置法の参照データ点数は，補間点の周囲のみだけでなく取得されている PTV データすべてである．処理手順は以下のとおりである．

① 個々の PTV データをもっとも近接する格子点に平行移動して，その格子点の速度ベクトルを与える．この時点では，速度ベクトルをもたない格子点が多くある．

② つぎのラプラス方程式（ここでは 2 次元の場合）

$$\frac{\partial^2 \boldsymbol{U}}{\partial x^2} + \frac{\partial^2 \boldsymbol{U}}{\partial y^2} = 0 \tag{5.24}$$

を満たすよう，未知となっている速度ベクトルを求める．具体的には，式(5.24)を 2 次精度中心差分し，$\boldsymbol{U}_{i,j}$ を求める形式に変形した

$$\boldsymbol{U}_{i,j} = \frac{1}{2}\left(\frac{1}{\delta x^2} + \frac{1}{\delta y^2}\right)^{-1}\left(\frac{\boldsymbol{U}_{i+1,j} + \boldsymbol{U}_{i-1,j}}{\delta x^2} + \frac{\boldsymbol{U}_{i,j+1} + \boldsymbol{U}_{i,j-1}}{\delta y^2}\right) \tag{5.25}$$

を用いる．既知の速度ベクトルは固定し，未知の速度ベクトルのみ反復計算を実行すれば，最終的に一つの収束解が得られる．つまり，PTV データは，ラプラス方程式に対する離散的な境界条件として扱われる．ラプラス方程式再配置法の特徴は，重み関数を使用せず，PTV データの幾何学的な配置パターンに関係しないことである．また，処理の過程で使用者が任意に調整できるような中間変数が存在しないため，そのことが結果に普遍性を与えることも特徴である．つまり，推定的補間には属するが，その結果は数学的必然性を備えたものであり，結果に客観性が付与される．なお，この手法を発展させた手法については 5.3.1 項の末尾に述べる．

2）そのほかの推定的補間

格子点補間に，現代数学や数値制御論のテクニックを導入した手法も提案されている．ここでは羅列に留めるが，ファジィ推論，ニューラルネットワーク，カルマンフィルタ，遺伝的アルゴリズムなどの利用が挙げられる．最小二乗近似に基づく補間については，チェビシェフ多項式近似や多次元のフーリエ級数展開が使われる．最近

では，固有直交分解（proper orthogonal decomposition：POD）も広く用いられるようになってきた[26]．これらの直交関数展開は，時空間変動する流れ場のデータ解析を主目的としているが[27]，流れ場の中の主要な変動モードだけを抽出する過程で，誤ベクトルの除去と補間が自然に行われているとみなすことができる．

3）デモンストレーション

図 5.22 は，テイラー－グリーンの配列渦流れ（以下，単に渦流れという）を用いた格子点補間の試験結果である．図(a)，(b)はオリジナルの流れ場の速度ベクトルと流線，図(c)は PTV データを模擬するためにランダムな位置の速度ベクトルを 100 個だけサンプリングしたもの，図(d)はラプラス方程式再配置法による格子点補間結果の流線表示である．格子点数は 40×40 で，格子間隔に比べて PTV データの取得密度の低い条件を対象としている．図より，四つの渦が良好に復元されているのが確認できる．PTV データが密に得られている場合では，距離の二乗の逆数補間やガウシアンフィルタによる補間が十分な性能をもち（統計的手法のため），ラプラス方程式再配置法のような推定的補間は不要となる．

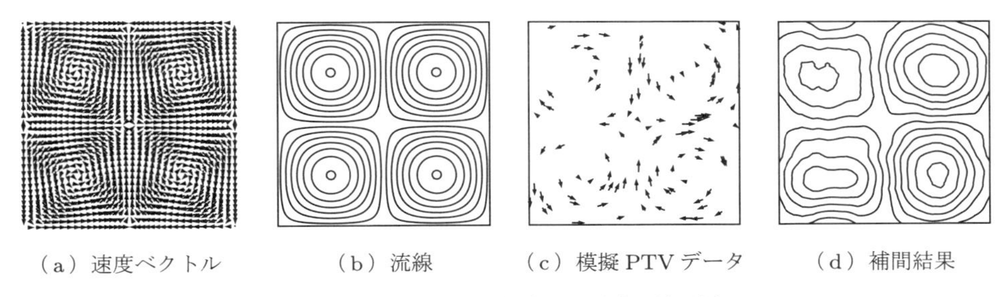

（a）速度ベクトル　（b）流線　（c）模擬 PTV データ　（d）補間結果

図 5.22　ラプラス方程式再配置法の適用例

5.2.4　流体力学的補間

幾何学的あるいは統計的なテクニックとは別に，速度ベクトルの補間のために流体の基礎方程式などの物理法則をもち込む場合を，ここでは流体力学的補間（fluid dynamics interpolation）と位置づける．導入する基礎方程式としては，連続の式（非圧縮性の場合）やナビエ－ストークス方程式が代表的である．PIV ならびに PTV の計測データに対して，数値流体力学（computational fluid dynamics：CFD）の技法を融合させた後処理については，最終結果が純粋な実験値でなくなるという点で，計測データの後処理には留まらない．計測と計算を融合（hybridization）して流れ場を評価する方法論については以前から議論があったが，最近では一つの研究分野として認知が進んでいるようである[28]．なお，3 次元流れに対して 2 次元の PIV データを適用する場合には種々の制限がある．そのため，具体的に流体力学的補間，すなわち計測と計算の融合の効果を獲得できるのは，速度3成分を計測できる3次元 PIV/PTV 計測に対する後処理（7.4節）のほうである．ここでは2次元データに対して提案されている例を紹介する．

(1) 連続の式を利用した補間

すでに5.1.3項で，誤ベクトルの検出・除去のために連続の式を参照する方法を説明した．ここでは，データ欠落領域の補間に，連続の式を用いる手法（interpolation based on equation of continuity）を紹介する．連続の式は時間発展方程式ではなく，瞬時局所で成立する方程式であるから，補間を目的とする基礎式になり得る．

1) 連続の式を離散化して最小二乗法により補間する方法

図5.23 (a)のように PTV データが配置されていて，座標 (x, y) における速度ベクトル (u, v) を補間することを考える．座標 (x, y) の周囲には，いくつかの速度ベクトルデータがあり，No.1〜No.5のように，三角形が構成される．この三角形に対して，図(a)のように，各辺を通過する体積流量の収支の条件 $Q_1 + Q_2 + Q_3 = 0$ を立てれば，

$$
\begin{aligned}
&(u_1 + u)(y_1 - y) - (v_1 + v)(x_1 - x) \\
&\quad + (u_2 + u_1)(y_2 - y_1) - (v_2 + v_1)(x_2 - x_1) \\
&\quad + (u + u_2)(y - y_2) - (v + v_2)(x - x_2) = 0 \qquad (5.26)
\end{aligned}
$$

が得られる．式(5.26)で，未知数は u と v の二つである．したがって，この三角形を二つ用いれば，2元連立1次方程式により，u，v が代数的に決定する．ただし，これだけでは十分な精度が保証されないため，式(5.26)を三つ以上の三角形要素にも適用し，最小二乗法によって (u, v) を求めるほうが実用的である．

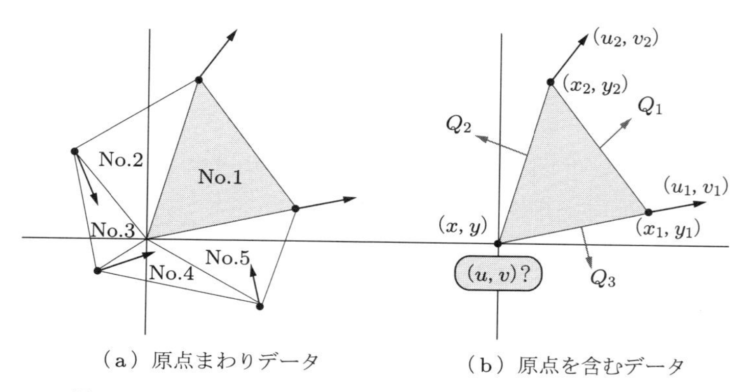

図5.23 連続の式を離散化して最小二乗法により補間する方法

連続の式をデカルト座標系でそのまま有限差分する方法もある．すなわち，図 5.23 (b)のように考え，連続の式は，着目点 (x, y) とある一つのデータ点 (x_1, y_1) の間で，近似的に，

$$\frac{u_1 - u}{x_1 - x} + \frac{v_1 - v}{y_1 - y} = 0 \tag{5.27}$$

で与えられる．式(5.27)をほかのデータ点にも適用し，最小二乗法を利用する．この手法は，座標 (x, y) とデータ点の距離が十分に小さいときはよい近似となる．

2）連続の式をポテンシャル関数に置き換えて用いる方法

非圧縮性流れに対する CFD の標準的解法では，連続の式を満足させるために，圧力のポアソン方程式を用いる．これに対して PIV では，圧力や密度を直接扱わないため，速度修正ポテンシャル ϕ に関するつぎのポアソン方程式が，連続の式を満たすための基礎式となる．

$$\nabla^2\phi = \frac{\partial^2\phi}{\partial x^2} + \frac{\partial^2\phi}{\partial y^2} = D, \qquad D = \frac{\partial u}{\partial x} + \frac{\partial v}{\partial y} \tag{5.28}$$

まず，発散 D を求めておき，式(5.28)の ϕ を反復計算などによって求める．ϕ は速度の二乗に時間を乗じた次元をもつ．ϕ を用いれば速度ベクトルの修正は次式で実行される．

$$u = u^* - \frac{\partial\phi}{\partial x}, \qquad v = v^* - \frac{\partial\phi}{\partial y} \tag{5.29}$$

これによって修正された速度ベクトル場から再度，発散値 D を計算して，同じ操作を繰り返すと，最終的には場全体で発散値 D はゼロに収束する．この方法は CFD の SMAC 法[29]としてよく知られ，PIV データの処理にも使うことができる．連続の式を満足していないデータから流線や流れ関数を計算すると，誤差累積によって非現実的な結果が導かれてしまうが，上記の方法で速度データを修正処理しておけば，誤差累積が生じなくなる．

PIV データの場合は，連続の式を満たすように速度ベクトルを修正する過程で，計測された生データは書き換えられることになる．しかし，生データが初期値として微量に修正されるだけであり，計測値としての情報の大部分は残る．なお，非圧縮性流れの CFD で知られる HSMAC（highly simplified MAC）法[30] の考え方を適用し，式(5.28)の離散化に優対角近似を適用し，次式で ϕ を簡単に計算することもできる．

$$\phi = -\frac{1}{4}\left(\frac{1}{\delta x^2} + \frac{1}{\delta y^2}\right)^{-1} D \tag{5.30}$$

PTV データの場合では，推定的補間の条件において，連続の式を満足させる処理を，離散分布する生データに手を加えることなく実現することが可能である．式(5.29)による速度修正処理を生データに適用しなければよい．ただし，その場合には，生データの近傍にある速度ベクトルデータの修正が先行し，個々の PTV データのまわりに小さなダイポール状の流れが誘発されることがある．これは，速度修正ポテンシャルの優対角性が PTV データ点近傍で保たれないためである．このことを回避するために，PTV のデータ濃度分布を考慮して連続の式を修正する方法が提案されている[31]．

3）連続の式を用いて第3速度成分の分布を求める方法

3 次元流れにおいて 2 次元の PIV 計測を実施した場合，2 次元の連続の式(5.28)の D の値はゼロにならない．このとき PIV 計測面が，壁面から平行の場合に限って，次式により，面外速度 w の分布を推定できる．

$$w(x,y,z)=\int_0^z D(x,y)\mathrm{d}z, \qquad D(x,y)=\left[\frac{\partial u}{\partial x}+\frac{\partial v}{\partial y}\right]_{\mathrm{PIV}}=-\frac{\partial w}{\partial z} \tag{5.31}$$

ただし，z は壁面からの距離で，誤差の蓄積を生じるため，あまり長くはとれない．たとえば，狭い平行平板間に形成される対流や乱れの空間構造の計測に対して，この方法の適用例がある[32]．このほか，旋回を伴う流れに対してその回転中心から少し計測面をずらした PIV 計測により，軸対称流れの連続の式を使って，旋回の構造を推定する例も発表されている[33]．

(2) 運動方程式を用いた補間

補間の基礎式として，オイラーの運動方程式や，ナビエ－ストークス方程式，あるいは LES（large eddy simulation）や k-ε などの乱流モデル方程式を用いる例がある（interpolation based on equation of motion）．いずれも，計測によって取得された速度データと，流体方程式から予測される速度データとの間の残差を最小化する操作を通じて，データが欠落している領域の速度データの推定を行うものである．このような計測と計算の融合シミュレーション（measurement hybrid simulation）では，実験値と理論式が対等に扱われる．流体の運動方程式は，時間発展方程式であり，計測データと理論値は，時間と空間の両方の次元で同化しなければならない．これを実現する方法論をデータ同化法（data assimilation）という．たとえば，4 次元変分法（four-dimensional variation method）によりウインドファームの出力の逐次予測が成功した例がある[34]．また，圧力や速度など，流れ場の中で部分的に計測されたデータと，CFD 解析を時間発展問題の中で逐次融合しながら，流れ場を詳細解析する方法も発表されている[35]．一方，データ欠落のある PIV や PTV データから，ナビエ－ストークス方程式を用いて高解像度の非定常流れ場を復元する手法も発表された[36, 37]．これらの融合解析の共通の利点は，速度データが時々刻々と計測値に合致することが裏付けられた状態で時間発展シミュレーションがなされることで，同時に取得される圧力など別の物理量が正確に予測されることである[38]．

計測と計算との融合において，使える物理モデル方程式が多数あり，それらの方程式に対する残差が複数ある場合には，費用関数を定義して，これを最小化する方法[39]がある．次式のような残差の自乗の総和 c を指標とし，この値が最小となるようにデータの修正や補間を行う．

$$c = \sum_{i=1}^{n} \left(\alpha_1 E_1^2 + \alpha_2 E_2^2 + \alpha_3 E_3^2 + \cdots \right) \tag{5.32}$$

ここで，$E_1, E_2, E_3, \ldots$ は，登用するモデル方程式に対する残差，$\alpha_1, \alpha_2, \alpha_3, \ldots$ は重み係数である．注意しなければならないことは，方程式の間で次元が異なるため，重み係数は適用対象に依存することである．

5.3 微分積分量推定

本節では，PIV および PTV によって得られた速度ベクトル場から，渦度，せん断ひずみ速度，流線，圧力などの微分積分量の推定（estimation of integral and differential quantity）についての手法を述べる．図 5.24 は，計測値の誤差が微積分に与える影響を 1 次元データの例で示したものである．図(a)は速度の真値に対してデータがランダム誤差をもつ場合，図(b)は真値に対して偏り誤差をもつ場合である．

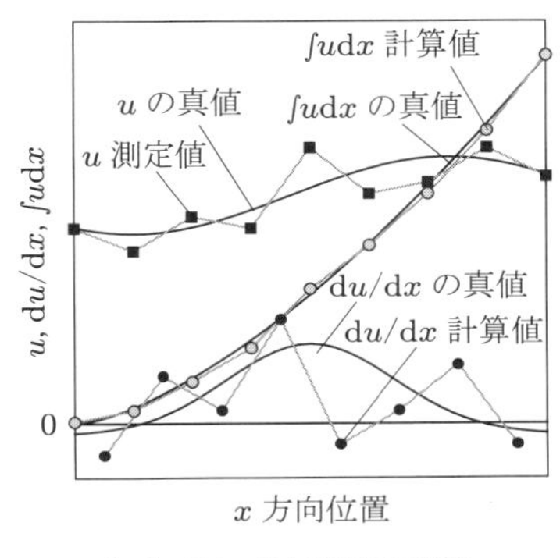

（a）ランダム誤差の影響

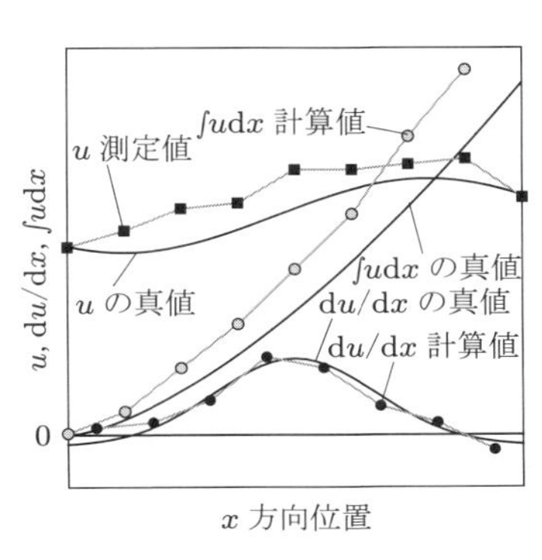

（b）偏り誤差の影響

図 5.24 速度の誤差による空間微分値と空間積分値の変化

図では，微分に2次中心差分，積分に台形公式を利用した．図のとおり，データの微分は計測誤差を増幅させ，データの積分は計測誤差の蓄積を引き起こす．また，速度ベクトルの誤差がランダム誤差を主体とするものであれば，微分値の精度が悪化，偏り誤差を主体とするものであれば，積分値の精度が悪化する（誤差の詳細については4.2.7項参照）．

5.3.1 渦度とせん断ひずみ速度の推定

渦度やせん断ひずみ速度は，速度ベクトルデータの空間微分によって得られる．3次元空間における速度勾配テンソルの成分は

$$\begin{pmatrix} \dfrac{\partial u}{\partial x} & \dfrac{\partial u}{\partial y} & \dfrac{\partial u}{\partial z} \\ \dfrac{\partial v}{\partial x} & \dfrac{\partial v}{\partial y} & \dfrac{\partial v}{\partial z} \\ \dfrac{\partial w}{\partial x} & \dfrac{\partial w}{\partial y} & \dfrac{\partial w}{\partial z} \end{pmatrix} \tag{5.33}$$

である．このうち2次元断面 (x, y) において速度ベクトル (u, v) が得られる場合，つぎの渦度 ω とせん断ひずみ速度 σ が算出可能である．

$$\omega = \frac{\partial v}{\partial x} - \frac{\partial u}{\partial y} \tag{5.34}$$

$$\sigma = \frac{\partial v}{\partial x} + \frac{\partial u}{\partial y} \tag{5.35}$$

以下では，$\partial v/\partial x$，$\partial u/\partial y$ の算出における誤差発生要因と具体的手法を，PIVデータ（すなわち格子点速度データ）から算出する場合と，PTVデータ（すなわち自由離散的速度データ）から算出する場合の二つに分けて述べる．

(1) PIVデータから算出する場合

PIVによる速度データの空間分解能は，相関領域サイズを始めとする種々の計測条件に左右され，その空間微分値の算出には，計測条件に依存した誤差が含まれる[40]．そのため，速度の空間微分量を算出するときに，極端に誤差が増幅する場合や，真値より滑らかになる場合があり，どの差分法の適用が適切かは決まらない[40]．表5.1にいくつかの差分法をまとめる．なお，添字と格子配置の関係は図5.25を参照されたい．このとき，誤差発生要因としてつぎのことに留意しなければならない．

① 検査領域の大きさによる平均化の影響——画像相関法によって得られる速度ベクトルは，用いた検査査領サイズにより空間平均化されている．そこから導

かれた渦度やせん断ひずみ速度は，いったん空間平均化された速度分布に対する値であり，ローパスフィルタが課された分布となる．たとえば，検査領域内部に存在する一つの渦は，PIV データからではもはや検知できない．

② オーバーラップ率の影響——画像相関法においては，速度ベクトルデータの

表 5.1 速度の空間微分量を与える差分式

2 次中心差分（直列）	$\dfrac{\partial v}{\partial x}=\dfrac{v_{i+1,j}-v_{i-1,j}}{2\delta x}$ $\dfrac{\partial u}{\partial y}=\dfrac{u_{i,j+1}-u_{i,j-1}}{2\delta y}$
4 次中心差分（直列）	$\dfrac{\partial v}{\partial x}=\dfrac{-v_{i+2,j}+4v_{i+1,j}-4v_{i-1,j}+v_{i-2,j}}{4\delta x}$ $\dfrac{\partial u}{\partial y}=\dfrac{-u_{i,j+2}+4u_{i,j+1}-4u_{i,j-1}+u_{i,j-2}}{4\delta y}$
2 次中心差分（斜め方向を考慮）	$\dfrac{\partial v}{\partial x}=\dfrac{v_{i+1,j+1}-v_{i-1,j+1}+2\left(v_{i+1,j}-v_{i-1,j}\right)+v_{i+1,j-1}-v_{i-1,j-1}}{8\delta x}$ $\dfrac{\partial u}{\partial y}=\dfrac{u_{i+1,j+1}-u_{i+1,j-1}+2\left(u_{i,j+1}-u_{i,j-1}\right)+u_{i-1,j+1}-u_{i-1,j-1}}{8\delta y}$
最小二乗法（十字型）	$\dfrac{\partial v}{\partial x}=\dfrac{2v_{i+2,j}+v_{i+1,j}-v_{i-1,j}-2v_{i-2,j}}{10\delta x}$ $\dfrac{\partial u}{\partial y}=\dfrac{2u_{i,j+2}+u_{i,j+1}-u_{i,j-1}-2u_{i,j-2}}{10\delta y}$
最小二乗法（8 近傍）	$\dfrac{\partial v}{\partial x}=\dfrac{2\left(v_{i+1,j+1}+v_{i+1,j-1}-v_{i-1,j+1}-v_{i-1,j-1}\right)+v_{i+1,j}-v_{i-1,j}}{10\delta x}$ $\dfrac{\partial u}{\partial y}=\dfrac{2\left(u_{i+1,j+1}+u_{i-1,j+1}-u_{i+1,j-1}-u_{i-1,j-1}\right)+u_{i,j+1}-u_{i,j-1}}{10\delta y}$

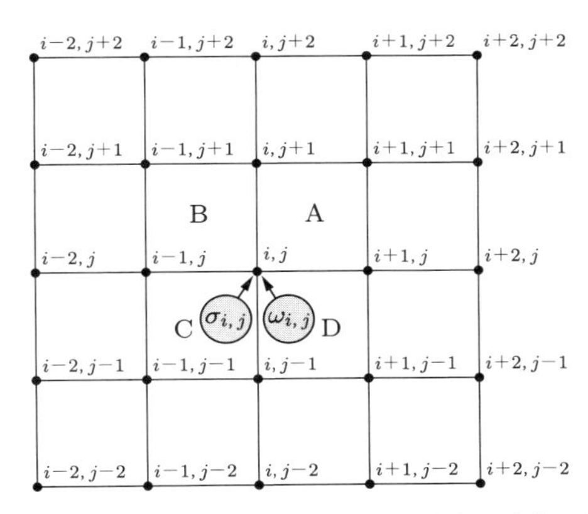

図 5.25 2 次元の場合の渦度とせん断ひずみ速度の計算に用いる格子

出力間隔に対して検査領域を大きめにとることがある．これをオーバーラップサンプリングという．このとき，速度ベクトルをデータ出力間隔で微分することによって得た渦度やせん断ひずみ速度は，ノイズを含むようになる．すなわち検査領域で平均化された速度ベクトルに対し，その平均化サイズよりも小さな間隔で微分するため，ランダム誤差が増幅することがある．

③ ピークロッキングの影響——PIV においてピークロッキング（4.2.7 項(2)参照）が発生している場合では，隣接点との速度勾配も正しく得られない．このため，渦度やせん断ひずみ速度の算出に単純な隣接点データを用いる差分では，妥当な値が得られない．

④ データ欠落領域に対する内挿補間の影響——データ欠落領域の速度ベクトルを線形補間により内挿した場合，その領域における速度ベクトルの空間微分量は複数の格子点にまたがり一定となってしまう．

1）デモンストレーション

図 5.26 は，渦度の算出における相対誤差の比較であり，流れ場は 5.2.3 項(2)のデモンストレーションで取り上げたテイラー－グリーンの渦列流れである．3 種類の帯グラフは，速度ベクトルに誤差が与えられたときの違いを意味する．速度ベクトルの誤差は，渦流れの最大速度の 0～5% をランダムな方向に重ねることで模擬した．

図(a)より，渦度のピーク点（極大点）では，2 次中心差分（直列型）がもっとも精度がよいことがわかる．これは，速度ベクトル参照数の多いほかの手法では，局所的な渦度のピークを捉えるのに，やや誤差が伴うためである．また，速度ベクトルの誤差の増大に対する渦度の相対誤差の増加割合は，2 次中心差分（直列型）と 4 次中心差分で大きいのに対し，2 次中心差分（斜め方向考慮）と最小二乗法（十字型，8 近傍）ではほとんど影響がない．図(b)は，渦度に勾配のある点での比較である．2 次中心差分（直列型）と 4 次中心差分では，速度ベクトルの誤差の増加に対して大きく影響を受けるのがわかる．以上より，最良の差分法の選択のためには，PIV データそのものの誤差がどの程度かを見積もっておくことが重要である．

(2) PTV データから算出する場合

PTV データのように離散的に速度ベクトルデータが得られる場合，まず，5.2.3 項で述べた格子点補間を行い，ついで，上述(1)の各手法により渦度やせん断ひずみ速度を算出する．しかし，渦度とせん断ひずみ速度の算出精度は，格子点補間の手法によって大きく異なる．この問題の解決のために，より高精度の微分量を算出するための処理手法も提案されている．これらを以下に述べる．

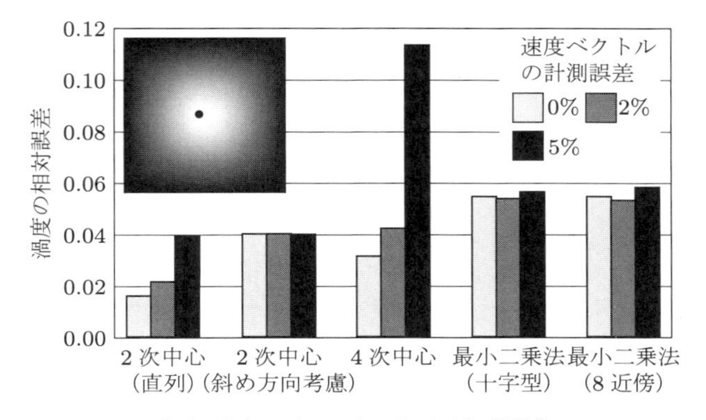

（a）渦度のピーク点における相対誤差

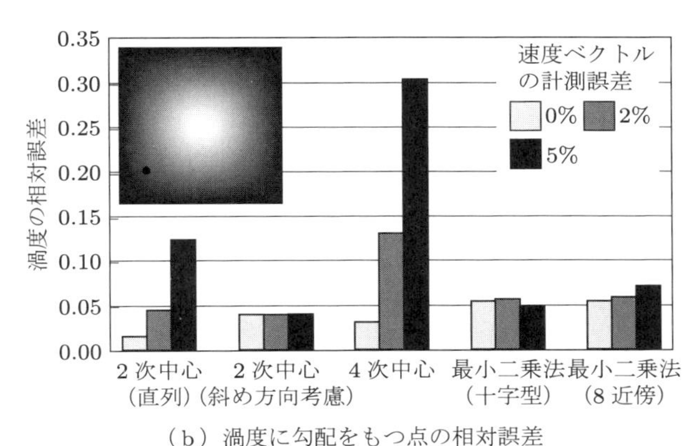

（b）渦度に勾配をもつ点の相対誤差

図 5.26 格子点速度データ（PIV）からの渦度の算出における誤差

1）格子点補間法に依存した渦度の算出精度の違い

まず，格子点補間による微分量算出精度の差違を，1 次元の例で説明する．図 5.27 (a)の真値（実線）は，ここで仮定する正解の速度分布である．簡単のため正弦関数とした．この速度分布から，ランダムな位置でサンプリングした 10 点の速度データを黒点で表す．各補間手法の特徴が明瞭となるよう，意図的にデータ数を極端に少なく設定している．

図より，ラプラス方程式再配置法が PTV データ点を直線的に補間するのに対し，距離の 2 乗の逆数補間法では，補間点から遠い位置の PTV データの影響も受け，不自然な変動が生じていることがわかる．なお，距離の 1 乗の逆数補間では，本例のような 1 次元問題で，かつ 2 点間の内挿が可能な領域に限り，ラプラス方程式再配置法とまったく等価である．ガウシアンフィルタによる補間（図中ではガウス）は，逆数

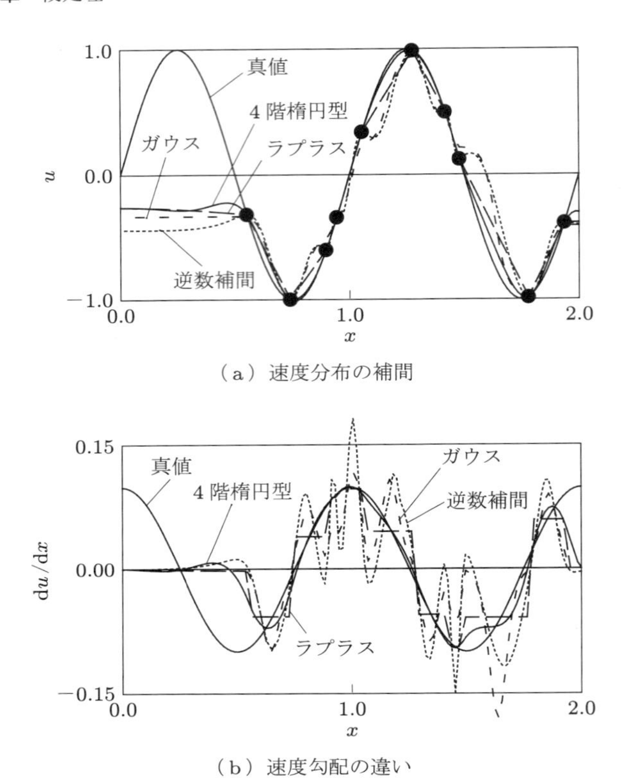

（a）速度分布の補間

（b）速度勾配の違い

図 5.27 格子点補間手法の違いによる速度勾配の結果の違い

補間に似た傾向をもち，変動がみられるが，逆数補間に比べて変動幅は小さい．ただし，補間された速度分布の曲線はデータ点を通過しない．図にある 4 階楕円型方程式再配置法は，滑らかな補間結果をもたらしているが，詳細は後述する．

つぎに，図(b)に図(a)の速度分布から速度勾配を算出した結果を示す．逆数補間では，図(a)の補間結果に見られた不自然な変動が微分されることにより，さらに誤差が増幅する．ガウシアンフィルタの場合でも同様である．ラプラス方程式再配置法の速度勾配は，PTV データ間で一定となり，全体として階段状に得られる．4 階楕円型方程式再配置法はもっとも滑らかで誤差の小さい分布を示す．

図 5.28 は，テイラー－グリーン渦列流れを試験対象として，格子点補間法の違いによる渦度の算出精度の比較をしたものである．図中で，渦度分布は絶対値が大きいほど白い．ここでは PTV データを模擬した速度データ数を 100 としている．渦一つあたりの速度データ数でいえば約 25 個である．この結果より，以下のことがわかる．

① 距離の 2 乗の逆数補間により得られた渦度分布は，真値のそれにほど遠い．

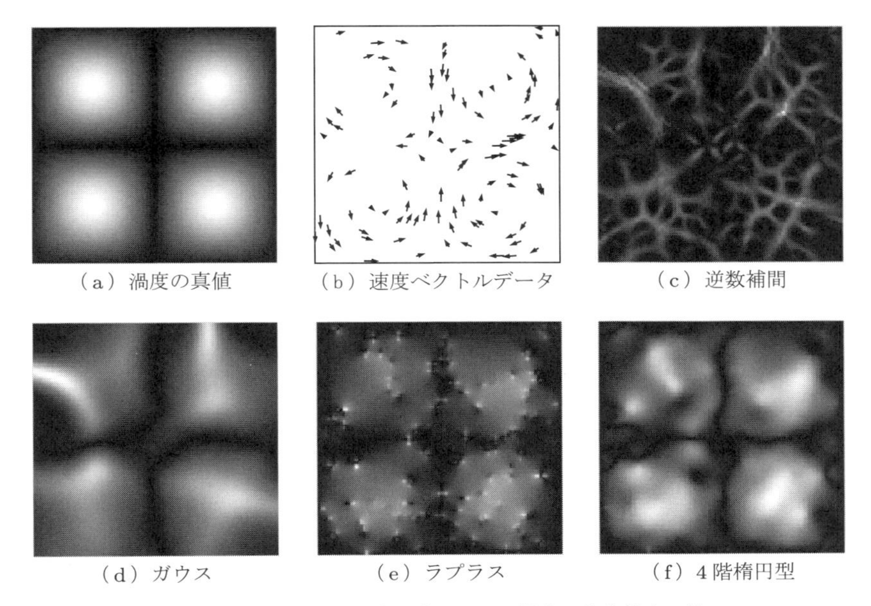

（a）渦度の真値　（b）速度ベクトルデータ　（c）逆数補間

（d）ガウス　（e）ラプラス　（f）4 階楕円型

図 5.28 格子点補間法の違いによる渦度の算出精度の差

すなわち，渦度は細かな筋状に分裂しており，まったく事実と異なる渦度分布を導く．

② ガウシアンフィルタの場合では，滑らかな渦度分布をもつが，渦の形状が真値のものと違う．

③ ラプラス方程式再配置法で得られた渦度分布は，速度データ点近傍で凹凸しており，滑らかでない．すなわち速度データ点で渦度が不連続となる．

④ 後で述べる 4 階楕円型方程式再配置法は，ますます滑らかで真値に近い渦度分布を示す．

以上の説明は，速度ベクトルデータが疎な場合であり，逆数補間やガウシアンフィルタなどの統計的補間よりも，ラプラス方程式再配置法などの推定的補間が好結果を導く．これに対し，速度ベクトルデータが十分に密な場合や，個々の速度ベクトルに無視できない誤差を含む場合では，統計的補間が精度の高い結果を導く．

2）疎なデータからのより正確な渦度の算出方法（4 階楕円型）

ガウシアンフィルタが滑らかな渦度分布を導くのは，一種の平均化操作のため必然である．しかし，その平均化によって，渦度のピークは弱い方向に偏る．一方，ラプラス方程式再配置法は，速度データを通る補間を実現するが，線形補間に基づくため，渦度は階段状となる．両者の長所を合わせもつ格子点補間法として，次式を基礎式とする処理が提案されている[25].

$$\left(\nabla^2\right)^2 u = \frac{\partial^4 u}{\partial x^4} + 2\frac{\partial^4 u}{\partial x^2 \partial y^2} + \frac{\partial^4 u}{\partial y^4} = 0 \tag{5.36}$$

$$\left(\nabla^2\right)^2 v = \frac{\partial^4 v}{\partial x^4} + 2\frac{\partial^4 v}{\partial x^2 \partial y^2} + \frac{\partial^4 v}{\partial y^4} = 0 \tag{5.37}$$

式(5.36), (5.37)を離散化すれば（図5.18参照），$u_{i,j}$, $v_{i,j}$ は以下の式で与えられる.

$$\begin{aligned} u_{i,j} = \frac{1}{16}\{&u_{i+2,j} + u_{i-2,j} + u_{i,j+2} + u_{i,j-2} + u_{i-1,j-1} + u_{i+1,j-1} \\ &+u_{i-1,j+1} + u_{i+1,j+1} - 6\left(u_{i+1,j} + u_{i-1,j} + u_{i,j+1} + u_{i,j-1}\right)\} \end{aligned} \tag{5.38}$$

$$\begin{aligned} v_{i,j} = \frac{1}{16}\{&v_{i+2,j} + v_{i-2,j} + v_{i,j+2} + v_{i,j-2} + v_{i-1,j-1} + v_{i+1,j-1} \\ &+v_{i-1,j+1} + v_{i+1,j+1} - 6\left(v_{i+1,j} + v_{i-1,j} + v_{i,j+1} + v_{i,j-1}\right)\} \end{aligned} \tag{5.39}$$

ここで，格子幅は簡単のため $\delta x = \delta y$ としている．式(5.38), (5.39)の右辺と左辺の残差が許容値以下になるまで反復計算を行い，2次中心差分によって速度勾配を算出する．なお，反復計算の過程ではPTVデータ点の速度ベクトルは変更しない．この手法は4階の楕円型微分方程式を基礎式とする再配置法で，BER（biquadratic ellipsoidal rearrangement）と名付けられ，その性能は図5.26, 5.27に示したとおりである．なお，疎なPTVデータにおいては，いきなり4階楕円型方程式再配置法を適用して補間すると数値的収束が得られない．その場合は，まずラプラス方程式再配置法を適用し，その結果を初期条件として4階楕円型方程式再配置法を応用するほうが，短波長の振動解を抑止できることが判明している[31].

5.3.2　流れ関数の推定

2次元流れの場合，速度ベクトルを空間積分して流れ関数（stream function）を算出すれば，その等高線が流線（streamline）となる．流れ関数 ψ と速度ベクトル (u, v) の関係は，2次元非圧縮性流れにおいて，以下で与えられる.

$$u = \frac{\partial \psi}{\partial y}, \qquad v = -\frac{\partial \psi}{\partial x} \tag{5.40}$$

(1) 速度ベクトル分布の空間積分による推定法

これより，流れ関数 ψ は，下式のような空間積分によって求められる.

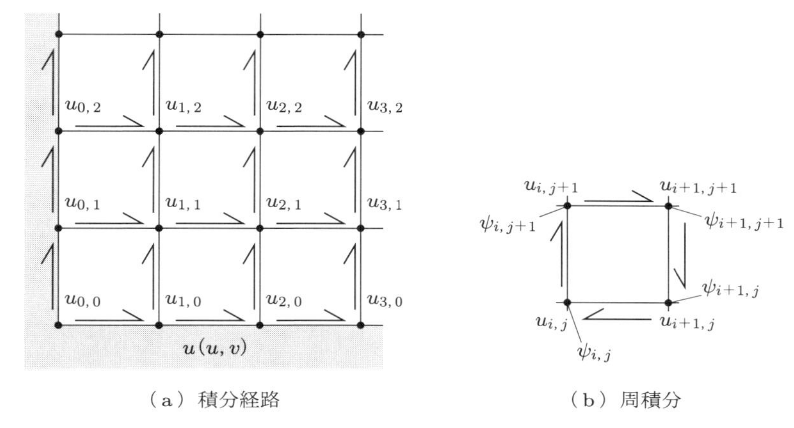

（a）積分経路　　（b）周積分

図 5.29　流れ関数の積分経路

$$\psi = \int u \, \mathrm{d}y - \int v \, \mathrm{d}x \tag{5.41}$$

図 5.29 (a)に，積分の経路の例を示す．まず，左下の点の流れ関数 ψ を決めておき，そこから右側に次式によって積分を行う．式(5.41)は右辺第 2 項の積分による．

$$\psi_{i,j} = \psi_{i-1,j} - \frac{v_{i-1,j} + v_{i,j}}{2} \delta x \tag{5.42}$$

ここでは速度 v の δx 区間内での数値積分に台形公式を用いている．

つぎに，求められた ψ を用いて，次式により y 方向に積分する．

$$\psi_{i,j} = \psi_{i,j-1} + \frac{u_{i,j-1} + u_{i,j}}{2} \delta y \tag{5.43}$$

これによって得られる流れ関数 ψ の分布は，速度ベクトルデータが 2 次元の連続の式を完全に満足している場合，どのような積分経路をとっても同じになる．しかし，そのような条件が満足されるのは，計測対象が非圧縮性単相の完全な 2 次元流れだけであり，さらに，PIV および PTV では速度ベクトル (u, v) に計測誤差を含むことから，2 次元の連続の式を完全に満足することはまれである．したがって，積分方向に誤差が蓄積するのが普通である．たとえば，図(b)のように，格子点 (i, j) から時計回りに積分経路をつくり，元の格子点 i, j まで戻る周積分を行う．このとき，出発時点と戻ったときの流れ関数の差が，積分経路内の速度発散値に比例する．

速度ベクトルの補間や修正において，連続の式を満足するように後処理された場合は，速度ベクトルの発散値の分布が至るところでゼロに近いため，積分経路によらず正確な流れ関数が得られる．一方，実用上，どうしても発散値が存在する場合では，一つの積分経路だけで計算せず，複数の異なる積分経路で計算されたものの平均値をとるとよい．これにより，誤差が一方向だけに蓄積するという現象は緩和される．また，壁面など，流れ関数が一定となる境界がある場合には，境界条件を有効利用するとよい．

(2) 渦度分布からポアソン方程式によって推定する方法

式(5.40)を用いれば，計測面 (x, y) に垂直な渦度成分は次式で表される．

$$\omega = \frac{\partial v}{\partial x} - \frac{\partial u}{\partial y} = \frac{\partial}{\partial x}\left(-\frac{\partial \psi}{\partial x}\right) - \frac{\partial}{\partial y}\left(\frac{\partial \psi}{\partial y}\right) = -\left(\frac{\partial^2 \psi}{\partial x^2} + \frac{\partial^2 \psi}{\partial y^2}\right) \tag{5.44}$$

すなわち，速度ベクトルデータから渦度を算出しておけば，流れ関数は，次式によるポアソン方程式によって推定できる[5, 40]．

$$\frac{\partial^2 \psi}{\partial x^2} + \frac{\partial^2 \psi}{\partial y^2} = -\omega, \qquad \omega = \frac{\partial v}{\partial x} - \frac{\partial u}{\partial y} \tag{5.45}$$

この方法の利点は，ポアソン方程式に対する一般の数値解法を適用できることである．前項のように速度データを直接空間積分する場合に比べて，積分経路を指定する必要がない．そのため，速度ベクトルデータが連続の式に対する誤差を含んでいても，解は一意に決まる．欠点は，渦度の計測精度が十分に高くなければならないこと，また，計測面の境界一周で，流れ関数の境界条件を正確に与えることができるような対象に限られることである．

3次元流れ場を対象に2次元のPIVデータを取得した場合は，流れ関数を経由した流線は描画できない．その場合は，仮想的なトレーサ粒子を分散させ，ラグランジュ追跡法によって速度ベクトル場を時間積分し，瞬間流線を描画する（7.4.2項参照）．

(3) デモンストレーション

図5.30にテイラー－グリーン渦列流れに対する流線の作画結果を示す．速度データ数が密の場合には，どの手法も差がないので，ここでは速度データ数が100の場合（疎な場合）を例示する．図(b)は距離の二乗の逆数補間，図(c)はガウシアンフィルタ，図(d)はラプラス方程式再配置法，図(e)は4階楕円型方程式再配置法，図(f)は図(e)の結果に速度修正ポテンシャルによる速度場の修正を行ったものである．図(b)では流線が曲折していて，渦の中心も明確でない．図(c)は流線が滑らかであるものの向きが大きく異なる部分がある．図(d)，(e)，(f)は良好な流線が得られている．図(f)では連続の式が満足されるような処理（5.2.4項参照）を加えたため，もっとも真値に近い分布が見られる．

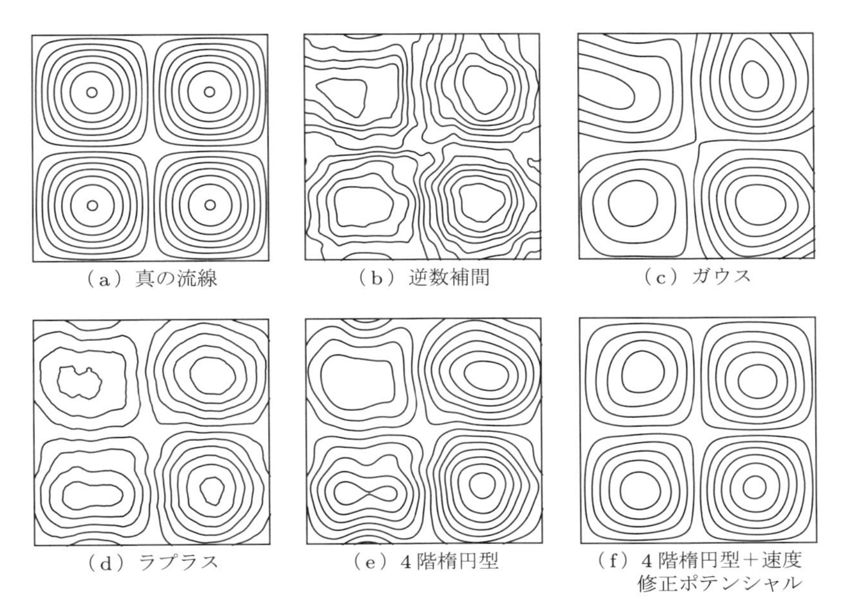
（a）真の流線　（b）逆数補間　（c）ガウス
（d）ラプラス　（e）4 階楕円型　（f）4 階楕円型＋速度修正ポテンシャル

図 5.30　格子点補間法と流線の関係について

5.3.3　加速度の推定

流体の加速度の分布を調べることは，単位質量あたりに作用する流体にかかる力の分布を調べることに等しい[42, 43]．オイラーの運動方程式やナビエ－ストークス方程式を照合すれば，加速度の分布の推定は，圧力勾配や粘性せん断応力によって発生する流体に作用する力[44]を評価することと等価である．

速度ベクトル場 (u, v, w) において，2 次元計測により (u, v) の分布が計測されたとする．このとき，u と v に関する実質加速度（substantial acceleration）は次式で与えられる．

$$\frac{Du}{Dt} = \frac{\partial u}{\partial t} + u\frac{\partial u}{\partial x} + v\frac{\partial u}{\partial y} + \left(w\frac{\partial u}{\partial z}\right) \tag{5.46}$$

$$\frac{Dv}{Dt} = \frac{\partial v}{\partial t} + u\frac{\partial v}{\partial x} + v\frac{\partial v}{\partial y} + \left(w\frac{\partial v}{\partial z}\right) \tag{5.47}$$

ここで，各式の右辺第 1 項は局所加速度（local acceleration），第 2～4 項は対流加速度（convective acceleration）である．括弧を付けて記した第 4 項は，2 次元の PIV では取得できない．そのような場合は，計測対象を 2 次元流れに限定するか，または，対流加速度のうち面外流速成分を除いた量を評価していることについて理解したうえで適用する．対流加速度の値を推定するための各項の空間微分操作は，すでに述べた差分法（表5.1参照）を適用する．これに対して局所加速度の値を計算するには，速度ベクトル場の時間微分操作が必要であり，複数の時刻のPIVデータが必要となる．乱流を始めとする高周波数帯の非定常性を伴う流れでは，局所加速度を求めるために十分に短い時間刻みで，つまり流れの時間変化を捉えるために十分な高いフレームレートによる連続撮影で，最低3時刻の粒子画像を必要とする[45]．高速度カメラの利用や，レーザ照射タイミングチャートの工夫により，時間分解能を高めたPIVシステム（time-resoved PIV system．略称としてしばしばTR-PIV[46]）が注目されているのは，流体の加速度分布を正確に計測できる機能をもつためである．

図5.31は，VSJ-PIV標準画像における壁面衝突噴流の粒子画像から，加速度ベクトル場を推定した例である．図(a)は，連続する2時刻分のPIVデータを重ねて表示したものである．速度ベクトルの時間変化が大きな領域では矢印が二重に表示されている．図(b)は，2時刻のPIVデータから，実質加速度ベクトル分布を計算した結

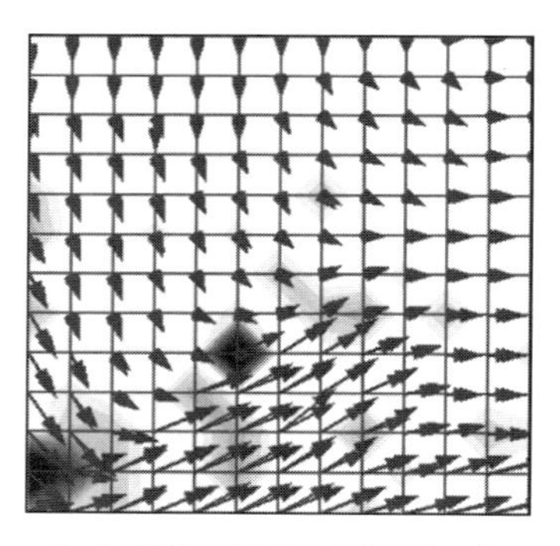
（a）連続2時刻のPIVデータ

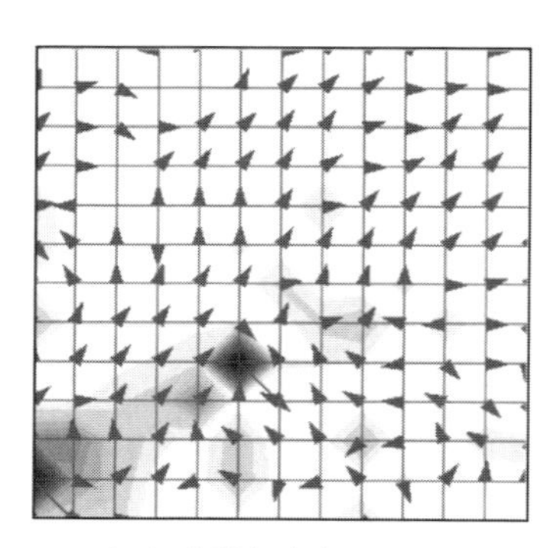
（b）実質加速度ベクトル

図5.31　加速度ベクトル分布の推定

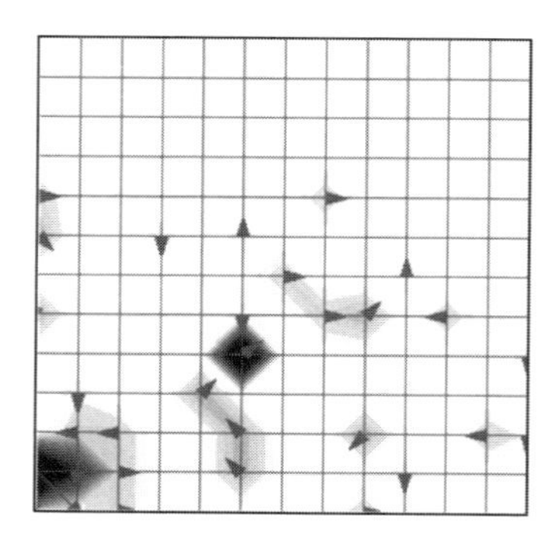
（a）局所加速度ベクトル分布

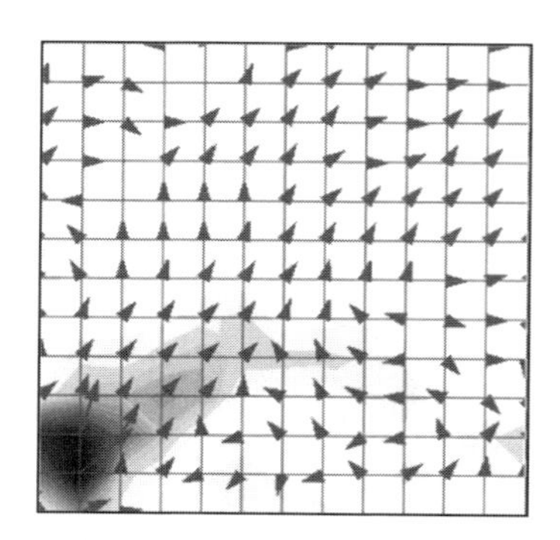
（b）対流加速度ベクトル分布

図5.32　加速度ベクトル分布の成分

果である．全体として加速度ベクトルは右上方向に向いており，壁面衝突の中心部から離れるように流体が加速していることがわかる．ただし，乱流噴流における瞬時の加速度ベクトルであるため，向きや大きさが変動的である．それは，加速度は細かい乱流渦のように小さな構造ほど大きな値をもつためである．そこで図 5.32 のように，局所加速度と対流加速度に分解した．図(a)より，局所加速度は局在的に大きな値をもつことがわかる．さらに，図 5.31 (a)との比較により，局所加速度が大きな歪みやせん断をもつ部分で発生していることがわかる．つまり，これらの領域で非定常な渦運動が発生している．一方，図(b)の対流加速度は，噴流が壁面に衝突して急激に向きを変える領域で大きな値をもつことが確認できる．

個々の粒子を時間的に連続に追跡する PTV では，3.1.4 項で説明したとおり，3 時刻での粒子の座標から直接，ラグランジュ的に加速度を算出できる．これによって得られた加速度は，離散的に分布する実質加速度に等しい．もともと多時刻追跡型の PTV は，流れの時間変化を捉える条件で速度ベクトルデータを取得する原理をもっており，加速度の推定に適している．

(1) 加速度スペクトル特性

PIV，PTV のどちらにおいても，加速度の推定における基本的な注意事項は，乱流など，細かな流れを含む流れほど大きな加速度をもつことである．たとえば，等方性乱流では波数および周波数の $-5/3$ 乗に比例して，流れの運動エネルギーが減少する(乱流エネルギーカスケード現象)．このとき，加速度は「速度 × 周波数」で推算される振幅をもつため，周波数および波数の $+1/6$ 乗に比例して増加する．すなわち，加速度は，速度のように高波数領域で減衰特性をもつことが確約されておらず，むしろ高波数領域ほど増幅傾向にある．実際，PIV や PTV の時空間分解能を上げるほど，加速度ベクトルの振幅が拡大するという事例が多い．そのために，しばしば計測誤差と混同される．図 5.32 (a)，(b)で計測例を示した加速度ベクトルの大きさも，適用した時間と空間の差分間隔が決めている．一見，誤ベクトルのように見える孤立した大きな加速度ベクトルも，その場における小さな渦が発生する瞬間の加速度を捉えたものである．このように，流れの加速度分布は，速度分布とはまったく異なる波数特性をもち，その空間分解能を少しでも上げる工夫[47]が必要である．

5.3.4 圧力の推定

PIV データからの圧力の推定に関しては，ほかの後処理に比べて，難度が高いことを最初に断っておく．なぜなら，妥当な圧力分布の解を得るには，幾重もの条件をクリアしなければならないためである．圧力の推定の目的によっては，近似的・定性的な推定法と，厳密で定量的な推定法に分けて考えるべきだろう．たとえば，推定された圧力分布の誤差を数 % 以下にすることまで期待するような，一般化された確立された手法はまだない．いずれにしても，速度データから圧力分布を推定する方法は，それら二つの量を関係づける流体力学の物理法則を経由して実現する．いわば，使う物理法則を命綱とした間接計測である．圧縮性流体については速度と圧力の関係だけでなく，流体の密度分布も連動し，圧力の波動性を有することになるため，問題はさらに複雑になる．本書では，圧力場が境界値問題として解かれるような非圧縮性流れに限定し，速度と圧力を結ぶ関係式から，圧力を推定する手法について説明する．

(1) ベルヌーイの方程式による推定法

ベルヌーイの方程式（Bernoulli's equation）は，定常流の同一流線上で流体の速度 u が，その場の圧力 p と，つぎの関係を満足しながら変化することを記述するものである．

$$\frac{1}{2}\rho u_{\infty}^{2}+p_{\infty}=\frac{1}{2}\rho u^{2}+p \tag{5.48}$$

添字 ∞ は計測対象から十分に遠方の状態を表す．式(5.48)は，主に物体まわりの流れ（外部流）の圧力場の推定に用いられ，PIV に限らず熱線流速計や LDV データからの圧力推定法としても使われる．しかし，計測対象が渦度をもたない流れ（irrotational flow）に制限される．たとえば，翼まわりの流れの PIV データを取得した場合，境界層やはく離点，渦内の圧力分布を求めることはできない．ベルヌーイの方程式を使って推定できるのは，翼の近傍と下流を除いた，ポテンシャル流れの領域だけである．ベルヌーイの方程式の利点は，後述するナビエ－ストークス方程式の空間積分法や，ポアソン方程式による推定法に比べて，速度データの微積分操作が不要であり，計測誤差の累積が起こらないことである．

(2) ナビエ－ストークス方程式の空間積分による推定法

つぎに示すナビエ－ストークス方程式も，速度と圧力の関係を支配する方程式であり，速度データから圧力を推定するのに使うことができる．

$$\rho\left\{\frac{\partial \boldsymbol{u}}{\partial t}+(\boldsymbol{u}\cdot\nabla)\,\boldsymbol{u}\right\}=-\nabla p+\mu\nabla^{2}\boldsymbol{u} \tag{5.49}$$

ここで，t は時間，ρ は流体の密度，μ は粘度である．ベルヌーイの方程式とは異なり，式(5.49)は同一流線上に拘束されることなく，任意の時間と位置で成立する．ただし，計測対象が乱流であるなどして，単純に層流における粘度 μ を利用できない場合は，この手法は大きく誤差が生じて破綻する．非圧縮性 2 次元の層流に限定すれば，式(5.49)をつぎのように各成分で書くことができる．

$$\frac{\partial p}{\partial x} = -\rho\left(\frac{\partial u}{\partial t} + u\frac{\partial u}{\partial x} + v\frac{\partial u}{\partial y}\right) + \mu\left(\frac{\partial^2 u}{\partial x^2} + \frac{\partial^2 u}{\partial y^2}\right) \tag{5.50}$$

$$\frac{\partial p}{\partial y} = -\rho\left(\frac{\partial v}{\partial t} + u\frac{\partial v}{\partial x} + v\frac{\partial v}{\partial y}\right) + \mu\left(\frac{\partial^2 v}{\partial x^2} + \frac{\partial^2 v}{\partial y^2}\right) \tag{5.51}$$

仮に，各式の右辺の値が PIV によって正確に取得されるとすれば，5.3.2 項の流れ関数と同じように，圧力 p は右辺の値を適切な経路で空間積分することで求められる．ナビエ－ストークス方程式を用いることの利点は，流れ場のパターンで分類することなく，渦やせん断，はく離などをまたがって，圧力場を一括処理で推定できることである．また，後述のポアソン方程式による推定法に対して，内部流の圧力損失，低レイノルズ数条件の物体に作用する粘性抗力[48]，翼列間の圧力低下[49]などを推定できる．これは粘性による圧力変化を直接計算するためである．

乱流の場合では，粘度 μ に代わり，渦粘性などに置き換えるモデルが必要となり，しかもそれが PIV の時間・空間分解能に依存して調整されなければならない[50]．この面倒さと，一般化の難しさから，乱流条件での圧力推定については成功事例に乏しい．また，乱流条件における圧力推定の難しさは，前項の加速度の推定で述べた問題にも起因している．すなわち，式(5.50)と式(5.51)の右辺第 1 項にあるように，圧力を推定するためには，流体の実質加速度の正確な計測が必要となる[51]．乱流ではこれが短波長で大きな値をもち，マクロな圧力分布を積分法で求めることが困難となる．唯一の解決方法は，流れ場がもつ最短波長を分解するような高解像度の PIV 計測を実現し，乱流モデルを不要とする条件にもち込むことである．しかし，それは CFD における直接数値計算（direct numerical simulation：DNS）で，比較的に低レイノルズ数の乱流でさえスーパーコンピュータを要することからも類推できるように，PIV に求められる時空間分解能への要求が格段に厳しくなる．

(3) ポアソン方程式による推定法

ナビエ－ストークス方程式(5.49)の発散をとり，連続の式，

$$\nabla \cdot \boldsymbol{u} = 0 \tag{5.52}$$

を適用すれば，つぎの，圧力に関するポアソン方程式（Poisson equation）が得られる．

$$\nabla^2 p = -\rho \nabla \cdot (\boldsymbol{u} \cdot \nabla)\, \boldsymbol{u} \tag{5.53}$$

式(5.53)は，定常流，非定常流にかかわらず，圧力分布が，その瞬間の速度ベクトル分布だけで決定することを示す．PIV によって式の右辺の情報が得られれば，圧力に関する適切な境界条件を設定することで，圧力の空間分布を得ることができる[52]．

式(5.53)を速度3成分 (u, v, w) で書くと，次式となる．

$$\frac{\partial^2 p}{\partial x^2}+\frac{\partial^2 p}{\partial y^2}+\frac{\partial^2 p}{\partial z^2} = -\rho\left[\frac{\partial}{\partial x}\left(u\frac{\partial u}{\partial x}+v\frac{\partial u}{\partial y}+w\frac{\partial u}{\partial z}\right)+\frac{\partial}{\partial y}\left(u\frac{\partial v}{\partial x}+v\frac{\partial v}{\partial y}+w\frac{\partial v}{\partial z}\right) +\frac{\partial}{\partial z}\left(u\frac{\partial w}{\partial x}+v\frac{\partial w}{\partial y}+w\frac{\partial w}{\partial z}\right)\right] \tag{5.54}$$

計測対象が2次元流れの場合は，式(5.54)はつぎのように著しく簡単になる．

$$\frac{\partial^2 p}{\partial x^2}+\frac{\partial^2 p}{\partial y^2}=2\rho\left(\frac{\partial u}{\partial x}\frac{\partial v}{\partial y}-\frac{\partial u}{\partial y}\frac{\partial v}{\partial x}\right) \tag{5.55}$$

つまり，圧力分布は式(5.55)の右辺の値で決まる．このとき，速度データの空間微分には，精度のよい差分式や，微分による誤差増幅を除去した手法を使うことを薦める[53]．2次元のポアソン方程式の解法には，SOR（successive over relaxation）法などの一般の優対角型行列解法を用いればよい．具体的には，式(5.55)を差分することにより，

$$\frac{p_{i+1,j}+p_{i-1,j}-2p_{i,j}}{\Delta x^2}+\frac{p_{i,j+1}+p_{i,j-1}-2p_{i,j}}{\Delta y^2}=2\rho\left(\frac{\partial u}{\partial x}\frac{\partial v}{\partial y}-\frac{\partial u}{\partial y}\frac{\partial v}{\partial x}\right)_{i,j} \tag{5.56}$$

すなわち，圧力 p の空間分布は次式を反復計算することにより得られる．

$$p_{i,j}=\frac{p_{i+1,j}+p_{i-1,j}+p_{i,j+1}+p_{i,j-1}}{4}-\frac{1}{2}\rho\Delta x^2\left(\frac{\partial u}{\partial x}\frac{\partial v}{\partial y}-\frac{\partial u}{\partial y}\frac{\partial v}{\partial x}\right)_{i,j} \tag{5.57}$$

ただし，$\Delta x=\Delta y$ の関係を用いている．式(5.57)から，離散座標 (i, j) で示される点の圧力は，周囲4点の圧力の平均値と変形速度場によって決まることがわかる．2次元的な変形速度場をもたない，円管内の層流や，平行平板間のクエット流れでは，変形速度場の項の値がゼロとなるため，その結果，圧力分布はラプラス方程式に従って決定する．なお，重力に伴う鉛直方向の静圧勾配は，線形分布をもつため，ポアソン方程式では記述されない．

ナビエ－ストークス方程式の空間積分による推定法に比べて，本手法は，速度データから流体の加速度を計算するプロセスが含まれない．そのため，PIV の時系列データを必要としない．また，計測対象が粘性流れであっても，粘性項はポアソン方程式には残らない．そのため，粘度に無関係に圧力分布が得られる．一方，ポアソン方程式による推定法の欠点は，圧力の境界条件が既知かつ正確でなければならないことである[54]．たとえば，PIV で円管内の流れを計測したとき，円管内で生じる圧力損失は，上記のポアソン方程式では推定されない．圧力損失に伴う管軸方向の圧力勾配は，あらかじめ境界条件として課さなければならない．ポアソン方程式はあくまで，圧力の空間 2 階微分の振る舞いを記述するだけであり，それより低い階の圧力の振る舞いは境界条件に委ねられる．

最後に，比較的に精度が高いとして使われ始めている，別形式のポアソン方程式による解法を説明する．ナビエ－ストークス方程式(5.49)の左辺を実質加速度 $D\boldsymbol{u}/Dt$ で表記し，両辺の発散をとれば，次式を得る．

$$\nabla^2 p = -\rho \nabla \cdot \frac{D\boldsymbol{u}}{Dt} \approx -\rho \nabla \cdot \left.\frac{\mathrm{d}\boldsymbol{u}}{\mathrm{d}t}\right|_{\mathrm{PTV}} \tag{5.58}$$

ここで，粘性項は連続の式(5.52)を適用することで消去されている．PIV の場合では本来，格子点上で計測された流速データから，局所加速度と対流加速度の和により実質加速度 $D\boldsymbol{u}/Dt$ を計算する．しかし，PTV のように粒子追跡によってトレーサ粒子の加速度が直接計測されている場合は，その加速度ベクトルをそのまま使うことができる．最近では PIV においても PTV を模擬するような実質加速度の計測法が採用されている[55]．つまり，格子配列する流速データから時間と空間の両方にまたがった高精度の内挿補間を行うことにより，格子内の粒子軌跡データを再構築し，そこから実質加速度を計算する．とくに，高い時間分解能をもつ PIV の場合では，粒子を時間的に滑らかに追跡する PTV に匹敵する精度で，正確な実質加速度を与えることができる[56]．

(4) デモンストレーション

図 5.33 は，一様流中に置かれたサボニウスロータの流れについて，圧力分布を推定した例[49]である．ロータの回転直径を基準としたレイノルズ数は約 10^4，ロータ端部は一様流の速度に対して周速比 0.5 で時計回りに回転している．図(a)は PIV データから作画した瞬間流線，図(b)はその瞬時速度ベクトル場から，2 次元流れを仮定したポアソン方程式で推定した圧力分布である．白い部分が周囲よりも高圧で，黒い部分が低圧領域である．流れがロータの平面に衝突して，羽根を押している淀み領域

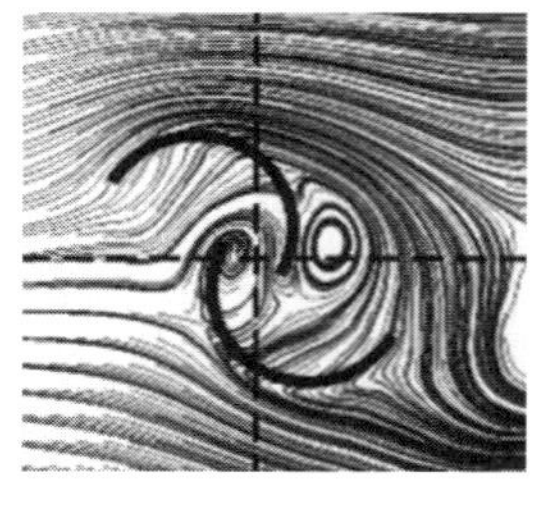
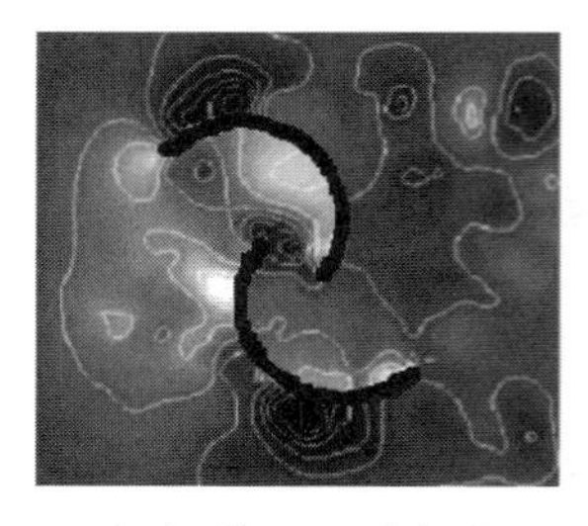
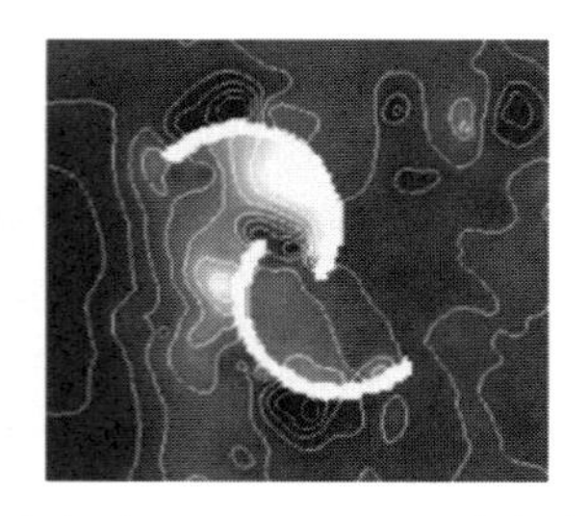
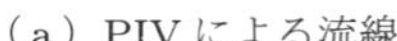

（a）PIV による流線　（b）ポアソン方程式　（c）ナビエ・ストークス方程式

図 5.33 回転するサボニウスロータまわりの瞬時圧力分布

で，圧力が高く出ている．また，ロータの外側の曲面を沿うように流れる部分では低圧となっており，揚力作用によるトルクが生まれる様子がうかがえる．また，ロータの両端から圧力が高い点と低い点が交互に下流側に配列しており，ロータ端部から周期的な渦放出があることも見てとれる．図(c)は，ナビエ－ストークス方程式の空間積分による圧力の推定結果である．空間積分は，主流方向に順経路と逆経路，主流に垂直な方向に順経路と逆経路の合計 4 経路による積分結果を平均したものとした．ナビエ－ストークス方程式による結果は，定性的には，ポアソン方程式による推定結果と同じ結果となった．しかし，ナビエ－ストークス方程式を用いる場合では，速度データの時間変化や，流体の粘度を使っている．そのため，進み羽根の内側の昇圧がポアソン方程式の場合よりも高く推定されている．これに対してロータの上流での平均圧力は低下している．このような違いは，ロータに作用する抗力，横力，ならびにトルクを推定する際に大きな違いを生む．また，非定常で乱流の条件にある流れに，2 次元の層流を仮定した圧力推定法を適用している．そのため，実際との誤差を含むことを理解したうえで評価しなければならない．

以上をまとめると，PIV データから圧力分布を推定する方法は，対象とする流れ場の特徴（定常流か非定常か，2 次元流れか 3 次元流れか，内部流か外部流か，ポテンシャル流れ主体かせん断層主体か，層流か乱流かなど）に依存しているため，工夫が必要である．そのうえで PIV の計測条件（時間分解能，空間分解能，ならびに計測面の境界の特徴）が，推定方法と推定精度を左右する．現状では，PIV データから圧力分布の構造を定性的に理解するためのツールとして有用性があるといういい方に留まるかもしれない．しかしその一方で，今後，PIV データから圧力分布を推定する技術がさらに発展し，広く使えるものになれば，非接触で空間中の圧力分布を計測するという強力な実験流体力学のツールになっていくことが見込まれる．これに関する最近の試みについては，レビュー論文[57]に詳しくまとめられているので参照されたい．

参考文献

[1] 三池秀敏，古賀和利：パソコンによる動画像処理，森北出版，1993.

[2] 木村一郎，植村知正，奥野武俊：可視化情報計測，近代科学社，2001.

[3] Uemura, T., Yamamoto, F. & Ohmi, K.: A High Speed Algorithm of Image Analysis for Real Time Measurement of Two-Dimensional Velocity Distribution, *ASME EFD*, Vol.85, pp.129–133, 1989.

[4] Okamoto, K., Hassan, Y. A. & Schmidl, W. D.: New Tracking algorithm for particle image velocimetry, *Exp. Fluids*, Vol.19, No.5, pp.342–347, 1995.

[5] Song, X., Yamamoto, F., Iguchi, M. & Murai, Y.: A New Tracking Algorithm of PIV and Removal of Spurious Vectors using Delaunay Tessellation, *Exp. Fluids*, Vol.26, pp.371–380, 1999.

[6] Ishikawa, M., Murai, Y. & Yamamoto, F.: Numerical Validation of Velocity Gradient Tensor Particle Tracking Velocimetry for Highly Deformed Flow Fields, *Meas. Sci. Tech.*, Vol.11, pp.677–684, 2000.

[7] Takehada, K. & Etoh, T.: A study on particle identification in PTV particle mask correlation method, *J. Visualization*, Vol.1, pp.313–323, 1999.

[8] Ohmi, K. & Li, H-Y.: Particle-tracking velocimetry with new algorithms, *Meas. Sci. Tech.*, Vol.11, No.603, 2000.

[9] Shindler, L., Moroni, M. & Cenedese, A.: Spatio-temporal improvements of a two-frame particle-tracking algorithm, *Meas. Sci. Tech.*, Vol.21, 115401, 2010.

[10] Westerweel, J.: Efficient detection of spurious vectors in particle image velocimetry data, *Exp. Fluids*, Vol.16, pp.236–247, 1994.

[11] Westerweel, J. & Scarano, F.: Universal outlier detection for PIV data, *Exp. Fluids*, Vol.39, pp.1096–1100, 2005.

[12] Nogueira, J., Lecuona, A. & Rodriguez, P. A.: Data validation, false vectors correction and derived magnitudes calculation on PIV data, *Meas. Sci. Tech.*, Vol.8, pp.1493–1501, 1997.

[13] Raffel, M., Willert, C. E. & Kompenhans, J.: *Particle Image Velocimetry - A Practical Guide*, Springer, 1998.

[14] 小林敏雄，岡本孝司，川橋正昭，西尾茂：PIV の基礎と応用－粒子画像流速測定法，シュプリンガー・フェアラーク東京（[13] の訳本），2000.

[15] Charonko, J. & Vlachos, P. P.: Estimation of uncertainty bounds for individual particle image velocimetry measurements from cross-correlation peak ratio, *Meas. Sci. Tech.*, Vol.24, 065301, 2013.

[16] Murai, Y., Ido, T. & Yamamoto, F.: Post-processing method using ellipsoidal equation for particle tracking velocimetry measurement results – Extension to unsteady flow, mismatched vector detection, application to experimental data, *JSME Int. J.*, Ser.B, Vol.66, pp.2265–2273, 2000.

[17] Kimura, I., Kuroe, Y. & Ozawa, M.: Application of Neural Networks to Quantitative Flow Visualization, *J. Flow Visualization and Image processing*, Vol.1, pp.261–269, 1993.

[18] Grant, I. & Pan, X.: The use of neural techniques in PIV and PTV, *Meas. Sci. Tech.*, Vol.8, 1399, 1997.

[19] Shen, L., Song, X., Murai, Y., Iguchi, M. & Yamamoto, F.: Velocity and size measurement of falling particles with Fuzzy PTV, *Flow Meas. Inst.*, Vol.12, pp.191–199, 2001.

[20] 家合克典，小河原加久治，飯田誠一：カルマンフィルタ型 PIV の粒子追跡性能向上に関する基礎的研究，日本機械学会論文集（B 編），Vol.59，No.560，pp.1016–1022，1992.

[21] Takehara, K., Adrian, R., Etoh, G. & Christensen, K.: A Kalman tracker for super-resolution PIV, *Exp. Fluids*, Vol.29, Suppl.1, pp.34–41, 2000.

[22] Kitagawa, A., Sugiyama, K. & Murai, Y.: Experimental detection of bubble–bubble

interactions in a wall-sliding bubble swarm, *Int. J. Multiphase Flow*, Vol.30, pp.1213–1234, 2004.
[23] Agui, J. C. & Jimenez, J.: On the performance of particle tracking, *J. Fluid Mech.*, Vol.185, pp.447–468, 1987.
[24] Imaichi, K. & Ohmi, K.: Numerical Processing of Flow-Visualization Pictures-Measurement of Two-Dimensional Vortex Flow, *J. Fluid Mech.*, Vol.129, pp.283–311, 1983.
[25] Ido, T., Murai, Y. & Yamamoto, F.: Post-processing algorithm for particle tracking velocimetry based on ellipsoidal equations, *Exp. Fluids*, Vol.32, pp.326–336, 2002.
[26] Gunes, H. & Rist, U.: Spatial resolution enhancement/ smoothing of stereo-particle image velocimetry data using proper orthogonal decomposition based and Kriging interpolation methods, *Phys. Fluids*, Vol.19, 064101, 2007.
[27] Semeraro, O., Bellani, G. & Lundell, F.: Analysis of time-resolved PIV measurements of a confined turbulent jet using POD and Koopman modes, *Exp. Fluids*, Vol.53, pp.1203–1220, 2012.
[28] 日本機械学会編：フルードインフォマティクス—流体力学と情報科学の融合，技報堂出版，2010.
[29] Amsden, A. A. & Harlow, F. H.: A simplified MAC technique for incompressible fluid flow calculations, *J. Comput. Phys.*, Vol.6, pp.322–325, 1970.
[30] Hirt, C. W. & Cook, J. L.: Calculating three-dimensional flows around structures and over rough terrain, *J. Comput. Phys.*, Vol.10, pp.324–340, 1972.
[31] Ido, T. & Murai, Y.: A recursive interpolation algorithm for particle tracking velocimetry, *Flow Meas. Inst.*, Vol.17, pp.267–275, 2006.
[32] Takahashi, J., Tasaka, Y., Murai, Y., Takeda, Y. & Yanagisawa, T.: Experimental study of cell pattern formation induced by internal heat sources in a horizontal fluid layer, *Int. J. Heat Mass Transf.*, Vol.53, pp.1483–1490, 2010.
[33] Murai, Y., Vlaskamp, J. H. A., Nambu, Y., Yoshimoto, T., Brend, M. A., Desissenko, P. & Thomas, P. J.: Off-axis PTV for 3-D visualization of rotating columnar flows, *Exp. Therm. Fluid Sci.*, Vol.51, pp.342–353, 2013.
[34] Liu, Y., Warner, T., Liu, Y., Vincent, C., Wu, W., Mahoney, B., Swerdlin, S., Parks, K. & Boehnert, J.: Simultaneous nested modeling from the synoptic scale to the LES scale for wind energy applications, *J. Wind Eng. Ind. Aerodyn.*, Vol.99, pp.308–319, 2011.
[35] Nisui, K., Hayase, T. & Shirai, A.: Fundamental study of hybrid wind tunnel integrating numerical simulation and experiment in analysis of flow field, *JSME Int. J.*, Ser.B, Vol.47, pp.593–604, 2004.
[36] Suzuki, T., Ji, H. & Yamamoto, F.: Unsteady PTV velocity field past an airfoil solved with DNS: Part 1. Algorithm of hybrid simulation and hybrid velocity field at Re $\approx 10^3$, *Exp. Fluids*, Vol.47, pp.957–976, 2009.
[37] Sciacchitano, A. & Dwight, R. P.: Navier-Stokes simulation in gappy PIV data, *Exp. Fluids*, Vol.53, pp.1421–1435, 2012.
[38] Suzuki, T.: Reduced-order Kalman-filtered hybrid simulation combining particle tracking velocimetry and direct numerical simulation, *J. Fluid Mech.*, Vol.709, pp.249–288, 2012.
[39] Yamauchi, K., Kaga, A., Kondo, A., Inoue, Y., Yamaguchi, T. & Shiota, T.: Combined technique of PIV and CFD by optimization using cost function, *Bull. JSME*, Ser.B., Vol.66, pp.339–345, 2000.
[40] Ruan, X., Song, X. & Yamamoto, F.: Direct measurement of the vorticity field in digital particle image, *Exp. Fluids*, Vol.30, pp.696–704, 2001.
[41] Foucaut, J. M. & Stanislas, M.: Some considerations on the accuracy and frequency response of some derivative filters applied to particle image velocimetry vector fields, *Meas. Sci. Tech.*, Vol.13, pp.1058–1071, 2002.
[42] Unal, M. F., Lin, J. C. & Rockwell, D.: Force prediction by PIV imaging: a momentum-

based approach, *J. Fluid Struct.*, Vol.11, pp.965–971, 1997.

[43] Jakobsen, M. L., Dewhirst, T. P. & Greated, C. A.: Particle image velocimetry for predictions of acceleration fields and force within fluid flows, *Meas. Sci. Tech.*, Vol.8, pp.1502–1516, 1997.

[44] Adbrecht, T., Weier, T., Gerbeth, G., Metzkes, H. & Stiller, J.: A method to estimate the planner instantaneous body force distribution from velocity field measurements, *Phys. Fluids*, Vol.23, 021702, 2011.

[45] Sciacchitano, A., Scarano, F. & Wieneke, B.: Multi-frame pyramid correlation for time-resolved PIV, *Exp. Fluids*, Vol.53, pp.1087–1105, 2012.

[46] Lynch, K. & Scarano. F.: A high-order time-accurate interrogation method for time-resolved PIV, *Meas. Sci. Tech.*, Vol.24, 035305, 2013.

[47] Scharnowski, S. & Kaehler, J.: On the effect of curved streamlines on the accuracy of PIV vector fields, *Exp. Fluids*, Vol.54, pp.1435–1446, 2013.

[48] Hosokawa, S., Moriyama, S., Tomiyama, A. & Takada, N.: PIV measurement of pressure distributions about single bubbles, *J. Nucl. Sci. Tech.*, Vol.40, pp.754–762, 2003.

[49] Murai, Y., Nakada, T., Suzuki, T. & Yamamoto, F.: Particle tracking velocimetry applied to estimate the pressure field around a Savonius turbine, *Meas. Sci. Tech.*, Vol.18, pp.2491–2503, 2007.

[50] Sheng, J., Meng, H. & Fox, R. O.: A large eddy PIV method for turbulence dissipation rate estimation, *Chem. Eng. Sci.*, Vol.55, pp.4423–4434, 2000.

[51] Liu, X. & Katz, J.: Instantaneous pressure and material acceleration measurements using a four-exposure PIV system, *Exp. Fluids*, Vol.41, pp.227–240, 2006.

[52] Fujisawa, N., Tanahashi, S. & Srinivas, K.: Evaluation of pressure field and fluid forces on a circular cylinder with and without rotational oscillating using velocity data from PIV measurement, *Meas. Sci. Tech.*, Vol.16, pp.989–996, 2005.

[53] Charonko, J. J., King, C. V., Smith, B. L. & Vlachos, P. P.: Assessment of pressure field calculations from particle image velocimetry measurements, *Meas. Sci. Tech.*, Vol.21, 105401, 2010.

[54] Shigetomi, A., Murai, Y., Tasaka, Y. & Takeda, Y.: Interactive flow field around two Savonius turbines, *Renewable Energy*, Vol.36, pp.536–545, 2011.

[55] Violato, D., Moore, P. & Scarano, F.: Lagrangian and Eulerian pressure field evaluation of rod-airfoil flow from time-resolved tomographic PIV, *Exp. Fluids*, Vol.50, pp.1057–1070, 2011.

[56] Proebsting, S., Scarano, F., Bernardini, M. & Pirozzoli, S.: On the estimation of wall pressure coherence using time-resolved tomographic PIV, *Exp. Fluids*, Vol.54, pp.1567–1581, 2013.

[57] van Oudheusden, B. W.: PIV-based pressure measurement, *Meas. Sci. Tech.*, Vol.24, 032001, 2013.

第6章 計測精度の評価と管理

PIV 技術の開発は計算機上で画像情報の処理が可能となった 1980 年代から続けられているが，飛躍的な画像関連機器の発達により，計測精度は開発当初に比べると格段によくなった．それでは，性能が十分に向上した PIV システムでは，性能分析や誤差解析は不要だろうか．答えは「ノー」である．いくら計測器が発達しても，計測結果から誤差はなくならないし，誤差が小さくなっても継続的な管理が必要である．それは，つぎに述べるような理由による．

計測には，必ず目的が存在する．計測という行為は，それ単体で終わることはなく，計測で得られた結果は，ほかの行為をなすために利用される．この観点からすると，計測値に誤差が含まれていること自体に問題があるのではなく，計測結果の使用目的に対して，計測誤差が阻害要因になり得るかが問題の焦点となる．したがって，計測システムの性能が向上しても，精度管理と誤差分析は継続的に行うことが求められるし，精度が安定して確保されるようになれば，それが可能とする新たな目的の設定を行うこともできる．このような意味で，冒頭で述べた問いに対する答えは「ノー」であり，それは世の中に無数に存在する計測器とよばれるシステムに共通の答えである．

計測誤差は，「測定の結果から測定量の真値を引いたもの」と国際計量用語集[1]では定義されている．しかし，一般にわれわれが行う計測の大半では，真値（true value）は未知であるので，数学的に厳密な取り扱いができることは少ない．このため，誤差（error）を直接評価する代わりに不確かさ（uncertainty）という概念が導入される．詳しくは 6.2 節で述べるが，ある確率で測定値あるいは最終的な実験結果に含まれる誤差の限界値，すなわち不確かさの区間（uncertainty interval）を統計的に推定する方法である．不確かさ解析は，客観的に計測の精度管理と評価を行ううえで有効な手段として広く用いられている[2~4]．

計測を一般的に考えると，実験装置，計測機器，データ収集・処理，および実験者が有機的に結合したシステムとみなすことができ，このシステムから測定値が産み出される．PIV で行う計測も同様なシステムとして捉えることができる．そこで，この PIV 計測に不確かさ解析を適用し，PIV がもつ誤差要因とそれらが計測結果に与える影響について考察する．本章では，不確かさ解析の対象を PIV システムに絞り，以下のように系統的に解説しながら，誤差の発生と伝播のメカニズムを明らかにしていく．

① PIV の誤差の要因と伝播（6.1 節）
② 精度評価の方法（6.2 節）
③ 人工画像を利用した要素誤差の推定（6.3 節）
④ 不確かさ解析の具体例（6.4 節）
⑤ 計測精度の管理（6.5 節）

まず，6.1 節では，誤差の要因を列挙・分類して，これらの誤差要因の速度計測への伝播について述べる．6.2 節では不確かさ解析の基礎と計算手順を，6.3 節では人工画像を利用した誤差の評価方法について解説する．さらに，6.4 節では PIV 計測の不確かさ解析の具体例を示し，不確かさ解析に関する理解を深める．また，6.5 節では，PIV 計測システムの一部ともいえる実験実施者に求められる不確かさ解析に関する総合的な考え方と PIV 計測においてとくに留意する事項についてまとめる．

PIV における不確かさ解析は，いまだ定量的には評価が難しいいくつかの誤差要因，たとえば画像ノイズの影響などが含まれていて，これらの定量化は現在も研究段階である．したがって，本章で示す不確かさ解析の事例においても，定量化されていない誤差要因については推定値を当てはめて解析を実行せざるを得なかったことを記しておく．現時点では，汎用性のある PIV の不確かさ解析の確立は継続的な課題として研究が進められている．しかし，たとえ PIV の不確かさ解析が完全でないとしても，実験計画段階（planning phase）や予備実験段階（debugging phase）で不確かさの要因や不確かさの区間を吟味することは，実験者自身が誤差要因を列挙して実験結果への影響を検討することであり，計測を評価し管理するうえできわめて重要な作業といえる．同時に，報告段階（reporting phase）でも，不確かさ解析の実行と不確かさ区間を推定しておくことが，測定値に客観性を与えるという意味で重要な道具となり得る．

良質な PIV の計測結果を得るために，本章で例示した PIV の不確かさ解析の事例を参考にするなどして，不確かさ解析を試みることを強く推奨する．

6.1 PIV の誤差の要因と伝播

PIV 計測の手順を単純化して表現すると，1.2 節で解説したように，2 時刻の連続するパルス状の照明で撮影された粒子像の変位から物理空間における速度を求め，それを瞬時の局所速度とみなすことである．計測では，2 画像の撮影時間間隔 Δt [s] と撮影された画像の変換係数 α [m/pixel] をあらかじめ求めたうえで，画像上での粒子像の変位 ΔX [pixel] を計測し，物理空間での粒子速度 u_{p} [m/s] を計測する．多くの場合には，粒子速度 u_{p} [m/s] と流体速度 u [m/s] は同じものと仮定して計測が進められるので，一般には 1.2 節の式(1.1)が PIV の計測原理として用いられる．一方，トレーサ粒子を用いて流れの可視化を行う場合，粒子の流体に対する追随性に応じて粒子速度 u_{p} [m/s] と流体速度 u [m/s] の間には差異が生じることが知られており（2.2 節），本書ではこの差を δu [m/s] と表記し，これも不確かさの評価対象とする．これらを総合すると，PIV で計測される流体速度は，次式のように表現できる．

$$u = \alpha \frac{\Delta X}{\Delta t} + \delta u \tag{6.1}$$

出力量である流体速度 u [m/s] の不確かさを考えるにあたっては，式(6.1)に現れる四つの入力量，Δt，ΔX，α，δu に関連する誤差要因ならびにその大きさを評価することになる．

このうち，Δt はカメラのフレーム間隔とパルスレーザの発光タイミングの精度に依存し，これらの不確かさは一般に小さいと考えてよい．ただ，流れが高速になり Δt の値そのものが小さくなってくると相対的に不確かさが増大することになる．一方，ΔX，α については，物理空間と像平面との関係が，可視化，撮像，画像解析と多くの装置と手順を経て決定されるために誤差要因が多く，PIV の不確かさの多くがここで発生する．これらの誤差の要因について，不確かさ解析により重要な要因を見極め，その誤差要因の不確かさを最小化するよう対処して，PIV の計測精度を適正に管理することになる．

6.1.1 誤差の要因とその分類

ここでは，PIV の誤差要因（element error source）を，① 校正に伴う誤差，② データ収集に伴う誤差，③ データ処理に伴う誤差，④計測原理に伴う誤差に分類し，各入力量 ΔX，Δt，α および δu に対する誤差要因として表 6.1 のように当てはめてみる．また図 6.1 に，表 6.1 の校正，データ収集，データ処理および計測に伴う誤差が，実際の校正や計測においてどのように出現しているかを摸式的に示す．

なお，本章では，一般的な PIV 計測で重要と考えられるものについて考察している．したがって，計測対象や計測条件によっては無視し得る誤差要因も含まれているが，逆に，表中には挙げられていないが，考慮すべきほかの重要な誤差要因の発生もあり得る．たとえば，画像解析における粒子移動の直線近似（3.1.1 項参照）は加速度の大きい流れ場では誤差の要因となる．計測において，観察窓を介したような場合には，観察窓での光の屈折や観察窓の変形が誤差の要因となる．同様に，流れ場の流体の温度変化が大きい場合にも，光の屈折の影響を誤差要因として考慮しなければならない．また，測定装置の振動あるいは撮影カメラの振動などが大きな誤差要因とな

表 6.1 PIV の誤差要因一覧（*CCD 素子面の光軸に対する非直角度（アオリ））

① 校正に伴う誤差

入力量	誤差の要因	参照すべき節，項
ΔX	—	—
Δt	—	—
α	● 基準スケーリング	
	像長さ	7.2.10
	物理的位置	7.2.10
	● 撮像系	
	レンズひずみ	2.2.1，7.2.6
	CCD 素子ひずみ	3.2
	CCD 素子の開口比	3.2
	CCD 暗電流	3.2
	光軸非直角度*	3.2
	被写界深度	2.2.1，7.1.2
	背景ノイズ	3.3.3，5.1.2
	標本化	3.1.1
	● 記録系	
	フレームグラバのサンプリング周波数のジッタ	3.2
	● 照明	
	レーザ光シートの照明位置	2.1.1，7.1.2

② データ収集に伴う誤差

入力量	誤差の要因	参照すべき節，項
ΔX	● 撮像系	
	レンズひずみ	2.2.1，7.2.6
	CCD 素子ひずみ	3.2
	CCD 素子の開口比	3.2
	CCD 暗電流	3.2
	光軸非直角度*	3.2
	被写界深度	2.2.1，7.1.2
	背景ノイズ	3.3，5.1.2
	標本化	3.1.1
	● 記録系	
	フレームグラバのサンプリング周波数のジッタ	3.2.5
	● 照明	
	レーザ強度の時間・空間変動	2.1.2
	● 流れの 3 次元性	
	レーザ光シート厚さ	2.1.2
	透視投影	3.1.3，7.2.2
Δt	● コントローラ	
	ディレイジェネレータのトリガパルス時間間隔	2.1.2
	● 照明	
	発光ジッタ	2.1.2
α	—	

表 6.1　PIV の誤差要因一覧（つづき）

③ データ処理に伴う誤差

入力量	誤差の要因	参照すべき節，項
ΔX	● 画像解析	
	サブピクセル精度	4.3.1，4.2.1 (3)
	粒子位置検出（PTV）	4.3.1，4.2.1
	粒子群変位検出（PIV）	
	二時刻間での粒子輝度の変化	
	空間周波数	8.1.3
	検査領域によるスムージング（PIV）	5.1.3
	誤ベクトル	4.2.1
	速度勾配（PTV，PIV）	7.2.4
	面外速度（PIV）	4.4.3
	粒子群の回転，変形（PIV）	
Δt	—	—
α	—	—

④ 計測原理に伴う誤差

入力量	誤差の要因	参照すべき節，項
δu	● トレーサ粒子	
	流体への追随性（加速度応答，重力沈降）	2.2.2

る場合もある．さらに，シーディングが不均一になされた場合，粒子のある場所とない場所では誤差が変わってくるだろうし，不均一なシーディングそのものが画像解析上の誤差要因となることもあり得る．したがって，個々の条件に応じて誤差要因を列挙しなければならない．

6.1.2　誤差の伝播

さて，実際の不確かさ解析にあたっては，列挙された誤差の要因が最終的に速度 u にどのように伝播していくか，誤差伝播（propagation of uncertainties）の経路を具体的に考える必要がある．たとえば，変換係数 α では，表 6.1 ①中に基準スケーリングの像長さと物理的位置，撮像系に起因するレンズひずみ，CCD カメラのサンプリング周波数のずれ，素子ひずみ，開口比，暗電流，アオリ角，透視投影，背景ノイズ，標本化，フレームグラバのサンプリング周波数のジッタ，あるいはレーザ光シートの照明などが誤差要因として挙げられるが，具体的にこれらの誤差要因のつながりを考える作業である．

図 6.2 は PIV の誤差の要因とその伝播経路図である．このように誤差要因は，そのつながりを伝播経路としてまとめて考えると，どの誤差要因がどのように伝播して最終的に速度 u の不確かさに影響を与えているかが一目瞭然となる．たとえば，伝

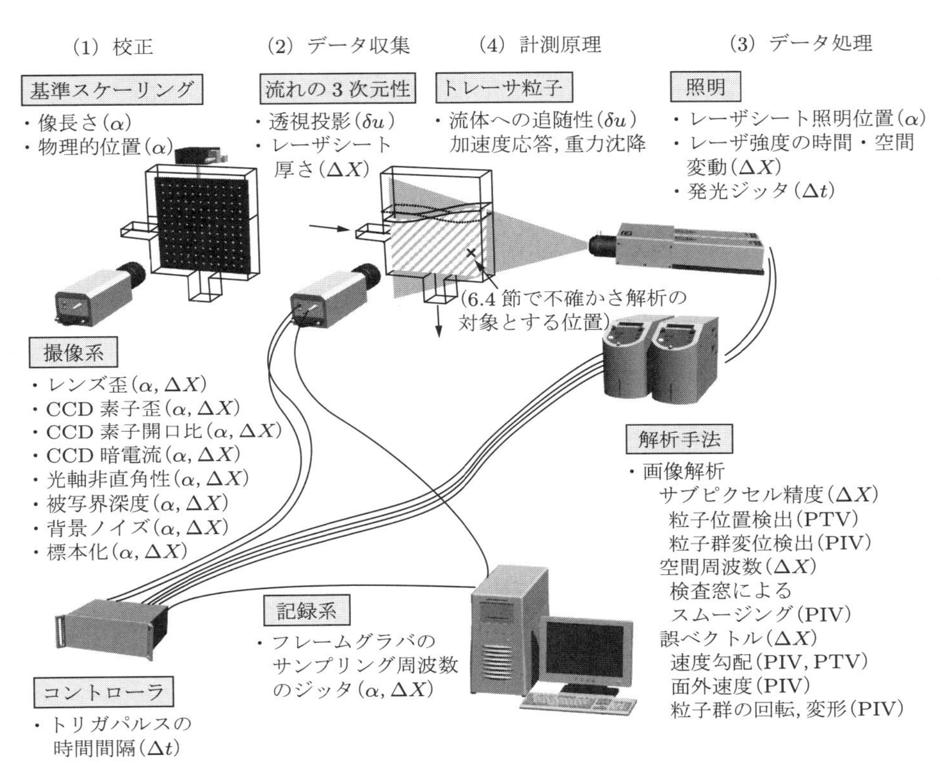

図 6.1　PIV の誤差要因と発生

播経路図の左の照明に起因する誤差「レーザ強度の時間・空間変動」の影響を経路に従ってトレースしてみると，レーザ強度の時間・空間変動は → トレーサ粒子の散乱光強度に伝播し → これが画像上の粒子輝度値に影響して粒子画像位置の不確かさとなり → たとえば，PTV では粒子追跡や移動距離の不確かさとなり → 最終的に流速 u の不確かさへと伝播していく．また，トレーサ粒子の流体への追随性は，直接 u の不確かさに伝播する．このように伝播経路図が完成すれば，これに従ってそれぞれの誤差要因の影響を評価すればよい．

なお，例示した伝播図は，典型的な誤差要因を列挙して構成したものであり，細部の標記はしていない．たとえば，解析手法の誤差要因では，トレーサ粒子のシーディングは PIV や PTV の画像解析に影響を与えるし，画像解析における「サブピクセル精度」は粒子位置検出（PTV）や粒子群位置検出（PIV）に，「空間周波数」は検査領域によるスムージング（PIV）に関連する．流れ場の速度勾配（PTV，PIV）や粒子群の回転や変形（PIV）は誤ベクトルの発生に関連する．

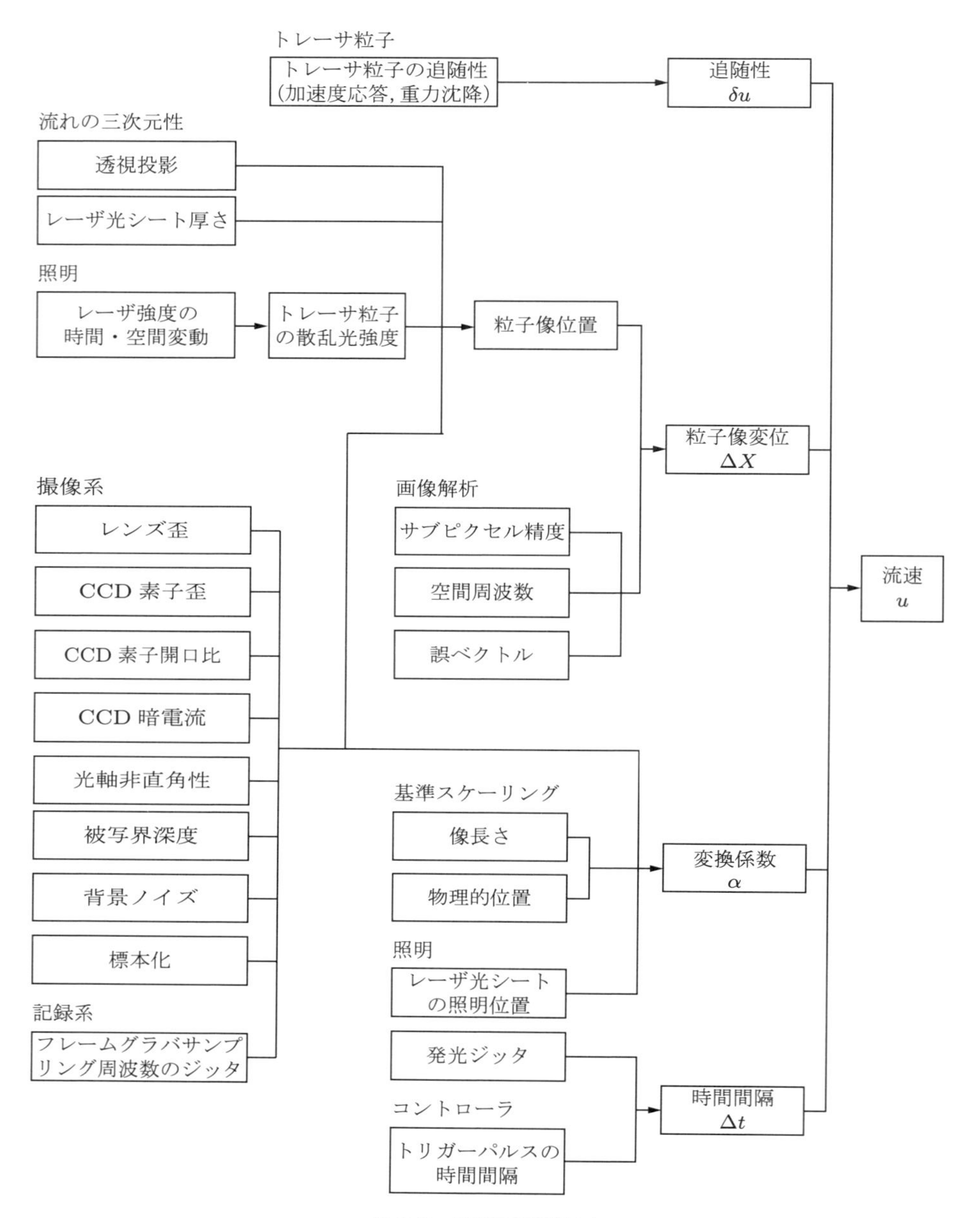

図 6.2　誤差伝播経路図

なお，前述のように，伝播図に記載した誤差要因は一般的な PIV 計測を対象としている．個々の計測対象，計測条件，計測方法に応じて誤差要因の列挙とその伝播経路を考える必要がある．これらの誤差要因の列挙と伝播経路の考察ができれば，この伝播経路図に従って不確かさ解析を進めることができる．具体的な不確かさ解析の例は 6.4 節に示す．

6.2 精度評価の方法

6.2.1 不確かさ解析の基礎

管理された精度のよい計測は，前節で述べた計測の要点を注意深く押さえておけば実現できる．しかし，本章冒頭で述べたように，客観的な計測精度の指標を得るには計測結果を評価することが必要となる．本節では，誤差ならびに不確かさの定義と考え方，さらには伝播メカニズムを概説すると共に，不確かさの評価方法について具体例を挙げながら解説する．

今日の不確かさ解析は，1993 年に国際標準化機構（ISO）と六つの国際機関が共同してとりまとめた「計測における不確かさの表現ガイド」(The Guide to the Expression of Uncertainty in Measurement：GUM)[2, 3]に基づいて行われる．GUM においては，不確かさはつぎのように定義されている．

> 【不確かさの定義】
> 測定の結果に付随した，合理的に測定量に結び付けられ得る値のばらつきを特徴づけるパラメータ．

非常に慎重な言い回しを用いているが，ここでは誤解を恐れずにわかりやすく表現すると，「合理的に測定量に結び付けられる値」とは「測定量の真値の候補」と言い換えることができ，不確かさとは，この真値の候補のばらつきを表す指標である．計測誤差は測定結果と測定量の真値の差で定義されるが，一般に，測定量の真値は知ることができないため，計測誤差は定義できても求めることはできない．GUM の定義では，不可知である真値の存在範囲と種々の要因でばらつきをもつ観測値を集合として扱い，それを不確かさというパラメータに集約をして表す．すなわち，誤差を知ることはできないが，観測値のばらつきが真値の存在範囲を示しているという，計測システムが本来もっている機能に則して不確かさが定義されている．

不確かさ解析は，大別して 2 種類の評価方法がある．一つは原因追求型評価とよばれている方法で，個々の要因における誤差の発生と伝播を求め，ボトムアップ方式で測定量の不確かさを積み上げて評価する方法である．もう一つは原因不問型評価とよばれる方法で，系統的な実験計画に基づいた検証実験や試験機関の間で行われる比較実験から，不確かさを評価する方法である．原因不問型評価では，誤差の伝播経路や途中の伝播メカニズムを追求することなく，分散分析を行って要因分析を行うか，要因分析さえ行わずに最終結果の不確かさ幅のみを評価する．観測値のばらつきを引き起こす主要な要因を網羅することが難しかったり，要因が複雑に絡むために分析が困難であったりする場合には，原因不問型の評価法は有効である．しかし，本書では，PIV 計測の最終結果の評価と共に，計測の不具合発生時の原因の同定と解消，システム改善の糸口の発見に不確かさ解析の主目的があると考え，原因追求型評価の方法を主として解説する．

それでは，誤差の発生とその伝播は，どのようなメカニズムで行われているのだろうか．ここでは，不確かさ解析の背景となる誤差のしくみについて簡単に説明する．1 次元の例として，一つの入力量 s に依存する出力量（測定量）$X(s)$ を考える．図 6.3 は，横軸に s をとり，縦軸にそのときの誤差 E を示している．計測システムそのものがもつ誤差も s の一つとみなすと，誤差の伝播メカニズムをこの図で表すことができる．このとき，s に誤差 ε_s が含まれているとすると，出力量は $X(s+\varepsilon_s)$ となり，真値 $X(s)$ から隔たりをもつ．これが誤差であり，図 6.3 では E_ε で表している．これを式で表すと，次式のようになる．

$$X(s+\varepsilon_s) = X(s) + \frac{\partial X}{\partial s}\cdot\varepsilon_s + o(\varepsilon_s^2) \tag{6.2}$$

通常は，入力量 s に含まれる誤差 ε_s は s に比べて十分に小さいため，誤差の影響のうち 2 次以上の項は小さいとして無視できる．実用的には，真値の近傍での X の s に対する傾きに，ε_s をかけたものを誤差としてよい．ここで，$\partial X/\partial s$ にあたるものを感度係数（sensitivity coefficient）とよび，入力量の誤差が出力量に伝播する影響を表す．

不確かさ評価の具体的作業の中心は，測定における標準不確かさ（standard uncertainty）の推定をどのように行うかにある．GUM では，標準不確かさの評価法をタイプ A とタイプ B の二つに分類している．

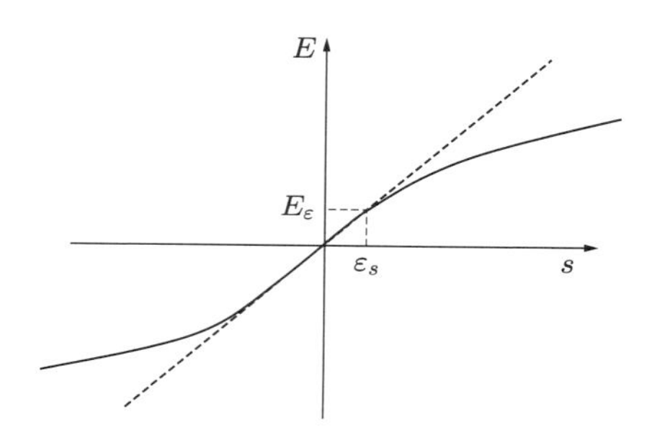

図 6.3 誤差の伝播

タイプ A：統計的手法を用いた不確かさの推定

タイプ B：統計的手段を用いることのできない情報を用いた不確かさの推定

分類の目的は，不確かさ成分を評価する方法を示すことであり，二つの方法で推定された標準不確かさに本質的な違いがあるわけではない．また，これらがランダム誤差と系統誤差に対応づけられるものでもない．以下に，これらの評価の具体的な方法について解説する．

● **タイプ A 評価法**　複数の繰り返し読み取り値 q_i が N 回得られれば，この数値群に対して平均値 $\overline{q}$ および推定標準偏差 s は，次式で求めることができる．

$$\overline{q} = \frac{1}{N}\sum_{k=1}^{N} q_k \tag{6.3}$$

$$s = \left\{ \frac{1}{N-1}\sum_{k=1}^{N} (q_k - \overline{q})^2 \right\}^{1/2} \tag{6.4}$$

計測対象が個々の計測値であれば，s そのものが計測対象の推定標準不確かさ u（速度 u と区別する）になり，計測対象が N 回の計測の平均値 $\overline{q}$ であれば，推定標準不確かさは次式で与えられる．

$$u(\overline{q}) = \frac{s}{\sqrt{N}} \tag{6.5}$$

● **タイプ B 評価法**　タイプ B 評価法では，統計的な方法以外のつぎのような情報を利用して，推定標準不確かさの推定を行う．

- 過去の蓄積された信頼できるデータ
- 著名な文献（ハンドブックなど）のデータ
- メーカの仕様書，カタログなどのデータ
- 校正証明書のデータ
- 継続性のある管理データ

タイプ B 評価法では，不確かさに関して得られる情報がきわめて限られており，不確かさの上限と下限しか推定できない場合もある．このような場合には，誤差要因の特性から不確かさの確率分布を想定して，標準不確かさを推定する．たとえば，カタログなどに精度 $\pm a\%$ と限界値が記載されている場合，その限界値の範囲内の分布を一様と想定すると標準不確かさを推定できる．具体的には，一様分布を仮定した場合には，推定標準誤差は $u = a/\sqrt{3}$ で与えられる．これは一様分布に対して標準偏差を求めると得られる値であり，ここで現れる $\sqrt{3}$ を除数とよぶ．この除数は，想定する確率分布により決まり，表 6.2 のように与えられる．また，カタログなどに拡張不確か

表 6.2 確率分布による除数の比較

確率分布	除 数
正規分布	包含係数 k
一様分布	$\sqrt{3}$
三角分布	$\sqrt{6}$

さの上/下限値が包含係数と共に記載されている場合には，その包含係数で拡張不確かさを除することで，標準不確かさを求めることができる．

複数の不確かさ要因がある場合，個々の要因について得られた標準不確かさは合成標準不確かさ（combined standard uncertainty）として集約され，評価される．評価における誤差要因から最終結果までの伝播 $y = f(x_1, x_2, \ldots, x_N)$ が明確な場合には，合成標準不確かさは次式で与えられる．

$$u_\mathrm{c}^2(y) = \sum_{i=1}^{N} \left(\frac{\partial f}{\partial x_i}\right)^2 u^2(x_i) + 2\sum_{i=1}^{N-1}\sum_{j=i+1}^{N} \left(\frac{\partial f}{\partial x_i}\right)\left(\frac{\partial f}{\partial x_j}\right) u(x_i, x_j) \tag{6.6}$$

式(6.6)は，$y = f(x_1, x_2, \ldots, x_N)$ のテイラー展開第1近似項に基づいて得られ，$\partial f/\partial x_i$ は前述の感度係数であり，次式の c_i で表される．

$$c_i = \frac{\partial f}{\partial x_i} \tag{6.7}$$

式(6.6)は一般的な表記となっており，入力量 $x_1, x_2, \ldots, x_N$ の独立性に関係なく成立する．誤差要因の独立性については，相関係数 $r(x_i, x_j)$ で評価できる．

$$r(x_i, x_j) = \frac{u(x_i, x_j)}{u(x_i) \cdot u(x_j)} \tag{6.8}$$

このとき，式(6.6)は改めて式(6.9)のように表すことができる．

$$u_\mathrm{c}^2(y) = \sum_{i=1}^{N} c_i^2 \cdot u^2(x_i) + 2\sum_{i=1}^{N-1}\sum_{j=i+1}^{N} c_i c_j \cdot u(x_i)u(x_j) \cdot r(x_i, x_j) \tag{6.9}$$

$x_1, x_2, \ldots, x_N$ がすべて独立，すなわち $r(x_i, x_j) = 0$ の場合には，u_c は $u(x_i)$ の二乗和平方根で与えられる．

$$u_\mathrm{c}^2 = \sum_{i=1}^{M} c_i^2 u^2(x_i) \tag{6.10}$$

多くの不確かさ評価では，入力量の変動を独立なものに分類または精査したうえで，式(6.9)により合成標準不確かさを求めている．一方，非常に特殊な場合であるが，すべての誤差要因が従属，すなわち $r(x_i, x_j) = 1$ の場合には，u_c は個々の標準不確かさの線形加算となり，次式で与えられる．

$$u_c = \sum_{i=1}^{M} c_i \cdot u(x_i) \tag{6.11}$$

また，計測値と最終結果が複雑で，テイラー展開を用いて求めることが容易でない場合には，計測システム全体に対してモンテカルロシミュレーション[4]を実施して，感度係数を求めることもできる．

6.2.2 不確かさ解析の計算手順

不確かさ解析を具体的に PIV 計測に適用する手順について，その概略を紹介する．不確かさの評価の手順については，GUM でガイドラインが示されているが，その概要は以下の五つのステップにまとめることができる．

- **STEP 1 測定量の定義** 6.2.1 項で述べたが，GUM における不確かさは，測定量に対するパラメータである．したがって，不確かさの評価を始めるにあたっては，評価対象の測定量を定義しておく必要がある．測定対象を直接計測する場合，たとえば巻尺で紐の長さを測るような単純な場合でも，何をどのようにして測るのかを定義しておかなければ，不確かさの評価は正しく行えない．さらに，組み立て計測とよばれる，測定対象に関係するほかの物理量（たとえば，式(6.1)の四つの入力量）を計測し，そこから間接的に目的の測定量（出力量）を求める場合には，最終結果を求めるのに必要な測定と計算方法を把握，明示しておかなければならない．たとえば，ピトー管を用いて計測される圧力差から流速を求める場合などがこれにあたる．
- **STEP 2 標準不確かさの推定** GUM では，不確かさはばらつきを特徴づけるパラメータと規定しているが，通常，このパラメータには標準不確かさが用いられる．GUM においては，標準不確かさの評価方法は，6.2.1 項で説明したタイプ A とタイプ B の 2 種類に分類されている．
- **STEP 3 標準不確かさの合成** STEP 2 で評価された標準不確かさは，計測の個々の成分のばらつきの大きさを示すパラメータであるが，最終結果である測定量の評価は，これらの標準不確かさから合成標準不確かさ u_c を求めて行う．不確かさの合成は，二乗和平方根を用いるが，計測が複雑な場合は発生要因から最終結果までの不確かさの伝播を勘案する必要がある．
- **STEP 4 拡張不確かさの計算** 不確かさ評価の最終結果は，拡張不確かさ U として表現される．これは，合成標準不確かさに加えて，不確かさの信頼性区間を合わせて示すもので，次式で与えられる．

$$U = k \times u_{\mathrm{c}} \tag{6.12}$$

ここで，k は包含係数（coverage factor）とよばれる係数で，信頼水準との関係は表6.3のように与えられる．

表6.3 信頼水準と包含係数の対比

信頼水準	包含係数
68%	1.00
95%	2.00
99%	2.58
99.7%	3.00

これまで示してきた不確かさ解析の手順では，計測で得られるサンプル数は十分に大きいと考え，これに基づいて包含係数を決定してきた．計測回数が少ない場合には，同じ信頼水準に対して大きな包含係数を用いる必要が生じる．これについては，計測における不確かさの表現ガイド[2, 3]の付属書 G に詳しく述べられているが，一般には計測数を 30 以上確保できるようにすることが望ましい．

● **STEP 5 不確かさの表現** 不確かさの計算は，STEP 4 までの過程で完了し，計算結果はバジェットシートとしてまとめることができる．6.4 節で示した不確かさの評価結果をバジェットシートにまとめると，表 6.7 のようになる．この評価における主要因である三つの入力量の値は，$\Delta X = 0.608\,\mathrm{pixel}$，$\Delta t = 0.0024\,\mathrm{s}$，$\alpha = 0.316\,\mathrm{mm/pixel}$ である．また，式(6.1)から流速は $u = 80.0\,\mathrm{mm/s}$ となる．バジェットシートは，不確かさ評価の過程を一覧するには都合がよいが，より簡潔な表現をすることは，評価結果を利用しての適合性の判断やさらなる不確かさ評価への応用には有効である．不確かさの表現としては，つぎのような記述もできる．

速度： $80.0 \pm 39.4\,\mathrm{mm/s}$（包含係数 $k = 2$ に基づき信頼水準 95%）

6.4 節で解説するが，表 6.7 は図 6.2 の誤差伝播経路図に従って，個々の要因について標準不確かさを評価検討し，合成することにより計測原理である式(6.1)の入力量 Δt，ΔX，α，δu の標準不確かさを得ている．また，最終結果（計測速度の不確かさ）は，それぞれの入力量の速度 u への感度係数を式(6.7)に従って算出し，速度の単位に統一したうえで，これらを合成して求めている．たとえば，α の不確かさに関する速度への感度係数は，式(6.1)および式(6.7)により $\Delta X/\Delta t = 253\,\mathrm{pixel/s}$ と求めることができる．また，本例では式(6.1)の入力量は互いに独立であると仮定しているので，標準不確かさの合成は式(6.10)に基づいて行っている．表 6.7 で示したバジェットシートにより，各入力量の最終結果への寄与が明らかになるが，この例では

ΔX の不確かさが計測速度の不確かさにもっとも大きく寄与していることがわかる．

さて，ここで示した例のように，不確かさの伝播経路および伝播式がはっきりとわかっている場合には，感度係数の計算および標準不確かさの合成が直接できるので，解析は比較的明確である．一方，不確かさ解析の中には感度係数の計算が困難であったり，伝播経路が不明確であったりする場合がある．このようなときには，本節冒頭で述べた原因不問型評価を行うことになる．本節では，原因追求型の不確かさ解析方法の概略を解説したが，6.4 節において具体的な不確かさ解析の内容を例示しているので，これを参照することを薦める．

6.3　人工画像を利用した要素誤差の推定

図 6.2 の誤差伝播ツリーに示したように，計測で得られる速度分布の精度には画像解析の過程が大きくかかわっている．この画像解析過程における不確かさ解析の指標を与えるためには，人工画像を用いた誤差の推定が有効である．ここで人工画像（synthetic image）とは，あらかじめ設定した速度場の情報をもとに，コンピュータによって生成された粒子画像を指す．画像生成の元となった速度場の詳細かつ正確な情報が得られているので，粒子画像を PIV 解析することで，計測結果を直接評価することが可能である．また，画像生成時のパラメータの変更や，画像パラメータの精度への依存性を系統的に調査することが可能であるなどの利点がある．本項では，一般的な人工画像を用いた画像解析手法の評価例と，誤差推定に適用する場合の考え方について解説する．

6.3.1　人工画像の生成

(1) 生成の方法

人工画像を生成するためには，①対象とする速度場を決定する，②トレーサ粒子位置情報をもとに粒子像を生成する，③粒子群の画像を速度場に従って移動させる，という三つのプロセスが必要である．

① 対象とする速度場としては，1 次元的な解析関数を用いたり，ランキン渦やクエット流れのような数値的に模擬のしやすい流れ場を用いたりすることが多い．さらに，LES や直接シミュレーションのような数値シミュレーション結果を速度場として用いることもある．

② 粒子画像をコンピュータによって生成する場合には，画像上の粒子輝度値パターンはガウス分布によって与えることが多い．いま，点 $(x_\mathrm{p}, y_\mathrm{p}, z_\mathrm{p})$ にあるトレーサ粒子の画像上での投影位置を $(X_\mathrm{p}, Y_\mathrm{p})$ とおき，画像上での輝度値パター

ン $I(X,Y)$ を以下の式で与える.

$$I(X,Y) = I_0 \exp\left\{\frac{-(X-X_{\mathrm{p}})^2-(Y-Y_{\mathrm{p}})^2}{(d_{\mathrm{p}}/2)^2}\right\} \tag{6.13}$$

ここで，d_{p} は粒子の画像上での大きさを表している．また，粒子の最大輝度 I_0 は，レーザ光シートの厚さ方向の光強度分布もガウス分布と仮定することで

$$I_0 = q \exp\left\{-\frac{{Z_{\mathrm{p}}}^2}{(\Delta z_0/2)^2}\right\} \tag{6.14}$$

と考える．ここで，Δz_0 はレーザ光シートの厚さ，q は画像上での粒子輝度最大値である．ここにあるように，トレーサ粒子のパラメータは画像上の大きさである画素単位で表す．

③ 粒子画像を生成するために，まず乱数によりトレーサ粒子の3次元位置を決定し，トレーサ粒子の輝度値パターン I を求める．つぎに，設定した速度場に基づいて粒子位置を変位させ，2時刻目の粒子位置を計算する．この粒子位置に対して，同様の手順で2時刻目画像の輝度値パターンを求める．これを必要な粒子個数になるまで繰り返していく．

(2) 可視化情報学会 VSJ-PIV 標準画像

上記の方法によってつくられた人工画像の例が，VSJ-PIV 標準画像（VSJ-PIV standard image）として公開されている．これは，①画像生成に多くのパラメータを含む，②解析結果の評価が容易である，③入手が容易であるといった条件を考慮し，可視化情報学会 PIV 標準化・実用化研究会によって公開されているものである．このVSJ-PIV 標準画像は，可視化情報学会の Web サイト（http://www.vsj.jp/~pivstd）から無料でダウンロードでき，誰でも利用できる．

6.3.2 人工画像を用いた解析例

人工画像の解析例として，画像解析手法に対する粒子径の影響の評価例を示す．本解析に用いた画像生成パラメータを下記にまとめる．

粒子個数	$N = 8000$
生成画像枚数	$K = 2$
画像時間間隔 [ms]	$T = 33.0$
レーザ光シート幅 [mm]	$L = 20$
平均粒子径 [pixel]	$P_{\mathrm{a}} = 1.0, 2.0, 3.0, 4.0, 5.0, 6.0, 7.0, 8.0, 9.0, 10.0$

粒子径標準偏差 [pixel] $P_{\mathrm{d}} = 2.0$
最小粒子径 [pixel] $P_{\min} = 1.0$

ここにあるように，平均粒子径以外は固定し，粒子径のみをパラメータとして変化させている．生成された人工画像の例と，設定されている速度分布を図 6.4 に示す．

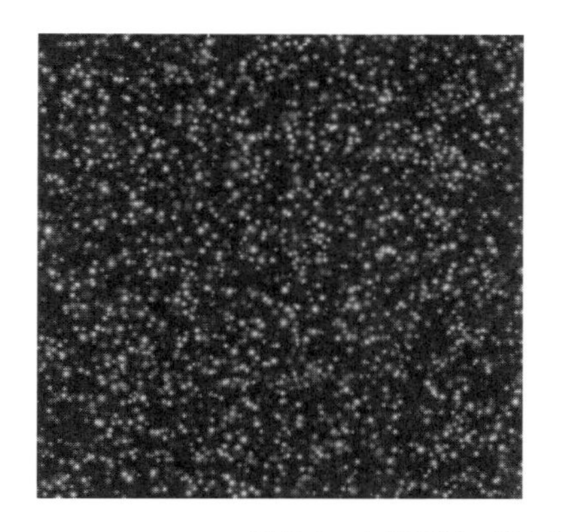
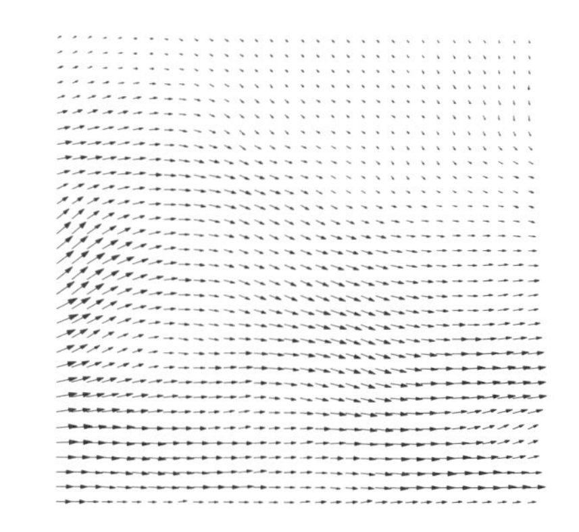

図 6.4 人工画像の例と設定した速度分布（正解値）

これらの人工画像を大量に生成し，その画像をもとに速度分布を求める．ここで用いた画像解析手法は，4.2.1 項で解説した直接相互相関法である．また，4.2.7 項(1)で説明したサブピクセル補間を実施して速度データを解析した場合についても評価した．なお，検査領域の大きさは 17×17 pixel とし，誤ベクトル除去などの後処理は実施していない．

この画像解析によって得られた速度分布を，正解値である図 6.4 の速度分布と比較することで解析手法を評価した．ここで，精度評価の指標 E としては，正解値と解析値の二乗誤差である RMS（root mean square）誤差を用いた．

$$E^2 = \frac{1}{N}\sum_{i=1}^{N}\left\{(u_{\mathrm{m}} - u_{\mathrm{t}})^2 + (v_{\mathrm{m}} - v_{\mathrm{t}})^2\right\} \tag{6.15}$$

ここで，u_{m}，v_{m}，u_{t}，v_{t} は，それぞれ解析により得られた X 方向，Y 方向の速度，正解の X 方向，Y 方向の速度である．本解析例によって得られた RMS 誤差の結果を，図 6.5 に粒子径をパラメータとして示す．なお，本解析例では 2 枚の画像間の時間間隔が一定であることから，RMS 誤差の単位としては速度ではなく，画像上の変位 [pixel] で整理している．

サブピクセル解析を行わない直接相互相関法のみの結果では，粒子径が 2 pixel 以上の範囲で約 0.5 pixel の誤差となっている．これは，誤ベクトルがほとんどみられ

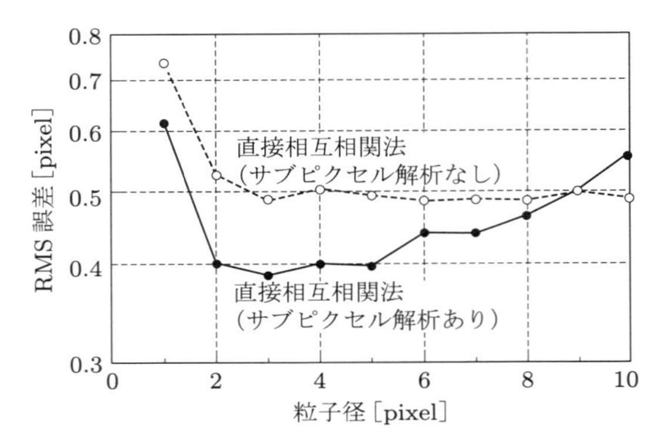

図 6.5　粒子径とサブピクセル解析の計測精度への影響

ず，画素単位であっても速度ベクトルが精度よく求められているためである．しかし，粒子径が 1 pixel と非常に小さい領域では誤差が大きくなっており，多数の誤ベクトルが現れていると考えられる．一方，サブピクセル補間を用いた方法では，相互相関係数をガウス分布に近似して画素単位以下の移動量を求めている．そのため，直接相互相関法のみの結果より誤差が小さくなっており，計測精度が改善されている．とくに，粒子径が 2〜3 pixel 程度のときがもっとも計測精度がよく，誤差が 0.3 pixel 程度と直接相互相関法より 20% 程度改善されている．これは，一般的な直接相互相関法において，粒子径が 2〜3 pixel 程度のときにもっとも精度がよいといわれていることとも一致している．なお，粒子径が 9 pixel 以上の大きな場合には，直接相互相関法より誤差が大きくなっている．これは，粒子径が大きいために相関係数分布が平坦になり，サブピクセル補間による誤差が増大したためと考えられる．また，ここで用いた人工画像は実際の画像に近いため，さまざまな要素が含まれた画像である．たとえば，流れのせん断も場所によりさまざまな値をとっているため，図 4.17 で解析されているような単一パラメータ解析に比べて，一般的には大きな RMS 誤差が出ることに注意されたい．

この解析例においては，粒子径を変化させて作成した人工準画像を用いて，直接相互相関法とサブピクセル補間（ガウス分布近似）の特性の定量評価を示した．

なお，これらの人工画像解析によって得られる結果を実験方法にフィードバックして，より精度が高くなるような PIV 画像（たとえば数密度や画像上の粒子径など）を実験により取得できる．このようにして，人工画像を有効に活用することが望ましい．本項で説明した例は，あくまでサンプルであり，それぞれの計測手法や画像条件などを基準として，誤差評価に反映されたい．

6.3.3 人工画像解析結果と不確かさ解析

前述のように，PIV 画像にはさまざまなパラメータが含まれている．画像中におけるトレーサ粒子の大きさや数密度，粒子の移動距離，面外方向の流入流出，回転やせん断といった流れ場のパラメータ，画像ノイズなどのさまざまなパラメータが既知の場合，人工画像解析によって，画像解析に起因する不確かさを予測することが可能となる．6.3.1 項に示した方法によって既知のパラメータを含んだ画像を生成し，正解値と比較することで，式(6.15)に従って RMS 誤差（E）を算出できる．

ここで算出された RMS 誤差（E）は，6.2.2 項における STEP2 のタイプ A 評価法に基づいた標準不確かさに相当する．なお，偏り誤差は，設定した条件で N 回解析を繰り返した場合，次式で見積もることができる．

$$B = \frac{1}{N}\sum_{i=1}^{N}(u_{\mathrm{m}} - u_{\mathrm{t}}) \tag{6.16}$$

人工画像の場合，正解値 u_{t} が既知であるので，偏り誤差の見積もりが可能となる．偏り誤差は上記の RMS 誤差と同様にタイプ A 評価法に基づいた標準不確かさに相当する．なお，6.4 節におけるサブピクセル精度の評価においては，この手法で不確かさを見積もっている．

6.2.1 項で述べたように，GUM に基づく不確かさ評価は，不可知である「真値」に頼らず不確かさを定義し，これの評価方法を定めている．したがって，「真値」を知ることができる人工画像に頼らなくても不確かさの解析は可能である．一方，複数のシステムの性能比較や性能の改善の効果を確かめる場合，流場の回転やせん断などの分布や画像の質を共通として，システムの評価を継続的に行うことは，技術の蓄積や客観的な評価基準を与えるという観点から考えると，人工画像，とくに標準画像を使用して評価することの意義は深い．

6.4 不確かさ解析の具体例

本節では，実際の PIV 計測における不確かさ解析の一例を示し，誤差の要因とその値の推定，最終結果に至るまでの伝播過程と得られる不確かさの評価について解説する．なお，本解析はあくまでも一例であり，それぞれの計測対象や計測条件に応じた解析を行う必要がある．ここで示す数値などはできるだけ合理的なものを用いているが，どのような場合にでも本解析例をそのまま適用できるわけではないことに注意されたい．

6.4.1 Step 1：測定量の定義

本項で取り上げる計測対象は，噴流による2次元自由励起振動流である．実験装置と測定系は図6.1で示したものである．作動流体の水は，ポンプによって矩形水槽（幅300 × 高さ300 × 奥行き50 mm^3）の側面に取り付けられた高さ20 mm，奥行き50 mmの矩形管から液面と平行に水槽内へ流入し，水槽底部の排水口から流出する．流入口平均流速は $U_0 = 400\,\mathrm{mm/s}$ である．上部は自由液面（水位 $h = 160\,\mathrm{mm}$）となっており，噴流と自由液面との干渉によって定在波が発生する．

計測にあたって，レーザ光シートは水槽側面から鉛直方向および噴流流れ方向に平行に照射し，トレーサ粒子像をシート面と直角方向から1台のCCDカメラで撮影した．解析手法として，回転と収差を考慮しないもっとも単純なピンホールカメラモデルに基づいた直接相互相関法を用い，カメラ校正は基準点間隔20 mmの基準点プレート（7.2.10項参照）を光シート面内に挿入し撮影する方法を採用した．計測に使

表6.4 計測に使用した機器および実験条件の一覧

照明	形式	Nd:YAG レーザ 20 mJ
	パルス間隔	$\Delta t = 2.4\,\mathrm{ms}$
	シート厚さ	1 mm
トレーサ粒子	材質・形状	ナイロン球形粒子
	平均粒径	0.050 mm
	粒径標準偏差	0.005 mm
	平均比重	1.02
	比重標準偏差	0.0005
カメラ	形式	TSI PIVCAM10-30
	レンズ	NIKON 60 mm マイクロレンズ $f/2.8$
	フレームレート	30 Hz
	露光時間	33 ms
	画素数	1008 × 1018 pixel
	セルサイズ	$9 \times 9\,\mu\mathrm{m}^2$
	開口比	0.6
	輝度レベル	8 bit（256階調）
撮影条件	撮影領域	$319 \times 327\,\mathrm{mm}^2$
	変換係数	$\alpha = 0.316\,\mathrm{mm/pixel}$（校正板の260 mm離れた2点間の距離（= 823 pixel）から算出）
	レンズからレーザ光シート面までの距離	$l_s = 1100\,\mathrm{mm}$
流路	容器サイズ	幅300 × 高さ300 × 奥行き50 mm^3
	水位	$h = 160\,\mathrm{mm}$
	流入口	高さ $20 \times 50\,\mathrm{mm}^2$
	流入口平均速度	$U_0 = 400\,\mathrm{mm/s}$
校正板	グリッド間隔	20 mm

表 6.5 計測パラメータ

解析アルゴリズム	直接相互相関法（4.2.1 項）
検査領域サイズ	$N \times N = 32 \times 32$ pixel（$10.1 \times 10.1\,\mathrm{mm}^2$）
探査領域サイズ	$N_\mathrm{s} \times N_\mathrm{s} = 15 \times 15$ pixel
計測点間隔	16 pixel（5.0 mm）
サブピクセル補間手法	ガウス分布 3 点補間（式(4.7)）
誤認ベクトル除去手法	相関係数しきい値，周辺ベクトルとの比較（5.1.3 項）
画像における平均粒子径	目視で 3 pixel 程度（粒子輝度をガウス分布と仮定した場合の標準偏差は約 1 pixel）
検査領域内の平均粒子数	50 個程度
取得ベクトル数	1792 個

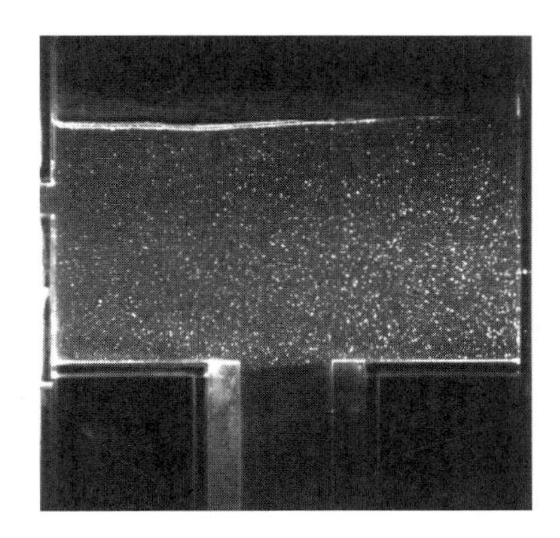

図 6.6 計測に際して撮影された粒子画像

用した主な機器を表 6.4 に，解析パラメータを表 6.5 に挙げる．粒子画像を図 6.6 に，計測された速度ベクトルを図 6.7 に示す．

本計測では容器内の大規模な循環流の非定常挙動を捉えるため，不確かさ解析の対象とする測定量を流入口中心軸上 270 mm 下流（時間平均速度 $V = 80\,\mathrm{mm/s}$，平均粒子変位 $\overline{\Delta X} = U\Delta t/\alpha = 0.608$ pixel，変動速度 $v_\mathrm{RMS} = 35\,\mathrm{mm/s}$）における瞬時の鉛直方向（$y$）速度成分 v とする（図 6.1 参照）．測定される速度が式(6.1)に従うとすれば，v は次式に基づいて決定される．

$$v = \alpha \frac{\Delta X}{\Delta t} + \delta v \tag{6.17}$$

ここで，ΔX は粒子変位ベクトルの y 方向成分，δv はトレーサ粒子と流体の速度差とする．各不確かさ要因は表 6.1 に挙げた項目とする．

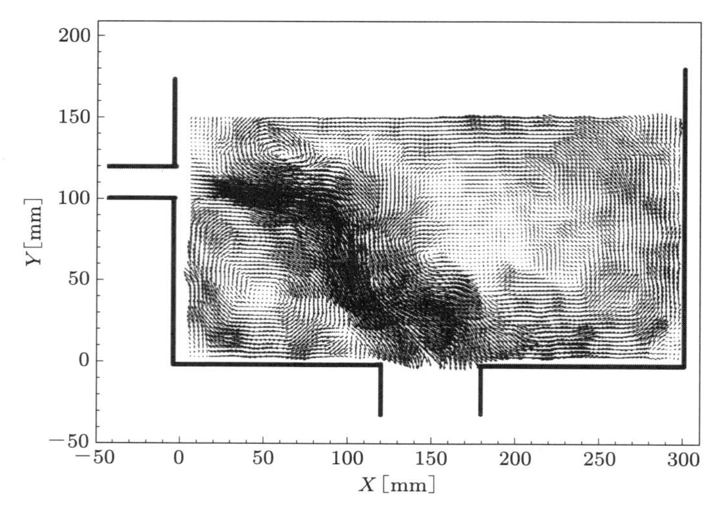

図 6.7　計測された瞬時速度ベクトル

6.4.2　Step 2：標準不確かさの推定

ここでは，各不確かさ要因の推定値を求める．式(6.17)の入力量 α，ΔX，Δt および δv をそれぞれ x_i $(= x_1 \sim x_4)$ とし，x_i の標準不確かさを $u(x_i)$ とする．さらに，$u(x_i)$ に寄与する j 番目の不確かさ要因の標準不確かさを $u(x_{i,j})$ とするとき，$u(x_i)$ は次式で与えられる．

$$u^2(x_i) = \sum_{j=1}^{N_i} c_{i,j}^2 u^2(x_{i,j}) \tag{6.18}$$

ここで，N_i は i 番目の入力量に寄与する不確かさ要因の数，$c_{i,j} = \partial x_i / \partial x_{i,j}$ は i 番目の入力量に寄与する j 番目の不確かさ要因の感度係数である．すなわち，各不確かさ要因 $u(x_{i,j})$ に感度係数 $c_{i,j}$ を乗じることで，その不確かさが伝搬する入力量の不確かさが求められる．

(1) α の標準不確かさ

画像座標における「長さ」から物体空間における「長さ」を求めるための変換係数 α は，基準スケールの物理的な長さ $l = 260\,\mathrm{mm}$ を，それが撮影された画像における長さ $L = 823\,\mathrm{pixel}$ で除した $\alpha = l/L$ である．これから，l の α に対する感度係数は

$$c_l = \frac{\partial \alpha}{\partial l} = \frac{1}{L} \tag{6.19}$$

であり，L の α に対する感度係数はつぎのようになる．

$$c_L = \frac{\partial \alpha}{\partial L} = -\frac{l}{L^2} \tag{6.20}$$

1）基準スケーリング

● **像長さ**　基準スケールの画像における長さ L [pixel] はコンピュータディスプレイ上に映し出された基準スケール画像の 2 箇所の格子点に目視でカーソルを合わせて画素単位での位置を読み取ったものである．このとき，各格子点の位置は ±0.5 pixel の限界をもつ一様分布で表される不確かさをもつと考えられる．そのときの標準不確かさは $0.5\,\text{pixel}/\sqrt{3} = 0.29\,\text{pixel}$ となる．これを二つの格子点について行ったので，総和としての標準不確かさは $u(L_1) = (2 \times 0.29^2)^{1/2} = 0.41\,\text{pixel}$ である．感度係数は $c_{L_1} = \partial\alpha/\partial L = -l/L^2 = -260/823^2 = -3.84 \times 10^{-4}\,\text{mm/pixel}^2$ である．

● **物理的位置**　基準スケールの物理的な長さ l の不確かさは基準スケールの加工精度に依存する．基準スケールの製造会社から得た加工精度の値は 20 μm であったので，l の推定値からの偏差が ±20 μm の区間内に一様分布すると考え，標準不確かさ $u(l_1) = 0.02\,\text{mm}/\sqrt{3} = 0.012\,\text{mm}$ となる．感度係数は $c_{l_1} = \partial\alpha/\partial l = 1/L = 1/823 = 1.22 \times 10^{-3}$ [1/pixel] である．

● **対座標軸非平行度**　基準スケールは y 軸に対して平行になるように設置しなければならない．y 軸は流路側壁と平行であるため，基準スケールも流路側壁に平行であることが求められる．基準スケールの流路側壁に対する角度を θ_1 とすれば，基準スケールの像長さは $L\theta_1^2$ 程度短くなる．本測定では標準不確かさ $u(\theta_1) = 0.035\,\text{rad}$ $(= 2°)$ 程度と見積もられた．変換係数は $\alpha = 1/(L - L\theta_1^2)$ とおけるので，感度係数 $c_{\theta_1} = \partial\alpha/\partial\theta = 2l\theta/L = 0.022\,\text{mm/pixel}$ となる．

2）撮像系

● **レンズひずみ**　レンズひずみとはレンズ収差によって画像がひずむことである．画像のひずみにより，画像中の異なる場所における局所的なレンズ倍率にわずかな差異が生じ，基準スケールの像長さ L の不確かさに寄与する．実測の結果，レンズひずみは標準偏差として 0.5% 程度であった．よって，標準不確かさは $u(L_2) = 0.005L = 4.1\,\text{pixel}$ となる．感度係数は $c_{L_2} = \partial\alpha/\partial L = -l/L^2 = -260/823^2 = -3.84 \times 10^{-4}\,\text{mm/pixel}^2$ である．

● **CCD 素子ひずみ**　CCD 上の各画素の物理的な間隔は製作上の加工誤差により完全に一定ではなく，基準スケールを撮影する画像中の位置の違いにより L に差異が生じる．画素サイズの誤差は 0.0056 pixel という報告[5]があり，これを画素間隔の平均値からの偏差が ±0.0056 pixel の区間に一様分布すると解釈すれば，各画素の位置の標準不確かさは $0.0056\,\text{pixel}/\sqrt{3} = 0.0032\,\text{pixel}$ である．この不確かさは基準スケールの二つの格子点の像位置について独立に寄与するので，総和としての標準不確かさは $u(L_3) = (2 \times 0.0032^2)^{1/2} = 0.0045\,\mathrm{pixel}$ である．感度係数は $c_{L_3} = \partial\alpha/\partial L = -l/L^2 = -260/823^2 = -3.84 \times 10^{-4}\,\mathrm{mm/pixel^2}$ である．

● **CCD 素子の開口比**　開口比は画像における2点間距離 L に誤差を与えると考えられる[6]が，その不確かさは前述の「像長さ」に含まれる．

● **CCD 暗電流**　CCD 暗電流は画像に付加されたノイズを意味し，画像における2点間距離 L に不確かさを与えると考えられる[6]が，その不確かさは前述の「像長さ」に含まれる．

● **光軸非直角度**　CCD カメラの光軸が校正板面に対して垂直になるよう設置したが，目測で作業を行ったため，相応の不確かさを生じる．本測定では光軸角度の不確かさは $u(\theta_2) = 0.035\,\mathrm{rad}$（$= 2^\circ$）程度と見積もられた．これにより，校正に用いた2点間の距離 l が $l\theta_2^2$ 程度小さく見える（図6.8参照）．変換係数は $\alpha = (l - l\theta_2^2)/L$ とおけるので，感度係数 $c_\theta = \partial\alpha/\partial\theta_2 = -2l\theta_2/L = -0.022\,\mathrm{mm/pixel}$ となる．

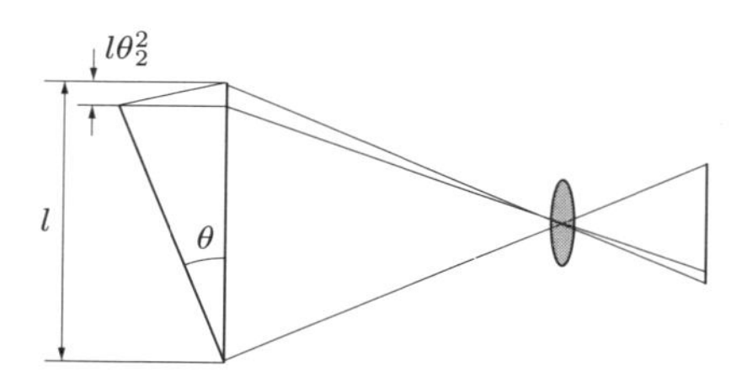

図6.8　光軸非直角度 θ に起因した l の誤差

● **被写界深度**　計測領域は校正板上の2次元平面で光軸方向に幅をもたないため，被写界深度の影響はない．

● **背景ノイズ**　背景ノイズは画像における2点間距離 L に不確かさを与えると考えられる[6]が，その不確かさは前述の「像長さ」に含まれる．

● **標本化**　標本化は画像における2点間距離 L に不確かさを与えると考えられる[6]が，その不確かさは前述の「像長さ」に含まれる．

3）記録系

● **フレームグラバのサンプリング周波数のジッタ**　これは，CCD カメラから出力される映像信号がアナログの場合，画像取り込みボードでこれを読み取る際に生じる時間的ジッタに起因するものであるが，本計測ではディジタル出力の CCD カメラを用いているので，画像取り込みに伴う水平方向の位置ずれはないと考える．

4）照明

● **レーザ光シートの照射位置**　レーザ光シート面と校正板の位置は目視で合わせたため，レーザ光シートに垂直な方向に最大で 0.5 mm 程度のずれが生じた．すなわち，$\pm 0.5\,\mathrm{mm}$ の限界をもつ一様分布で表される不確かさをもつとすれば，標準不確かさは $u(\Delta z_\mathrm{s}) = 0.5\,\mathrm{mm}/\sqrt{3} = 0.29\,\mathrm{mm}$ である．これにより，校正に用いた 2 点間の距離 l は不確かさ $l\Delta z_\mathrm{s}/l_\mathrm{s}$ を含むことになる（図 6.9 参照）．ここで，l_s はレンズ主面からレーザ光シート面までの距離（$=1100\,\mathrm{mm}$）である．したがって，変換係数 $\alpha = (l + l\Delta z_\mathrm{s}/l_\mathrm{s})/L$ であり，感度係数 $c_{\Delta z_\mathrm{s}} = \partial\alpha/\partial\Delta z_\mathrm{s} = l/(Ll_\mathrm{s}) = 2.87 \times 10^{-4}$ [1/pixel] となる．

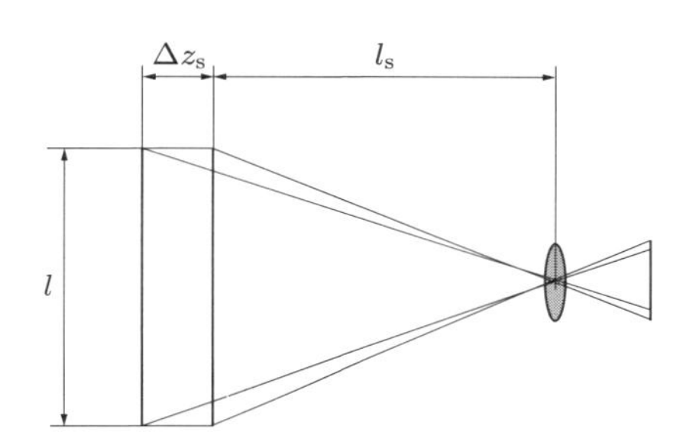

図 6.9　レーザ光シートの照射位置に起因した l の誤差

(2) ΔX の標準不確かさ

1）照明

● レーザ強度の時間・空間的変動　レーザ光シートの光強度は時間的に変動を伴う場合が多い．さらに，光シートを形成するためのレンズや流路と外部を隔てる光学窓に傷や汚れがある場合には，光シートにスジがはいるなどして空間的に一様でなくなる．このような時間・空間的変動は検出される粒子変位の不確かさ要因となるが，後述の「二時刻間での粒子輝度の変化」に含まれるので，ここでは考えない．

2）撮像系

● レンズひずみ　前述 α のレンズひずみの項で述べたとおり，レンズひずみは標準偏差として 0.5% 程度であった．よって，標準不確かさは $u(\Delta X_1) = 0.005\Delta X = 0.005 \times 0.608\,\mathrm{pixel} = 0.0030\,\mathrm{pixel}$ となる．感度係数は $c_{\Delta X_1} = 1$ である．なお，前述の α の不確かさにはすでにレンズひずみによる不確かさが含まれているが，基準スケールを設置した画像中での位置と，速度を計測する位置は同一とは限らないので，それぞれの不確かさは独立と考えるべきである．

● CCD 素子ひずみ　前述 α の CCD 素子ひずみの項で述べたとおり，各画素の位置の標準不確かさは $0.0056\,\mathrm{pixel}/\sqrt{3} = 0.0032\,\mathrm{pixel}$ である．この不確かさが 1 時刻目と 2 時刻目の粒子の位置に独立に含まれるので，総和としての標準不確かさは $u(\Delta X_2) = (2 \times 0.0032^2)^{1/2} = 0.0045\,\mathrm{pixel}$ である．感度係数は $c_{\Delta X_2} = 1$ である．

上記のレンズひずみと同様に，前述 α の CCD 素子ひずみの不確かさとは独立である．

- **CCD 素子の開口比**　開口比はサブピクセル解析精度に影響を与え，開口比および画像における粒子径が大きいほどその不確かさは小さくなる[6]．これによる不確かさは後述の「粒子群変位検出」に含まれる．
- **CCD 暗電流**　CCD 暗電流は画像に付加されたノイズを意味し，サブピクセル解析精度に影響を与えるが，これによる不確かさは後述の「粒子群変位検出」に含まれる．
- **光軸非直角度**　本測定では速度の y 方向成分を測定するので，CCD カメラの光軸と y 軸は垂直でなければならないが，光軸と y 軸の角度の不確かさは，前述の「対座標軸非平行度」と「光軸非直角度」に含まれる．
- **被写界深度**　被写界深度によってレーザ光シート面に対して垂直方向に粒子が移動する場合には粒子像がデフォーカスされてその画像上での大きさが変化するが，粒子の中心位置は変化しないので，粒子変位の計測結果には影響を与えない．
- **背景ノイズ**　背景ノイズはサブピクセル解析精度に影響を与えるが，これによる不確かさは後述の「粒子群変位検出」に含まれる．
- **標本化**　標本化誤差は後述の「粒子群変位検出」の不確かさに含まれる．

3）記録系

- **フレームグラバのサンプリング周波数のジッタ**　本計測ではディジタル出力の CCD カメラを用いているので，ここでは考えない．

4）流れの3次元性

- **レーザ光シート厚さ**　レーザ光シート厚さが薄く面外速度成分によって Δz が大きい場合には，画像から粒子が消失して相関係数の低下や誤対応を引き起こすが，Δz はシート厚さの 1/4 以下であれば計測精度に大きく影響しないことが知られている[7]．Δz を後述の「透視投影」と同様に見積もると $\Delta z = 0.084\,\mathrm{mm}$ となり，レーザ光シート厚さの 1/4（$= 0.25\,\mathrm{mm}$）よりも小さく，不確かさは無視し得る．

5）画像解析

- **粒子群変位検出**　粒子変位の算出においては，1 pixel 以下の分解能で相関係数ピークの位置を推定するサブピクセル補間が行われる．サブピクセル精度は，4.2.7 項で説明したようにトレーサ粒子径や CCD 素子開口比，粒子密度，速度勾配など多くのパラメータに依存するが，各パラメータを分離して独立に誤差を評価することは難しい．そのため，ここでは本計測におけるこれらパラメータの値をもとに，6.3.3 項の人工画像によるシミュレーションを行い，粒子変位の不確かさを推定した．その結果，標準偏差は 0.033 pixel，偏りは ± 0.017 pixel の区間で一様分布であった．よって，粒子群変位検出の偶然効果および系統効果による標準不確かさはそれぞれ

$u(\Delta X_3) = 0.033\,\text{pixel}$，$u(\Delta X_4) = 0.017\,\text{pixel}/\sqrt{3} = 0.0098\,\text{pixel}$ となる．感度係数は $c_{\Delta X_3} = c_{\Delta X_4} = 1$ である．

- **二時刻間での粒子輝度の変化**　単一粒子の散乱光強度が 2 時刻間で異なり，かつ隣り合う粒子が部分的に重なっている場合には，粒子変位の検出におおむね 0.1 pixel 程度の RMS 誤差を生じることが報告されている[8]．二時刻間での粒子輝度値の差異は，粒子がレーザ光シートを横切る方向に移動することで顕著となり，乱流場を対象とする本測定においても無視し得ない．これによる粒子変位の不確かさは $u(\Delta X_5) = 0.1\,\text{pixel}$ となる．感度係数は $c_{\Delta X_5} = 1$ である．
- **誤ベクトル**　画素単位の PIV 解析において，正答以外の粒子パターンに対応づけがなされた場合，比較的大きな誤差が生じる．粒子像の消失や粒子パターンの変形や回転が，誤差発生の主な原因と考えられているが，画像の質や粒子像の直径により，誤ベクトル出現頻度に差が出るという報告がある[9]．一般的な可視化実験において，十分に実験が管理されている場合，この要因による平均誤差（RMS 値）は，0.1 pixel 程度である[9]．よって，標準不確かさは $u(\Delta X_6) = 0.1\,\text{pixel}$ となる．感度係数は $c_{\Delta X6} = 1$ である．
- **空間周波数（検査領域によるスムージング）**　相互相関法 PIV では，検査領域に含まれる粒子の平均的な移動量を計測するため，たとえば検査領域の中に含まれるような小さな渦運動を解像することはできない．すなわち，速度の空間周波数（spatial frequency）が高くなるほど計測される速度は低く見積もられる．空間波長 l pixel の空間変動がある空間に対して，任意区間 $[-N/2,\ N/2]$ における速度の平均値を計測値とすれば，真の速度に対する計測値のゲイン関数 G は次式で表される．

$$G = \left| \frac{\sin(\pi N/\lambda)}{\pi N/\lambda} \right| \tag{6.21}$$

空間波長 λ が検査領域幅 N と等しい場合には計測値のゲインはゼロであるが，空間波長が増大するにつれてゲインも拡大し，たとえば，検査領域幅よりも 4 倍大きな速度変動に対しては真の速度変動に対する 90% 程度の速度変動として計測されることがわかる．

本計測における容器内循環の空間スケールを水深程度とすると，$\lambda = 160\,\text{mm}$（画像上では 506 pixel）であり，また，検査領域幅は $N = 32\,\text{pixel}$ であるので，これを式(6.21)に代入すれば $G = 0.993$ を得る．一方，より小さなスケールの渦構造を抽出する場合には計測される振幅はさらに減衰する．しかし，乱流エネルギーの大部分は大規模渦に含有されるため，不確かさの大部分は大規模渦による速度変動に含まれると考えられる．よって，上記 G の割合で速度が小さく見積もられたと考えれば，標準

不確かさは $u(v_1) = (1 - G)V = 0.993 \times 80\,\mathrm{mm/s} = 0.56\,\mathrm{mm/s}$ となる．感度係数は $c_{v_1} = \Delta t/\alpha = 7.59 \times 10^{-3}\,\mathrm{s}{\times}\mathrm{pixel/mm}$ である．

● **透視投影**　光軸と視線（レンズ主点から計測点を結ぶ直線）のなす角度 θ_n は $\theta_n = \tan^{-1}(\alpha R/l_\mathrm{s}) = 0.118\,\mathrm{rad}$ であった．ここで，R は画像中心から計測点までの画像上での距離（$= 411\,\mathrm{pixel}$），l_s はレンズ主面からレーザ光シート面までの距離（$=1100\,\mathrm{mm}$）である．このとき，見かけの粒子変位の光シート面に平行な成分 v_m は，真の粒子変位の光シート面に平行な成分を v，垂直な成分（面外変位）を w とすれば，$v_\mathrm{m} = v + w\tan\theta_n$ で表される（式(7.17)参照）．よって，標準不確かさは $u(v_2) = w_\mathrm{RMS}\tan\theta_n$ となる．本計測において面外速度成分の RMS 値 w_RMS は計測点における速度変動 v_RMS（$= 35\,\mathrm{mm/s}$）と同程度と見積もられるので $u(v_2) = 4.1\,\mathrm{mm/s}$ である．感度係数は $c_{v_2} = \Delta t/\alpha = 7.59 \times 10^{-3}\,\mathrm{s}{\times}\mathrm{pixel/mm}$ である．

(3) Δt の標準不確かさ

1）コントローラ

● **ディレイジェネレータのトリガパルス時間間隔**　画像時間間隔はレーザ光シートの発光時間間隔と等しく，レーザの発光タイミングを制御するディレイジェネレータなどの時間的精度に依存する．ディレイジェネレータの出力する二つのパルス間隔の誤差は，カタログ上 2 ns と記述されていたので，パルス間隔がその推定値 ±2 ns の区間に一様に分布すると解釈すれば，標準不確かさを $u(\Delta t_1) = 2{\times}10^{-9}\mathrm{s}/\sqrt{3} = 1.2{\times}10^{-9}\,\mathrm{s}$ とする．感度係数は $c_{\Delta t_1} = 1$ である．

2）照明

● **発光ジッタ**　Nd:YAG レーザの Q スイッチにトリガ信号を与える場合には，信号が与えられてから発光するまでの時間ジッタも誤差に含む必要がある．Nd:YAG レーザ内部の遅延回路の時間ジッタが ±0.5 ns の限界をもつ一様分布で表される不確かさをもつとすれば，標準不確かさを $u(\Delta t_2) = 0.5 \times 10^{-9}\,\mathrm{s}/\sqrt{3} = 0.29 \times 10^{-9}\,\mathrm{s}$ とする．感度係数は $c_{\Delta t_2} = 1$ である．

(4) δv の標準不確かさ

1）流体への追随性（加速度応答）

トレーサ粒子は，その流れ場の時間スケールが長いほどよく追随する．このため，追随性を議論する際には流れの時間スケールを概算しておく必要がある．容器内循環流の時間スケールは自励振動の周期として $T_0 = 0.625\,\mathrm{s}$ であり，この逆数（$1/T_0 = 1.6\,\mathrm{Hz}$）が周波数スケールとなる．これに基づいて液体用トレーサの周波数応答について記載された図 2.19 から粒径 50 μm，比重 1.02 の粒子の振幅比を求めると，その値は約 0.9999 程度である．これは，真の流速に対して計測される流速が $1 - 0.9999 = 1 \times 10^{-4}$ 倍程度になることを意味し，その値は流速に依存する．よって，不確かさがもっとも大きくなると思われる最大速度 $V_{\max}$ における値を系統効果による標準不確かさ $u(\delta v_1)$ とすれば，$u(\delta v_1) = 1 \times 10^{-4} V_{\max} = 0.015\,\mathrm{mm/s}$ として推定できる．ここで，本計測点における最大速度を $V_{\max} = V + 2v_{\mathrm{RMS}} = 150\,\mathrm{mm/s}$ とする．一方，偶然効果による標準不確かさは粒子の直径や比重のばらつきに依存する．粒径の標準偏差は 0.05 mm であるので，平均粒径 $\pm 2 \times 0.05\,\mathrm{mm}$ の範囲に 95% の粒子が存在するとすれば，それに対応する振幅比の範囲は図 2.19 から 0.9999 〜1.0 となる．この幅（$1 - 0.9999 = 1 \times 10^{-4}$）を一様分布の限界区間とすれば，偶然効果による標準不確かさは $u(\delta v_2) = 1 \times 10^{-4} U_{\max}/2\sqrt{3} = 0.0043\,\mathrm{mm/s}$ となる．感度係数は $c_{\delta v_1} = c_{\delta v_2} = 1$ である．

2）流体への追随性（重力沈降）

粒子の沈降速度は図 2.21 から $u(\delta v_3) = 0.05\,\mathrm{mm/s}$ 程度であり，これは鉛直方向の速度成分にのみ加わる．感度係数は $c_{\delta v_3} = 1$ である．

6.4.3 Step 3：不確かさの合成

前項で各不確かさ要因の標準不確かさを推定したので，式(6.18)に基づいて入力量 α，ΔX，Δt および δv の標準不確かさを次式のとおり求める．

$$
\begin{aligned}
u(\alpha) &= \left\{c_{L_1}^2 u^2(L_1) + c_{l_1}^2 u^2(l_1) + c_{\theta_1}^2 u^2(\theta_1) + c_{L_2}^2 u^2(L_2)\right. \\
&\qquad \left. + c_{L_3}^2 u^2(L_3) + c_{\theta_2}^2 u^2(\theta_2) + c_{\Delta z_{\mathrm{s}}}^2 u^2(\Delta z_{\mathrm{s}})\right\}^{1/2} \\
&= \left\{(-3.84 \times 10^{-4}\,\mathrm{mm \cdot pixel^{-2}})^2 (0.41\,\mathrm{pixel})^2\right. \\
&\qquad + (1.22 \times 10^{-3}\,\mathrm{pixel^{-1}})^2 (1.2 \times 10^{-2}\,\mathrm{mm})^2 \\
&\qquad + (2.2 \times 10^{-2}\,\mathrm{mm \cdot pixel^{-1}})^2 (0.035\,\mathrm{rad})^2 \\
&\qquad + (-3.84 \times 10^{-4}\,\mathrm{mm \cdot pixel^{-2}})^2 (4.1\,\mathrm{pixel})^2 \\
&\qquad + (-3.84 \times 10^{-4}\,\mathrm{mm \cdot pixel^{-2}})^2 (4.5 \times 10^{-3}\,\mathrm{pixel})^2 \\
&\qquad + (-2.2 \times 10^{-2}\,\mathrm{mm \cdot pixel^{-1}})^2 (0.035\,\mathrm{rad})^2 \\
&\qquad \left. + (2.87 \times 10^{-4}\,\mathrm{pixel^{-1}})^2 (0.29\,\mathrm{mm})^2\right\}^{1/2} \\
&= 1.92 \times 10^{-3}\,\mathrm{mm/pixel}
\end{aligned}
$$

$$\begin{aligned}
u(\Delta X) &= \left\{c_{\Delta X_1}^2 u^2(\Delta X_1) + c_{\Delta X_2}^2 u^2(\Delta X_2) + c_{\Delta X_3}^2 u^2(\Delta X_3)\right.\\
&\quad + c_{\Delta X_4}^2 u^2(\Delta X_4) + c_{\Delta X_5}^2 u^2(\Delta X_5) + c_{\Delta X_6}^2 u^2(\Delta X_6)\\
&\quad \left.+ c_{v_1}^2 u^2(v_1) + c_{v_2}^2 u^2(v_2)\right\}^{1/2}\\
&= \left\{1^2 \cdot (0.0030\,\mathrm{pixel})^2 + 1^2 \cdot (0.0045\,\mathrm{pixel})^2 + 1^2 \cdot (0.033\,\mathrm{pixel})^2\right.\\
&\quad + 1^2 \cdot (0.0098\,\mathrm{pixel})^2 + 1^2 \cdot (0.1\,\mathrm{pixel})^2 + 1^2 \cdot (0.1\,\mathrm{pixel})^2\\
&\quad + (7.59 \times 10^{-3}\,\mathrm{s \cdot pixel/mm})^2 (0.56\,\mathrm{mm/s})^2\\
&\quad \left.+ (7.59 \times 10^{-3}\,\mathrm{s \cdot pixel/mm})^2 (4.1\,\mathrm{mm/s})^2\right\}^{1/2}\\
&= 1.49 \times 10^{-1}\,\mathrm{pixel}
\end{aligned}$$

$$\begin{aligned}
u(\Delta t) &= \left\{c_{\Delta t_1}^2 u^2(\Delta t_1) + c_{\Delta t_2}^2 u^2(\Delta t_2)\right\}^{1/2}\\
&= \left\{1^2 \cdot (1.2 \times 10^{-9}\,\mathrm{s})^2 + 1^2 \cdot (0.29 \times 10^{-9}\,\mathrm{s})^2\right\}^{1/2}\\
&= 1.23 \times 10^{-9}\,\mathrm{s}
\end{aligned}$$

$$\begin{aligned}
u(\delta v) &= \left\{c_{\delta v_1}^2 u^2(\delta v_1) + c_{\delta v_2}^2 u^2(\delta v_2) + c_{\delta v_3}^2 u^2(\delta v_3)\right\}^{1/2}\\
&= \left\{1^2 \cdot (0.015\,\mathrm{mm/s})^2 + 1^2 \cdot (0.0043\,\mathrm{mm/s})^2 + 1^2 \cdot (0.05\,\mathrm{mm/s})^2\right\}^{1/2}\\
&= 0.052\,\mathrm{mm/s}
\end{aligned}$$

以上の標準不確かさを表 6.7 にまとめる．つぎに，各入力量の標準不確かさに基づいて合成標準不確かさを求める．合成標準不確かさは次式で得られる．

$$u^2(v) = \sum_{i=1}^{n} c_i^2 u^2(x_i) \tag{6.22}$$

ここで，n は入力量の個数，$c_i = \partial v/\partial x_i$ は i 番目の入力量の感度係数である．すなわち，i 番目の入力量の不確かさ $u(x_i)$ に i 番目の入力量の感度係数 c_i を乗じることで，不確かさ解析の対象とする測定量の不確かさである合成標準不確かさが求められる．式(6.18)の各入力量の感度係数を下記のとおり求める．

$$c_\alpha = \left.\frac{\partial v}{\partial \alpha}\right|_{\Delta X = \overline{\Delta X}} = \frac{\overline{\Delta X}}{\Delta t} = \frac{0.608\,\mathrm{pixel}}{2.4 \times 10^{-3}\,\mathrm{s}} = 253\,\mathrm{pixel/s}$$

$$c_{\Delta X} = \frac{\partial v}{\partial \Delta X} = \frac{\alpha}{\Delta t} = \frac{0.316\,\mathrm{mm/pixel}}{2.4 \times 10^{-3}\,\mathrm{s}} = 132\,\mathrm{mm/(s{\cdot}pixel)}$$

$$c_{\Delta t} = \left.\frac{\partial v}{\partial \Delta t}\right|_{\Delta X=\overline{\Delta X}} = -\frac{\alpha\overline{\Delta X}}{\Delta t^2} = \frac{0.316\,\mathrm{mm/pixel}\cdot 0.608\,\mathrm{pixel}}{(2.4\times 10^{-3}\,\mathrm{s})^2}$$
$$= 3.3\times 10^4\,\mathrm{mm/(s^2{\cdot}pixel)}$$
$$c_{\delta v} = \frac{\partial v}{\partial \delta v} = 1$$

以上に基づき，合成標準不確かさ $u_\mathrm{c}(v)$ は，

$$u_\mathrm{c}(v) = \left\{c_\alpha^2 u^2(\alpha) + c_{\Delta X}^2 u^2(\Delta X) + c_{\Delta t}^2 u^2(\Delta t) + c_{\delta v}^2 u^2(\delta v)\right\}^{1/2}$$
$$= \Bigl\{(253\,\mathrm{pixel/s^2})\cdot(1.92\times 10^{-3}\,\mathrm{mm/pixel})^2$$
$$+ (132\,\mathrm{mm/(s{\cdot}pixel)})^2\cdot(1.49\times 10^{-1}\,\mathrm{pixel})^2$$
$$+(3.3\times 10^4\,\mathrm{mm/(s^2{\cdot}pixel)})^2(1.23\times 10^{-9}\,\mathrm{s})^2 + 1^2\cdot(0.052\,\mathrm{m/s})^2\Bigr\}^{1/2}$$
$$= 19.7\,\mathrm{mm/s}$$

となり，対応する相対合成標準不確かさ $u_\mathrm{c}(v)/V$ は，

$$\frac{u_\mathrm{c}(v)}{V} = \frac{19.7\,\mathrm{mm/s}}{80\,\mathrm{mm/s}} = 0.246\ (= 24.6\%)$$

で与えられる．相対合成標準不確かさは比較的大きな値であるが，これは，計測範囲を水槽全域とし，流入口平均流速 U_0 を計測可能な最大速度として Δt などの計測パラメータを設定したため，平均速度の小さい本計測点においては不確かさが相対的に大きくなった．実際，流入口平均速度に対する不確かさは，

$$\frac{u_\mathrm{c}}{U_0} = \frac{19.7\,\mathrm{mm/s}}{400\,\mathrm{mm/s}} = 0.049\ (= 4.9\%)$$

であり，比較的高い精度で計測が行われているといえる．

6.4.4 Step 4：不確かさの表現

約 95% の信頼の水準をもつ区間を与える拡張不確かさは，すべての標準不確かさの有効自由度が十分大きいとすれば，次式で与えられる．

$$U_{95}(v) = k_{95}u_\mathrm{c}(v) = 2\cdot 19.7\,\mathrm{mm/s} = 39.4\,\mathrm{mm/s}$$

ここで，k_{95} は自由度 ∞ に対する t 分布に基づく包含係数（$= 2$）である．

表 6.6 標準不確かさの推定

標準不確かさ成分 $u(x_i)$	$u(x_{i,j})$	不確かさ要因	標準不確かさの値 $u(x_{i,j})$	感度係数 $c_{i,j} \equiv \partial x_i/\partial x_{i,j}$		$u_j(x_i) \equiv \lvert c_{i,j}\rvert u(x_{i,j})$
$u(\alpha)$		校正				
	$u(L_1)$	像長さ	0.41 pixel	c_{L_1}	-3.84×10^{-4} mm/pixel^2	1.57×10^{-4} mm/pixel
	$u(l_1)$	物理的長さ	0.012 mm	c_{l_1}	1.22×10^{-3} 1/pixel	1.46×10^{-5} mm/pixel
	$u(\theta_1)$	対座標軸非平行度	0.035 rad	c_{θ_1}	0.022 mm/pixel	7.70×10^{-4} mm/pixel
	$u(L_2)$	レンズひずみ	4.1 pixel	c_{L_2}	-3.84×10^{-4} mm/pixel^2	1.57×10^{-3} mm/pixel
	$u(L_3)$	CCD 素子ひずみ	0.0045 pixel	c_{L_3}	-3.84×10^{-4} mm/pixel^2	1.73×10^{-6} mm/pixel
	$u(\theta_2)$	光軸非直角性	0.035 rad	c_{θ_2}	-0.022 mm/pixel	7.70×10^{-4} mm/pixel
	$u(\Delta z_s)$	レーザ光シートの照射位置	0.29 mm	$c_{\Delta z_s}$	2.87×10^{-4} 1/pixel	8.32×10^{-5} mm/pixel
$u(\Delta X)$		粒子変位				
	$u(\Delta X_1)$	レンズひずみ	0.0030 pixel	$c_{\Delta X_1}$	1	3.00×10^{-3} pixel
	$u(\Delta X_2)$	CCD 素子ひずみ	0.0045 pixel	$c_{\Delta X_2}$	1	4.50×10^{-3} pixel
	$u(\Delta X_3)$	粒子群変位検出（偶然効果）	0.033 pixel	$c_{\Delta X_3}$	1	3.30×10^{-2} pixel
	$u(\Delta X_4)$	粒子群変位検出（系統効果）	0.0098 pixel	$c_{\Delta X_4}$	1	9.80×10^{-3} pixel
	$u(\Delta X_5)$	二時刻間での粒子輝度の変化	0.1 pixel	$c_{\Delta X_5}$	1	1.00×10^{-1} pixel
	$u(\Delta X_6)$	誤ベクトル	0.1 pixel	$c_{\Delta X_6}$	1	1.00×10^{-1} pixel
	$u(v_1)$	検査領域によるスムージング	0.56 mm/s	c_{v_1}	7.59×10^{-3} s·pixel/mm	4.25×10^{-3} pixel
	$u(v_2)$	透視投影	4.1 mm/s	c_{v_2}	7.59×10^{-3} s·pixel/mm	3.11×10^{-2} pixel
$u(\Delta t)$		時間間隔				
	$u(\Delta t_1)$	トリガパルス時間間隔	1.2×10^{-9} s	$c_{\Delta t_1}$	1	1.20×10^{-9} s
	$u(\Delta t_2)$	発光ジッタ（系統効果）	0.29×10^{-9} s	$c_{\Delta t_2}$	1	2.90×10^{-10} s
$u(\delta v)$		追随性				
	$u(\delta v_1)$	流体への追随性（加速度応答）（系統効果）	0.015 mm/s	$c_{\delta v_1}$	1	1.50×10^{-2} mm/s
	$u(\delta v_2)$	流体への追随性（加速度応答）（偶然効果）	0.0043 mm/s	$c_{\delta v_2}$	1	4.30×10^{-3} mm/s
	$u(\delta v_3)$	流体への追随性（重力沈降）	0.05 mm/s	$c_{\delta v_3}$	1	5.00×10^{-2} mm/s

6.4.5 不確かさの評価

それぞれの不確かさ要因に起因する標準不確かさおよび最終的な不確かさの評価結果は，表 6.6 および表 6.7 にまとめられる．

表 6.7 不確かさの評価結果（バジェットシート）

入力量	測定値 x_i	標準不確かさの値 $u(x_i)$	感度係数 $c_i \equiv \partial f/\partial x_i$	$u_i(v) \equiv \lvert c_i \rvert u(x_i)$ [mm/s]
変換係数 α	0.316 mm/pixel	1.92×10^{-3} mm/pixel	253 pixel/s	4.87×10^{-1}
粒子像変位 ΔX	0.608 pixel	1.49×10^{-1} pixel	132 mm/(s·pixel)	1.96×10^{1}
時間間隔 Δt	2.4×10^{-3} s	1.23×10^{-9} s	3.3×10^{4} mm/(s^2·pixel)	4.06×10^{-5}
追随性 δv	0	0.052 mm/s	1	5.2×10^{-2}

表 6.6 の右端列には，標準不確かさの値 $u(x_{i,j})$ に感度係数の絶対値 $|c_{i,j}|$ を乗じた $u_j(x_i)$ を示す．これは，入力量 x_i の不確かさに対する各不確かさ要因の寄与を示すものであり，その大小を調べることで主要な不確かさ要因を知ることができる．同様に，表 6.7 の右端列には標準不確かさの値 $u(x_i)$ に感度係数の絶対値 $|c_i|$ を乗じた $u_i(v)$ を示す．これは，測定対象速度 v の不確かさに対する各入力量の不確かさ（標準不確かさ）の寄与を示すものであり，いずれの入力量の不確かさが支配的であるかを知ることができる．これゆえ，表 6.7 の右端列で最大値となる入力量は「粒子像変位：ΔX」であり，その不確かさが支配的であることがわかる．さらに，表 6.6 の右端列における $u(\Delta X)$ にかかわる行動から，ΔX の不確かさ発生の主要因は「二時刻間での輝度変化：$u(\Delta X_5)$」と「誤ベクトル：$u(\Delta X_6)$」であることがわかる．これらの不確かさを低減することが v の不確かさを低減するうえでもっとも有効である．とくに，本計測では平均粒子変位が約 0.608 pixel と小さいため，同不確かさが顕著に最終計測結果に影響を及ぼしている．これらに続いて「粒子群変位検出（偶然効果）：$u(\Delta X_3)$」と「透視投影：$u(v_2)$」が大きな要因である．とくに後者は画角の広がりや奥行き速度に依存するため，撮影に際してよく認識しておく必要がある．「検査領域によるスムージング：$u(v_1)$」は比較的小さいが，噴流上流のせん断層など流れのスケールがさらに小さな計測点においては極端に大きな値になることも考えられる．また，計測の条件によっては，表 6.7 における「変換係数：α」が不確かさの主要因の一つになると考えられる．たとえば，Δt を増大させて ΔX を大きくすれば，ΔX の不確かさは減少すると共に α の不確かさは相対的に増大することが，これらの評価結果からわかる．

なお，本解析例はあくまでも一例であることに注意する必要がある．記載されている数値や考え方なども研究途上のものもあることに留意されたい．

6.5 計測精度の管理

GUM で推奨する不確かさ解析の役割は，いくつかの側面をもつ．原因追求型と原因不問型の 2 種類の不確かさ解析がガイドラインの中で認められていることが，その象徴である．不確かさ解析の役割の一つは，製品保証の観点から「結果」，すなわち計測値の使用限界を客観的に示すことである．ガソリン販売の流量計やタクシーの距離計など，日常生活に密着した計測システムでは，精度管理は社会的責任も負う重要な事項となる．もう一つの不確かさの役割は，計測システムの安定稼働と改善の取り組みに，精度に関する情報を提供することである．本章冒頭でも述べたが，現在市販されている PIV システムは十分に精度が向上し，安定した計測も行えるようになっている．ただし，システム導入前の性能検討やシステム導入後の結果を使用する際には，メーカが添付する性能表を読み解くうえで，どのような不確かさ解析が行われているかを知っておくことは重要である．一方，PIV 計測は，センサを計測対象に挿入すれば目的の計測値が得られるというしくみにはなっていない．本章で例示したように，PIV システムは，多数のサブシステムで構成され，それぞれが調整幅をもち，使用者によって結果に差が出たりする．これを管理するためには，誤差の発生と伝播を把握し，管理することが必要となる．そのもっとも有力な手段が，不確かさ解析である．このような立場から，本書では原因追求型の不確かさ解析に重きをおき，解説を行っている．

一方，不確かさの示す幅が，計測者が予想している計測誤差幅よりも大きいという意見を聞くことがあるが，これには理由がある．不確かさ解析では誤差の発生と伝播を検討するが，同時に計測システムがもっている不確定な要素の摘出と，その影響を不確かさ幅に取り入れる作業を行う．具体的には，不確かな要素がある場合には，その要素が及ぼす影響の限界値を不確かさ幅に取り込み，計測結果が存在する範囲を示すのである．したがって，解析の結果から得られる不確かさ幅が必ずしも計測値の誤差幅と一致しない場合もあり，不確かさ幅は誤差幅の上限値を示していると考えることができる．このような状況は，主要な誤差要因とその感度係数の中に不確定な要素を含んだものが入っている場合に生じるが，これはとりも直さず計測システムがもっている不確定要素が大きいことを暗示していることにほかならない．もし，不確かさ幅を計測値が本来もっている誤差幅に近づけようとするのであれば，計測システムがもっている不確定要素を取り除き，誤差量の推定精度を上げることが必要となる．実は，これが不確かさ解析を行う重要な目的の一つであり，このことを明確に認識したうえで，作業と分析に臨まなければならない．

6.5.1 不確かさ解析の役割

不確かさ解析の役割について今一度考える．まず，不確かさ解析から得られる情報は，計測結果を評価するための客観的な指標として用いることができる．前述のように，不確かさ解析では，計測システムが含む誤差要因と不確定要素を明確にし，それらから推測される誤差幅の上限値を示すことにより，有効な計測値の存在幅が得られる．たとえば，二つの速度場が得られたとき，これらが異なっているかどうかを判断したいときには，二つの計測値の差が「有意」であるかどうかをみる．このような場合には，二つの計測値の差が不確かさ幅より大きいかどうかを基準にすることができる．「有意な差」を得るためには，計測精度の確保が第一に要求されるが，不確かさ解析からはさらに不確定要素の計測値への影響が，この「有意な差」にどれほど影響を及ぼしているかということがわかるのである．

不確かさ解析のもう一つの重要な役割は，計測システムへのフィードバックである．これまで述べてきたように，不確かさ解析は誤差の発生と伝播を考え，最終結果への影響を計測手順の上流から下流に向かって検討を進める．一方，できあがった不確かさ解析のテーブルは，誤差を上流に遡って検討することができる．つまり，計測結果の不確かさから主な影響を及ぼす要因をたどることにより，どこからその影響が発生しているかを突き止めることができるのである．不確かさ解析がもつこの機能はきわめて重要である．これにより，すべての誤差を含むように列挙した要因の中から，大きな影響を及ぼすものを取り出すことにより，どの要因を注意深く扱えば必要とする計測誤差を確保できるのかというシステム管理上の客観的な指針を得ることもできるし，さらに高い精度の計測を行うためのシステムの改善点を洗い出すこともできる．

第 6 章の始めでも述べたが，熟練者が経験や知識から自然に行っているシステム管理を初心者が行う場合，不確かさ解析テーブルを用いた客観的なシステム分析は，短期間で安定した計測を実現するのにたいへん有用である．誰もが一度は経験することであるが，いくら機器の調整を試みても思うような結果が得られないことがある．このようなときには，重要でない部分を一生懸命調整していたり，精度にかかわる要因をおろそかにしていたりして，無駄な労力と時間を費やしている場合が多い．また，計測システムの改善にしても，求める計測精度が高性能の高価なレンズの使用を必要としているのか，検定を注意深く行えば必要精度の確保ができるのかなどの判断も，不確かさ解析結果の分析により的確に行うことができる．

6.5.2 位置，時間の不確かさ評価の重要性

PIV 計測の最大の特徴は，瞬時速度場の計測が行えることである．これは，記号で書けば $u(x, y, t)$ と表すことができ，速度分布が計測の対象となる．本章では，不確

かさ解析の手順をわかりやすく解説するために，計測対象の物理量をある1点の「速度」に絞った．一方，PIVでは計測された速度の分布形状などが重要であり，計測のパラメータである位置 (x,y) と時刻 t の特定が必要となる．前項で述べたとおり，PIVで計測された二つの速度に差がある場合，この差が計測位置における速度差から発生したものか，計測位置のずれから発生したものかをはっきりさせなければならない．さらに，PIVでは計測位置も計測対象の一部に含まれているという複雑な関係を考慮する必要がある．このためには，計測位置に対しても不確かさ解析を行い，計測位置のもつ不確かさ幅は，速度の「有意な差」を判定するのに支障がないという保証を得る必要がある．たとえば，速度勾配が大きな場所では，少し計測位置がずれただけでも大きな速度差となって計測結果に現れてしまう．そうなると，いくら速度自身の計測精度が高くても，計測結果が使いものにならない．とくに今日の3次元速度場を計測可能とするPIVシステムでは，方向によって精度特性が異なる場合もあり，慎重な吟味が必要となる．したがって，計測にあたっては，計測対象の速度勾配や時間変動を考慮して，計測システムの管理を行わなくてはならない．

6.5.3 まとめ

本章冒頭でも述べたが，計測という行為には必ず目的がある．計測した結果から得られるデータは何らかの判断に使われることを前提とするのが普通であり，そのために計測精度の管理が必要となる．また，計測の目的をはっきりさせることにより，必要とする計測精度が自然にわかることもある．もし，使用する計測システムが計測目的を達成するのに十分な精度をもち合わせており，精度の保証が客観的に裏付けられているのであれば問題はない．ある程度の慎重さをもって計測に臨めば，目的とするデータと判断を得ることが可能だろう．しかし，計測システムは精度の限界にさらされたり，目的を達成するために精度の向上が求められたりすることもある．PIVシステムを使い始めのときには，一瞬にして得られる速度場に，驚きと感動をもって接することができるが，しばらく使っていると何となく物足りなかったり，なんだかおかしな速度場が計測されることに気づいたりする．このようなときに，問題点の評価検討を行うためにも，「計測精度の評価と管理」を実施する必要がある．これらの評価結果に基づいて改善点や投資すべき対象に指標を与えることができ，よりよい計測システムを構築することが可能となる．

参考文献

[1] International Organization for Standardization (ISO): *International Vocabulary of Methodology — Basic and General Concepts and Associated Terms (VIM)*, ISO, Geneva,

1993.
[2] International Organization for Standardization (ISO): *Guide to the Expression of Uncertainty in Measurement*, ISO, Geneva, 1995.
[3] 飯塚幸三監修：計測における不確かさの表現のガイド―統一される信頼性表現の国際ルール，日本規格協会，1996.
[4] Coleman, H. W. & Steele, W. G.: *Experimentation, Validation and Uncertainty Analysis for Engineers Third Edition*, John Wiley and Sons, Inc., 2009.
[5] （社）可視化情報学会編：PIV の実用化・標準化研究会最終報告書，p.188，2000.
[6] （社）可視化情報学会編：PIV の実用化・標準化研究会最終報告書，p.200，2000.
[7] Adrian, R. J.: Particle-imaging techniques for experimental fluid mechanics, *Annu. Rev. Fluid Mech.*, Vol.23, pp.261–304, 1991.
[8] Nobach, H. & Bodenschatz, E.: Limitations of accuracy in PIV due to individual variations of particle image intensities, *Exp. Fluids*, Vol.47, pp.27–38, 2009.
[9] Nishio, S. & Murata, S.: A Numerical Approach to the Evaluation of Error Vector Appearance Possibility in PIV, *Proc. 5th Int. Symp. Particle Image Velocimetry*, pp.3321.1–3321.9, Busan, Korea, September, 2003.

第7章 多次元計測

身のまわりに存在する流れは複雑なものが多い．したがって，流れ場の3次元速度分布をできるだけ高い空間分解能で，そしてできるだけ高い時間分解で測定したいという要求は高い．前章までに説明したPIVは，2次元的な光シート内の速度2成分を計測する手法である．本章の「多次元計測」とは，2次元2成分計測に新たな次元（情報）を加えたもので，空間情報を付加したものが「3次元PIV」であり，時間分解能を高めて時間情報を付加したものが「高速度PIV」である．前者の代表例がトモグラフィックPIV，後者が高速度カメラを用いて時間分解能を高めた高速度PIVである．また，面外速度成分（out-of-plane velocity component）の情報を付加するものが「3成分PIV」であり，その代表がステレオPIV（stereo PIV）である．

3次元計測を行うためには，物体空間と像平面との幾何光学的対応関係（カメラモデルとよばれる）を確立することが必要で，そのためのカメラ校正が計測手順に含まれる．3次元計測に限らず，実際のPIV計測ではカメラ校正をいかに精度よく行うかを事前によく検討することが重要である．そのことをふまえて，本章では，まず多次元PIVの原理とカメラ校正について説明する．カメラ校正の方法は使用するカメラモデルと密接に関係しており，空間を測定領域とする3次元PIVと，断面を測定領域とするステレオPIVとでは使用するカメラモデルが異なることがある．本章では，それらのカメラモデルをできるだけ統一的に説明する．最後には，これまで提案されている代表的な多次元PIVについて，方法，装置，応用例などを説明する．

7.1 多次元PIVの原理

7.1.1 多次元PIVの分類と特徴

前章までに説明したPIVは，ある時刻の光シート内の速度2成分を測定する手法であり，時間的かつ空間的に「特定の断面」の速度情報を得る手法とみなすことができる．本章で説明する多次元計測とは，そのような断面内の速度情報に新たな次元（情報）を付加したPIVで，付加情報として「空間情報（3次元情報）」，「第3速度成分情報（面外速度成分）」，「時間情報」がある．これまでにさまざまな手法が提案されており，それらを付加情報の種類に従って分類すると表7.1のようになる．広義には，速度情報に加えてほかの物理量（温度，密度，圧力など）を測定することも多次

表 7.1 多次元 PIV の分類

新たな測定情報	測定手法名	特　徴	参考文献
空間情報（3 次元情報）	3 次元 PTV（3-D PTV）	2 台以上のカメラを用いてトレーサ粒子の動きをステレオ視あるいは多眼視することにより，3 次元空間中の個々のトレーサ粒子の速度 3 成分を測定する．	[3]～[11]
	スキャニング PIV（scanning PIV）	2 次元 PIV の光シートを面外方向に移動（スキャン）させることによって 3 次元空間中の速度 2 成分を測定する．2 台のカメラを用いて速度 3 成分を測定することもある．スキャニングに要する時間があるため，厳密には空間内の瞬時速度分布を与えない．	[12]～[15]，[19]
	ホログラフィック PIV（holographic PIV：HPIV）	ホログラムを用いて 3 次元空間中のトレーサ粒子像を凍結し，撮影後に再生される粒子像を解析することによって 3 次元空間中の速度 3 成分を測定する．	[16]～[18]
	トモグラフィック PIV（tomographic PIV：Tomo PIV）	複数台（通常 4 台）のカメラで撮影した粒子画像から測定体積中の 3 次元粒子輝度分布を再構築し，それを PIV 解析することによって 3 次元 3 成分の速度を測定する．	[20]～[23]
	マルチピンホール PTV（multi-pinhole PTV）	1 台のカメラの絞りとして複数（通常三つ）のピンホールを設け，それによって撮影される多重粒子像から，その粒子の 3 次元位置と速度 3 成分を測定する．	[24]，[25]
	粒子像サイズ PIV（defocus PIV）	粒子位置が焦点位置から奥行き方向にずれると，粒子像がピンぼけを起こして大きさが変化する．その変化を利用して，個々の粒子の面外方向位置と速度を測定する．	[26]
	カラースリット PIV（color slit PIV）	異なる色の光シート（カラースリット）を面奥行き方向に並べ，粒子像の色情報から粒子の面外方向位置と速度を測定する．	[27]
面外速度情報	ステレオ PIV（stereo PIV）	ステレオ配置された 2 台のカメラで光シート内の粒子像を撮影し，得られる一対のステレオ画像から粒子群の面外速度成分を測定する．面外速度成分を含む速度 3 成分を 2 次元空間内で測定する．	[28]～[31]
時間情報	高速度 PIV（high-speed PIV，time-resolved PIV）	高速度カメラを用いて，現象に対して十分に高いフレームレートで粒子像を撮影することによって，現象の時間変化の定量化を可能とする．	[32]～[35]

元計測に含まれるが，本章では速度情報のみを扱う．なお，3次元PTVとステレオPIVについてのレビュー[1, 2]が報告されており，興味のある方は参照されたい．

表7.1の3次元PTVからカラースリットPIVまでは，測定領域を2次元断面から3次元体積に拡張することによって空間情報を付加したもので，3次元測定体積を一度に観察するもの（3次元PTV，ホログラフィックPIV，トモグラフィックPIV）と，2次元測定断面をスキャンするもの（スキャニングPIV）とがある．一方，ステレオPIVは，通常のPIVと同様に光シート内の2次元断面を測定領域とするが，2台のカメラを同時に使用するステレオ撮影によって，光シート奥行き方向の速度成分（面外速度成分）を測定する手法である．なお，「3次元測定」と「3成分測定」を区別せずにステレオPIVを3次元測定手法に含めることがあるが，3成分測定手法が正しい．

PIVの時間分解能を高めて，速度場の時間変化や乱流成分の時間特性を測定できるようにしたものが高速度PIVである．その時間分解能は高速度カメラおよび高繰り返しダブルパルスレーザのフレームレートに規定されており，現状では，空間分解能を犠牲にすることなく達成可能なフレームレートは10000～20000 fpsが上限である．

7.1.2 多次元PIVで考慮すべきポイント

ここでは，PIVの多次元化において考慮すべきポイントについて説明する．

(1) 面外速度成分の測定精度

ステレオPIVや3次元PTVでは，2台以上のカメラで撮影した画像からトレーサ粒子の奥行き方向（面外方向）の位置と移動距離を測定する．このことは，速度3成分を測定する多次元PIVのほとんどに共通するものである．そこで，この方法の測定精度について，カメラが2台の場合で考える．

図7.1は，後述するピンホールカメラモデルを用いて，ステレオ撮影の様子を図式化したものである．いま，物体座標系xyzの原点上にある物点Pを撮影するものとする．2台のカメラ（カメラ#1，カメラ#2）の光軸間角度は2θで，両光軸はz軸をはさんで対称の位置にあるものとする．誤差のない理想的な撮影系では，物点Pは像平面#1と光軸#1の交点および像平面#2と光軸#2の交点にそれぞれ結像する．これらの結像点から光線追跡によって3次元再構築（この場合，ステレオ再構築）を行うと，物点Pの位置が正確に再構築される．実際の測定では，像平面#1での結像に$-\Sigma_x$（ここで，$\Sigma_x \geq 0$）の誤差が生じ，それを用いてステレオ再構築を行った結果，再構築点が$P'(\sigma_x, \sigma_z)$にずれる．そのずれは次式で与えられる．

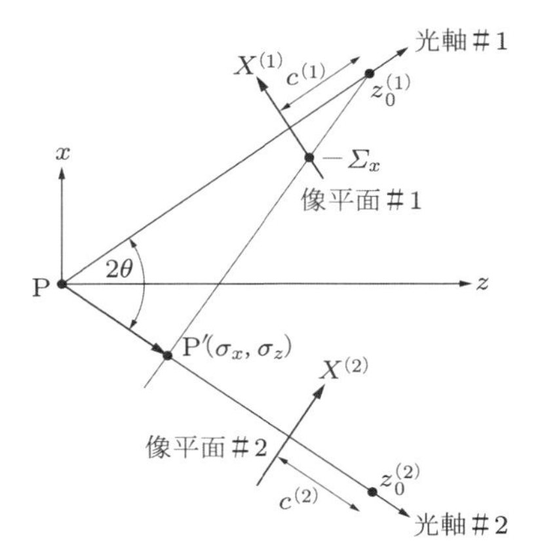

図 7.1 ステレオ撮影における 3 次元再構築の精度（y 軸は xz 面に対して垂直）

$$\sigma_x = -\sigma_z \tan\theta \tag{7.1a}$$

$$\sigma_z = \frac{\Sigma_x}{\Sigma_x \cos 2\theta + c^{(1)} \sin 2\theta} z_0^{(1)} \tag{7.1b}$$

ここで，$z_0^{(1)}$ はカメラ#1 の視点の z 座標である．この結果より，奥行き方向位置の誤差 σ_z は面内方向位置の誤差 σ_x の $1/\tan\theta$ 倍になることがわかる．図 7.2 はそのことを示したもので，光軸間角度が 90°（$\theta = 45°$）から減少すると$|\sigma_z/\sigma_x|$は大きくなり，$\theta = 15°$ で 3.7 となる．さらに光軸間角度が小さくなると$|\sigma_z/\sigma_x|$は急激に大きくなる．一つの目安として，光軸間角度を 30° 以上にすることが望ましい．

式(7.1b)で $|\Sigma_x| \ll c^{(1)}$ を仮定し，かつ $\theta = 0°$ と 90° 付近を除くと，

$$\sigma_z \cong \frac{\Sigma_x}{\sin 2\theta} \cdot \frac{z_0^{(1)}}{c^{(1)}} \tag{7.2a}$$

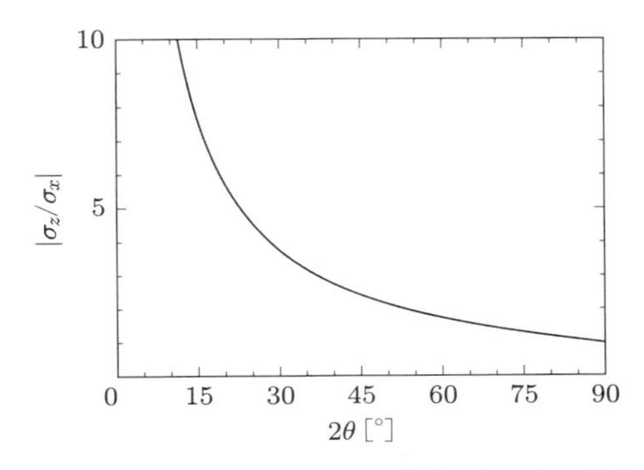

図 7.2 3 次元再構築の誤差と光軸間角度との関係

$$\sigma_x \cong -\frac{\Sigma_x}{2\cos^2\theta} \cdot \frac{z_0^{(1)}}{c^{(1)}} \tag{7.2b}$$

を得る．$z_0^{(1)}/c^{(1)}$ が像座標と物体座標との間のスケーリングファクタであることに注意すると，式(7.2b)は，3次元再構築において像座標の誤差の $(1/2\cos^2\theta)$ 倍が x 方向位置の誤差に伝播することを意味する．ここでは，カメラ#1の誤差のみを考慮したが，実際のステレオ撮影ではカメラ#2の誤差も存在するため，両者からの誤差の和として $\sqrt{2}\Sigma_x$ を考えればよい．したがって，ステレオ撮影の3次元再構築に含まれる誤差は $\sigma_x \cong \left(-\Sigma_x/\sqrt{2}\cos^2\theta\right)\left(z_0^{(1)}/c^{(1)}\right)$ によって評価される．

このように，3次元再構築の精度は光軸間角度に依存し，その減少に伴って奥行き方向位置の測定精度が悪化する．そのため，面外速度成分を十分に高い精度で測定するためには，広い光軸間角度での測定を行うことが必要である．一方，光軸間角度が広がるとステレオ撮影における視野の重なり合いが減少することに注意が必要である．とくに，後述するステレオPIVでは，光軸間角度の増大に伴って検査領域の重なり合いが減少するため，2台のカメラで異なる粒子群を撮影する結果となる．

(2) トレーサ粒子の被写界深度

3次元測定では，ある有限体積空間を測定領域とする．PIVではトレーサ粒子を「見る」必要があるため，「微小なトレーサ粒子を3次元空間内でいかにして一度に見るか」が課題となる．撮影系の奥行き方向の見える深さを与える指標が被写界深度（depth of field：DOF）である．2.2.1項(4)ですでに説明したように，幾何光学的考察[36]から被写界深度 Δ は次式で与えられる．

$$\Delta = \frac{2(1+M)F\varepsilon}{M^2} \tag{7.3}$$

ここで，M は撮影系の横倍率，F はレンズの F 値，ε は撮像面上でのぼけの許容量（錯乱円直径）である．PIVの粒子像の ε として，2.2.1項(3)で説明したエアリディスク（Airy disk）直径と投影粒子像直径との二乗和平方根を採用することが普通である[37]．エアリディスク直径は次式で与えられる．

$$d_\mathrm{a} = 2.44\lambda(1+M)F \tag{7.4}$$

ここで，λ は光の波長である．エアリディスク直径と投影粒子像直径との二乗和平方根は次式で与えられる．

$$d_\mathrm{e} = \sqrt{M^2 d^2 + d_\mathrm{a}^2} \tag{7.5}$$

ここで，d は粒子径であり，Md は像平面上に投影した粒子像直径を与える．

式(7.3)の ε に式(7.5)の d_{e} を代入することにより，トレーサ粒子の被写界深度を見積もることができる．いくつかの横倍率に対して計算した $d = 1\,\mu\mathrm{m}$ と $50\,\mu\mathrm{m}$ の被写界深度と F 値との関係を図 7.3 に示す．ここで，散乱光波長は 0.532μm である．一般に，F 値が大きくなると被写界深度が深くなり，横倍率が大きくなると被写界深度は浅くなる．$d = 1\,\mu\mathrm{m}$ と $50\,\mu\mathrm{m}$ の被写界深度を比べると，F 値が $f/16$ 程度以上では両者の差異は小さいが，F 値が小さくなると $d = 1\,\mu\mathrm{m}$ の被写界深度はかなり浅くなる．これは，F 値が小さい条件では，式(7.4)で与えられるエアリディスク直径が小さくなり（すなわち，粒子像のぼけが小さくなり），像平面上の粒子像の大きさが実際の粒子径を反映したものになるからである．

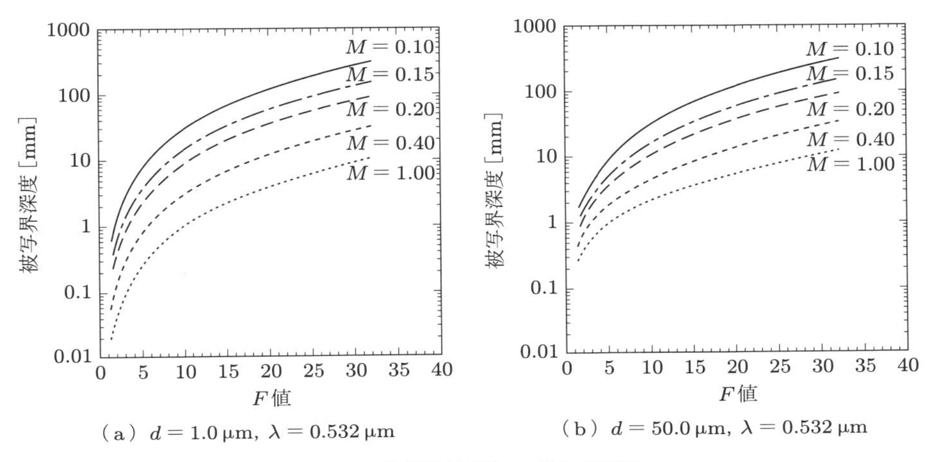

（a）$d = 1.0\,\mu\mathrm{m}$, $\lambda = 0.532\,\mu\mathrm{m}$　（b）$d = 50.0\,\mu\mathrm{m}$, $\lambda = 0.532\,\mu\mathrm{m}$

図 7.3　被写界深度と F 値との関係

最近の PIV システムは CCD カメラを用いるものが主流である．CCD 素子サイズは 1/2 インチから 1 インチ程度と小さいので，横倍率も小さくなる．たとえば，2/3 インチ CCD 素子（素子サイズ $8.8 \times 6.6\,\mathrm{mm}^2$，$768 \times 493$ pixel，セルサイズ $= 13 \times 11\,\mu\mathrm{m}^2$）で 40 mm の視野幅を撮影すると，横倍率は $M = 8.8/40 = 0.22$ となる．その条件で $d = 50\,\mu\mathrm{m}$ の粒子を撮影すると（ここで，$f/16$，$\lambda = 0.532\,\mu\mathrm{m}$ とする），被写界深度はつぎのように評価される．

[例 1]

$$M = \frac{8.8}{40} = 0.22$$

$$d_{\mathrm{a}} = 2.44 \times 0.532 \times (1 + 0.22) \times 16 = 25.3\,\mu\mathrm{m}\ (= 2.3Md)$$

$$d_e = \sqrt{0.22^2 \times 50^2 + 25.3^2} = 27.6\,\mu\text{m}\ (\cong d_a)$$

$$\therefore \quad \Delta = \frac{2 \times (1 + 0.22) \times 16 \times 27.6}{0.22^2} = 22.3\,\text{mm}$$

この具体例からわかることはつぎのとおりである.

- 撮影系の横倍率が小さくかつ F 値が大きいため，粒子像の大きさ（=27.6 μm）はエアリディスク直径（=25.3 μm）にほぼ等しく，CCD 素子面上で直径 2.5 pixel 程度に広がる.
- その結果，被写界深度は深くなり，40 mm の視野幅に対して 22.3 mm の被写界深度が得られる. 視野奥行き方向にわたっての 3 次元計測が可能である.
- このように，粒子像の大きさが回折限界によって規定されているため，もっと小さな粒子（たとえば，5 μm や 1 μm）を用いても，粒子像の大きさと被写界深度はさほど変わらない. つまり，原理的には，そのような微小トレーサ粒子を用いた 3 次元 PIV が可能である.
- しかし，散乱光強度は粒子径の 2 乗に比例するため（2.2.1 項(1)参照），小さい粒子からの散乱光は微弱となる. そのため，高出力パルスレーザあるいはイメージインテンシファイアのような装置を導入しないと，鮮明な粒子像を撮影できない恐れがある.

2 次元 2 成分 PIV 計測における粒子像撮影の基本方針は「できるだけ小さなトレーサ粒子を使い，できるだけ鮮明な粒子像を撮影する」ことである. そのため，撮影系の絞りをできるだけ開けて，小さな F 値で撮影することが求められる.

ただし，この基本方針は 4.2.7 項(2)で述べたピークロッキングを引き起こしやすいという問題を抱えている. ピークロッキングを抑えるためには粒子像を大きくすることが効果的で，そのために意図的にピントを少し外したり，絞りを小さく絞って回折によるぼけを大きくしたりする. ただし，絞りを小さくすると粒子像が暗くなるため，撮像素子が検出できる粒子像がかえって小さくなり，逆効果になることもある.

CCD カメラが普及する前は 35 mm フィルムあるいは大判フィルム（4 × 5 インチフィルムなど）を撮像メディアとすることが多く，CCD カメラの場合と比べて横倍率の大きな撮影となっていた. 図 7.3 からわかるように，小さな F 値と大きな M の組み合わせで撮影を行うと被写界深度は浅くなる. $d = 1\,\mu\text{m}$ のトレーサ粒子（たとえば，ラスキンノズルから発生したオイルミスト）を使用して，$M = 1$，$f/2.8$ の条件で撮影すると（ほかの条件は例 1 と同じ），

[例 2]

$$M = 1.0$$

$$d_{\mathrm{a}} = 2.44 \times 0.532 \times (1 + 1.0) \times 2.8 = 7.3\,\mu\mathrm{m}\ (= 7.3Md)$$

$$d_{\mathrm{e}} = \sqrt{1.0^2 \times 1^2 + 7.3^2} = 7.4\,\mu\mathrm{m}\ (\cong d_{\mathrm{a}})$$

$$\therefore \quad \Delta = \frac{2 \times (1 + 1.0) \times 2.8 \times 7.4}{1.0^2} = 83\,\mu\mathrm{m}$$

となる．これからつぎのことがわかる．

- 小さな F 値で撮影したにもかかわらず，粒子像はやはり回折限界支配（$d_{\mathrm{e}} \cong d_{\mathrm{a}}$）である．これは，そもそも粒子像（$Md = 1\,\mu\mathrm{m}$）が小さく，エアリディスクが粒子像より大きいためである．
- しかし，例 1 に比べてエアリディスクが小さいこと，および F 値が小さいことのために被写界深度はかなり浅く，わずか $83\,\mu\mathrm{m}$ である．このため，3 次元計測どころか，光シートを被写界深度内に正確に位置決めすることすら難しい．
- その対策としてレンズ絞りを小さくして F 値を大きくすれば改善されそうであるが，そうするとエアリディスクが拡大し，散乱光強度不足に陥って粒子像がますます暗くなり，鮮明な粒子像が撮影できなくなる恐れが高い．

以上の二つの具体例からわかるように，PIV の 3 次元化を達成するためには，素子サイズの小さな CCD カメラを用いて，小さな横倍率，大きな F 値，大きな粒子（たとえば，直径数十マイクロメートル以上）の条件で撮影を行う必要がある．一方，35 mm あるいは大判フィルムを用いて大きな横倍率で撮影を行うと，被写界深度が浅くなって 3 次元計測が難しくなる．この例外がホログラムである．後述するように，ホログラムは物体光と参照光が形成する微細な干渉縞を記録するため，結像の光強度を記録する CCD やフィルムに比べて被写界深度が非常に深い．

(3) トレーサ粒子像の重なり合い

3 次元計測では，視野奥行き方向に存在する多数のトレーサ粒子を撮像面上に結像することになる．PTV に基づく手法では，測定可能な瞬時速度ベクトル数の上限が粒子像の重なり合いの発生割合で規定されることが多い．このことは 2 次元 PTV にも当てはまるが，比較的大きなトレーサ粒子を使用しなければならない 3 次元 PIV では，粒子像の重なり合い（occlusion of particle image）はとくに重要となる．また，複数台のカメラを同時使用する 3 次元 PTV では，どれか 1 台のカメラの粒子像が重なり合いを起こすと，たとえほかのカメラの対応する粒子像が重なり合いを起こしていなくても，正しい3次元再構築が行えなくなる．

粒子像の重なり合いの発生確率はつぎのように評価される．像平面上の二つの粒子像（それらの直径を d_{e} とする）が重なる確率 P は，二つの粒子像の中心間距離が $2d_{\mathrm{e}}$ 以下になると重なり合いが発生することから，次式で与えられる．

$$P = \frac{\pi d_{\mathrm{e}}^2}{L_x L_y}$$

ここで，L_x，L_y はそれぞれ撮像面の水平サイズと垂直サイズである．粒子像の重なり合いは二つの粒子像が重なり合う場合がほとんどであることから，三つ以上の粒子像の重なり合いを無視すると，重なり合いを起こしている粒子像の数 N_{op} は，

$$N_{\mathrm{op}} = 2\frac{N_{\mathrm{p}}!}{2}P = N_{\mathrm{p}}(N_{\mathrm{p}} - 1)\frac{\pi d_{\mathrm{e}}^2}{L_x L_y} \tag{7.6}$$

となる．ここで，N_{p} は撮像面上の粒子像の総数である．式(7.6)は，1回の重なり合いの発生で二つの粒子像が重なることを考慮している．

式(7.6)を用いて粒子像の重なり合いの割合 $N_{\mathrm{op}}/N_{\mathrm{p}}$ を計算した結果を図7.4に示す．図にはつぎの二つの条件に対する $N_{\mathrm{op}}/N_{\mathrm{p}}$ が示されており，条件1は前出の例1にほぼ対応する．

条件1：$d_{\mathrm{e}} = 2.5\,\mathrm{pixel}$（$\pi d_{\mathrm{e}}^2/4 = 4.9\,\mathrm{pixel}$），$L_x \times L_y = 768 \times 493\,\mathrm{pixel}$

条件2：$d_{\mathrm{e}} = 3.6\,\mathrm{pixel}$（$\pi d_{\mathrm{e}}^2/4 = 10\,\mathrm{pixel}$），$L_x \times L_y = 512 \times 512\,\mathrm{pixel}$

ここでは，粒子像サイズ d_{e} を撮像素子上での物理長でなく，それをセルサイズで除して得られるpixelで与えてある．図からわかるように，重なり合いの割合は粒子像

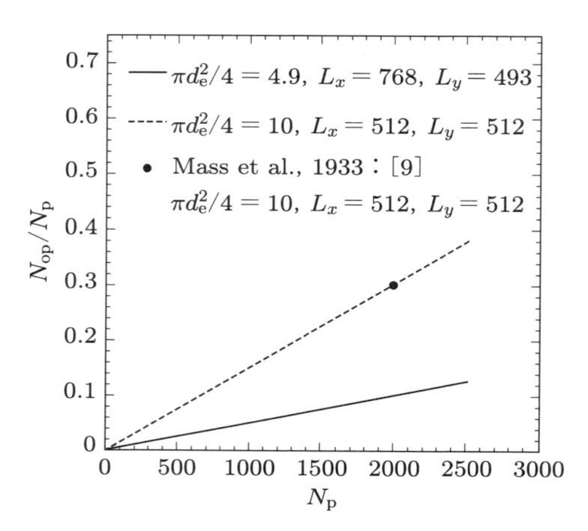

図7.4　粒子像数と重なり合いの割合との関係

数に比例して増大し，$N_{\mathrm{op}} = 2000$ では，条件 1 で約 10%，条件 2 で約 30% に達する．後者の値は，3 次元 PTV に関する研究報告[38]の値と妥当に一致する．

上に示した重なり合いの割合は，1 台のカメラの画像についてのものである．

いま，3 台の CCD カメラを用いる 3 次元 PTV において，カメラごとに独立に重なり合いが生じると仮定すると，すべてのカメラの画像上で重なり合いを起こさない確率は，条件 1 では $0.9^3 = 0.73$，条件 2 では $0.7^3 = 0.34$ となる．このように，10% 程度の重なり合いの割合であっても，複数台の CCD カメラを同時使用する 3 次元 PTV ではその影響が大きいことがわかる．この問題を解決することは，3 次元 PTV で得られる瞬時速度ベクトル数の増大，すなわち空間分解能の向上に直結する重要な課題であり，つぎのような対策がある．

- CCD 素子の画素数を増やす――たとえば，4000 × 4000 pixel の CCD 素子では $N_{\mathrm{p}} = 80000$ でも $N_{\mathrm{op}}/N_{\mathrm{p}} = 0.076$ に留まる．実際，1920 × 1035 pixel の HD-CCD カメラを用いた 3 次元 PTV によって，4000 の瞬時速度ベクトルを得られることが報告されている[38]．
- 粒子像の重なり合いを分離する――あらゆる PTV にとって重要な方法で，優れたアルゴリズムが提案されている[39]．
- カラーの利用――RGB 照明あるいはマルチスペクトル照明を用いて奥行き位置を異なるカラーで照明し，粒子像の撮影にも RGB カメラやマルチスペクトルカメラを用いる方法である．たとえば，RGB の 3 色を用いれば重なり合わない粒子像数を 7 倍にできる．

7.2 カメラ校正

カメラ校正（camera calibration）とは，3 次元物体空間と 2 次元像平面との対応関係を校正する手続きのことで，PIV の 3 次元化および 3 成分化にとって避けては通れない課題である．また，2 次元 2 成分 PIV にとっても，レンズ収差の影響などを補正した高精度な測定を行うためには不可欠である．

7.2.1 カメラ校正の意義と必要性

カメラ校正を行うためには，位置（あるいは長さ）が既知の基準点を撮影領域内に設置し，それを撮影する．これにより，基準点の物体空間中の座標（物体座標：object coordinates）と像平面上の座標（像座標：image coordinates）との対応関係を定めるための校正データが得られる．この校正データを用いて，カメラ視野の位置，方向，倍率，レンズ収差などのカメラパラメータを含むカメラモデル式を解く．PIV では測定領域が装置内部の狭い空間であることも多く，基準点をどのように設置してその物体座標を知るかについて，計測設計段階でよく検討しておく必要がある．また，液流の PIV 測定では観察窓での光の屈折が存在するため，とくに観察窓に対して大きく傾斜して撮影する場合は，その影響の補正も必要になる．

カメラ校正は，そもそも地理学や天文学と関係の深い写真測量（photogrammetry）や航空写真測量の分野で発達した[40]．以前はフィルムを用いる計測用カメラや非計測用カメラを対象としたカメラ校正が中心であったが，CCD 素子の登場とその高精細化によって，ロボットビジョンやディジタル画像計測の分野にも研究が広がった[41～43]．CCD 素子の解像度は年々大幅に向上しているが，実際の位置測定における測定精度は，カメラの解像度よりも，むしろカメラ校正の精度によって規定されることが多いので，カメラ校正については十分な検討が必要である．

7.2.2 透視投影

測定空間中（物体空間中）に存在する粒子は撮影系によって撮像面上に透視投影（perspective projection）される．その投影は一般に次式で与えられる[44]．

$$X_{\rm p} = F_X(x_{\rm p}, y_{\rm p}, z_{\rm p}; q_1, q_2, \ldots, q_n) \tag{7.7a}$$

$$Y_{\rm p} = F_Y(x_{\rm p}, y_{\rm p}, z_{\rm p}; q_1, q_2, \ldots, q_n) \tag{7.7b}$$

ここで，$(x_{\rm p}, y_{\rm p}, z_{\rm p})$ は粒子の物体座標，$(X_{\rm p}, Y_{\rm p})$ は像座標，$(q_1, q_2, \ldots, q_n)$ は投影パラメータである．F_X，F_Y が投影関数で，その具体形は撮影系に依存する（次節以降参照）．投影関数に含まれる投影パラメータは時間によらない一定値であることが多いが，回転ミラーによるイメージシフトや投影経路の屈折率のゆらぎが存在する場合には時間変動し得る．いま，投影パラメータが時間によらないとして，式(7.7)を時間で微分するとつぎの速度投影式を得る．

$$\begin{aligned} U_{\rm p}\left(\equiv \frac{\partial X_{\rm p}}{\partial t}\right) &= \frac{\partial F_X}{\partial x_{\rm p}}\frac{\partial x_{\rm p}}{\partial t} + \frac{\partial F_X}{\partial y_{\rm p}}\frac{\partial y_{\rm p}}{\partial t} + \frac{\partial F_X}{\partial z_{\rm p}}\frac{\partial z_{\rm p}}{\partial t} \\ &= \frac{\partial F_X}{\partial x_{\rm p}}u_{\rm p} + \frac{\partial F_X}{\partial y_{\rm p}}v_{\rm p} + \frac{\partial F_X}{\partial z_{\rm p}}w_{\rm p} \end{aligned} \tag{7.8a}$$

$$\begin{aligned} V_{\rm p}\left(\equiv \frac{\partial Y_{\rm p}}{\partial t}\right) &= \frac{\partial F_Y}{\partial x_{\rm p}}\frac{\partial x_{\rm p}}{\partial t} + \frac{\partial F_Y}{\partial y_{\rm p}}\frac{\partial y_{\rm p}}{\partial t} + \frac{\partial F_Y}{\partial z_{\rm p}}\frac{\partial z_{\rm p}}{\partial t} \\ &= \frac{\partial F_Y}{\partial x_{\rm p}}u_{\rm p} + \frac{\partial F_Y}{\partial y_{\rm p}}v_{\rm p} + \frac{\partial F_Y}{\partial z_{\rm p}}w_{\rm p} \end{aligned} \tag{7.8b}$$

ここで，$(u_{\rm p}, v_{\rm p}, w_{\rm p})$ は物体空間中での粒子速度，$(U_{\rm p}, V_{\rm p})$ は粒子の像速度である．

実際の PIV 測定では，これらの速度は「移動距離 ÷ 時間間隔」で近似される．すなわち，$u_\mathrm{p} = \Delta x_\mathrm{p}/\Delta t$，$U_\mathrm{p} = \Delta X_\mathrm{p}/\Delta t$ などである．

式(7.8)が示すように，像速度は粒子速度 3 成分すべての影響を受ける．いま，物体座標系の xy 方向と像座標系の XY 方向とが一致しているものとすると，式(7.8)はつぎのように簡単化できる．

$$U_\mathrm{p} = \frac{\partial F_X}{\partial x_\mathrm{p}} u_\mathrm{p} + \frac{\partial F_X}{\partial z_\mathrm{p}} w_\mathrm{p} \tag{7.9a}$$

$$V_\mathrm{p} = \frac{\partial F_Y}{\partial y_\mathrm{p}} v_\mathrm{p} + \frac{\partial F_Y}{\partial z_\mathrm{p}} w_\mathrm{p} \tag{7.9b}$$

式(7.9)の右辺第 2 項が面外速度成分の影響を表す項である．2 次元 2 成分 PIV では，これらの面外速度成分項を単純に無視するが，面外速度成分が大きい場合には無視できない．乱流ではつねに面外速度変動成分が存在するので，注意が必要である．

2 台以上のカメラで同一の測定空間を撮影すると，カメラごとに式(7.8)の速度投影式が得られる．それらを行列で書くと「形式的に」つぎのようになる．

$$\begin{bmatrix} U_\mathrm{p}^{(1)} \\ V_\mathrm{p}^{(1)} \\ U_\mathrm{p}^{(2)} \\ V_\mathrm{p}^{(2)} \\ \vdots \end{bmatrix} = \begin{bmatrix} \partial F_X^{(1)}/\partial x_\mathrm{p} & \partial F_X^{(1)}/\partial y_\mathrm{p} & \partial F_X^{(1)}/\partial z_\mathrm{p} \\ \partial F_Y^{(1)}/\partial x_\mathrm{p} & \partial F_Y^{(1)}/\partial y_\mathrm{p} & \partial F_Y^{(1)}/\partial z_\mathrm{p} \\ \partial F_X^{(2)}/\partial x_\mathrm{p} & \partial F_X^{(2)}/\partial y_\mathrm{p} & \partial F_X^{(2)}/\partial z_\mathrm{p} \\ \partial F_Y^{(2)}/\partial x_\mathrm{p} & \partial F_Y^{(2)}/\partial y_\mathrm{p} & \partial F_Y^{(2)}/\partial z_\mathrm{p} \\ \vdots & \vdots & \vdots \end{bmatrix} \begin{bmatrix} u_\mathrm{p} \\ v_\mathrm{p} \\ w_\mathrm{p} \end{bmatrix} \tag{7.10}$$

あるいは，つぎのようになる．

$$\mathbf{U} = \nabla F \mathbf{u} \tag{7.11}$$

ここで，式(7.10)の上付添字 (1), (2), ... は，カメラ 1，カメラ 2，... に対応する速度投影式であることを意味する．式(7.11)を最小二乗法を用いて $\mathbf{u}$ についてつぎのように解けば，速度 3 成分が得られる．

$$\mathbf{u} = \left[\nabla F^\mathrm{T} \nabla F\right]^{-1} \left[\nabla F^T \mathbf{U}\right] \tag{7.12}$$

ここで，∇F^T は ∇F の転置行列である．

上述で，式(7.10)を「形式的に」と書いたのは，実際の測定では異なるカメラで撮影された同一粒子を対応づけること，すなわち「ステレオペアあるいは多眼視ペアの対応づけ」が容易でなく，その成否が測定全体の成否を左右することが多いからである．ステレオペアあるいは多眼視ペアの対応づけの方法は個々の手法ごとに異なるので，本節では一般的な説明に留め，詳細は 7.3 節以降で手法ごとに説明することにする．

これまでステレオペアの対応づけ（stereo pair matching）について，写真測量，ロボットビジョン，画像認識などの分野で多くの研究がなされてきた．そこではステレオペアの局所的特徴（たとえば，画像に写っている人，建物，道路，川など）を自動的に対応づけることが研究課題となっている[45, 46]．これに対して，3 次元 PTV で撮影される粒子像は星空に似て特徴抽出が難しいため，式(7.7a)と式(7.7b)の組が物体空間中に伸びる視線方程式を与えることを利用して，2 台以上のテレビカメラから伸ばした視線が測定空間中で交差するものを対応づける方法が用いられている[47]．この方法は，ステレオペアの一方の視線を他方の像平面に投影して得られるエピ極線（エピポーラ線：epipolar line）を用いる方法と本質的に同一である．一方，3 次元粒子輝度分布を再構築するトモグラフィック PIV では複数のカメラから伸ばした視線が交差することが求められるため，カメラ校正に高い精度が求められる．光シート内の速度 3 成分を測定するステレオ PIV では，測定領域の奥行き方向厚みをゼロと仮定することによって，ステレオペアの対応づけはかなり簡単化される．また，PIV では粒子像よりはるかに大きな検査領域（interrogation region）どうしの対応づけを行えばよいので，個々の粒子像の対応づけが必要な PTV より精度的に楽である．

7.2.3　ピンホールカメラモデル

式(7.7)の投影関数の具体形の基本はピンホールカメラモデル（pinhole camera model）である（図 7.5）．

ここで，L（> 0）は視点から物体座標系までの距離，c（> 0）は視点からイメージセンサまでの距離である．また，物体座標系の xy 方向と像座標系の XY 方向とが一致していることを仮定している（このような仮定を設けない一般的な場合は 7.2.5 項で示す）．これらの投影パラメータ（カメラパラメータとよばれる）を用いると，投

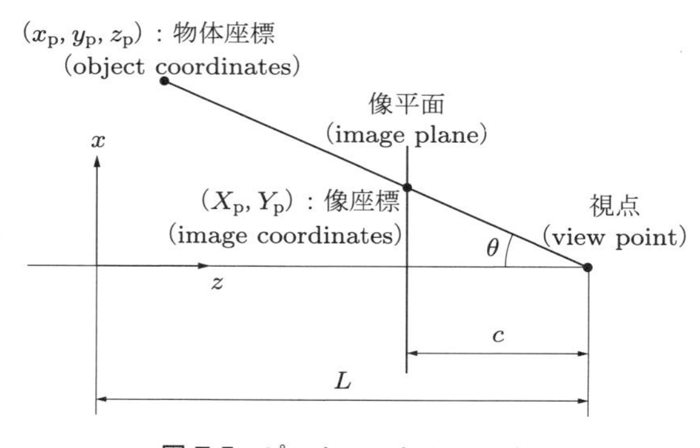

図 7.5　ピンホールカメラモデル

影式は次式で表される.

$$X_{\mathrm{p}} = \frac{c \cdot x_{\mathrm{p}}}{L - z_{\mathrm{p}}} \tag{7.13a}$$

$$Y_{\mathrm{p}} = \frac{c \cdot y_{\mathrm{p}}}{L - z_{\mathrm{p}}} \tag{7.13b}$$

この投影式は，物体，像，視点が同一直線上にあることに基づいており，共線条件式（collinearity condition equations）ともよばれる.

このピンホールカメラモデルでは，校正すべき未知パラメータは L と c である．薄い光シートを用いて測定を行う 2 次元 PIV では，粒子の奥行き方向位置はつねに一定で，それを $z_{\mathrm{p}} = 0$ とすると，式(7.13)はつぎのようになる.

$$X_{\mathrm{p}} = \frac{c \cdot x_{\mathrm{p}}}{L} = M \cdot x_{\mathrm{p}} \tag{7.14a}$$

$$Y_{\mathrm{p}} = \frac{c \cdot y_{\mathrm{p}}}{L} = M \cdot y_{\mathrm{p}} \tag{7.14b}$$

ここで，M は撮像系の横倍率である．M を校正するためには，たとえば基準スケールを光軸に垂直に物体空間中に置き，左右両端（あるいは上下両端）付近の二つの基準点の物体座標 $(x_{\mathrm{p1}}, y_{\mathrm{p1}}, 0)$，$(x_{\mathrm{p2}}, y_{\mathrm{p2}}, 0)$ と像座標 $(X_{\mathrm{p1}}, Y_{\mathrm{p1}})$，$(X_{\mathrm{p2}}, Y_{\mathrm{p2}})$ とを用いて，次式から定めることができる.

$$M = \frac{X_{\mathrm{p2}} - X_{\mathrm{p1}}}{x_{\mathrm{p2}} - x_{\mathrm{p1}}} \tag{7.15a}$$

または，

$$M = \frac{Y_{\mathrm{p2}} - Y_{\mathrm{p1}}}{y_{\mathrm{p2}} - y_{\mathrm{p1}}} \tag{7.15b}$$

となる．このような横倍率の校正が 2 次元 PIV でもっとも広く行われている方法である．なお，像座標の単位として，ディジタル画像処理では画素（pixel）を用いることが多いが，ここでは，像平面上（すなわち，CCD 素子面上）での有次元長さ（すなわち，mm あるいは m）を用いている．有次元の像座標から画素を単位とする像座標への変換は，[pixel/mm] あるいは [pixel/m] を単位とする変換係数を乗じればよい.

7.2.4 面外速度成分の影響

カメラモデル式が式(7.13)のように具体的に定まると，7.2.2 項で述べた面外速度成分項の影響を具体的に評価することができる．まず，式(7.9)の速度投影式がつぎのように定められる.

$$U_{\mathrm{p}} = \frac{c}{L - z_{\mathrm{p}}} u_{\mathrm{p}} + \frac{c \cdot x_{\mathrm{p}}}{(L - z_{\mathrm{p}})^2} w_{\mathrm{p}} \cong \frac{c}{L} u_{\mathrm{p}} + \frac{c \cdot x_{\mathrm{p}}}{L^2} w_{\mathrm{p}} \tag{7.16a}$$

$$V_{\mathrm{p}} = \frac{c}{L - z_{\mathrm{p}}} v_{\mathrm{p}} + \frac{c \cdot y_{\mathrm{p}}}{(L - z_{\mathrm{p}})^2} w_{\mathrm{p}} \cong \frac{c}{L} v_{\mathrm{p}} + \frac{c \cdot y_{\mathrm{p}}}{L^2} w_{\mathrm{p}} \tag{7.16b}$$

ここで，通常は $|z_{\mathrm{p}}| \ll L$ であることを考慮した．これらより，面内速度成分（in-plane velocity component）に対する面外速度成分の影響がつぎのように評価できる．

$$x\ \text{方向}: \frac{c \cdot x_{\mathrm{p}} \cdot w_{\mathrm{p}} / L^2}{c \cdot u_{\mathrm{p}} / L} = \frac{x_{\mathrm{p}}}{L} \frac{w_{\mathrm{p}}}{u_{\mathrm{p}}} \tag{7.17a}$$

$$y\ \text{方向}: \frac{c \cdot y_{\mathrm{p}} \cdot w_{\mathrm{p}} / L^2}{c \cdot v_{\mathrm{p}} / L} = \frac{y_{\mathrm{p}}}{L} \frac{w_{\mathrm{p}}}{v_{\mathrm{p}}} \tag{7.17b}$$

式(7.17)の右辺の係数（x_{p}/L と y_{p}/L）は光軸から物体までの角度の正接（$\tan\theta$）に等しく（図 7.5 参照），θ の最大値は画角の 1/2 になる．たとえば，水平画角 27°，垂直画角 20° の標準レンズでは，$x_{\mathrm{p,max}}/L = 0.24$，$y_{\mathrm{p,max}}/L = 0.18$ となる．これらの値は，画面端付近では面外速度成分の 20% 程度の影響が面内速度成分の測定に含まれることを意味している．

当然のことであるが，面外速度成分がゼロであれば，上述したような影響はない．ここで，面外速度成分の影響は光シートをどんなに薄くしても変わらないことに注意が必要である．「光シートを非常に薄くしているので，面外速度成分の影響は少ない」との主張が見受けられるが，誤りである．光シートを薄くした場合，その光シートを粒子が突き抜けないようダブルパルスの発光時間間隔を小さくする．これは，面内速度成分による粒子像の移動距離と，面外速度成分によるそれを，共に小さくしていることになる．しかし，両移動距離の比は発光時間間隔によらず一定で，結果的に面外速度成分が面内速度成分に与える影響も変わらない．

式(7.16)から，乱流測定における面外速度成分の影響を評価することができる．両式に，乱流場の時間平均方程式の導出のために行われるレイノルズ分解[48]と同様の操作を施すと，

$$U_{\mathrm{p}} = \overline{U}_{\mathrm{p}} + U'_{\mathrm{p}} = \left(\frac{c}{L} \overline{u}_{\mathrm{p}} + \frac{c \cdot \overline{x}_{\mathrm{p}}}{L^2} \overline{w}_{\mathrm{p}} \right) + \left(\frac{c}{L} u'_{\mathrm{p}} + \frac{c \cdot \overline{x}_{\mathrm{p}}}{L^2} w'_{\mathrm{p}} \right) \tag{7.18a}$$

$$V_{\mathrm{p}} = \overline{V}_{\mathrm{p}} + V'_{\mathrm{p}} = \left(\frac{c}{L} \overline{v}_{\mathrm{p}} + \frac{c \cdot \overline{y}_{\mathrm{p}}}{L^2} \overline{w}_{\mathrm{p}} \right) + \left(\frac{c}{L} v'_{\mathrm{p}} + \frac{c \cdot \overline{y}_{\mathrm{p}}}{L^2} w'_{\mathrm{p}} \right) \tag{7.18b}$$

を得る．ここで，$\overline{(\ )}$ は平均成分，$(\ )'$ は変動成分で，簡単のため $x_{\mathrm{p}} = \overline{x}_{\mathrm{p}}$ と $y_{\mathrm{p}} = \overline{y}_{\mathrm{p}}$ を仮定した（つまり，位置変動を無視した）．式(7.18)の右辺の第 1 括弧が平均速度成分，第 2 括弧が速度変動成分に対応する．まず，像速度の平均成分（$\overline{u}_{\mathrm{p}}$ と $\overline{v}_{\mathrm{p}}$）に

着目すると，もし平均流の方向が完全に光シートに沿っていれば（すなわち，$\overline{w}_{\mathrm{p}} = 0$ には），面外速度成分は像速度の平均成分に影響を与えない．

一方，式(7.18)の像速度の変動成分についての項を改めて抜き出すと，

$$U'_{\mathrm{p}} = \frac{c}{L}u'_{\mathrm{p}} + \frac{c \cdot \overline{x}_{\mathrm{p}}}{L^2}w'_{\mathrm{p}} \tag{7.19a}$$

$$V'_{\mathrm{p}} = \frac{c}{L}v'_{\mathrm{p}} + \frac{c \cdot \overline{y}_{\mathrm{p}}}{L^2}w'_{\mathrm{p}} \tag{7.19b}$$

となる．これらは式(7.16)と同形であり，速度変動について同じ速度投影式が成立することを意味する．乱流では，速度変動 3 成分の大きさが同オーダーであること（$|u'_{\mathrm{p}}|{\sim}|v'_{\mathrm{p}}|{\sim}|w'_{\mathrm{p}}|$）が多い．したがって，前述したように，画角の大きな撮影条件では面外方向の速度変動成分の影響が大きくなり得ることになる．その影響は光軸付近（画面中央付近）では小さいが，光軸から離れるに従って増大し，画面端で最大となる．このような問題が実際の乱流計測で発生することが，一様等方性乱流の PIV 測定において確認されている[49]．また，撮影領域をトラバースさせながら乱流場全体を測定する場合，画面端での乱流成分の測定値が，左右あるいは上下の隣接撮影領域での測定値と滑らかに接続しないなどの問題が生じ得る．これらの問題の本質的な解決策は 3 成分同時計測である．すなわち，式(7.8)あるいは式(7.16)に含まれる面外速度成分 w_{p} を測定することである．

7.2.5 一般的なピンホールカメラモデル

本節では，7.2.3 項で説明したピンホールカメラモデルを拡張し，一般的なピンホールカメラモデル（generalized pinhole camera model）を定義する．

図 7.6 に示したように，一般的なピンホールカメラモデルでは，物体座標系と像平面とが任意の位置関係をとり得る．そこで，両者の位置関係を導出するために，カメラ座標系（camera coordinate）を定義する．カメラ座標系 $\mathrm{O_c}$–$x_{\mathrm{c}}y_{\mathrm{c}}z_{\mathrm{c}}$ とは，視点を原点としてカメラに固定した 3 次元座標系で，z_{c} 軸が光軸に一致し（ただし，向きに注意），x_{c} 軸と y_{c} 軸がそれぞれ像座標系の X 軸と Y 軸に一致するように定義したものである．この $x_{\mathrm{c}}y_{\mathrm{c}}$ 軸と XY 軸が一致するという仮定は，カメラ座標系が z_{c} 軸について回転自由度を有しているためで，定義されたカメラモデルの一般性は損われない．

物体座標系で定義した粒子の 3 次元座標 $\mathrm{P}(x_{\mathrm{p}}, y_{\mathrm{p}}, z_{\mathrm{p}})$ と，カメラ座標系で定義した粒子の 3 次元座標 $\mathrm{P}(x_{\mathrm{cp}}, y_{\mathrm{cp}}, z_{\mathrm{cp}})$ とはつぎの座標変換で関係づけられる．

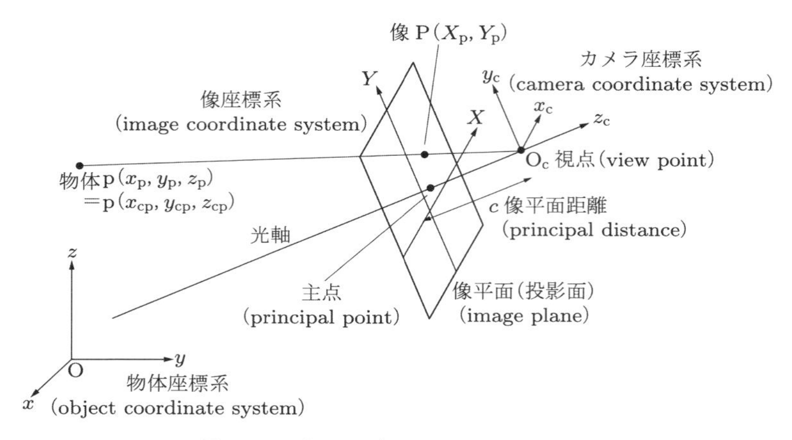

図 7.6 一般的なピンホールカメラモデル

$$
\begin{bmatrix} x_{cp} \\ y_{cp} \\ z_{cp} \end{bmatrix} = \begin{bmatrix} a_{11} & a_{12} & a_{13} \\ a_{21} & a_{22} & a_{23} \\ a_{31} & a_{32} & a_{33} \end{bmatrix} \begin{bmatrix} x_p - x_0 \\ y_p - y_0 \\ z_p - z_0 \end{bmatrix} \tag{7.20}
$$

ここで，(x_0, y_0, z_0) は視点 O_c の物体座標系における座標，$[a_{ij}]$ は回転マトリックスで，次式で定義される．

$$
\begin{bmatrix} a_{11} & a_{12} & a_{13} \\ a_{21} & a_{22} & a_{23} \\ a_{31} & a_{32} & a_{33} \end{bmatrix} = \begin{bmatrix} 1 & 0 & 0 \\ 0 & \cos\omega & -\sin\omega \\ 0 & \sin\omega & \cos\omega \end{bmatrix} \begin{bmatrix} \cos\phi & 0 & \sin\phi \\ 0 & 1 & 0 \\ -\sin\phi & 0 & \cos\phi \end{bmatrix} \begin{bmatrix} \cos\kappa & -\sin\kappa & 0 \\ \sin\kappa & \cos\kappa & 0 \\ 0 & 0 & 1 \end{bmatrix} \tag{7.21}
$$

式(7.21)に含まれる回転角 ω，ϕ，κ は，それぞれ x_c 軸，y_c 軸，z_c 軸回りの座標軸の回転角であり（ただし，座標軸遠方から原点を見て時計方向回転を正とする），$[a_{ij}]$ は正規直交行列となる．式(7.20)は，座標系の平行移動と回転とをその順に行うことを意味する．すなわち，物体座標系に一致して置かれているカメラ座標系について，その原点をまず (x_0, y_0, z_0) に平行移動させ，つぎに z_c 軸，y_c 軸，x_c 軸の順番でカメラ座標系の各軸を回転させる変換を表している．その回転と平行移動の順序を逆にすると，式(7.20)の代わりに次式を得る．

$$
\begin{bmatrix} x_{cp} \\ y_{cp} \\ z_{cp} \end{bmatrix} = \begin{bmatrix} a_{11} & a_{12} & a_{13} \\ a_{21} & a_{22} & a_{23} \\ a_{31} & a_{32} & a_{33} \end{bmatrix} \begin{bmatrix} x_p \\ y_p \\ z_p \end{bmatrix} - \begin{bmatrix} x_0' \\ y_0' \\ z_0' \end{bmatrix} \tag{7.22}
$$

ここで，(x_0', y_0', z_0') と (x_0, y_0, z_0) との間にはつぎの関係が存在する．

$$\begin{bmatrix} x_0' \\ y_0' \\ z_0' \end{bmatrix} = \begin{bmatrix} a_{11} & a_{12} & a_{13} \\ a_{21} & a_{22} & a_{23} \\ a_{31} & a_{32} & a_{33} \end{bmatrix} \begin{bmatrix} x_0 \\ y_0 \\ z_0 \end{bmatrix}$$

つまり，(x_0', y_0', z_0') は視点 $\mathrm{O_c}$ の座標を回転変換したものである．

つぎに，カメラ座標系と像座標系との関係を考える．7.2.3 項で示した式(7.13)は，カメラ座標系で定義された粒子座標を像平面に投影することにほかならないので，粒子のカメラ座標を与える式(7.20)を用いると，一般的なピンホールカメラモデルは次式で表される．

$$X_\mathrm{p} = -c\frac{x_\mathrm{cp}}{z_\mathrm{cp}} = -c\frac{a_{11}(x_\mathrm{p}-x_0)+a_{12}(y_\mathrm{p}-y_0)+a_{13}(z_\mathrm{p}-z_0)}{a_{31}(x_\mathrm{p}-x_0)+a_{32}(y_\mathrm{p}-y_0)+a_{33}(z_\mathrm{p}-z_0)} \tag{7.23a}$$

$$Y_\mathrm{p} = -c\frac{y_\mathrm{cp}}{z_\mathrm{cp}} = -c\frac{a_{21}(x_\mathrm{p}-x_0)+a_{22}(y_\mathrm{p}-y_0)+a_{23}(z_\mathrm{p}-z_0)}{a_{31}(x_\mathrm{p}-x_0)+a_{32}(y_\mathrm{p}-y_0)+a_{33}(z_\mathrm{p}-z_0)} \tag{7.23b}$$

他方，式(7.22)に基づく一般的なピンホールカメラモデルは次式となる．

$$X_\mathrm{p} = -c\frac{a_{11}x_\mathrm{p}+a_{12}y_\mathrm{p}+a_{13}z_\mathrm{p}-x_0'}{a_{31}x_\mathrm{p}+a_{32}y_\mathrm{p}+a_{33}z_\mathrm{p}-z_0'} \tag{7.24a}$$

$$Y_\mathrm{p} = -c\frac{a_{21}x_\mathrm{p}+a_{22}y_\mathrm{p}+a_{23}z_\mathrm{p}-x_0'}{a_{31}x_\mathrm{p}+a_{32}y_\mathrm{p}+a_{33}z_\mathrm{p}-z_0'} \tag{7.24b}$$

式(7.24)はつぎのようにも表せる．

$$\begin{bmatrix} z_\mathrm{cp}X_\mathrm{p} \\ z_\mathrm{cp}Y_\mathrm{p} \\ z_\mathrm{cp} \end{bmatrix} = \begin{bmatrix} a_{11} & a_{12} & a_{13} & -x_0' \\ a_{21} & a_{22} & a_{23} & -y_0' \\ a_{31}' & a_{32}' & a_{33}' & -z_0'' \end{bmatrix} \begin{bmatrix} x_\mathrm{p} \\ y_\mathrm{p} \\ z_\mathrm{p} \\ 1 \end{bmatrix} \tag{7.25}$$

ここで，$a_{3j}' = -a_{3j}/c$，$z_0'' = -z_0'/c$ である．この表現は同次座標系（homogenous coordinates）あるいは DLT（direct linear transformation）とよばれ，そこに含まれる 12 個のパラメータ（a_{11}〜z_0''）を互いに独立とみなし，それらを 6 点以上の基準点データを用いて最小二乗法で決定する[50]．基準点（calibration points）データとはカメラパラメータを校正するためのデータで，$(x_\mathrm{p}, y_\mathrm{p}, z_\mathrm{p})$ と $(X_\mathrm{p}, Y_\mathrm{p})$ が既知の複数組のデータである．一般に，基準点データには誤差が含まれるため，式(7.25)から最小二乗法で求めた $[a_{ij}]$ は正規直交性を厳密には満たさない．

以上のように，式(7.23)あるいは式(7.24)が一般的なカメラモデルの定義式であり，それらに含まれる6個のカメラパラメータ（ω, ϕ, κ, x_0, y_0, z_0）を外部標定要素とよぶ．外部標定要素に対して，レンズひずみ，主点と像座標原点とのずれ（図7.7参照）などのカメラ内部の特性を表すパラメータを内部標定要素とよぶ．次節では，これら内部標定要素を含むカメラモデル式を定義する．

7.2.6 レンズひずみを含む一般的なピンホールカメラモデル

2.2.1項(4)で説明したように，レンズ系にはザイデルの5収差に代表されるレンズひずみが存在し，精度の高い測定を行うためにはそれらの補正が必要である．収差（aberration）とは結像系の近軸近似（paraxial approximation）からの誤差であり，ザイデルの5収差として球面収差（spherical aberration），コマ収差（comatic aberration），非点収差（astigmatism），像面湾曲（curvature of field），歪曲収差（distortion）が知られている．

これらの収差の大きさは，レンズ系の F 値と像高 R（＝光軸から像までの高さ）の関数となり，つぎのような依存性を示す[51]．

球面収差	$\propto R^0$	$\propto 1/F^3$
コマ収差	$\propto R^1$	$\propto 1/F^2$
非点収差	$\propto R^2$	$\propto 1/F^1$
像面湾曲	$\propto R^2$	$\propto 1/F^1$
歪曲収差	$\propto R^3$	$\propto 1/F^0$

これからわかるように，歪曲収差を除くほかの4種類の収差は F 値の増加と共に減少する．7.1.2項(2)で述べたように，3次元PIVでは被写界深度の深い撮影が必要になるので，レンズ系の絞りを絞って F 値を大きくすることは被写界深度を深くすることにつながり，好都合である．しかし，歪曲収差だけは F 値に依存せず，どんなに絞っても変わらない．また，歪曲収差は像高 R の3乗に比例するため，画面端に近づくにつれて急激に大きくなる．市販のレンズでは，歪曲収差を含むすべての収差をバランスよく補正した設計になっており，歪曲収差は必ずしも画面端で最大にならない．また，像高の3乗だけでなく，5乗，7乗といった高次項が含まれる（歪曲収差は光軸対称となるため，奇数次の項のみが含まれる）．たとえば，ズームレンズの一般的な特性として，広角側で樽型，望遠側で糸巻き型になることが知られている[52]．

ピンホールカメラモデルへの歪曲収差の組み込みを考える．図7.7に示すように，レンズひずみが存在しない理想像点を $(X_\mathrm{p}, Y_\mathrm{p})$ とし，歪曲収差が存在する実際の像点を $(X_\mathrm{p}+\Delta X_\mathrm{p}, Y_\mathrm{p}+\Delta Y_\mathrm{p})$ とする．つまり，歪曲収差によって，理想像点は主点を中心とする半径方向に移動する．その移動量 $(\Delta X_\mathrm{p}, \Delta Y_\mathrm{p})$ は上述した歪曲収差の特性より次式で与えられる．

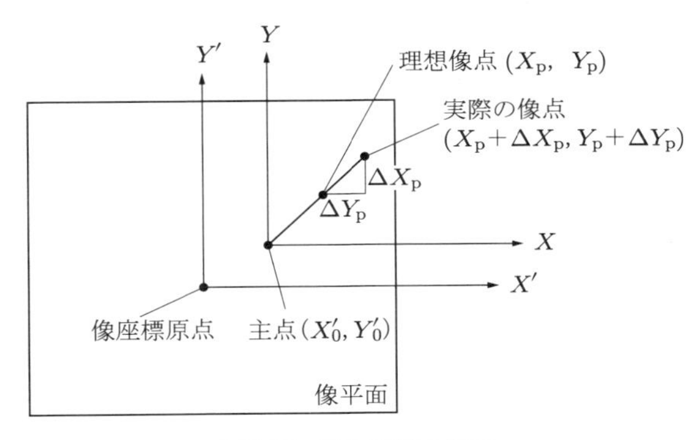

図 7.7 歪曲収差の説明

$$\Delta X_p = X_p \left(k_1 R_p^2 + k_2 R_p^4 + \cdots \right) \tag{7.26a}$$

$$\Delta Y_p = Y_p \left(k_1 R_p^2 + k_2 R_p^4 + \cdots \right) \tag{7.26b}$$

ここで，$k_1, k_2, \ldots$ は歪曲収差を与える係数，R_p は像高で $R_p^2 = X_p^2 + Y_p^2$ である．$k_1, k_2 > 0$ なら糸巻き型歪曲収差，$k_1, k_2 < 0$ なら樽型歪曲収差となる．像高は主点からの距離として与えられるが，図 7.7 に示したように，主点と測定者が画像上に定義した像座標原点とは一致せず，ずれがあるのが普通である．これを，「主点位置のずれ」とよぶ．それを (X'_0, Y'_0) とすると，

$$X_p = X'_p - X'_0 \tag{7.27a}$$

$$Y_p = Y'_p - Y'_0 \tag{7.27b}$$

となる．これらを式(7.26)に代入すると，次式を得る．

$$\Delta X_p = \Delta X'_p = \left(X'_p - X'_0 \right) \left(k_1 R_p^2 + k_2 R_p^4 + \cdots \right) \tag{7.28a}$$

$$\Delta Y_p = \Delta Y'_p = \left(Y'_p - Y'_0 \right) \left(k_1 R_p^2 + k_2 R_p^4 + \cdots \right) \tag{7.28b}$$

ここで，$R_p'^2 = (X'_p - X'_0)^2 + (Y'_p - Y'_0)^2$ である．これらの歪曲収差項を式(7.23)に加えると次式を得る．

$$X'_p = -c \frac{a_{11}(x_p - x_0) + a_{12}(y_p - y_0) + a_{13}(z_p - z_0)}{a_{31}(x_p - x_0) + a_{32}(y_p - y_0) + a_{33}(z_p - z_0)} + X'_0 + \Delta X'_p \tag{7.29a}$$

$$Y'_p = -c \frac{a_{21}(x_p - x_0) + a_{22}(y_p - y_0) + a_{23}(z_p - z_0)}{a_{31}(x_p - x_0) + a_{32}(y_p - y_0) + a_{33}(z_p - z_0)} + Y'_0 + \Delta Y'_p \tag{7.29b}$$

同様に，式(7.24)に代入すると次式を得る．

$$X'_{\mathrm{p}} = -c\frac{a_{11}x_{\mathrm{p}} + a_{12}y_{\mathrm{p}} + a_{13}z_{\mathrm{p}} - x'_0}{a_{31}x_{\mathrm{p}} + a_{32}y_{\mathrm{p}} + a_{33}z_{\mathrm{p}} - z'_0} + X'_0 + \Delta X'_{\mathrm{p}} \tag{7.30a}$$

$$Y'_{\mathrm{p}} = -c\frac{a_{21}x_{\mathrm{p}} + a_{22}y_{\mathrm{p}} + a_{23}z_{\mathrm{p}} - x'_0}{a_{31}x_{\mathrm{p}} + a_{32}y_{\mathrm{p}} + a_{33}z_{\mathrm{p}} - z'_0} + Y'_0 + \Delta Y'_{\mathrm{p}} \tag{7.30b}$$

写真測量の分野では，歪曲収差以外のレンズひずみとして，レンズ系の光軸の不一致に起因する偏心ひずみ（decentering distortion）が検討されている[53]．偏心ひずみは，歪曲収差と異なり，接線方向の非軸対称ひずみをもたらす．さらに，レンズ主平面の光軸に対する傾斜やイメージセンサの光軸に対する傾きなどによって薄プリズムひずみ（thin prism distortion）が発生する．以前は，偏心ひずみを与えるモデルとして薄プリズムひずみが考えられていたが[53]，最近のカメラモデルは両者を次式でまとめて表現する[41, 54]．

$$\Delta X_{\mathrm{p}} = p_1\left(3X_{\mathrm{p}}^2 + Y_{\mathrm{p}}^2\right) + 2p_2X_{\mathrm{p}}Y_{\mathrm{p}} + s_1\left(X_{\mathrm{p}}^2 + Y_{\mathrm{p}}^2\right) \tag{7.31a}$$

$$\Delta Y_{\mathrm{p}} = 2p_1X_{\mathrm{p}}Y_{\mathrm{p}} + p_2\left(X_{\mathrm{p}}^2 + 3Y_{\mathrm{p}}^2\right) + s_2\left(X_{\mathrm{p}}^2 + Y_{\mathrm{p}}^2\right) \tag{7.31b}$$

式(7.31)で，p_1，p_2 が偏心ひずみ係数，s_1，s_2 が薄プリズムひずみ係数である．これらのレンズひずみを加えて，改めて式(7.30)を書くと，

$$X'_{\mathrm{p}} = -c\frac{a_{11}(x_{\mathrm{p}} - x_0) + a_{12}(y_{\mathrm{p}} - y_0) + a_{13}(z_{\mathrm{p}} - z_0)}{a_{31}(x_{\mathrm{p}} - x_0) + a_{32}(y_{\mathrm{p}} - y_0) + a_{33}(z_{\mathrm{p}} - z_0)} + \Delta X'_{\mathrm{p}} \tag{7.32a}$$

$$Y'_{\mathrm{p}} = -c\frac{a_{21}(x_{\mathrm{p}} - x_0) + a_{22}(y_{\mathrm{p}} - y_0) + a_{23}(z_{\mathrm{p}} - z_0)}{a_{31}(x_{\mathrm{p}} - x_0) + a_{32}(y_{\mathrm{p}} - y_0) + a_{33}(z_{\mathrm{p}} - z_0)} + \Delta Y'_{\mathrm{p}} \tag{7.32b}$$

となる．ここで，

$$\begin{aligned}
\Delta X'_{\mathrm{p}} = {} & X'_0 + k_1\left(X'_{\mathrm{p}} - X'_0\right)R'^2_{\mathrm{p}} + k_2\left(X'_{\mathrm{p}} - X'_0\right)R'^4_{\mathrm{p}} \\
& + p_1\left\{2\left(X'_{\mathrm{p}} - X'_0\right)^2 + R'^2_{\mathrm{p}}\right\} + 2p_2\left(X'_{\mathrm{p}} - X'_0\right)\left(Y'_{\mathrm{p}} - Y'_0\right) + s_1R'^2_{\mathrm{p}} \\
\Delta Y'_{\mathrm{p}} = {} & Y'_0 + k_1\left(Y'_{\mathrm{p}} - Y'_0\right)R'^2_{\mathrm{p}} + k_2\left(Y'_{\mathrm{p}} - Y'_0\right)R'^4_{\mathrm{p}} \\
& + 2p_1\left(X'_{\mathrm{p}} - X'_0\right)\left(Y'_{\mathrm{p}} - Y'_0\right) + p_2\left\{R'^2_{\mathrm{p}} + 2\left(Y'_{\mathrm{p}} - Y'_0\right)^2\right\} + s_2R'^2_{\mathrm{p}}
\end{aligned}$$

である．上式では「主点位置のずれ」もレンズひずみとして $(\Delta X'_{\mathrm{p}}, \Delta Y'_{\mathrm{p}})$ に含められている点に注意されたい．

このように，レンズひずみを詳細に取り扱うと，かなり複雑なカメラモデル式となる．文献には，さらに複雑なカメラモデル式の提案もみられる[55]．しかし，幸いなことに，もっとも影響の大きなレンズひずみは歪曲収差項で[56, 57]，中でも第1項（k_1

を含む項）がもっとも重要とされる[56, 58]．前述したように，市販レンズでは歪曲収差の第 1 項だけでなく高次項の影響も大きいと考えられることから，歪曲収差の第 1 項と第 2 項および主点位置のずれを残したカメラモデル[59]がこれまでの 3 次元 PTV 計測[6, 7]で使用されている．

以上の説明における像座標は，像平面上での有次元長さ（mm あるいは m）を単位としている．一方，ディジタル画像を取り扱う場合には像座標は画素単位で測られるが，その場合でも上述したカメラモデル式をそのまま適用できる．ただし，視点－像平面間距離を与える c の単位が mm あるいは m から pixel に変わることに注意が必要である．

ディジタルカメラの画素ピッチが正方格子でない場合や，アナログ CCD カメラからの映像信号を A/D 変換してディジタル画像を取得する場合，CCD 素子面に結像した像の縦横比（非軸対称レンズひずみがなければ縦横比は 1 : 1）が，ディジタル化の過程において変形し，ディジタル画像の縦横比が変化する可能性がある[60]．このことをカメラモデルに反映させる場合は，式(7.32a)をつぎのように修正する．

$$X''_{\mathrm{p}} = s_{\mathrm{x}} \cdot X'_{\mathrm{p}} \tag{7.33}$$

ここで，X''_{p} はディジタル画像上の X 座標，s_{x} は縦横比の変化を表すパラメータである．s_{x} の値は，ディジタル出力のカメラでは既知であるが，アナログ出力のカメラでは使用するカメラと A/D 変換器（フレームグラバ）の組み合わせによって異なるので，組み合わせごとに校正することが望ましい．その方法として，歪曲収差のよく抑えられたレンズを用いて正方格子を撮影し，ディジタル画像上での格子の水平幅と垂直幅との比を測定する方法がある．正方形格子の水平幅を $\Delta X''$ [pixel]，垂直幅を $\Delta Y''$ [pixel] とすると，s_{x} は

$$s_{\mathrm{x}} = \frac{\Delta X''}{\Delta Y''} \tag{7.34}$$

で求められる．市販の A/D 変換器を使う場合，$s_{\mathrm{x}} = 0.97 \sim 1.03$ 程度であるが，A/D 変換周波数を変えると s_{x} の値も大きく変化することもある．s_{x} の決定をほかのカメラパラメータと共にカメラ校正で一括して決定する方法も提案されている[54]．

7.2.7 ダイレクトマッピング

前節に示した式(7.32)は幾何光学に立脚したカメラモデルで，比較的少数の基準点データから妥当なカメラパラメータを求めることができる利点がある．一方，光シート内の速度 3 成分の同時計測手法であるステレオ PIV では，物体座標系における奥

行きを考える必要がない．本節では，そのような場合について柔軟なカメラモデルとなり得るダイレクトマッピング（direct mapping）について説明する．

ステレオ PIV におけるカメラ配置を分類し（図 7.8），それらの特徴をまとめるとつぎのようになる．

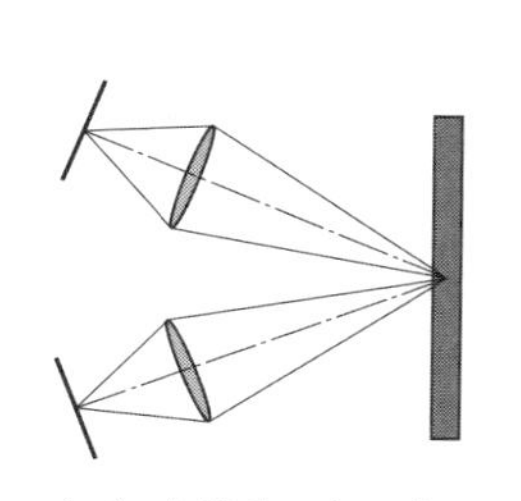

（a）角度オフセット（angular offset）

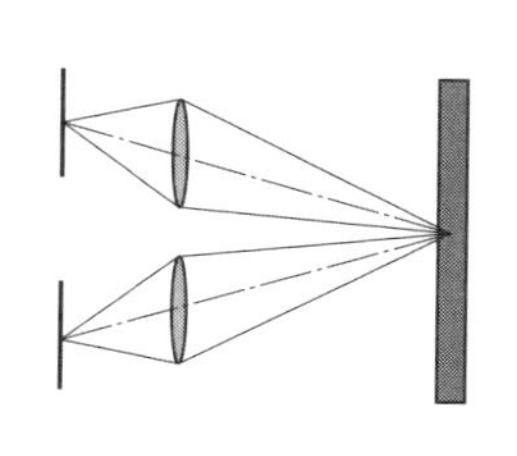

（b）レンズオフセット（translation）

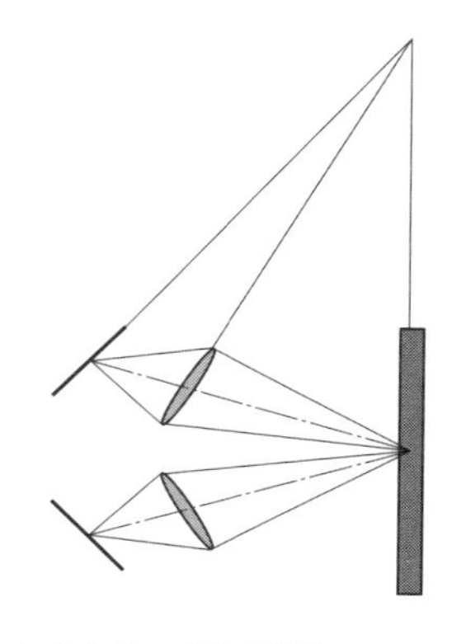

（c）Scheimpflüg 配置（Scheimpflüg configuration）

図 7.8　ステレオ PIV のカメラ配置

1）角度オフセット[61]

角度オフセット（angular offset）は，図 7.8 (a)に示すように，カメラ 2 台をそれぞれ回転させることにより，光シートで照らされた共通部分を撮影する配置である．もっとも簡単な配置であるが，光シートと像平面とが平行でないため，光シート内でピントが合わない位置（通常は，画面左右端付近）が発生する．光シート全体にピントを合わせ，できるだけ小さなトレーサ粒子を撮影したい場合には不利な配置である．

2）レンズオフセット[30]

レンズオフセット（translation）は，図 7.8 (b)に示すように，像平面に対してレンズを平行移動させ（あるいは，レンズに対して像平面を平行移動させ），光軸からオフセットした位置に置くことによって共通部分を撮影する配置である．光シートと像平面が平行なので，光シート全面でピントが合う．しかし，レンズの光軸から離れた部分を使用して結像させるので，収差（とくに，非点収差とコマ収差）の影響が大きく現れる．また，レンズをオフセットさせるための特殊なホルダが必要になる．

3）Scheimpflüg 配置[62]

Scheimpflüg 配置（Scheimpflüg configuration）は，図 7.8 (c)に示すように，光シート，レンズ主平面，像平面の延長線が一点で交わる配置である．光シート全域でピントが合い，しかもレンズオフセットに比較してレンズの光軸付近を使用するため，収差の発生も抑えられる．その反面，撮影の横倍率が像平面上で一定とならず，位置によって変化するため，そのことを考慮したカメラモデルとカメラ校正が必要になる．Scheimpflüg 配置が可能なレンズも市販されているが，傾斜角などを自由に設定するには，専用のホルダを使用する必要がある．市販のステレオ PIV システムでは，Scheimpflüg 配置を採用しているものが多い．

ステレオ PIV は，薄い光シート内の 2 次元断面を撮影する手法なので，トレーサ粒子の光シート奥行き方向位置 z_{p} の変化は小さいと考えてよい．このことを利用して，$(x_{\mathrm{p}}, y_{\mathrm{p}}, z_{\mathrm{p}})$ と $(X_{\mathrm{p}}, Y_{\mathrm{p}})$ との関係を単純な関数（マッピング関数とよぶ）で表現する方法がダイレクトマッピングである．中には，マッピング関数をスプライン関数で表現してカメラパラメータを区分的に与えるものがある[61]．図 7.9 は Scheimpflüg 配置で撮影されたダイレクトマッピング用の基準点である．マッピング関数は必ずしも光学的根拠に基づいていないため，基準点が存在しない領域へ外挿することは避ける必要がある．そのため，図 7.9 のように，すべての基準点が画像に含まれるように配置する．この基準点は，円管断面のステレオ PIV のために製作されたもので，円管内壁近くは同心円パターン，それより内側は格子パターンで基準点が設けられている．これにより，円管断面全体に均一かつ密に基準点が配置されている．

これまでに提案されているダイレクトマッピングの数学的モデルを以下に説明する．

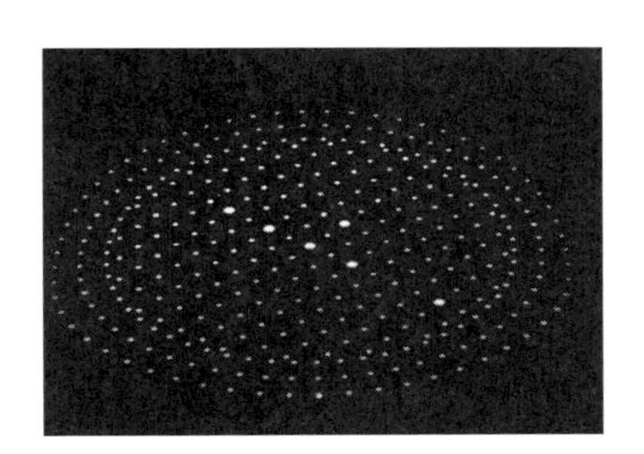

（a）左カメラが見た基準点画像

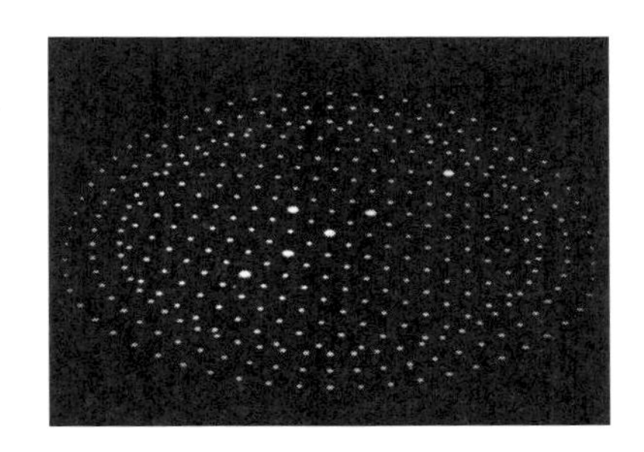

（b）右カメラが見た基準点画像

図 7.9　ダイレクトマッピングのための基準点画像

(1) 同次座標系を利用する方法

同次座標系を利用する方法は，式(7.25)の同次座標系でマッピング関数を表現する．本質的にはピンホールカメラモデルに基づく方法と同一であるが，式(7.25)に含まれる 12 個のパラメータ（$a_{11} \sim z_0''$）を互いに独立とみなすことによって，マッピング関数を線形化する．

(2) 平行投影を仮定する方法[61]

平行投影を仮定する方法は，角度オフセットのステレオ PIV を対象として提案された．この方法は，光軸の傾斜が xz 面内にあって，奥行き位置の変化の影響が画像の X 方向にのみ現れ，Y 方向には現れないと仮定する（平行投影のみに成立する仮定）．その仮定に基づくと，式(7.9)はつぎのように簡単化される．

$$U_{\mathrm{p}}\left(=\frac{\Delta X_{\mathrm{p}}}{\Delta t}\right)=\frac{\partial F_X}{\partial x_{\mathrm{p}}}u_{\mathrm{p}}+\frac{\partial F_X}{\partial z_{\mathrm{p}}}w_{\mathrm{p}}$$
$$=a\cdot u_{\mathrm{p}}+b\cdot w_{\mathrm{p}}\left(=a\cdot\frac{\Delta x_{\mathrm{p}}}{\Delta t}+b\cdot\frac{\Delta y_{\mathrm{p}}}{\Delta t}\right) \tag{7.35a}$$

$$V_{\mathrm{p}}\left(=\frac{\Delta Y_{\mathrm{p}}}{\Delta t}\right)=\frac{\partial F_Y}{\partial y_{\mathrm{p}}}v_{\mathrm{p}}=c\cdot v_{\mathrm{p}}\left(=c\cdot\frac{\Delta y_{\mathrm{p}}}{\Delta t}\right) \tag{7.35b}$$

Y 方向の像速度成分 V_{p} を与える式(7.35b)に面外速度成分項 w_{p} が含まれていないことに注意されたい．式(7.35)に含まれる速度投影係数（a, b, c）の決定のために，基準点を測定領域の中でトラバースし，それらの物体空間中での移動距離（Δx_{p}, Δy_{p}, Δz_{p}）と像平面上での移動距離（ΔX_{p}, ΔY_{p}）との関係を与えるデータを得る．このようにして局所的に定められた速度投影係数は，スプライン関数によって画面全体に補間される．このダイレクトマッピングでは $(u_{\mathrm{p}}, v_{\mathrm{p}}, w_{\mathrm{p}})$ と $(U_{\mathrm{p}}, V_{\mathrm{p}})$ とが線形関係にあるため，線形最小二乗法によって速度投影係数が求められる．

(3) ピンホールカメラモデルに基づく方法[63]

ピンホールカメラモデルに基づく方法は，式(7.24)のピンホールカメラモデルに，レンズひずみの補正項を独自の高次項として加える．次式で表現される．

$$X_{\mathrm{p}}=-c\frac{a_{11}x_{\mathrm{p}}+a_{12}y_{\mathrm{p}}+a_{13}+a_{14}x_{\mathrm{p}}^2+a_{15}y_{\mathrm{p}}^2+a_{16}x_{\mathrm{p}}y_{\mathrm{p}}}{a_{31}x_{\mathrm{p}}+a_{32}y_{\mathrm{p}}+a_{33}+a_{34}x_{\mathrm{p}}^2+a_{35}y_{\mathrm{p}}^2+a_{36}x_{\mathrm{p}}y_{\mathrm{p}}} \tag{7.36a}$$

$$Y_{\mathrm{p}}=-c\frac{a_{21}x_{\mathrm{p}}+a_{22}y_{\mathrm{p}}+a_{23}+a_{24}x_{\mathrm{p}}^2+a_{25}y_{\mathrm{p}}^2+a_{26}x_{\mathrm{p}}y_{\mathrm{p}}}{a_{31}x_{\mathrm{p}}+a_{32}y_{\mathrm{p}}+a_{33}+a_{34}x_{\mathrm{p}}^2+a_{35}y_{\mathrm{p}}^2+a_{36}x_{\mathrm{p}}y_{\mathrm{p}}} \tag{7.36b}$$

式(7.24)と異なり，z_{p} が含まれていない．これは，薄い光シート内では奥行き位置 z_{p} は一定であるとの考えから，定数 a_{13}，a_{23}，a_{33} に含まれているとみなしているからである．同様に，カメラ座標系の原点位置を与える（x_0, y_0, z_0）もそれらの定数に含まれているとみなしている．式(7.36)に現れる 18 個のカメラパラメータ a_{ij}（ただし，自明な解を避けるため，$c=1$，$a_{33}=1$ とする）は 9 点以上の基準点データを用いて非線形最小二乗法によって定められる．注意すべきことは，式(7.36)には z_{p} が含まれていないので，このカメラモデルからは面外速度成分項を表現できないことである．すなわち，式(7.8)に現れる速度投影係数を考えると，$\partial F_X/\partial z_{\rm p}=0$ かつ $\partial F_Y/\partial z_{\rm p}=0$ となり，面外速度成分項である $w_{\rm p}$ が現れない．そのため，このカメラモデルとは別に，面外速度成分を算出する関係式が幾何学的考察によって提案されている[63]．

(4) 多項式カメラモデルを用いる方法[64]

カメラモデルとして，つぎの多項式を用いる方法である．

$$\begin{aligned}X_{\rm p}&=a_0+a_1x_{\rm p}+a_2y_{\rm p}+a_3z_{\rm p}+a_4x_{\rm p}^2+a_5x_{\rm p}y_{\rm p}+a_6y_{\rm p}^2+a_7x_{\rm p}z_{\rm p}\\&\quad+a_8y_{\rm p}z_{\rm p}+a_9z_{\rm p}^2+a_{10}x_{\rm p}^3+a_{11}x_{\rm p}^2y_{\rm p}+a_{12}x_{\rm p}y_{\rm p}^2+a_{13}y_{\rm p}^3\\&\quad+a_{14}x_{\rm p}^2z_{\rm p}+a_{15}x_{\rm p}y_{\rm p}z_{\rm p}+a_{16}y_{\rm p}^2z_{\rm p}+a_{17}x_{\rm p}z_{\rm p}^2+a_{18}y_{\rm p}z_{\rm p}^2\end{aligned}\tag{7.37a}$$

$$\begin{aligned}Y_{\rm p}&=b_0+b_1x_{\rm p}+b_2y_{\rm p}+b_3z_{\rm p}+b_4x_{\rm p}^2+b_5x_{\rm p}y_{\rm p}+b_6y_{\rm p}^2+b_7x_{\rm p}z_{\rm p}\\&\quad+b_8y_{\rm p}z_{\rm p}+b_9z_{\rm p}^2+b_{10}x_{\rm p}^3+b_{11}x_{\rm p}^2y_{\rm p}+b_{12}x_{\rm p}y_{\rm p}^2+b_{13}y_{\rm p}^3\\&\quad+b_{14}x_{\rm p}^2z_{\rm p}+b_{15}x_{\rm p}y_{\rm p}z_{\rm p}+b_{16}y_{\rm p}^2z_{\rm p}+b_{17}x_{\rm p}z_{\rm p}^2+b_{18}y_{\rm p}z_{\rm p}^2\end{aligned}\tag{7.37b}$$

式(7.37)に含まれる38個のカメラパラメータは線形最小二乗法によって定められる．校正データを得るために，光シートの奥行き方向に位置を変えて，合計2断面以上（通常は3断面）で基準点を撮影する．カメラパラメータが決まると，1組のステレオ画像の速度投影係数が求められるので，式(7.12)より速度3成分を算出することができる．

(5) まとめ

このように，ダイレクトマッピングでは研究者ごとに異なるマッピング関数が提案されており，考え方の相違によるバリエーションが存在する．また，観察窓での光の屈折による像ひずみが大きい場合などに対して，ダイレクトマッピングは柔軟なカメラ校正手段となり得るため，撮影条件に応じたさまざまなカメラモデルが提案される可能性が高い．マッピング関数の開発および選択においては，面外速度成分や歪曲収差がPIV測定に与える影響（7.2.4項および7.2.8項参照）を十分に考慮する必要がある．

7.2.8 歪曲収差がPIV測定に与える影響

ここでは，7.2.6項で説明した歪曲収差がPIV測定にどのような影響を与えるかについて考える．簡単のため，影響の大きな歪曲収差の第1項のみを取り上げる．ピンホールカメラモデルでは，式(7.13)が成立するので，ΔX_{p}，ΔY_{p} はそれぞれつぎのように表される．

$$\Delta X_{\mathrm{p}}\left(=k_1X_{\mathrm{p}}R_{\mathrm{p}}^2\right)=k_1c^3\frac{x_{\mathrm{p}}\left(x_{\mathrm{p}}^2+y_{\mathrm{p}}^2\right)}{(L-z_{\mathrm{p}})^3} \tag{7.38a}$$

$$\Delta Y_{\mathrm{p}}\left(=k_1Y_{\mathrm{p}}R_{\mathrm{p}}^2\right)=k_1c^3\frac{y_{\mathrm{p}}\left(x_{\mathrm{p}}^2+y_{\mathrm{p}}^2\right)}{(L-z_{\mathrm{p}})^3} \tag{7.38b}$$

ここで，最大像高 $R_{\mathrm{p,max}}\left(=\sqrt{X_{\mathrm{p,max}}^2+Y_{\mathrm{p,max}}^2}\right)$ に対する歪曲収差の割合として定義される歪曲率 ζ を導入する．すなわち，次式である．

$$\zeta=\frac{\sqrt{\Delta X_{\mathrm{p,max}}^2+\Delta Y_{\mathrm{p,max}}^2}}{R_{\mathrm{p,max}}}=|k_1|\,c^2\frac{x_{\mathrm{p,max}}^2+y_{\mathrm{p,max}}^2}{(L-z_{\mathrm{p,max}})^2} \tag{7.39}$$

レンズメーカの資料によれば，歪曲収差がよく補正されたレンズでも $\zeta=0.2$〜1.7% である．式(7.39)を式(7.38)に代入し，代表位置として $z_{\mathrm{p}}=z_{\mathrm{p,max}}=0$ を考えると，

$$\Delta X_{\mathrm{p}}=c\frac{x_{\mathrm{p}}}{L}\left(\zeta\frac{k_1}{|k_1|}\frac{r_{\mathrm{p}}^2}{r_{\mathrm{p,max}}^2}\right) \tag{7.40a}$$

$$\Delta Y_{\mathrm{p}}=c\frac{y_{\mathrm{p}}}{L}\left(\zeta\frac{k_1}{|k_1|}\frac{r_{\mathrm{p}}^2}{r_{\mathrm{p,max}}^2}\right) \tag{7.40b}$$

を得る．ここで，$r_{\mathrm{p}}\left(=\sqrt{x_{\mathrm{p}}^2+y_{\mathrm{p}}^2}\right)$，$r_{\mathrm{p,max}}\left(=\sqrt{x_{\mathrm{p,max}}^2+y_{\mathrm{p,max}}^2}\right)$ である．これらの式は，歪曲率の定義からもわかるように，画面隅（$r_{\mathrm{p}}=r_{\mathrm{p,max}}$）にて歪曲収差がない像高（$X_{\mathrm{p}}=c\cdot x_{\mathrm{p}}/L$，$Y_{\mathrm{p}}=c\cdot y_{\mathrm{p}}/L$）に対して $\pm\zeta$ の割合の位置ずれを起こすことを表す．したがって，もし画像の横倍率の校正を画面幅いっぱいに撮影した基準スケールなどで行っている場合，その横倍率には $\pm 2\zeta$ の相対誤差が含まれ得ることを意味する．

式(7.40)を時間で微分すると次式を得る．

$$\begin{aligned}\Delta U_{\mathrm{p}}\left\{=\frac{\partial\left(\Delta X_{\mathrm{p}}\right)}{\partial t}\right\}&=c\frac{u_{\mathrm{p}}}{L}\left(3\zeta\frac{k_1}{|k_1|}\frac{x_{\mathrm{p}}^2}{r_{\mathrm{p,max}}^2}+\zeta\frac{k_1}{|k_1|}\frac{y_{\mathrm{p}}^2}{r_{\mathrm{p,max}}^2}\right)\\&\quad+c\frac{v_{\mathrm{p}}}{L}\left(2\zeta\frac{k_1}{|k_1|}\frac{x_{\mathrm{p}}y_{\mathrm{p}}}{r_{\mathrm{p,max}}^2}\right)\end{aligned} \tag{7.41a}$$

$$\Delta V_\mathrm{p}\left\{=\frac{\partial\left(\Delta Y_\mathrm{p}\right)}{\partial t}\right\}=c\frac{v_\mathrm{p}}{L}\left(\zeta\frac{k_1}{|k_1|}\frac{x_\mathrm{p}^2}{r_\mathrm{p,max}^2}+3\zeta\frac{k_1}{|k_1|}\frac{y_\mathrm{p}^2}{r_\mathrm{p,max}^2}\right)+c\frac{u_\mathrm{p}}{L}\left(2\zeta\frac{k_1}{|k_1|}\frac{x_\mathrm{p}y_\mathrm{p}}{r_\mathrm{p,max}^2}\right) \tag{7.41b}$$

簡単のために，画面左右端 $(x_\mathrm{p}, y_\mathrm{p}) = (\pm r_\mathrm{p,max}, 0)$ あるいは画面上下端 $(x_\mathrm{p}, y_\mathrm{p}) = (0, \pm r_\mathrm{p,max})$ を考えると，式(7.41)はつぎのようになる．

$$\Delta U_\mathrm{p} = \pm 3\zeta\left(c\frac{u_\mathrm{p}}{L}\right) \tag{7.42a}$$

$$\Delta V_\mathrm{p} = \pm 3\zeta\left(c\frac{v_\mathrm{p}}{L}\right) \tag{7.42b}$$

式(7.42)より，速度測定に与える歪曲収差の影響は，画面端では歪曲率の 3 倍に達することから，たとえ歪曲率が 1% 程度であっても，歪曲収差が速度測定にもたらす誤差は決して無視できないことがわかる．

7.2.9 カメラパラメータの算出

カメラモデルに含まれるカメラパラメータ（camera parameter）を，いかに容易にかつ精度よく決定するかはカメラ校正における重要事項である．本節では，代表的ないくつかのカメラモデルについて，カメラパラメータの決定方法を説明する．

(1) ピンホールカメラモデル

光シート奥行き方向位置の情報を必要としない 2 次元 PIV では，式(7.15)を用いて横倍率 M を定めればよい．奥行き方向位置の情報が必要になる場合は，式(7.13)に戻って，L と c を定める必要がある．ここで注意しなければならないことは，式(7.13)に含まれる物体座標 $(x_\mathrm{p}, y_\mathrm{p}, z_\mathrm{p})$ と像座標 $(X_\mathrm{p}, Y_\mathrm{p})$ は，どちらも光軸上に原点を有する座標系で定義されていることである．通常は，光軸の位置をあらかじめ正確に知ることはできず，測定者が定めた物体座標系と像座標系の原点は光軸からずれていると考えてよい．そこで，原点ずれを解消するために，同一の奥行き方向位置（それを z_p とする）を有する二つの基準点を用いて，式(7.13)をつぎのように変形すると便利である．

$$X_\mathrm{p2} - X_\mathrm{p1} = c\frac{x_\mathrm{p2} - x_\mathrm{p1}}{L - z_\mathrm{p}} \tag{7.43a}$$

$$Y_\mathrm{p2} - Y_\mathrm{p1} = c\frac{y_\mathrm{p2} - y_\mathrm{p1}}{L - z_\mathrm{p}} \tag{7.43b}$$

式(7.43)では，物体座標，像座標共に，原点ずれが引き算によって解消されている．なお，式(7.43a)と式(7.43b)とは互いに独立ではないので，どちらかの式しか利用できない．また，物体座標系の xy 軸と像座標系の XY 軸の向きが揃っていることを暗黙に仮定しており，そうなるよう基準点を設置しなければならない（たとえば，基準スケールの向きを画像水平方向に正確に合わせるなど）．もし，奥行き方向位置の異なる複数断面で基準点が撮影できれば，つぎの連立方程式を最小二乗法で解くことによって L と c を定めることができる．すなわち，

$$
\begin{bmatrix} X_{\mathrm{p2}}^{(1)} - X_{\mathrm{p1}}^{(1)} & x_{\mathrm{p1}}^{(1)} - x_{\mathrm{p2}}^{(1)} \\ X_{\mathrm{p2}}^{(2)} - X_{\mathrm{p1}}^{(2)} & x_{\mathrm{p1}}^{(2)} - x_{\mathrm{p2}}^{(2)} \\ \vdots & \vdots \end{bmatrix} \begin{bmatrix} L \\ c \end{bmatrix} = \begin{bmatrix} (X_{\mathrm{p2}}^{(1)} - X_{\mathrm{p1}}^{(1)}) z_{\mathrm{p}}^{(1)} \\ (X_{\mathrm{p2}}^{(2)} - X_{\mathrm{p1}}^{(2)}) z_{\mathrm{p}}^{(2)} \\ \vdots \end{bmatrix} \tag{7.44}
$$

を解けばよい．ここで，上付添字の $(1), (2), \ldots$ は複数の奥行き方向位置のそれぞれに対応する．

(2) 一般的なピンホールカメラモデル

一般的なピンホールカメラモデルは，式(7.23)，式(7.24)，あるいは式(7.25)で与えられる．これらの中では，式(7.25)を用いて，12個のカメラパラメータ（a_{ij}，x_0'，y_0'，z_0'）に関する連立方程式を解く方法がもっとも容易である．ただし，この方法では回転行列 $[a_{ij}]$ の正規直交性を陽には考慮しないため，得られた解はその性質を満たさないことがある．回転行列 $[a_{ij}]$ の正規直交性を保つためには，式(7.21)で与えられる a_{ij} の定義式に戻って，回転角度 ω，ϕ，κ を求める必要がある．しかし，ω，ϕ，κ を陽に含む式は非線形方程式となるため，連立させて解を求めることは容易でない．その具体的な解法は次節で紹介するとして，本節では式(7.25)を用いる解法について説明する．

式(7.25)を変形すると，次式を得る．

$$
a_{11}x_{\mathrm{p}} + a_{12}y_{\mathrm{p}} + a_{13}z_{\mathrm{p}} - a_{31}'X_{\mathrm{p}}x_{\mathrm{p}} - a_{32}'X_{\mathrm{p}}y_{\mathrm{p}} - a_{33}'X_{\mathrm{p}}z_{\mathrm{p}} - x_0' + X_{\mathrm{p}}z_0'' = 0 \tag{7.45a}
$$

$$
a_{21}x_{\mathrm{p}} + a_{22}y_{\mathrm{p}} + a_{23}z_{\mathrm{p}} - a_{31}'Y_{\mathrm{p}}x_{\mathrm{p}} - a_{32}'Y_{\mathrm{p}}y_{\mathrm{p}} - a_{33}'Y_{\mathrm{p}}z_{\mathrm{p}} - y_0' + Y_{\mathrm{p}}z_0'' = 0 \tag{7.45b}
$$

式(7.45)はカメラパラメータ（a_{11}〜z_0''）について自明な解を有するので，それを避けるために $z_0'' = 1$ とおく．6点以上の基準点データがあれば，つぎの連立方程式が成立する．

$$\begin{bmatrix} x_{\mathrm{p}}^{(1)} & y_{\mathrm{p}}^{(1)} & z_{\mathrm{p}}^{(1)} & 0 & 0 & 0 & -X_{\mathrm{p}}^{(1)}x_{\mathrm{p}}^{(1)} & -X_{\mathrm{p}}^{(1)}y_{\mathrm{p}}^{(1)} & -X_{\mathrm{p}}^{(1)}z_{\mathrm{p}}^{(1)} & -1 & 0 \\ 0 & 0 & 0 & x_{\mathrm{p}}^{(1)} & y_{\mathrm{p}}^{(1)} & z_{\mathrm{p}}^{(1)} & -Y_{\mathrm{p}}^{(1)}x_{\mathrm{p}}^{(1)} & -Y_{\mathrm{p}}^{(1)}y_{\mathrm{p}}^{(1)} & -Y_{\mathrm{p}}^{(1)}z_{\mathrm{p}}^{(1)} & 0 & -1 \\ x_{\mathrm{p}}^{(2)} & y_{\mathrm{p}}^{(2)} & z_{\mathrm{p}}^{(2)} & 0 & 0 & 0 & -X_{\mathrm{p}}^{(2)}x_{\mathrm{p}}^{(2)} & -X_{\mathrm{p}}^{(2)}y_{\mathrm{p}}^{(2)} & -X_{\mathrm{p}}^{(2)}z_{\mathrm{p}}^{(2)} & -1 & 0 \\ 0 & 0 & 0 & x_{\mathrm{p}}^{(2)} & y_{\mathrm{p}}^{(2)} & z_{\mathrm{p}}^{(2)} & -Y_{\mathrm{p}}^{(2)}x_{\mathrm{p}}^{(2)} & -Y_{\mathrm{p}}^{(2)}y_{\mathrm{p}}^{(2)} & -Y_{\mathrm{p}}^{(2)}z_{\mathrm{p}}^{(2)} & 0 & -1 \\ \vdots & \vdots & \vdots & \vdots & \vdots & \vdots & \vdots & \vdots & \vdots & \vdots & \vdots \end{bmatrix} \begin{bmatrix} a_{11} \\ a_{12} \\ a_{13} \\ a_{21} \\ a_{22} \\ a_{23} \\ a'_{31} \\ a'_{32} \\ a'_{33} \\ x'_0 \\ y'_0 \end{bmatrix} = \begin{bmatrix} -X_{\mathrm{p}}^{(1)} \\ -Y_{\mathrm{p}}^{(1)} \\ -X_{\mathrm{p}}^{(2)} \\ -Y_{\mathrm{p}}^{(2)} \\ \vdots \end{bmatrix} \tag{7.46}$$

ここで，上付添字の $(1), (2), \ldots$ は基準点番号に対応する．式(7.46)は最小二乗法によって解くことができる．

ステレオ撮影の場合，同一の基準点を異なる 2 方向から撮影する．その条件を利用することによって，基準点の物体座標をあらかじめ知ることなくカメラパラメータを求めることのできるアルゴリズムが提案されている[64]

(3) レンズひずみを含むピンホールカメラモデル

レンズひずみを含むピンホールカメラモデルは，式(7.32)と式(7.33)で与えられる．求めるべきカメラパラメータは x_0，y_0，z_0，ω，ϕ，κ，c，s_{x}，X'_0，Y'_0，k_1，k_2，p_1，p_2，s_1，s_2 の 16 個である．式(7.32)と式(7.33)はこれらのカメラパラメータについて非線形となっているので，非線形最小二乗法[53, 61, 62]を使用する．アルゴリズムの詳細は参考文献に譲るが，その概要はつぎのとおりである．

まず，解の初期値を推定する．カメラパラメータの中で，座標系の幾何学的関係から定まる x_0，y_0，z_0，ω，ϕ，κ および横倍率に関係する c の推定は比較的容易である．一方，縦横比やレンズひずみを表すパラメータについては理想的な状態を初期値とする（すなわち，$s_{\mathrm{x}} = 1$，$X'_0 = Y'_0 = k_1 = k_2 = p_1 = p_2 = s_1 = s_2 = 0$）．つぎに，初期値のまわりで式(7.32)と式(7.33)をテイラー展開し，微小補正量の 1 階微分項までを残す．この操作によって得られる式は，微小補正量についての線形連立方程式を構成するので，最小二乗法を用いて微小補正量が求められる．すると，更新値＝初期値＋微小補正量によって，カメラパラメータの更新値が定められる．もし，更新値がカメラモデル式を十分な精度で満足すれば，それが最終的な解となる．満足しない場合には，更新値のまわりで式(7.32)と式(7.33)をテイラー展開し，同様の手順で微小補正量の算出を反復する．

以上のような反復計算でよい解に収束させるためには，初期値の推定の妥当性と基準点データの精度が重要になる．ロボットビジョンの分野では，初期値推定を行うことなく（あるいは，できるだけそれを自動化して），カメラパラメータを算出するアルゴリズムが提案されている．たとえば，内部標定要素として s_x，k_1 のみを考慮し（X'_0，Y'_0 は既知とする），カメラモデル式を RAC（radial alignment constraint）とよばれる拘束条件を利用して線形化する方法[68]がある．さらに，線形化と反復計算を組み合わせることによって，式(7.32)に含まれるすべてのレンズひずみを取り扱うアルゴリズムも提案されている[54]．なお，これらの二つのアルゴリズムは式(7.30)のカメラモデル式を利用する．

(4) ダイレクトマッピング

すでに 7.2.7 項で述べたように，線形連立方程式を構成する式(7.35)と式(7.37)については通常の最小二乗法によってカメラパラメータを決定する．一方，非線形連立方程式を構成する式(7.36)については，前項で概要を説明したアルゴリズムを用いることによってカメラパラメータを決定する．

7.2.10　カメラ校正用の基準点

前項で述べたアルゴリズムでカメラパラメータを求めるためには，その物体座標と像座標とが既知の基準点（calibration point）を測定空間中に設置する必要がある．2 次元 PIV のように奥行き方向位置の情報が必要ない場合には，基準スケールあるいは平板上に描いた基準点を設置すれば十分である．一方，3 次元 PIV のように奥行き方向位置の情報を必要とする場合には，何らかの方法で基準点を異なる奥行き方向位置に設置する必要がある．その方法として，つぎのようなものがある．

① 基準点を描いた平板（基準点プレート，校正板（calibration plate）などという）を奥行き方向に移動させる[6]．

② 奥行き方向に凹凸のあるブロックを使用する[9]．

③ 3 次元的に配置された基準点を使用する[7]．

製作の容易さや精度の高さから，①の方法がよく用いられる．

図 7.10 にカメラ校正の一例として，トモグラフィック PIV（詳細は 7.3.5 項）の基準点プレートとトラバース装置を示す．基準点プレートは厚み 3 mm，幅 100 mm，高さ 75 mm のガラス基板で，その上に基準点として直径 2 ± 0.01 mm の白点（計 256 個）が格子状にマーキングされている．各基準点の位置精度は ± 0.01 mm である．プレート中心位置が容易に判別できるよう，そこには直径 4 mm の白点がマーキングされている．基準点プレートは精密ディジタルマイクロメータを用いたトラバース装

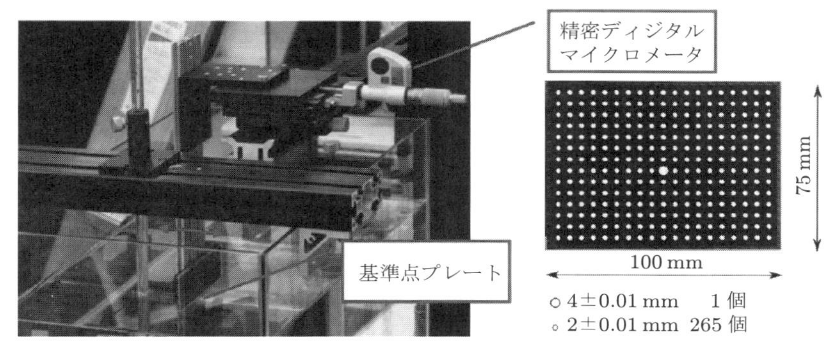

図 7.10 トモグラフィック PIV におけるカメラ校正の様子と基準点プレート

置に取り付けられており，基板の法線方向に ±0.001 mm の分解能でトラバースされる．面内位置とトラバース量から各基準点の物体座標 $(x_\mathrm{p}, y_\mathrm{p}, z_\mathrm{p})$ を知ることができる．このようにして得られる基準点データを用いて，式(7.32)に含まれるカメラパラメータを算出する．前述したように，式(7.32)は幾何光学に立脚しているため，比較的少数の基準点を配置することによって，視野全域に適用できるカメラパラメータが得られる．ただし，レンズひずみを補正する高次項が含まれているため，基準点を視野全体に配置し，外挿にならないよう注意する必要がある．

基準点の物体座標の測定には，上記以外につぎのような方法がある．

① 移動装置付き光学顕微鏡で読み取る．

② 大きい校正板の場合はフライス盤のベッドに校正板を取り付け，テレビカメラを加工具用チャックに取り付けて，ベッドを移動させて読み取る．

③ 歪曲収差の少ないレンズで撮影し，画像計測する．

7.3 多次元 PIV の応用

本章では，代表的な多次元 PIV の方法，装置，測定例などを説明する．

7.3.1 ステレオ PIV

ステレオ PIV は，2 台のカメラを用いたステレオ撮影によって，光シート内の速度 3 成分を測定する方法である．ステレオカメラ配置として図 7.8 に示した 3 種類があることは上述したとおりである．最近は Scheimpflüg 配置が主流になりつつあるが，ステレオ PIV が初めて提案された 1980 年代後半から 1990 年代前半にかけては，光シート全域にピントを合わせることができ，かつカメラ校正が容易なレンズオフセットの利用が盛んであった[28~30, 69]．本節では，まずステレオ PIV における速度 3 成分の計算方法について説明する．その後で，レンズオフセットによる測定例と Scheimpflüg 配置による測定例を示す．

(1) 速度 3 成分の計算

ステレオ PIV による測定の様子を図 7.11 に示す．カメラ配置は Scheimpflüg 配置である．図中の移動量ベクトルは粒子の移動を誇張して表したもので，実際にはトレーサ粒子の面外方向の移動量は光シートの厚みに比べて十分に小さい（そうなるよう，実験条件を設定する）．図からわかるように，面外方向の移動によってカメラ#1 とカメラ#2 から観察される粒子の移動量（投影移動量）に差が生じる．ステレオ PIV では，この投影移動量の差から面外速度成分を計算する．その計算方法の基本的な考え方は 7.2.2 項で説明したとおりである．以下では，典型的な計算手順を説明する．

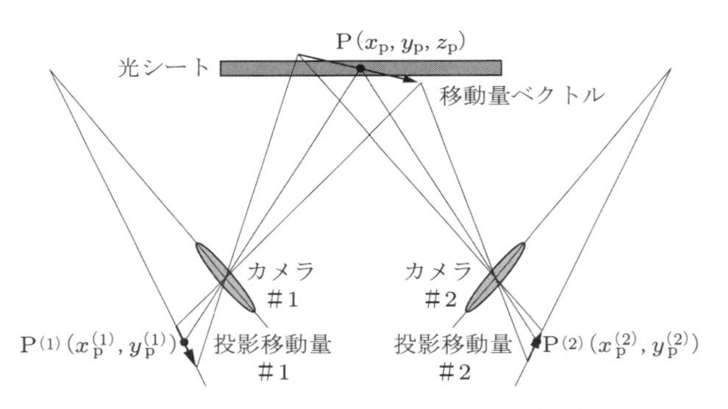

図 7.11　ステレオ PIV における速度 3 成分測定

① PIV 測定の事前あるいは事後にカメラ校正を行い，カメラモデルに含まれるカメラパラメータを決定する．カメラモデルとして，ピンホールカメラモデルあるいはダイレクトマッピングのいずれかを選択し，式(7.7)の投影関数（F_X と F_Y）を具体的に定める．

② 速度を算出したい光シート内の 1 点 P を定める．その物体座標を (x_p, y_p, z_p) とする．光シート内に物体座標系の原点を置き，z 方向を光シートに直交する方向にとると，光シートの厚さ方向の中央位置を $z_p = 0$ とする．

③ 点 $P(x_p, y_p, z_p)$ を投影関数 F_X と F_Y に代入することによって，カメラ#1 とカメラ#2 の像平面上での像点 $P^{(1)}(X_p^{(1)}, Y_p^{(1)})$ と $P^{(2)}(X_p^{(2)}, Y_p^{(2)})$ がそれぞれ得られる．

④ これらの像点における粒子像速度（$U_p^{(1)}$，$V_p^{(1)}$）と（$U_p^{(2)}$，$V_p^{(2)}$）を求める．

カメラ#1 とカメラ#2 の画像に対してあらかじめ独立に PIV 処理を施し，その結果を像点 $\mathrm{P}^{(1)}$ と $\mathrm{P}^{(2)}$ に補間する場合もある．

⑤ このようにして粒子像速度のステレオペアが求められれば，式(7.12)あるいは類似の関係式より粒子速度 3 成分（u_p, v_p, w_p）が算出される．

市販のステレオ PIV ソフトウェアでは，逆投影画像（back projected image）あるいは歪み補正画像（dewarped image）を用いる方法がとられることが多い．これらの画像は，投影関数の逆関数（F_X^{-1} と F_Y^{-1}）を用いて撮影された粒子画像を光シートの中央位置（$z=0$）に定義した仮想断面に逆投影したものである．この逆投影にあたって，逆投影画像の画素値から補間する必要がある．このような逆投影をカメラ#1 とカメラ#2 の粒子画像に施すと，同一の仮想断面における逆投影画像#1，#2 が得られ，これらに対して PIV 解析を行うことによって（$U_\mathrm{p}'^{(1)}$, $V_\mathrm{p}'^{(1)}$）と（$U_\mathrm{p}'^{(2)}$, $V_\mathrm{p}'^{(2)}$）が得られる．ここで，（U_p', V_p'）は逆投影画像上での粒子像速度である．逆投影画像を用いる方法にはつぎの利点がある．

- カメラ#1 とカメラ#2 について共通の仮想断面を定義できるので，検査窓も共通の位置に設けることができる．
- 逆投影画像の PIV 解析を 2 成分 PIV 解析とまったく同じ手順で，かつカメラ#1 とカメラ#2 について共通に行うことができる．
- 後述する光シートの位置のずれの補正が可能になる．

上述した計算手順は，カメラ校正と粒子撮影とでカメラパラメータが同一であることを暗黙に仮定しており，CCD カメラを用いたステレオ PIV システムを想定した計算手順である．そのため，フィルムベース PIV のように，撮影ごとに像平面（フィルム）の位置がわずかに変化する撮影装置には適用できない．ステレオ PIV の計算手順が後述する 3 次元 PTV に比べて特徴的なことは，速度を算出したい物点 P をあらかじめ定め，それをカメラ#1 とカメラ#2 の像平面に投影した時点でステレオ対応づけが自動的になされる点である．この特徴は，光シートの厚みを無視することによって，光シート内の物体座標 2 成分と像座標 2 成分とを 1 対 1 対応させることができることによる．つまり，2 次元測定の利点を生かした方法であるといえる．

(2) 光シートの位置のずれの補正

上述したとおり，ステレオ PIV では光シートの位置（厳密には，光シートの厚さ方向の中央位置）が $z=0$ にあることを仮定する．このことは，光シートの位置とカメラ校正で定義した $z=0$ の面が一致することを仮定しているが，実際の測定ではずれが生じる．

このずれは，逆投影画像を用いると容易に検出できる．すなわち，カメラ#1 とカメラ#2 で撮影された粒子画像の逆投影画像では粒子像位置は同一になるはずであるが，光シートの位置のずれが存在すると同一にならない（なお，光シートの厚みのために，逆投影画像における粒子像位置は完全には同一にならず，平均的に同一になることが期待されるだけである）．逆投影画像#1，#2 に検査窓を設けて相互相関演算を施すことによって，ずれの大きさは粒子像の移動距離として定量化できる．そのようにして得られる移動距離の分布はずれマップ（disparity map）とよばれ，移動距離が逆投影画像全域で極小となるようカメラパラメータを補正する（misalignment correction）．補正方法として，単純に光シートの z 方向のずれのみを考慮するものや，光シートの位置と傾きのずれを考慮するもの[70]などがある．

(3) レンズオフセットによる測定例

レンズオフセットでは，像平面とレンズとをオフセットさせなければならないため，特殊なレンズホルダあるいはフィルムホルダが必要になる．図 7.12 はレンズオフセットによる撮影の様子を示したものである[30]．この配置では，液流測定の際に生じる気液界面での光の屈折の影響を抑えるために，最小錯乱円を与える結像曲面に沿うように像平面が傾けられている．詳細な誤差解析によって，ステレオカメラの光軸間角度（2θ）が $32.6°$ の場合，面外速度成分の誤差は面内速度成分のそれの約 3.5 倍となることが示されている．この値は，式(7.1a)が与える $1/\tan\theta = 3.4$ に近い．図 7.12 のシステムは，4×5 インチフィルムを用いるスチルカメラで構成されている．そのため，2 枚のフィルムどうしのステレオ対応づけのために，現像後に 2 枚の

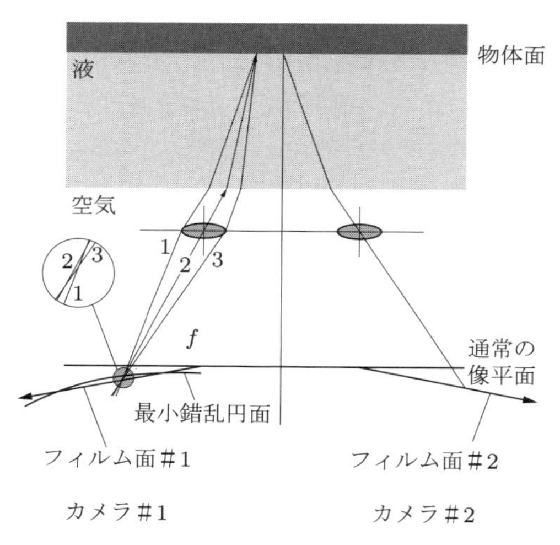

図 7.12 レンズオフセットを用いたステレオ PIV の光学系[30]

フィルムを重ね合わせて透かして見て，モアレ縞が生じる箇所を探し出すという方法がとられている．これは，ステレオペアの間には視差によるトレーサ粒子像のわずかな位置ずれが存在するため，それらを重ね合わせると，対応する位置では明瞭なビート（モアレ縞）が発生することを利用したものである．

図 7.13 は，図 7.12 のステレオ PIV システムを用いて回転円盤が誘起する 3 次元層流場を測定した結果である．回転円盤は直径 125 mm，作動流体は直径 250 mm × 高さ 150 mm の円筒容器中のグリセンリン水溶液である．回転速度は 1.01 rad/s で，円盤周速度の最大値は 63 mm/s である．トレーサ粒子は直径 10 μm の銀被膜粒子，光源は出力 200 mJ の第 2 高調波を発生するダブルパルス Nd:YAG レーザである．フィルムベース自己相関 PIV の欠点である速度ベクトルの方向の不確定性（directional ambiguity）を解消するために，機械式イメージシフト法（mechanical image shift）が用いられている．フィルム上での検査領域サイズは $1 \times 1\,\mathrm{mm}^2$ で，オーバーラップ率=0 の条件で 3196 個の瞬時速度ベクトルが得られている．図 7.13 は，回転軸を含む断面内の速度 3 成分を示したもので，上方から見て時計方向に回転する円盤によって周方向速度成分が発生し，回転軸付近では容器底部から回転円盤に向かう強い上昇流が誘起されている様子が捉えられている．

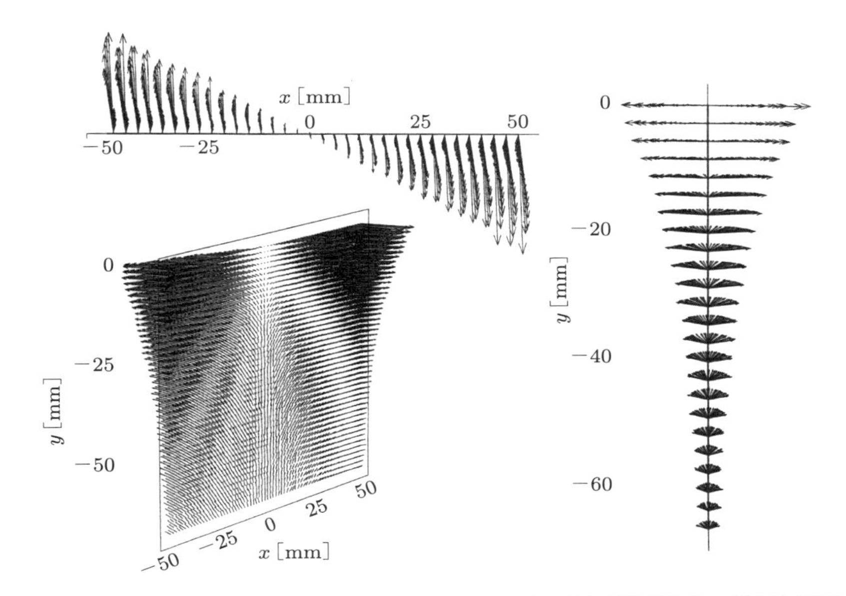

図 7.13　レンズオフセットを用いたステレオ PIV による回転円盤誘起流の測定結果[30]

(4) Scheimpflüg 配置

Scheimpflüg 配置によるステレオ PIV の一例として，ロブノズルからの気体噴流の測定[71]を説明する．図 7.14 に示すように，ロブノズルとはノズル円周上に「ひだ」を配置したもので，燃焼器内での燃料と空気の混合を促進するために利用されている．図 7.15 は水流にレーザ誘起蛍光法（laser-induced fluorescence：LIF）を適用して，ロブノズルからの噴流の断面構造を可視化した結果である[72]．この可視化は，ロブノズルの代表直径 40 mm に対して，ノズル下流 20 mm のノズル近傍で行われたものであるが，乱流遷移と乱流混合が進行しつつあり，複雑な流れ構造が形成されている様子がわかる．

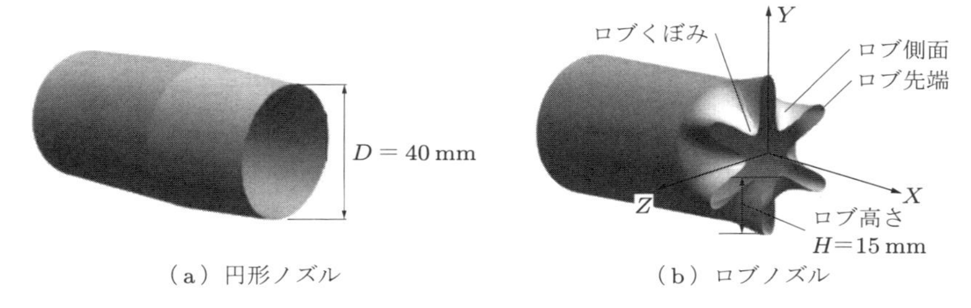

図 7.14 ロブノズルの形状[72]

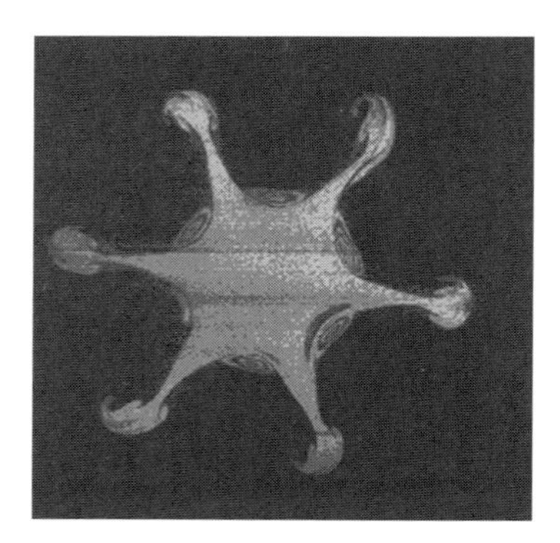

図 7.15 レーザ誘起蛍光法によるロブノズル噴流の可視化
（可視化断面位置：ノズル下流 20 mm）[72]

このような噴流をステレオ PIV で測定した結果を図 7.16 に示す．作動流体は空気で，代表速度は 22 m/s である．光源は出力 20 mJ の第 2 高調波を発生するダブルパルス Nd:YAG レーザで，噴流と直交する断面を厚み約 2.5 mm の光シートで照射する．トレーサ粒子はラスキンノズル[73]から発生させた直径 1 μm 程度の液滴で，溶液は DEHS（di-ethyhexyl-sebacate）である．ステレオ PIV による撮影は噴流下流か

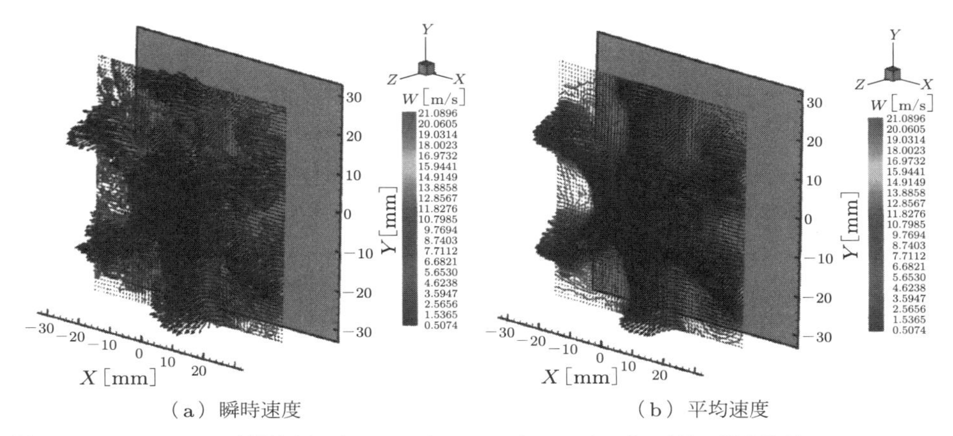

図 7.16 Scheimpflüg 配置を用いたステレオ PIV によるロブノズル噴流の測定結果（測定断面位置：ノズル下流 20 mm）[71]

ら行われ，ステレオカメラ（1008 × 1018 pixel，8 bit のディジタル CCD カメラ）の光軸間角度は 46° である．この条件では，式(7.1a)より面外速度成分の測定誤差は面内速度成分のそれの 2.4 倍と見積もられる．

カメラ校正では，直径 0.3 mm の円形基準点を格子状に 2.5 mm ピッチで 37 × 37 点設けた平板を基準点プレートとして使用する．これを測定領域に置き，レーザ光シートと平行になるように慎重に位置決めする．つぎに，微動装置を用いて，基準点プレートを光シートの厚さ方向に移動させて，合計 3 断面でカメラ校正画像を取得する．カメラモデルには式(7.37)の多項式マッピング関数を使用する．図 7.16 は，そのようなステレオ PIV 測定で得られた瞬時速度ベクトルと，200 時刻分の瞬時速度データから算出した平均速度ベクトルである．図 7.15 に観察される複雑な速度場が定量化されていることがわかる．

7.3.2 3 次元 PTV

3 次元 PTV は，2 台以上のカメラを用いて 3 次元測定体積を同時に撮影し，その中での速度 3 成分を測定する手法である．測定原理が簡明であることから，スチルカメラを用いた測定がすでに 1950 年代後半から 1960 年代前半にかけて報告されている[3, 74, 75]．興味深いことに，熱線/熱膜流速計が確立されていなかった当時は，3 次元 PTV が乱流の壁近傍を測定する唯一の方法とみなされていた．その後，熱線/熱膜流速計やレーザドップラ流速計の開発・実用化に押されて，3 次元 PTV に関する研究は下火になったが，1980 年以降のディジタル画像処理装置・アルゴリズムの進歩ならびに PIV の普及に伴って，3 次元 PTV に関する研究が再び盛んになった[4, 5, 76]．なお，奥行きのある3次元測定体積を一度に観察するためには，トレーサ粒子の被写界深度が十分に深いことが必要となる（7.1.2項参照）．そのため，比較的大きなトレーサ粒子を用いた測定が行われている．また，3次元PTVでは，トレーサ粒子像の重なり合いが重要な問題となり，一度に観察できる粒子数には上限がある．

(1) フィルムベースの3次元PTV

初期の3次元PTVの一例として，1台の高速度16 mmカメラを用いたシステムと，それを用いた水流測定[77]について説明する．図7.17 (a)は撮影用光学系を示したもので，6枚の鏡を配置することにより，共通測定体積を直交する2方向から観察する．測定体積は $110 \times 110 \times 120\,\mathrm{mm}^3$ で，最高5000 fpsの高速度16 mmカメラを用いて撮影する．光源は出力800 Wの連続光を発生する水晶ランプである．現像後のフィルムをディジタル化し（512×512 pixel，8 bit），粒子像認識，3次元再構築，粒子追跡の処理をコンピュータ上で行う．図(b)は測定結果の一例である．流れ場は $70 \times 70\,\mathrm{mm}^2$ の断面を有する正方形管を鉛直上方に流れる水流で，測定領域の直前にオリフィスが設置されている．トレーサ粒子は直径300 μmの樹脂製粒子で，水流の最大速度は約1 m/s，撮影速度は200 fpsである．この測定では，測定体積に存在するトレーサ粒子の数が低く抑えられており，約10個程度である．測定を繰り返し，多数の速度ベクトルを蓄積することにより，流れ場の平均的特性を明らかにしている．

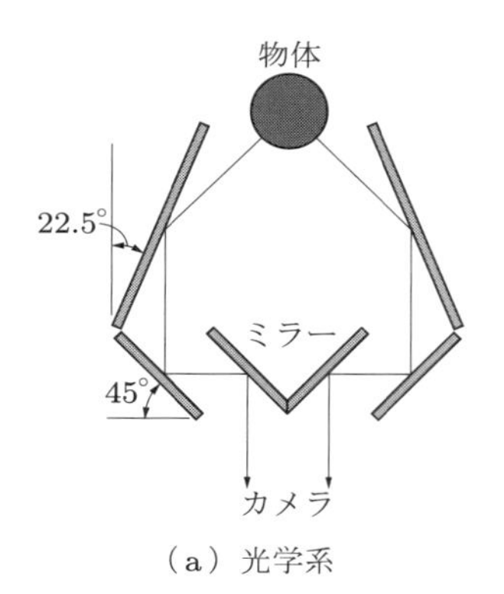

（a）光学系

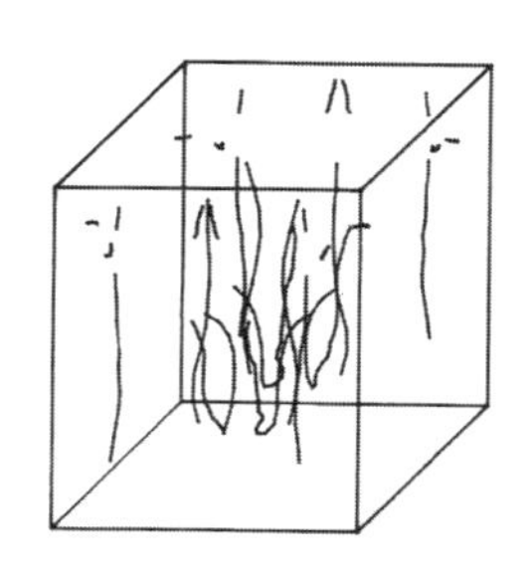

（b）正方形管流れの測定結果

図7.17 フィルムベース3次元PTV[77]

3次元PTVでは個々の粒子像どうしのステレオ対応づけあるいは3次元対応づけが必要になる．先に説明した測定では，粒子像とカメラ視点とを結ぶ光線を計算し，左右の視点から伸ばした光線が測定体積内で交わると判断されるものを対応づけている．この方法は単純であり，多くの3次元PTVに採用されている．光線交差の判断をできるだけ精度よく行うことによって，対応づけることのできる粒子数（すなわち，瞬時速度ベクトル数）を増やすことができる．そのために，カメラ校正の精度を向上させると共に，カメラの台数を 3 台，4 台と増やすことが行われている[6, 9]．また，3 次元再構築を行う前に粒子像の追跡を行い，得られるトレーサ粒子軌跡どうしを 3 次元再構築する方法が提案されている[11]．

(2) CCD カメラベースの 3 次元 PTV

精度の高いカメラ校正が求められる 3 次元 PTV では，像平面が固定され，再現性のあるカメラパラメータを決定することのできる CCD カメラを使用することのメリットは大きい．そのため，解像度の劣る NTSC のテレビカメラ（640 × 480 pixel 程度）しか利用できなかった時期から，それを用いた 3 次元 PTV システムがいくつか提案されている[6, 7, 9, 11]．ここでは，それらの一例として，水の 2 次元チャネル乱流の測定[78]について説明する．

図 7.18 は 3 台のテレビカメラの配置とカメラ校正装置を示したものである．流れ場は幅 80 mm のチャネル水流で，測定位置では十分に発達した 2 次元チャネル乱流が実現されている．この乱流場は基本的な壁面乱流として実験結果や数値解析結果が豊富に存在するため，3 次元 PTV による測定結果の検証に好都合である．代表速度は約 80 mm/s で，片側壁面からチャネル中央までの 40 mm の領域が測定体積である．チャネル外側に固定されたテレビカメラは，防水処理の施されたレンズ先端が補助水タンクの水面下に挿入されており，観察窓壁面での光の屈折の影響を抑える工夫

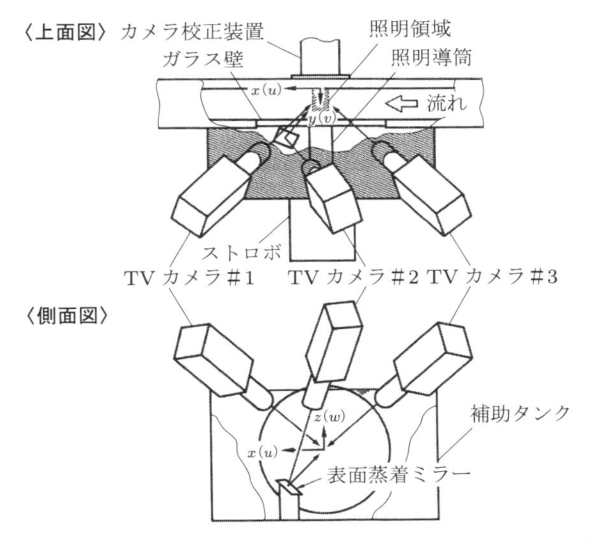

図 7.18 CCD カメラベース 3 次元 PTV によるチャネル乱流の測定[78]

がなされている．トレーサ粒子は直径約 200 μm のナイロン 12 粒子である．撮影は 30 fps で行われ，1/10 s 間隔の画像から速度ベクトルが算出される．図 7.19 はカメラ校正装置を示したもので，直径 1 mm 程度の白色基準点を格子状に配置した基準点プレートが，壁面垂直方向にステッピングモータによって微動される構造である．カメラモデルとしては，式(7.30)が使われている．

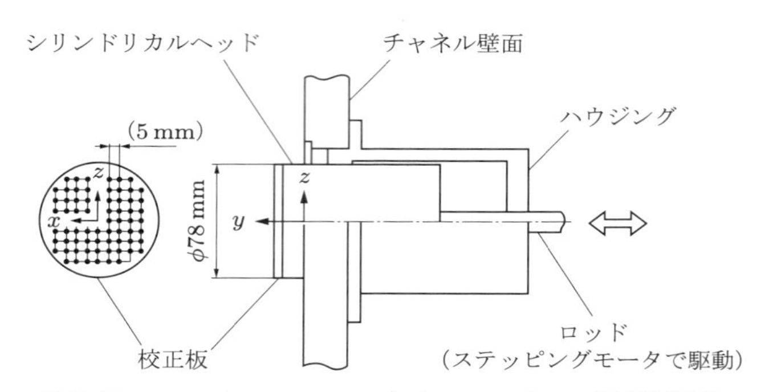

図 7.19 CCD カメラベース 3 次元 PTV のカメラ校正装置[78]

図 7.20 は得られた瞬時速度ベクトルの一例で，441 個の速度ベクトルが得られたことが報告されている[78]．PTV では速度ベクトルが測定領域中のランダムな位置で得られるため，平均速度分布などの統計量を求めるためには，多数の瞬時速度ベクトルを蓄積し，それらを位置に応じて分類してアンサンブル平均をとることが行われる．図 7.21 は，壁からの距離に応じて分類された速度ベクトルから算出された速度変動 3 成分の RMS 値をプロットしたものである．測定結果は直接数値計算の結果（図中の Kim らの結果[92]）と良好に一致し，3 次元 PTV が乱流計測の強力なツールとなり得ることが示された．

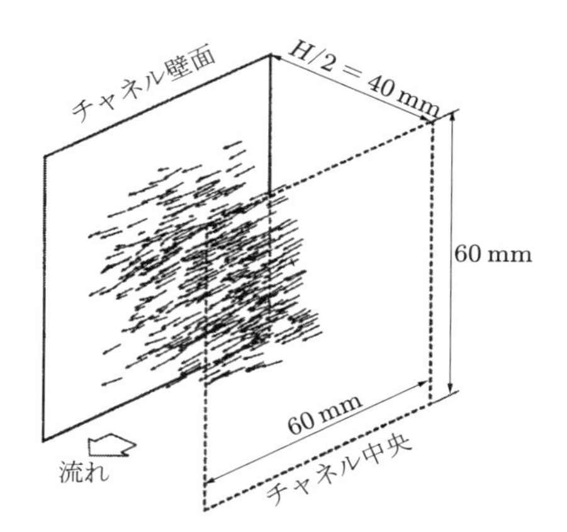

図 7.20 CCD カメラベース 3 次元 PTV で得られた瞬時速度分布[78]

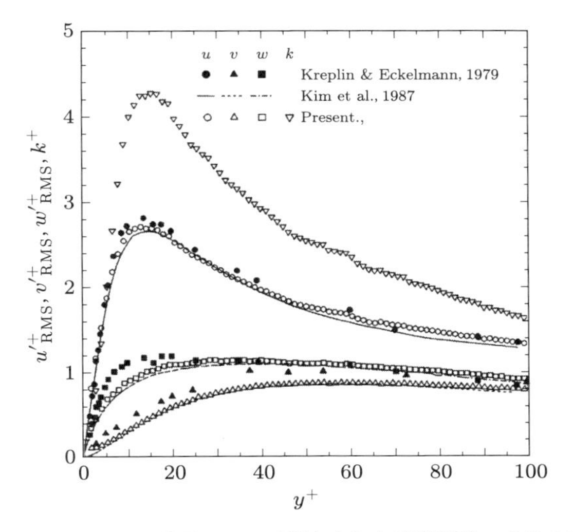

図 7.21 CCD カメラベース 3 次元 PTV で測定された速度変動 3 成分の RMS 値分布[78]

7.3.3 スキャニング PIV

スキャニング PIV（scanning PIV）は，光シートを面外方向（奥行き方向）に走査（スキャン）させることによって，3 次元の測定体積を実現する方法である．1 台のカメラを用いて面内方向の速度 2 成分を測定すれば 3 次元 2 成分 PIV となり[12, 13]，2 台のカメラを用いてステレオ PIV よる速度 3 成分の測定を行えば 3 次元 3 成分 PIV となる[14, 15, 19]．いずれの場合も，厳密には瞬時速度場の測定ではなく，光シートの走査に要する有限時間内の速度場の測定である．スキャニング PIV も，3 次元 PTV と同様に，トレーサ粒子の被写界深度の制約を受けるので，奥行きの深い測定を行うためには大きなトレーサ粒子を使用するか，レンズの絞りを絞って F 値を大きくせざるを得ない．この制約と走査に有する時間の制約から，測定対象は比較的低速の流れに限られる．しかし，速度ベクトル密度の高い 2 次元 PIV を奥行き方向に積み上げるというスキャニング PIV の原理は，非常に空間解像度の高い 3 次元測定を可能にすることから，レーザやカメラの高速化に伴い測定対象が広がる可能性がある．

スキャニング PIV による 3 次元 3 成分測定の例として，高繰り返し周波数パルスレーザと高速度カメラとを組み合わせたスキャニングステレオ PIV[19]について説明する．図 7.22 にその機器配置を示す．Nd:YLF レーザ（λ = 527 nm, 20 mJ/pulse@1000 Hz）から出射されたレーザ光をシリンドリカルレンズで広げてレーザ光シート（厚さ 2 mm）とした後，コンピュータからの指令により角度を任意に制御可能なガルバノミラーで反射させて流動場を照明した．流動場は，水を作動流体とする軸対称噴流（$Re = 1000$）であり，アクリル製の八角形のタンクに形成した．作

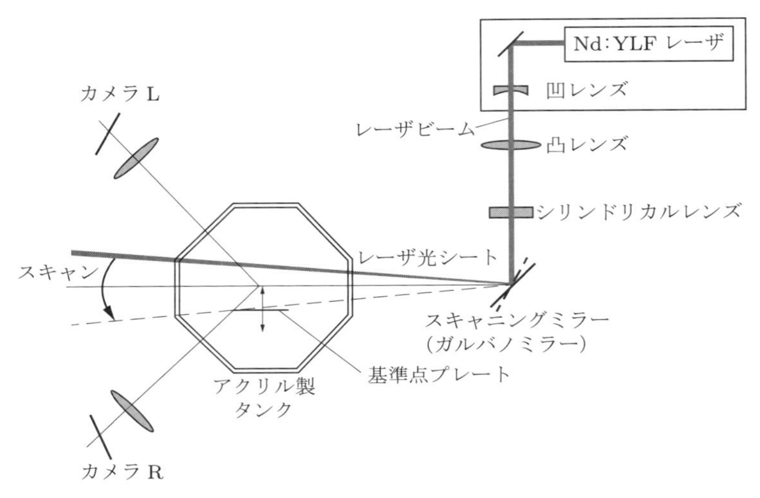

図 7.22　スキャンニングステレオ PIV の機器配置

動流体には樹脂製透明粒子（粒径 40 μm，Polyamid 12，ダイセルデグサ）を懸濁し，散乱光を 2 台の高速度カメラ（Fastcam MAX，最大 2000 fps，1024 × 1024 pixel，フォトロン）で撮影した．2 台のカメラは光源に対して約 135° の角度をなす方向に向くよう設置した．これにより，粒子からの強い前方散乱光を撮影でき，レンズの F 値を大きく（$= f/22$）設定することで被写界深度を 100 mm 程度に伸ばすことが可能となった．2 台のカメラの光軸のなす角度は約 90° であり，速度 3 成分のそれぞれの誤差割合はおおむね等しい．画角は 100 mm 程度で，測定体積は $100 \times 100 \times 100\,\mathrm{mm}^3$ とした．この体積を 2 mm 間隔で 50 断面に分割するようレーザ光シートを円弧状に走査した．レーザとカメラの動作周波数は共に 500 Hz とし，1 走査時間を 0.22 s とした．PIV では同一のレーザ光シート面で 2 時刻の画像を必要とするが，1 回目の走査で 1 時刻目の画像を撮影し，2 回目の走査で 2 時刻目の画像を撮影すると，その時間間隔が長すぎて粒子の移動量が過大になる．一方，粒子の移動量が適切となる時間間隔だけ逐次待ちながら走査すると，1 回の走査に要する時間が長くなり，「凍結」した速度場が得られない．そこで，レーザ光シートをあらかじめ定めた往復距離だけ行ったり来たりさせながら徐々に前進させる走査方法を採用した．これにより走査時間を必要以上に増加させることなく往復距離を変えることで任意の時間間隔が設定できる．ただし，ガルバノミラーの運転条件としては過酷であり，それが原因でレーザなどの動作周波数を 500 Hz に留めざるを得なかった．

あらかじめカメラ校正を実施しておくと共に，レーザ光シートの位置を計測しておくことで，測定面の 3 次元位置を捉えておき，ステレオ PIV に基づいて各断面の

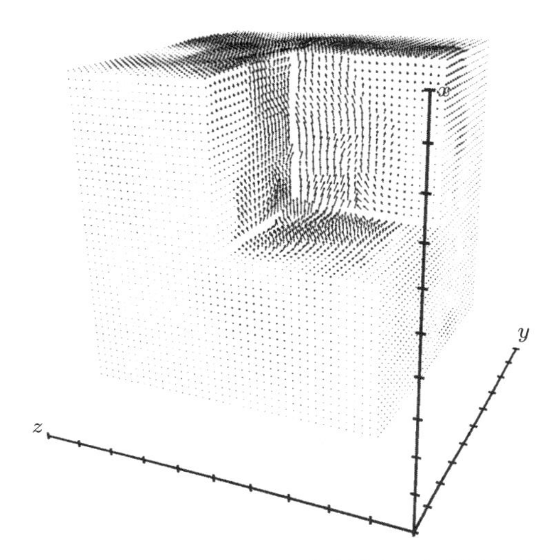

図 7.23 スキャンニング・ステレオ PIV により測定された軸対称噴流の準瞬時速度分布

速度分布を得た．レーザ光シートの 1 走査で得られた準瞬時速度分布を図 7.23 に示す．得られた速度ベクトル数は 1×10^5 程度であり，3 次元 PTV に比較して 2 桁程度多い．

測定された速度場はレーザ光シートの走査開始点と終了点で測定時刻が異なるため，瞬時の速度場に比較して歪んだ場である．この歪みはレーザ光シートの走査速度と流速の比で見積もられる．走査速度は $V_{\mathrm{s}} = 454.5\,\mathrm{mm/s}$ である一方で，測定位置における軸対称噴流の中心速度は $U_{\mathrm{m}} = 0.053\,V_{\mathrm{s}}$ であり，歪みは $U_{\mathrm{m}}/V_{\mathrm{s}}$ $(= 0.053)$ と見積もられる．これは，瞬時の渦構造を観察したり，渦度や速度勾配を算出したりするうえで十分小さい値である．

7.3.4 ホログラフィック PIV

ホログラフィック PIV （HPIV）は，粒子像の撮影をホログラフィ（holography）で行う PIV である．ホログラフィは，「完全な」を意味する古代ギリシャ語の holos を語源としており，ホログラフィが物体からの光情報のすべてを記録することからこの言葉が生まれた．「光情報のすべてを記録する」とは，物体からの光の波面をそのまま記録，再生することを意味する．

図 7.24 に示すように，感光媒体に記録（recording）される情報は，物体光（object beam）で照明された物体からの散乱光と，それとは別に導かれた参照光（reference beam）との干渉縞である．この干渉縞をホログラム（hologram）という．明瞭な干渉縞を得るためには，干渉性のよい光源と，適切に設計された光学系が必要になる．

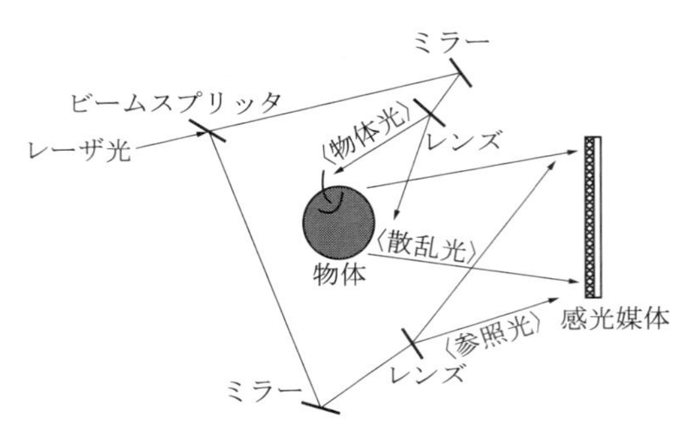

図 7.24　ホログラムの記録

露光した後に所定のプロセスで現像した感光媒体に，参照光と同じ波面を有する照明光（これを再生照明光という）を照射すると，感光媒体に記録された干渉縞が回折格子の役割を演じて，物体からの散乱光と同じ波面を有する回折光が生じる．この回折光を観察すると，あたかもそこに物体が存在しているかのように見える．再生照明光を照射して物体の像を得ることを再生（reconstruction）とよぶ．

図 7.25 で観察される再生像は虚像（virtual image）である．一方，図 7.26 のように参照光を反転させた再生照明光を照射すると，物体が存在していた位置に実像（real image）が形成される．これが位相共役再生（phase-conjugate reconstruction）

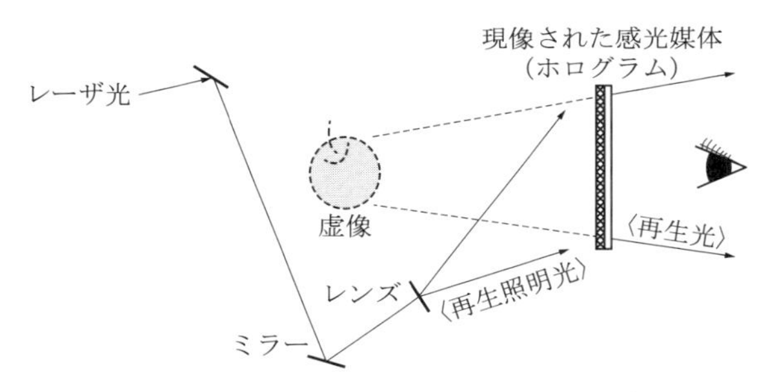

図 7.25　ホログラムの再生（虚像の再生）

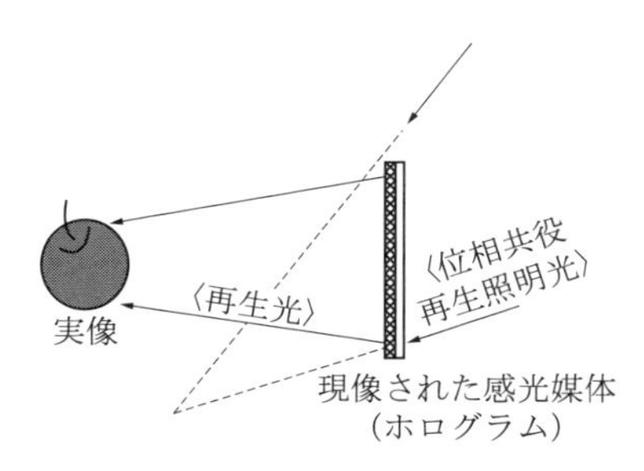

図 7.26　ホログラムの位相共役再生（実像の再生）

である．参照光として平面波を使うと，その進行方向を逆転させるだけで位相共役再生を行うことができる．この再生方法の特徴は，実像の位置に像平面を置くだけで撮影できることと，物体とホログラムとの間に存在する媒質（たとえば観察窓ガラス）を再生時にも設置しておくと，その影響が自動的に解消されて実像が形成されることである．

ホログラフィック PIV では，撮影する物体はトレーサ粒子である．流れに乗って移動するトレーサ粒子を凍結画像としてホログラムに記録するためには，干渉性のよいパルスレーザを照明源とする必要がある．図 7.27 は，ホログラムに記録された粒子像を再生し，それを CCD カメラで撮影したものである．粒子はラスキンノズルから発生させた粒径 1 μm 程度のオリーブ油滴，撮影範囲は約 $3 \times 4\,\mathrm{mm}^2$ である．図中には典型的な PIV 粒子像が見られるが，この撮影の際にはオリーブ油滴は一つも存在せず，粒子像を記録したホログラムが置かれているだけである．このように，ホログラム自体は流れ場の粒子像を凍結する（しかも，3 次元的に凍結する）もので，再生された粒子画像を処理するためには，通常の PIV 手法を適用することになる．ホログラフィそのものについてのより詳しい解説については，ほかの文献[79, 80]を参照されたい．

図 7.27 ホログラムから再生された粒子像

ホログラフィを PIV に適用することの利点は，つぎのようにまとめられる．

- 被写界深度の深い撮影が行えるので，奥行きの広い 3 次元測定が可能になる．これは，写真撮影が光振幅を記録するのに対して，ホログラムが干渉縞を記録するからである．
- 縞間隔がミクロン以下の干渉縞を記録するため，通常のホログラム記録用の感光媒体は高い空間分解能（5000 本/mm 程度）を有する．その結果，写真などに比べて非常に多くの粒子像を同時に撮影することができる．

- それぞれ異なる参照光を用いることにより，1枚のホログラムに複数の撮影物体を多重記録することができる．再生の際に，ある一つの参照光に対応する再生光を照射すると，それに対応した物体像のみが再生される．この性質を利用すると，PIVでは少なくとも前後2時刻の粒子像を撮影する必要があるが，それらを1枚のホログラムに多重記録し，分離再生することができる．

これらの利点に対して，つぎのような欠点も有する．

- ホログラフィには干渉性のよい光源と，レンズやミラーなどの精密な光学系が必要になり，撮影システムが複雑かつ高価になる．多くのHPIVでは，インジェクションシーダ付き高出力Nd:YAGパルスレーザが使われている．感光媒体（ホログラム乾板）も高価である．
- 露光のたびに現像を行う必要があるため，画像取得効率がわるい．また，現像後24時間程度の乾燥が必要なため，撮影の成否をその場では判断できず，測定効率がさらに低下する．
- ホログラムを再生すると3次元的に広がりのある物体像が得られるため，そのディジタル化に労力を要する．これまでに報告されているHPIVでは，再生像を撮影するCCDカメラを3次元トラバース装置に取り付け，CCDカメラを移動させながらディジタル化とPIV処理を行うものがある．

「ホログラフィ = 3次元画像記録」という認識があるが，ホログラフィから再生された粒子像は奥行き方向位置の分解能がわるく，その方向に長く伸びた粒子像が形成されるため，奥行き方向位置を精度よく測定することは難しい[2, 17]．いま，式(7.4)で与えられるエアリディスク直径 d_a を，結像光束の頂角 Ω を用いて書き換えることを考える．横倍率 $M = d_\mathrm{i}/d_\mathrm{o}$ の関係（ここで，d_o は物点からレンズ主平面までの距離，d_i はレンズ主平面から像点までの距離）を式(7.4)に代入し，レンズ公式（$d_\mathrm{o}^{-1} + d_\mathrm{i}^{-1} = f^{-1}$）を用いると，$d_\mathrm{a} = 2.44\lambda d_\mathrm{i}/D$ を得る．ここで，D はレンズ射出瞳直径である．Ω がそれほど大きくなく，かつ横倍率が1に近い条件では $\Omega \cong D/d_\mathrm{i}$ が成立するので，結局，

$$d_\mathrm{a} \propto \frac{\lambda}{\Omega} \tag{7.47}$$

の関係式[2]を得る．同様に，物点の奥行き方向への広がり d_l は，

$$d_\mathrm{l} \propto \frac{\lambda}{\Omega^2} \tag{7.48}$$

で与えられる．仮に結像光束の頂角が $10°$（$\Omega = 0.17\,\mathrm{rad}$）とすると，$d_\mathrm{l}/d_\mathrm{a} = 5.9$ となる．実際のホログラムから再生される粒子像は，光学系の性能や現像による干渉縞

のひずみのために，像平面上で数十マイクロメートルに広がっていることが普通である．したがって，粒子像の奥行き方向への広がりは数百マイクロメートルから，場合によっては数ミリに達する．このように，再生粒子像の奥行き方向位置の精度がわるいため，HPIV で第 3 速度成分を測定するためには，粒子を 2 方向から同時撮影してステレオ PIV あるいは 3 次元 PTV の手法を適用するか，位相シフト法（詳細についてはほかの文献参照）を用いる必要がある．

HPIV の撮影方式として，これまでインライン方式とオフアクシス方式が検討されている．インライン（in-line）方式とは，図 7.28 (a)のように，物体光と参照光を同じレーザビーム（通常は平面波）を用いて照射する方式で，粒子からの散乱光と，粒子の周囲を通過した非散乱光とが干渉縞を形成する．別経路の参照光を設ける必要がないために光学系が単純化でき，強度の高い前方散乱光（2.2.1 項(1)参照）を利用するので，比較的低出力レーザでも撮影可能である．その反面，参照光の波面があまりひずまないように粒子数密度をそれほど高くできないこと，粒子像と共に物体光も再生されるために粒子像の S/N 比が低下すること[16]，前方散乱光の広がり角が小さいために再生粒子像の奥行き方向位置の精度が低いこと[81]などの欠点を有する．対策として，再生像を斜めから撮影するオフアクシス方式が提案されているが[81]，粒子数密度の改善は十分でない[82]．

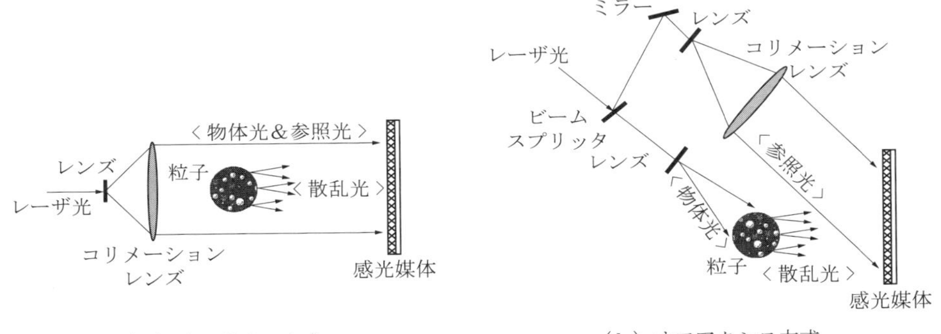

（a）インライン方式　（b）オフアクシス方式

図 7.28　HPIV の撮影方法

オフアクシス（off-axis）方式は，図 7.28 (b)に示すように，参照光を別経路で導くものである．また，物体光が直接感光媒体を照射することを防ぐため，粒子からの側方散乱が照射するような配置をとることが普通である．複雑な光学系が必要になるが，上述したインライン方式が抱えるような欠点は存在しない．2.2.1 項(1)で説明したように，側方散乱光の強度は散乱角が 90° に近づくにつれて桁違いに減少する．十分な散乱光強度を確保するため，前方散乱角に近い散乱光（たとえば 15°）を集光す

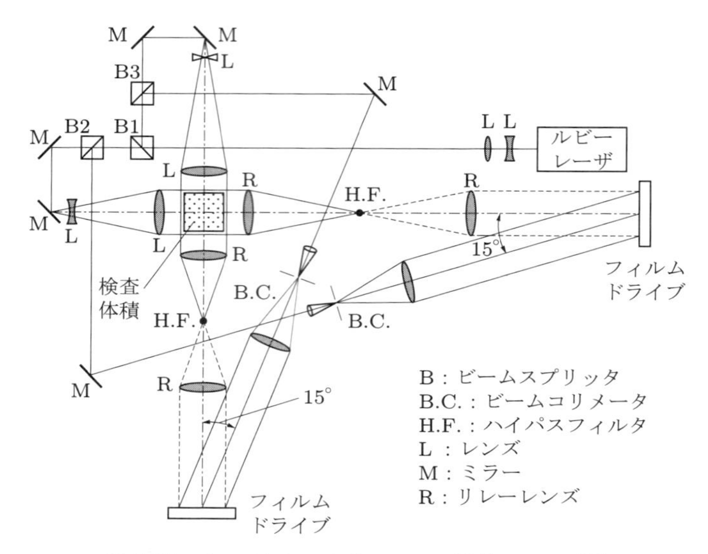

図 7.29 オフアクシス方式 HPIV の記録システム[83]

る方法[17]，あるいは光学的なハイパスフィルタを通すことによってインライン方式と類似の前方散乱を集光する方法[18, 83]が提案されている．また，大出力パルスレーザの使用により散乱角 90° での測定を行っている例もある[82]．

ここでは，オフアクシス方式 HPIV として，ルビーレーザを用いた測定例[83]を説明する．図 7.29 に記録システムを示す．光源は出力 25 mJ，波長 694 nm のルビーレーザで，PIV 測定に必要なダブルパルスを供給する．レーザビームはビームスプリッタ（B1）によって 2 本のビームに等分割され，第 3 速度成分測定のための直交撮影が行われる．等分割されたビームは，撮影系ごとにさらに物体光（90%）と参照光（10%）とに分けられ，感光媒体に照射される．物体光は感光媒体に対して直角に照射され，参照光は感光媒体に対して 15° の角度で照射される．この記録システムでは，同一方向からの参照光によって 2 時刻の粒子像を多重露光するため，各時刻の粒子像を分離再生することはできない．分離再生するためには，たとえば 2 台のパルスレーザを用いて，1 時刻目と 2 時刻目とで参照光の照射方向が異なるような光学系を構成する必要がある[13, 76]．

この記録システムの特徴は，フーリエ変換レンズ（R）とその焦点位置に置かれた直径 2 mm のハイパスフィルタ（high-pass filter）とを用いて，低周波成分カットを行うことにある．すなわち，物体光のうち粒子周囲を通過した非散乱成分は取り除かれ，粒子からの散乱光のみが通過する．これによって，インライン方式の特徴である強い前方散乱光を利用するという利点をオフアクシス方式に組み込むことに成功して

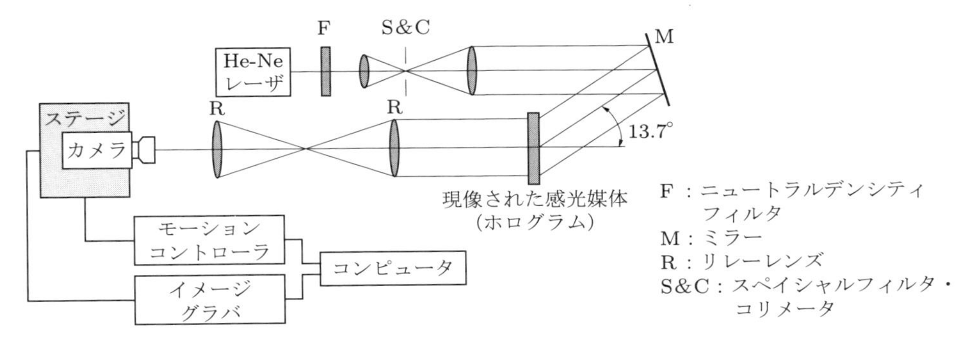

図 7.30 オフアクシス方式の再生システム[83]

おり，ハイブリッド方式ともよばれる．厳密には，散乱角が 0° 付近の前方散乱光が取り除かれるので，それ以外の散乱角の光が通過していると考えてよい．

測定対象は水を作動流体とする正方形管内乱流である．管幅は 57 mm，平均速度は 2.5 m/s，レイノルズ数は 1.23×10^5 である．トレーサは直径 15 μm のポリスチレン真球粒子で，粒子数密度は 1〜8 個/mm^3 である．粒子像記録のためのダブルパルス照明の時間間隔は 40 μs である．図 7.30 は再生システムを示したものである．再生には，波長 632.8 nm，出力 5 mW の He-Ne レーザを使用する．記録用のルビーレーザと波長が異なるため，再生像は面内方向と奥行き方向に幾何学ひずみを生じる．それに対処するため，He-Ne レーザからの再生光の照射角度を適切にオフセットして面内方向のひずみを取り除き，さらに画像解析の段階で奥行き方向のひずみを補正する．この再生システムは，上述した位相共役再生の配置をとっており，それによってハイパスフィルタ用レンズがもたらす収差の影響が自動的に取り除かれる．ただし，再生はすべて空気中で行われるため，記録時に存在していた水と窓ガラスの影響は残る．

PIV 解析は管壁近傍の 5 mm の領域を除いた $46.60 \times 46.60 \times 42.25\,\mathrm{mm}^3$ の測定体積で行われる．壁面近傍では，壁面のキズや付着ごみなどからの強い散乱光が存在するため再生粒子像の S/N 比が低下し，PIV 解析は難しい．粒子像の撮影は対物レンズを装着した 640×480 pixel のテレビカメラで行い，その視野は $3.11 \times 2.35\,\mathrm{mm}^2$ である．このカメラを，まず面内方向にトラバースして 1 断面の PIV 解析を行う．解析には自己相関法を用いる．検査領域の大きさは $0.93 \times 0.93\,\mathrm{mm}^2$（$192 \times 192$ pixel）で，オーバーラップ率は 50% である．一つの断面の PIV 解析が終わると，テレビカメラを奥行き方向にわずかに動かし，つぎの断面の解析を行う．微動量は面内方向の空間分解能（0.466 mm）と同じである．断面あたりの PIV 解析に要する時間は 80 min で，これを繰り返して奥行き方向に 87 断面の処理を行う．この処理を水平撮影系と垂直撮影系の再生粒子像についてそれぞれ行い，第 3 速度成分を算出する．単

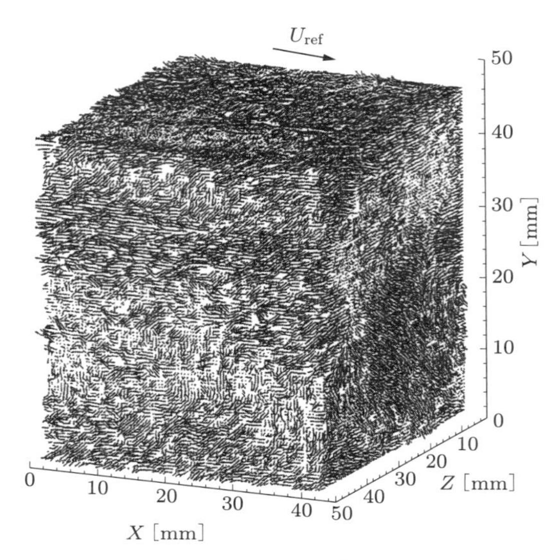

図 7.31 HPIV による正方形管内乱流の測定結果[83]

純計算すると，1 セットのホログラムの PIV 解析に要する時間は約 240 h となる．この結果，$97 \times 97 \times 87 = 818583$ 点の瞬時速度ベクトルが得られる（ただし，オーバーラップ率が 50% なので，独立な速度ベクトル数は約 10 万個）．図 7.31 に得られた瞬時速度分布を示す．主流方向（x 方向）の速度成分からは矢印で示した断面平均速度（$U_{\rm ref}$）が差し引かれている．得られた結果が連続の式を妥当に満足すること，および他の計測手法（熱膜流速計，LDV，PIV）による結果と妥当に一致することが報告されている．

上述した HPIV 計測では，再生粒子像の撮影を対物レンズ付きテレビカメラで行っているので，カメラ校正およびレンズ収差の影響について 7.2 節の内容がすべて該当する．ホログラフィはあくまでも撮影方法にすぎず，そこで得られた 3 次元的な凍結粒子像を高精度で解析するためには，ステレオ PIV や 3 次元 PTV で検討されているカメラ校正や 3 次元再構築と同様の手続きをふむ必要がある．なお，位相共役再生された粒子実像をレンズを用いずに像平面に直接結像させる場合は，カメラ校正は不要である．しかし，その場合でも，ステレオ対応づけ（あるいは 3 次元対応づけ）を PIV 解析の中に含めて自動化するためには，像平面の位置や向きを記述するカメラパラメータを定義し，それをカメラ校正によって定める必要がある．

7.3.5 トモグラフィック PIV

トモグラフィ（tomography）は，「断面」あるいは「切断」を意味する古代ギリシャ語の tomos を語源とする撮影技術である．透過光を用いて物体を走査し，多方向から撮影された透過画像から物体の内部構造を再構築することを特徴とする．断層撮影技術（computed tomography：CT）として医療分野を中心に広く使われている．この撮影原理を応用して，ボリューム照明（volume illumination．分厚いシート照明）されたトレーサ粒子を複数のカメラで多方向から撮影し，トレーサ粒子の空間輝度分布を再構築することに基づく PIV がトモグラフィック PIV（tomographic PIV，略称 Tomo PIV）である．オランダの Delft 工科大学を中心に開発され[20]，詳細なレビュー論文[21]が出されている．カメラ台数は多いほうがよいとされるが，実際的な制約から 4 台が標準的である．図 7.32 は Tomo PIV における撮影状況の一例であり，水の撹拌流のインペラ付近の測定体積（幅 55 × 高さ 49 × 厚み 20 mm^3）を 4 台の CCD カメラで同時撮影している様子である．

図 7.32 Tomo PIV の撮影状況

Tomo PIV は，トレーサ粒子の空間輝度分布を再構築するためのトモグラフィック再構築（tomographic reconstruction）と，再構築結果からトレーサ粒子群の移動を求めるための相関解析（cross-correlation analysis）とで構成され，空間内の速度 3 成分が得られることが特徴である．どちらの解析も 3 次元情報を取り扱うため，必要とする計算時間とメモリ容量が大きくなる．そのため，Tomo PIV 開発の初期（2006 ～2007 年頃）には，1 時刻の速度情報（3 次元 3 成分）を得るために，トモグラフィック再構築に数時間，3 次元相互相関にさらに数時間を要していた[22]．近年では，解析アルゴリズムの改良や並列処理の採用によって計算時間が短縮されている．

(1) トモグラフィック再構築

ボリューム照明された流体中のトレーサ粒子は光を散乱し，空間内の輝度分布 $I(x,$

y, z) を与える．撮影において，その輝度分布は視線方向に積分され，撮像素子上の輝度分布 P_i を与える．

$$P_i = \int_{s_i} I(x, y, z)\,\mathrm{d}s_i \tag{7.49}$$

ここで，s_i は i 番目の画素を通過する視線（line-of-sight）である．トレーサ粒子が存在する空間を微小な体積素（ボクセル：voxel）に分割し，j 番目のボクセルの輝度を I_j とすると，式(7.49)はつぎのように近似される．

$$P_i \approx \sum_j W_{ij} I_j \tag{7.50}$$

ここで，W_{ij} は I_j を P_i に投影する際の重み係数であり，$\sum_j$ は視線が通過するボクセルに対する総和である．図 7.33 は式(7.50)を模式的に示したもので，ボクセルの輝度が視線に沿って積分され，カメラ 1 とカメラ 2 の画素に投影されることを示している．ここで，ボクセルは 2 次元的に表示され，カメラの画素は 1 次元的に表示されていることに注意されたい．ボクセルサイズは任意に設定できるが，通常は図のように，各画素が空間をにらむ大きさ程度にすることが普通である．

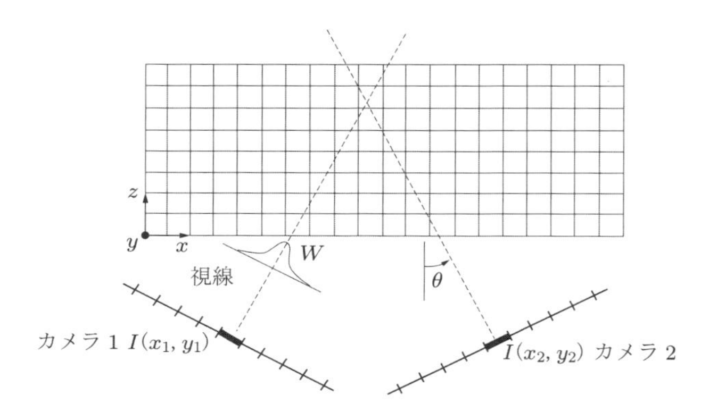

図 7.33　Tomo PIV における粒子輝度分布の投影のモデル化

複数のカメラで撮影された P_i（すなわち，$P_i^{(1)}, P_i^{(2)}, \ldots$）から I_j を求めることがトモグラフィック再構築である．そのためのアルゴリズムとして，CT の分野を中心に多くの方法が考案されているが，PIV では MART が主流である．また，計算時間とメモリ容量の節約のために，MLOS およびその改良型である MLOS-SART や MLOS-SMART が提案されている[22]．

1）MART

MART（multiplicative algebraic reconstruction technique）は，ボクセル輝度 I_j

をつぎの乗算式を用いて反復補正して求める方法である．

$$I_j^{n+1} = I_j^n \left(\frac{P_i^{(k)}}{\sum_j W_{ij} I_j^n} \right)^{\mu W_{ij}} \tag{7.51}$$

ここで，$P_i^{(k)}$ は k 番目のカメラで撮影された輝度，I_j^n と I_j^{n+1} はそれぞれ n 回目と $n+1$ 回目の反復結果，μ は緩和係数（<1）である．収束までの反復回数は条件により異なるが，5〜40 回程度である．重み係数 W_{ij} として，「ボクセルと視線の交差体積を，そのボクセル体積で除したもの」[20]や，「視線をモデル化した円柱が，ボクセルをモデル化した球と交差する体積から計算したもの」[22]が使われる．一般に，W_{ij} は要素数が大きな行列となる．たとえば，カメラの素子が 1024×1024 pixel を有し，測定体積を（高さ × 幅 × 奥行き）$= 1024 \times 1024 \times 256$ voxel に分割すると，単純計算では W_{ij} の要素数は 256×10^{14} となる．実際には，図 7.33 が示すとおり，各画素はごく少数のボクセルしかにらんでいないため，そのことを利用して要素数を減らした計算が可能である．

MART は後述するゴースト粒子（ghost particle）の発生を効果的に抑えることができるアルゴリズムであるが，要素数の大きな行列を用いた大量の反復計算を要するため，計算負荷が大きいという欠点がある．対策として，CPU の並列演算機能や GPGPU を用いた工夫が考案されており，GPGPU を用いた MART（カメラ 4 台，反復回数 10 回）では，$1024 \times 1024 \times 256$ voxel の測定体積について 10 s 以内程度で再構築が行えることが示されている[84]．再構築された粒子輝度分布の一例として，図 7.34 にカメラ 4 台で撮影された粒子画像と再構築された粒子輝度分布を示す．

2）MLOS

MLOS（multiplicative line-of-sight）は，着目するボクセルと交差する視線を探し，視線の輝度（すなわち，視線が通過する画素の輝度）を乗算することによって，着目ボクセルの輝度を求める方法である．

$$I_j = \prod_k P_i^{(k)} \tag{7.52}$$

ここで，$P_i^{(k)}$ は着目ボクセルと交差する k 番目のカメラの視線の輝度である．反復計算と重み係数を必要としないため，計算負荷が低減される．しかし，視線が偶然に交差し，トレーサ粒子が存在しないボクセルが輝度を得ると，ゴースト粒子が発生する．図 7.35 はゴースト粒子の発生の様子を示したものである．カメラ 1 の輝度 20 の画素から延ばした視線と，カメラ 2 の輝度 10 の画素から延ばした視線が偶然に交

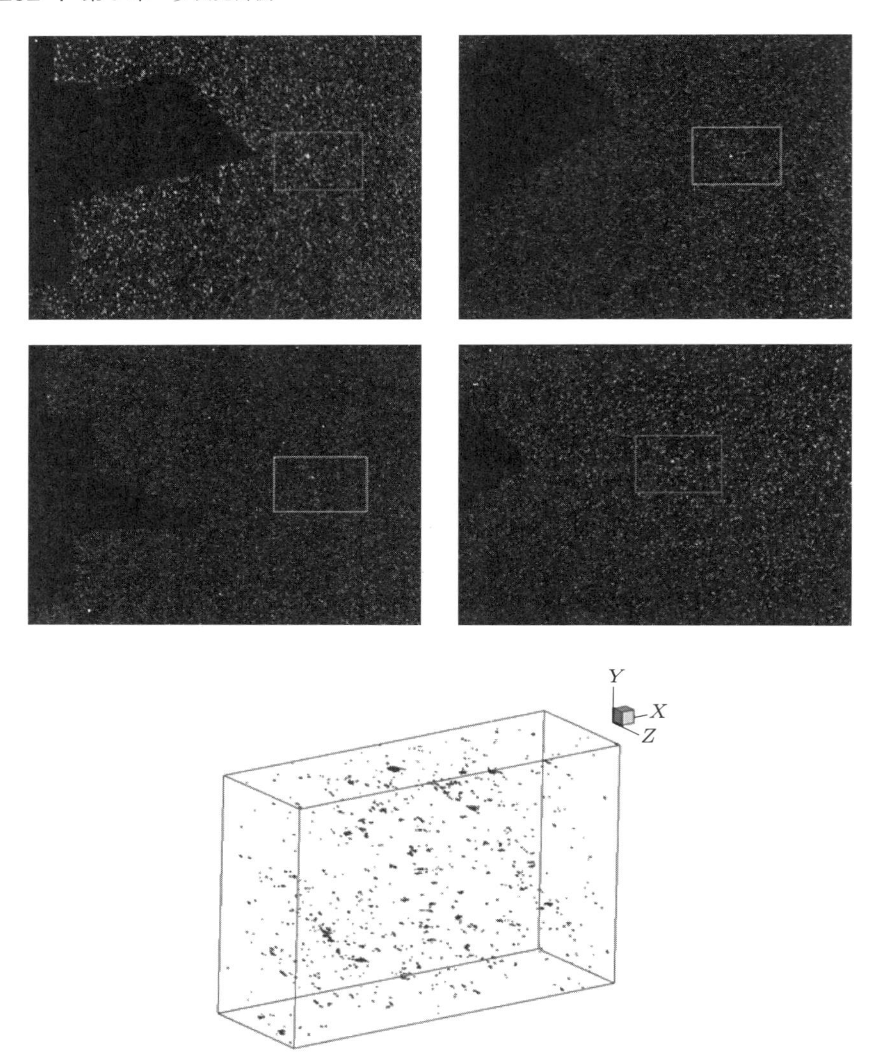

図 7.34　粒子画像とトモグラフィック再構築された粒子輝度分布
（再構築結果は粒子画像の枠の部分に対応）

差し，ボクセルが輝度 200 を得ることが示されている．ただし，MLOS 単独では発生したゴースト粒子を除去できないため，反復計算を取り入れた MLOS-SART（simultaneous algebraic reconstruction technique）や MLOS-SMART（simultaneous implementation of MART）が提案されている[22]．

Tomo PIV にとって，ゴースト粒子の発生を抑えることは重要である．図 7.35 に

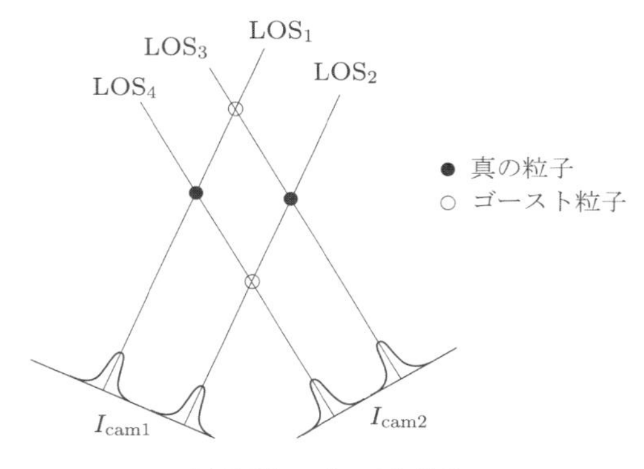

図 7.35 ゴースト粒子

示したとおり，ゴースト粒子は「視線の偶然の交差」に起因するため，撮影された粒子像が増えるにつれてゴースト粒子の発生も増大する．そのため，撮影される粒子像数が過大にならないよう，シーディング密度を適切に保つ必要がある．具体的には，渦輪を伴う流速場を仮定した人工粒子画像を用いた数値シミュレーションの結果から，粒子像密度（particle image density）を 0.05 ppp 以下に抑えることが推奨されている[23]．ここで，ppp は particle per pixel の略であり，画面上でカウントされる粒子像数を画像の画素数で除したものである．たとえば，1024×1024 pixel の画像では 0.05 ppp は 52000 の粒子像数に対応する．一方，粒子像数が少なすぎると，3 次元相互相関演算に支障をきたす．後述する具体例（すなわち，$1024 \times 1024 \times 256$ voxel から 32^3 voxel の検査ボックスを用いて 50% オーバーラップで $64 \times 64 \times 16$ 個の速度ベクトルを得る例）において，検査ボックスあたり 5 個以上の粒子を配置するための粒子数は 41000 以上となる．このことは，画面上の粒子像数が 41000〜52000 の範囲内に収まるよう，シーディング密度を適切に調節する必要があることを意味する．

(2) 3 次元相互相関演算

2 成分 PIV やステレオ PIV では 2 次元の粒子像分布を PIV 解析の対象とするのに対して，Tomo PIV では 3 次元の粒子輝度分布を対象とする．粒子輝度分布の移動の定量化は，検査ボックス（interrogation box：IB）の 3 次元相互相関をとることによって行う．一つの検査ボックスは，たとえば，32^3 voxel で構成される．3 次元相互相関の計算は，2 次元相互相関の計算と同様であり，直接相互相関演算あるいは FFT 解析など，2 成分 PIV で用いられている方法や工夫がそのまま適用できる．大きく異なる点は計算負荷である．32^2 pixel の検査窓に対する計算負荷と 32^3 voxel の検査ボックスに対する計算負荷はおおむねつぎの比率となる[22]．

$$直接相互相関演算：\frac{(32\times 32\times 32)^2}{(32\times 32)^2}=1024\,倍$$

$$\mathrm{FFT}\,解析：\frac{32^3\log_2 32^3+2\times 32^3}{32^2\log_2 32^2+2\times 32^2}=47\,倍$$

たとえば，1024×1024 pixel の CCD カメラ（4 台）で撮影し，1024×1024×256 voxel の空間に粒子輝度分布を再構築し，それを 32^3 voxel の検査ボックスを用いて 50% オーバーラップで解析すると，64 × 64 × 16 個の速度ベクトルが得られる．この 3 次元相互相関に要する計算負荷は，1024 × 1024 pixel の粒子画像を 32^2 pixel の検査窓で解析する場合と比較して，つぎのように数百倍以上の増大となる．

$$直接相互相関演算：\frac{(32\times 32\times 32)^2\times 16}{(32\times 32)^2}=16384\,倍$$

$$\mathrm{FFT}\,解析：\frac{\left(32^3\log_2 32^3+2\times 32^3\right)\times 16}{32^2\log_2 32^2+2\times 32^2}=752\,倍$$

その結果，3 次元相互相関に要する計算時間が Tomo PIV のデータ解析時間の大半を占める状況となる．その解決策の一つとして，再構築された 3 次元粒子輝度分布を像平面に投影し，ステレオ PIV と同様の 2 次元相互相関演算を適用する方法が提案されている[84]．

図 7.36 に，Tomo PIV で得られた乱流境界層の瞬時速度ベクトルと面外速度成分のカラーコンタを示す[22]．ここで，検査ボックスは 64^3 voxel であり，50% オーバーラップで 30 × 30 × 4 個の速度ベクトルが得られている．再構築アルゴリズムや反復回数の違いによって，得られる速度分布も変化することが示されている．

(3) volume self-calibration

上述したトモグラフィック再構築の原理は，複数のカメラの画像から延ばした視線がボクセル領域内で交差することに基づいている．この原理は，7.3.2 項に述べた 3 次元 PTV でも使われているが，3 次元 PTV に比べて高い粒子像密度を対象とする Tomo PIV では，ゴースト粒子の発生を抑えるために，より高い精度での交差が求められる．Elsinga ら[20]は，粒子画像の像座標を意図的にずらして再構築を行うことによってカメラパラメータの許容精度を評価し，許容されるずらし量が 0.4 pixel 以下であることを報告している．また，Scarano[21]は，視線交差のずれ量が 0.1 pixel 以下であることを推奨している．しかし，そのような精密なカメラ校正を行うことは容易でないため，校正後の補正方法として volume self-calibration[85]が提案されている．

この方法は，視線が 1 点で交わるべきことを利用するもので，つぎの手順で投影関

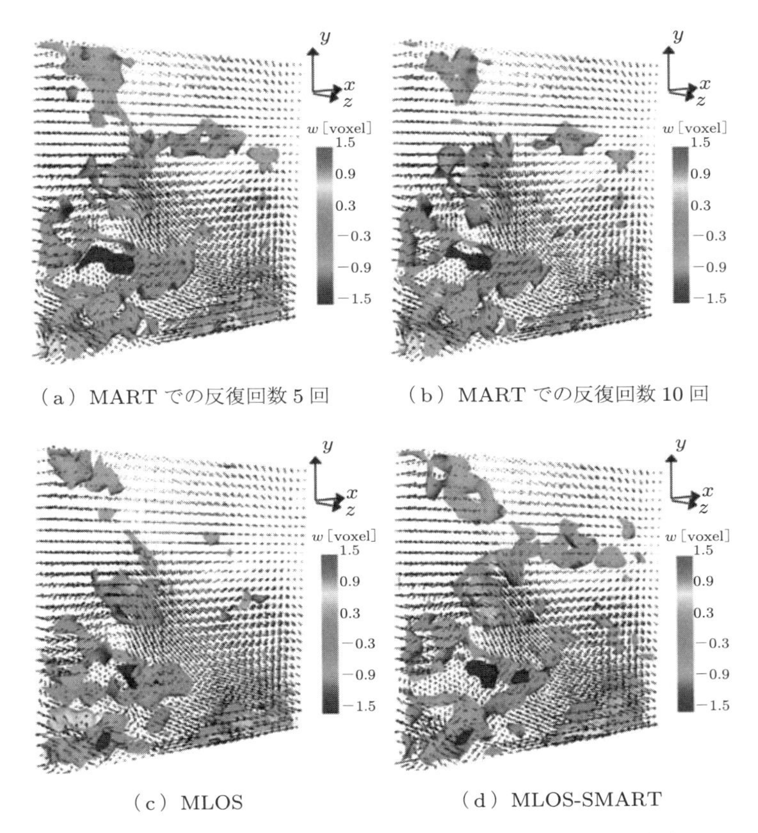

（a）MART での反復回数 5 回　（b）MART での反復回数 10 回

（c）MLOS　（d）MLOS-SMART

図 7.36 Tomo PIV で得られた乱流境界層の瞬時速度分布[22]

数を補正するものである.

① 撮影された粒子画像から，個々の粒子像の像座標を計算する．その際，明るい粒子像のみを対象とする．そのため，ガウス分布の輝度テンプレートを用いて粒子像を検出する.

② 3 次元 PTV と類似の方法を用いて，検出された粒子像の 3 次元位置を計算する.

③ 照明空間（＝計測空間）をいくつかの小空間に分割する.

④ 小空間ごとかつカメラごとに「ずれベクトル（diparity vector)」を求める．ここで,「ずれベクトル」とは，粒子の 3 次元位置を投影して得られる像座標と，その 3 次元位置の計算に用いた粒子像の像座標とのずれを与える 2 成分ベクトルである.

⑤ 多数の粒子画像を処理して，ずれベクトルの度数分布（小空間ごとかつカメ

ラごと）を得る.

⑥ ずれベクトルの度数分布のピーク位置を求め，それをもっとも確からしいずれベクトルとする.

⑦ もっとも確からしいずれベクトルを検証し，スムージングを施す.

⑧ 最終的に得られたずれベクトル $(\mathrm{d}X, \mathrm{d}Y)$ を用いて，カメラ校正で求めた投影関数 F_x と F_y を補正する．具体的には，投影関数からずれベクトルを差し引く.

$$X'_{\mathrm{p}} = X_{\mathrm{p}} - \mathrm{d}X = F_x(x_{\mathrm{p}}, y_{\mathrm{p}}, z_{\mathrm{p}}; q_1, q_2, \ldots, q_n) - \mathrm{d}X \tag{7.53a}$$

$$Y'_{\mathrm{p}} = Y_{\mathrm{p}} - \mathrm{d}Y = F_y(x_{\mathrm{p}}, y_{\mathrm{p}}, z_{\mathrm{p}}; q_1, q_2, \ldots, q_n) - \mathrm{d}Y \tag{7.53b}$$

ここで，$(\mathrm{d}X, \mathrm{d}Y)$ は小空間ごとに離散的にしか得られていないため，適当な補間を行うことによって，任意の像座標に対する補正量が得られるようにする．Wieneke[85]では，奥行き方向位置ごとに $(\mathrm{d}X, \mathrm{d}Y)$ を X と Y の 3 次多項式で近似している.

以上の volume self-calibration を行うことによって，視線交差のずれ量を 0.1～0.2 pixel 程度に抑え，それを式(7.50)の重み関数 W_{ij} の精度向上に反映させることができる.

(4) 測定事例

Tomo PIV を用いた多数の測定例が文献 [21] にまとめられている．ここでは，水のチャネル流に設置された円柱から放出される渦列を Tomo PIV で測定した例を示す[86].

直径 12 mm，長さ 600 mm の円柱が流れに直交して置かれ，主流速度を 20 mm/s～600 m/s の範囲で変化させている．密度 1.016×10^3 kg/m^3，粒子径 56 μm のトレーサ粒子を 0.5 個/mm^3 の数密度で懸濁させ，測定体積は $80 \times 90 \times 20$ mm^3 である（測定体積内の粒子数は 72000 個）．照明は 200 mJ/pulse の Nd:YAG レーザ（波長 532 nm）で行い，撮影は 4 台の高解像度カメラ（2048×2048 pixel，14 bit）を用いて 7 fps で行っている．72000 個の粒子に対する粒子像密度は 0.017 ppp である．MART を用いたトモグラフィック再構築（$1410 \times 1590 \times 400$ voxel）が行われ，39^3 voxel の検査ボックスを 75% オーバーラップで設けて，$128 \times 146 \times 36$ の瞬時速度ベクトルを得ている．このデータ解析に要する時間として，16 プロセッサを有する UNIX クラスタで，瞬時速度ベクトル分布あたり約 1 hr と報告されている．図 7.37 は，円柱レイノルズ数 540 における渦度のカラーコンタ（図(a)）と渦度伸張度で色づけした渦度等値面（図(b)）である．レイノルズ数 180 から 5540 の範囲で Tomo PIV が行われ，渦列放出に関する詳細な測定結果が報告されている.

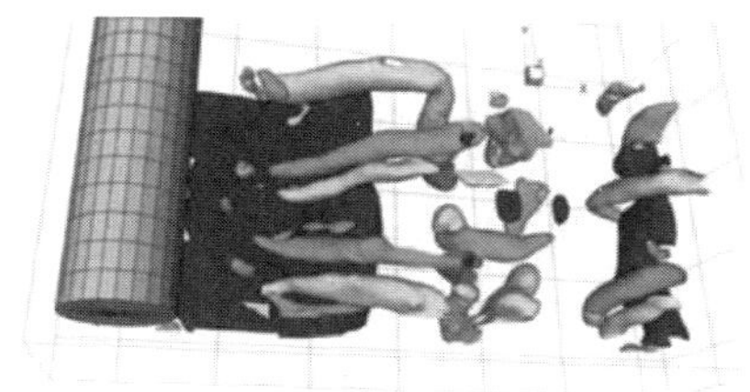

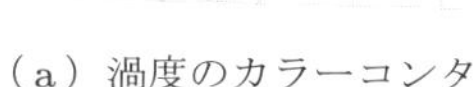

（a）渦度のカラーコンタ

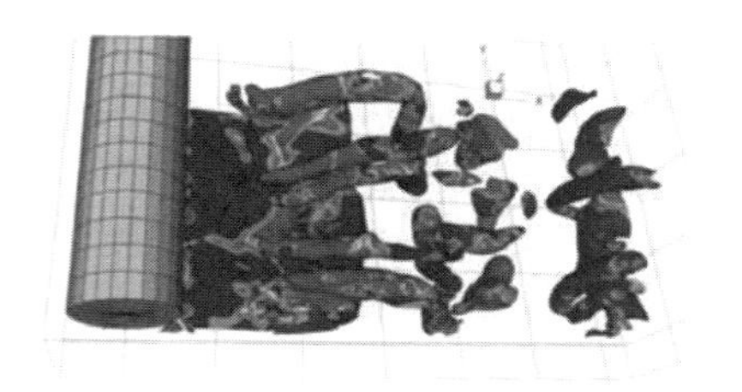

（b）渦度伸張度で色づけされた渦度等値面

図 7.37 円柱からの渦放出の Tomo PIV 測定結果[86]

7.3.6 高速度 PIV

PIV は熱線/熱膜流速計や LDV と比較して，測定次元数が高いという長所を有する反面，時間分解能に劣るという短所がある．これは，主たる撮影装置であるテレビカメラあるいはディジタルカメラのフレームレートが 25～30 fps 程度であること，ならびに主たる照明装置であるパルスレーザの発光繰り返し周波数が 10～30 Hz 程度であることが理由である．一般に，乱流などの非定常流の時間特性あるいは時間発展を捉えるためには，数キロヘルツ程度以上の時間分解能が必要であり，それを実現するものを高速度 PIV（high-speed PIV，もしくは time-resolved PIV）とよぶ．

高速度 PIV を実現するためには以下の条件を考慮する必要がある．

- 撮影装置のフレームレートおよび照明装置の発光繰り返し周波数が数キロヘルツ程度以上であること．連続照明を用いて，撮影装置のシャッタ機能によって凍結粒子画像を撮影するシステムも可能であるが，露光不足を回避するため，イメージインテンシファイア（image intensifier）などが必要になる．
- 撮像システムの記録容量が十分に大きく，周波数解析などが行える程度のデータ長の記録が可能であること．具体的な記録容量は測定対象に応じて変わるが，1000 frame 程度が基準になる．
- トレーサ粒子の追随性が十分に高いこと．この条件は PIV 全般に要求されるが，高速度 PIV では測定対象の時間周波数が高い場合が多いので，とくに重要となる．
- PIV 解析を含めたシステム全体のダイナミックレンジが十分に高いこと．一般に，流速が大きくなるとレイノルズ数が増大するため，解像すべき乱流変動の最大値と最小値の比が拡大する．したがって，PIV システムのダイナミックレンジが十分に高く，その速度比をカバーできることが要求される．この条件については，8.1 節でより詳しく説明する．

ここでは，高速度 PIV の測定例として，ディジタル高速度カメラと銅蒸気レーザを用いた内燃機関シリンダ内気流（モータリング運転）の測定[35]を説明する．図7.38は撮影システムと測定対象である内燃機関シリンダを示したものである．照明は出力3〜6 mJ，発光半値幅30 nsの銅蒸気レーザから供給される．その発光タイミングはディジタル高速度カメラと同期がとられ，フレームあたり1回の発光が行われる．ディジタル高速度カメラは最高40500 fpsのフレームレートを有するが，フレームレートが高くなるにつれて画素数が減少し，40500 fpsではわずかに64 × 64 pixelとなる．この測定では，9000 fps（256 × 128 pixel）または13500 fps（128 × 128 pixel）を使用している．相互相関法による解析を行い，16 × 16 pixelの検査領域を用いて128 × 128 pixelの画像から16 × 16の瞬時速度ベクトルを得ている．図7.39はエンジン回転速度700 rpmについて9000 fpsでの撮影で得られた粒子画像とPIV結果である．クランク角1° 以下の時間分解能でPIV結果が得られており，その中の上死点後180° とその前後10° の結果である．

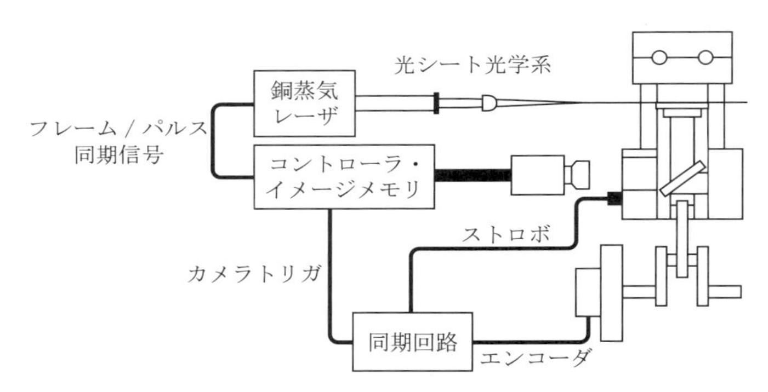

図7.38 高速度PIVによる内燃機関内流動の測定システム[35]

トレーサ粒子は，直径35 μm，密度約40 kg/m^{3}の中空プラスチック粒子である．このトレーサ粒子の周期的速度変動（1 kHz）に対する追随性（2.2.2項参照）は95%であり，エンジン圧縮行程中は気体密度が増大するため追随性の向上が期待できる．PIV検査領域はシリンダ内では5 × 5 mm^{2}に相当し，レーザ光シート厚さは3 mmである．また，速度測定のダイナミックレンジは20である（PIV解析のサブピクセル精度 ±0.2 pixelに対して最大移動距離4 pixel）．このように，ディジタル高速度カメラの性能的制約から，空間分解能については条件の厳しい測定となっている．今後，高速度カメラの性能が向上すれば，高次精度PIV（4.4.4項参照）も実現可能となるだろう．

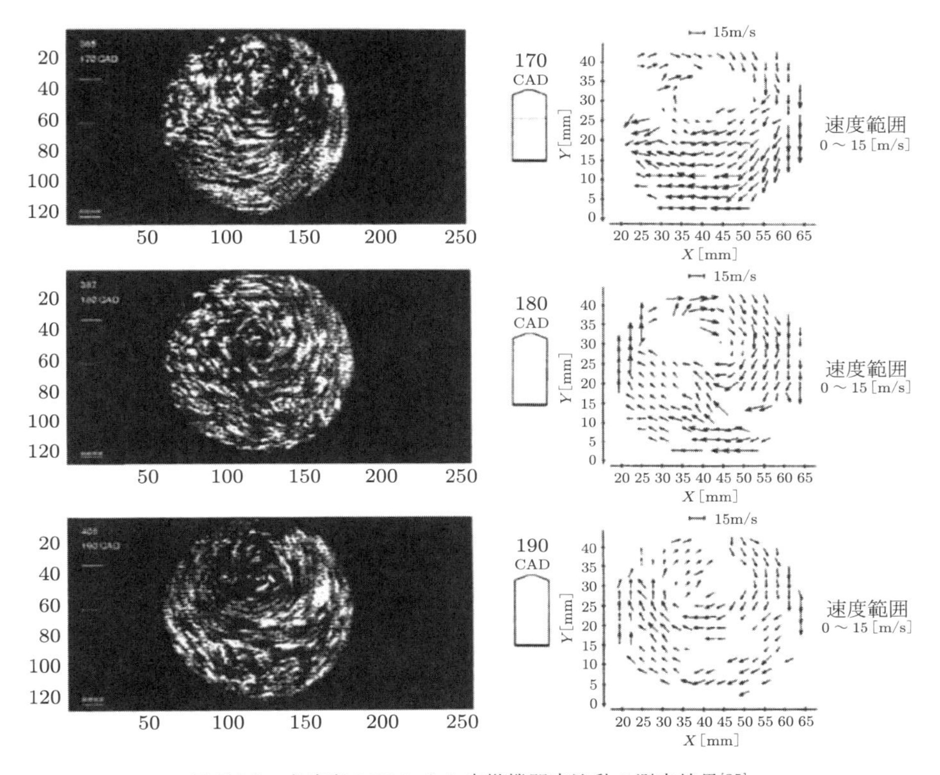

図 7.39　高速度 PIV による内燃機関内流動の測定結果[35]
（上より上死点後 170°，180°，190°）

7.4　3 次元速度データの後処理

速度データの後処理については，すでに第 5 章で全般的な説明を行った．ここでは 3 次元の場合の後処理の特徴と注意点を説明する．

7.4.1　誤ベクトル除去と補間

(1) 速度分解能の非等方性

3 次元計測における誤ベクトルの発生パターンは，2 次元計測の場合とは異なる．それは，三つの速度成分 u，v，w のうち一つだけ速度分解能が異なることである．たとえば，2 台のカメラによるステレオ PIV では，シート光面内と面外で測定精度に差がある．3 次元 PTV では，複数のカメラの視軸がつくる子午線面（meridian plane）に対して，その面内の速度成分の測定精度は面外よりいつもわるい．ホログラフィック PIV では，粒子重心座標の奥行き方向の分解能がわるい．Tomo PIV は，使用するカメラの数が多いため，この傾向はやや緩和されるが，それでも計測体積を放射状に包囲するような，完全に等方的なカメラ配列ができないかぎり，速度分解能は非等方的である．これらのような幾何光学に依存した理由に加え，速度分解能の非等方性は，PIV と PTV の解析アルゴリズムにも依存して生じる．たとえば，2 次元の画像相関で速度 2 成分を先に計測してから，3 次元対応づけを行う場合と，3 次元の立体画素（voxel）で相互相関解析して一括して 3 次元速度ベクトルを計測する場合とでは，誤ベクトルの発生プロセスに差がある．

このように，3 次元速度データの誤ベクトルの検出・除去にあたっては，計測原理と 3 次元画像解析アルゴリズムがもつ誤差の特徴をある程度，理解しておくのが望ましい．

(2) 誤ベクトルの除去

3 次元 PTV，ホログラフィック PIV，ならびに Tomo PIV では，粒子の 3 次元分布を再構築する処理が含まれる．誤ベクトルの発生は，この再構築精度に大きく依存している．Tomo PIV の先端的開発分野では，誤ベクトルの発生を抑制するための粒子濃度分布の誤差の軽減に，種々のデータ処理が試みられている[87, 88]．これに対して，いったん，速度データが得られたあと，小数の誤ベクトルの除去を行う方法については，5.1.3 項で紹介した方法をそのまま適用できる．その際，2 次元データより 3 次元データのほうが，誤ベクトルを検出しやすいという性質がある．たとえば，周囲の速度ベクトルとの比較による方法では，3 次元データの場合，周囲に 26 の隣接速度ベクトルをもつため，2 次元データ（周囲に 8 個）よりも誤ベクトルを検出しやすい．検出された誤ベクトルは，除去し，周囲の速度ベクトルの値を用いて置換することにより補間される．メディアンフィルタを用いる場合では，3 次元の場合は $3 \times 3 \times 3 = 27$ 個の中央値，すなわち速度成分 u，v，w のそれぞれで，大きいほうから 14 個目の成分を新たな速度ベクトルとして置換すれば，誤ベクトルの除去と補間を同時に実現することになる．

(3) PIV の場合の速度ベクトルの補間

3 次元で格子配列する速度データの，データ欠落点における補間には，次式による内挿補間がある．

- 6 点内挿補間

$$\boldsymbol{U}^*_{i,j,k} = \frac{1}{6}(\boldsymbol{U}_{i+1,j,k} + \boldsymbol{U}_{i-1,j,k} + \boldsymbol{U}_{i,j+1,k} + \boldsymbol{U}_{i,j-1,k} + \boldsymbol{U}_{i,j,k+1} + \boldsymbol{U}_{i,j,k-1}) \tag{7.54}$$

• 26点内挿補間

$$
\begin{aligned}
\boldsymbol{U}^*_{i,j,k} = & \frac{1}{6+12w_1+8w_2}(\boldsymbol{U}_{i+1,j,k}+\boldsymbol{U}_{i-1,j,k}+\boldsymbol{U}_{i,j+1,k}+\boldsymbol{U}_{i,j-1,k} \\
& \quad +\boldsymbol{U}_{i,j,k+1}+\boldsymbol{U}_{i,j,k-1}) \\
& +\frac{w_1}{6+12w_1+8w_2}(\boldsymbol{U}_{i+1,j+1,k}+\boldsymbol{U}_{i-1,j+1,k}+\boldsymbol{U}_{i+1,j-1,k}+\boldsymbol{U}_{i-1,j-1,k} \\
& \quad +\boldsymbol{U}_{i,j+1,k+1}+\boldsymbol{U}_{i,j+1,k-1}) \\
& +\frac{w_1}{6+12w_1+8w_2}(\boldsymbol{U}_{i,j-1,k+1}+\boldsymbol{U}_{i,j-1,k-1}+\boldsymbol{U}_{i+1,j,k+1}+\boldsymbol{U}_{i-1,j,k+1} \\
& \quad +\boldsymbol{U}_{i+1,j,k-1}+\boldsymbol{U}_{i-1,j,k-1}) \\
& +\frac{w_2}{6+12w_1+8w_2}(\boldsymbol{U}_{i+1,j+1,k+1}+\boldsymbol{U}_{i-1,j+1,k+1}+\boldsymbol{U}_{i+1,j-1,k+1} \\
& \quad +\boldsymbol{U}_{i-1,j-1,k-1}) \\
& +\frac{w_2}{6+12w_1+8w_2}(\boldsymbol{U}_{i+1,j+1,k-1}+\boldsymbol{U}_{i-1,j+1,k-1}+\boldsymbol{U}_{i+1,j-1,k-1} \\
& \quad +\boldsymbol{U}_{i-1,j-1,k-1})
\end{aligned}
\tag{7.55}
$$

ここで，w_1，w_2 は重み係数で，すべて均等とする場合は $w_1 = w_2 = 1$ である．距離の逆数で重みをつける場合は，$w_1 = 1/\sqrt{2}$，$w_2 = \sqrt{3}$ で与える．流れの最短時間変動周期を十分に分解するような高時間分解PIVデータの場合には，式(7.54)に加えて時間方向の内挿を行うことも許される．その場合，空間だけの6点内挿補間の式に，時間軸方向に前後の速度ベクトルを加えて，時空間4次元の8点内挿補間になる．同様に26点内挿補間の式(7.55)は，80点内挿補間になる．このような4次元の補間処理は計算負荷を大きくするが，その一方で，時間と空間3次元の速度データが揃うことで，微分積分演算を通じたさまざまな実空間での物理を評価できるようになる．

(4) PTVの場合の速度ベクトルの補間

3次元的にランダムに分布する速度データから，任意の座標点上の速度を推定する方法には，5.2.3項(1)で述べたシェパード補間がある．等間隔の格子座標系でシェパード補間を利用すれば，格子点再配置が実現できる．補間したい格子点の数密度に比べて，速度データの数密度が高い場合は，最小二乗法に基づく統計的補間を利用する．速度データの数密度が低い場合は，推定的補間を利用することになる．推定的補間のうち，ラプラス方程式による補間を3次元に拡張すると，基礎式は，

$$
\frac{\partial^2 \boldsymbol{U}}{\partial x^2} + \frac{\partial^2 \boldsymbol{U}}{\partial y^2} + \frac{\partial^2 \boldsymbol{U}}{\partial z^2} = 0 \tag{7.56}
$$

と書ける．この差分式は $\Delta x = \Delta y = \Delta z$ とおいた場合，式(7.54)を反復計算によって繰り返すことと等価になる．この処理に，時間方向の補間も含める場合は，

$$\frac{\partial^2 \boldsymbol{U}}{\partial x^2} + \frac{\partial^2 \boldsymbol{U}}{\partial y^2} + \frac{\partial^2 \boldsymbol{U}}{\partial z^2} + \sigma^2 \frac{\partial^2 \boldsymbol{U}}{\partial t^2} = 0 \tag{7.57}$$

すなわち，時空間4次元のラプラス方程式となる．ここで，σ は速度の逆数の次元をもつ定数で，PTV データのサンプリング時間間隔 Δt と，空間サンプリング間隔 Δx の比，$\sigma = \Delta x/\Delta t$ で与えるのが望ましい．これにより，時間と空間の両軸方向へのデータ数密度に応じた補間解を得る．たとえば，時間分解能が低い計測では $\sigma \to 0$ となり，式(7.57)は自動的に式(7.56)に切り替わる．なお，時空間4次元のラプラス方程式は，空間の境界条件のみならず，時間の境界条件，つまり初期条件と終末条件を必要とする．それらの条件が不明確な場合では，仮に時間変化率ゼロのノイマン条件を与えても，補間は機能する．ただし，初期と終末条件に近い時間帯のデータは時間方向の補間精度が低下する．

図7.40は，円筒内で回転する単一のインペラによって駆動される流れの3次元PTVによる計測例である[89]．長方形のインペラを包むような計測空間で，毎フレームで平均250程度の3次元速度ベクトルを得た．これに対して時空間4次元のラプラス方程式再配置法を用いると，図(c)のように補間される．この結果は，推定的補間に属するが，速度データの平均空間サンプリング間隔より長い波長と，時間サンプリング間隔より長い周期の流れについては，実際の速度ベクトル場を復元している．

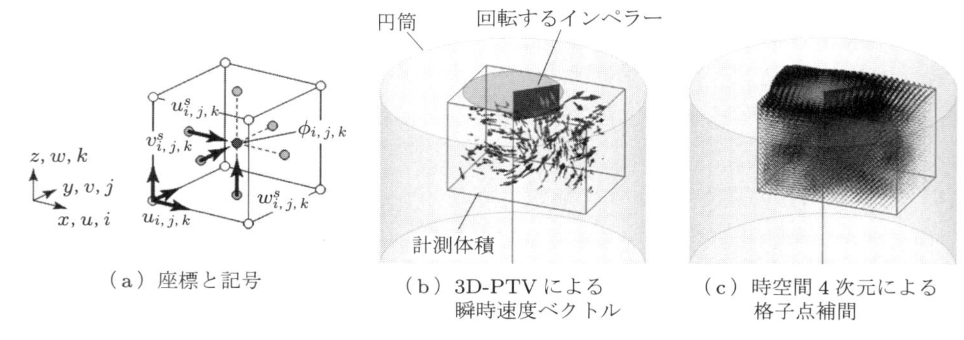

（a）座標と記号　（b）3D-PTVによる瞬時速度ベクトル　（c）時空間4次元による格子点補間

図7.40 3次元PTVデータの格子点補間[89]

7.4.2 連続の式に関するチェックと補正

（1）連続の式の評価方法

速度3成分 u，v，w が，3次元の座標上 (x, y, z) で計測されている場合，データが連続の式を満足するかどうかを直接チェックできる．このことは第5章で説明した

2 次元計測の場合に比べて大きな違いであるため，少し詳しく説明しておく．

3 次元流れの速度ベクトル場の発散は 2 次中心差分を適用すると，

$$D = \nabla \cdot \boldsymbol{U} = \frac{\partial u}{\partial x} + \frac{\partial v}{\partial y} + \frac{\partial w}{\partial z} = \frac{u_{i+1,j,k} - u_{i-1,j,k}}{2\Delta x} + \frac{v_{i,j+1,k} - v_{i,j-1,k}}{2\Delta y} + \frac{w_{i,j,k+1} - w_{i,j,k-1}}{2\Delta z} \quad (7.58)$$

で与えられる．ここで差分の方法につては式(7.58)に限らない（5.3 節参照）．差分幅 Δx，Δy，Δz を PIV の流速データの間隔で直接与える場合は，もっとも厳しい条件で連続の式に対する残差をチェックすることになる．これに対して PIV の空間解像度よりもひとまわり大きな検査体積で，連続の式を満足するかどうかを検査する場合は，

$$Q = \int_V (\nabla \cdot \boldsymbol{U}) dV = \iiint \left(\frac{\partial u}{\partial x} + \frac{\partial v}{\partial y} + \frac{\partial w}{\partial z} \right) \mathrm{d}x\mathrm{d}y\mathrm{d}z = \int_S \boldsymbol{U} \cdot \boldsymbol{n} \mathrm{d}A \quad (7.59)$$

の値により判断する．Q は，計測誤差により検査体積からわき出でしまう流体の体積流量である．$\boldsymbol{n}$ は検査体積を囲む各表面の単位法線ベクトルである．速度データの局所的な発散値 D がゼロでなくても，ある注目する大きなスケールで満足していれば Q の値は小さくなる．通常，速度データは画素サイズなどの画像分解能に依存して格子点ごとに変動するランダム誤差を含む．これによる連続の式の残差 D は微分操作ゆえに無視できない値をもつ．しかし，見ようとしている流れのスケールで連続の式が満たされていれば許容するというのが Q による判断である．D と Q の違いは，PIV や PTV における，速度データのランダム誤差と偏り誤差の違いに起因する．偏り誤差がある場合には，体積積分された Q もゼロにならず，つぎの(2)で説明する方法によって修正するのが望ましい．積分する検査体積 V を計測体積全体まで最大化すると，計測体積全体での質量保存を評価することになる．

(2) 連続の式による修正方法

連続の式を満足しない速度データのまま，速度の微積分量を評価すると，不可解な結果が得られる．たとえば，流線を描いてみると，流線の曲折，交差，分岐，合流などの非現実的な結果が生まれる．3 次元の速度データが計測されているのであれば，連続の式に関するチェックを行い，無視できない値をもつ場合は，速度修正処理をしておくべきだろう．ただし，計測空間全域にわたり連続の式が満足されていないという場合は，PIV の幾何光学的な計測条件に問題があり，後処理では対応できない．

速度データを，連続の式を満足するものに修正する方法は，5.2.4 項(1)で説明した．

3次元流れの場合には，速度修正ポテンシャル ϕ は，速度データの3次元の発散 D の分布で決まるポアソン方程式で与えられる．

$$\nabla^2 \phi = \frac{\partial^2 \phi}{\partial x^2} + \frac{\partial^2 \phi}{\partial y^2} + \frac{\partial^2 \phi}{\partial z^2} = D \tag{7.60}$$

ポアソン方程式に対する数値解法によって ϕ の分布を得ることができれば，これを使い，つぎの三つの式により速度3成分を修正する．

$$u = u^* - \frac{\partial \phi}{\partial x}, \qquad v = v^* - \frac{\partial \phi}{\partial y}, \qquad w = w^* - \frac{\partial \phi}{\partial z} \tag{7.61}$$

この操作を数回繰り返すことにより，連続の式を満たす速度データに変換される．

図7.41は，図7.40(c)に示した3次元速度ベクトル分布を対象として，3次元の連続の式に対する残差 D と，修正処理の結果を示す．図中の細かなブロックは，残差 D の絶対値が，ある設定した許容値を超える格子の分布を表示したものである．初期は，計測空間全体にそれが分布するが，連続の式を満たすための修正処理を行うことで，その格子の数は次第に減少するのがわかる．

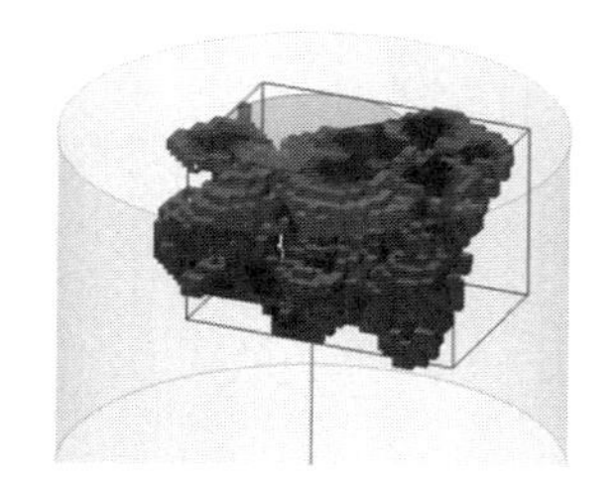
(a) 連続の式に対する残差の分布

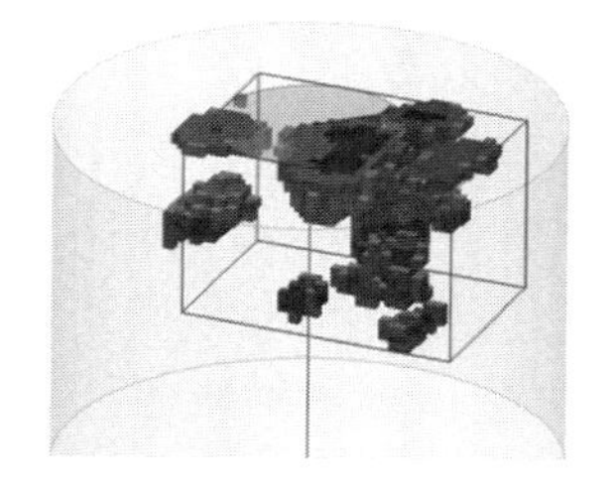
(b) 連続の式による修正後(5回)

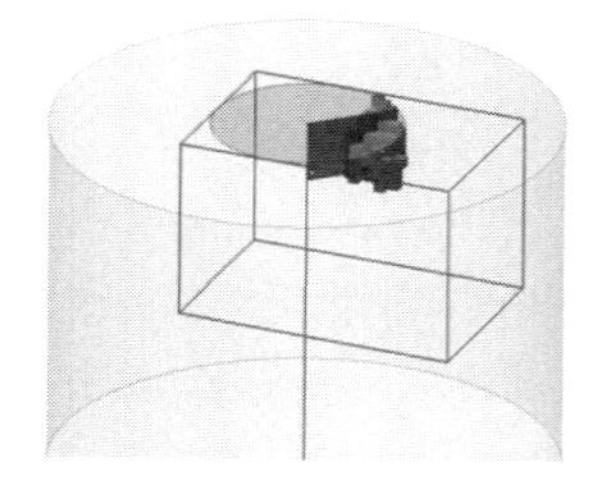
(c) 連続の式による修正後(100回)

図7.41　連続の式に対する残差と修正処理の結果

7.4.3　3次元データの微積分処理

3次元速度データが計測されていると，速度勾配テンソルの九つの成分を詳しく評価できる．渦度ベクトルの空間分布や渦糸の3次元構造などの定量可視化も可能となる．空間積分に関しては，体積流量や，運動エネルギー，乱流エネルギー，そのほか，各種乱流統計量を評価できる．一方，流線や加速度については3次元データの空間解像度を活かした内挿補間が求められる．ここでは流線と加速度について説明する．

(1) 3次元の流線の作画

3次元流れではスカラー分布としての流れ関数は存在しない．そのため，流線の作画は流れ関数の等高線では実現できない（ベクトル流線関数については本章末尾に補足する）．そこで，計測空間内に仮想的なトレーサ粒子を想定し，それを速度データに乗せて移動させることで瞬間流線を作画する．すなわち，

$$\delta \boldsymbol{S} = \boldsymbol{U}(x,y,z)\,\delta t \quad \leftrightarrow \quad \begin{cases} \delta x = u(x,y,z)\,\delta t \\ \delta y = v(x,y,z)\,\delta t \\ \delta z = w(x,y,z)\,\delta t \end{cases} \tag{7.62}$$

である．ここで，$\delta \boldsymbol{S}$ は仮想的な時間刻み δt によって移動するトレーサ粒子の変位ベクトルである．これを繰り返すことでトレーサ粒子の軌跡が形成される．計測空間で多数の仮想トレーサ粒子を分散させ，同時に追跡し曲線群を描くことで，流れ場全体の流線が表現される．ただし，速度データが格子上に Δx，Δy，Δz の間隔で配列しているとき，その空間分解能を活かした流線を描画するためには，仮想時間刻み δt について，

$$C = \frac{|\boldsymbol{U}(x,y,z)|\,\delta t}{\min(\Delta x, \Delta y, \Delta z)} < 1 \tag{7.63}$$

の関係を満たす必要がある．これは CFD で知られるクーラン条件（Courant condition）である．すなわち 1 時刻分だけ時間を進めたとき，追跡している流体粒子が格子幅を上回って移動してはいけないことを意味する．この条件を満足するには，格子配列する速度デ-－タの間を通過する仮想トレーサ粒子の速度ベクトルを，周囲の速度データから正確に補間する必要が生じる．これをつぎに説明する．

(2) 3 次元格子配列データの内挿補間

1）線形補間

速度ベクトルデータ $\boldsymbol{U}$ が位置ベクトル $\boldsymbol{x}_1$ と $\boldsymbol{x}_2$ の 2 点で計測されているとき，その 2 点を結ぶ直線上の速度ベクトルデータ $\boldsymbol{U}(\boldsymbol{x})$ は，つぎの線形補間（linear interpolation）で推定できる．

$$\boldsymbol{U}(\boldsymbol{x}) = \boldsymbol{U}(\boldsymbol{x}_1) + \frac{|\boldsymbol{x} - \boldsymbol{x}_1|}{|\boldsymbol{x}_2 - \boldsymbol{x}_1|}\{\boldsymbol{U}(\boldsymbol{x}_2) - \boldsymbol{U}(\boldsymbol{x}_1)\} \tag{7.64}$$

2）バイリニア補間（双線形補間）

速度ベクトルデータ $\boldsymbol{U}$ が，同一平面上の長方形の頂点 (x_1, y_1)，(x_2, y_1)，(x_1, y_2)，(x_2, y_2) の 4 点で計測されているとする．これらを $\boldsymbol{U}_{11}$，$\boldsymbol{U}_{12}$，$\boldsymbol{U}_{21}$，$\boldsymbol{U}_{22}$ とすれば，この長方形の内部の速度ベクトルデータ $\boldsymbol{U}(x,y)$ は，線形補間を x 方向と y 方向に

2回繰り返すことにより，つぎのバイリニア補間（bi-linear interpolation）で推定できる．

$$\lambda_x = \frac{x - x_1}{x_2 - x_1}, \qquad \lambda_y = \frac{y - y_1}{y_2 - y_1} \tag{7.65}$$

$$\left.\begin{aligned} \boldsymbol{U}_{x1} &= \boldsymbol{U}_{11} + \lambda_x (\boldsymbol{U}_{21} - \boldsymbol{U}_{11}) \\ \boldsymbol{U}_{x2} &= \boldsymbol{U}_{12} + \lambda_x (\boldsymbol{U}_{22} - \boldsymbol{U}_{12}) \end{aligned}\right\} \to \boldsymbol{U}_{xy} = \boldsymbol{U}_{x1} + \lambda_y (\boldsymbol{U}_{x2} - \boldsymbol{U}_{x1}) \tag{7.66}$$

線形であるから，線形補間の順序を y 方向を先に，x 方向を後にしても解は不変である．式(7.66)はディジタル画像の拡大操作でも使われている補間方法である．

3）トリリニア補間

速度ベクトルデータ $\boldsymbol{U}$ が，3次元空間において直方体の8個の頂点で与えられているとき，その内部の補間は，つぎのように線形補間を x，y，z 方向に3回繰り返す次式のトリリニア補間（tri-linear interpolation）で与えられる．

$$\lambda_x = \frac{x - x_1}{x_2 - x_1}, \qquad \lambda_y = \frac{y - y_1}{y_2 - y_1}, \qquad \lambda_z = \frac{z - z_1}{z_2 - z_1} \tag{7.67}$$

$$\left.\begin{aligned} \boldsymbol{U}_{x11} &= \boldsymbol{U}_{111} + \lambda_x (\boldsymbol{U}_{211} - \boldsymbol{U}_{111}) \\ \boldsymbol{U}_{x21} &= \boldsymbol{U}_{121} + \lambda_x (\boldsymbol{U}_{221} - \boldsymbol{U}_{121}) \\ \boldsymbol{U}_{x12} &= \boldsymbol{U}_{112} + \lambda_x (\boldsymbol{U}_{212} - \boldsymbol{U}_{112}) \\ \boldsymbol{U}_{x22} &= \boldsymbol{U}_{122} + \lambda_x (\boldsymbol{U}_{222} - \boldsymbol{U}_{122}) \end{aligned}\right\} \to \begin{array}{c} \boldsymbol{U}_{xy1} = \boldsymbol{U}_{x11} + \lambda_y (\boldsymbol{U}_{x21} - \boldsymbol{U}_{x11}) \\ \boldsymbol{U}_{xy2} = \boldsymbol{U}_{x12} + \lambda_y (\boldsymbol{U}_{x22} - \boldsymbol{U}_{x12}) \\ \downarrow \\ \boldsymbol{U}_{xyz} = \boldsymbol{U}_{xy1} + \lambda_z (\boldsymbol{U}_{xy2} - \boldsymbol{U}_{xy1}) \end{array} \tag{7.68}$$

さらに，非定常流動計測において速度ベクトル $\boldsymbol{U}$ が (x, y, z, t) の4次元分布として取得され，かつ，時間方向の線形補間近似も十分に成り立つほど時間分解能が高い場合は，線形補間を4次元に拡張したクワッドリニア補間（quad-linear interpolation）を使うことができる．

4）2次精度補間

上述の立体的な線形補間では，二つの格子をまたぐ境界で速度勾配が不連続になる．渦度のように速度勾配に対する補間性能を問う場合は，2次精度以上の補間を行う．簡単のため，1次元の速度データ配列 $\boldsymbol{U}_{i-1}$，$\boldsymbol{U}_i$，$\boldsymbol{U}_{i+1}$ の3点間での2次精度補間（parabolic interpolation）を与える式のみを示す．

$$\boldsymbol{U}_x = \boldsymbol{A}x^2 + \boldsymbol{B}x + \boldsymbol{U}_i, \qquad \left(\boldsymbol{A} = \frac{\boldsymbol{U}_{i+1} + \boldsymbol{U}_{i-1} - 2\boldsymbol{U}_i}{2}, \quad \boldsymbol{B} = \frac{\boldsymbol{U}_{i+1} - \boldsymbol{U}_{i-1}}{2}\right) \tag{7.69}$$

ここで，x はデータ点 i から $i+1$ までの距離を格子幅で無次元化した長さで，定義域は -1 から $+1$ である．隣りの速度データまわりでも同じ 2 次精度補間を実施することになるため，x の定義域全体を使わず，実際には $-0.5 < x < +0.5$ の範囲を利用対象とする．2 次元データの場合では，中央のデータ $\boldsymbol{U}_{i,j}$ の座標を原点 $(x, y) = (0, 0)$ とし，その周囲の 8 個の速度データを参照して，x，y 方向にそれぞれ 2 次精度補間を実施すればよい．これを双放物線補間（bi-parabolic interpolation）という．3 次元データの場合では，中央のデータ $\boldsymbol{U}_{i,j,k}$ の座標を原点 $(x, y, z) = (0, 0, 0)$ とし，その周囲の 26 の速度データを参照して，x，y，z 方向にそれぞれ 2 次精度補間を実施する（tri-parabolic interpolation）．これら 2 次精度補間は線形ではないため，どの座標軸を最初にとるかで結果が異なる．また，誤差の特徴に格子単位での振動が含まれる場合には，振動が増幅するような補間解を導くことになるので，注意が必要である．

5）3 次精度補間

速度データの 3 次精度補間を行うと，速度勾配テンソルの全成分が 2 次精度の空間連続性をもつようになる．簡単のため，1 次元の速度データ配列 $\boldsymbol{U}_{i-1}$，$\boldsymbol{U}_i$，$\boldsymbol{U}_{i+1}$，$\boldsymbol{U}_{i+2}$ の 4 点間での 3 次精度補間（cubic interpolation）を与える式のみを示す．

$$\boldsymbol{U}_x = \boldsymbol{A}x^3 + \boldsymbol{B}x^2 + \boldsymbol{C}x + \boldsymbol{U}_i,$$

$$\begin{pmatrix} \boldsymbol{A} \\ \boldsymbol{B} \\ \boldsymbol{C} \end{pmatrix} = \begin{pmatrix} -1 & 1 & -3 & 1 \\ 1/2 & -1 & 1/2 & 0 \\ 1/2 & -1 & 7/2 & -1 \end{pmatrix} \begin{pmatrix} \boldsymbol{U}_{i-1} \\ \boldsymbol{U}_i \\ \boldsymbol{U}_{i+1} \\ \boldsymbol{U}_{i+2} \end{pmatrix} \tag{7.70}$$

ここで，x はデータ点 i から $i+1$ までの距離を格子幅で無次元化した長さで，定義域は -1 から $+2$ までとする．ただし，隣りの速度データまわりでも同じ 3 次精度補間を実施する場合は，x の定義域全体を使わず，$0 < x < 1$ を利用対象とする．2 次元データの場合では，$4 \times 4 = 16$ の速度データを参照し，x，y 方向にそれぞれ 3 次精度補間を実施すればよい．これを双 3 次精度補間（bi-cubic interpolation）という．3 次元データの場合では，$4^3 = 64$ の速度データを参照して，x，y，z 方向にそれぞれ 3 次精度補間を実施すればよい（tri-cubic interpolation）．これに時間軸を加えたものは 4 次元 3 次精度補間（quad-cubic interpolation）になる．

(3) 実質加速度と圧力場の推定

流速の 3 次元データが計測されていれば，つぎの定義で与えられる実質加速度を計算できる．

$$\frac{D\boldsymbol{U}}{Dt}=\frac{\partial \boldsymbol{U}}{\partial t}+(\boldsymbol{U}\cdot\nabla)\boldsymbol{U}=\begin{pmatrix}\dfrac{\partial u}{\partial t}+u\dfrac{\partial u}{\partial x}+v\dfrac{\partial u}{\partial y}+w\dfrac{\partial u}{\partial z}\\ \dfrac{\partial v}{\partial t}+u\dfrac{\partial v}{\partial x}+v\dfrac{\partial v}{\partial y}+w\dfrac{\partial v}{\partial z}\\ \dfrac{\partial w}{\partial t}+u\dfrac{\partial w}{\partial x}+v\dfrac{\partial w}{\partial y}+w\dfrac{\partial w}{\partial z}\end{pmatrix} \tag{7.71}$$

このとき，速度成分 u，v，w の x，y，z，t による微分項を，PIV のデータ間隔で直接差分すると，滑らかな加速度場の値を得ることが難しい．これは，5.3.3 項(1)でも述べた加速度の特性によるものである．そこで，流速データの格子幅での空間分解能をいかしつつ，ランダム誤差を増幅させない方法が必要になる．たとえば，(2)で説明した補間を利用し，格子空間で 3 次元の流線を再構築し，その軌跡の曲率を計算する手法である．このような工夫は，圧力場の推定においても共通している[90, 91]．

図 7.42 は，図 7.41 の結果から，渦度分布，流線，および圧力を計算したものである．渦度分布は格子点データとなっているが，等値面を作画するソフトウェアによっては，自動的に格子内の線形補間を行うものがあり，細部をみる場合は注意が必要である．また，3 次元流れの流線は，瞬間流線（instantaneous streamline），流脈線（streak line），流跡線（path line）に区別される．図 7.42 (b)では瞬間流線を表示している．定常流ではこれら三者の向きはすべて一致するが，非定常流や乱流では一致しない．圧力については，圧力分布そのものではなく，そのラプラシアン値（Q 値といわれる）を作画するほうが，動圧変動による流れの変形の構造が見やすくなる．

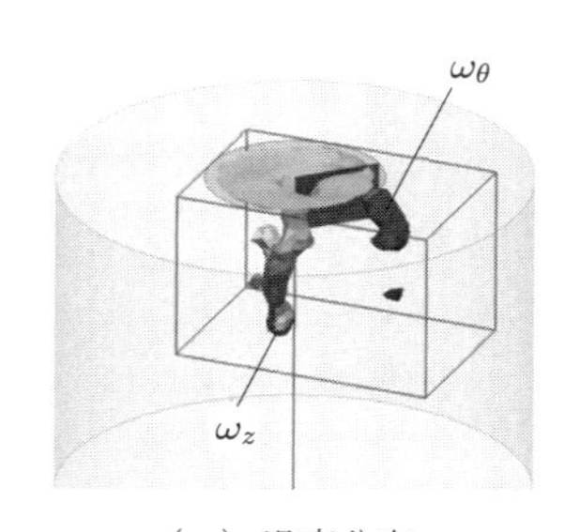

（a）渦度分布

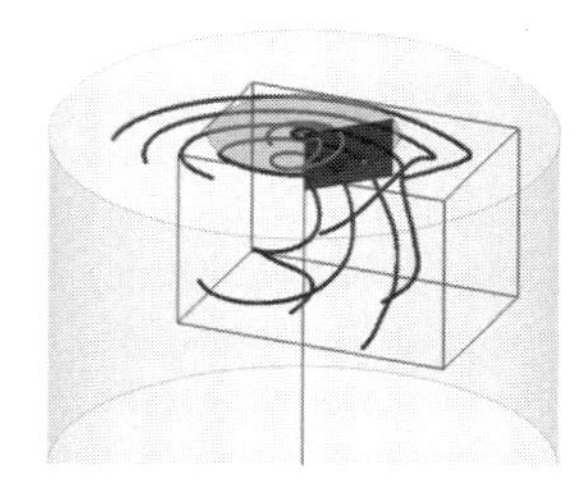
（b）三次元瞬間流線

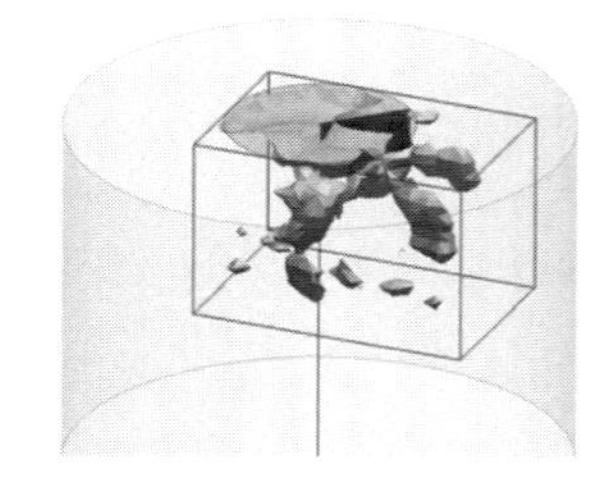
（c）圧力のラプラシアン値

図 7.42　3 次元速度データからの空間微積分量の評価

補足：ヘルムホルツのベクトル場の分解定理

この定理は，式(7.72)のように，任意のベクトル場 $\boldsymbol{U}$ はつねに，スカラーポテンシャル Φ の成分とベクトルポテンシャル $\boldsymbol{\Omega}$ の成分の和として書けることをいう．

$$\boldsymbol{U} = \begin{pmatrix} u \\ v \\ w \end{pmatrix} = \nabla\Phi + \nabla \times \boldsymbol{\Omega} \quad \leftrightarrow \quad \begin{cases} \nabla \cdot \boldsymbol{U} = \nabla^2\Phi \\ \nabla \times \boldsymbol{U} = -\nabla^2\boldsymbol{\Omega} \end{cases} \tag{7.72}$$

ここで，$\boldsymbol{U}$ が連続の式を満たしている場合，$\nabla \cdot \boldsymbol{U} = 0$ よりスカラーポテンシャル Φ はラプラス方程式 $\nabla^2\Phi = 0$ によって与えられる．これに対してベクトルポテンシャル $\boldsymbol{\Omega}$ は，渦度ベクトルによって定義されるつぎのポアソン方程式によって決まる．

$$\nabla^2\boldsymbol{\Omega} = -\nabla \times \boldsymbol{U} \quad \to \quad \nabla^2 \begin{pmatrix} \Omega_x \\ \Omega_y \\ \Omega_z \end{pmatrix} = - \begin{pmatrix} \omega_x \\ \omega_y \\ \omega_z \end{pmatrix} \tag{7.73}$$

3 次元流速データから渦度の 3 成分を求め，成分ごとにポアソン方程式を解くことで，ベクトルポテンシャルの 3 成分 Ω_x，Ω_y，Ω_z が得られる．これがベクトル場としての流線関数である．2 次元流れの場合は，$w = 0$，$\partial/\partial z = 0$ を適用することにより，ベクトル場の流線関数のうち z 成分のみポアソン方程式となり，$\nabla^2\Omega_z = -\omega_z$ が得られる（5.3.2 項の式(5.45)に対応）．

参考文献

[1] 笠木伸英, 西野耕一：3 次元画像処理流速計：乱流計測における新たなツール，流れの計測，Vol.8，No.11，pp.2–11，1990.

[2] Hinsch, K. D.: Three-dimensional particle velocimetry, *Meas. Sci. Tech.*, Vol.6, pp.742–753, 1995.

[3] Nedderman, R. M.: The use of stereoscopic photography for the measurement of velocities in liquids, *Chem. Eng. Sci.*, Vol.16, pp.113–119, 1961.

[4] Kent, J. C. & Eaton, A. R.: Stereo photography of neutral density He-filled bubbles for 3-D fluid motion studies in an engine cylinder, *Appl. Opt.*, Vol.21, No.5, pp.904–912, 1982.

[5] Chang, T. P. K., Watson, A. T. & Tatterson, G. B.: Image processing of tracer particle motions as applied to mixing and turbulent flow-I: the technique, *Chem. Eng. Sci.*, Vol.40, No.2, pp.269–275, 1985.

[6] Nishino, K., Kasagi, N. & Hirata, M.: Three-dimensional particle tracking velocimetry based on automated digital image processing, *Trans. ASME, J. Fluids Eng.*, Vol.111, pp.384–391, 1989.

[7] Kobayashi, T., Saga, T & Sekimoto, K.: Velocity measurement of three-dimensional flow around rotating parallel disks by digital image processing, *Flow Visualization-1989, ASME, FED*, Vol.85, pp.29–36, 1989.

[8] Economikos, L. Shoemaker, C., Russ, K., Brodkey, R. S. & Jones, D.: Toward full-field measurements of instantaneous visualizations of coherent structures in turbulent shear flows, *Exp. Therm. Fluid Sci.*, Vol.3, pp.74–86, 1990.

[9] Maas, H. G., Gruen, A. & Papantoniou, D.: Particle tracking velocimetry in three-dimensional flows: Part I. Photogrammetric determination of particle coordinates, *Exp. Fluids*, Vol.15, pp.133–146, 1993.

[10] Malik, N. A., Dracos, Th. & Papantoniou, D. A.: Particle tracking velocimetry in three-dimensional flows: Part II. Particle tracking, *Exp. Fluids*, Vol.15, pp.279–294, 1993.
[11] Guezennec, Y. G., Brodkey, R. S., Trigui, N. & Kent, J. C.: Algorithms for fully automated three-dimensional particle tracking velocimetry, *Exp. Fluids*, Vol.17, pp.209–219, 1994.
[12] Brücker, C. & Althaus, W.: Study of vortex breakdown by particle tracking velocimetry (PTV), Part 1: Bubble-type vortex breakdown, *Exp. Fluids*, Vol.13, pp.339–349, 1992.
[13] Ushijima, S. & Tanaka, N.: Particle tracking velocimetry using laser-beam scanning and its application to transient flows driven by rotating disk, *Trans. ASME, J. Fluids Eng.*, Vol.116, pp.265–272, 1994.
[14] Brücker, Ch.: 3-D scanning particle image velocimetry: technique and application to a spherical cap wake flow, *Appl. Sci. Res.*, Vol.56, pp.157–179, 1996.
[15] Ushijima, S. & Tanaka, N.: Three-dimensional particle tracking velocimetry with laser-light sheet scannings, *Trans. ASME, J. Fluids Eng.*, Vol.118, pp.352–357, 1996.
[16] Meng, H. & Hussain, F.: Holographic particle velocimetry: A 3D measurement technique for vortex interactions, coherent structures and turbulence, *Fluid Dyn. Res.*, Vol.8, No.1–4, pp.33–52, 1991.
[17] Barnhart, D. H., Adrian, R. J. & Papen, G. C.: Phase-conjugate holographic system for high-resolution particle-image velocimetry, *Appl. Opt.*, Vol.33, No.30, pp.7159–7170, 1994.
[18] Zhang, J., Tao, B. & Katz, J.: Three dimensional velocity measurements using hybrid HPIV, *Proc. 8th Int. Symp. Appl. Laser Tech. Fluid Mech.*, Lisbon, Portugal, pp.4.3.1–4.3.8, 1996.
[19] Hori, T. & Sakakibara, J.: High-speed scanning stereoscopic PIV for 3D vorticity measurement in liquids, *Meas. Sci. Tech.*, Vol.15, pp.1067–1078, 2004.
[20] Elsinga, G. E., Scarano, F., Wieneke, B. & van Oudheusden, B. W.: Tomographic particle image velocimetry, *Exp. Fluids*, Vol.41, pp.933–947, 2006.
[21] Scarano, F.: Tomographic PIV: principles and practice, *Meas. Sci. Tech.*, Vol.24, 012001, 2013.
[22] Atkinson, C. & Soria, J.: An efficient simultaneous reconstruction technique for tomographic particle image velocimetry, *Exp. Fluids*, Vol.47, pp.553–568, 2009.
[23] Elsinga, G. E.: *Tomographic particle image velocimetry and its application to turbulent boundary layers*, Ph. D Thesis, Delft University of Technology, Netherlands, 2008.
[24] Willert, C. E. & Gharib, M.: Three-dimensional particle imaging with a single camera, *Exp. Fluids*, Vol.12, pp.353–358, 1992.
[25] Yoon, S. Y. & Kim, K. C.: 3D particle position and 3D velocity field measurement in a microvolume via the defocusing concept, *Meas. Sci. Tech.*, Vol.17, No.11, pp.2897–2905, 2006.
[26] Stolz, W. & Kähler, J.: In-plane determination of 3D-velocity vectors using particle tracking anemometry (PTA), *Exp. Fluids*, Vol.17, pp.105–109, 1994.
[27] Brücker, Ch.: 3-D PIV via spatial correlation in a color-coded light-sheet, *Exp. Fluids*, Vol.21, pp.312–314, 1996.
[28] Arroyo, M. P. & Greated, C. A.: Stereoscopic particle image velocimetry, *Meas. Sci. Tech.*, Vol.2, pp.1181–1186, 1991.
[29] Sinha, S. K. & Kulman, P. S.: Investigating the use of stereoscopic particle streak velocimetry for estimating the three-dimensional vorticity field, *Exp. Fluids*, Vol.12, pp.377–384, 1992.
[30] Prasad, A. K. & Adrian, R. J.: Stereoscopic particle image velocimetry applied to liquid flows, *Exp. Fluids*, Vol.15, pp.49–60, 1993.
[31] Sakakibara, J. & Anzai, T.: Chain-link-fence structures produced in a plane jet, *Phys. Fluids*, Vol.13, No.6, pp.1541–1544, 2001.

[32] Voge, A., & Lauterborn, W.: Time-resolved particle image velocimetry used in the investigation of cavitation bubble dynamics, *Appl. Opt.*, Vol.27, No.9, pp.1869–1876, 1988.
[33] Lin, J. C. & Rockwell, D.: Cinematographic system for high-image-density particle image velocimetry, *Exp. Fluids*, Vol.17, pp.110–114, 1994.
[34] Oakley, T., Loth, E. & Adrian, R. J.: Cinematic PIV of a high Reynolds number turbulent free shear layer, *AIAA J.*, Vol.34, No.2, pp.299–308, 1996.
[35] Reeves, M., Towers, D. P., Tavender, B. & Buckberry, C. H.: A high-speed all-digital technique for cycle-resolved 2-D flow measurement and flow visualization within SI engine cylinder, *Opt. Laser Eng.*, Vol.31, pp.247–261, 1999.
[36] 三宅和夫：幾何光学，共立出版，pp.73–76，1979.
[37] Adrian, R. J.: Particle-imaging technique for experimental fluid mechanics, *Annu. Rev. Fluid Mech.*, Vol.23, pp.261–304, 1991.
[38] Suzuki, Y., Ikenoya, M. & Kasagi, N.: Three-dimensional PTV measurement of the phase relationship between coherent structures and dispersed particles in a turbulent channel flow, *Proc. 3rd Int. Symp. Particle Image Velocimetry*, Santa Barbara, USA, pp.107–112, 1999.
[39] Etoh, T., Takehara, K. & Okamoto, K.: Particle image extraction by means of particle mask correlation method, *CD-ROM Proc. Int. Conf. Optical Technology and Image Processing in Fluid, Thermal and Combustion Flow*, Yokohama, No.AB001, 1998.
[40] 日本写真測量学会編：写真による三次元測定，共立出版，1983.
[41] 出口光一郎：カメラキャリブレーション手法の最近の動向，コンピュータビジョン，Vol.82-1，pp.1–8，1993.
[42] 出口光一郎：ロボットビジョンの基礎，コロナ社，2000.
[43] 村木広和，田中成典，古田均編：デジカメ活用によるデジタル測量入門，森北出版，2000.
[44] 西野耕一：粒子画像処理による速度分布計測，熱流体の新しい計測法（社団法人日本機械学会編），養賢堂，pp.96–113，1998.
[45] Zilberstein, O.: Relational matching for stereopsis, *Int. Arch. Photogramm. Remote Sens.*, Vol.29, Part B3, Commission III, pp.711–719, 1992.
[46] Bedekar, A. S. & Haralick, R. M.: A Bayesian method for triangulation and its application to finding corresponding points, *Proc. Int. Conf. Image Processing*, Vol.2, pp.362–365, IEEE Computer Society Press, Los Alamitos, CA, USA, 1995.
[47] Kasagi, N. & Nishino, K.: Probing turbulence with three-dimensional particle-tracking velocimetry, *Exp. Therm. Fluid Sci.*, Vol.4, No.5, pp.601–612, 1991.
[48] Tennekes, H. & Lumley, J. L.: *A first course in turbulence*, The MIT Press, Massachusetts, pp.27–34, 1972.
[49] Lecerf, A., Renou, B., Allano, D., Boukhalfa, A. & Trinité, M.: Stereoscopic PIV: validation and application to an isotropic turbulent flow, *Exp. Fluids*, Vol.26, pp.107–115, 1999.
[50] 井口征士，佐藤宏介：三次元画像計測，昭晃堂，pp.91–99，1990.
[51] 三宅和夫：幾何光学，共立出版，pp.93–114，1979.
[52] キヤノン販売株式会社：Lens Work II，pp.194–198，1996.
[53] Brown, D. C.: Decentering distortion of lenses, *Photogramm. Eng.*, Vol.32, No.3, pp.444–462, 1966.
[54] Weng, J., Cohen, P. & Herniou, M.: Camera calibration with distortion models and accuracy evaluation, *IEEE Trans. Pattern Anal. Mach. Intell.*, Vol.14, No.10, pp.965–980, 1992.
[55] Kilpelä E.: Compensation of systematic errors of image and model coordinates, *Int. Arch. Photogramm.*, Vol.23, Part B9, pp.407–427, 1980.
[56] Karara, H. M. & Abdel-Aziz, Y. I.: Accuracy aspects of non-metric imageries, *Photogramm.*

Eng., Vol.40, No.9, pp.1107–1117, 1974.
[57] Murai, S., Matsuoka, R. & Okuda, T.: A study on analytical calibration for non-metric cameras and accuracy of three dimensional measurement, *Int. Arch. Photogramm.*, Vol.25, Part A5, pp.570–579, 1984.
[58] Fryer, J. G.: Recent developments in camera calibration for close-range applications, *Int. Arch. Photogramm. Remote Sens.*, Vol.29, Part B5, Commission V, pp.594–599, 1992.
[59] 日本写真測量学会編：写真による三次元測定，共立出版，pp.172–178，1983.
[60] Lenz, R. K. & Tsai, R. Y.: Calibrating a Cartesian robot with eye-on-hand configuration independent of eye-to-hand relationship, *IEEE Trans. Pattern Anal. Mach. Intell.*, Vol.11, No.9, pp.916–928, 1989.
[61] Lawson, N. J. & Wu, J.: Three-dimensional particle image velocimetry: experimental error analysis of a digital angular stereoscopic system, *Meas. Sci. Tech.*, Vol.8, pp.1455–1464, 1997.
[62] Prasad, A. K. & Jensen, K.: Scheimpflug stereocamera for particle image velocimetry in liquid flows, *Appl. Opt.*, Vol.34, No.30, pp.7092–7099, 1995.
[63] Willert, C.: Stereoscopic digital particle image velocimetry for application in wind tunnel flows, *Meas. Sci. Tech.*, Vol.8, pp.1465–1479, 1997.
[64] Soloff, S. M., Adrian, R. J. & Liu, Z.-C.: Distortion compensation for generalized stereoscopic particle image velocimetry, *Meas. Sci. Tech.*, Vol.8, pp.1441–1454, 1997.
[65] Wang, F.-Y., Lever, P. J. A. & Shi, X.: Stereo camera calibration without absolute world coordinate information, *SPIE*, Vol.2620, pp.655–662, 1995.
[66] T. R. マッカーラ（三浦功，田尾陽一訳）：計算機のための数値計算法概論，サイエンス社，pp.55–79，1972.
[67] 中川徹，小柳義夫：最小二乗法による実験データ解析，東京大学出版会，pp.95–124，1982.
[68] Tsai, R. Y.: A versatile camera calibration technique for high-accuracy 3D machine vision metrology using off-the-shelf TV cameras and lenses, *IEEE J. Robot. Autom.*, Vol.RA-3, No.4, pp.323–344, 1987.
[69] Sinha, S. K.: Improving the accuracy and resolution of particle image or laser speckle velocimetry, *Exp. Fluids*, Vol.6, pp.67–68, 1988.
[70] Wieneke, B.: Stereo-PIV using self-calibration on particle images, *Exp. Fluids*, Vol.39, pp.267–280, 2005.
[71] Hu, H., Saga, T., Kobayashi, K. & Taniguchi, N.: Stereoscopic PIV measurement of a lobed jet mixing flow, *Proc. 10th Int. Symp. Appl. Laser Tech. Fluid Mech.*, pp.21.5.1–21.5.16, 2000.
[72] Hu, H., Saga, T., Kobayashi, T. & Taniguchi, N.: Research on the vortical and turbulent structures in the lobed jet flow using laser induced fluorescence and particle image velocimetry techniques, *Meas. Sci. Tech.*, Vol.11, pp.698–711, 2000.
[73] Raffel, M., Willert, C. E. & Kompenhans, J.: *Particle image velocimetry: a practical guide*, Springer, pp.19–22, 1998.
[74] Chiu, W.-C. & Rib, L. N.: The rate of dissipation of energy and the energy spectrum in a low-speed turbulent jet, *Trans. Am. Geophys. Union*, Vol.37, No.1, pp.13–26, 1956.
[75] Nedderman, R. M.: The measurement of velocities in the wall region of turbulent liquid pipe flow, *Chem. Eng. Sci.*, Vol.16, pp.120–126, 1961.
[76] Chang, T. P. K., Watson, A. T. & Tatterson, G. B.: Image processing of tracer particle motions as applied to mixing and turbulent flow-II. Results and discussion, *Chem. Eng. Sci.*, Vol.40, No.2, pp.277–285, 1985.
[77] Racca, R. G. & Dewey, J. M.: A method for automatic particle tracking in a three-dimensional flow field, *Exp. Fluids*, Vol.6, pp.25–32, 1988.
[78] 西野耕一，笠木伸英：三次元画像処理流速計による二次元チャネル乱流の乱流統計量の測定，日

本機械学会論文集（B 編），Vol.56，No.525，pp.1338–1347，1990.
[79] 久保田敏弘：ホログラフィ入門—原理と実際，朝倉書店，1995.
[80] Viénot, J.-Ch, Smigielski, P. & Royer, H.（辻内順平，中村琢磨 訳）：ホログラフィー入門，共立出版，1975.
[81] Meng, H. & Hussain, F.: In-line recording and off-axis viewing (IROV) technique for holographic particle velocimetry, *Appl. Opt.*, Vol.34, No.11, pp.1827–1840, 1995.
[82] Pu, Y. & Meng, H.: An advanced off-axis holographic particle image velocimetry (HPIV) system, *Exp. Fluids*, Vol.29, pp.184–197, 2000.
[83] Zhang, J., Tao, B. & Katz, J.: Turbulent flow measurement in a square duct with hybrid holographic PIV, *Exp. Fluids*, Vol.23, pp.373–381, 1997.
[84] Matsunaga, T. & Nishino, K.: Proposal of tomographic stereo particle image velocimetry (TSPIV), *Proc. 16th Int. Symp. Flow Visualization*, Okinawa, Japan, June 24–28, 2014.
[85] Wieneke, B.: Volume self-calibration for 3D particle image velocimetry, *Exp. Fluids*, Vol.45, pp.549–556, 2008.
[86] Scarano, F. & Poelma, C.: Three-dimensional vorticity patterns of cylinder wakes, *Exp. Fluids*, Vol.47, pp.69–83, 2009.
[87] de Silva, C.M., Baidya, R. & Marusic, I.: Enhancing Tomo-PIV reconstruction quality by reducing ghost particles, *Meas. Sci. Tech.*, Vol.24, 024010, 2013.
[88] Bisky, A.V., Lozhkin, V.A., Markovich, D.M. & Tokarev, M.P.: A maximum entropy reconstruction technique for tomographic particle image velocimetry, *Meas. Sci. Tech.*, Vol.24, 045301, 2013.
[89] Watamura, T., Tasaka, Y. & Murai, Y.: LCD-projector-based 3D color PTV, *Exp. Therm. Fluid Sci.*, Vol.47, pp.68–80, 2013.
[90] Violato, D., Moore, P. & Scarano, F.: Lagrangian and Eulerian pressure field evaluation of rod-airfoil flow from time-resolved tomographic PIV, *Exp. Fluids*, Vol.50, pp.1057–1070, 2011.
[91] Proebsting, S., Scarano, F., Bernardini, M. & Pirozzoli, S.: On the estimation of wall pressure coherence using time-resolved tomographic PIV, *Exp. Fluids*, Vol.54, pp.1567–1581, 2013.
[92] Kim, J., Moin, P. & Moser, R.: Turbulence statistics in fully developed channel flow at low Reynolds number, *J. Fluid Mech.*, Vol.177, pp.133–166, 1987.

第8章 PIVの応用

前章までにPIVの原理や使用機器，各種アルゴリズムなどについて解説をしてきたが，PIVを実際に流動場に適用しようとすると，その流動場の特性に応じたノウハウが必要となるものである．また，PIVで得られる速度情報と共に，温度や圧力などのスカラー量や，分散相として混入された気泡や粒子の速度・形状を同時に計測しなければならない場合もある．

そこで本章では，各種の流れ場に固有な計測手法・機器や計測上の注意点と，速度に加えてほかの物理量を同時に計測する方法について具体的な事例を交えながら解説する．8.1節では乱流計測におけるいくつかのポイントと具体的な計測例を，8.2節では流速が音速程度に達する高速気流にPIVを適用した事例を，8.3節では燃焼場への適用として噴流火炎の計測例を，8.4節では温度や圧力を速度と共に計測する手法を，8.5節では粒子と流体あるいは気泡と流体を含む混相流にPIVを適用する方法をそれぞれ解説する．

8.1 乱流計測

乱流（turbulence）はPIVの測定対象として一般的かつ重要であり，計測にあたってどのようなパラメータに注意を払うべきかは，多くの研究者や技術者にとっての関心事である．また，これまでどのような乱流計測が行われ，どの程度まで信頼性のある結果が得られているかについても興味のもたれるところだろう．

本節では，まずPIVによる乱流計測のポイントとして空間ダイナミックレンジ，速度ダイナミックレンジ，計測時間と時間分解能，面外速度成分の影響を説明し，つぎにこれまでの乱流計測の具体例およびほかの手法による測定結果との比較を紹介する．一般に乱流計測には，混相流計測，スカラー量（温度，濃度など）との同時計測，極限流や複雑流（高速流，マイクロ流，燃焼流など）の計測，非ニュートン流体計測など，さまざまな条件が含まれるが，ここではもっとも単純なニュートン流体の単相乱流に絞って説明する．それ以外の応用例については8.2節以降で解説する．

8.1.1 乱流計測における測定量

PIVによる測定量は流れ場の瞬時速度（instantaneous velocity）であり，2成分あるいは 3 成分の速度情報である．瞬時速度 $\widetilde{u_i}$ は，つぎのように平均速度成分（mean velocity component）U_i と速度変動成分（fluctuating velocity component）u_i に分解される．

$$\tilde{u}_i = U_i + u_i \tag{8.1}$$

ここで，添字 i は速度成分を表す（$i = 1, 2, 3$）．乱流計測では，翼や車体まわりの非定常な流れ構造のように瞬時速度そのものが計測対象となる場合や，管内流や流体機械内部流のように平均速度や乱れ強さ（turbulence intensity）といった乱流統計量が重視される場合もあり，さまざまである．後者では，得られた瞬時速度に平均化処理を施し，乱流統計量を求める必要がある．たとえば，平均速度は瞬時速度データ群（統計学での標本集団）の算術平均としてつぎのように求められる．

$$U_i = \frac{\displaystyle\sum_{k=1}^{N} \tilde{u}_{i,k}}{N} \tag{8.2}$$

ここで，N は平均化に用いたデータ数である．瞬時速度データ群をどのように集めるかについては，画像相関法 PIV と粒子追跡法 PIV とで扱いが異なる．これについては，8.1.7 項で具体的に説明する．なお，本節では，画像相関法 PIV を単に PIV，粒子追跡法 PIV を PTV とよんで両者を区別することとする．

平均速度成分を瞬時速度から差し引くことによって速度変動成分が定められる．すなわち，次式となる．

$$u_{i,k} = \tilde{u}_{i,k} - U_i \tag{8.3}$$

速度変動成分から乱れ強さやレイノルズ応力（Reynolds stress）などの乱流統計量が求められる．

$$\text{乱れ強さ：} u_{i,\mathrm{RMS}} = \sqrt{\frac{\displaystyle\sum_{k=1}^{N} u_{i,k}^2}{N}} \tag{8.4}$$

$$\text{レイノルズ応力：} \overline{u_i u_j} = \frac{\displaystyle\sum_{k=1}^{N} u_{i,k} u_{j,k}}{N} \tag{8.5}$$

ここで，$(\overline{\ \ })$ は平均量を意味する．レイノルズ応力テンソルのトレースの 1/2（すなわち，式 $(\overline{u_1^2 + u_2^2 + u_3^2})/2$）が乱れエネルギー（turbulence energy）である．

乱流計測では渦度やレイノルズ応力の散逸率（dissipation）といった速度の空間微分量に基づく物理量が対象となることも多い．それぞれ，つぎのように表される．

$$\text{渦度}：\tilde{\omega}_i = \Omega_i + \omega_i = e_{ijk}\left(\frac{\partial U_k}{\partial x_j} - \frac{\partial U_j}{\partial x_k}\right) + e_{ijk}\left(\frac{\partial u_k}{\partial x_j} - \frac{\partial u_j}{\partial x_k}\right) \tag{8.6}$$

$$\text{レイノルズ応力の散逸率}：\varepsilon_{ij} = \nu\left(\overline{u_i \frac{\partial^2 u_j}{\partial x_k \partial x_k}} + \overline{u_j \frac{\partial^2 u_i}{\partial x_k \partial x_k}}\right) \tag{8.7}$$

ここで，e_{ijk} は交代記号である．ε_{ij} のトレースの 1/2 が乱れエネルギーの散逸率となる．

8.1.2 乱流計測における PIV と PTV

PIV と PTV で得られる速度分布の例は図 4.3 に示した．PIV では速度ベクトルが格子点上で得られるので，乱流場の瞬時構造を把握するのに都合がよく，渦度や散逸率などの速度の空間微分量に基づく物理量の評価が容易である．乱流統計量の算出では，格子点ごとにデータの平均をとればよいので処理が単純である．また，PIV では検査領域（interrogation region）に存在する 5〜10 個程度の「粒子像群の平均的な移動」を追跡するので，追跡の誤りに起因する誤ベクトル（error vector）の発生割合が低く，さらに移動量の測定精度が高い（目安として 95% 包括度で ±0.1〜0.2 pixel 程度．4.2.7 項参照）．その反面，乱流の長さスケールに比べて検査領域を十分に小さくしないと空間平滑化の影響が生じ，速度変動を過小評価する恐れがある．この影響は，乱流の長さスケールが小さい条件（たとえば，高レイノルズ数乱流，壁面近傍など）では大きな問題になり得る．

一方，PTV では個々の粒子像から速度ベクトルを求めるため，空間分解能の高い測定が可能である．これは，空間分解能がトレーサ粒子の大きさで決まるからである．この特徴は長さスケールが小さい条件での乱流計測にとって好都合である．しかし，PTV では速度ベクトルが測定領域中にランダムに分布するので，乱流統計量の算出には測定領域を小領域に区分けし，各小領域ごとにそこに存在する瞬時速度ベクトルのアンサンブル平均を求める必要がある．また，空間微分量に基づく物理量を算出するためには特殊なアルゴリズムが必要になる[1]など，一般に後処理は容易ではない．さらに，誤ベクトルの発生割合が PIV に比べて高く，移動量の測定精度も PIV より劣る（目安として 95% 包括度で ±0.2〜0.5 pixel 程度）．

瞬時速度ベクトル数について「独立な速度ベクトル」で比較すると，PIV と PTV は同程度の値を与える．ここで「独立な速度ベクトル」と断ったのは，PIV では検査領域を互いにオーバーラップさせて粒子像データを重複利用することによって，得られる瞬時速度ベクトル数を増やすことが通常行われるからである（たとえば，オーバーラップ率 50% では同一の粒子像データを 4 回重複利用する）．標準的な PIV と PTV について，瞬時速度ベクトル数を具体的に比較するとつぎのようになる．CCD カメラ（1024 × 1024 pixel）を使用した場合，32 × 32 pixel の検査領域を用いる PIV で得られる独立な瞬時速度ベクトル数は 1000 程度であるのに対して，同じ CCD カメラを使用する PTV では 800〜1200 程度である．PIV，PTV 共に瞬時速度ベクトル数を増やすための研究が続けられている（詳細は 4.3，4.4 節に述べたとおり）．なお，PIV を high-image-density PIV，PTV を low-image-density PIV に分類すること[2]からの連想として，前者のほうが得られる瞬時速度ベクトル数が多いと認識されているが，それは必ずしも正確ではない．

PTV の空間分解能として，トレーサ粒子の大きさではなく，得られる速度ベクトル間の平均距離を採用するとの考え方もある．速度ベクトル間の平均距離は $\{A_0/(\pi N_0)\}^{1/2}$ で与えられる．ここで，A_0 は撮影領域の面積，N_0 は瞬時速度ベクトル数である（4.1.2 項参照）．上述したように，PTV と PIV は同程度の瞬時速度ベクトル数を与えるので，撮影領域の面積が等しければ速度ベクトル間の平均距離も同程度となる．しかし，PTV では速度ベクトルの位置がランダムに分布するため，乱流構造を把握するための解析（たとえば空間スペクトル解析）が単純でないことは上述したとおりである．

8.1.3 空間ダイナミックレンジ

乱流を特徴づける速度変動は，空間的・時間的に幅広いスペクトルを有する．すなわち，空間的には，大スケール（＝乱流エネルギー保有渦のスケール）から小スケール（＝乱流エネルギー散逸渦のスケール）までの速度変動が存在する．同様に，時間的にも，長周期スケール（あるいは低周波成分）から短周期スケール（あるいは高周波成分）までの速度変動が存在する．PIV や PTV で取得した速度場の空間情報を正しく解釈するためには，測定対象の空間スペクトルの広がりと PIV や PTV の空間ダイナミックレンジ（dynamic spatial range）との関係を把握することが重要である．

一般に，乱流中の大スケールと小スケールの比 γ_{L} は $Re_{\mathrm{L}}^{3/4}$ に比例する．ここで，Re_{L} は速度変動強さと速度変動の大スケールとで定義される乱流レイノルズ数である．比例定数の値は乱流場によって異なるが，平行平板間を流れるチャネル乱流では γ_{L} をつぎのように評価できる．まず，平行平板間距離を H，断面平均流速を U_{m} とすると，壁面摩擦速度（friction velocity）U_{t} はつぎの実験整理式[3]より評価される．

$$U_{\mathrm{t}} = U_{\mathrm{m}}\sqrt{\frac{C_{\mathrm{f}}}{2}} = 0.19 U_{\mathrm{m}} Re_{\mathrm{m}}^{-1/8} \tag{8.8}$$

ここで，C_f は摩擦係数，$Re_\mathrm{m} = U_\mathrm{m}H/\nu$ である（ただし，ν は動粘性係数）．速度変動の大スケールは H のオーダーであり，小スケールはコルモゴロフの長さスケールのオーダーである．チャネル乱流ではコルモゴロフの長さスケールは粘性長さスケール ν/U_t と同オーダーであることを利用すると，γ_L は次式で与えられる．

$$\gamma_\mathrm{L} = \frac{H}{\nu/U_\mathrm{t}} = \frac{U_\mathrm{t}H}{\nu} = 0.19Re_\mathrm{m}^{7/8} \tag{8.9}$$

式(8.9)に現れる $U_\mathrm{t}H/\nu$ は，チャネル乱流の直接数値計算（direct numerical simulation：DNS）のレイノルズ数を示す値としてよく使われ，これまで報告されている値は 100～約 2500 である．工学的には $Re_\mathrm{m} = 10^5$ オーダーの乱流も珍しくないが，そのときの γ_L は 5000 のオーダーとなる．

PIV や PTV の空間ダイナミックレンジは「撮影領域の最大寸法/空間分解能」で与えられる．空間分解能は，PIV では検査領域サイズ（= 16～32 pixel），PTV では粒子像サイズ（= 2～4 pixel）である．撮影領域の最大寸法は使用する撮像メディアによって決まり，NTSC 規格の CCD カメラで 500～700 pixel，高解像度ディジタル CCD カメラで 1000～2000 pixel，大判写真フィルムで 80000～160000 pixel である[4]．これらの値から評価した PIV と PTV の空間ダイナミックレンジを表 8.1 に示す．当然の結果であるが，空間分解能に劣る PIV の空間ダイナミックレンジは，PTV より一桁程度低い．しかし，PTV では速度ベクトルがランダムに分布するため，ポスト処理が容易でないことは前述したとおりである．

表 8.1 PIV と PTV の空間ダイナミックレンジ

	PIV（画像相関法） 検査領域サイズ： 16～32 pixel	PTV（粒子追跡法） 粒子像サイズ： 2～4 pixel
NTSC 規格の CCD カメラ（500～700 pixel）	16～ 44	125～ 350
高解像度ディジタル CCD カメラ（1000～2000 pixel）	31～ 125	250～ 1000
大判写真フィルム（80000～160000 pixel）	2500～10000	20000～80000

PIV について空間平滑化の影響を抑えるためには，検査領域サイズを乱流の小スケール以下に設定することが必要になる．実際には，画像上での検査領域サイズは 16～32 pixel 程度なので，このサイズが乱流中で十分に小さくなるよう撮影倍率を高くすることになる．しかし，撮影倍率を高くすると，上述した空間ダイナミックレンジの制約のため，乱流の大スケールを捉えるような大きな撮影領域を設定することが難しくなることに注意しなければならない．それとは対照的に，PTV の空間分解能は粒子サイズ程度であるため，空間平滑化に相当するような影響を受けることが少な

い．もちろん，乱流の小スケールよりも大きなトレーサ粒子を使用する場合は影響を受けるが，その場合はトレーサ粒子の追随性のほうが問題になる．

8.1.4 速度ダイナミックレンジ

速度ダイナミックレンジ（dynamic velocity range）は乱流計測で考慮すべきポイントの一つである．このダイナミックレンジは測定できる最大速度と最小速度の比として定義され，平均速度を含む瞬時速度で定義されることに注意が必要である．したがって，せん断乱流のような平均速度が空間的に大きく変化する乱流では測定すべき速度比が拡大するため，PIV や PTV の速度ダイナミックレンジへの要求が強くなる．

乱流のスケール解析によれば[5]，乱流エネルギー保有渦の速度変動スケールと乱流エネルギー散逸渦のそれとの比は $Re_{\mathrm{L}}^{1/4}$ に比例する．この依存性は前項で述べた長さスケールの依存性（$\sim Re_{\mathrm{L}}^{3/4}$）に比べてずっと緩やかで，速度変動比がレイノルズ数によってあまり変化しないことを意味する．一方，瞬時速度で定義される速度比を評価するためには，上述のように平均速度の空間変化を考慮する必要があり，乱流場ごとに個別に評価せざるを得ない．ここでは，前節と同様に，平行平板間を流れるチャネル乱流を対象として具体例を示す．

チャネル乱流において測定すべき最大速度はチャネル中心流速 U_{c} である．一方，測定すべき最小速度はいくつかの選択があり得るが，ここでは摩擦速度 U_{t} の 1/10 をとることにする．チャネル乱流のような壁面乱流では，すべての速度成分が壁面上でゼロとなるため，それを用いて速度比を定義すると無限大となってしまう．しかし実際には，$0.1U_{\mathrm{t}}$ まで測定できれば，少なくとも速度変動の統計量の測定としては十分であることが多い．チャネル中心流速と断面平均流速 U_{m} との間にはつぎの実験整理式が報告されている[3]．

$$\frac{U_{\mathrm{c}}}{U_{\mathrm{m}}} = 1.28 Re_{\mathrm{m}}^{-0.0136} \tag{8.10}$$

式(8.10)と式(8.8)とを組み合わせると，速度比 γ_ν が次式となる．

$$\gamma_\nu = \frac{U_{\mathrm{c}}}{0.1U_{\mathrm{t}}} = 67.4 Re_{\mathrm{m}}^{0.1134} \tag{8.11}$$

式(8.11)から，Re_{m} が 5000，20000，100000 のとき，γ_ν はそれぞれ 177，207，249 となり，レイノルズ数への依存性が弱いことがわかる．

つぎに，PIV と PTV の速度ダイナミックレンジを評価する．両者共に，粒子像の移動距離から速度を測定するので，移動距離の測定のダイナミックレンジを評価すればよい．PIV では移動距離の測定分解能は 0.1〜0.2 pixel であり，追跡可能な最大移動距離は10〜20 pixel程度なので，ダイナミックレンジのオーダーは100となる．一方，PTVでは測定分解能はおおむね0.2〜0.5 pixelであり，追跡可能な最大移動距離は20〜50 pixel程度なので，ダイナミックレンジのオーダーは同じく100となる．これらのPIVやPTVの速度ダイナミックレンジを上述のチャネル乱流のγ_νと比較すると，決して十分に高いとはいえないが，同程度であることがわかる．

速度ダイナミックレンジの改善には，4.3，4.4節で述べたような測定分解能の向上が効果的である．たとえば，粒子マスク相関法を用いればPTVの測定分解能を0.2 pixel以上に高めることが可能である．最大移動距離を50 pixelにとることができれば速度ダイナミックレンジは250となり，$Re_\mathrm{m} = 100000$のチャネル乱流の速度比をカバーできるようになる．一方，PIVについては追跡可能な最大移動距離を大きくすることも効果的である．

上述のPIVの評価例は，検査領域と探査領域を独立に設定する相互相関法についての値である．自己相関法や一部のFFT相互相関法のように検査領域と探査領域を同位置に設定するPIVでは，粒子像の最大移動距離を検査領域サイズの0.2〜0.3倍以下に抑える必要性が報告されており[6]，最大移動距離の増加による速度ダイナミックレンジの改善は難しい．

一般的に，乱流エネルギー散逸渦のように速度変動が小さい乱流構造を測定対象とするときには，PIVやPTVの速度ダイナミックレンジの制約が表面化する恐れがある．測定可能な最大速度と最小速度の比は撮影倍率には依存しないので，小スケールの乱流構造を拡大撮影したからといって速度ダイナミックレンジが改善されるわけではないことにも注意すべきである．

8.1.5 計測時間と時間分解能

乱流統計量を求めるためには，計測時間が測定対象の時間変動より十分に長く，かつサンプリング数が十分に多いことが必要である．前述したように，乱流速度変動は幅広い時間スペクトルを有するため，長周期スケールを基準にしてサンプリング時間を定めることが普通である．たとえば，チャネル乱流では，チャネル中心速度と平行平板間距離とで定義される対流時間（すなわちH/U_c）の100〜1000倍のサンプリング時間が目安になる．サンプリング数については1000〜100000が目安である．

7.3.6項に述べたように，一般的な低速度のPIVやPTVの時間分解能（画像取得周波数）はほかの乱流計測手法に比べて低く，現状では10〜60 Hz程度である．したがって，PIV画像を連続的に取得しても，時間スケールの短い乱流については現象を「とびとび」にサンプリングしていることになる．一方，時間スケールの長い乱流に対しては，時間スペクトル解析が可能となるよう十分に長い時間にわたって粒子画像が取得され，ナイキストのサンプリング定理より PIV 画像取得周波数の 1/2 の周波数まで現象を解析できる．その際に，エリアシング（aliasing）に注意しなければならない．これは，測定対象にサンプリング周波数の 1/2 より高い周波数成分が含まれると，取得されたデータに偽の低周波成分が発生する現象である．エリアシングを抑えるためには，時系列データをアナログ信号の段階で低域通過フィルタ（ローパスフィルタ）に通す必要があるが，画像取得ではそのようなローパスフィルタリングが困難である．

8.1.6 面外速度成分の影響

乱流には速度変動 3 成分が必ず存在するため，光シートを突き抜ける方向の面外速度成分（out-of-plane velocity component）の影響が生じる．この影響は「粒子像の消失」と「透視投影に起因する測定誤差」をもたらす．粒子像の消失は，瞬時速度ベクトル数の減少と誤追跡の増加の原因となるため，PIV では消失割合を検査領域内の粒子像数の 1/4 以下に抑えることが推奨されている（クォーター・ルール．4.2.7 項(7) 参照)[7]．そのためには，面外速度成分の大きさを見積もり，光シートの厚さとパルス照明時間間隔とを適切に設定する必要がある．一方，透視投影に起因する測定誤差は 7.2.4 項に説明したとおりで，それを抑えるためには速度 3 成分の同時測定を行うか，あるいは透視投影効果の生じないテレセントリックレンズを用いることが必要になる．

8.1.7 PIV と PTV による乱流計測の例

乱流計測はこれまで非常に多く報告されているが（たとえば第 9 章参照)，本項では PIV や PTV による測定結果をほかの計測手法あるいは直接数値計算の結果と比較している初期のものに言及する．

PIV を用いた乱流計測結果としては，水の円形衝突噴流の測定[8]，水の十分発達したチャネル乱流の測定[9]，水の円管内温度成層流の測定[10]，強拡大撮影のフィルムベース PIV による空気の十分発達した円管乱流の測定[11]，空気の十分発達した円管乱流の測定[12]，空気の後ろ向きステップ乱流の測定[13]，気液界面を有する水の自励振動噴流の測定[14]，ダクト気流への直交噴流の測定[15]などがある．一方，PTV による乱流計測としては，十分に発達した水チャネル乱流の 3 次元測定[16]，水の発達した円形噴流の測定[17]，曲がりを有する正方形管内の空気乱流の 3 次元測定[18]，空気の後ろ向きステップ乱流の測定[19]，水の後ろ向きステップ乱流の測定[20]などがある．

同じ測定点での PIV と LDV の時系列速度データを直接比較した報告[10]によると，比較的時間スケールが大きく，大振幅の速度変動成分については両者の一致は良好であるが，時間スケールの小さな成分については両者に有意な差があることが示されている．これには，PIV の検査領域での平滑化の影響，PIV の速度ダイナミックレンジの制約，LDV 自体の測定誤差など，複数の要因が寄与していると考えられる．

ここでは，乱流統計量の測定として，空気の後ろ向きステップ乱流の PIV 測定[13]と PTV 測定[19]を紹介する．PIV 測定例には，ステップ高さ $h = 20\,\mathrm{mm}$，ステッププレイノルズ数 Re_h（$= U_0h/\nu$．ここで，U_0 はステップ上流の主流速度）$= 5000$ の乱流を，640×480 pixel の CCD カメラで撮影したものを示す．撮影領域サイズは $75 \times 57\,\mathrm{mm}^2$，画素分解能は 0.12 mm，主流速度に対する粒子像の移動距離は約 10 pixel に設定されている．トレーサ粒子は直径 1 μm 程度のシリコン油滴，照明は Nd:YAG レーザからの厚さ 0.8 mm の光シートである．PIV の空間分解能を高めるため，64×32 pixel，32×16 pixel，16×8 pixel の順に検査領域サイズを縮小させる再帰的相関法（recursive cross-correlation method）が用いられている．計 208 frame の PIV 画像から乱流統計量を算出し，直接数値計算結果[21]と比較している．

図 8.1 は，ステップ位置から $0.5h$，$1.0h$，$2.5h$，$5.0h$，$7.5h$ の断面での図(a)流れ

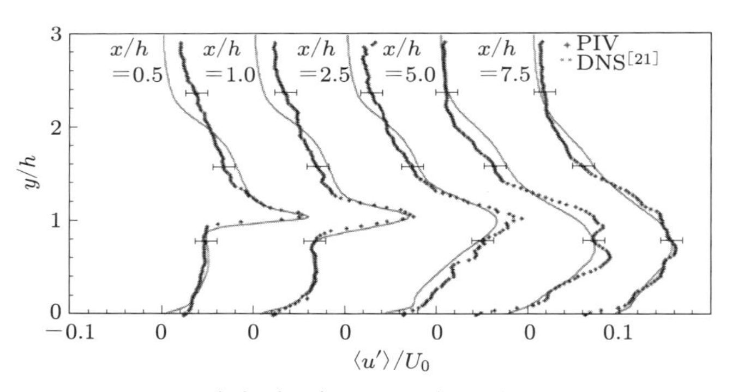

（a）流れ方向の乱れ強さ分布

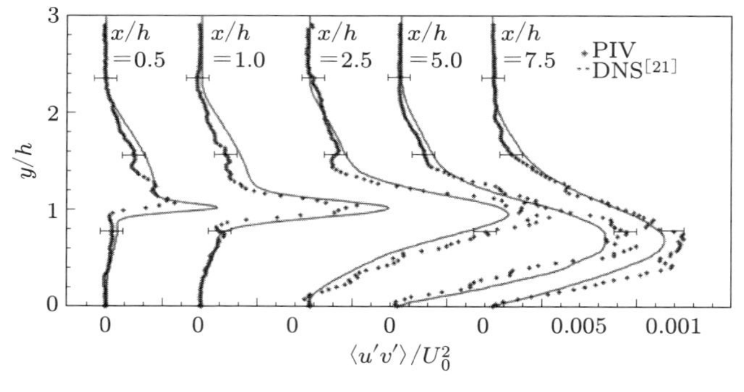

（b）レイノルズ応力分布

図 8.1　後ろ向きステップ乱流の PIV 測定結果と DNS との比較[13]

方向乱れ強さと図(b)レイノルズ応力の分布を比較したものである．せん断層の存在する $y = 1.0h$ では乱れ強さとレイノルズ応力が共に大きな値を示すことが PIV 測定でよく捉えられており，直接数値計算結果との一致も妥当である．

一方，PTV 測定例には，ステップ高さ $h = 20\,\mathrm{mm}$，ステップレイノルズ数 17800 の乱流を，786 × 493 pixel の CCD カメラで撮影したものを示す．画素分解能は 0.126 mm，最大速度に対する粒子像の移動距離は約 25 pixel に設定されている．トレーサ粒子は直径 50μm 程度，密度 36 kg/m^3 の中空プラスチック粒子，照明はストロボ装置からの厚さ約 7 mm の光シートである．乱流統計量を計算するために 11000 フレームの PTV 画像を処理し，流れ方向 4 mm × 壁垂直方向 1 mm の大きさの平均化セルごとに統計量を算出している．各セルあたりの瞬時速度ベクトル数は 50～300 である．図 8.2 はステップ位置から $2h$，$6.5h$ の断面での流れ方向乱れ強さ，壁垂直

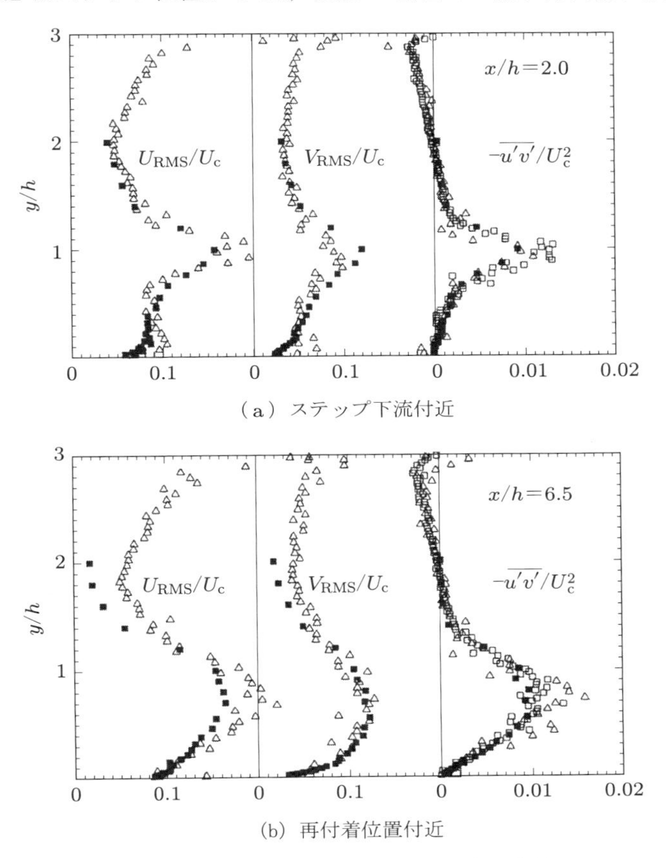

図 8.2 後ろ向きステップ乱流の PTV 測定結果と LDV との比較
(■：LDV の結果[22]，□：3 次元 PTV の結果[20]，△：PTV の結果[19])[19]

方向乱れ強さ，レイノルズ応力の分布を，LDV による空気流の測定結果[22]と 3 次元 PTV[20]による水流の測定結果と比較したものである．図 8.1 と同様に，せん断層での強い速度変動の存在が妥当に測定されていることがわかる．

8.2 高速気流の PIV

本節では，流体速度が音速程度に達した高速気流に PIV を適用する場合の注意点や工夫すべき点について説明する．PIV を高速な流れに適用する場合，流れの速度が高速であったとしても，トレーサ粒子が流れと同じ速度で移動するかぎり，測定系の時間スケールと空間スケールを流れ場のスケールにマッチングさせれば，基本的なセッティングは通常の流れ場の計測と何ら変わりはない．それ以外に，高速気流において問題となってくるのは，流れ場が高い周波数で変動する場合や，有限振幅波のように急激な速度変化の影響を受ける場合，あるいは衝撃波の存在あるいは伝播によって，不連続的な速度変動を受ける場合などであり，この場合には特別な配慮が必要となる．PIV を高速気流に応用する場合に問題点としては，つぎのようなことがある．

① 粒子画像の凍結

② シーディング粒子の導入方法

③ シーディング粒子の流れへの応答性または追随性

本節では，トレーサ粒子の追随性や急激な加速時の速度緩和について説明し，その後に実際の適用例について解説する．

8.2.1 粒子画像の凍結

はじめに①の問題について述べる．観察領域の大きさの検討については，3.2.6 項で計測範囲，精度とシステムの選択に関する説明をしたのでそちらを参照されたい．ここではまず，撮影時における粒子の凍結像取得の問題について考える．気流の速度を一般的な空気の音速と同じ程度と仮定して 300 m/s とする．レーザのパルスの持続時間を YAG レーザの標準的な値として 5 ns と仮定すると，レーザ光による照射の間に，粒子は 1.5 μm 移動する．よって粒子を十分に捕捉するためには，なるべくこの距離よりも大きな粒子を用いたほうがよいが，実際には，後で述べる粒子の追随性をより重視するために，高速気流の計測では，数マイクロメートル以下の粒子が用いられる場合が多い．その場合でも，粒子像の回折限界から生じるエアリディスクの大きさは，通常の光学系を用いた場合には，10～50 μm である場合が多いので，1.5 μm 程度の移動距離はとくに問題とはならない程度である．現在の PIV 計測ではほとんどの場合，フレームストラドリングカメラが使用されるが，第 3 章で説明したように，フレームストラドリングカメラは二つの画像取得の時間間隔 Δt をインターフレームタイム（隣接する二つのフレームの非露光時間）より短くできない．仮にインターフレームタイムが $1\,\mu$s のカメラを用いて $\Delta t = 1\,\mu$s と設定した場合，速度 300 m/s の流れを計測すると，トレーサ粒子は $300\,\mu$m 移動する．これを CCD カメラの 5 pixel に相当するように観察領域を設定した場合，$L = 60$ mm となる（ただし，カメラの 1 列の画素数 $k = 1000$ pixel とする）．計測範囲の制限は主としてこの画像取得の時間間隔から生じる．

流れが高速になった場合には，流れは乱流となることがほとんどであるので，乱れのスケールに関しても検討しておく必要がある．乱流の計測に関しては，8.1 節において説明したので，ここでは，簡単に代表的な例を示すに留める．代表速度を $U = 300$ m/s，代表長さを $L = 200$ mm とし，空気密度を $\rho = 1.2\,\mathrm{kg/m^3}$，$\mu = 1.8 \times 10^{-5}$ kg/ms とすれば，$Re = 4 \times 10^6$ 程度となる．コルモゴロフスケールは $\delta_{\min}/L = 3.16Re^{-3/4}$ より $7\,\mu$m 程度となる．よって，微細な渦構造を捉えようとする場合には，少なくともこの程度以下の直径のトレーサ粒子を用いなければならない．

つぎに，計測対象の流れに対する計測機器の選定について考えよう．前述の流れ場に PIV を適用する場合，観察領域の大きさに対して 1 pixel に相当する大きさが $L/k = 200\,\mu$m（ただし，$k = 1000$）となるので，高レイノルズ数の流れではいかに空間分解能が高くなければならないかがわかる．十分な空間分解能を単純に計算すれば，約 $k = 30000$ pixel 程度の空間分解能が必要であることになる．

また，②のシーディング粒子についてまとめておく．よく使われているサブミクロンの粒子は，ポリスチレン粒子[23]やアルミナ粒子[24]，オリーブオイルのミスト[25]などで，これらはラスキンノズル，ネブライザなどを用いて微粒化することで生成し，観測部から十分上流側（数メートルから数十メートル）で流れに混合し，微粒化の際に用いた水などの液滴が観測部を汚染せず蒸発するように配慮する．また，ドライアイスを用いた散布法も観測領域を汚染することがなく有効である．いずれの場合でも粒子の直径は 0.5〜$1\,\mu$m 程度である．

8.2.2 粒子の流れへの追随性

さて，つぎに粒子の追随性に関して説明する．第 2 章で述べたトレーサの選択とシーディングの方法の問題である．トレーサが気流から受ける抗力は，抗力係数として次式で得られる[26, 27]．

$$C_{\mathrm{D}} = \frac{24}{Re_{\mathrm{p}}} \frac{1}{(1 + 0.15Re_{\mathrm{p}}^{0.687})^{-1} + 4.5Kn} \tag{8.12}$$

ここで，Re_{P} は粒子直径を代表長さとし，粒子と流体の相対速度を代表速度とするレイノルズ数で，Kn はクヌーセン数である．トレーサの流れに対する追随性に関しては，連続的な速度変化に対する応答，すなわち周波数応答と衝撃波のような不連続的な速度変化に対する追随性の二つについて調べておく必要がある．連続的な変動に対する追随性に関する詳細は第 2 章を参照されたい．本節では，衝撃波のような不連続的な速度の変動に関して，トレーサがどの程度追随するかについて説明する．気液二相流体に対する流体の連続の式や，抗力（式(8.12)）を考慮したナビエ－ストークスの式およびエネルギー式に基づいて衝撃波を数値的に再現し，この衝撃波背後の流れにおけるトレーサの運動を数値シミュレーション[27]によって求めた結果が図 8.3 である．粒子直径は 0.7 μm で粒子の比重は 1 の場合である．粒子が衝撃波による変化を受ける前は，粒子は気流と同じ速度であるが，$x = 0$ の位置で衝撃波を通過した直後には，図に示されている速度差が生じる．また，図 8.4 には，周囲の速度差によって生じる粒子の加速度の時間変化を示す[28]．トレーサ粒子は流体によって加速され，気流の速度に徐々に近づいていく，いわゆる，速度緩和が発生する．衝撃波マッハ数 Ms を変化させた実験によれば，速度緩和距離は，はじめの速度差によって大きく変化せず，3〜4 mm 程度であり，この間に気流の速度まで加速される．このように流れの中に衝撃波のような急激な速度変化を含む流れでは，速度の緩和現象に十分配慮して考察する必要がある．Samimy & Lele[29] は，これらの速度緩和の特性時間と流れのもつ特性時間との比で表されるストークス数が 0.5 より小さい場合には，粒子は十分によい精度で流れに追随するという結果を報告している．

$$St = \frac{\tau_{\mathrm{p}}}{\tau_{\mathrm{f}}} = \frac{\tau_{\mathrm{p}}}{L/U} \tag{8.13}$$

ここで，τ_{p} は速度緩和時間，L，U はそれぞれ流れに置かれた物体あるいは境界層厚さなど流れの変動に関連する代表長さと，主流の流速などの代表速度である．これ

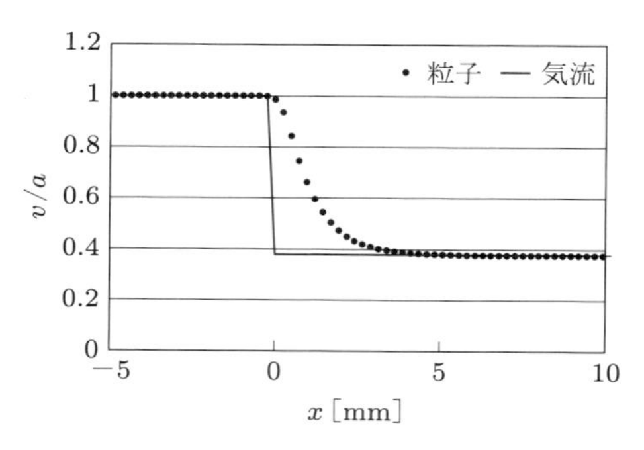

図 8.3 トレーサ粒子の速度緩和距離（マッハ数 2.0，粒子径 0.7 μm）

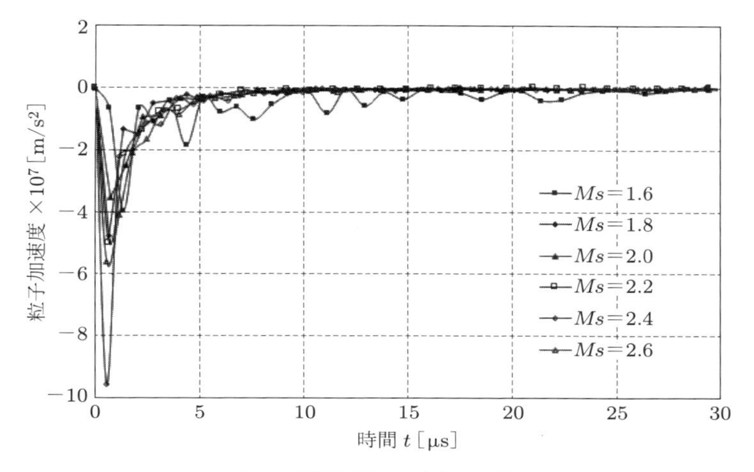

（a）光学計測による実験結果

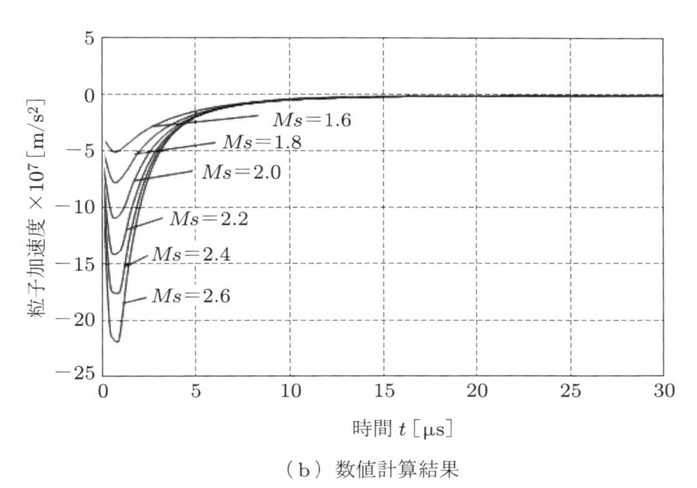

（b）数値計算結果

図 8.4 トレーサ粒子の加速度変化（粒子径 0.7 μm）[28]

らに触れている例としては，超音速流れ場中の斜め衝撃波と壁面との干渉に関して PIV を用いた多くの実験がなされている[30~33]．たとえば，Piponniau ら[33]が行ったマッハ数 2.3 の超音速流れにおける実験では，0.5 μm の煙粒子を使用し，PIV によって得られた速度緩和距離から推定される粒子の速度緩和の時定数は $\tau_{\mathrm{p}} = 4.55\,\mu\mathrm{s}$ であった．この条件で，流れ場への応答は 200 kHz である．一方，彼らの実験条件では，$St = 0.23$ となり，斜め衝撃波背後に形成されるはく離流れ場における大規模渦に対するシーディング粒子の応答性は十分であることが示された．

8.2.3 高速流計測の動向（粒子の導入方法）

物体まわりなどの外部流について，高速風洞を用いた気流の PIV 計測が，1980 年代よりドイツ航空宇宙センター（DLR）において精力的に行われている．当時から，第 2 高調波発振のダブルパルス Nd:YAG レーザが用いられ，写真フィルム上に記録される 2 重露光画像を用いた自己相関法 PIV システムにより，流速 200 m/s 程度の気流計測が行われていた．その後も，自己相関法 PIV システムを用いて，翼まわりの流れ計測[34]や，遷音速域でのタービン翼後端近傍の流れ計測[35]などが行われてきた．その後，CCD カメラを用いた相互相関法 PIV が確立され，ヘリコプターのロータモデルの流れ計測[36]に適用された．3 次元性の強い流れへの適用例としては，軸流ファン下流流れ計測がある[37]．最近，ステレオ PIV を用いた気流速度三成分計測による流れ場解析法が確立し，航空機モデルまわりの流れの速度三成分計測例[38]や，スクリーチ現象を伴う超音速噴流の 3 次元構造解析に適用した例がある[39]．ダブルパルスレーザ照明法によるターボ機械内計測では，自己相関法 PIV の適用例として，Ar-ion レーザデュアルビームスイープ法による多翼ファン翼間流れ計測の例[40, 41]，ダブルパルスルビーレーザを用いた軸流圧縮機翼間流速分布計測例[42]がある．相互相関法 PIV の特記すべき例としては，遷音速軸流圧縮機の動翼間の衝撃波を伴う速度分布計測例[43]がある．計測結果では，翼間喉部近傍に流れ角の不連続が明確に認められ，衝撃波の存在を示しており興味深い．福田ら[44]は，水のスプレーを用いてマッハ数 4 の超音速流中の擬似衝撃波の挙動解析を行っており，シャドウグラフ法によって得られた観察結果と対比して，良好な結果が得られたことを報告している．また，Zare-Behtash ら[45]は，各種断面形状の衝撃波管から放出される渦の崩壊過程を，渦の進行方向垂直断面の速度分布を PIV で捉えることで，その進展と断面形状との関連について考察を行った．

一方，流れの可視化においてよく知られているシュリーレン法やシャドウグラフ法を用いて，流れの可視化画像から流速を求めようとする手法が試みられている[46]．高速気流では，粒子のシーディングが困難なため，ともすれば粒子の懸濁によって流れ場に影響を与える．これを避ける意味で気体の屈折率の細かな分布をシュリーレン法によって擬似的な粒子像として活用して速度を計測しようとする試みが行われてきた[47, 48]．最近の例では，Jonassen ら[49]が，ヘリウムの噴流によって生じる乱流の渦の移動から，速度分布を計測している．また，同じ論文において，マッハ数 3 の壁乱流の計測が行われている．本手法を用いた利点は，通常の PIV では，シーディング粒子の壁近傍への侵入が困難であるのに対して，シュリーレン PIV ではその心配がなく，壁近傍の速度分布が良好に計測されているところにある．

(1) 高速気流の計測例 1

高速気流の計測例として二つ紹介する．一つは NASA の Glenn 研究センターで Wernet によってなされた研究結果[24]である．計測対象は遠心圧縮機の内部流れであり，その装置の概要を図 8.5 に示す．遠心圧縮機は 4 : 1 の圧縮比をもつもので，21750 rpm で回転し，圧縮機インペラ先端の周速度は 490 m/s である．メインブレードは入口内径 210 mm，ブレード高さ 64 mm，出口外径 431 mm，ブレード高さ 17 mm，15 枚で構成され，間にスプリッタブレードが，先端から 30% の位置から配置されている．インペラの外側に配置されているディフューザは，出口での直径が 726 mm で，インペラとディフューザの隙間は 0.4 mm である．図に示しているように，この実験では，ディフューザの入口部の観測を行っている．CCD カメラは上部からミラーを介して観測部の撮影を行うように設置してあり，また，レーザ光シートは上部のディフューザ出口からレーザ光シートプローブ（図 8.6）によって供給される．トレーサ粒子は，直径 0.7 ± 0.2 μm，比重 3.96 のアルミナ粒子で，シーディン

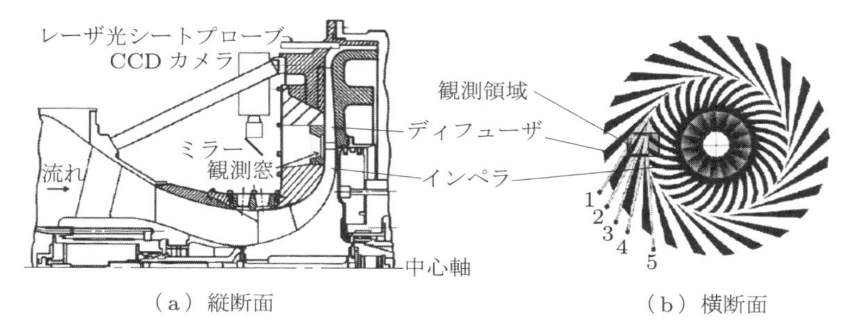

図 8.5　遠心圧縮機および計測装置の配置[24]

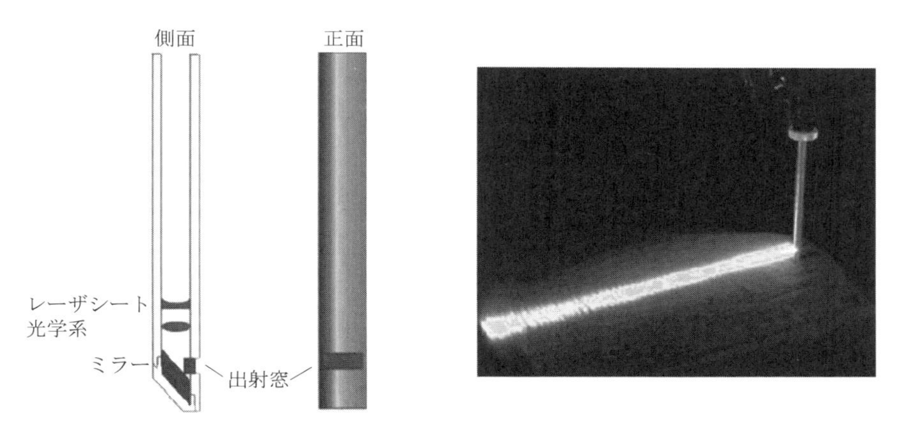

図 8.6　レーザ光シートプローブ[24]

グ後の粒子どうしの結合や観測窓，管路などの汚染を防ぐため，アルミナ粒子をエタノールに混合し，pH の調整をした後に，インペラから 10 m 上流のプレナムチャンバにスプレイノズルでシーディングしている．直径 0.7 μm の粒子は 3 kHz の速度変動まで追随する．シーディングの量は，25 g/L，観測部での質量比で 0.4% 程度である．CCD カメラは 1024 × 1024 pixel で 30 Hz での撮影が可能なものである．データ取得は YAG レーザの発振周波数によって制限されて 10 Hz である．YAG レーザの出力は 200 mJ/pulse でパルス幅は 5 ns である．カメラのレンズは $f/5.6$ を用いており，65 × 65 mm^2 の領域を撮影倍率 0.16 倍で撮影している．この場合，観察領域を 65 μm/pixel で撮影することに相当する．CCD の 1 ピクセルの大きさは 9 μm である．撮影倍率は 0.16 倍であり，エアリディスク径は 9 μm 程度となる．検査領域のサイズは 32 × 32 pixel で，50% のオーバラップで全領域の速度ベクトルを回復している．得られた速度ベクトルを図 8.7 に示す．時間は任意の時刻を基準にとってあり，図の M がメインブレード，MCF はメインブレードを通過した流れ，SCF はスプリッタブレードを通過した流れである．

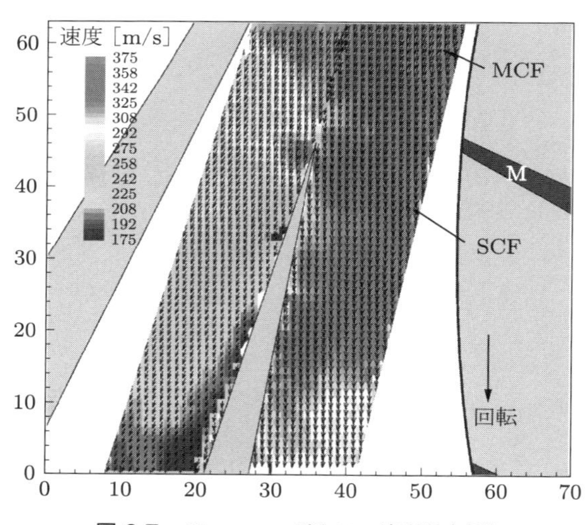

図 8.7　ディフューザ入口の速度分布[24]

(2) 高速気流の計測例 2

遷音速キャビティ流れの共鳴音発生現象に関するキャビティ内流れの速度計測を行った結果[50]について紹介しよう（図 8.8）．試験気体は，空気および二酸化炭素において行われている．ここに示した結果は，キャビティの流れ方向の長さ L とキャビティ深さ D の比，$L/D = 2$ の形状におけるそれぞれ異なる時刻の PIV の速度結果である．流れのマッハ数は $M = 0.5$〜0.8 の範囲で変化させている．シーディング

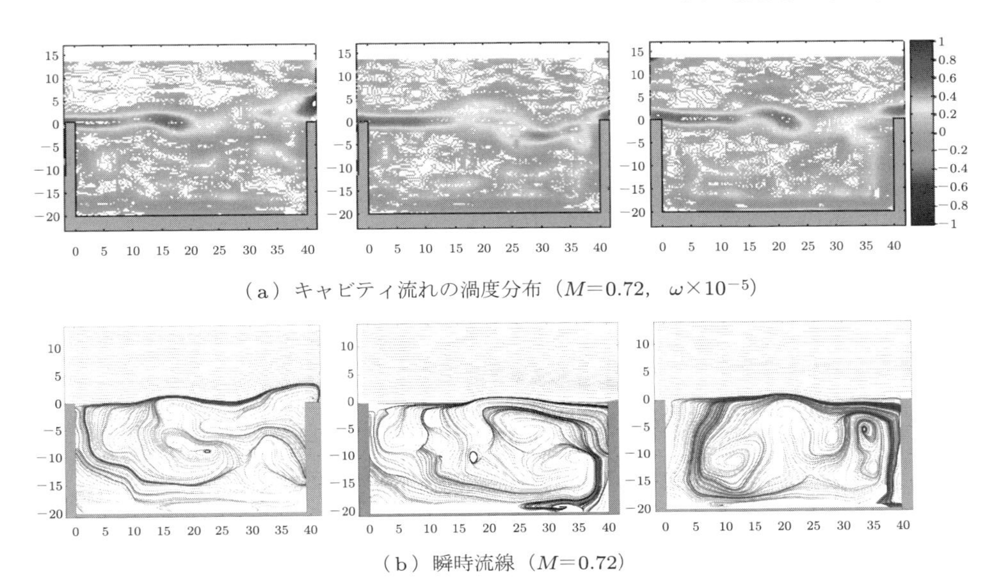

（a）キャビティ流れの渦度分布（M=0.72，$\omega\times10^{-5}$）

（b）瞬時流線（M=0.72）

図 8.8　遷音速キャビティ内で発生する共鳴現象の PIV 計測例[50]

粒子は，ドライアイスを温湯に浸すことによって発生する氷粒子である．このような方法によって発生した粒子径はおよそ 0.5 μm である．ドライアイスによって発生したシーディング粒子を用いる場合には，シーディング粒子の温度が流路壁面の温度よりも低いために，粒子が試験流路へ付着・汚染する心配がなく，PIV 計測を良好に行うことが可能である．図に示した条件では，流れ場では，Heller の式[50]におけるモード，$m = 2$ の共鳴が発生しており，周波数では $f = 4.5\,\mathrm{kHz}$ 付近に最大共鳴周波数が存在する．図(a)は，渦度分布であり，これに対応した瞬時流線が図(b)である．共鳴周波数と関連した渦の放出が観測されており，キャビティ内共鳴現象自励振動系のソース源の推定に重要な結果を与えている．

8.3　燃焼場の計測

自動車用内燃機関エンジンやガスタービン燃焼器などの各種燃焼器で用いられる燃焼方法は，予混合燃焼と非予混合燃焼に大別される．予混合燃焼とはあらかじめ混合された酸化剤と燃料の混合気を燃焼室内に導き，何らかの方法で着火・燃焼させる方法であり，非予混合燃焼は燃焼室内に酸化剤と燃料を独立に導き，流体運動などにより混合させながら着火・燃焼させる方法である．多くの実用燃焼器では，これらの燃焼過程を乱流中で生じさせることで非常に高いエネルギー密度での熱エネルギーの獲得を可能としている．乱流中で燃焼させることを乱流燃焼とよぶが，乱流燃焼を予測・制御することが高効率燃焼器の開発には非常に重要である．乱流燃焼現象は本質的に非定常であるため，それらの流動特性を計測するには 2 次元断面内あるいは 3 次元空間内の流体速度を計測できる PIV が有効である．

ここでは，乱流予混合燃焼を対象とした実施例などを示しながら，PIV を燃焼場に適用する際に必要となる事項および今後の展望について述べる．

8.3.1　燃焼場の PIV 計測に必要な準備

(1) トレーサの選定

PIV 計測では，粒子画像から流体速度を算出するためにトレーサ粒子を対象となる流れ場に混入する必要がある．一般に，液相流では固体粒子や気泡を，非燃焼の気相流では液滴や固体粒子を用いることが可能である．トレーサ粒子を選定する際には，計測対象の流れに対する追随性を考慮しなければならないが，燃焼流へ PIV を適用する際には特別な配慮が必要となる．燃焼流では火炎面前後で急激に温度が上昇するため，液滴を用いることは必ずしも適切ではない．燃焼条件にも依存するが，火炎温度は通常 2000 K 前後となるため，火炎面を通過した液滴は蒸発してしまう．ただし，液滴をトレーサ粒子とした研究例も存在し，火炎面前後で液滴濃度が急激に低下する特性を利用して，火炎面を特定する手法が採用されることもある．高温状態でも安定な固体粒子をトレーサに用いることで，トレーサ粒子の消失による問題は回避できる．しかし，火炎背後では発熱反応による急激な温度上昇に伴って流体塊の膨張・加速が生じるため，固体粒子を用いたとしても粒子濃度は低下する．このため，既燃ガスの流体速度を高精度に計測するには，トレーサ粒子の添加濃度や混入方法に注意を払わなければならない．さらに，上述のように火炎面前後で流体塊の膨張・加速があるため，火炎面を含む検査領域で算出される速度の解釈には注意が必要である．燃焼場の PIV では，SiO_2，TiO_2，Al_2O_3 などの固体粒子をトレーサとして利用する場合が多い．

乱流燃焼場のレーザ計測では，火炎構造を計測するために PIV 計測と平面レーザ誘起蛍光法（PLIF）の同時計測が頻繁に行われている[51, 52]．燃焼場を対象とした PLIF では，燃焼反応の過程で生成される OH ラジカル，CH ラジカル，ホルムアルデヒド（CH_2O）などの中間生成物や，あらかじめ燃料に混合したアセトンなどを対象として PLIF が行われる．PLIF では計測対象の化学種に応じた波長の蛍光を計測することになるが，計測する蛍光の波長によっては PIV 計測に使用するトレーサ粒子の選定も慎重に行わなければならない[53]．ここでは，CH ラジカルの PLIF と PIV の同時計測の例を述べる．CH ラジカルの PLIF は，390.30 nm の平面レーザ光で分子を励起し，420〜440 nm 付近の微弱な蛍光をイメージインテンシファイア付きの CCD カメラで撮影する．これと同時に PIV 計測を行うために燃焼場には固体粒子を混入する．図 8.9 は，平均直径 5 μm の SiO_2 粒子，あるいは平均直径 0.4 μm の TiO_2 粒子を混合した気体に CH ラジカル用 PLIF の励起レーザ（390.30 nm）を照射した場合に計測される散乱光の分光計測結果を示している．照射した 390.30 nm の波長の鋭いピークのほかにいくつかのピークが存在している．これらの波長の光は 390.30 nm の散乱光に比べれば非常に弱いため，それらが PLIF の蛍光波長と一致していなければ大きな問題とはならない．しかし，図のように，420〜440 nm 付近の CH ラジカルの蛍光波長帯に一つのピークが存在している．それらの強度は CH ラジカルの蛍光強度と同オーダーとなるため，トレーサ粒子の混入により鮮明な CH ラジカルの蛍光画像を取得することは困難となる．この例の場合，蛍光波長帯付近の散乱光強度はトレーサ粒子の大きさに依存するため，最終的な計測では 0.18 μm の Al_2O_3 粒子をトレーサとして CH ラジカルの PLIF と PLIF の同時計測が行われている．なお，粒径が小さな固体粒子は凝集しやすいため，混入前に加熱するなどの処理が必要な場合もある．

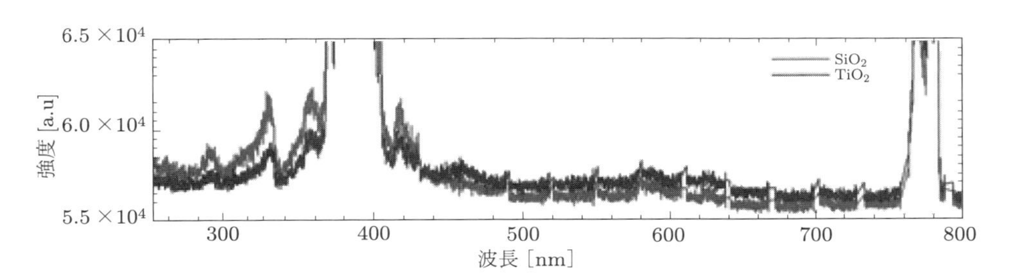

図 8.9 SiO_2 と TiO_2 を混入した気体の散乱光強度

(2) 火炎輻射や自発光の影響

日常生活でも体験しているように，火を燃やすと燃焼反応に起因して発せられる光を目にすることができる．これらの光は自発光あるいはすす粒子などが含まれれば火炎輻射とよばれており，PIV 計測ではトレーサ粒子による散乱光と共に撮影されてしまう．この火炎輻射の写り込みは PIV の光源として用いられるレーザ光が十分強く，火炎輻射が含まれていても粒子画像が鮮明に撮影されていれば大きな問題にはならないが，多くの場合，火炎輻射を最小限に留める何らかの方法を採用する必要がある．とくに，計測対象の燃焼場の流体速度が，通常の低繰り返し PIV 計測で用いられるカメラのフレームレート（数〜数十ヘルツ程度）に比べて高速であり，フレームストラドリング撮影を余儀なくされる場合には必要不可欠である．

火炎輻射を最小限に留めるためにとるべき第一の手法はレーザ光源の波長のみを透過する帯域干渉フィルタをカメラレンズ前面に装着することである．近年では狭帯域でありながら，比較的高い透過率を有するフィルタが市販されている．フィルタのみでは火炎輻射の影響を排除できない場合には，高速で稼働する液晶シャッタをカメラレンズ前面に装着し，レーザ光源と同期させて開閉する方法を併用する[54]．対象燃焼場の流体速度が比較的遅い場合，メカニカルシャッタを用いることも可能な場合もあるが，開閉時間は液晶シャッタのほうが一般に優れている．近年，高速度 CMOS カメラの進展がめざましいことから，レーザ光源には低繰り返し周波数パルスレーザをそのまま利用し，画像取得だけに高速度カメラを用いることで 1 フレームの間隔を短くして火炎輻射の影響を低減する方法もある[53]．また，高速 PIV も開発されており[55]，それらを燃焼場に直接用いることも可能である[56]．しかし，高速 PIV に用いられる高繰り返し周波数パルスレーザのエネルギー密度は一般に数 mJ と低いため，火炎輻射の影響は相対的に強くなる．

8.3.2 乱流予混合火炎における PIV と PLIF の同時計測例

ここでは，乱流予混合火炎を対象として行われたステレオ PIV と PLIF の同時計測例を二つ紹介する．

(1) ステレオ PIV と CH–OH PLIF の同時計測

図 8.10 (a)に，OH ラジカルと CH ラジカルの同時 PLIF にステレオ PIV を組み合わせた 2 化学種濃度および流体速度 3 成分の同時計測システムを示す[53]．この例では，比較的繰り返し周波数が低いダブルパルス Nd:YAG レーザをステレオ PIV の光源として用いているが，粒子画像の取得には高速 CMOS カメラ 2 台を用いている．ここで，高速 CMOS カメラは，512×512 pixel で 3 kHz 程度で稼働しているが，実際に画像が取得されるのは数千画像のうちの 2 画像のみである．これは，前述のように粒子画像に火炎からの自発光が写り込むことを防止するための方策である．

PLIF 計測には，それぞれの化学種に対応した波長の励起光を発振するために Nd:YAG レーザあるいはエキシマレーザと色素レーザからなる二組の PLIF 計測システムを用いている．OH PLIF には 282.93 nm，CH PLIF には 390.30 nm のレーザ光を励起光として用いている．波長の異なる励起光はダイクロイックミラーを用いて一つの光軸上に導かれ，シート状のレーザ光に変換する光学系を介して，燃焼器内の同一の 2 次元断面に照射される．ラジカルによって蛍光の波長も異なるため，燃焼器の両側に配置した ICCD カメラと特定の波長の光を透過させる光学フィルタを組み合わせることで二つのラジカルからの蛍光を分離して画像化する．ここで，ICCD カ

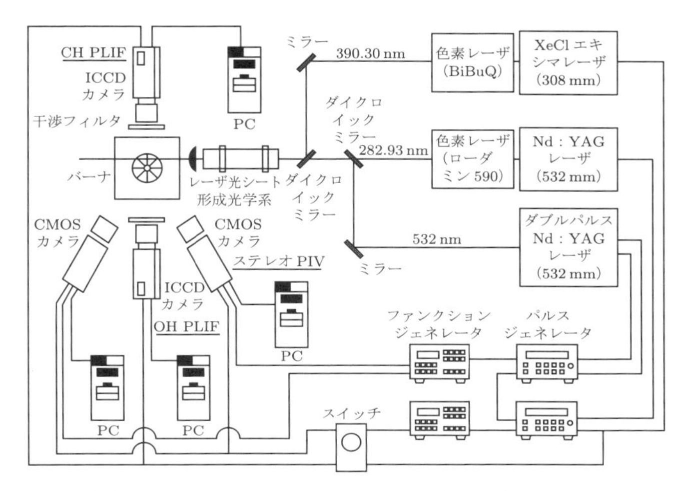

（a）ステレオ PIV と CH-OH PLIF の同時計測システム

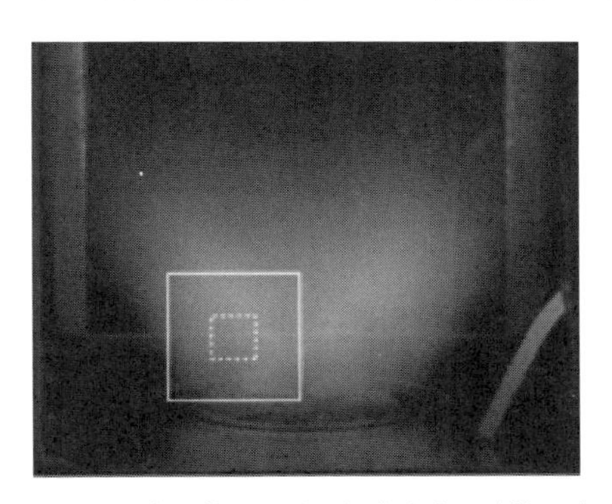

（b）計測対象の旋回乱流予混合火炎の直接写真

図 8.10　ステレオ PIV と CH–OH PLIF の同時計測システム[53]

メラのゲート時間（露光時間）は 30 ns であり，蛍光以外の光の混入を最小限とするように設定されている．PIV のトレーサ粒子には，前述の理由から平均直径 0.18 μm の Al_2O_3 粒子を用いている．

計測は，ガスタービン燃焼器を模擬した旋回乱流燃焼器に形成されるメタン・空気乱流予混合火炎を対象に行われている．図 8.10 (b)に計測対象の乱流予混合火炎の直接写真を示す．ここで，白実線枠が PLIF の計測領域であり，白破線枠がステレオ PIV の計測領域である．PIV の空間分解能は最終検査領域の大きさで規定されるので，空間分解能を維持するために PLIF に比べると狭領域で計測が行われている．OH–CH PLIF とステレオ PIV で同時計測した一例を図 8.11 に示す．流体速度の計

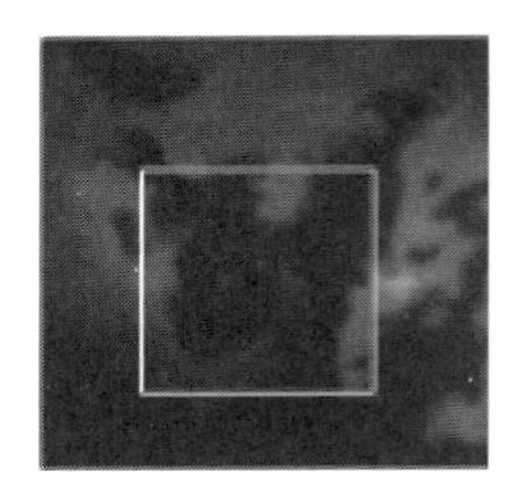
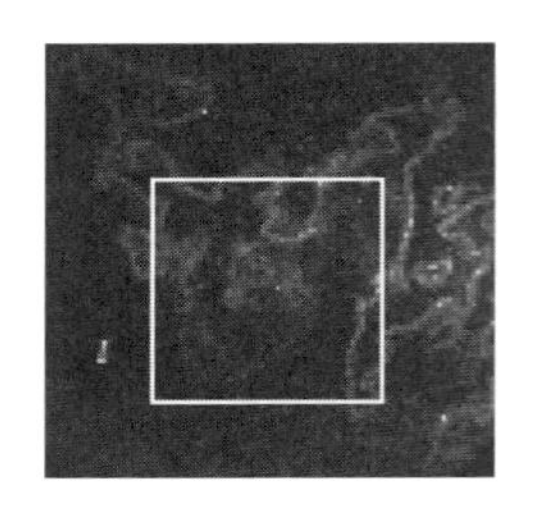
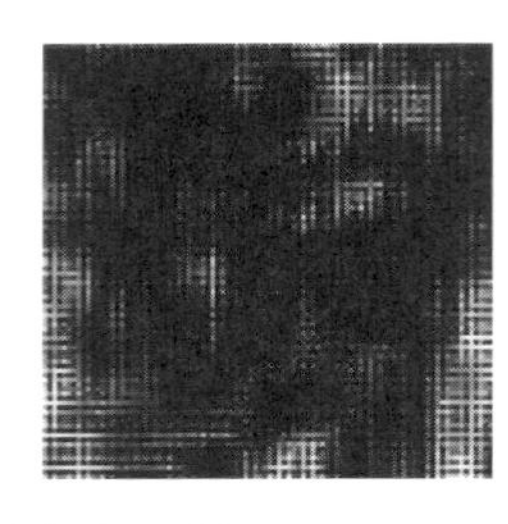

図 8.11 ステレオ PIV と CH–OH PLIF の同時計測の一例

測結果は，ベクトルが計測面内の速度成分を，色が面外方向の速度成分の大きさを示している．図 8.10 (b)の直接写真や肉眼での観察とは異なり，乱流予混合火炎は火炎および流体速度のきわめて高速な変動を含んでおり，それらはこのような詳細な計測を通してのみ解析できる．また，OH ラジカルと CH ラジカルを同時に計測することで，未燃領域と既燃領域の分離および火炎面の位置が明確となり，きわめて複雑な形状を有する火炎面の局所的な特性を議論できる．たとえば，CH ラジカルの蛍光イメージから火炎位置を特定し，OH ラジカルの蛍光イメージから火炎面の法線方向を特定することが可能である．一般に，きわめて複雑な乱流中の火炎面であっても，その動的特性は火炎面の局所的な曲率と流体運動により，火炎面の接線方向に作用する歪み速度（流体の速度勾配から算出される）から記述できると予測されており，実験的にそのような理論の検証やモデルの構築を行うために重要となる．

(2) ステレオ PIV とダブルパルス CH PLIF および OH PLIF の同時計測

図 8.10 に示した計測システムに CH PLIF システムをもう一組組み合わせて，同一平面上で時間差をつけて計測すれば，ダブルパルス CH PLIF[57] とシングルパルス OH PLIF の同時計測が実現できる[58]．これにステレオ PIV を組み合わせると，火炎面の移動速度と火炎面における流体速度が同時に計測可能である．2 次元断面内との制約条件があるが，これらの差をとることで乱流中での局所火炎要素の燃焼速度を直接計測できる．図 8.12 に乱流噴流予混合火炎で得られた結果の一例[58] を示す．図中の 2 本の線は連続する CH ラジカルの蛍光強度分布を，黒色ベクトルは流体速度の計測面内成分の変動ベクトルを，濃淡は流体速度の面外成分の大きさを示している．白色ベクトルは，計測結果から火炎片モデルが正しいと仮定して算出した局所燃焼速度を示している．このようにして得られた局所燃焼速度の最頻値は層流燃焼速度と一致するが，その分散は大きく，非現実的な負の局所燃焼速度を与える場合もある．その原因としては 2 次元平面に計測が限定されていることも考えられるが，火炎片モデルに非定常性を考慮に入れる必要があることなどが示唆されている．

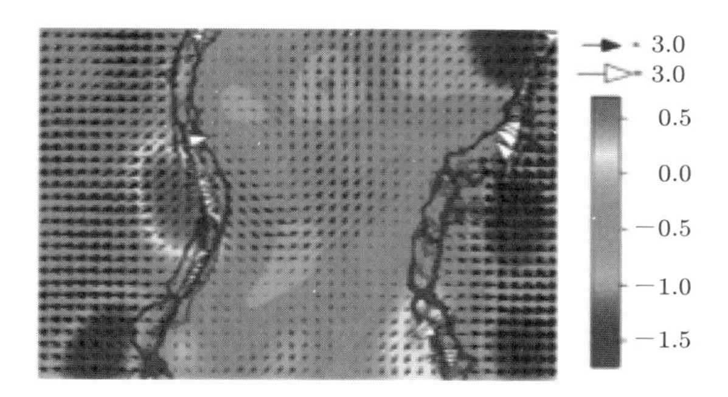

図 8.12 ステレオ PIV とダブルパルス CH PLIF および OH PLIF の同時計測の一例[58]

8.3.3 今後の展望

燃焼場への PIV 計測の適用は現在では一般的となっており，近年では上述の例のように PLIF と組み合わせた複合計測が主流となりつつある．今後は，本質的に 3 次元である乱流燃焼場の 3 次元流動特性を検討するために，二平面 PIV[54] や Tomo PIV[59] の適用が期待されている．また，非定常特性を検討するために，燃焼場に高速 PIV が適用されつつある．さらに，高速 PLIF 計測技術の進展と共に[60]，高速 PIV と高速 PLIF の同時計測に関する報告例も増えている[61, 62]．これらの PIV 計測を核とした時系列あるいは高空間分解能の多次元多変量レーザ計測の普及により，各種燃焼現象の詳細が解明されることが期待される．

8.4 速度・スカラー計測

対象とする流動場に温度分布や濃度分布がある場合には，速度場と同時に温度や濃度などのスカラー量を同時に計測することが，それらスカラー量の輸送現象を理解するうえで必要となる．たとえば，加熱された壁面からそれに接する流体への熱移動を考える場合には，壁面と流体における熱伝導のほかに，流体の対流によって運ばれる熱流束を知ることが必須であり，そのためには流体の温度と速度を同時計測することが求められる．ところで，流体に混入されたトレーサ粒子，あるいは流体自身が温度や濃度に依存した発光特性を示せば，それらを計測することで間接的に温度を測定できる．また，PIV を併用して温度や濃度などのスカラー量と速度との同時計測・複合計測を行うことで，対流によるスカラー流束を知ることが可能になる．

本節では，PIV と組み合わせる手法として，流体中に混入された蛍光分子の発光強度から温度や濃度を計測するレーザ誘起蛍光法（laser induced fluorescence：LIF）ならびに，温度や濃度に応答して発光する粒子やカプセルを PIV のトレーサとして利用する方法について解説する．これらの蛍光分子をレーザ光シートで励起し，その蛍光発光強度の温度依存性を利用して液体温度を計測すると同時に，PIV による速度計測の併用で温度と速度の多次元分布を計測する．

LIF は古くから化学反応の評価や細胞の標識化などに利用されてきた．90 年代以降，液体の温度分布の可視化に利用されるようになり[10, 63]，90 年代後半には二色蛍光法[64~67]が提案された．液体中のスカラー量の可視化において，近年では二色蛍光法の利用が広がりつつある．

8.4.1 レーザ誘起蛍光法による液体の温度計測原理

図 8.13 に励起エネルギーの吸収と放出のプロセスを示す．蛍光分子に光（励起光）を照射すると光子のエネルギーは蛍光分子内の電子のポテンシャルエネルギーに変換され，10^{-15} s 程度の時間で，蛍光分子内の電子が高次の励起状態になる．これはフランク－コンドン状態といわれる不安定な状態であり，過剰な振動エネルギーは周囲の分子との衝突などにより 10^{-11} s 程度のうちに散逸し，一次励起状態（S_1）の最低

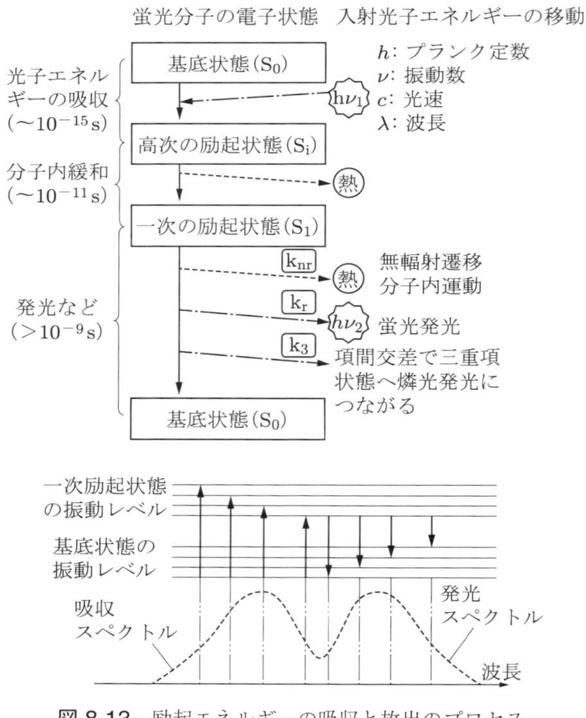

図 8.13 励起エネルギーの吸収と放出のプロセス

次の振動レベル（エネルギー準位）まで低下する．この過程を分子内緩和という．この状態も基底状態より高いエネルギーをもつ不安定な状態であり，過剰なエネルギーの一部は分子の振動や回転に費やされたり，周囲の分子との衝突によって失われたりする（無輻射遷移）．残りのエネルギーは，励起光より低エネルギー（長波長）の蛍光として放出されたり，または，一次励起状態から基底状態に落ちず，項間交差によって三重項状態へ遷移した後，りん光を発したりする．蛍光は，励起光照射後，数ナノ秒で発光プロセスを完了するが，りん光は三重項状態への遷移に時間を要するため，数マイクロ秒～数分の間，発光が持続する．

なお，分子内緩和や無輻射遷移により，蛍光として得られる光子のエネルギーは吸収された光子のエネルギーより小さく，一光子吸収における蛍光波長は吸収波長より長波長側にシフトする．吸収・発光スペクトルには広がりがあるが，これは基底状態のエネルギー準位が単一ではなく，分子振動によっていくつかの振動レベルに分かれるためである．吸収スペクトルと発光スペクトルは互いに鏡像関係にあり，溶媒など周囲の分子との相互作用によってわずかに変形している．周囲の分子との相互作用は蛍光分子の振動レベルにも影響し，溶媒によって蛍光分子の吸収・発光スペクトルは変化する．

単位体積の蛍光分子が単位時間あたりに放射する光エネルギー $I_{\mathrm{em}}\,[\mathrm{W/cm^3}]$ は，励起光の光子を吸収する分子の単位体積単位時間における数に比例し，次式で表される．

$$I_{\mathrm{em}} = I_{\mathrm{ex}} C \varepsilon \Phi \tag{8.14}$$

ここで，$I_{\mathrm{ex}}\,[\mathrm{W/cm^2}]$ は微小体積に入射する励起光束，$C\,[\mathrm{mol/L}]$ は蛍光分子の濃度，$\varepsilon\,[\mathrm{L/(mol{\cdot}cm)}]$ はある波長の励起光が単位濃度の溶液を単位長さだけ通過するときに吸収される光強度を示すモル吸光度，Φ は吸収された励起光の蛍光発光に寄与する割合を示す量子効率である．

光束 $I_0\,[\mathrm{W/cm^2}]$ の励起光が有限体積の蛍光分子溶液に入射し，溶液を $x\,[\mathrm{cm}]$ 通過したところでの励起光束 I_{ex} は，

$$I_{\mathrm{ex}} = I_0 \exp(-\varepsilon x C) \tag{8.15}$$

で与えられる．これは Lambert－Beer の法則[68]として知られており，入射した光が溶液を通過する間に吸収されて減衰することを表している．よって，有限体積を通過した励起光による蛍光の放射エネルギーは，式(8.14)，(8.15)から

$$I_{\mathrm{em}} = I_0 C \varepsilon \Phi \exp(-\varepsilon x C) \tag{8.16}$$

となる．モル吸光度は pH に依存し，吸光分析などが行われるが，pH 以外の環境因子

には一般的にあまり影響されない．一方，量子効率は多くの因子に影響されやすい．蛍光エネルギーが溶媒など周囲の分子の振動エネルギー，自分自身の振動エネルギーなどに奪われるためである．

8.4.2 蛍光に影響を与える因子とクエンチング（消光）

式(8.16)で示したように，モル吸光度や量子効率，蛍光強度は温度など環境因子の関数となり得る．蛍光強度が減衰する現象をクエンチング（quenching：消光）といい，測定目的ではない環境因子によるクエンチングはレーザ誘起蛍光法でもっとも厄介な問題である．

(1) pH

前述したように，pHによって蛍光分子のモル吸光度や吸収スペクトルが変化する場合，これに伴って蛍光の発光強度も変化する．フルオレセインはキサンテンに安息香酸がついた構造をもつ．レーザ誘起蛍光法では，フルオレセインナトリウム（ウラニン）を水中で解離させて利用することが多い．吸収スペクトルはpHに強く依存し，アルカリ性溶液中で約490 nm，酸性溶液中で440 nm前後のピークをもつ．発光スペクトルは511 nmにピークをもつ．カルボキシ基がpHに応じて形態を変化させることにより光学特性が変化するといわれている[69]．また，カルボキシ基をほかの基に置き換えることによりさまざまな特性をもつフルオレセインが開発されている．

(2) 溶液の極性

pH以外に，蛍光は溶媒の種類・状態にも依存する．たとえば，水分子はメタノールやエタノールに比べて極性が強い．図8.14は高い温度依存性をもつことで知られるアシッドレッドを水（実線）およびエタノール（点線）に溶かした際の吸収スペクトルを示している．極性の強い溶媒中では吸収スペクトルが高波長側にシフトする傾向がある．

(3) 濃度消光

蛍光分子の濃度が著しく高くなると蛍光が弱くなる．これは蛍光分子間のエネルギー交換など相互作用が生じるためである．このとき，式(8.14)は成立しなくなり，蛍光強度は濃度に比例しない．これを濃度消光という．濃度消光は1×10^{-3} mol/L程度の濃度で現れ始める[70]．また，蛍光強度が濃度に比例しないのみでなく，温度などの環境因子に対する蛍光強度の依存性が弱くなる．図8.15にアシッドレッドの濃度を変化させた場合の，温度に対する発光強度の変化率を示す．溶媒は水である．

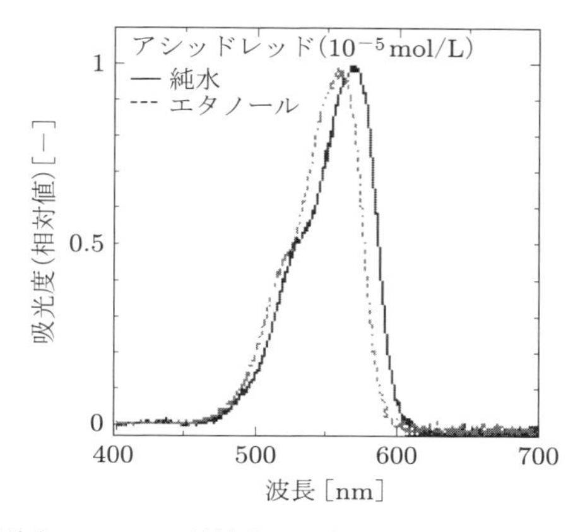

図 8.14 水溶液とエタノール溶液中におけるアシッドレッドの吸収スペクトル

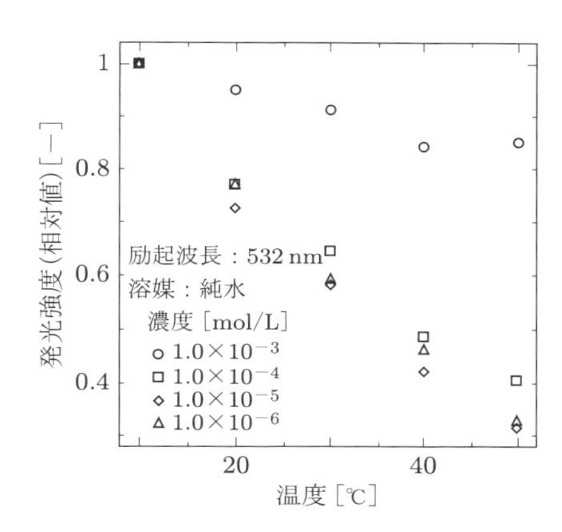

図 8.15 蛍光分子濃度と蛍光強度の温度依存性

1×10^{-6}〜1×10^{-4} mol/L では大きな違いがみられないが，1×10^{-3} mol/L の場合には温度変化に対する発光強度の変化率が小さくなる．このとき，吸収スペクトルと発光スペクトルの波長差（ストークスシフト）が小さい分子では，発光スペクトルにも影響が生じる．なお，図 8.15 のデータにおいて，ピーク波長における発光強度は，1×10^{-6} mol/L の場合を 1 とすると，1×10^{-5} mol/L，1×10^{-4} mol/L，1×10^{-3} mol/L の場合にそれぞれ 5，1/2，1/8 程度であった．式(8.16)に示したように，蛍光発光強度は蛍光分子の濃度に比例して大きくなるものの，濃度が高い場合には，励起光の強度が観測点に到達するまでに指数関数的に減衰する．この二つの効果がトレードオフするため，濃度消光を起こさない場合でも，必ずしも蛍光分子濃度の高い条件で強い発光が得られるわけではない．

(4) 溶存酸素など不純物による消光

蛍光は溶存酸素によっても消光する．とくに三重項状態を経由するりん光の場合，最低次の三重項状態は溶存酸素によって著しく消光される．酸素の基底状態は三重項状態であるため，蛍光分子と衝突した際にエネルギーの移動が容易に生じる．たとえば，感圧塗料（pressure sensitive paint：PSP）[71, 72]でしばしば利用される白金ポルフィリン錯体（Pt(II) meso-tetra(pentafluorophenyl)porphine：PtTFPP）の場合，室温で溶存酸素を含まない水中と溶存酸素が飽和した水中とで発光強度が5倍ほど変化する（図8.16）．ヨウ化物イオンも消光剤として知られている．また，pH に応答する蛍光分子として知られるキニーネは，硫酸イオンを含む酸性溶液中では明るく発光するが，希塩酸など塩化物イオンを含む溶液中では消光する．一般に，酸素，塩素，金属イオンなどは消光の要因になる．

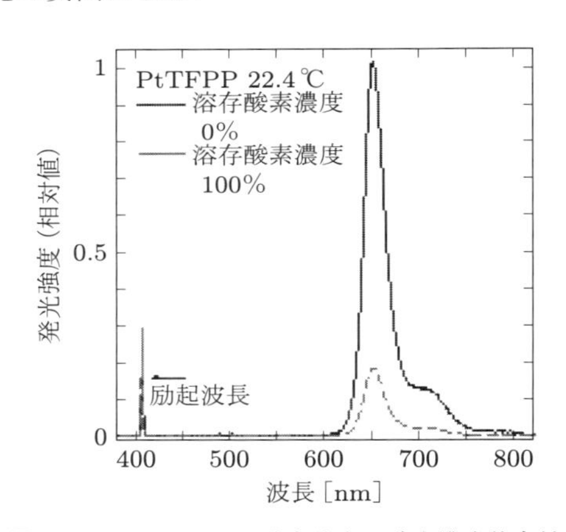

図 8.16 PtTFPP の発光強度の酸素濃度依存性

水を作動流体とする実験では，水道水，イオン交換水，再蒸留水，超純水など多様な純度の水を利用することが考えられる．また，減圧や煮沸による脱気もよく行われる．再蒸留水，超純水や脱気した水は，空気中のガスなどの不純物を吸収して表面張力が1/3ほどに低下するが，消光の観点からも溶存ガスには注意が必要である．なお，蛍光分子が吸着され得る物質が流れ場に存在することも避ける必要がある．

(5) フォトブリーチング（光消光）

励起光強度が過度に強く，蛍光分子の光子吸収が飽和すると，基底状態に比べて化学的に活性化されて，不安定な励起状態の蛍光分子が光化学反応によって不可逆的に変化し，蛍光性を損う．強い励起光を長時間照射したり，繰り返し照射したりした場合にも生じる．たとえば，出力約 1 W の Ar レーザビーム（ビーム断面積

$10.2 \times 0.89\,\mathrm{mm}^2$）をローダミン B 溶液に連続的に入射させると，蛍光強度が最大で毎秒 0.1% ほど減衰する[64]．生化学分野などにおいて，フォトブリーチングを利用した物質移動測定を行うこともあるが，温度などのスカラー計測を目的とする場合は避けなくてはならない現象である．励起光強度を不必要に大きくせず，また，励起光をパルス的に照射するなどの工夫が必要である．

(6) 温　度

温度が高くなると，一般的に蛍光やりん光の発光強度が低下する．これは，周辺分子との衝突によってエネルギーを失う確率が高くなることによる．また，りん光分子の場合は温度が高くなることによって内部転換や項間交差が生じやすくなるためといわれている．

8.4.3 代表的な蛍光分子特性の例

(1) フルオレセイン

フルオレセインは，キサンテン系の代表的な蛍光分子である．19 世紀後半に合成されて以来，現在でももっとも明るい蛍光分子として知られている．流れの可視化ではフルオレセインナトリウム（ウラニン），2′,7′-dichlorofluorescein（FL27/FL548），エオシンなどがよく知られており，アルゴンレーザの 488 nm で励起することが多い．エタノールや水によく溶ける．ウラニンの吸収波長のピークは 490 nm であり，FL27，エオシンはそれよりもやや高波長側の 500，520 nm にピークをもつ．これらの発光波長のピークはそれぞれ 525，530，550 nm あたりにある．Coppeta ら[65]によると，ウラニンは 488 nm で励起した場合，蛍光強度が −0.16 %/°C の温度依存性を示し，514 nm で励起すると 2.16 %/°C の温度依存性を示す．また，弱酸～弱アルカリ条件で吸光度と吸収スペクトルが強い pH 依存性を示す．ウラニンはフォトブリーチングを起こしやすいため，この特性を利用した速度計測，物質移動計測に用いられることもあるが，発光強度からスカラー量分布を算出する際には緻密な校正が必要である．

(2) ローダミン

ローダミンは，流れの可視化でもっとも頻繁に利用されるキサンテン系の蛍光分子である．ローダミン B，ローダミン 6G，ローダミン 123，ローダミン 110，スルホローダミン 101，スルホローダミン B（アシッドレッド）など，多くの蛍光分子がレーザ誘起蛍光法に利用されている．エタノールや水によく溶ける．いずれも量子効率が高く，YAG レーザの第二高調波（532 nm）で励起できるため，PIV との組み合わせに適している．また，フルオレセインに比べるとややフォトブリーチングしにくい．ローダミン 6G は安定性，量子効率が高く，色素レーザ用の蛍光としても利用されている．ローダミン 6G，123，110，スルホローダミン 101 は pH，温度の影響をあまり受けない．ローダミン B，アシッドレッドの蛍光強度は約 −1.5 %/°C の高い温度依存性をもち，アシッドレッドの吸収は pH の影響を受けない．また，ローダミン B，アシッドレッドは，溶存酸素で飽和した水中でも一定の温度依存性を示す．ローダミン B のように，アミノ基，ジエチルアミノ基などアミノグループの基をもつ物質は，溶媒分子の熱エネルギーによって温度が高いほどよく回転し，発光量が温度依存性を示すといわれている．

図 8.17 に水を溶媒としたときのローダミン B の蛍光強度の温度依存性を表す．イオン交換水にローダミン B を 0.1 mg/L の濃度で溶解させて 2 時間ほど経過した溶液の蛍光強度を，溶液の温度を 15 °C → 43 °C → 15 °C → 43 °C → 15 °C と変化させて計測したものである．変化率は −2.2〜−2.4 %/°C であり，ヒステリシスがなく再現性の高い結果を得ている．

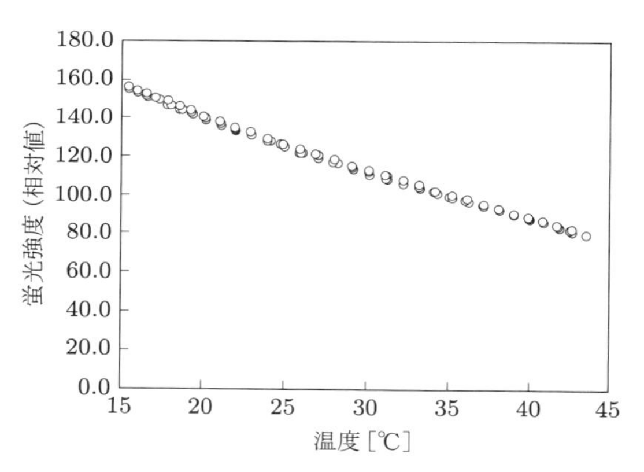

図 8.17 ローダミン B の発光強度の温度依存性[64]

(3) クマリン

クマリン 1，クマリン 30，クマリン 314，クマリン 6 など多くの種類があるクマリンは，紫外線〜青色の光で励起でき，強い蛍光を発する．吸収スペクトルのピークはクマリン 1，30，314，6 の順に高波長側にずれており，380 nm の紫外線で励起した場合の発光スペクトルのピークは 450，470，485，500 nm あたりにみられる．これらはほとんど温度依存性を示さない．明るく，安定した蛍光分子であるため，色素レーザにも利用されている．また，ローダミン類，白金ポルフィリンなどと発光波長の差が大きいため，分光しやすく，紫外線〜青色で励起可能な感温性蛍光分子との組み合わせで，二色レーザ誘起蛍光法に利用できる．

(4) ポルフィリンおよびルテニウム錯体

ポルフィリン金属錯体である PtOEP (Pt(II)octaethyl porphine)，PdOEP (Pd(II)octaethyl porphine)，PtTFPP，PdTFPP (Pd(II)meso-tetra(pentafluoro-phenyl)porphine)，PdTCPP (Pd(II)meso-tetra(4-carboxyphenyl)porphin) や，ルテニウム錯体である Ru(bpy)(ruthenium-tris(2,2′-bipyridyl)dichloride)，Ru(phen) (tris(4,7-diphenyl-1,10-phenanthoroline)ruthenium(II) dichloride) はりん光を発し，酸素によって強く消光される．酸素分圧から静圧を算出する感圧塗料において利用されている金属錯体である．図 8.16 は PtTFPP の酸素依存性を示す．Ru(dpy) は 355 nm 前後，PtOEP/PdOEP は 380 nm，PtTFPP/ PdTFPP/PdTCPP は 405 nm，Ru(phen) は 470 nm 前後の波長で励起できる．これらは酸素濃度だけでなく温度によっても発光強度が大きく変化する．PtTFPP は酸素濃度一定の場合，$-2.0\,\%/°C$ 以上の温度依存性を示す．これらの分子の多くは水に溶解せず，有機溶媒によく溶ける．フルオレセイン，ローダミン類は水中やアルコール溶液中で解離した状態においてよく発光し，乾燥状態ではほとんど蛍光発光を示さないが，錯体は有機溶媒中や乾燥状態でもよく光る．

(5) 蛍光体

無機セラミックスに希土類元素をドープした微小粉末の蛍光体は，古くから蛍光灯やテレビ画面などに利用されてきた．蓄光剤として知られ，長寿命のりん光を発する．青色では BAM ($BaMgAl_{10}O_{17}$: Eu)，緑色は $LaPO_4$: CeTb や ZnS:Cu，赤色は Y_2O_3 : Eu がよく知られている．従来用途の場合，感温性をもつことは好ましくないが，これらの温度依存性を用いて温度分布を測定する Phosphor Thermometry は，低温から数百度の高温までの温度計測に利用できる．また，水，アルコール，有機溶媒のいずれにも溶けないが，数マイクロメートル径のセラミックス粒子であるため，流れ場の特性によっては蛍光体を感温性 PIV 粒子として利用することが可能である．

(6) キニーネ

キニーネは，南米に自生するキナの樹皮に含まれる成分で，古くからマラリアの特効薬として利用されてきた．あまり溶解性は高くないが，水に溶かすことができ，355 nm の紫外線で励起すると，青色の蛍光を発する．キニーネの蛍光は温度依存性をもたないが，吸収スペクトルは pH に強く依存し，とくに酸性で明るく吸光度が高く強い蛍光を発する．355 nm 励起の場合，pH が 5.6 を超えると発光のピーク波長が約 480 nm から 400 nm 程度の紫に変化する．

8.4.4 二色レーザ誘起蛍光法（二色 LIF 法）

式(8.15)より，1 種類の蛍光分子（1 種類の波長）による LIF 法の場合は各測定点までの光路に沿った光の吸収量を考慮しながら励起光強度を見積もらなくてはならない．このため，たとえばシート状のレーザ光を用いて測定面に平行な励起光照射を行う場合は，測定面内で吸光量に大きな変化があると計測ノイズの原因となる．温度や酸素濃度など消光現象による量子効率の変化を用いた計測では，多くの場合，吸光度を一定とみなせるため，この補正は比較的容易である．吸光度が pH に依存する蛍光分子の場合，観測点に到達するまでの光路における吸光量が pH 分布によって変化するため，補正が難しい．

一方，励起光の強さを時間的・空間的に一定に保つことは難しいことが多く，計測結果の時空間的な平均をとることによって励起光強度の揺らぎなどの影響を低減することが多い．高い時間分解能が必要な場合や，より高い計測精度が必要な場合は，異なる二波長の発光量の比からスカラー量を定量測定する二色 LIF 法が利用される．二色 LIF 法では，複数の発光波長をもつ蛍光分子や，異なる二種類の蛍光分子を利用する．測定したいスカラー量に感応する蛍光分子とそれに不感応な蛍光分子を用いることで，各瞬間における励起光の強度分布の不均一性や時間的変動の影響を排除した高時間分解能計測を実現できる．二色 LIF 法の概要を図 8.18 に示す．2 台のカメラでスカラー量に依存して発光強度が変化する波長の光と，発光強度がスカラー量に依存しない波長の光を捉え，同じ位置での発光強度比を求めると，励起光の時空間的な不均一性に依存しないスカラー量分布を得ることができる．二色 LIF 法では各位置におけるスカラー感応蛍光分子およびスカラー不感蛍光分子の蛍光強度（$I_{\mathrm{A\,em}}(x)$，$I_{\mathrm{B\,em}}(x)$）はそれぞれ式(8.17)，(8.18)で表される．

$$I_{\mathrm{A\,em}} = I_{\mathrm{ex}} C_{\mathrm{A}} \varepsilon_{\mathrm{A}} \varPhi_{\mathrm{A}} \tag{8.17}$$

$$I_{\mathrm{B\,em}} = I_{\mathrm{ex}} C_{\mathrm{B}} \varepsilon_{\mathrm{B}} \varPhi_{\mathrm{B}} \tag{8.18}$$

二色 LIF 法で測定対象とする蛍光強度比は，式(8.17)と式(8.18)の比として次式で表される．

$$\frac{I_{\mathrm{A\,em}}}{I_{\mathrm{B\,em}}} = \frac{C_{\mathrm{A}} \varepsilon_{\mathrm{A}} \varPhi_{\mathrm{A}}}{C_{\mathrm{B}} \varepsilon_{\mathrm{B}} \varPhi_{\mathrm{B}}} \tag{8.19}$$

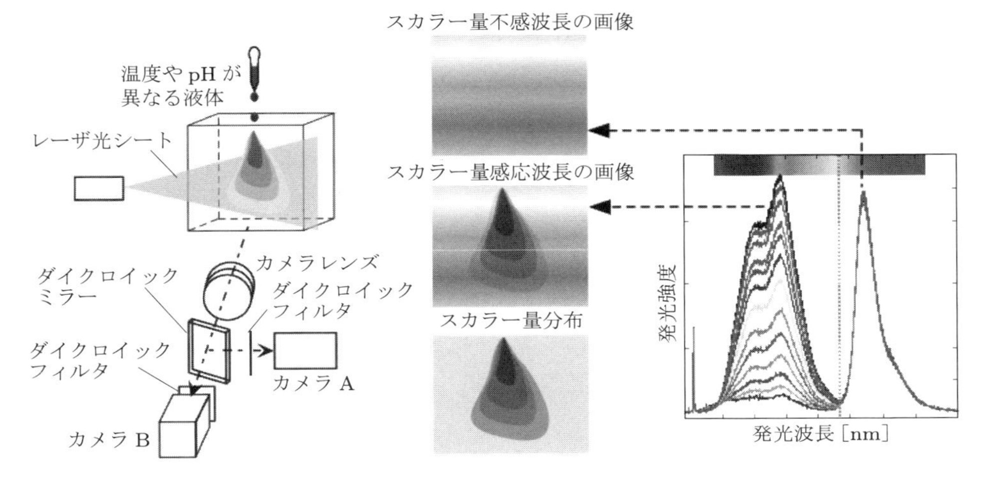

図 8.18　二色レーザ誘起蛍光法の概要

式(8.19)は励起光強度 I_{ex} を含まないので，蛍光強度比は励起光の変化の影響を受けない．二色 LIF 法を用いるにあたって，その蛍光分子選定において重要な点などを以下に述べる．

(1) 同じ波長で励起でき，かつ，発光波長の差違の大きな蛍光分子の組み合わせ

同じ波長で励起可能な二種の蛍光分子の発光波長が異なり，できるだけ発光スペクトルの重複が小さい蛍光分子を選定する．蛍光のピーク波長が十分離れていれば，適当な光学フィルタを選ぶことで，各分子のみからの発光を分離して計測できる．そのため，蛍光分子の選定の際に，計測波長を分割する光学フィルタも選定しなくてはならない．二つの発光波長が離れているほど分光が容易で，光学フィルタの透過波長範囲を広くできるために明るい画像を得やすい．二波長が近く，透過波長範囲の狭いフィルタを用いると，画像が暗くなり，計測の S/N 比や時間分解能がわるくなる．

(2) 一方の分子からの蛍光を他方が吸収しにくい

たとえば，温度依存性をもつ蛍光分子（A）の発光が低波長側で，温度に不感な蛍光分子（B）がこの蛍光を吸収する場合，温度に感応する蛍光分子の発光量計測に悪影響を与える．図 8.19 に低波長側の蛍光分子 A が発光した蛍光を高波長側の蛍光分子 B が吸収することによる効果をわかりやすく示す．吸光量があまり多くない場合，温度感応蛍光分子 A からの蛍光強度は励起光強度に比べて小さいため，温度不感蛍光分子 B の発光強度に与える影響は比較的小さい．しかし，A の蛍光強度が大きく低

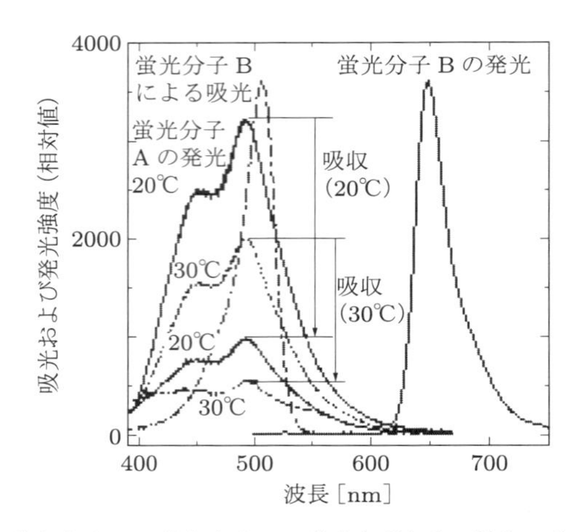

図 8.19 蛍光分子 B が蛍光分子 A の蛍光を吸収する場合の感度低下の例

下し，カメラで捉えられる信号強度が小さくなる．カメラのノイズの大きさは変化しないので，S/N 比がわるくなるなど計測誤差が増える．ただし，B の吸光度がまったく温度の影響を受けず，溶液中に均一に分散している場合，蛍光がカメラに到達するまでに通過するパスの長さを固定して校正・実験データをまとめれば，この影響を校正値の中に内包しつつ最小に留めることができる．

また，蛍光分子 A は pH の影響を受けず，蛍光分子 B の吸光度が pH に依存して変化する場合，pH に応答しないはずの A の発光強度まで pH の影響を受けることになる．この場合，この組み合わせの蛍光分子は二色 LIF 法に利用できない．温度依存性をもつ蛍光分子の吸光度はあまり温度依存性をもたないが，pH に応答する蛍光分子は吸光度が pH に依存することが多いために注意が必要である．

(3) 測定対象とするスカラー量以外による消光が小さい

消光現象については，溶液や実験装置などすべての環境因子の影響を受けやすく，未解明な部分が多いため，実際に試験を行って確認することが重要である．

(4) できるだけ使用条件下での量子効率が高く，弱いレーザ光強度で計測可能である

高い励起光強度を要する場合，場に与える熱エネルギーが大きくなると共に，フォトブリーチングにつながる．

1)，4) についてはダイクロイックミラーの選定や蛍光分子濃度の調整により，ある程度の対策が可能である．

以上の点を考慮しながら，二色 LIF 法に適用する蛍光分子を選定する．二色 LIF

法に適用可能な蛍光分子の組み合わせとして，ローダミンBとローダミン123，ローダミン110，スルホローダミン101などを組み合わせた例がある．図8.20に例として，ローダミンBとローダミン110の混合溶液の発光スペクトルを示す．図は，これらの蛍光分子をエタノールにそれぞれ0.6×10^{-5} mol/L，0.4×10^{-5} mol/Lの濃度で溶かし，中心波長470 nmのLEDを励起光源に用いた際の発光スペクトルを示している．また，温度を10.2°C→60.1°Cに変化させた．低波長側に見られるローダミン110の発光強度はほとんど温度に依存せず，長波長側のローダミンBからの蛍光は温度が高いほど暗くなっている．図8.21は521 nmでの発光強度と573 nmでの発光強度との比と温度との関係を示している．ここでは10.2°Cのときの比を1.0と

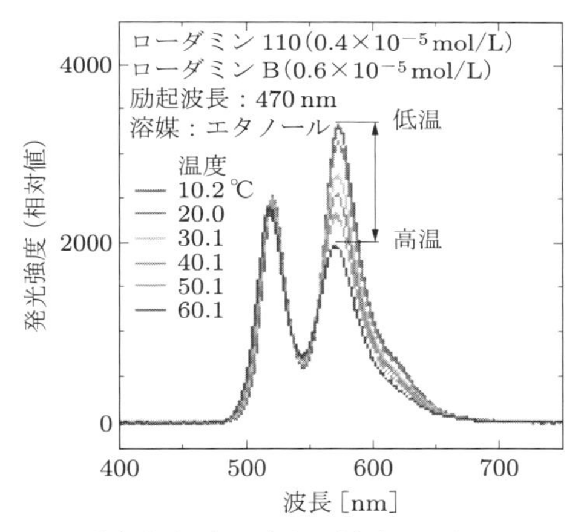

図8.20　二色LIF用蛍光分子の組み合わせ例（ローダミンB＋ローダミン110）

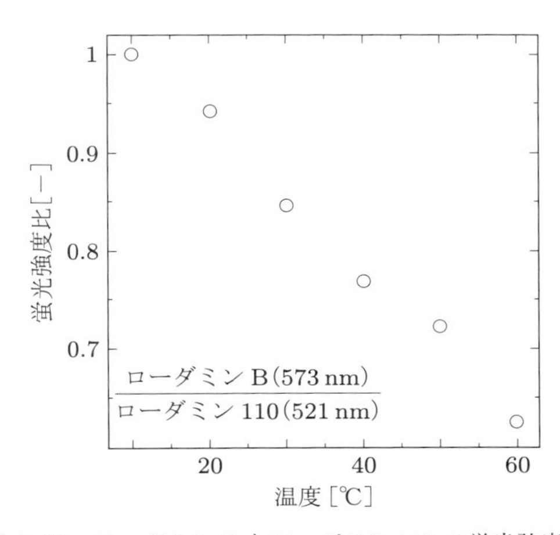

図8.21　ローダミンBとローダミン110の蛍光強度比

して，規格化した比の値を示している．10〜60°C の 50°C の温度変化に対して発光強度比が 37% ほど変化し，発光強度比が 0.74%/°C ほどの温度依存性をもつことがわかる．二色 LIF 法ではこの比を用いて温度を算出するため，励起光強度の時間変動や空間的なムラにかかわらず，温度分布を定量的に可視化できる．なお，470 nm の励起光源は半導体 CW レーザでも得られる．また，488 nm のアルゴンレーザで励起しても類似の結果を得られる．

撮像系については，つぎの方法がある．

① 図 8.18 に示したように 2 台のカメラと一つのレンズを用いる方法

② 2 台のカメラにそれぞれ対物レンズをつける方法

③ カラーカメラ 1 台を用いる方法[73]

①の場合，図 8.18 のようにプレート型のダイクロイックミラーを用いると，ダイクロイックミラーを透過する光が斜めにミラーへ入射するために非点収差を生じ，ピントがよく合わない（無限遠補正対物レンズを用いる場合を除く）．そのため，被写界深度を十分深くする，キューブ型のダイクロイックミラーを利用する，あるいは画像処理により各カメラの画像を補正する[66]とよい．②の場合も 2 枚の画像間の空間補正が必要となる．③は単板センサの場合，波長によって利用する画素が異なるため，空間解像度が低下する．そのため，3CCD センサカメラのほうが好ましい．ただし，いずれのセンサの場合も，利用する 2 波長がカメラの光学フィルタで適切に分光可能な場合に限られる．

最近のカメラは 12 bit，4096 階調ほどのレンジをもつため，たとえば 50°C の温度範囲を 3500 階調の範囲に捉えれば，70 階調/°C の分解能を得ることができる．LIF によるスカラー量可視化計測では，励起光の強さなど蛍光の明るさにかかわるパラメータを調整することにより，測定対象の温度/pH 範囲を画像の全階調を利用して測定可能である．そのため熱電対で 0.1°C，ガラス電極 pH 計で 0.001 という点計測器の精度より高い計測分解能を達成することが期待できる．また，熱電対などの接触式測定では，測定対象（流体）とセンサが熱的平衡状態に達するまでに時間を要するが，蛍光放出は 10^{-9} 秒以下で終わるため，きわめて高い時間応答性を有し，ある瞬間のスカラー量を測定できると共に，高速度カメラを用いればこれを数十キロヘルツで測定できる．これは，熱電対やガラス電極 pH 計では達成不可能な時間分解能である．レンズを用いて任意のズーム率で撮影する非接触計測であるため，マイクロ・ナノスケールの微小空間に適用できる．また，高圧環境での pH 計測など，ほかの手法では測定困難な極限環境での計測も容易である．さらに，カメラを用いた可視化計測であるため，カメラの空間解像度に応じた多点同時計測法であるなど，多くのアドバンテージがある．ただし，蛍光分子の光学的不安定性，消光が一般化や普及のネックとなっている.

8.4.5 りん光寿命法[74, 75]

蛍光分子濃度や励起光強度の変動の影響を避けるための手段として，異なる二波長の発光強度比に基づくアプローチをとる二色 LIF 法に対し，発光強度の時間変化に基づくアプローチをとるりん光寿命法がある．りん光分子としては，前述の白金・パラジウム系ポルフィリン，ルテニウム錯体，蛍光体やユーロピウム錯体が用いられる．ユーロピウム錯体では Europium(III)thenoyltrifluoroacetonate（EuTTA）がしばしば用いられる．EuTTA は Π 電子を含む有機化合物であり，その基底状態は低エネルギー側の分子軌道から高い軌道へ順に二つずつ電子を入れた電子配置となっている．そのため，基底状態では全スピン各運動量が 0 の一重項状態となり，励起状態では一重項とやや低エネルギー側の三重項が生じる．りん光は，一重項から三重項への項間交差によって三重項状態を経て基底状態に落ちるプロセスで生じる．EuTTA の場合，励起によって配位子が基底状態から三重項状態に遷移し，三重項状態からのエネルギー遷移のほとんどはユーロピウムの $^5D_0$ に遷移し，そこから $^7F_2$ の基底状態におちて 615 nm の光を放出する．

りん光寿命法では 1 回の励起後のりん光の減衰を測定する，いい換えると，時間方向の輝度比をとる．図 8.22 に示すように，りん光分子を励起した後，りん光が減衰する間に 2 枚以上の画像を撮影し，その輝度の時間変化を用いて温度分布の定量可視化を行う．露光時間はりん光の特性や必要な時間分解能に応じて適宜調整する．励起の瞬間の発光強度は式(8.15)で表され，温度やカメラの画素の位置の関数になる．

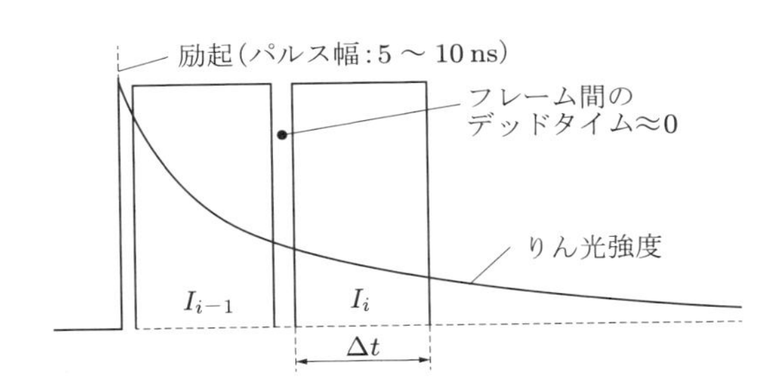

図 8.22 りん光寿命法におけるタイミングチャート

カメラがある露光時間 $\Delta t_i(= t_i - t_{i-1})$ に受光するりん光強度 $I_{\Delta t_i}$ は式(8.20)で表され，時系列画像取得時の全画像の露光時間が Δt で一定の場合，りん光強度比 I_i/I_{i-1} は式(8.21)となる．式(8.21)は一次反応系を仮定したものである．

$$I_{\Delta t_i} = I_{\mathrm{em}} \int_{t_{i-1}}^{t_i} e^{-t/\tau} \mathrm{d}t \tag{8.20}$$

$$\frac{I_i}{I_{i-1}} = e^{-\Delta t/\tau} \tag{8.21}$$

式(8.21)より，りん光の減衰定数，寿命 τ を算出する．りん光の発光を一次反応と仮定すると，

$$\ln \tau \propto T^{-1} \tag{8.22}$$

より，減衰係数と温度との関係を求めることができる．また，実際のりん光発光現象は一次反応プロセスではないため，式(8.20)，(8.21)で適切に評価できない場合は任意の実験式を適用する．

りん光寿命法の場合，時間方向の情報を用いるため，二色 LIF 法と異なり，1 センサのカメラを利用でき，空間的な補正は必要ない．なお，イメージングインテンシファイア（I.I.）は入射光強度に対する出力の非線形性が強いため，蛍光・りん光の強度（比）に基づく LIF 法，二色 LIF 法，りん光寿命法とも，I.I. の利用は好ましくない．

8.4.6　複合計測：りん光寿命法による温度速度計測の例[76]

速度と温度など複数のパラメータを同時に計測する場合，複数の異なる測定システムを同時に稼働させてデータを取得することが考えられる．しかし，この場合，多くの光路，ハードウェアが必要となり，また，利用するセンサ物質の波長が重複しないようにする必要があったため，適用可能な対象が制約されていた．

ここでは，この問題を解決する複合計測の例として，前節で述べた蛍光体が元来，数マイクロ径の粒子であることに着目し，蛍光体粒子を PIV トレーサと兼ね，温度と速度を同時に計測する方法を示す．図 8.23 に測定原理を示す．図 8.22 に示したように，一回の励起の後，複数枚の粒子画像を取得する．この粒子像の時間的な輝度変化から，りん光寿命法によって画像中の微小領域内の温度分布を求めると共に，輝度パターンの変動から速度分布を得る．これにより 1 台のカメラとシングルパルスレーザのみの簡単な機器構成で複合計測を実現できる．図 8.24 は，自動車用エンジン筒内のピストンが上死点に達した瞬間における温度分布と速度分布を同時に計測した例である．燃焼させていないため，筒内の空気の温度は状態方程式に従い，断熱圧縮で変化し，室温から数百度に瞬時に上昇する．また，上死点においても縦渦が維持されていることがわかる．

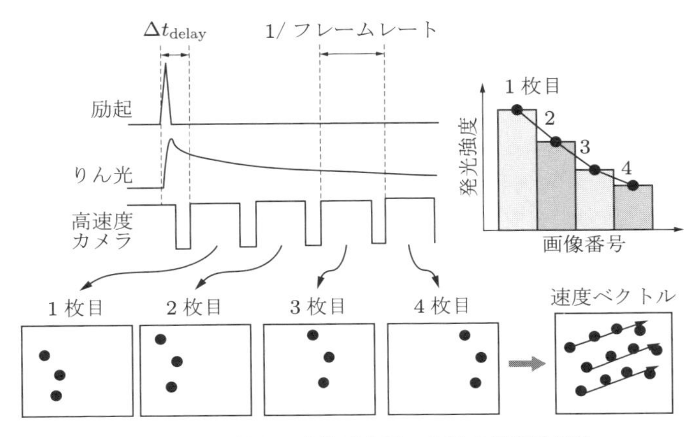

図 8.23 感温性りん光粒子を用いた温度速度計測法

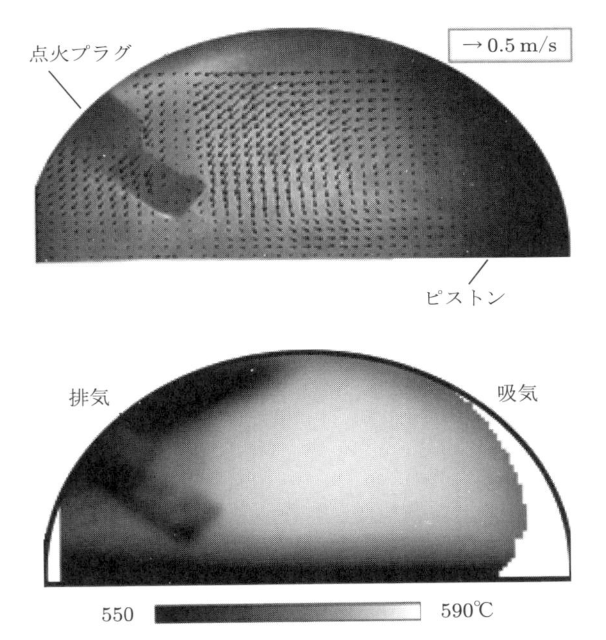

図 8.24 りん光寿命法による温度速度計測例[76]

8.5 混相流計測

気体中に固体粒子が分散している系や液体中に気体である気泡が混入している系など，複数の相が混ざり合っている流れを混相流（multi-phase flow）という．本節では，混相流における各相の速度や幾何学的形状を可視化画像から計測する手法について解説する．8.5.1 項では流体中に固体粒子が混入された系を，8.5.2 項では液体中に気泡が混入した系をそれぞれ対象とした計測方法について述べる．

8.5.1 粒子・流体同時計測

流れ場に固体粒子が混入した系は，化学反応装置，スラリー輸送，微粉炭燃焼器，流動層，汚染物質の拡散，火砕流など，産業界，自然界の多くの分野にかかわる重要な問題である．単相流に対しては，古くから熱線流速計を代表とする速度測定法が開発されていたが，固気二相流（gas-solid two phase flow）あるいは固液二相流（liquid-solid two phase flow）に対して精密な計測が行えるようになったのは，レーザドップラ流速計（LDV），フェーズドップラ流速計（PDA）が実用化された，比較的最近のことである[77~79]．

固体粒子を含む系では，粒子と流体の力学的相互作用，粒子どうしの衝突，粒子と固体壁の干渉，粒子のクラスタリングなどによって，流れの様相が大きく変化する．したがって，流れのメカニズムを明らかにするには，固体粒子と流体の速度だけでなく，空間的な相対関係が重要である．画像計測に基づく測定法は，原理的には，2 次元平面，あるいは，3 次元空間内の二相の情報を同時に得ることが可能であるため，既存の手法に比べて大きな利点を有している．

(1) 画像計測に基づく固体粒子速度の計測

固体粒子の速度を画像計測することを想定すると，単相流の場合と同様に，相関法に基づく方法（4.2 節参照）と粒子追跡に基づく方法（4.3 節参照）の 2 種類の手法を考えることができる．しかし，流体の運動は連続の式で支配されるため，近接するトレーサ粒子の軌跡が交差することはないが，分散相である固体粒子の運動は，周囲の流体の運動，および，過去の履歴によって決まるため，近接粒子の運動に相関がない場合もあり得ることに注意しなければならない．

Anderson & Longmire[80]は，固体粒子（solid particle）を含む空気の衝突噴流において，相関法による固体粒子速度の計測誤差を評価した．その結果，衝突板近傍では，流れに乗って衝突板に向かう粒子と，跳ね返ってノズル側へ逆行する粒子が混在するため，大きな誤差が生じることが明らかになった．固体粒子の周囲流体への追随性の指標として，次式の粒子の時定数を用いることができる．

$$\tau_\mathrm{p} = \frac{\rho_\mathrm{p} d^2}{18\nu\rho_\mathrm{f}} \tag{8.23}$$

ここで，$\rho_\mathrm{p}/\rho_\mathrm{f}$ は固体粒子と流体の密度比，d は粒子直径，ν は流体の動粘性係数である．τ_p が大きい場合，すなわち密度比が大きい，あるいは粒子直径が大きい場合には，固体粒子運動と流体速度の相違が大きく，誤差の要因となる．したがって，固体粒子については，相関法ではなく，粒子追跡，すなわち個々の粒子を時間的に追跡することによって速度を算出することが望ましい．

一方，粒子追跡を行う際には，複数の時刻の粒子画像から粒子軌跡を一意に認定するため，粒子の濃度を低く保つ必要がある[81]．したがって，粒子濃度の高い混相流の計測は一般に難しい．これに対して，固液混相流においては，粒子の屈折率を液体とマッチングさせる試みが行われている．Cui & Adrian[81]は，粒子の材質・形状と流体の種類を注意深く選ぶことによって，固体粒子の体積比 50% においても十分な透過性が得られることを示した．このような手法を用いれば，高濃度の固液混相流においてもトレーサ粒子のみを観察することで流体速度を計測でき[82]，また，マーカを付けた少数の固体粒子のみの運動を解析することによって固体粒子速度の統計的性質を得ることができる[81]．しかし，流体の種類が限定されるため，大規模な実験装置での計測には不向きであり，連続相・分散相を同時に測定した例はない．

以下では，比較的固体粒子濃度が低い系において，固体粒子と流体の速度を同時計測する手法の概略と，それらの手法を適用する場合の注意点を示す．

(2) 同時測定における粒子画像の分離

固体粒子と流体の速度を同時に計測する場合，固体粒子に加え，流体運動を代表させるトレーサ粒子の像が画面上に映り込むことになる．したがって，画像上で固体粒子とトレーサ粒子を分離する手法が必要となる．

まず，もっとも単純な手法は，固体粒子に比べて小さなトレーサ粒子を用意し，画像上での大きさ，輝度の違いを利用することである．Sakakibara ら[83]は，レーザ光シートによる照明と CCD カメラを用いた PIV で，平均径 55，86 μm のガラス粒子を固体粒子として含む空気噴流の計測を行った．彼らは，トレーサ粒子として径 1 μm の TiO_2 粒子を用い，輝度が高く面積の大きな粒子を固体粒子とみなすと共に，粒子画像の相互相関 PIV により流体の速度を求めた．この計測では，1 画面あたりの固体粒子数は数個と比較的少なく，流体の速度は固体粒子の近傍を除いて単相流の場合とほぼ同様の解像度で得られている．

粒子の大きさや輝度を用いる手法の問題点は，レーザ光シート外の固体粒子が画面上に小さなぼやけた像として映り，トレーサ粒子像と区別できなくなることである．菱田ら[84]は，これを解決するため二重体積法を用いた．彼らは，図 8.25 に示すように，トレーサ粒子を照明する Ar レーザの光シートの両側に指向性の高い赤外線 LED を配置し，赤外線ライト内を帳過する固体粒子像をもう 1 台の CCD カメラで捉える

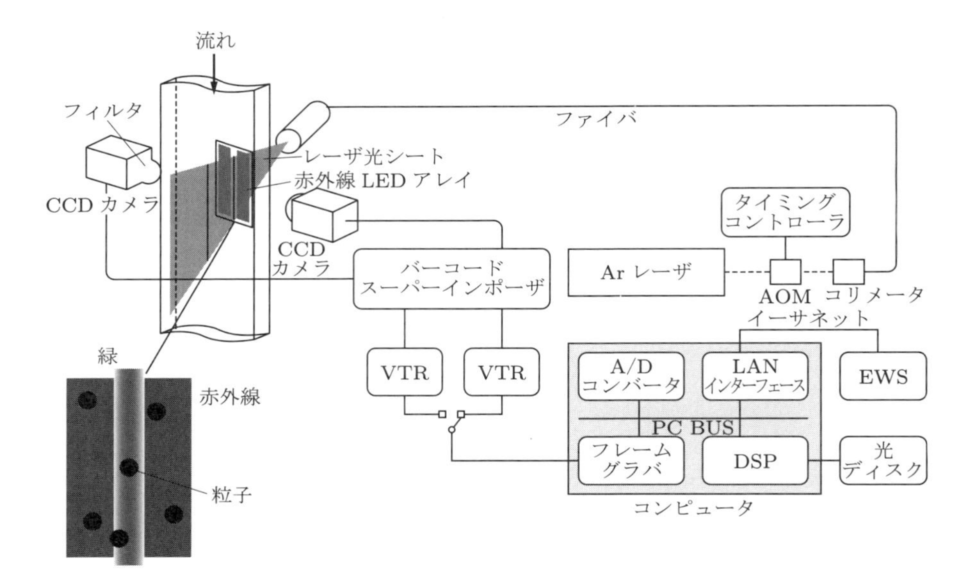

図 8.25 二重体積法を用いた DPIV 計測システム[84]

ことによって，測定領域外の固体粒子を除去した．

Kiger & Pan[85]は，2 次元メディアンフィルタを用いて，トレーサ粒子像など画像上の細かい輝度値パターンを平滑化した画像を作成し，原画像からこれを差し引くことによってトレーサ粒子の画像を分離している．彼らは，メディアンフィルタの幅を変化させて計測誤差を評価し，トレーサ粒子径の 2.5 倍が最適であると報告している．

Lecuona ら[86]は，固体粒子がレーザ光シートの中心からはずれている場合に画面上の輝度値パターンが鈍ることから，輝度の勾配の最大値を用いたピント合致度の指標を定義し，この指標によって測定領域外の粒子を除去している．彼らは，撮影に 35 mm フィルムを用い，スキャナによって粒子画像を取り込んだが，CCD カメラを用いる場合には，輝度の勾配を適切に求めるために画面上の解像度をかなり大きくとる必要があることを付記しておく．

また，光の波長の違いを用いて，二相の分離を行う手法も用いられている．すなわち，蛍光染料を固体粒子，あるいは，トレーサ粒子の一方に混入し[87]，光学的に散乱光，蛍光に分離する手法である．最近では，気泡まわりの流れの計測に用いられ，良好な計測結果が得られている[88]．

(3) 流体速度算出における相関法の問題点

Jakobsen ら[89]は，PIV を混相流の同時計測に適用する際の問題点として，さらに以下の点を挙げている．

- 粒子画像から固体粒子像に対応する部分を消去した場合，流体速度に誤差が生じる可能性がある．
- 固体粒子まわりの流れは粒子自身が引き起こす伴流などの細かいスケールの流れが生じており，PIV の検査領域では解像できない．

彼らは，前者について，固体粒子像に対応する画素を，推定したバックグラウンド輝度で埋めることにより，悪影響を取り除けることを示した．しかし，後者については，流れの形態，計測の目的に合わせて検討する必要がある．

(4) ラグランジアン PIV

Sato ら[90]は，ダクト内の固体粒子運動と流体の乱れの相関を計測するため，光学系を下流方向に移動させる，ラグランジアン PIV（Lagrangian PIV）を開発した（図 8.26）．この計測装置によれば，流下する固体粒子を比較的長い時間観察することが可

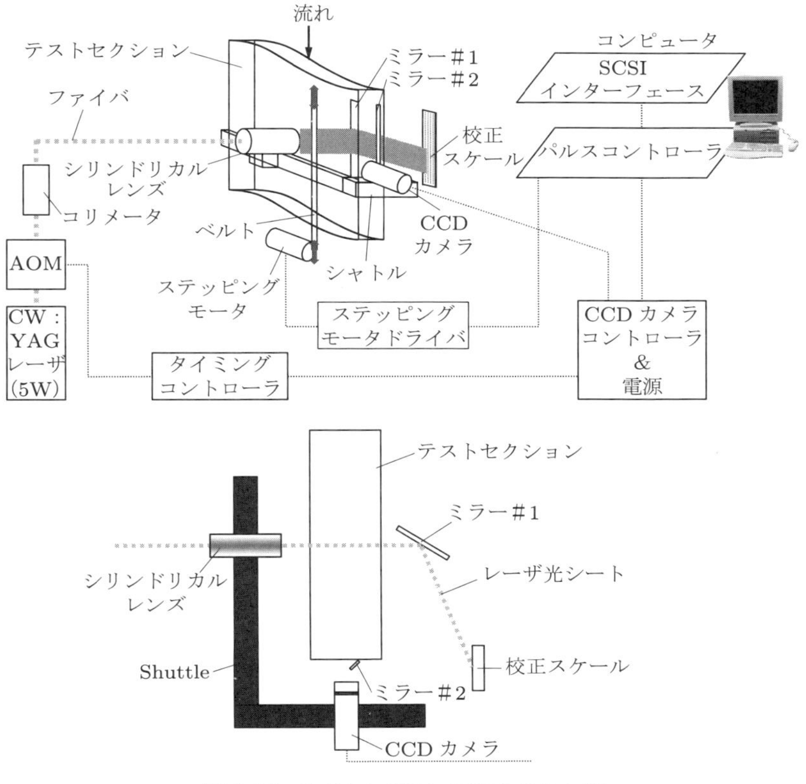

図 8.26 ラグランジアン PIV システム[90]

能である．固体粒子は直径約 190，400 μm のガラス粒子，トレーサ粒子は直径 5 μm のポリエチレン粒子が用いられた．図 8.27 に計測された固体粒子まわりのひずみ，渦度分布を示す．彼らの装置では，光学系の移動速度についても校正スケールの画像相関で算出することにより，精度を向上させている．

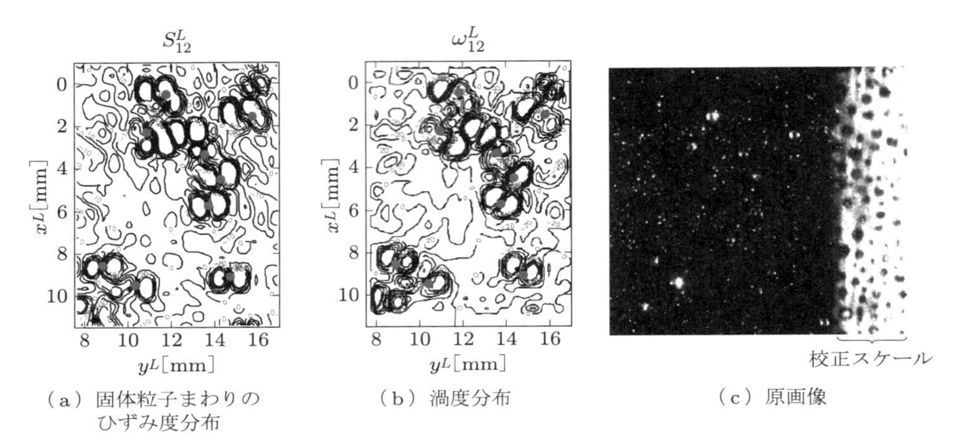

（a）固体粒子まわりのひずみ度分布　（b）渦度分布　（c）原画像

図 8.27　ラグランジアン PIV の計測例[90]

(5) 3次元 PTV を用いた固液混相乱流の同時計測

鈴木ら[91]，Suzuki ら[92]は，3次元高精細粒子追跡流速計（3-D HPTV）による固液混相乱流の同時計測を行った．図 8.28 にシステム構成の概略を示す．2種類の粒子を画像上の大きさで分別するために HD カメラ（1920 × 1024 pixel）が用いられたほかは，西野ら[93]，Sata & Kasagi[94]によって構築された3次元 PTV と同様であり，3台の HD-CCD カメラ，追記型レーザディスク・レコーダ，ストロボ，および高精細画像処理装置などからなる．固体粒子は直径約 400 μm のセラミック粒子，トレーサ粒子は直径約 170 μm（直径比約 2.5）のポリスチレン粒子が用いられた．図 8.29 に粒子画像の例を示す．3次元 PTV を用いたこの手法では，

- 瞬時速度情報の密度が粗である．
- 比較的大きなトレーサ粒子を用いる必要がある．

などの欠点があるが，相関法を用いた PIV に比べて，

- 速度勾配の大きい領域（壁近傍など）でも精度の高い計測ができる．
- 3次元空間内の3方向速度成分の情報が得られる．
- 光シートを用いていないので，測定領域外の粒子像による悪影響が少ない．
- 両相に PTV を採用することによって，同一のアルゴリズムで速度抽出が行

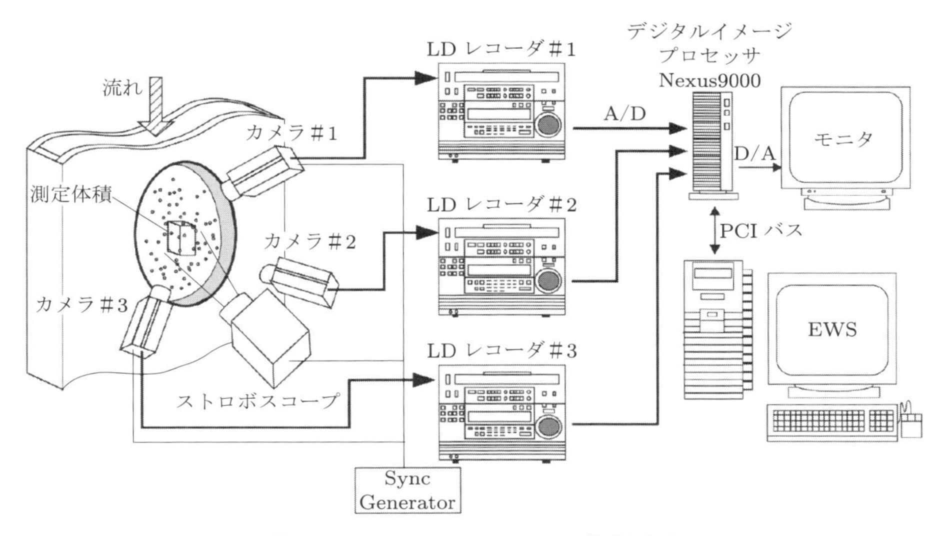

図 8.28 3-D HPTV のシステム構成図[91]

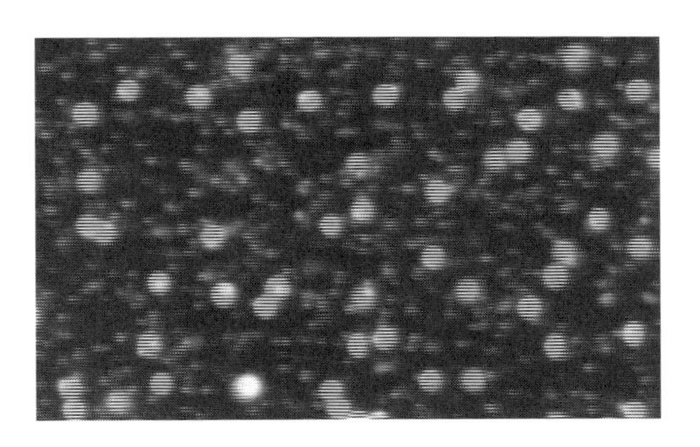

図 8.29 粒子画像の例（380 × 240 pixel の拡大部分）[91]

える.

などの長所がある．粒子追跡は 4 時刻追跡法によるが，アルゴリズムの詳細は 4.3.2 項を参照されたい．HD カメラを用いた場合，固体粒子 650 個，トレーサ粒子 1600 個の瞬時ベクトルが同時に計測可能であることが数値シミュレーションにより示されている[92]．しかし，鉛直チャネル回流水槽を用いて行った測定では，測定体積外の多くの固体粒子が画面上にオーバーラップしたため，瞬時ベクトル数は固体粒子 200 個，トレーサ粒子 400 個程度に留まった．図 8.30 は，4 象限解析を用いた条件付きサンプリング（conditional sampling）[95]により，流体のイジェクションイベント（低速の流体が壁から吹き上げる運動）に伴う，壁近傍の乱流構造と粒子濃度の相関を調べた結果である．抽出点を通る流れに直交する（y^+–z^+）断面内の，流体の速度ベクト

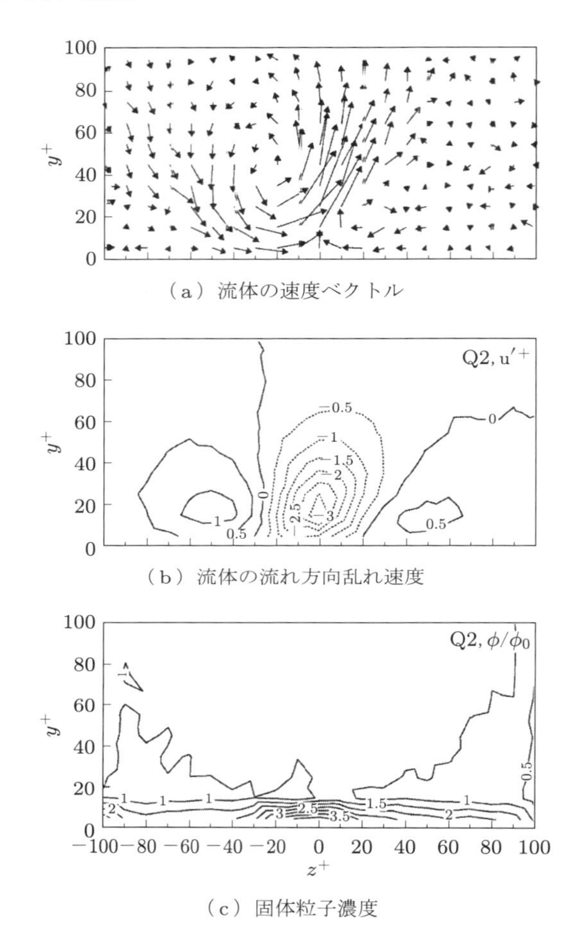

（c）固体粒子濃度

図 8.30 4象限解析による条件付き抽出法で得られた壁乱流の秩序構造と固体粒子濃度（流れに直交する断面内の分布）[91]

ル，流れ方向乱れ速度（u'^+），固体粒子の濃度分布（ϕ/ϕ_0）を示している．抽出点付近には縦渦がみられ，その直下には低速の領域（低速ストリーク）が存在している．一方，この領域の固体粒子濃度は非常に高く，壁乱流中で固体粒子の集積[94]が生じていることがわかる．

固体粒子と流体の同時計測は，計測例で示したように，今後，混相流の物理的メカニズムの解明に中心的な役割を果たしていく．しかし，粒子濃度が高い場合には，光学的な難しさ，速度抽出などの問題などが未解決であり，さらなる研究の展開が必要である．

8.5.2 気液系混相流

本項では気液二相流の代表例である気泡および気泡まわりの速度計測について，まず研究の現状を述べ，ついで計測の事例を示す．

(1) 計測の現状

気泡（bubble）は固体粒子に比べてさまざまな差異がある．周囲流体より密度が小さいため，外力に対して俊敏な並進運動の応答特性をもつこと，周囲圧力急変時の非線形な体積変化・振動の発現，乱流場での気泡界面の複雑な変形，さらには界面活性（contamination）の気泡挙動への影響がある．光学計測にあたっては，気液界面の反射・屈折特性，レーザ散乱点どうしの干渉など，PIV 処理において考慮すべき事項が多い．

気泡運動そのものを計測対象とするとき，画像からの気泡界面の正確な検出と，不規則運動する気泡重心移動に対応できるロバストな PIV/PTV 解析アルゴリズムを必要とする．Kitagawa ら[96]や Murai ら[97]は，マスク相関法をラベリングに用いた PTV を，Delnoij ら[98]は数個の気泡群のアンサンブル画像相関 PIV を，Cheng ら[99]は気泡噴流に再帰型相互相関 PIV を応用した計測を発表している．気泡投影像の光学的重畳がさらに激しい場合には，CT に準ずる逆解析的な気泡分布測定[100]も提案されている．一方，気泡流中に光シートを照射しても，多数の気液界面で光散乱が起こり，理想的な 2 次元計測を実現しにくい．この問題について，Chung ら[101]は蛍光染料によりレーザ光シート内の気泡界面のみ蛍光させる光学系を提案している．Huang ら[102]は，被写界深度を狭くしてバックライト照明のままシート光撮影と等価な PIV 用光学系を実現した．これに FFT 波数フィルタを併用して有効被写界深度をさらに薄くする技術[103]にも成功している．

気泡と周囲液体の同時計測については，界面を介した物質，運動量，熱移動の関心からニーズが高い．単一カメラで同時計測を実現するには，気泡とトレーサが複合した画像から，パターン認識により画像分離する手法が必要となる．Murai ら[104]は，構成画素数，平均輝度，輝度分散の 3 者からもっとも相互分散の大きくなるパラメータを自動判別し，気泡と粒子の識別に使う方法を提案している．気泡が粒子よりも明らかに大きな場合では，構成画素数だけで各相にふるい分けすることができ，多くの応用がある[105~107]．たとえば，Kroeninger ら[108]はキャビテーション気泡崩壊の瞬間に壁面近傍で発生する非対称な加速流の PTV 計測に成功している．一方，マイクロバブルなど，構成画素数が少ない場合では蛍光トレーサ粒子を利用し，色情報で気泡と粒子を識別できる[109]．非定常に変形する大気泡の場合では，気液界面形状を正確に投影するバックライト法と，粒子照明用のシート光を併用する方法が機能する[110]．この併用法のうち，Fujiwara ら[111]や Lelouvetel ら[112]は，各光源に対応して対向配置する二つのカメラを使い，気泡流の両相の広域速度分布計測に成功している．Saitoら[113]のグループでは単一気泡の気液界面近傍の渦放出[114, 115]や物質拡散を，二つのカメラで高時間分解 PIV 計測に成功した．Sathe ら[116]は二色ミラーを使うことで気液界面近傍の高精細計測が可能であることを示している．

ところで，気液二相流の PIV におけるもう一つの問題点は，液相の変形速度が大きく，速度分布の空間波長が短いことである．局所のトレーサ粒子分布の空間的な相関は短時間に低下しやすく，時間的な追跡でも直進性が保たれにくい．気液界面近傍ではこれらが顕著となり，肝心な領域の速度データが欠落するという事例が多くなる．このような問題の解決のため，Ishikawa ら[117]は，数個の粒子の速度ベクトルから近似される速度勾配テンソルを追跡することで，気泡誘起乱流の計測能率を向上させた．Choi ら[118]は，気泡流の PIV データを離散ウエーブレット変換し，気液界面近傍の速度ジャンプを捉え，その時点で各相に識別するという後処理タイプの二相識別法を提案している．Hosokawa ら[119]の技術では，液相中に四角形の分子タグを当て，その並進，回転，変形を追跡して速度と速度勾配を同時計測し，気泡流の乱流統計量を計測することに成功している．

(2) 気泡速度の PTV 計測

気泡流中においてボイド率（void fraction）が高くなると，気泡どうしの相互作用が観測されるようになる．この相互作用は，気泡近傍の液体の伴流によって引き起こされるものであるが，現在のほとんどの二相流解析モデルでは，この作用が考慮されていない．そのため，長距離にわたって気泡群が浮上するときの気泡の空間分布パターンの変化やボイド率分布の変遷は精度よく予測できない．

ここでは壁面をスライドしながら浮上する気泡群の相互作用を，バックライト法により壁面の垂直方向から撮影する方法を取り上げる．図 8.31 (a)のように，二値化，ラベリング処理ののち，3 時刻追跡法により個々の気泡の並進速度ベクトルを得る．この結果を統計処理すると，図(b)のように，気泡の相対速度分布が得られる．この図は，ある着目した気泡を中心に置き，その周囲の気泡の相対速度ベクトルを約 10000 個のデータから平均化したものである[96]．気泡レイノルズ数は 40 である．この結果から，鉛直方向には互いに接近し，水平方向には離れるという構造が明らかとなったほか，3 時刻の気泡重心座標から気泡の加速度を求め，気泡に作用する吸引力，反発力を求めることも可能となった．なお，気泡間の相対速度は絶対速度に比べて非常に小さいので，重心座標の計測精度は十分なものでなければならない．ここではバックライト法によって撮像される気泡の投影画像をテンプレート画像として記録しておき，この画像に対する相関係数が極大となる座標をサブピクセル精度で検出する方法

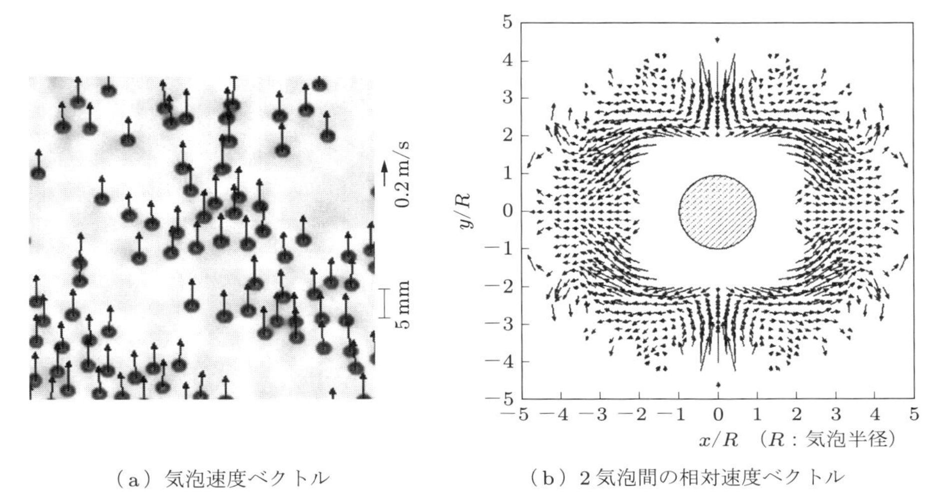

（a）気泡速度ベクトル　（b）2 気泡間の相対速度ベクトル

図 8.31 気泡群の PTV 計測結果

が用いられている（4.3.1 項の応用）.

(3) 気泡周囲速度場の PIV 計測

トレーサ粒子に比べて 1000 倍以上もの径を有する気泡を含む流れを PIV 計測するにあたっては，照射されたシート状のレーザ光が気泡を通過する際にさまざまな方向に屈折することを考慮する必要がある．図 8.32 (a)に示すように，その光強度はトレーサ粒子の反射光に比べて非常に大きいため，通常の画像処理手法では輝度値の飽和を引き起こし，気泡近傍のトレーサ粒子の認識は非常に困難となる．そこで，可視化用トレーサとして蛍光粒子（fluorescent particle）を用いることで，散乱光と波長の異なる蛍光のみを受光し，トレーサ粒子のみの画像を得る手法が有効となる．図(b)に蛍光粒子画像の一例を示す．気泡からの散乱光が抑えられ，気液界面近傍のトレーサ粒子を明瞭に観測できる．蛍光粒子（粒径 1〜10 μm，比重 1.03）はローダミン B を MMA（メチルメタクリレート）に混入して作成する[121]．ローダミン B は，呼吸波長帯を 450〜600 nm，蛍光波長帯を 550〜750 nm にもつ有機系蛍光染料である．

気泡周囲の速度を計測する場合には，それと同時に気泡の形状も認識する必要が生じる．そこで，気泡背後にバックライトとして赤外光源を置き，赤外光源と反対側に置かれた CCD カメラにより影として投影された像を撮影する形状認識法（infrared shadow technique：IST）を用いる．本手法により得られた気泡の形状の一例を図 8.32 (c)に示す．実際の計測においては，波長 890 nm の赤外線 LED 群からテストセクションへ照射した光を，赤外光のみを透過させるカラーフィルタを装着

（a）気泡と粒子からの散乱光画像
（界面での反射で輝度値が飽和している）

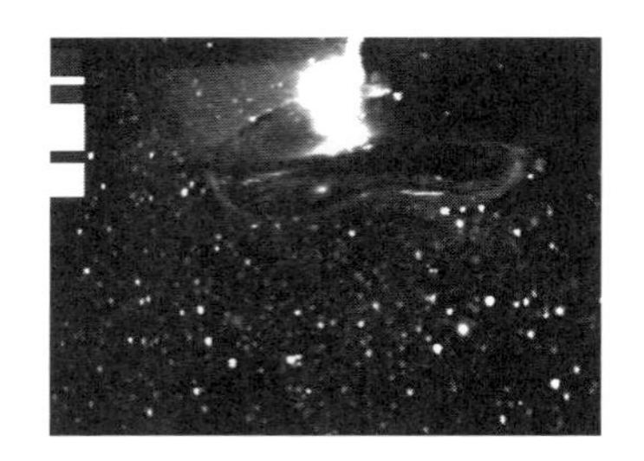

（b）蛍光のみを捉えた画像
（気泡からの散乱光が抑えられている）

（c）赤外線を捉えた画像
（トレーサ粒子と気泡からの散乱光が共に抑制されている）

図 8.32 気泡を含む流れの画像例

した CCD カメラで撮影することにより，気泡の瞬時形状を認識している．

図 8.33 に，流路テストセクションおよび気泡周囲速度・気泡形状同時計測システムの概略を示す．流路は上流部に乱れ発生用の格子を有したアクリル製正方形チャネルで，その内部に固定されたピアノ線の先端に直径 2 mm のディスクが設けられ，気泡はそのディスク下面で支持されている．作動流体である水道水は気泡の上昇速度に等しい一様流速 $U_0 = 0.245$ m/s で流路内を鉛直下向きに流れている．可視化用の励起光源として Nd:YAG（もしくは Ar）レーザを厚さ約 1.5 mm のシート状にし，フレームストラドリング（3.3.3 項参照）を用いて 2.4 ms 間隔の画像を得る．速度測定用および気泡形状測定用の 2 台の CCD カメラはテストセクションに対して対面に置かれ，気泡形状測定の光源である赤外線 LED 群は，速度測定用 CCD カメラの周囲に配置される．CCD カメラには光源と同波長の光をカットするカラーフィルタを取り付け，蛍光粒子からの蛍光発光のみを撮影することによりトレーサ像の認識を行う．気泡形状測定のための赤外線 LED は照射するレーザと等しい時間間隔で照射され，瞬時形状データは 1 回目に照射した際の画像を用いている．

この計測手法によって得られた瞬時の気泡形状および速度ベクトルの例を図 8.34

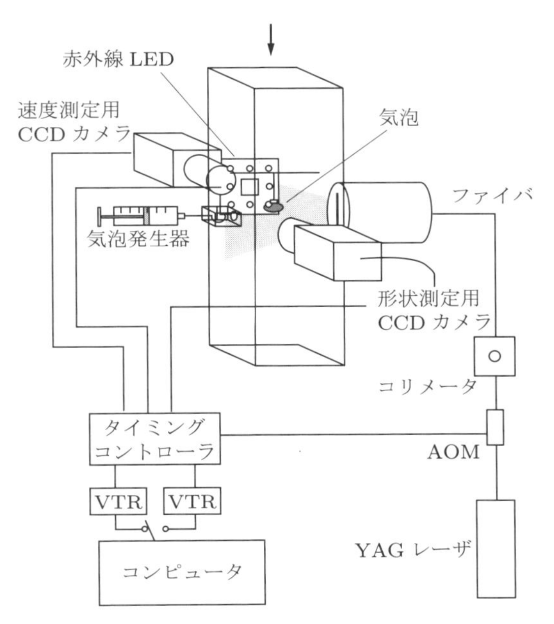

図 8.33 気泡周囲速度・気泡形状同時計測システムの概略

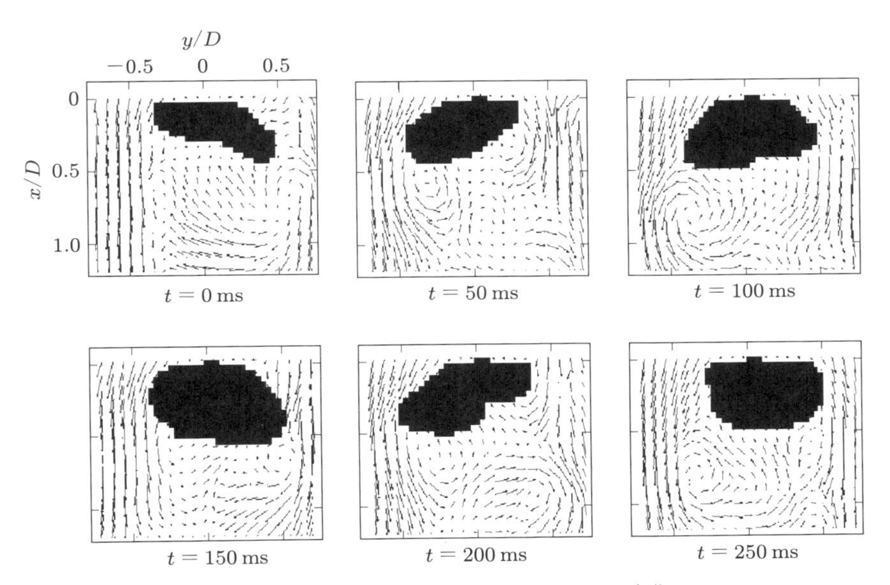

図 8.34 気泡の変形と速度ベクトルの時間変化

に示す．気泡の形状は時間と共に変化し，それに伴い後流も左右に大きく蛇行している．また，気泡の変形に伴い後流には大小さまざまなスケールの渦が放出されていることがわかる．

8.6 マイクロPIV

マイクロ化学分析システム，マイクロリアクタなどの化学システム，タンパク質やDNAなどの分析デバイス，マイクロ燃料電池，マイクロ熱交換器など代表長さが数百マイクロメートルの流路内の流れの把握が必要である．しかし，レーザドップラ流速計などの従来の計測法では，得られる速度の空間分解能が，流路の大きさに比べて不足する．そこで，光学的に流れ場を拡大した可視化画像を用いるマイクロPIV[122, 123]が開発され，成果を上げている．本節では，マイクロスケールの空間分解能を有するマイクロPIVについて述べる．

8.6.1 光学系

(1) マイクロPIV

マクロスケールのPIVでは，通常，光シートにより計測領域を照明し，ある断面を可視化する．しかし，光の回折限界によって，光シートの厚さが200 nm程度までにしか薄くできないため，マイクロスケールの流れ場を計測するためには不十分である．そこで，マイクロPIVでは，体積照明が主として用いられる．体積照明は，対象全体を照明し，顕微鏡の被写界深度を用いて奥行き方向の観察領域を限定する方法であり，通常の蛍光顕微鏡で用いられている[124, 125]．また，通常のPIVでは，粒子の散乱光を観察するが，マイクロスケールでは，流路壁面などの計測対象などによるレーザ光の散乱光が粒子の散乱光に比べて強くなるために画像ノイズとなり，良好な粒子画像を得ることが困難となる．そのため，散乱光の代わりに，蛍光粒子からの蛍光を蛍光フィルタを用いて観察することが行われている．図8.35に，典型的なマイクロPIVシステムを示す．

ダブルパルスレーザからの照明をビームエキスパンダで拡大し，蛍光顕微鏡に入射する．入射されたレーザは，励起フィルタを通過した後，ダイクロイックミラーにより反射され，対物レンズを通して計測領域を落射照明（同軸照明）により照射する．計測領域の流体の混入した蛍光粒子は，励起光により蛍光を発し，対物レンズ，ダイクロイックミラーを透過し，蛍光フィルタにより蛍光以外の波長の光を除去して，冷却CCDカメラなどの高感度カメラで撮影される．蛍光粒子は，粒子径が0.2〜1.0 μm程度のポリスチレン製粒子がよく用いられる．なお，蛍光粒子は，レーザ

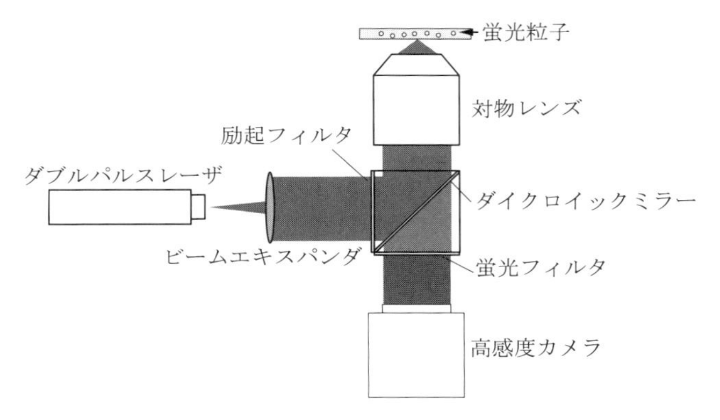

図 8.35　マイクロ PIV システム

などの光源の波長に励起波長が適している必要がある．また，大きな S/N 比粒子画像を取得するためには，励起光を十分にカットし，かつ，蛍光を十分に透過する光学フィルタ（ダイクロイックミラー，蛍光フィルタ）の選択が重要である．

得られる可視化画像は，対物レンズの性能に大きく依存する．とくに開口数（numerical apature：NA）に，面方向の分解能および奥行き方向の分解能，画像の明るさが依存する．開口数（NA）は，

$$NA = n \sin\theta \tag{8.24}$$

で表される．ここで，図 8.36 で示す n は対物レンズと対象の間の媒質の屈折率であり，θ は対象から対物レンズに入射する光線の光軸に対する最大角度である．

面方向の分解能は，図 8.37 に示すような隣接する 2 点間が識別できる最少の距離と定義され，その距離 d_{axial} は，

$$d_{\mathrm{axial}} = 0.61 \frac{\lambda_{Ex}}{NA} \tag{8.25}$$

となる．ここで，λ_{Ex} は，励起光の波長である．

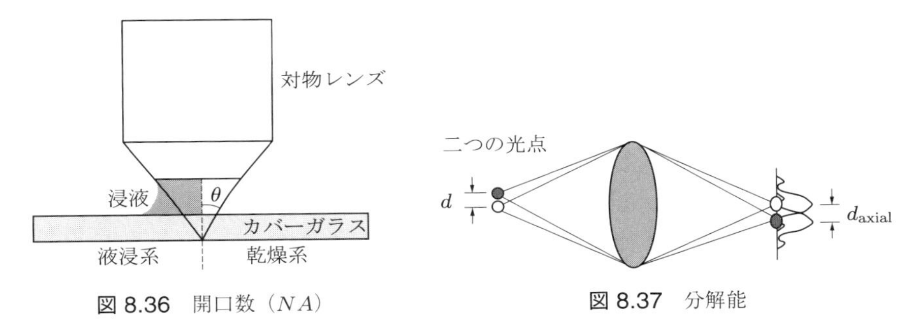

図 8.36　開口数（NA）

図 8.37　分解能

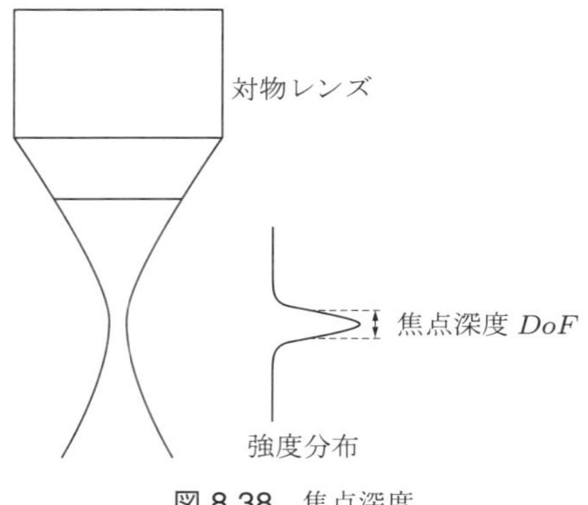

図 8.38 焦点深度

奥行き方向の分解能は，図 8.38 に示す焦点深度で決まり，焦点深度 DoF（depth of focus）は，

$$DoF = \frac{n\lambda_{Ex}}{NA^2} + \frac{ne}{NA \cdot M} \tag{8.26}$$

となる．ここで，e は撮像素子の分解能，M は横倍率である．

つまり，焦点深度内の蛍光粒子が観察されるため，得られる速度はその空間内の速度の重み付けの平均値となる[126, 127]．また，焦点が合わない粒子が背景ノイズとなり，計測精度の低下を招くといった問題がある．

(2) 共焦点マイクロ PIV

焦点深度を小さくするためには，大きな NA の対物レンズを使う必要があるが，作動距離が短くなり，計測対象に制限が生じる．そこで，焦点深度を小さくし，焦点が合っていない粒子による背景ノイズを低減するために，共焦点顕微鏡（confocal laser scanning microscope：CLSM）を用いることが有効である．図 8.39 に共焦点顕微鏡の模式図を示す．ガウスビームのレーザ光は，対物レンズにより回折限界まで集光される．試料からの光は，ピンホールを通って検出器に受光されるが，焦点からずれた光はピンホールを通過せず，背景ノイズが低減される．共焦点顕微鏡の焦点深度は，波長やレンズの NA，ピンホールの大きさなどに依存する．共焦点顕微鏡の面方向および奥行き方向の分解能は，つぎのようになる．

$$d_{\text{axial}} = 0.51\frac{\lambda_{Em}}{NA} \tag{8.27}$$

$$DoF = \frac{0.88\lambda_{Em}}{n - \sqrt{n^2 - NA^2}} \tag{8.28}$$

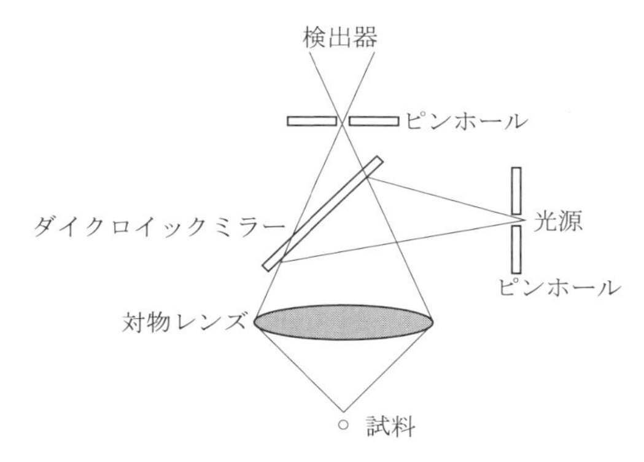

図 8.39 共焦点顕微鏡

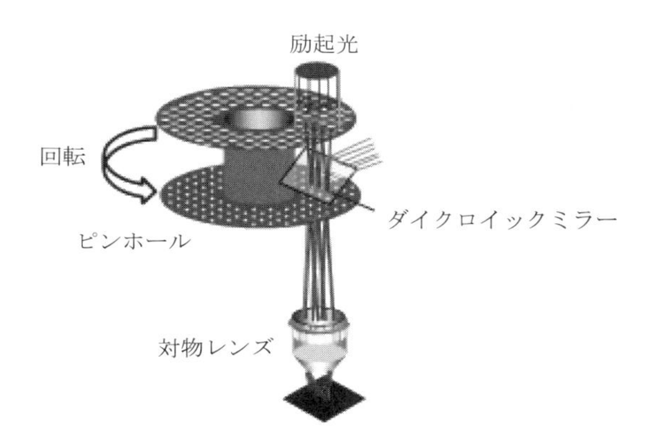

図 8.40 高速共焦点顕微鏡

共焦点顕微鏡では，深さ方向の分解能として，焦点深度の代わりに光学スライス厚さ（optical slice thickness）を用いることが多い．光学スライス厚さは，

$$OST = \sqrt{\left(\frac{0.88\lambda_{Em}}{n - \sqrt{n^2 - NA^2}}\right)^2 + \left(\frac{\sqrt{2}nPD}{NA^2}\right)^2} \tag{8.29}$$

で表される．ここで，PD はピンホールの径である．

従来の共焦点顕微鏡では，レーザ光を走査する必要があるために時間分解能が低く，流動の計測には適用が困難であったが，ニポウディスク方式の高速共焦点スキャナと高速度カメラを用いて，高い時間分解能の速度分布計測が可能となった[128]．図 8.40 にニポウディスク方式の高速共焦点スキャナの原理を示す．多数のマイクロレンズが配置された円盤と同一のパターンでピンホールが配置された円盤と，ダイクロイックミラーから構成され，二つの円盤を高速で回転させることにより，一平面を高速で走査できる．ピエゾアクチュエータなどを用いて対物レンズを奥行き方向に走査させることによって，3次元空間の2成分の速度分布を計測できる．なお，計測可能な速度は，高速共焦点スキャナの速度で制限されるため，フレームストラドリング法を用いた従来のマイクロPIVによる計測に比べて，3桁程度小さな速度が計測可能である．

(3) ナノPIV

固体壁面近傍における流動を計測するために，エバネッセント光を利用したナノPIVが開発されている[129]．屈折率の高い媒質から低い媒質に光が入射する際，入射角をある臨界角以上にすると光は全反射するが，低媒質側の内部に光が1波長以下の深さまで浸透する．低媒質側の内部に染み出した光がエバネッセント光（近接場光．図8.41）とよばれる．

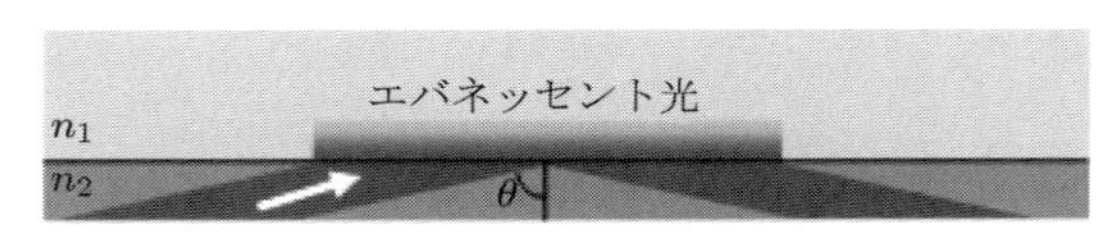

図8.41 エバネッセント光

この染み出したエバネッセント光の強度 $I(z)$ は，

$$I(z) = I_0 \exp\left(-\frac{z}{z_{\mathrm{p}}}\right) \tag{8.30}$$

で表される．ここで，I_0 は境界での光強度であり，z_{p} は染み込み深さとよばれ，

$$z_{\mathrm{p}} = \frac{\lambda}{4\pi\sqrt{n_2^2 \sin^2\theta - n_1^2}} \tag{8.31}$$

で表される．ここで，λ は光の波長，$n\,(n_2 > n_1)$ は屈折率，θ は入射角である．

ナノPIVでは，エバネッセント光を用いて壁面極近傍のみを照明することによって，壁面近傍の蛍光粒子を可視化し，速度分布計測を行う．エバネッセント光の生成方法として，対物レンズを用いた落射照明の方法と，プリズムを用いた外部照明の方法がある．

8.6.2 PIV解析法

マイクロPIVでは，1 µm以下の微小な粒子を用いるため，粒子のブラウン運動の影響が無視できなくなる．粒子のブラウン運動による平均移動距離 s は，

$$\left\langle s^2 \right\rangle = 2D\Delta t \tag{8.32}$$

で表せる．ここで，D は拡散係数，Δt は観察の時間間隔であり，理論的にはストー

クス－アインシュタインの式により

$$D = \frac{k_\mathrm{b} T}{3\pi \mu d_\mathrm{p}} \tag{8.33}$$

と求められる．ここで，k_b はボルツマン定数，T は流体の温度，μ は流体の粘性係数，d_p は粒子径である．

つまり，ブラウン運動によって流体の速度と粒子の速度とに差が生じ，粒子径が小さくなるにつれてその差が大きくなる．そのため，定常流の際には，得られた時系列の速度場の時間平均を算出することによって，ブラウン運動の影響を除去することが行われている．これまでに，複数の相関係数を重ねる時間平均相関法[130]，粒子画像を重ねて高密度な粒子画像を作成して解析する方法[131]，空間平均的な粒子追跡法[132]などが開発されている．

8.6.3 マイクロ PIV の計測例

マイクロ PIV をマイクロチューブ内の流れ場計測に適用した例[120]を紹介する．マイクロチューブの内径は 100 μm であり，水の屈折率とほぼ同じ値をもつ FEP（fluorinated ethylene polymer）製である．マイクロシリンジポンプを用いて蛍光粒子を混ぜた水を一定流量で流した．対物レンズは 40 倍の水浸レンズであり，NA は 0.8 である．蛍光粒子は，粒子径が 1.0 μm であり，535 nm で励起し，575 nm の蛍光を発する染料を含有している．波長が 532 nm，ダブルパルス Nd:YAG レーザで照射し，550 nm 以上の光のみを透過する光学フィルタによって蛍光だけを観察し

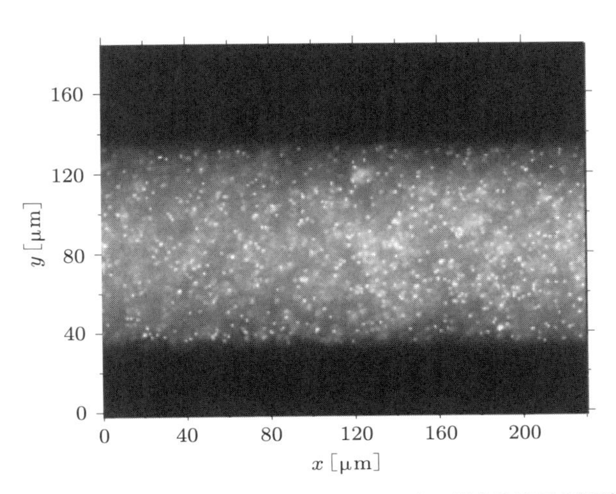

図 8.42 内径 100 μm のマイクロチューブ内の蛍光粒子画像[120]

た．得られる蛍光が非常に微弱であるため，撮像素子をペルチェ素子によって $-12°C$ まで冷却する高感度 CCD カメラを用いた．なお画素数は 1280×1024 pixel で，輝度階調は 12 bit，フレームレートは 8 fps である．図 8.42 に得られた蛍光粒子画像を，図 8.43 に得られた時間平均速度分布図を示す．得られた速度場の空間解像度は，2.0×2.0 μm である．なお，表示のため横方向の速度分布の解像度を落として示している．粒子密度が小さいにもかかわらず，過誤ベクトルが見られず，良好な結果が得られている．最大流速は，6.0 pixel/frame，10 mm/s である．管中央付近で最大値をとり，壁面に近づくにつれて小さくなる典型的な層流の速度分布となっており，層流の理論解であるポアズイユ流れの分布とよく一致している．

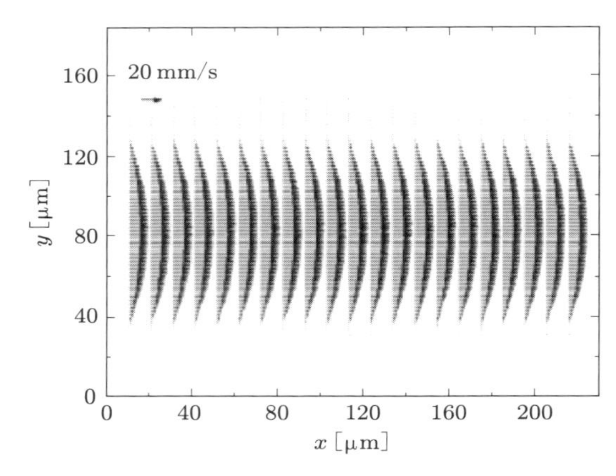

図 8.43 内径 100 μm のマイクロチューブ内の速度分布計測結果[120]

参考文献

[1] Cenedese, A. & Romano, G. P.: Space derivatives and Lagrangian correlations evaluation with PIV technique, in *Laser Anemometry: Advances and Applications*, Eds. A. Dybbs and G. Ghorashi, ASME, pp.341–347, 1991.

[2] Adrian, R. J.: Particle-imaging techniques for experimental fluid mechanics, *Annu. Rev. Fluid Mech.*, Vol.23, pp.261–304, 1991.

[3] Dean, R. B.: Reynolds number dependence of skin friction and other bulk flow variables in two-dimensional rectangular duct flow, *Trans. ASME, J. Fluids Eng.*, Vol.100, pp.215–223, 1978.

[4] Adrian, R. J.: Dynamic ranges of velocity and spatial resolution of particle image velocimetry, *Meas. Sci. Tech.*, Vol.8, pp.1393–1398, 1997.

[5] Tennekes, H. & Lumley, J. L.: *A First Course in Turbulence*, The MIT Press, pp.1–26, 1972.

[6] Keane, R. D. & Adrian, R. J.: Theory of cross-correlation analysis of PIV images, in *Flow Visualization and Image Analysis*, Kluwer Academic Publishers, pp.1–25, 1993.

[7] Keane, R. D. & Adrian, R. J.: Optimization of particle image velocimeters. Part I: Double pulsed systems, *Meas. Sci. Tech.*, Vol.1, pp.1202–1215, 1990.

[8] Landreth, C. C. & Adrian, R. J.: Impingement of a low Reynolds number turbulent circular jet onto a flat plate at normal incidence, *Exp. Fluids*, Vol.9, pp.74–84, 1990.
[9] Liu, Z.-C., Landreth, C. C., Adrian, R. J. & Hanratty, T. J.: High resolution measurement of turbulent structure in a channel with particle image velocimetry, *Exp. Fluids*, Vol.10, pp.301–312, 1991.
[10] Sakakibara, J., Hishida, K. & Maeda, M.: Measurements of thermally stratified pipe flow using image processing techniques, *Exp. Fluids*, Vol.16, pp.82–96, 1993.
[11] Urushihara, T., Meinhart, C. D. & Adrian, R. J.: Investigation of the logarithmic layer in pipe flow using particle image velocimetry, in *Near-Wall Turbulent Flows*, Eds. R. M. C. So, C. G. Speziale and B. E. Launder, Elsevier Science Publishers B. V., pp.433–446, 1993.
[12] Eggels, J. G. M., Unger, F., Weiss, M. H., Westerweel, J., Adrian, R. J., Friedrich, R. & Nieuwstadt, F. T. M.: Fully developed turbulent pipe flow: A comparison between direct numerical simulation and experiment, *J. Fluid Mech.*, Vol.268, pp.175–209, 1994.
[13] Scarano, F. & Riethmuller, M. L.: Iterative multigrid approach in PIV image processing with discrete window offset, *Exp. Fluids*, Vol.26, pp.513–523, 1999.
[14] Saga, T., Hu, H., Kobayashi, T., Murata, S., Okamoto, K. & Nishio, S.: A comparative study of the PIV and LDV measurements on a self-induced sloshing flow, *J. Visualization*, Vol.3, No.2, pp.145–156, 2000.
[15] Kim, K. C., Kim, S. K. & Yoon, S. Y.: PIV measurements of flow and turbulent characteristics of a round jet in crossflow, *J. Visualization*, Vol.3, No.2, pp.157–164, 2000.
[16] 西野耕一，笠木伸英：3 次元画像処理流速計による 2 次元チャネル乱流の乱流統計量の測定，日本機械学会論文集（B 編），Vol.56，No.525，pp.1338–1347，1990.
[17] 二宮尚，笠木伸英：軸対称自由噴流の自己保存領域における乱流統計量，日本機械学会論文集（B 編），Vol.59，No.561，pp.1532–1538，1993.
[18] 鈴木雄二，笠木伸英：3-D PTV による正方形断面曲がりダクト内の乱流気流計測，日本機械学会論文集（B 編），Vol.60，No.571，pp.865–871，1999.
[19] Adachi, T., Nishino, K. & Torii, K.: Digital PTV measurements of a separated air flow behind a backward-facing step, *J. Flow Vis. Image Proc.*, Vol.1, pp.317–335, 1993.
[20] Kasagi, N. & Matsunaga, A.: Three-dimensional particle-tracking velocimetry measurement of turbulence statistics and energy budget in a backward-facing step flow, *Int. J. Heat Fluid Flow*, Vol.16, pp.477–485, 1995.
[21] Le, H., Moin, P. & Kim, J.: Direct numerical simulation of turbulent flow over a backward facing step, *J. Fluid Mech.*, Vol.330, pp.349–374, 1997.
[22] Pronchick, S. W. & Kline, S. J.: *An experimental investigation of the structure of a turbulent reattaching flow behind a backward-facing step*, Report MD-42, Thermosciences Division, Mechanical Engineering Department, Stanford University, Stanford, CA, 1983.
[23] Bryanston-Cross, P. J., Judge, T. R., Quan, C., Pugh, G. & Corby N.: The application of digital particle image velocimetry (DPIV) to transonic flows, *Prog. Aerospace Sci.*, Vol.31, pp.273–290, 1995.
[24] Wernet, M. P.: A flow field investigation in the diffuser of a high-speed centrifugal compressor using digital particle imaging velocimetry, *Meas. Sci. Tech.*, Vol.11, pp.1007–1022, 2000.
[25] Willert, C., Raffel, M., Kompenhans, J., Stasicki, B. & Kaehler, C.: Recent application of particle image velocimetry in aerodynamic research, *Flow Meas. Instrum.*, Vol.7, No.3/4, pp.247–256, 1996.
[26] Tedeschi, G., Gouin, H. & Elena, M.: Motion of tracer particles in supersonic flows, *Exp. Fluids*, Vol.26, pp.288–296, 1999.
[27] Hirahara, H. & Kawahashi, M.: Optical Measurement of Gas-Droplet Mixture Flow in an

Expansion-Shock Tube, *JSME Int. J.*, Ser.B, Vol.41, No.1, pp.155–161, 1998.
[28] Hirahara, H. & Kawahashi, M.: Optical measurement of velocity and drag coefficient of droplets accelerated by shock waves, *Exp. Fluids*, Vol.38, pp.258–268, 2005.
[29] Samimy, M. & Lele, S. K.: Motion of particles with inertia in a compressible free shear layer, *Phys. Fluids A*, Vol.3, pp.1915–1923, 1991.
[30] Dupont, P., Haddad, C., Ardissone, J. P. & Debiève, J. F.: Space and time organisation of a shock wave/turbulent boundary layer interaction, *Aero. Sci. Tech.*, Vol.9, pp.561–572, 2005.
[31] Dussauge, J. P., Dupont, P. & Debiève, J. F.: Unsteadiness in shock wave boundary layer interactions with separation, *Aero. Sci. Tech.*, Vol.10, pp.85–91, 2006.
[32] Mai, T., Sakimitsu, Y., Nakamura, H., Ogami, Y., Kudo, T. & Kobayashi, H.: Effect of the incident shock wave interacting with transversal jet flow on the mixing and combustion, *Proc. Combust. Inst.*, Vol.33, pp.2335–2342, 2011.
[33] Piponniau, S., Collin, E., Dupont, P. & Debiève, J. F.: Reconstruction of velocity fields from wall pressure measurements in a shock wave/turbulent boundary layer interaction, *Int. J. Heat Fluid Flow*, Vol.35, pp.176–186, 2012.
[34] Raffel, M. & Kompenhans, J.: PIV measurements of unsteady transonic flow fields above a NACA 0012 airfoil, *Proc. 5th Int. Conf. Laser Anemometry*, p.527, 1993.
[35] Raffel, M. et al.: Experimental aspects of PIV measurements of transonic flow fields at a trailing edge model of a turbine blade, *Proc. 8th Int. Symp. Appl. Laser Tech. Fluid Mech.*, 28-1, 1996.
[36] Raffel, M. et al.: Measurement of vortical structures on a helicopter rotor model in a wind tunnel by LDV and PIV, *Proc. 8th Int. Symp. Appl. Laser Tech. Fluid Mech.*, 14-3, 1996.
[37] 速水ほか：軸流ファン下流流れへの PIV の適用，日本機械学会流工部門講演会講演論文集 No.99-19，p.341，1999.
[38] Kompenhans, J. et al.: Aircraft wake vortex investigations by means of particle image velocimetry : Measurement technique and analysis methods. *Proc. 3rd Int. Workshop on PIV*, p.255, 1999.
[39] Alkislar, M. et al.: 3-D PIV measurement of a supersonic jet, *Proc. 3rd Int. Workshop on PIV*, p.319, 1999.
[40] 山本ほか：遠心送風機羽根車内流れの可視化解析，可視化情報，Vol.16，No.60，p.27，1996.
[41] Kawahashi, M. et al.: Experimental Analysis of Flow in a Multiblade Fan by Using PIV Technique, *5th Asian Int. Conf. on Fluid Machinery*, p.787, 1997.
[42] Tisserant, D. et al.: Rotor Blade-to-Blade Measurements Using Particle Image Velocimetry, *ASME J. of Turbomachinery*, Vol.119, Is.2, p.176, 1997.
[43] Wernet, M. P.: PIV for Turbomachinery applications, *Proc. the SPIE, Optical Technology in Fluid Thermal and Combustion Flow III*, 3172, p.2, 1997.
[44] 福田，杉山，溝端，遠藤，孫，広島：衝撃波を伴う超音速内部流動に関する研究（マッハ 4 擬似衝撃波の内部構造に関する研究），日本機械学会論文集（B 編），Vol.69，No.683，pp.1570–1576，2003.
[45] Zare-Behtash, H., Kontis, K., Gongora-Orozco, N. & Takayama, K.: Compressible vortex loops: Effect of nozzle geometry, *Int. J. Heat Fluid Flow*, Vol.30, pp.561–576, 2009.
[46] Townend, H. C. H.: A method of airflow cinematography capable of quantitative analysis, *J. Aero. Sci.*, Vol.3, No.10, pp.343–52, 1936.
[47] Papamoschou, D.: A two-spark schlieren system for very-high velocity measurement, *Exp. Fluids*, Vol.7, No.5, pp.354–356, 1989.
[48] Papadopoulos, G.: Novel shadow image velocimetry technique for inferring temperature, *J. Thermophys. Heat Transfer*, Vol.14, No.4, pp.593–600, 2000.
[49] Jonassen, D. R., Settles, G. S. & Tronosky, M. D.: Schlieren "PIV" for turbulent flows,

Opt. Laser Eng., Vol.44, pp.190–207, 2006.

[50] Hirahara, H., Kawahashi, M., Khan, M. U. & Hourigan, K.: Experimental investigation of fluid dynamic instability in a transonic cavity flow., *Exp. Therm. Fluid Sci.*, Vol.31, pp.333–347, 2007.

[51] Kalt, P. A. M. et al.: Laser imaging of conditional velocities in premixed propane-air flames by simultaneous OH PLIF and PIV, *Proc. Combust. Inst.*, Vol.27, pp.751–758, 1998.

[52] Rehm, J. E. et al.: The relationship between vorticity/strain and reaction zone structure in turbulent non-premixed jet flames, *Proc. Combust. Inst.*, Vol.27, pp.1113–1120, 1998.

[53] Tanahashi, M. et al.: Simultaneous CH-OH PLIF and stereoscopic PIV measurements of turbulent premixed flames, *Proc. Combust. Inst.*, Vol.30, pp.1665–1672, 2005.

[54] Shimura, M. et al.: Simultaneous dual-plane CH PLIF, single-plane OH PLIF and dual-plane stereoscopic PIV measurements in methane-air turbulent premixed flames, *Proc. Combust. Inst.*, Vol.33, pp.775–782, 2011.

[55] Tanahashi, M. et al.: Measurement of fine scale structure in turbulence by time-resolved dual-plane stereoscopic PIV, *Int. J. Heat Fluid Flow*, Vol.29, pp.792–802, 2008.

[56] Shimura, M. et al.: Large-scale vortical motion and pressure fluctuation in noise-controlled, swirl-stabilized combustor, *J. Thermal Sci. Tech.*, Vol.4, No.4, pp.494–506, 2009.

[57] Tanahashi, M. et al.: CH double-pulsed PLIF measurement in turbulent premixed flame, *Exp. Fluids*, Vol.45, pp.323–332, 2008.

[58] Tanahashi, M. et al.: Local burning velocity measurements in turbulent jet premixed flame by simultaneous CH DPPLIF/OH PLIF and stereoscopic PIV, *Proc. 14th Int. Symp. Appl. Laser Tech. Fluid Mech.*, 2008.

[59] Peterson, E. L. et al.: Analysis of the turbulent in-cylinder flow in an IC engine using tomographic and planar PIV measurements, *Proc. 17th Int. Symp. Appl. Laser Tech. Fluid Mech.*, 2014.

[60] Kittler, C. et al.: Cinematographic imaging of hydroxyl radicals in turbulent flames by planar laser-induced fluorescence up to 5 kHz repetition rate, *Appl. Phys. B*, Vol.89, pp.163–166, 2007.

[61] Konle, M. et al.: Simultaneous high repetition rate PIV–LIF-measurements of CIVB driven flashback, *Exp. Fluids*, Vol.44, No.4, pp.529–538, 2008.

[62] Johchi, A. et al.: High repetition rate simultaneous CH/OH PLIF in turbulent jet flame, *Proc. 16th Int. Symp. Appl. Laser Tech. Fluid Mech.*, 2012.

[63] Sakakibara, J., Hishida, K. & Maeda, M.: Vortex structure and heat transfer in the stagnation region of an impinging plane jet (simultaneous measurement of velocity and temperature fields by DPIV and LIF), *Int. J. Heat Mass Transfer*, Vol.40, No.13, pp.3163–3176, 1997.

[64] Sakakibara, J. & Adrian, R. J.: Whole Field Measurement of Temperature in Water using Two-Color Laser Induced Fluorescence, *Exp. Fluids*, Vol.26, No.1/2, pp.7–15, 1999.

[65] Coppeta, J. & Rogers, C.: Dual emission laser induced fluorescence for direct planar scalar behavior measurements, *Exp. Fluids*, Vol.25, pp.1–15, 1998.

[66] Sakakibara, J. & Adrian, R. J.: Measurement of temperature field of a Rayleigh-Benard convection, *Exp. Fluids*, Vol.37, pp.331–340, 2004.

[67] Someya, S., Bando, S., Song, Y., Chen, B. & Nishio, M.: DeLIF Measurement of pH Distribution around Dissolving CO2 Droplet in High Pressure Vessel, *Int. J. Heat Mass Transfer*, Vol.48, pp.2508–2515, 2005.

[68] たとえば，Atkins, P. W.: *Physical Chemistry*, Freeman, 1994.

[69] Martin, M. & Lindqvist, L.: The pH dependence of fluorescein fluorescence, *J. Lumines.*,

Vol.10, pp.381–390, 1975.

[70] たとえば，Guilbault, G. G.: *Practical Fluorescence: Theory, Methods, and Techniques*, Marcel Dekker, 1973.

[71] Bell, J. H., Schairer, E. T., Hand, L. A. & Mehta, R. D.: Surface pressure measurements using luminescent coatings, *Annu. Rev. Fluid Mech.*, Vol.33, pp.155–206, 2001.

[72] McLachlan, B. G. & Bell, J. H.: Pressure sensitive paint in aerodynamic testing, *Exp. Therm. Fluid Sci.*, Vol.10, pp.470–485, 1995.

[73] Funatani, S., Fujisawa, N. & Ikeda, H.: Simultaneous measurement of temperature and velocity using two-color LIF combined with PIV with a color CCD camera and its application to the turbulent buoyant plume, *Meas. Sci. Tech.*, Vol.15, pp.983–990, 2004.

[74] Someya, S., Yoshida, S., Li, Y. & Okamoto, K.: Combined measurement of velocity and temperature distributions in oil based on the luminescent lifetimes of seeded particles, *Meas. Sci. Tech.*, Vol.20, 025403, 2009.

[75] Someya, S., Li, Y. R., Ishii, K. & Okamoto, K.: Combined Two-Dimensional Velocity and Temperature Measurements of Natural Convection using a High-speed Camera and Temperature Sensitive Particles, *Exp. Fluids*, Vol.50, pp.65–73, 2011.

[76] Someya, S., Okura, Y., Uchida, M., Sato, Y. & Okamoto, K.: Combined velocity and temperature imaging of gas flow in an engine cylinder, *Opt. Lett.*, Vol.37, pp.4964–4966, 2012.

[77] 日本機械学会編：熱流体の新しい計測法，養賢堂，1998.

[78] Bachalo, W. D.: Experimental Methods in Multiphase Flow, *Int. J. Multiphase Flow*, Vol.20, Suppl.1, pp.261–295, 1994.

[79] Tuji, Y., Morikawa, Y. & Shiomi, H.: LDV measurements of an air-solid two-phase flow in a vertical pipe, *J. Fluid Mech.*, Vol.139, pp.417–434, 1984.

[80] Anderson, S. L. & Longmire, E. K.: Interpretation of PIV Autocorrelation Measurements in Complex Particle-Laden Flows, *Exp. Fluids*, Vol.20, pp.314–317, 1996.

[81] Cui, M. M. & Adrian, R. J.: Refractive Index Matching and Marking Methods for Highly Concentrated Solid-Liquid Flows, *Exp. Fluids*, Vol.22, pp.261–264, 1997.

[82] Zachos, A., Kaiser, M. & Merzkirch, W.: PIV Measurements in Multiphase Flow with Nominally High Concentration of the Solid Phase, *Exp. Fluids*, Vol.20, pp.229–231, 1996.

[83] Sakakibara, J., Wicker, R. B. & Eaton, J. K.: Measurements of the Particle-Fluid Velocity Correlation and the Extra Dissipation in a Round Jet, *Int. J. Multiphase Flow*, Vol.22, pp.863–881, 1996.

[84] 菱田公一，半澤陽，榊原潤，佐藤洋平，前田昌信：固液二相矩形管内流の乱流構造（第一報，DPIV による流れ場の測定），日本機械学会論文集（B 編），Vol.62，No.593，pp.18–25，1996.

[85] Kiger, K. T. & Pan, C.: Two-phase PIV for Dilute Solid/Liquid Flow, *3rd Int. Workshop on Particle Image Velocimetry*, Santa Barbara, pp.157–162, 1999.

[86] Lecuona, A., Sosa, P. A., Rodriguez, P. A. & Zequeira, R. I.: Volumetric Characterization of Dispersed Two-phase Flows by Digital Image Analysis, *Meas. Sci. Tech.*, Vol.11, pp.1152–1161, 2000.

[87] Northrup, M. A., Kulp, T. J. & Angel, S. M.: Fluorescent Particle Image Velocimetry: Application to flow measurement in Refractive Index-matched Porous Media, *Appl. Opt.*, Vol.30, pp.3034–3040, 1991.

[88] 藤原暁子，前川宗則，飯塚功二，菱田公一，前田昌信：気泡を含む流れ場の乱流構造（PIV による気泡近傍の流動場の計測），日本機械学会論文集（B 編），Vol.64，No.622，pp.1697–1704，1998.

[89] Jakobsen, M. L., Easson, W. J., Greated, C. A. & Glass, D. H.: Particle Image Velocimetry: simultaneous two-phase flow measurements, *Meas. Sci. Tech.*, Vol.7, pp.1270–1280, 1996.

[90] 佐藤洋平，福市潮，菱田公一：ラグランジアン計測による矩形管内流中の固体粒子群間乱れ歪構造，日本機械学会論文集（B 編），Vol.66，No.642，pp.415–422，2000.
[91] 鈴木雄二，池谷基史，笠木伸英：高精細 3 次元粒子追跡流速計を用いた混相乱流計測，日本機械学会論文集（B 編），Vol.66，No.652，pp.3063–3070，2000.
[92] Suzuki, Y., Ikenoya, M. & Kasagi, N.: Simultaneous Measurement of Fluid and Dispersed Phases in a Particle-laden Turbulent Channel Flow with the Aid of 3-D Particle Tracking Velocimetry, *Exp. Fluids*, Vol.29, pp.S185–S193, 2000.
[93] 西野耕一，笠木伸英，平田賢，佐田豊：画像処理に基づく流れの 3 次元計測に関する研究，日本機械学会論文集（B 編），Vol.55，No.510，pp.404–412，1989.
[94] Sata, Y. & Kasagi, N.: Improvement toward high measurement resolution in three-dimensional particle tracking velocimetry, *Flow Visualization VI*, Eds. Tanida et al., Springer, pp.792–796, 1992.
[95] Choi, W. C. & Guezennec, Y. G.: On the asymmetry of structures in turbulent boundary layers, *Phys. Fluids A*, Vol.2, pp.628–630, 1990.
[96] Kitagawa, A., Sugiyama, K. & Murai, Y.: Experimental detection of bubble-bubble interactions in a wall-sliding bubble swarm, *Int. J. Multiphase Flow*, Vol.30, pp.1213–1234, 2004.
[97] Murai, Y., Qu, J. W. & Yamamoto, F.: Three dimensional interaction of bubbles at intermediate Reynolds numbers, *Multiphase Sci. Tech.*, Vol.18, pp.175–197, 2006.
[98] Delnoij, E., Westerweel, J., Deen, N. G., Kuipers, J. A. M. & van Swaaij, W. P. M.: Ensemble correlation PIV applied to bubble plumes rising in a bubble column, *Chem. Eng. Sci.*, Vol.54, pp.5159–5171, 1999.
[99] Cheng, W., Murai, Y., Sasaki, T. & Yamamoto, F.: Bubble velocity measurement with a recursive cross correlation PIV technique, *Flow Meas. Inst.*, Vol.16, pp.35–46, 2005.
[100] Murai, Y., Matsumoto, Y. & Yamamoto, F.: Three dimensional measurement of void fraction in a bubble plume using statistic stereoscopic image processing, *Exp. Fluids*, Vol.30, pp.11–21, 2001.
[101] Chung, K. H. K, Simmons, M. J. H. & Barigou, M.: Local gas and liquid phase velocity measurement in a miniature stirred vessel using PIV combined with a new image processing algorithm, *Exp. Therm. Fluid Sci.*, Vol.33, pp.743–753, 2009.
[102] Huang, J., Murai, Y. & Yamamoto, F.: Shallow DOF-based particle tracking velocimetry applied to horizontal bubbly wall turbulence, *Flow Meas. Inst.*, Vol.19, pp.93–105, 2008.
[103] Murai, Y., Oishi, Y., Takeda, Y. & Yamamoto, F.: Turbulent shear stress profiles in a bubbly channel flow assessed by particle tracking velocimetry, *Exp. Fluids*, Vol.41, pp.343–352, 2006.
[104] Murai, Y., Song, X. Takagi, T., Ishikawa, M., Yamamoto, F. & Ohta, J.: Inverse energy cascade structure of turbulence in a bubbly flow, *JSME Int. J.*, Ser.B, Vol.43, pp.188–196, 2000.
[105] Pang, M. & Wei, J.: Experimental investigation on the turbulence channel flow laden with small bubbles by PIV, *Chem. Eng. Sci.*, Vol.94, pp.302–315, 2013.
[106] Estrada-Perez, C. E. & Hassan, Y. A.: PTV experiments of subcooled boiling flow through a vertical rectangular channel, *Int. J. Multiphase Flow*, Vol.36, pp.691–706, 2010.
[107] Kitagawa, A., Hishida, K. & Kodama, Y.: Flow structure of microbubble-laden turbulent channel flow measured by PIV combined with the shadow image technique, *Exp. Fluids*, Vol.38, pp.466–475, 2005.
[108] Kroeninger, D., Koehler, K., Kurz, T. & Lauterborn, W.: Particle tracking velocimetry of the flow field around a collapsing cavitation bubble, *Exp. Fluids*, Vol.48, pp.395–408, 2010.
[109] Watamura, T., Tasaka, Y. & Murai, Y.: Intensified and attenuated waves in a micro

bubble Taylor-Couette flow, *Phys. Fluids*, Vol.25, 054107, 2013.

[110] Lindken, R. & Merzkirch, W.: A novel PIV technique for measurements in multiphase flows and its application to two-phase bubbly flows, *Exp. Fluids*, Vol.33, pp.814–825, 2002.

[111] Fujiawara, A., Minato, D. & Hishida, K.: Effect of bubble diameter on modification of turbulence in an upward pipe flow, *Int. J. Heat Fluid Flow*, Vol.25, pp.481–488, 2004.

[112] Lelouvetel, J., Nakagawa, M., Sato, Y. & Hishida, K.: Effect of bubbles on turbulent kinetic energy transport in downward flow measured by time-resolved PTV, *Exp. Fluids*, Vol.50, pp.813–823, 2011.

[113] Sakakibara, Y., Yamada, M., Miyamoto, Y. & Saito, T.: Measurement of the surrounding liquid motion of a single rising bubble using a Dual-Camera PIV system, *Flow Meas. Inst.*, Vol.18, pp.211–215, 2007.

[114] Saito, T., Sakakibara, K., Miyamoto, Y. & Yamada, M.: A study of surfactant effects on the liquid-phase motion around a zigzagging-ascent bubble using a recursive cross-correlation PIV, *Chem. Eng. J.*, Vol.158, pp.39–50, 2010.

[115] Nagamia, Y. & Saito, T.: Measurement of modulation induced by interaction between bubble motion and liquid-phase motion in the decaying turbulence formed by an oscillating-grid, *Particuology*, Vol.11, pp.158–169, 2013.

[116] Sathe, M. J., Thaker, I. H., Strand, T. E. & Joshi, J. B.: Advanced PIV/LIF and shadowgraphy system to visualize flow structure in two-phase bubbly flows, *Chem. Eng. Sci.*, Vol.65, pp.2431–2442, 2010.

[117] Ishikawa, M., Murai, Y. & Yamamoto, F.: Numerical validation of velocity gradient tensor particle tracking velocimetry for highly deformed flow fields, *Meas. Sci. Tech.*, Vol.11, pp.677–684, 2000.

[118] Choi, J-E., Takei, M., Doh, D-H., Jo, H-J., Hassan, Y. A. & Ortiz-Villafuerte, J.: Decompositions of bubbly flow PIV velocity fields using discrete wavelets multi-resolution and multi-section image method, *Nucl. Eng. Des.*, Vol.238, pp.2055–2063, 2008.

[119] Hosokawa, S., Fukunaga, T. & Tomiyama, A.: Application of photobleaching molecular tagging velocimetry to turbulent bubbly flow in a square duct, *Exp. Fluids*, Vol.47, pp.744–754, 2009.

[120] Tokuhiro, A., Maekawa, M., Iizuka, K., Hishida, K. & Maeda, M.: Turbulent flow past a bubble and an ellipsoid using shadow-image and PIV techniques, *Int. J. Multiphase Flow*, Vol.24, pp.1383–1406, 1998.

[121] Santiago, J. G., Wereley, S. T., Meinhart, C. D., Beebe, D. J. & Adrian, R. J.: A particle image velocimetry system for microfluidics, *Exp. Fluids*, Vol.25, pp.316–319, 1998.

[122] Meinhart, C. D., Wereley, S. T. & Santiago, J. G.: PIV measurement of a microchannel flow, *Exp. Fluids*, Vol.27, pp.414–419, 1999.

[123] Meinhart, C. D., Wereley, S. T. & Gray, M. H. B.: Volume illumination for two-dimensional particle image velocimetry, *Meas. Sci. Tech.*, Vol.11, No.6, p.809, 2000.

[124] Meinhart, C. D. & Wereley, S. T.: The theory of diffraction-limited resolution in micro particle image velocimetry, *Meas. Sci. Tech.*, Vol.14, pp.1047–1053, 2003.

[125] Olsen, M. G. & Adrian, R. J.: Out-of-focus effects on particle image visibility and correlation in microscopic particle image velocimetry, *Exp. Fluids*, Vol.29, No.1, pp.S166–S174, 2000.

[126] Olsen, M. G. & Bourdon, C. J.: Out-of-plane motion effects in microscopic particle image velocimetry, *J. Fluids Eng.*, Vol.125, No.5, pp.895–901, 2003.

[127] Park, J. S., Choi, C. K. & Kihm, K. D.: Optically sliced micro-PIV using confocal laser scanning microscopy (CLSM), *Exp. Fluids*, Vol.37, pp.105–119, 2004.

[128] Zettner, C. & Yoda, M.: Particle velocity field measurements in a near-wall flow using evanescent wave illumination, *Exp. Fluids*, Vol.34, Is.1, pp.115–121, 2003.

[129] Meinhart, C. D., Wereley, S. T. & Santiago, J. G.: A PIV algorithm for estimating time-averaged velocity fields, *J. Fluids Eng.*, Vol.122, No.2, pp.285–289, 2000.

[130] Wereley, S. T., Gui, L. & Meinhart, C. D.: Advanced algorithms for microscale particle image velocimetry, *AIAA J.*, Vol.40, No.6, pp.1047–1055, 2002.

[131] Sato, Y., Inaba, S., Hishida, K. & Maeda, M.: Spatially averaged time-resolved particle-tracking velocimetry in microspace considering Brownian motion of submicron fluorescent particles, *Exp. Fluids*, Vol.35, No.2, pp.167–177, 2003.

[132] Sugii, Y. & Okamoto, K.: Quantitative Visualization of Micro-Tube Flow Using Micro-PIV, *J. Visualization*, Vol.7, No.1, pp.9–16, 2004.

第9章 PIV事例

PIV システムは，画像取得のための可視化，画像記録，画像データから速度を算出するための画像解析，解析結果を物理量に変換するポスト処理など，いくつかのサブシステムを統合したシステムであることを前章までに述べてきた．本章では，PIV の応用について 25 の事例を紹介する．さまざまな条件下で PIV を応用するとき，類似のパラメータの流れ場の計測事例が，システム構成や各種の条件を設定するうえで参考となるだろう．

それぞれの事例には計測上の重要なパラメータである流れ場，光源，撮影・記録，画像解析などの具体的な数値を示し，解析の概要を記述した．また，実験に使用した装置・機器および解析の典型的な結果を示した．

事例	流れ場	流体	手法	事例提供者氏名（所属）
9.1	F1 車両模型のフロントホイール後流計測	空気	2D-PIV	中川雅樹（(株)豊田中央研究所）
9.2	円柱まわりの空力音源探査	空気	2D-PIV	飯田明由（豊橋技術科学大学）
9.3	格子乱流	水	2D-PIV	鈴木博貴（山口大学） 長田孝二（名古屋大学） 酒井康彦（名古屋大学） 長谷川豊（名古屋工業大学）
9.4	蝶の翅まわりの渦流れ	空気	2D-PIV	渕脇正樹（九州工業大学）
9.5	遠心ブロワ用ベーン付きディフューザの内部流れ	空気	2D-PIV	本多武史（(株)日立製作所）
9.6	制限換気火災プルーム	空気	2D-PIV	服部康男（(一財)電力中央研究所）
9.7	ロケットフェアリングまわりの遷音速流れ	空気	2D-PIV	加藤裕之（宇宙航空研究開発機構） 小池俊輔（宇宙航空研究開発機構）
9.8	音場が重なる水平ダクト内自然対流場の速度および密度場	空気	2D-PIV	川橋正昭（埼玉大学）
9.9	多関節翼まわりの流れ	水	2D-PIV	西尾　茂（神戸大学）
9.10	河川流	水	2D-PIV	藤田一郎（神戸大学）
9.11	流体関連振動する自由振動円柱まわりの流れ	水	2D-PIV	桑原譲二（(株)フォトロン）
9.12	案内羽根付き曲がり管内の流れ	水	2D-PIV	富松重行（(株)電業社機械製作所）

事例	流れ場	流体	手法	事例提供者氏名（所属）
9.13	マイクロデバイス内の電場誘起流れの計測	水	2D-PIV	元祐昌廣（東京理科大学）
9.14	感温性りん光粒子を用いた浮力・表面張力対流	シリコンオイル	2D-PIV	染矢　聡（産業技術総合研究所）
9.15	血管内の流れ	血液	2D-PIV	杉井康彦（東京大学） 中野厚史（国立循環器病研究センター）
9.16	気泡プルームの挙動	水	2D-PIV	村井祐一（福井大学） 山本富士夫（福井大学）
9.17	液液界面近傍の流れ	オイル/水	2D-PTV	植村知正（関西大学）
9.18	軸対称衝突噴流	水	2D-PTV	西野耕一（横浜国立大学）
9.19	リブレット壁面上の乱流	水	3D-PTV	鈴木雄二（東京大学） 笠木伸英（東京大学）
9.20	微粒子の粒径計測	空気	3D-PTV	西野耕一（横浜国立大学）
9.21	平面噴流	水	Stereo-PIV	榊原　潤（明治大学）
9.22	運動・変形する血管内の壁面せん断応力計測	グリセリン水溶液	Stereo-PIV	八木高伸（早稲田大学）
9.23	旋回乱流予混合火炎	メタン・空気予混合気	Dual plane Stereo-PIV	店橋　護（東京工業大学）
9.24	乱流の普遍的微細構造	空気	Dual plane Stereo-PIV	店橋　護（東京工業大学）
9.25	実車体まわりの流れ	空気	Scanning Stereo-PIV	福地有一（(株)本田技術研究所）

9.1 F1 車両模型のフロントホイール後流計測

実験と画像解析の条件

①計測方法	2次元，光シート面内の速度2成分，密閉型測定部（W4.2×H3 m^2）
②代表速度	50〜60 m/s
③対象流体	空気，21℃，大気圧
④トレーサ	DEHS，平均粒径 1 μm，ラスキン式発生装置，風洞下流側からのグローバルシーディング
⑤解析領域	W350×H350×D2 mm^3
⑥検査領域	W5.5×H5.5×D2 mm^3
⑦撮　影	距離 3.5 m，レンズ $f = 135$ mm，レンズ絞り $f/2.0$
⑧画像記録	冷却 CCD カメラ，2048×2048 pixel×14 bit，搭載メモリ容量 4 GB，サンプリング周波数 3.3 Hz
⑨照　明	ダブルパルス Nd:YAG レーザ，シート厚さ約 2 mm，200 mJ/pulse パルス間隔 $\Delta T = 20$ μs
⑩画像解析	FFT 相互相関法，開始検査領域 128×128 pixel，最終検査領域 32×32 pixel，50% オーバーラップ
⑪誤ベクトル処理	瞬時速度：周辺速度ベクトルとの比較（標準偏差・メディアンフィルタ）
⑫取得ベクトル	瞬時 315 枚，処理時間約 15 min
⑬使用コンピュータ	CPU/ Pentium Dual-Core 3.0 GHz，メモリ/2 GB

概要　F1の空力開発においても PIV は活用されている．装置の設置場所に自由度がない密閉型測定部をもつ風洞において，準備・計測・ポスト処理を短時間で実行し，試験中の計測要求に即応できるよう，構成を 2D2C 計測に絞り，図 9.1 (a)のような常設システムを構築した．このシステムを用いて実施した，F1 車両模型のフロントホイール後流の水平断面（図(b)）における計測事例について述べる．

装置の詳細を図(c)に示す．側壁のガラス越しに測定部に向けて水平照射するレーザ光シートの光学系には，複雑な曲面形状をもつ模型表面での反射を防ぐため，光シート両端を遮光することでその幅を任意に調整できるしくみを備えた．この方法により計測範囲が一部狭まるものの，粒子画像の S/N 比を改善できるだけでなく，断面ごとに異なるハレーション対策に費やす時間を大幅に削減でき，計測効率が向上した．また，カメラは測定部内の天井に横向きに設置し，光学ミラーを通して粒子像を撮影する構成であり，ミラーを3軸モータ上に搭載することで，計測位置の微調整を可能にした．計測時にはトラバース上に設置したレーザ光シート光学系を上下させ，それに応じてカメラレンズの焦点を調整することで，任意の高さにおける断面計測が可能である．そのときの測定部の様子を図(d)に示す．これら一連の作業はすべて制

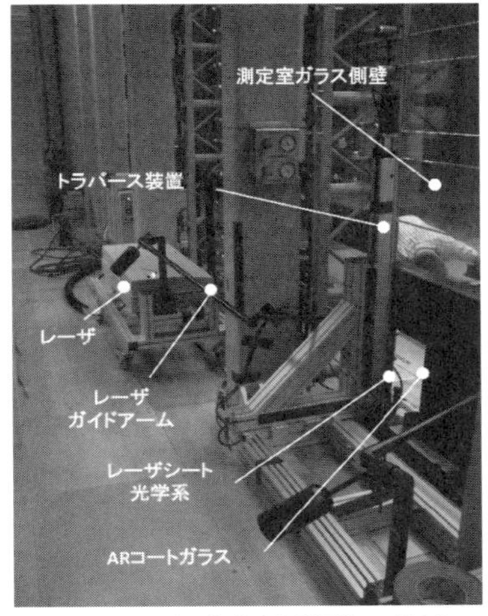

（a） 風洞測定室（密閉型）の外側に常設した PIV システム

（b） F1 フロントホイール後流の水平断面

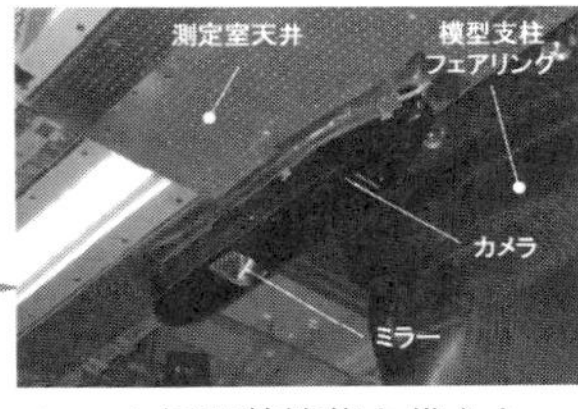

（c） 計測装置詳細：シート幅調整機能を備えたレーザシート光学系（左）と測定室内天井に設置したカメラシステム（右）

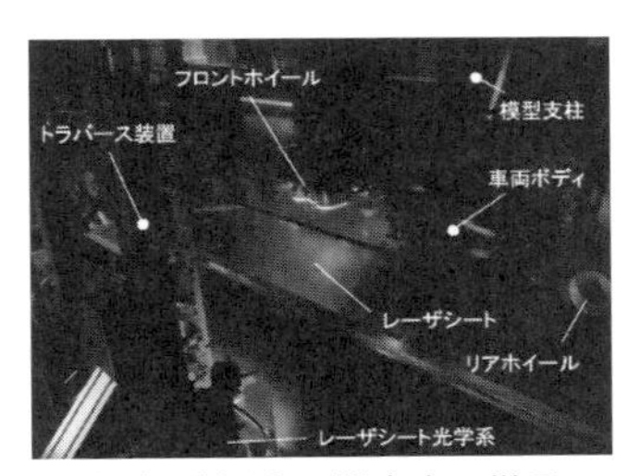

（d） 計測中の測定室の様子

（e） 2 次元ターゲット板を用いたキャリブレーションの様子（左）と得られた画像（右）

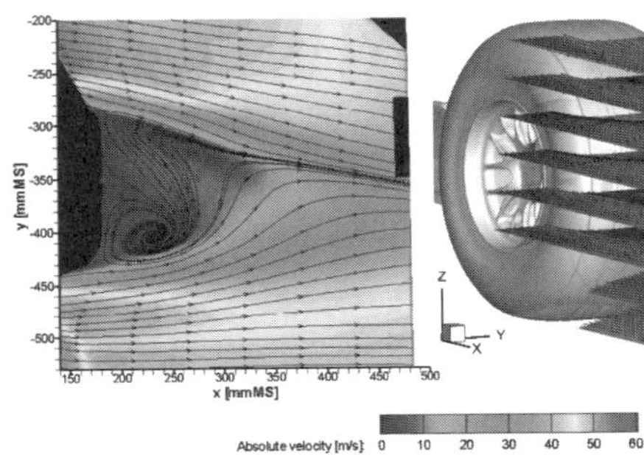

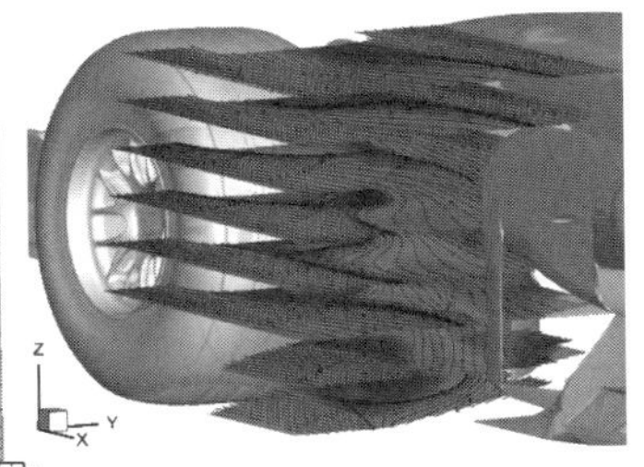

（f） 計測結果：瞬時の粒子画像（左）．平均速度場（速度の大きさ）のコンター図と流線（中）と複数断面の計測結果（右）

図 9.1 F1 車両模型のフロントホイール後流計測の例

御室から遠隔操作する．そのほか，2 次元ターゲット板（図(e)）を用いて，限られた断面画像からカメラモデルによる処理により，任意の断面に対してキャリブレーションを行うなど，準備時間の短縮も図った．これらの工夫によって，図(f)に示すような多断面における流れ場が効率よく得られ，空力部品がフロントホイール後流構造に与える影響を把握する開発ツールとして，PIV を活用できるようになった．

参考文献

[1] 中川，原本：F1 空力開発用 PIV システム—実用化までの道のりを振り返って—，可視化情報，Vol.35，No.139，pp.138–142，2015.

[2] Nakagawa, M., Kallweit, S., Michaux, F., & Hojo, T.: Typical Velocity Fields and Vortical Structures around a Formula One Car, based on Experimental Investigations using Particle Image Velocimetry, *SAE Int. J. Passeng. Cars - Mech. Syst.* Vol.9, No.2, pp.754–771, 2016.

9.2 円柱まわりの空力音源探査

実験と画像解析の条件

①計測方法	速度2成分（2断面）
②代表速度	15 m/s
③対象流体	空気（標準大気圧）
④トレーサ	セバシン酸ジオクチル溶液（液滴径 1 μm）
⑤解析領域	W27×H12 mm^2
⑥検査領域	24×24 pixel
⑦撮　影	距離 0.3 m　レンズ f = 150 mm，レンズ絞り $f/3.5$ または $f = 105$ mm，レンズ絞り $f/2.8$ 接写リング
⑧画像記録	CCDカメラ，896 × 336 pixel×8 bit，サンプリング周波数 5 kH（フレームストラドリング）
⑨照　明	ダブルパルス Nd:YLF レーザ，512 nm，シート厚さ 1.5 mm，10 mJ/kHz，パルス幅 $DT = 3$ ns，パルス間隔 $t = 10$ ms
⑩画像解析	多重相関法（96 × 96 pixel ⇒ 24 × 24 pixel）および再帰的相関法，検査領域 24 × 24 pixel，50% オーバーラップ，オフセット 2.5 pixel
⑪誤ベクトル	空間フィルタ（3 × 3 pixel），時間フィルタ：7点メディアンフィルタ＋3点移動平均
⑫取得ベクトル	瞬時 73 × 27，総数 1971 × 10000 時刻（処理時間　約 8 h 50 min）
⑬使用コンピュータ	Intel®Core™ 2 Processor 6600@2.40 GHz，メモリ/4 G，HDD/1 TB

概要　流れから発生する音は，式(9.1)に示すように流れ場の渦度ベクトルと速度ベクトルの外積の時間微分を検査領域内で積分することにより計算できる．

$$p_{\mathrm{a}}(x,t) = \frac{-\rho_0 x_i}{4\pi c_0\,|x^2|}\frac{\partial}{\partial t}\int(\boldsymbol{\omega}\times\boldsymbol{u})\,(y, t-|x|/c_{\mathrm{o}})\cdot\nabla\varphi_i(y)\mathrm{d}V \qquad (9.1)$$

本事例では，円柱まわりの瞬時渦度場（図9.2 (a)）を時系列PIVにより計測し，式(9.1)を用いて遠方場の空力音を推定すると共に，円柱まわりの空力音源強度の分布や音と渦度場の相関計測を行った．PIV計測結果から求めた遠方場の空力音のスペクトルは，マイクロフォンによる直接計測結果とよく一致することがわかる（図(b)）．渦度場から音源を求めることの利点は，空間中のどの渦が音の発生に寄与していることを調べることが可能となることである．図(c)に示すようにカルマン渦の基本周波数成分の場合は，円柱のはく離点付近とカルマン渦の形成領域に強い音源が観察されるが，そのほかの周波数成分の場合は，円柱のはく離点付近にのみ強い音源が観察される．円柱のはく離点近傍は，式(9.1)中の空間中の音の放射効率（このケースでは円柱による音のスキャッタリング効果）の高い位置に相当し，空力音の発生が渦度の空

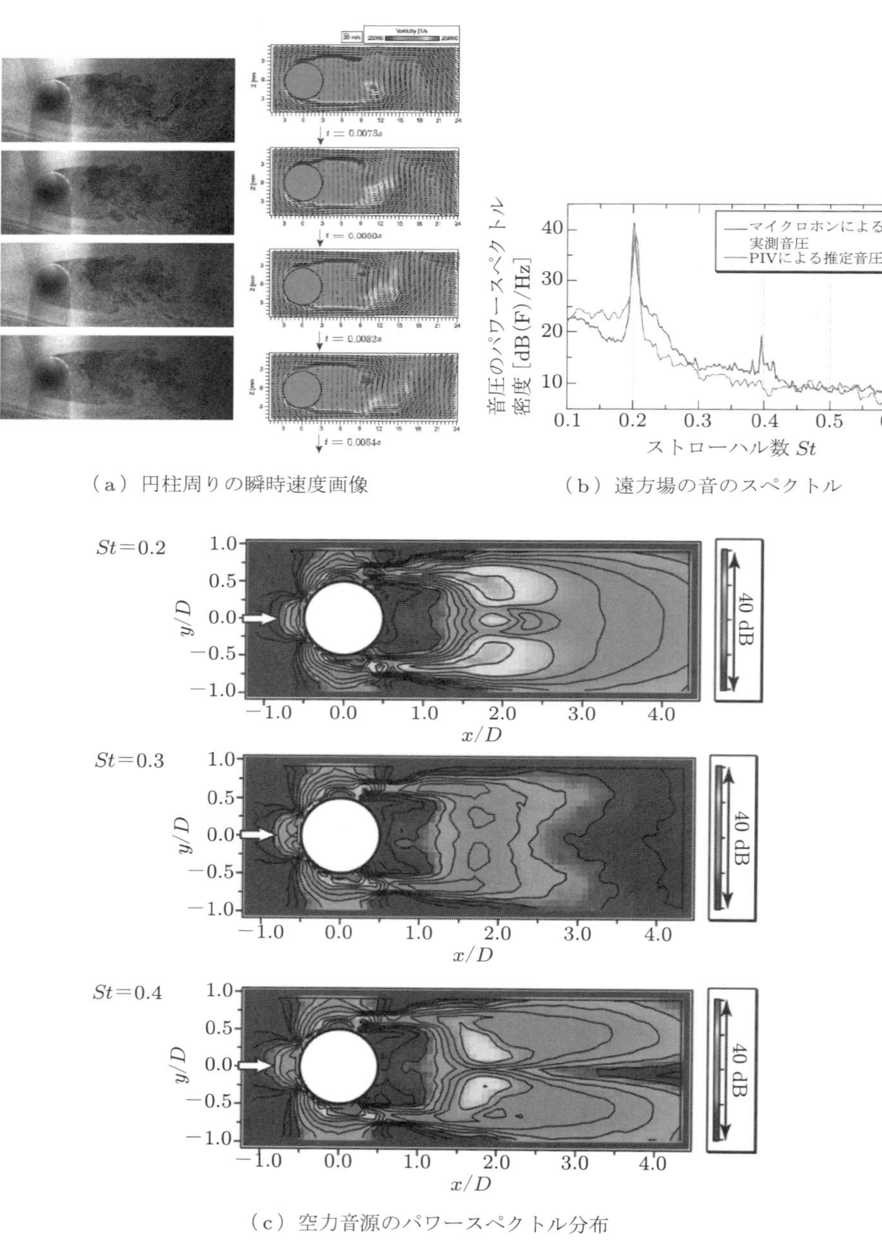

（a）円柱周りの瞬時速度画像

（b）遠方場の音のスペクトル

（c）空力音源のパワースペクトル分布

図 9.2　PIV を用いた空力音源測定結果

間分布と物体による音のスキャッタリングに依存することを示している．円柱の場合は流れ場がほぼ2次元のため，2次元断面のデータと空間相関を利用して音の計算を行ったが，将来的には速度の3成分を3次元空間で時系列で計測できれば，複雑形状の音源を推定することも可能となると考えられる．

参考文献 Uda, T., Nishikawa, A., Someya, S. & Iida, A.: Prediction of aeroacoustic sound using the flow field obtained by time-resolved particle image velocimetry, *Meas. Sci. Tech.*, Vol.22, No.7, 075402, 2011.

9.3 格子乱流

実験と画像解析の条件

①計測方法	2 次元，光シートの面内速度 2 成分
②代表速度	$u = 0.31\,\mathrm{m/s}$
③対象流体	水，約 12 °C，大気圧
④トレーサ	球状ポリエチレン粉末，平均粒径 11 μm，比重 0.96
⑤解析領域	W2.5×H10×D0.5～1 mm^3
⑥検査領域	W0.63×H0.63×D0.5～1 mm^3
⑦撮　影	距離約 0.3 m，レンズ $f = 105$ mm，レンズ絞り $f/2.8$
⑧画像記録	CMOS カメラ，128 × 512 pixel × 12 bit，サンプリング周波数 0.2 kHz
⑨照　明	DPSS レーザ（波長 532 nm），約 2 W，連続光，シート厚さ 0.5～1 mm
⑩画像解析	輝度分布補間（$n = 2^2$），誤ベクトル処理付き再帰的相関法および window offset 法に基づく直接相互相関法（50% オーバーラップ），時空間微分法によるサブピクセル解析（オーバーラップなし）
⑪誤ベクトル	代表速度および周辺速度ベクトルとの比較
⑫取得ベクトル	瞬時 4 × 16，総数 4 × 16 × 16384 時刻
⑬使用コンピュータ	CPU/2.13 GHz，メモリ/12.0 GB，HDD/900 GB × 2

概要　一様等方性の高い乱流を実験的に生成する場合，格子乱流が古くから広く用いられている．乱流現象を扱ううえで，計測には，速度変動に加えて渦度変動などの速度変動勾配を合わせて測ることを期待したい．格子乱流では，両変動強度が小さいことに加えて，勾配をとることで結果の不確かさが増大するため，計測値に含まれる不確かさを減少させることが望まれる．

本計測では，画像の輝度分布を補間したのちに PIV 相関処理をすることで不確かさを低減させている．輝度分布は周期成分と非周期成分とに分けられ，非周期成分を決めることで周期成分を得て，それをフーリエ補間法により補間する．この補間操作を撮影画像に適用し，各方向の画素数を n 倍にした（図 9.3 (a)，図では $n = 2^1, 2^2$, $i/n = 1$ が画像端）．補間適用の効果を，正規分布に基づく粒子像の一様対流問題において確かめている．Single exposure/double frame の PIV 計測で設定される，粒子像の径 d_τ [pixel] が 2 pixel 程度以上の条件では，輝度分布補間の適用により不確かさ ε [pixel] を低減させられる（図(b)，ただし，検査領域は $32n \times 32n$ [pixel]）．

本事例の格子乱流は正方乱流格子（図(c)左側）により生成された．この正方乱流格子は辺長 d が 2 mm の正方断面の角棒で構成され，格子間隔 M は 10 mm であった．代表速度 u と代表長さ M により格子レイノルズ数が $Re_M \equiv uM/v$（v [m^2/s]

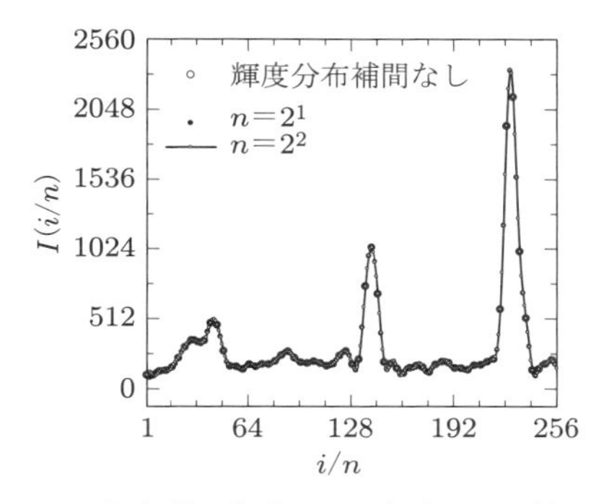

（a）補間操作による輝度分布の補間

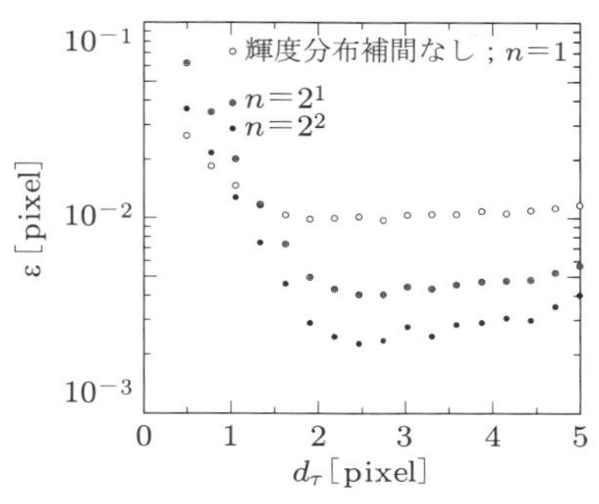

（b）輝度分布補間の不確かさ低減効果

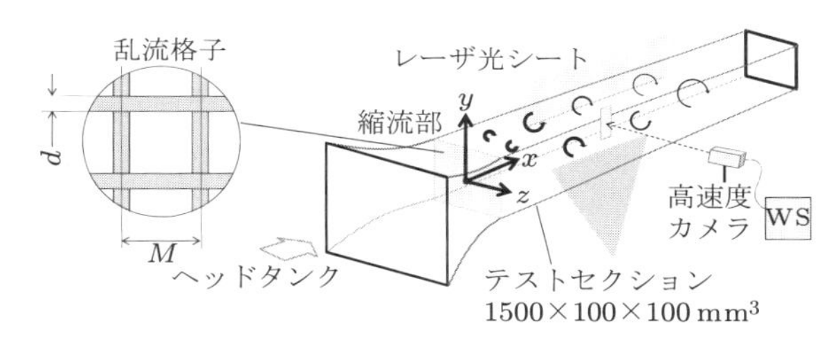

（c）正方乱流格子（左側）および座標系・実験装置の概略（右側）

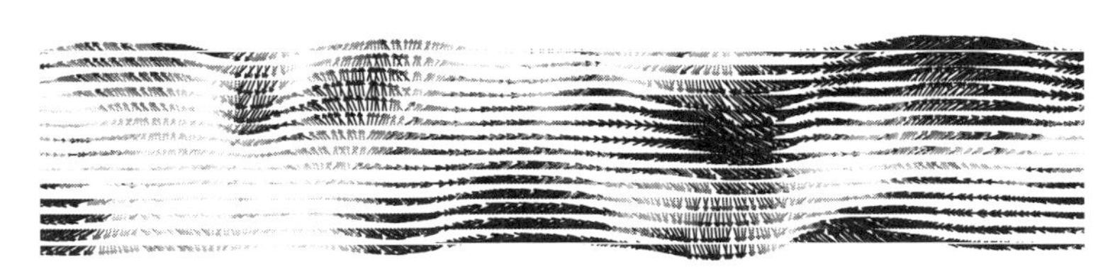

（d）無次元化された速度変動（x, y 方向速度変動 u', v'）および enstrophy $(1/2)\omega'^2$（グレースケールで黒：$(1/2)\omega'^2=0.03$, 白：$(1/2)\omega'^2=0$）の時系列, 横方向座標は $tu/M(=x)$［−］, t［s］は時間

図 9.3 格子乱流の速度・渦度変動に関する PIV 計測

は動粘性係数であり，水温に依存）となり，$Re_M = 2500$ に設定された．座標系および実験装置の概略は図(c)右に示すとおりである．乱流格子設置位置から $20M$ 下流位置での瞬時場をみる（図(d)）．図には x，y 方向速度変動 u'，v' および各瞬時において 2×14 点計測される渦度変動 ω'（$\equiv \partial v'/\partial x - \partial u'/\partial y$）から得られた enstrophy $(1/2)\omega'^2$ が示されている．

9.4 蝶の翅まわりの渦流れ

実験と画像解析の条件

①計測方法	2 次元，光シートの面内の速度 2 成分
②代表速度	Velocity magnitude（max. 2.13 m/s，min. 2.0×10^{-3} m/s 以下）
③対象流体	空気
④トレーサ	Expancel，平均直径 10 μm，比重 0.7
⑤解析領域	W240×H240×D2 mm^3
⑥検査領域	W7.5×H7.5×D2 mm^3
⑦撮　影	距離 450 mm，レンズ $f = 24$ mm，レンズ絞り $f/2.8$，被写界深度 150 mm
⑧画像記録	高速度カメラ，1024 × 1024 pixel，サンプリング周波数 2 kHz
⑨照　明	Nd:YAG レーザ，レーザ光シートの厚さ：2 mm，5 W，連続光
⑩画像解析	直接相互相関法，検査領域：64 × 64 pixel（1 度目），32 × 32 pixel（2 度目），50% オーバーラップ
⑪誤ベクトル	瞬時速度：周辺速度ベクトル比較
⑫取得ベクトル	瞬時 4096，総数 4096 × 26 時刻
⑬使用コンピュータ	CPU/2.7 GHz，メモリ/4 GB，HDD/1 TB

概要　蝶は，翅脈が張り巡らされた翅の羽ばたき運動により飛翔する．すなわち，翅の羽ばたき運動により，飛翔に必要な流体力を生み出すための流れ場を作り出している．翅まわりに形成される流れ場を定量的に評価し，その構造を明らかにするためには，PIV 計測が有効である．

PIV 計測システムは，図 9.4 (a) に示すように，ポリプロピレン製の容器（$900 \times 900 \times 900\,\mathrm{mm}^3$），高速度カメラおよび Nd:YAG レーザにより構成される．蝶（オオゴマダラ）の翅の羽ばたき運動を阻害しないように脚をシャフトに固定し，容器中にトレーサ粒子を充満する．蝶の脚を固定したときの翅の羽ばたき運動は，離陸時の翅の挙動に似ており，その挙動は周期的である．翅弦および翅スパン方向に対して垂直にレーザ光シートを照射し，得られる各断面の 2 次元の速度に及ぶ渦度を翅弦および翅スパン方向に並べることで，翅まわりの 3 次元渦構造を捉えた．

蝶の翅の打ち下ろし時の翅弦中央の 2 次元速度ベクトルを図 (b) に示す．両翅上に一対の渦が形成されていることが明確にわかる．渦度 $\omega = 0.05$ [1/s] 以上に相当する翅弦中心および翅前縁から巻き上がる渦流れの速度ベクトルをそれぞれ図 (c) に示す．いずれも翅の打ち下ろし時の計測結果であり，翅弦上には，翅上に一対の渦流れが形成され，また，翅スパン方向には，翅前縁から前縁はく離渦が巻き上がっていることがわかる．無次元渦度 $\omega' = 8.3 \times 10^{-3}$（$= \omega\,(1/2)/v'$．$v'$：翅端速度）の等値面か

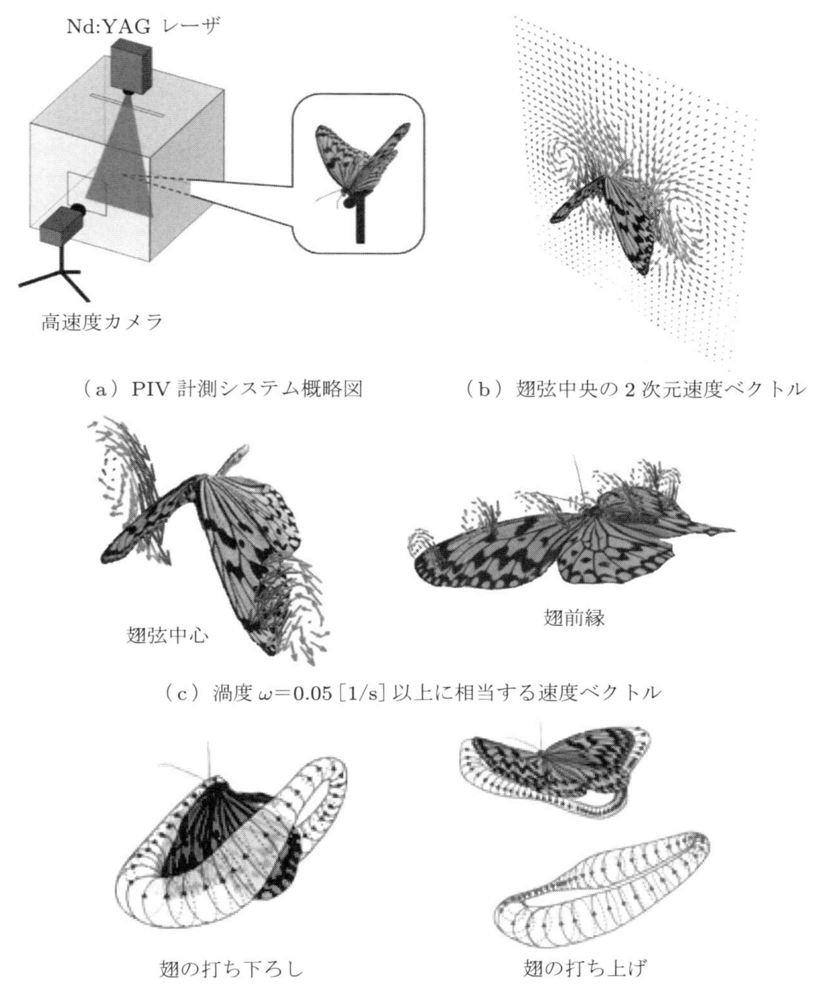

（a）PIV 計測システム概略図　（b）翅弦中央の 2 次元速度ベクトル

（c）渦度 $\omega=0.05$ [1/s] 以上に相当する速度ベクトル

（d）翅まわりに形成される渦の模式図

図 9.4　蝶の翅まわりの渦流れ

ら得られた翅まわりに形成される渦の模式図を図(d)に示す．翅の打ち下ろし時には，翅上に一つの渦輪が形成され，この渦輪は，蝶を通り抜けて，後流へと成長・発達することがわかる．PIV 計測の定量的結果より，蝶の翅まわりに形成される渦流れ構造だけでなく，その動的挙動を明確に捉えている．

参考文献　Fuchiwaki, M., Kuroki, T., Tanaka, K. & Tabata, T.: Dynamic behavior of the vortex ring formed on a butterfly wing, *Exp. Fluids*, Vol.54:1450, 2013.

9.5 遠心ブロワ用ベーン付きディフューザの内部流れ

実験と画像解析の条件

①計測方法	2次元，光シート面内の2成分
②代表速度	40 m/s
③対象流体	空気，20℃，大気圧
④トレーサ	DEHS，平均粒径　約1 μm
⑤解析領域	W90×H45×D1 mm^3
⑥検査領域	W5.6×H2.8×D1 mm^3
⑦撮　影	距離300 mm，レンズ $f = 60$ mm，レンズ絞り $f/2.8$
⑧画像記録	高速度カメラ，512 × 1024 pixel，撮影速度　7200 fps
⑨照　明	Nd:YAGレーザ，シート厚さ1 mm，出力15 W×2台，パルス間隔 $\Delta t = 8$ μs
⑩画像解析	直接相互相関法，検査領域16 × 16 pixel
⑪誤ベクトル	周辺速度ベクトルとの比較
⑫取得ベクトル	瞬時4080，総数4080 × 5120時刻
⑬使用コンピュータ	CPU/2.66 GHz，メモリ/3.25 G，HDD/465 GB

概要　家庭用電気掃除機の強い吸込力を実現するためには，搭載される遠心ブロワの高効率化が必要であり，遠心ブロワの高効率化にはブロワ内部流れの把握が重要である．対象の遠心ブロワはインペラの外周部にベーン付きディフューザを設置しており，ディフューザ外径が ϕ125 mm，流路高さが約8 mmと小型である（図9.5 (a)）．小型流路では流速計を用いた測定が困難であり，面計測が可能なPIV計測が有効である．

計測システムの概略を図(b)に示す．計測対象のインペラ出口速度は周方向速度が支配的な2次元流れであるため，レーザ光シートをディフューザの外周部から水平に照射し，2次元PIV計測を行った．試験装置はディフューザ出口で水平方向に流れを排気する縦置きの構成とし，ディフューザ部と観測窓をアクリルで製作した（図(c)）．また，インペラはレーザ光の反射を低減するため黒色アルマイト処理を行った．流路高さの中央断面の計測で得られた速度分布の結果（図9.5 (d)）から，ディフューザ内部で流路方向に（A，B，Cの順に）流れが減速している様子がわかる．また，ディフューザ流路断面の中央深さにおける速度分布から，ディフューザの流れ方向中央(B）では主流が流路中央を流れているが，ディフューザ出口（C）に向って流れが負圧面側に偏っている様子がわかる．PIV計測によりディフューザ内部流れの把握ができ，高効率化のための形状改良案を得ることが可能である．

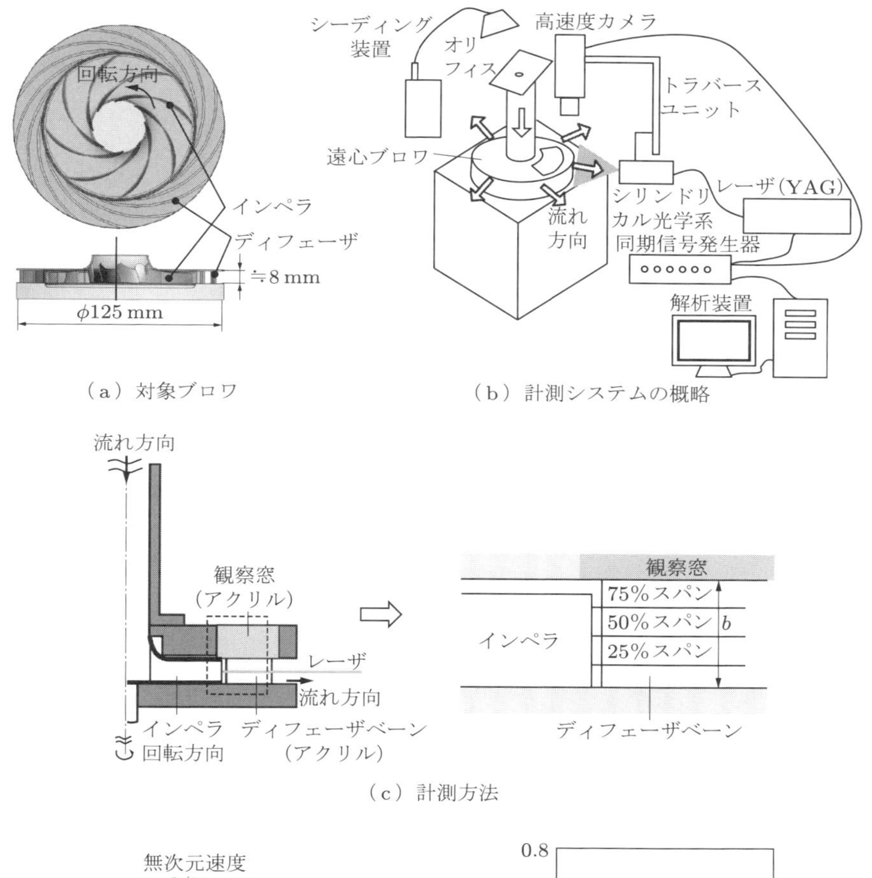

（a）対象ブロワ

（b）計測システムの概略

（c）計測方法

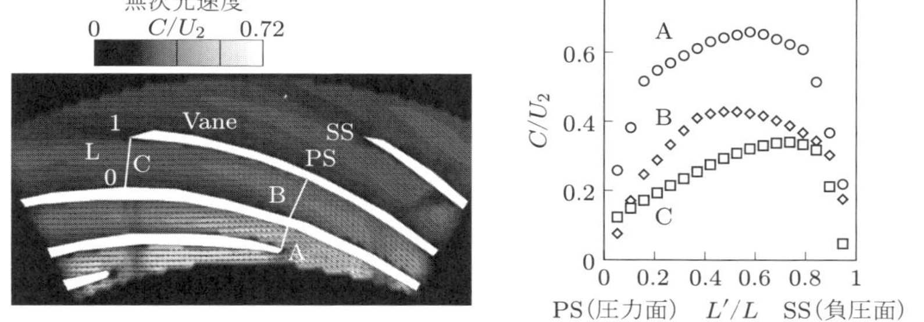

（d）速度分布（50% スパン）

図 9.5　遠心ブロワ用ベーン付きディフューザの内部流れ

9.6 制限換気火災プルーム

実験と画像解析の条件

①計測方法	2次元，光シートの面内の速度2成分
②代表速度	$u = 0.2\,\mathrm{m/s}$，$u_{\mathrm{max}} = 0.9\,\mathrm{m/s}$，$u_{\mathrm{min}} = 0.0\,\mathrm{m/s}$
③対象流体	空気，900°C，大気圧
④トレーサ	石松子（ヒゲノカヅラの胞子），平均直径数 μm（燃焼前は 30 μm）
⑤解析領域	W500×H250×D5 mm^3
⑥検査領域	W3.9×H3.9×D5 mm^3
⑦撮　影	距離 1.8 m，レンズ $f = 105\,\mathrm{mm}$，レンズ絞り $f/2.8$
⑧画像記録	CCD カメラ，2048×2048 pixel × 10 bit，サンプリング周波数 7 Hz
⑨照　明	ダブルパルス Nd:YAG レーザ，シート厚さ 5 mm，90 mJ/pulse
⑩画像解析	相互相関法，検査領域 64 × 64 pixel
⑪誤ベクトル	瞬時速度：メディアンフィルタ，平均速度：なし
⑫取得ベクトル	瞬時 4096，総数 4096 × 315 時刻（処理時間 約 60 min）
⑬使用コンピュータ	CPU/2.5 GHz，メモリ/2 GB，HDD/200 GB

概要　直径 450 mm の円形火皿に入れたエタノールの燃焼に随伴する火災プルームを対象に PIV を実施した．計測時の火災パラメータを図 9.6 (a)に示す．着火から鎮火の間の 4 時刻断面で計測を実施した．機械式換気により給気を行う制限換気条件下のデータを取得した．制限換気条件下では，火災プルームの上昇流が弱化する．低流速・高温かつ変動の大きい流れ場での計測であることから，トレーサの選定に留意を要する．本実験では，石松子を選定した．石松子は，燃焼と共に 30 μm 程度から数マイクロメートル程度に直径を減らす特徴があり，低流速かつ変動の大きい気流でも追随性を確保できる．また，ヒゲノカヅラの胞子であることから，人体影響も比較的軽微と考えられる．図(b)に，可視化画像の一例を示す（座標系も併記した）．

図(c)に，火皿中心軸上の鉛直方向平均風速 W_{c} の鉛直分布の時間変化を示す．時間断面によらず，連続火炎（$W_{\mathrm{c}} \cong 0$）から間欠火炎（$W_{\mathrm{c}} > 0$）への遷移を確認できる．図(d)に，時刻断面 4 での水平方向変動風速のパワースペクトル $E(u)$ を示す．連続火炎領域（$z = 45\,\mathrm{mm}$），境界領域（$z = 90\,\mathrm{mm}$）および間欠火炎領域（$z = 180\,\mathrm{mm}$）における中心軸上（$x = 0\,\mathrm{mm}$）から火皿縁部（$x = 270\,\mathrm{mm}$）での結果を記載した．火炎の puffing（大規模渦の周期的放出運動）によるピーク（$f \cong 2\,\mathrm{Hz}$）のほかに，さらに低周波数領域（$f \cong 0.3\,\mathrm{Hz}$）での顕著な変動生成を確認できる．

参考文献　Hattori, Y. & Suto, H.: PIV measurement of thermal convective flow above a cooking oven (insight into turbulence structure near a heat source), *Visualization Mechanical Processes*, Vol.2, 2012 DOI: 10.1615/VisMechProc.v1.i4.80.

時間断面	着火後経過時間［s］	発熱速度［kW］	酸素濃度［%］
1	420〜465	50	15
2	480〜525	47	15
3	540〜585	42	15
4	600〜645	39	15

（a）火災パラメータ

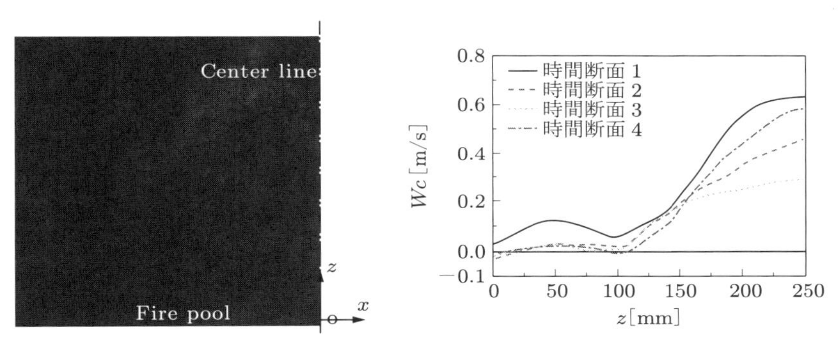

（b）可視化画像の一例

（c）火皿中心軸上の鉛直方向平均流速 W_C の鉛直分布の時間変化

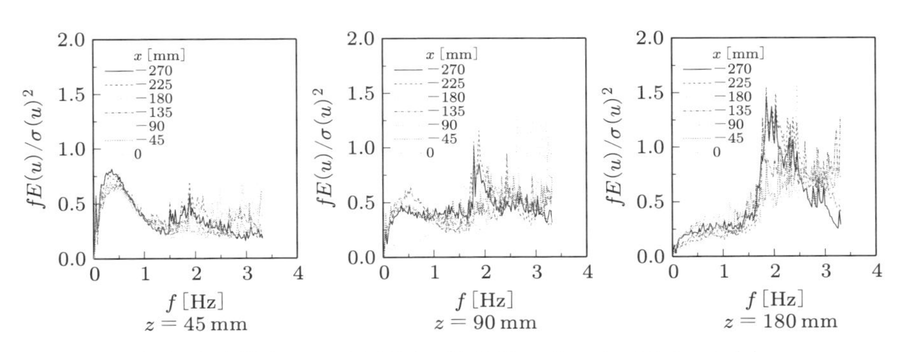

（d）時刻断面 4 での水平方向変動風速のパワースペクトル $B(u)$

図 9.6 制限換気火災プルーム

9.7 ロケットフェアリングまわりの遷音速流れ

実験と画像解析の条件

①計測方法	2次元，光シートの面内2成分
②代表速度	270 m/s（マッハ数 0.8，総圧 100 kPa，総温 315 K）
③対象流体	乾燥空気
④トレーサ	セバシン酸ジオクチル（DOS），平均粒径 1 μm，密度 913.5 kg/m^3
⑤解析領域	（境界層）W52×H25×D1 mm^3/（時系列）W150×H90×D2 mm^3
⑥検査領域	（境界層）W0.8×H0.8×D1 mm^3/（時系列）W3.8×H3.8×D2 mm^3
⑦撮　影	（境界層）距離 1.2 m，レンズ $f = 300$ mm，レンズ絞り $f/4$ （時系列）距離 1.2 m，レンズ $f = 85$ mm，レンズ絞り $f/1.4$
⑧画像記録	（境界層）CCD ビデオカメラ，2048 × 2048 pixel×14 bit，サンプリング周波数 4 Hz （時系列）高速度ビデオカメラ，640 × 512 pixel×12 bit，サンプリング周波数 20 kHz
⑨照　明	（境界層）ダブルパルス Nd:YAG レーザ，光シート厚さ 1 mm，200 mJ/pulse，パルス幅 $\Delta T = 8$ ns，パルス間隔 $\Delta t = 846$ ns （時系列）高繰り返し Nd:YAG レーザ，10 mJ/pulse，厚さ 2 mm，パルス幅 $\Delta T = 100$ ns，パルス間隔 $\Delta t = 3600$ ns
⑩画像解析	（境界層）アンサンブル相関法，検査領域 32 × 32 pixel （時系列）FFT 相関法，検査領域 16 × 16 pixel
⑪誤ベクトル	瞬時速度：メディアンフィルタ
⑫取得ベクトル	（境界層）総数 126 × 66/（時系列）総数 80 × 64
⑬使用コンピュータ	CPU/2.66 GHz（4 コア）×2，メモリ/4 GB，HDD/16 TB(RAID5)

概要　遷音速領域のロケットフェアリング（図 9.7 (a)）では，衝撃波と境界層の干渉現象に伴い振動が生じる．このような振動は衛星の輸送上望ましくない．振動現象の解明と数値解析の検証データの取得を目的として，ロケットフェアリングの境界層速度分布の PIV 計測と時系列 PIV 計測を JAXA 2 m×2 m 遷音速風洞で行った．ロケットフェアリング模型の全長は 1125 mm，円柱部の直径は 213 mm である．一様流のマッハ数は 0.8，総圧は 100 kPa である．本計測のような高速かつ広域な PIV 計測ではトレーサ粒子を良好に散布することが重要である．本計測では測定部上流に2本の粒子供給管を設置し，液滴粒子（DOS）を噴霧することでトレーサ粒子を供給している．境界層速度分布計測では，アンサンブル相関法を使用することで，壁面近傍の詳細な速度分布を取得することに成功した．図(b)は，はく離領域下流の再付着点近傍の速度分布である．時系列 PIV では，10 kHz のサンプリングレートによる瞬時速度場の取得に成功し，衝撃波と境界層の干渉によって生じた渦が時々刻々移動する様子や，衝撃波振動に関する周波数解析結果（図(c)）が得られた．

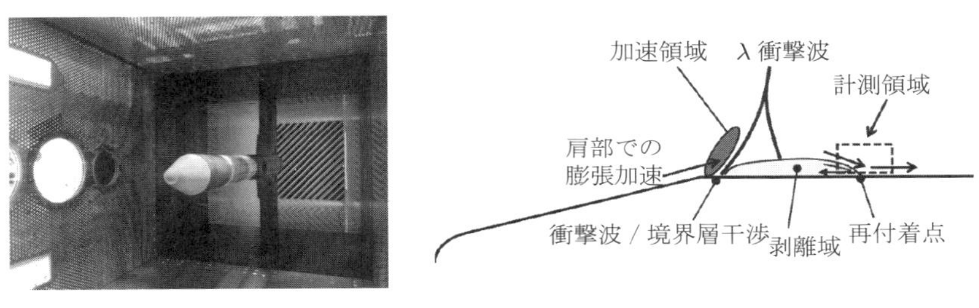

（a）ロケットフェアリング模型と流れ場の概要（マッハ数 0.8，迎角 0°）

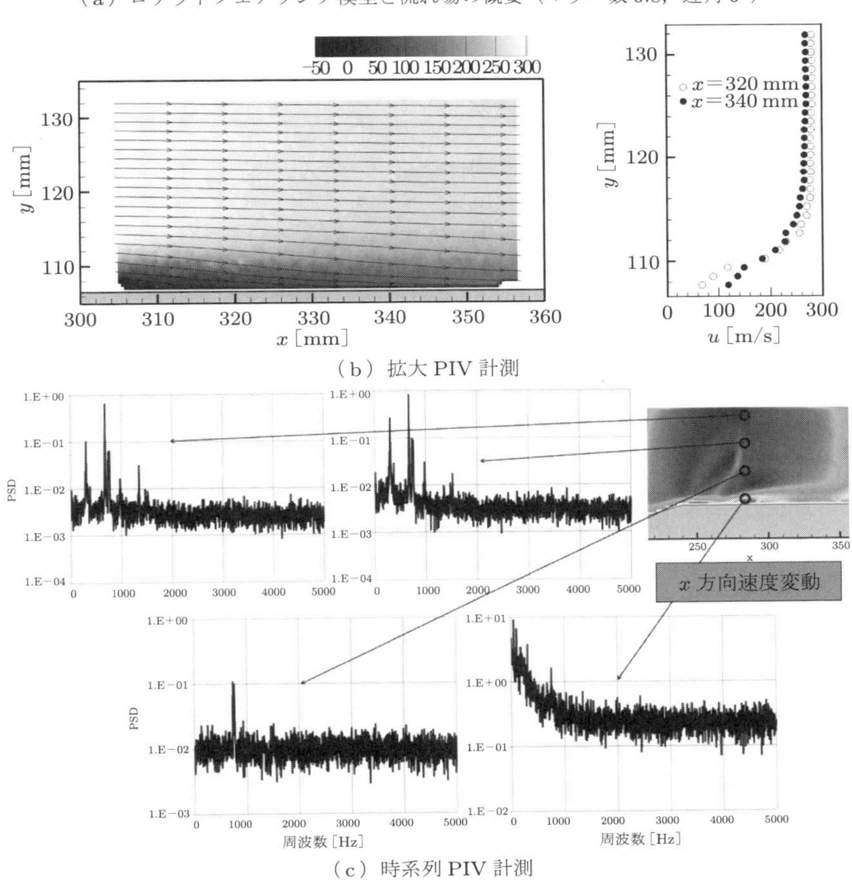

（b）拡大 PIV 計測

（c）時系列 PIV 計測

図 9.7　ロケットフェアリングまわりの遷音速流れ

参考文献

[1] 小池，加藤，中北，佐藤，高間，今川，堤：PIV によるロケットフェアリング模型の境界層計測，第 44 回流体力学講演会/航空宇宙数値シミュレーション技術シンポジウム 2012，2D10，2012.

[2] 加藤，小池，中北，佐藤，高間，今川，鈴木，川端：ロケットフェアリング模型の時系列 PIV 計測，第 43 回流体力学講演会/航空宇宙数値シミュレーション技術シンポジウム 2011，2B14，2011.

9.8 音場が重なる水平ダクト内自然対流場の速度および密度場

実験と画像解析の条件

①計測方法	2次元，光シートの面内の速度2成分，2次元密度勾配ベクトル
②代表速度	$u = 0.03\,\mathrm{m/s}$，$u_{\mathrm{max}} = 0.1\,\mathrm{m/s}$
③対象流体	空気，室温，大気圧
④トレーサ	（速度測定時）オイルベーパ，平均粒径1 μm，比重0.9 （密度計測時）シーディングなし
⑤解析領域	（速度計測時）W50×H25×D1 mm^3 （密度計測時）W50×H25×D100 mm^3
⑥検査領域	W1.5×H1.5×D1 mm^3
⑦撮　影	（流速計測時）距離1.0 m，レンズ $f = 90\,\mathrm{mm}$，レンズ絞り $f/2.8$ （密度計測時）デフォーカス距離1.5 m，レンズ $f = 120\,\mathrm{mm}$，レンズ絞 $f/2.8$
⑧画像記録	CCDカメラ，1008×1018 pixel×8 bit，サンプリング周波数：15 Hz
⑨照　明	（速度計測時）ダブルパルスNd:YAGレーザ，シート厚さ1 mm，50 mJ/pulse，パルス幅：$\Delta T = 10\,\mathrm{ns}$，パルス間隔：$\Delta t = 1\,\mathrm{ms}$ （密度計測時）Nd:YAGレーザ，100 mJ/pulse，シングルパルスNd:YAGレーザ，平行光，パルス幅：$\Delta T = 10\,\mathrm{ns}$
⑩画像解析	速度計測，密度計測共に輝度差累積法，検査領域 32 × 32 pixel
⑪誤ベクトル	平均速度，平均密度勾配
⑫取得ベクトル	750
⑬使用コンピュータ	CPU/600 MHz，メモリ/128 MB，HDD/20 GB

概要　水平に置かれたダクト内の上・下壁間に上向きに負の温度勾配があると，自然対流場が生じる．この自然対流はレイリー数 Ra とプラントル数 Pr により変化し，Pr が一定のとき，Ra の増加と共に規則的対流場から，非定常，乱流自然対流場へと変化する．両端閉止ダクト内の高レイリー数下で生じている非定常自然対流場に，ダクト長さ方向モードをもつ音響定在波を重ねると，非定常対流場が音場に強制された定常対流場へと変化する．このような音場に強制された自然対流場の解析では，速度場および密度場計測が必要となる．速度場計測にはPIVが適用される．形成される流れ場が2次元的であることから，ディジタルレーザスペックル写真法により，空間分解能の高い密度勾配速度分布が得られる．

実験装置は，上壁冷却または下壁加熱の両端閉止水平ダクトの一端に，ダクト内を音響励振するための音源が接続されている．ダクト内空気の初期温度は室温であり，上壁冷却時は0℃一定とし，下面加熱時は温水により加熱し，温度調整により Ra を変化させた．実験条件は，$Ra = 10^4 \sim 10^5$，音圧0.5～2 kPaである．速度分布計測

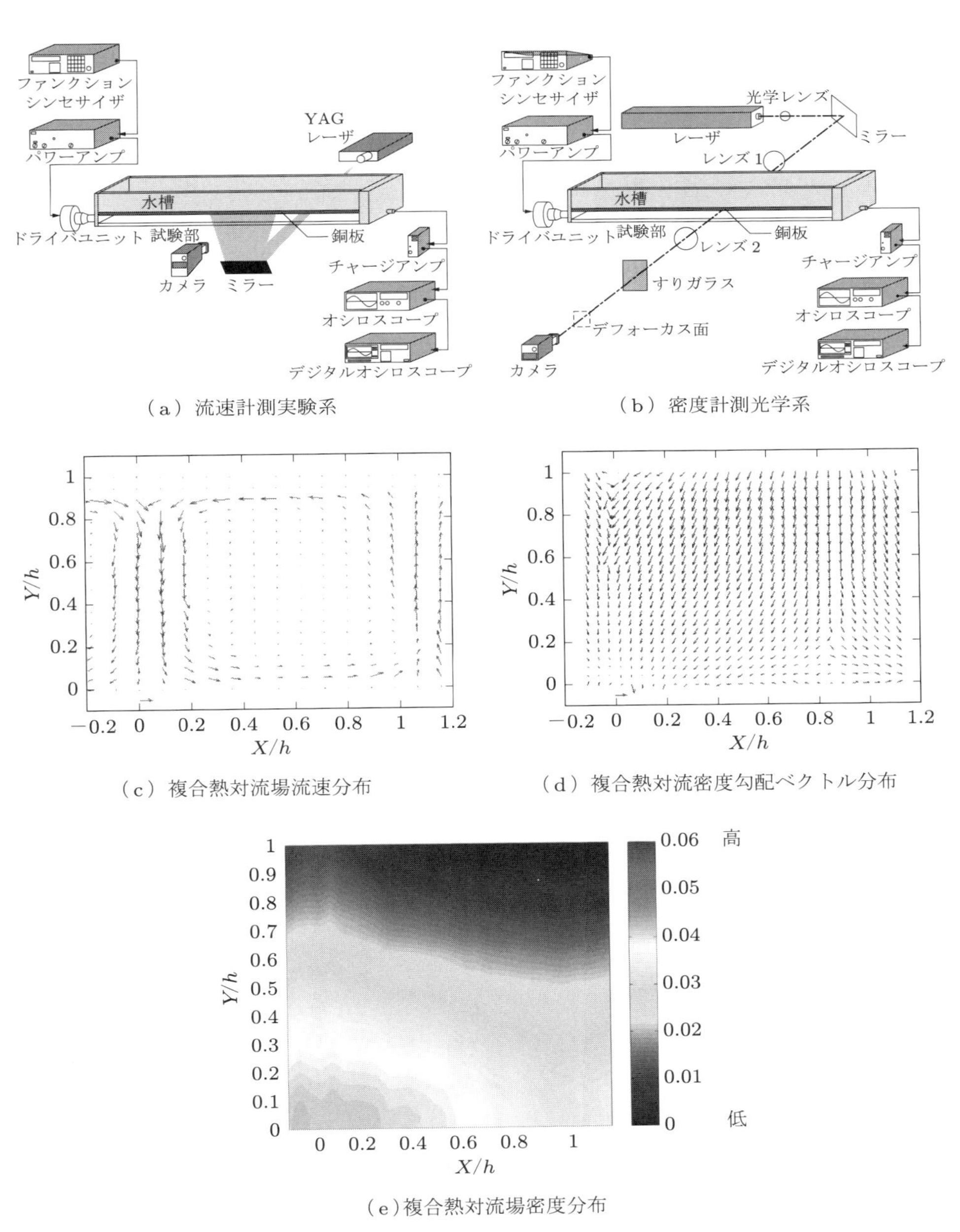

図 9.8 音場が重なる水平ダクト内熱対流場の流速と密度場

は，ダクト幅方向の中心断面についてなされ，その計測系を図 9.8 (a) に示す．密度場計測は，ダクト長さ方向の中心部についてなされ，その計測光学系を図(b)に示す．

上壁冷却の実験結果の例を図(c)に示す．この結果，音場が重なったときの自然対流場が，駆動音源周波数から決まる波長の 1/4 の長さの構造をもった定常循環流構造を示していることがわかる．密度勾配ベクトルは，流れ場の構造に伴った傾向を示している（図(d)）．この結果を積分して求められた密度分布が，図(e)である．この結果から，複合自然対流における温度場の推定が行われる．

参考文献 Kawahashi, M. & Hirahara, H.: Density Field Measurement by Digital Laser Speckle Photography, *Proc. 10th Int. Symp. Appl. Laser Tech. Fluid Mech.*, 15P2, pp.1–7, 2000.

9.9　多関節翼まわりの流れ

実験と画像解析の条件

①計測方法	2 次元，光シートの面内の速度 2 成分
②代表速度	$u = 5.0 \times 10^{-2} \sim 3.5 \times 10^{-1}$ m/s
③対象流体	水，28 °C，大気圧
④トレーサ	ダイヤイオン（蛍光染料で着色），平均粒径 250 μm，比重 1.02
⑤解析領域	W400×H300×D5 mm^3
⑥検査領域	W3×H3×D5 mm^3
⑦撮　影	距離 1.0 m，レンズ $f = 105$ mm，レンズ絞り $f/2.8$
⑧画像記録	CCD カメラ，640 × 480 pixel×8 bit，サンプリング周波数 60 Hz
⑨照　明	Ar レーザ，シート厚さ 5 mm，4 W，連続照射
⑩画像解析	再帰的相関法 – 勾配法，検査領域 5 × 5 pixel
⑪誤ベクトル	瞬時速度：周辺速度ベクトルとの比較，平均速度：速度ヒストグラム
⑫取得ベクトル	瞬時 10000，総数 10000 × 1000 時刻（処理時間　約 300 min）
⑬使用コンピュータ	CPU/Pentium II 200 MHz，メモリ/64 MB，HDD/1 GB

概要　魚類型推進は，高い効率を実現しているといわれているが，その流体力学的なメカニズムはいまだ明らかになっていない．多関節翼（waving wing）を用いた実験は，魚類型推進の 2 次元流の基礎的な場合についてメカニズムを調査するのに用いられる．

実験では，図 9.9 (a)に示すように小型回流水槽に模型を垂直に支持し，水平方向ならびに支持軸まわりの回転方向に運動ができるようにしたうえで，流れに沿って水平方向に光シートを照射して断面内の流れを可視化した．多関節翼の断面は，図(b)に示すように NACA0018 を採用し，その細長比がイルカやクジラなどと近いものを選んだ．模型断面には四つの関節を有し，3/4 弦長の位置で全体が支えられている．模型の運動は，ここで示す実験の場合には図(c)に示すように各関節部が流れに垂直方向に正弦運動するようにしてあり，翼全体で観察すると進行波が振幅を増しながら翼先端から後端に向けて進んでいる．また，本実験装置の各部の運動にはサーボモータを使用しており，コンピュータからの信号により直接駆動されている．そのため，各部の運動は正弦波以外の特殊な周期運動にも対応できるようになっている．

画像解析には，検査領域サイズの縮小と誤ベクトル発生率の低減を両立させた高解像度相関法に，勾配法を応用した高精度サブピクセル解析を組み合わせて用いた（再帰的相関 – 勾配法．4.4.2 項参照）．また，本実験の場合には，流場の周期性が強いため，翼運動の位相を利用した条件付きサンプリングを行うことにより，安定した計測結果を得た．図(d)～(g)は，後端振幅が弦長に対して $a/c = 0.2$ の場合の計測結果

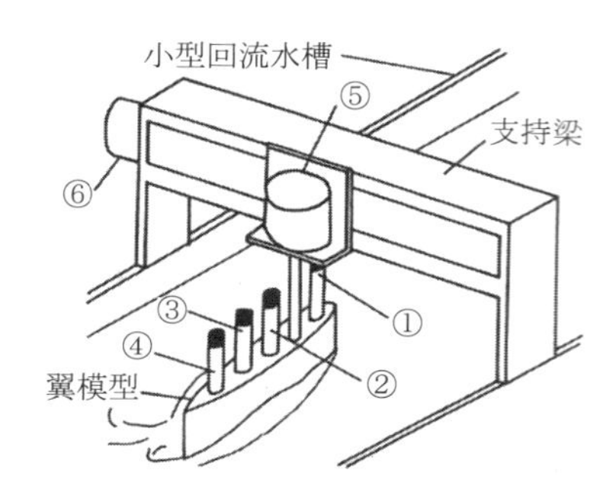

（a）実験装置の概要

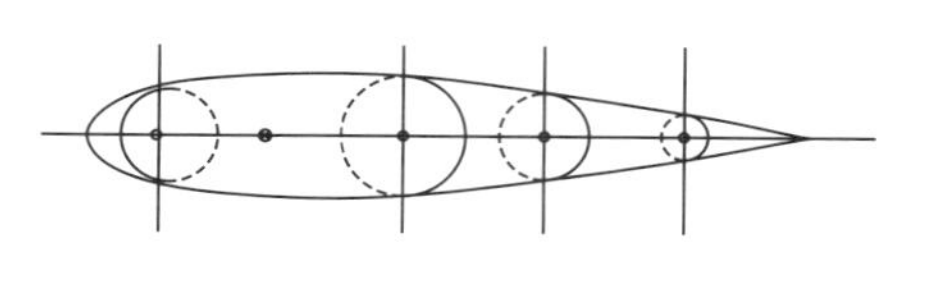

（b）多関節翼（NACA0018）

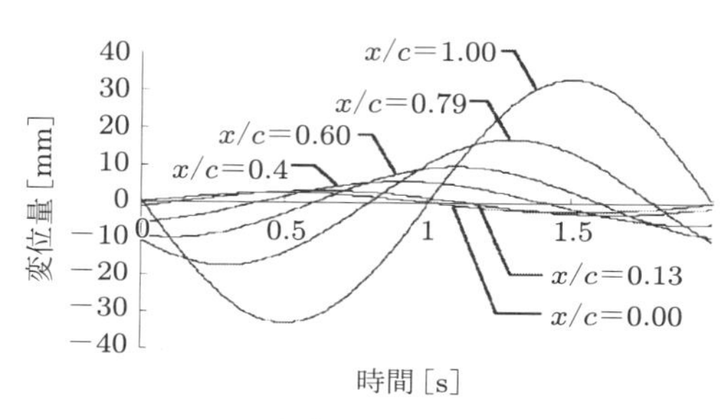

（c）翼の泳動

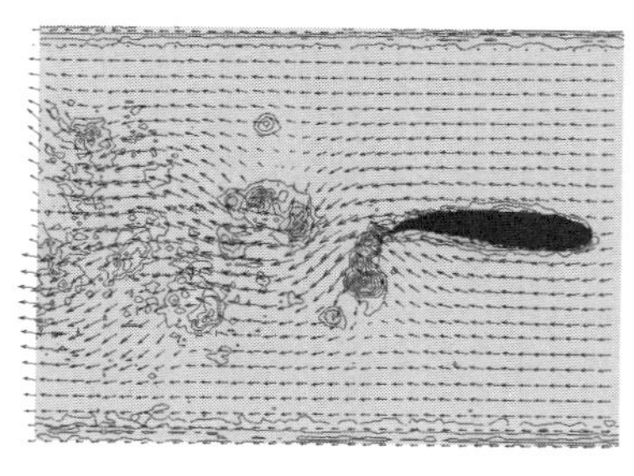

（d）速度・渦度分布

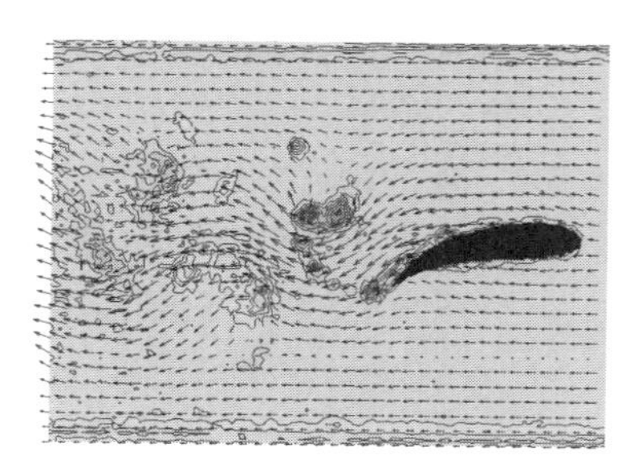

（e）速度・渦度分布

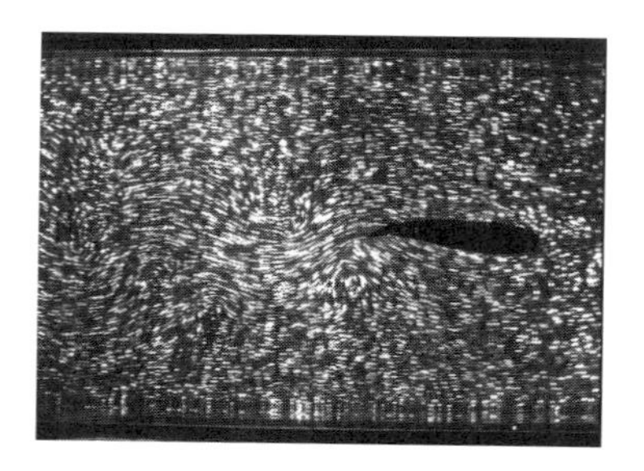

（f）原画像

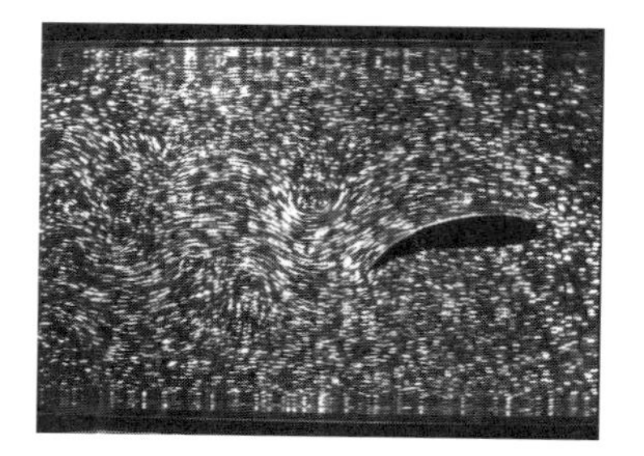

（g）原画像

図 9.9　多関節翼まわりの流れ

で，泳動数 $Sw\ (= U/fL = UT/L) = 1.0$ の例である．断面内の速度分布と共に，計測結果の解析から得られた渦度分布を示している．

参考文献 西尾ほか：多関節翼まわりの流れの可視化（第 3 報）—運動モードの検討—，可視化情報，Vol.19，Suppl. No.2，pp.251–254，1999.

9.10 河川流

実験と画像解析の条件

①計測方法	1次元（水表面の主流方向成分）
②代表速度	$u = 0.5\sim4.0\,\mathrm{m/s}$
③対象流体	融雪洪水河川流，約4℃，大気圧
④トレーサ	表面波紋
⑤解析領域	川幅約140 m
⑥検査領域	主流方向に設定した長さ約20 m の検査線
⑦撮　影	距離20～160 m，レンズ $f = 13.5\,\mathrm{mm}$，レンズ絞り：Auto
⑧画像記録	遠赤外線カメラ，320×240 pixel×8 bit，サンプリング周波数7.5 Hz
⑨照　明	不要（屋外放射熱）
⑩画像解析	時空間画像に対する輝度勾配テンソル法
⑪誤ベクトル	周辺速度ベクトルとの比較
⑫取得ベクトル	時間平均速度（10～20秒間），約25（処理時間　約5 min）
⑬使用コンピュータ	CPU/3.5 GHz，メモリ/8 GB，HDD/1 TB

概要　洪水時における河川の横断流速分布は，河床横断面積と水深平均流速をかけ合わせ，流量を推定するために計測される．河川流量は降雨量と共に河川計画を策定するうえでもっとも基本となる水文データであり重要である．これまでの河川流量計測では浮子を用いて平均流速を求めてきたが，大規模洪水時には危険なために計測を実施できないケースがよくある．この問題点の解消法の一つとして河川表面のビデオ映像を用いた非接触計測がある．通常，実験室スケールにおける水表面流れの画像計測には表面浮遊トレーサを用いるが，洪水時には水面の凹凸のパターン（水面波紋）が表面流速で移流するためトレーサの投入は不要である．

図9.10(a)は魚野川（信濃川支川）の融雪洪水（2012.4.20）を河岸から遠赤外線ビデオカメラで撮影した画像に，STIV（space-time image velocimetry）で用いる検査線を重ねたもの，図(b)はそれを幾何補正したものである．撮影時刻は20時00分で通常のビデオカメラでは撮影が困難であるが，遠赤外線カメラの導入で昼間のような映像が得られている．STIV は PIV の特殊な発展形とみなせる．この手法では検査線上の輝度分布の時間変化を時空間画像（STI）の形で構成し，そこに現れる斜めの縞パターンの傾きから流速値を求める．得られるのは検査線上を通過する流れの平均流速である．図では長さ17.8 m の検査線を5.3 m の間隔で25本設置し，約132 m の水面幅をカバーしている．縞パターン勾配の検出には輝度勾配テンソル法を使うのが一般的であるが，計測原理が単純であるため，STI を生成すればマニュアルでも流速を算出できる．図(c)には10秒間の連続画像から構成したSTI の例を示す．橋脚下

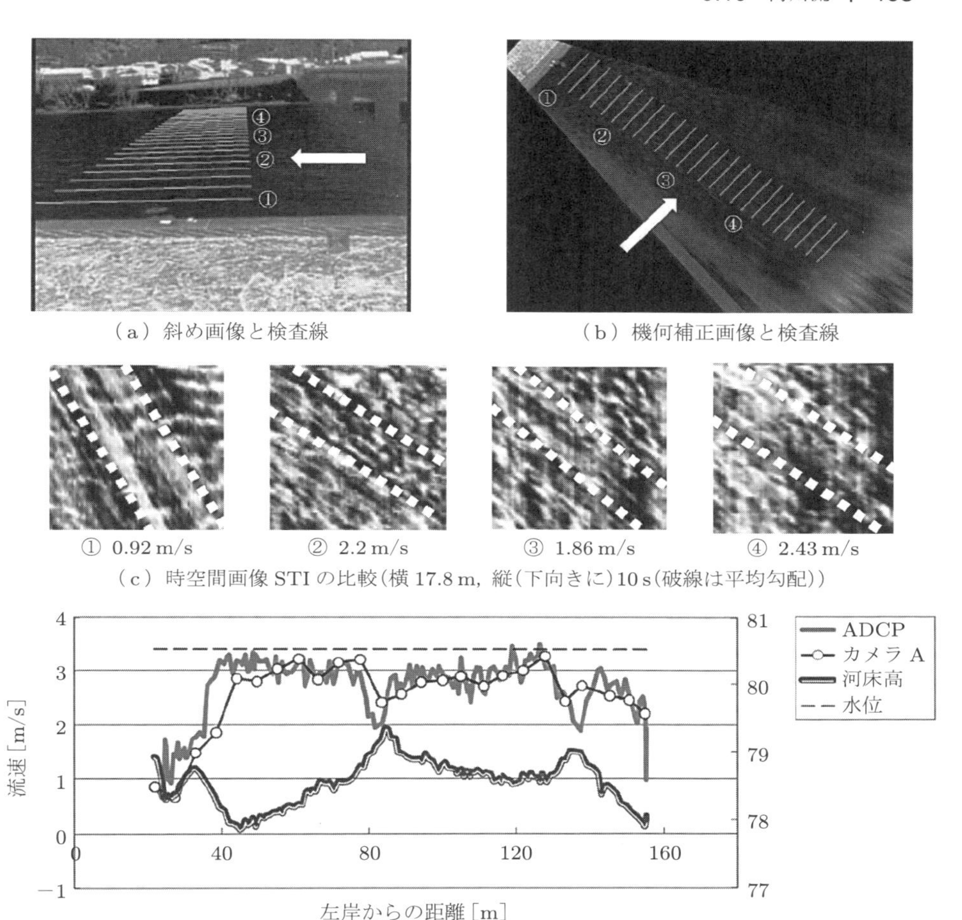

（a）斜め画像と検査線

（b）機何補正画像と検査線

（c）時空間画像 STI の比較（横 17.8 m，縦（下向きに）10 s（破線は平均勾配））

（d）ADCP の水面最近傍データとの比較（カメラ A が STIV の結果）

図 9.10　河川表面流の STIV 解析

流側の計測のため波紋のパターンは複雑に変化しているが，全体的にはほぼ同じ傾きで水面波紋の移流速度が一定であることがわかる．図(d)は，超音波による計測機器である ADCP（acoustic doppler current profiler）との比較である．水面最近傍の ADCP データとの一致は良好といえる．ここには示していないが，表面流速分布から推定した流量と ADCP 流量との相対誤差は 5% 以下で十分な精度が得られている．

参考文献

[1] Fujita, I., Watanabe, H. & Tsubaki, R.: Development of a non-intrusive and efficient flow monitoring technique: The space time image velocimetry (STIV), *Int. J. River Basin Management*, Vol.5, No.2, pp.105–114, 2007.

[2] 藤田一郎，小阪純史，萬矢敦啓，本永良樹：遠赤外線カメラを用いた融雪洪水の昼夜間表面流画像計測，土木学会論文集 B1（水工学），Vol.69，No.4，I_703-I_708，2013.

9.11 流体関連振動する自由振動円柱まわりの流れ

実験と画像解析の条件

①計測方法	2次元，光シート面内の速度2成分
②代表速度	$u = 2.7\,\mathrm{m/s}$
③対象流体	水（水温 20℃）
④トレーサ	ORGASOL，粒径約 20 μm，水との密度比 1.02
⑤解析領域	$\mathrm{W50 \times H50 \times D1\,mm^3}$
⑥検査領域	$\mathrm{W1.5 \times H1.5 \times D1\,mm^3}$
⑦撮　影	距離 500 mm，レンズ $f = 105\,\mathrm{mm}$，レンズ絞り $f/4$
⑧画像記録	高速度カメラ（株式会社フォトロン製）1024 × 512 pixel，10000 fps
⑨照　明	パルスレーザ装置（New Wave Research 社製），波長 527 nm，1 mJ/pulse
⑩画像解析	階層的直接相互相関法，最終検査領域 16 × 16 pixel
⑪誤ベクトル	瞬時速度：周辺速度ベクトルとの比較
⑫取得ベクトル	瞬時 4096，総数 4096 × 10000 時刻（処理時間 約 3 h）
⑬使用コンピュータ	Core2Duo 2 GHz，メモリ 2 GByte

概要　流れによって誘起される振動が，時として機械装置の運転異常や騒音の原因となることはよく知られている．流体励起振動は，冷却材流量の増加に伴い増大するため，この影響に対する構造物の健全性をあらかじめ評価するためにも，流体励起振動の詳細を明らかにすることが非常に重要な意味をもつ．本計測では，2自由度で弾性支持された片持ち梁円柱構造物（カンチレバー）まわりの流動特性を計測した．

図 9.11 (a)に本実験の実験装置の概観を，図(b)に実験に用いた円柱の概観を示す．本計測で用いた円柱モデルは，片側が流路壁面に固定された片持ち梁（カンチレバー）状の構造をしている．円柱モデルには MEXFLON（Unimatec Co., Ltd.）を採用した．図(c)に，アクリルおよび MEXFLON で製作した円柱を水中に沈め，レーザ光シートで照射した様子を示す．アクリルの場合，レーザ光シートが円柱表面で屈折し，円柱背後の空間の一部に影ができてしまっているが，MEXFLON は水とほとんど同じ屈折率をもつ素材であるため，円柱の背後に影は発生せず測定領域全体にわたって速度場計測を行うことができる．

円柱まわりの流れ場の測定のため，PIV の測定手法を高速度カメラと高繰り返しパルスレーザ装置で高速高精度化した「DynamicPIV」[1] の手法を採用した．図(d)および図(e)はその結果を示しており，円柱後流における渦構造および後流における渦発生周波数が円柱振動に引き込まれるロックイン現象をよく表している．

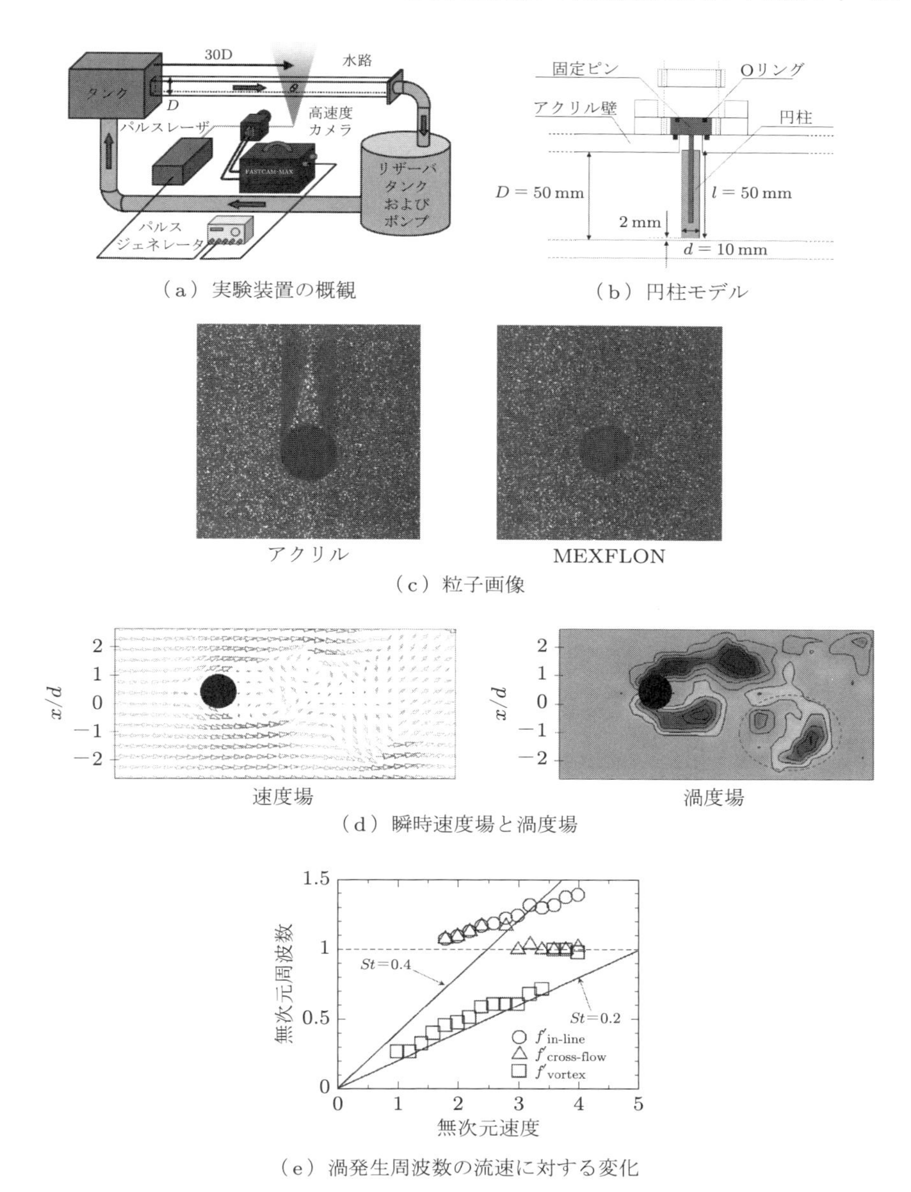

（a）実験装置の概観　（b）円柱モデル

（c）粒子画像

（d）瞬時速度場と渦度場

（e）渦発生周波数の流速に対する変化

図 9.11　流体関連振動する自由振動円柱まわりの流れ

参考文献

[1] Okamoto, K.: High speed PIV, *Proc. of Seiken Symp.*, Tokyo, Aug.23, pp.167–194, 2002.

9.12 案内羽根付き曲がり管内の流れ

実験と画像解析の条件

①計測方法	2次元，光シート面内の速度2成分
②代表速度	$U_0 = 2.95\,\mathrm{m/s}$
③対象流体	水，25℃，大気圧
④トレーサ	ナイロン，平均粒径80 µm，比1.02
⑤解析領域	W166×H133×D2 mm^3
⑥検査領域	W4×H4×D2 mm^3
⑦撮　影	距離1.0 m　レンズ $f = 50\,\mathrm{mm}$　レンズ絞り $f/1.4$
⑧画像記録	CCDカメラ，1280 × 1024 pixel×12 bit，サンプリング周波数8 Hz
⑨照　明	ダブルパルスNd:YAGレーザ，シート厚さ2 mm，30 mJ/pulse，パルス幅 $\Delta T = 6\,\mathrm{ns}$，パルス間隔 $\Delta t = 115\,\mu\mathrm{s}$
⑩画像解析	直接相互相関法，検査領域31 × 31 pixel
⑪誤ベクトル	瞬時速度：周辺速度ベクトルとの比較
⑫取得ベクトル	瞬時4977，総数4977 × 300時刻
⑬使用コンピュータ	CPU/1 GHz×2，メモリ/512 MB，HDD/120 GB

概要　近年，案内羽根付き曲がり管をポンプ吸込側や吐出し側に用いた場合，案内羽根が振動し，場合によっては損傷するといった事例が報告されている．これはポンプの高速化・軽量化が進んだために，流体関連振動が原因で発生していると考えられるが，このような流れ場の把握にはPIVが有効な計測法である．

図9.12 (a)に実験装置の全体図を，図(b)にアクリル製の案内羽根付き曲がり管の計測部およびPIV計測システムの概略を示す．低ひずみで撮影するために曲がり管の外側には水槽を設けてある．なお，管内径は204.8 mm，案内羽根の板厚 t_g は3 mmである．

図(c)に平均速度分布を，図(d)に速度変動分布を，図(e)に瞬時速度ベクトルと渦度分布を示す．図中の黒線は管中央断面における案内羽根と管壁の位置を表す．また，そのまわりの白色領域は，焦点を管中央断面に合わせたため，案内羽根端面がぼけてPIV計測用画像に写ったことによりできた計測不能領域である．図(d)より案内羽根後縁は局所的に速度変動が大きくなっており，図(e)より弱い渦が放出されていると考えられる．

参考文献　富松ほか：曲がり円管内に取り付けられた案内羽根周りの流動状態，日本機械学会論文集（B編），Vol.72，No.722，pp.2394–2401，2006.

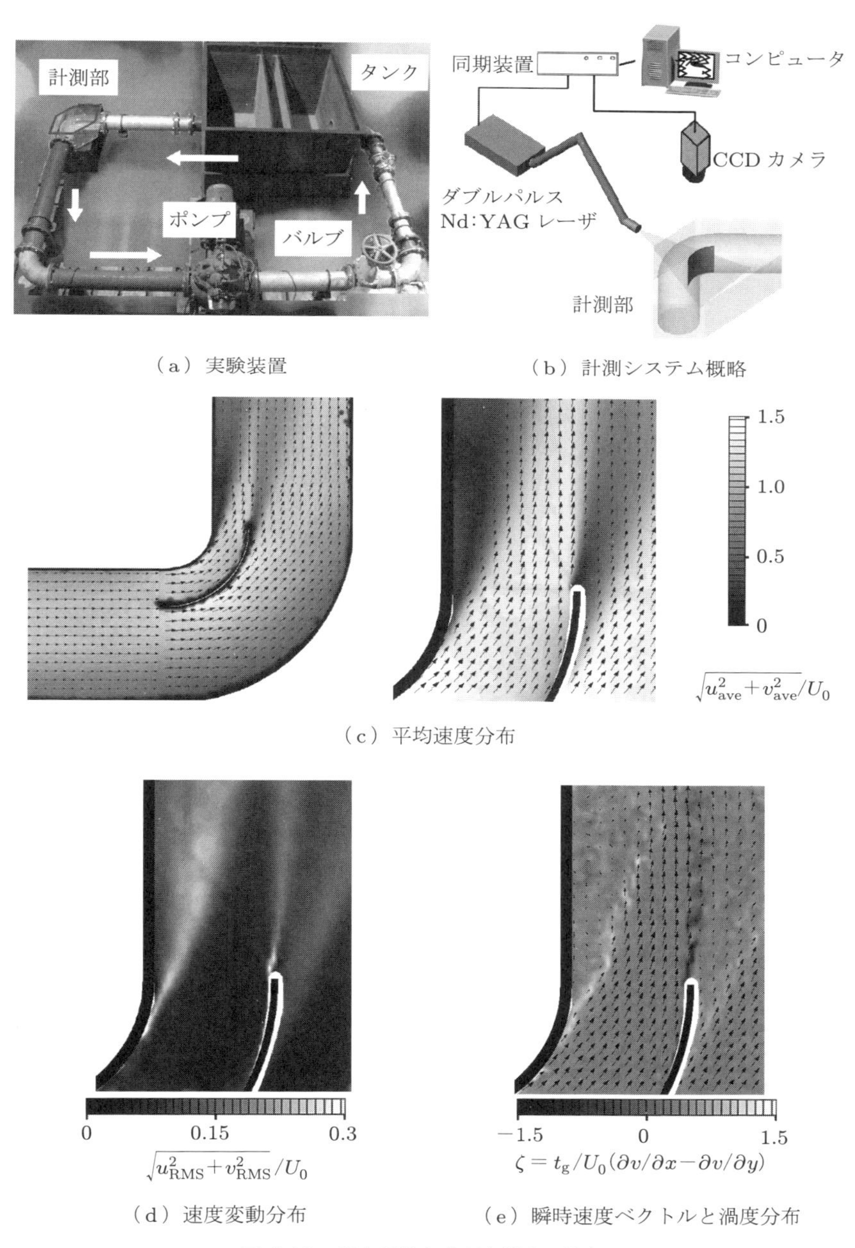

（a） 実験装置

（b） 計測システム概略

（c） 平均速度分布

（d） 速度変動分布

（e） 瞬時速度ベクトルと渦度分布

図 9.12 案内羽付き曲がり管内の流れ

9.13 マイクロデバイス内の電場誘起流れの計測

実験と画像解析の条件

①計測方法	2次元，対物レンズの焦点深度内の2成分
②代表速度	$u = 100\,\mu\text{m/s}$
③対象流体	水，25℃，大気圧
④トレーサ	蛍光ポリスチレン粒子（直径 700 nm）
⑤解析領域	W150×H50×D10 μm^3
⑥検査領域	W6.5×H6.5 μm^2
⑦撮　影	開口数 0.45 対物レンズ ×2.5 倍リレーレンズ，露光時間 1 ms，45 fps
⑧画像記録	sCMOS カメラ 920 × 400 pixel × 8 bit
⑨照　明	連続光水銀ランプ（蛍光フィルタ使用），体積照明
⑩画像解析	直接相互相関法，検査領域 25 × 25 pixel
⑪誤ベクトル	周辺速度ベクトルとの比較
⑫取得ベクトル	瞬時 200 枚の時間平均
⑬使用コンピュータ	CPU/2.7 GHz，メモリ/8 GB，HDD/1 TB

概要　代表寸法が μm オーダーの微小流路の底面に電極アレイを配置して交流電圧を印加することで，固液界面近傍のイオン流動により誘起される電場誘起流（交流電気浸透流）は，液体混合や物質輸送が可能だが，デバイス基板垂直方向の流動現象の評価は困難である．

本計測例では，側方からの計測が可能な微小流路を用いた側方観察マイクロ PIV によって，デバイス基板垂直方向成分の速度場の解明を目的とした．装置概略を図 9.13(a)に示す．倒立顕微鏡を用い，対物レンズ付近にプリズムを設置して側方観察を行った．流路は，ソフトリソグラフィ法で作製した透明シリコーン樹脂（polydimethylsiloxane：PDMS）製の流路と透明導電性膜 ITO の微細パターンを製膜したガラス基板で構成される．電極間隔は 25 μm で，側壁越しに粒子像を計測するために PDMS 壁厚を 120 μm に設定した．作動流体は導電率 4.4 mS/m の KCl 水溶液を用いた．

図(b)に電圧印加有無の速度場と相対速度場を示す．相対速度場は電極ギャップに対して対象な構造をもち，電極近傍では外側に向かう水平方向の流れが計測された．電極間隔中央から右側の水平成分速度分布の印加電圧依存性を図(c)に示す．電極端で最大値を示し，端部から離れるに従って指数関数的に減衰することがわかる．

参考文献　Motosuke, M. et al.: Improved particle concentration by cascade AC electroosmotic flow, *Microfluid. Nanofluid.*, Vol.14, pp.1021–1030, 2013.

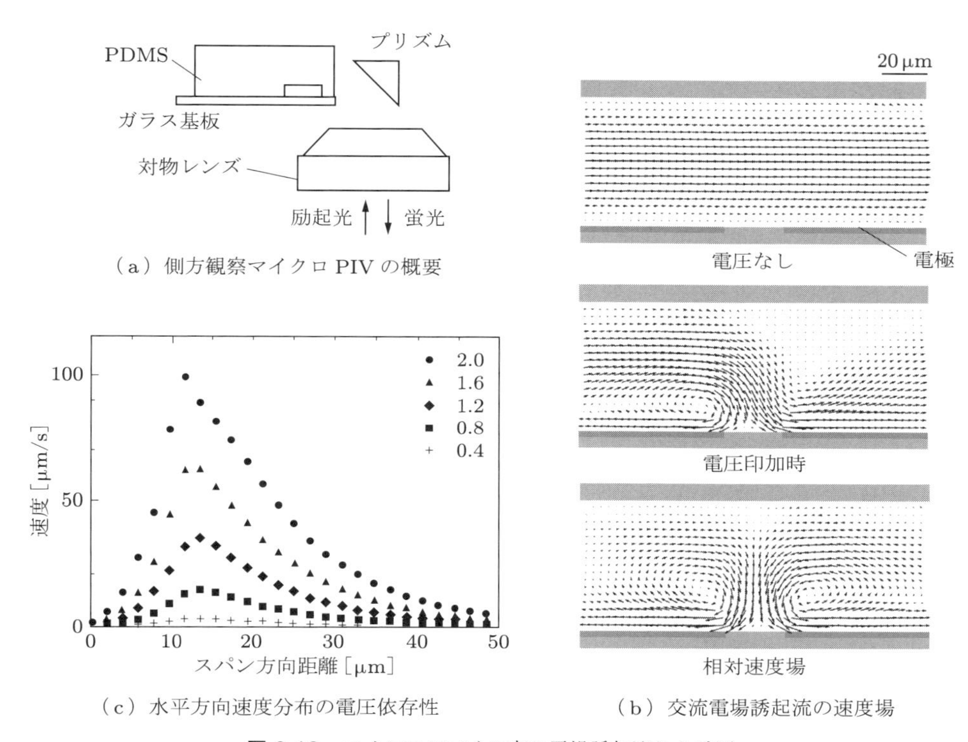

図 9.13　マイクロデバイス内の電場誘起流れの計測

9.14　感温性りん光粒子を用いた浮力・表面張力対流

実験と画像解析の条件

①計測方法	2次元，シート光面内の速度2成分，温度
②代表速度	マランゴニ数 4.8×10^4，レイリー数 2.4×10^6，$u_{\max}=\sim3\,\mathrm{mm/s}$
③対象流体	シリコンオイル，大気圧
④トレーサ	イオン交換樹脂，粒径 4～15 μm，密度 $1.01\,\mathrm{g/cm^3}$
⑤解析領域	W20×H20×D1 $\mathrm{mm^3}$
⑥検査領域	W344×H344×D1 $\mathrm{\mu m^3}$（温度），W172×H172×D1 $\mathrm{\mu m^3}$（速度）
⑦撮　影	距離 30 cm，レンズ $f=50\,\mathrm{mm}$，レンズ絞り $f/1.2$
⑧画像記録	高速度 CMOS カメラ，512 × 512 pixel ×8 bit，フレーム速度 15000 fps，サンプリング周波数 25 Hz
⑨照　明	シングルパルス Nd:YAG レーザ（第3高調波），シート厚さ 1 mm，10 mJ/pulse，パルス幅 $\Delta T<10\,\mathrm{ns}$
⑩画像解析	速度：再帰的直接相関法，検査領域 32 × 32 pixel
⑪誤ベクトル	瞬時速度：周辺速度ベクトルとの比較
⑫取得ベクトル	3600
⑬使用コンピュータ	不明

概要　自動車車内空調，データセンターなどの空調最適化に有用な温度速度同時計測法を開発した．ここで紹介する浮力・表面張力対流の流れは，半導体基板材料のバルク結晶成長や吸収式冷凍機内の流れなどの解明につながる基礎的な流れ場である．

矩形容器の左右の壁面温度を 24°C，50°C とし，容器内で生じる浮力駆動の対流と，表面近傍で生じる表面張力駆動の対流場の温度分布と速度分布を，りん光寿命が温度に依存するユーロピウム錯体を焼結した感温性粒子を用いて測定した．高温壁，低温壁近傍をそれぞれ上昇，下降し，低温壁側から容器下部を通って高温壁側へ流れる．表面近傍ではマランゴニ力で駆動される浅い循環流がみられた（図 9.14 (f)）．図 (e) に示す温度分布より，表面張力対流によって低温流体が必ずしも沈降せず，表面のすぐ下に低温の流体層が形成されていることがわかる．

参考文献　Someya, S., Li, YR., Ishii, K. & Okamoto, K.: Combined Two-Dimensional Velocity and Temperature Measurements of Natural Convection using a High-speed Camera and Temperature Sensitive Particles, *Exp. Fluids*, Vol.50, pp.65–73, 2011.

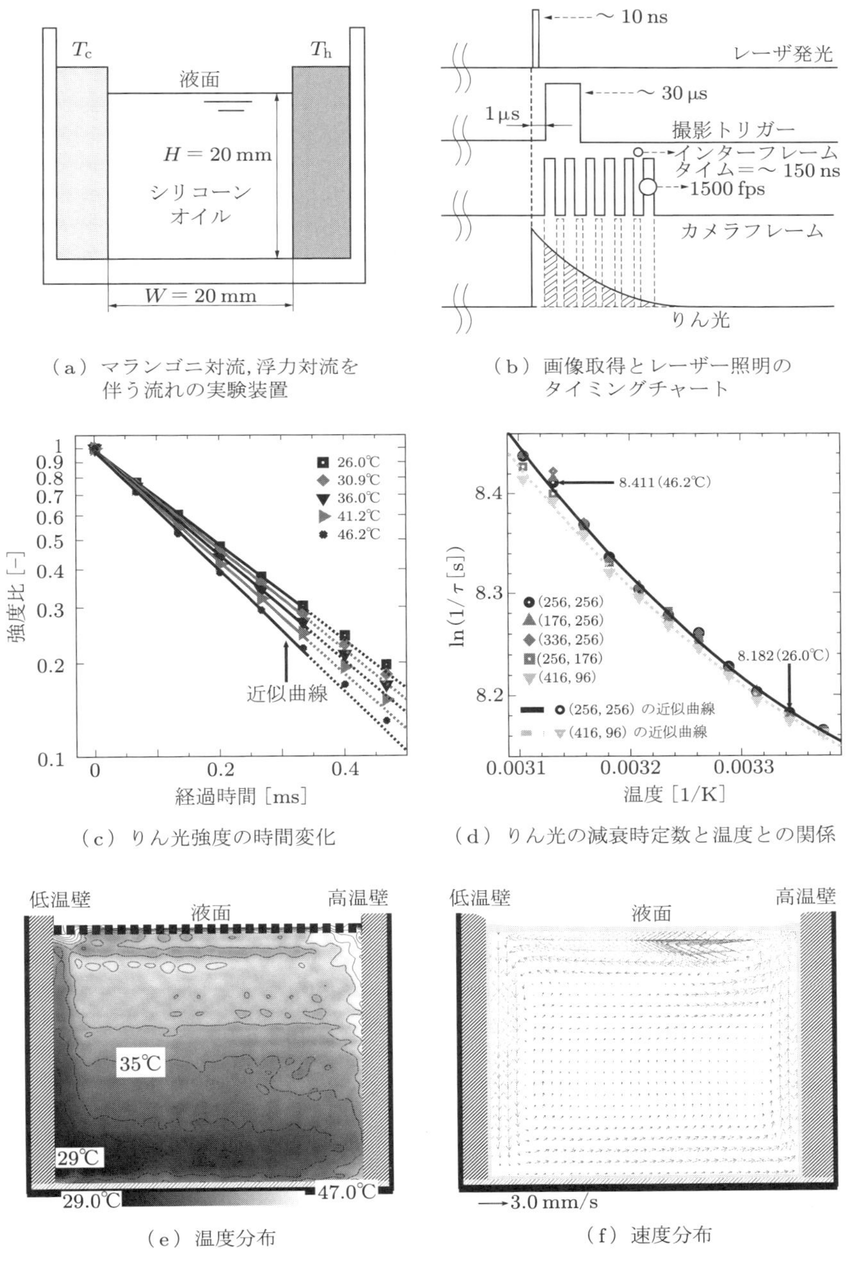

(a) マランゴニ対流,浮力対流を伴う流れの実験装置

(b) 画像取得とレーザー照明のタイミングチャート

(c) りん光強度の時間変化

(d) りん光の減衰時定数と温度との関係

(e) 温度分布

(f) 速度分布

図 9.14 感温性りん光粒子を用いた浮力・表面張力対流

9.15　血管内の流れ

実験と画像解析の条件

①計測方法	2 次元，被写界深度内の速度 2 成分
②代表速度	$u = 6.2\,\mathrm{m/s}$，$u_{\max} = 7.8\,\mathrm{m/s}$，$u_{\min} = 0.0\,\mathrm{m/s}$
③対象流体	血液
④トレーサ	赤血球，平均粒径 7 μm，比重 1.09
⑤解析領域	W160×H160×D1 $\mu\mathrm{m}^3$
⑥検査領域	W2.2×H2.2×D1 $\mu\mathrm{m}^3$
⑦撮　影	開口比 0.55，分解能 0.31 μm/pixel，解像度 0.61 μm，焦点深度 0.91 μm
⑧画像記録	CCD カメラ，512 × 512 pixel×8 bit，サンプリング周波数 1000 Hz
⑨照　明	ハロゲンランプ（140 W），透過光照明
⑩画像解析	再帰的相関法－勾配法，検査領域 7 × 7 pixel
⑪誤ベクトル	瞬時速度：周辺速度ベクトルとの比較，平均速度：速度ヒストグラム
⑫取得ベクトル	瞬時 2000，総数 2000 × 2046 frame（処理時間：約 577 min）
⑬使用コンピュータ	CPU/Pentium II 375 MHz，メモリ/128 MB，HDD/4 GB

概要　細動脈，毛細血管，細静脈などからなる微小循環では，生体の内部環境を恒常的に維持するために血液と細胞外膜との間で酸素や養分などの直接的な物質交換を行っており，これらの血管内の速度分布を計測することは，血管組織間の物質交換を調べるうえで重要である．本計測では，生体顕微鏡下のラットの腸間膜を計測対象とし，生きた状態における微小循環における血流（blood flow）動態の観察を行った．

8 週の雄ラットを薬剤により麻酔し，顕微鏡ステージに置いた灌流恒温層内に腸間膜を広げた（図 9.15 (a)）．ハロゲンライト光源を光ファイバライトガイドを用いて透過照明を行い，対物レンズ（×40）と CCD カメラ用リレーレンズ（×0.45）を用いた（図(b)）．微小領域のために相対的に画像の移動速度が大きくなるため，高速度 CCD カメラを使用した．図(c)に撮影された血流の画像の例を示す．右下から左上に向かって内径約 30 μm の細動脈と，この血管の屈曲部から分岐するさらに細い内径約 10 μm の別の細動脈が観察できる．解析には，4.4.2 項で解説した再帰的相関－勾配法を用いて，高い空間解像度と高いベクトル精度の両立を図った．内径 30 μm の細動脈に対しては，断面方向に約 20 点の計測が可能となった（図(d)）．図(e)に断面速度分布を示す．

参考文献　杉井ほか：高精度画像計測法を用いた微小血管内の速度分布計測，日本機械学会論文集（B 編），Vol.67，No.662，pp.2431–2436，2001.

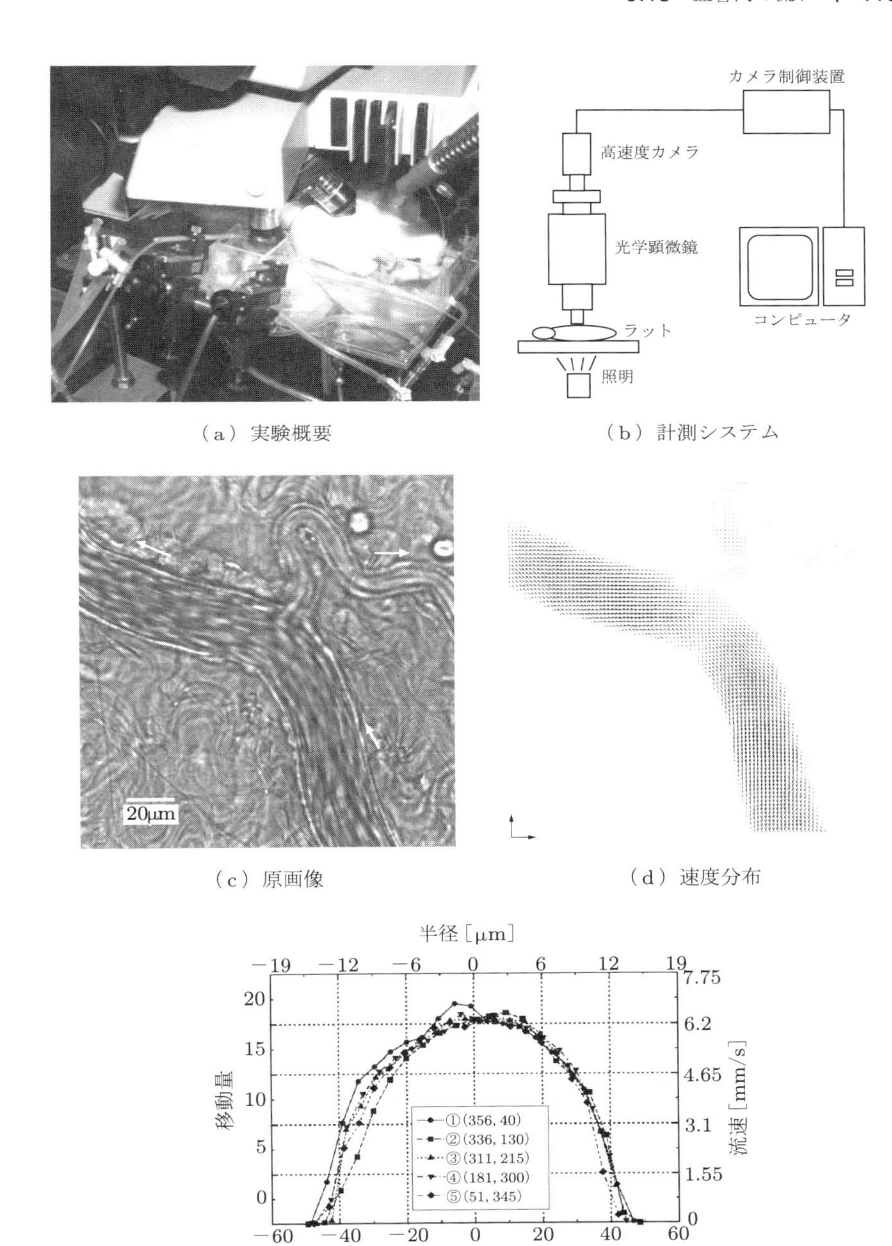

（a）実験概要　（b）計測システム

（c）原画像　（d）速度分布

（e）断面内速度分布

図 9.15　血管内流れ

9.16 気泡プルームの挙動

実験と画像解析の条件

①計測方法	2次元，光シートの面内の速度2成分（気相のみ）
②代表速度	$u = 0.20\,\mathrm{m/s}$，$u_{\max} = 0.75\,\mathrm{m/s}$，$u_{\min} = 0.05\,\mathrm{m/s}$
③対象流体	水と窒素の気液二相流，15～25℃，大気圧
④トレーサ	なし（計測対象は大小さまざまな気泡）
⑤解析領域	$\mathrm{W300 \times H800 \times D2\,mm^3}$
⑥検査領域	$\mathrm{W64 \times H64 \times D2\,mm^3 \rightarrow W4 \times H4 \times D2\,mm^3}$ 階層処理
⑦撮　影	距離 2.0 m，レンズ $f = 16\,\mathrm{mm}$，レンズ絞り $f/1.9$
⑧画像記録	CCDカメラ，640 × 480 pixel × 8 bit，サンプリング周波数 30 Hz，シャッタ 1/250 s
⑨照　明	ハロゲンライト（200 W），連続照明
⑩画像解析	再帰型相互相関法
⑪誤ベクトル	メディアンフィルタ
⑫取得ベクトル	瞬時 16000，総数 16000 × 1800 時刻（処理時間約 180 min）
⑬使用コンピュータ	CPU/300 MHz，メモリ/256 MB，HDD/4 GB

概要　気泡プルームは，気液二相流による浮力噴流であり，広域の対流を駆動する性質がある．この機能を利用して，ダム・湖水の自然循環システムや，混合と酸素供給を兼ねた浄水システムが年中稼働している．ほかにも，金属精錬や，化学溶液・パルプの処理などで，気液界面での物質交換を目的とするエアレーション（瀑気）の典型的な流れとして気泡プルームは知られる．しかし，浮力分布と乱流構造が干渉した複雑な非定常性を有し，気泡吹き込み条件のわずかな変更で，大規模な不安定流動が出現するなど，理論的予測が困難な流れである．

本計測例は，気泡プルームの全体構造の計測と，局所的な乱流に伴う気泡運動の計測を，同時に実現することを目的として，再帰型相互相関法（recursive cross correlation：RCC）を用い，気相速度ベクトル場をPIV計測したものである．気泡群の画像に対するRCCの導入には，以下の三つの利点がある．

① 粗視化された画像を第1階層に使うことで，気泡の光散乱特性・撮像特性（図9.16 (a)）に起因する誤ベクトルの発生が抑えられ，正面照明でもPIV計測が正常に機能する．

② 図(b)のようにPTV型の手法では孤立気泡しか計測されないが，RCCの場合では画像上の気泡の重なりを問わない．

③ 図(c)，(d)のように，波動性をもつボイド率分布の移流速度と，気泡のラグランジュ的並進速度を別の物理量として評価し，相互の関係を調査できる．

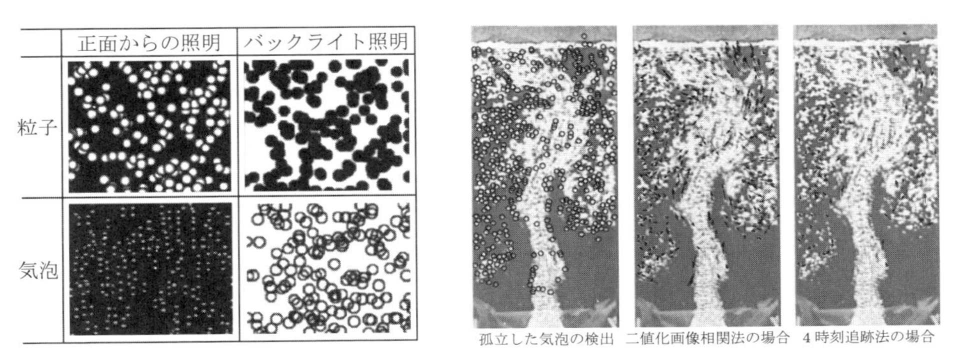

（a）粒子と気泡の画像投影パターン

（b）孤立気泡の検出による PTV 型の気泡速度ベクトル計測

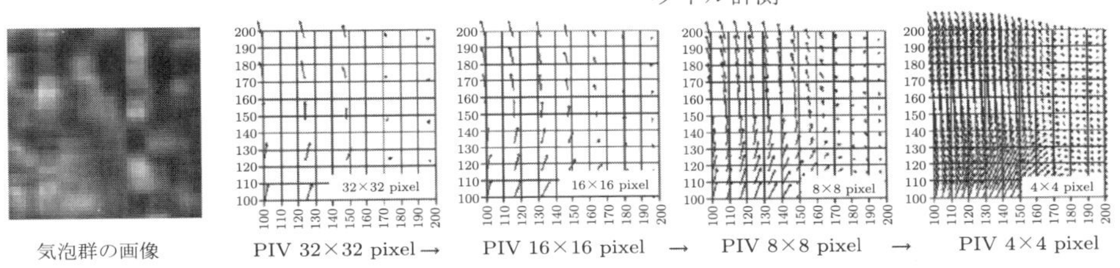

（c）階層型相互相関法による気相速度ベクトル分布の高精細計測

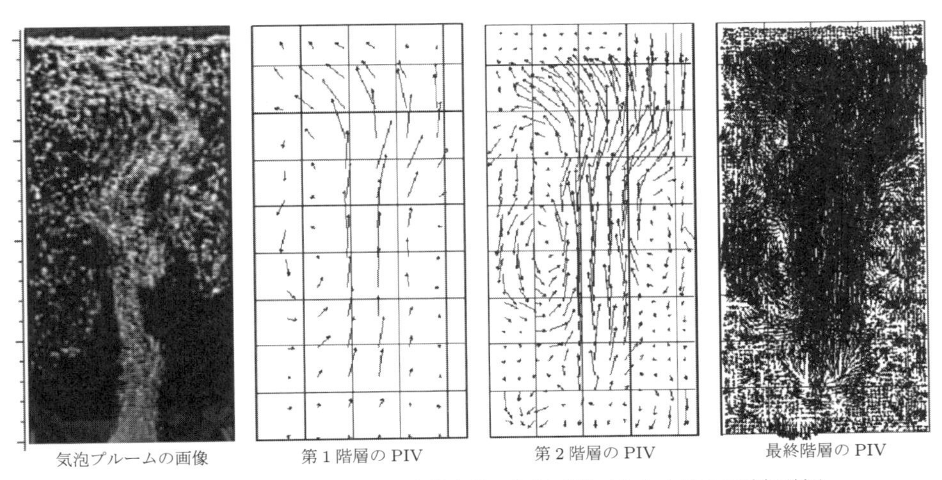

（d）階層型相互相関法による容器全体の気相速度ベクトル場の高精細計測

図 9.16 気泡プルームの挙動

参考文献 Cheng, W., Murai, Y., Sasaki, T. & Yamamoto, F.: Bubble velocity measurement with a recursive cross correlation PIV technique, *Flow Meas. Instr.*, Vol.16, pp.188–196, 2005.

9.17 液液界面近傍の流れ

実験と画像解析の条件

①計測方法	PTV
②代表速度	$u = 18\,\mathrm{mm/s}$, $u_{\max} = 25\,\mathrm{mm/s}$, $u_{\min} = 0.3\,\mathrm{mm/s}$
③対象流体	水・シリコン油，25℃，大気圧
④トレーサ	ナイロン 11，平均粒径 0.03〜0.1 mm，比重 1.02
⑤解析領域	$\mathrm{W10.0 \times H10.0 \times D2\,mm^3}$
⑥検査領域	$\mathrm{W0.72 \times H0.72 \times D2\,mm^3}$
⑦撮　影	距離 270 mm，レンズ $f = 55\,\mathrm{mm}$，レンズ絞り $f/2.8$
⑧画像記録	CCD カメラ，1024 × 1024 pixel，サンプリング周波数 30 Hz
⑨照　明	Ar レーザ，シート厚さ 2 mm，2 W，連続照明
⑩画像解析	二値化相関法，エラー処理：ラベル付き相関
⑪誤ベクトル	瞬時速度：メディアンフィルタ，ラベル付き相関
⑫取得ベクトル	瞬時 132，20 画面平均
⑬使用コンピュータ	CPU/266 MHz，メモリ/159 MB，HDD/6 GB

概要　気液，液液混相流では相境界面への汚染物質（コンタミネーション：contamination）の析出によって輸送現象や分散相の運動の特性が大きく変化するが，具体的な界面の性状やすべり状態はわかっていない．

本計測例はコンタミネーションによる境界面の流動現象の変化を検出するために油中を沈降する水滴の境界面のごく近傍の速度分布を PTV 計測したものである．実験装置の概観を図 9.17 (a)に示す．水槽中に立てた薄肉ガラス円管（内径 31 mm）にシリコン油（動粘性 1.00St，比重 965 kg/m^2）を満たし，上部から脱イオン水を静注すると，直径 15 mm 前後の水滴が形成され，シリコン油中を沈降する（図(b)はフローパターン）．厚さ約 2 mm のレーザ光シートによって水滴の垂直断面のトレーサを可視化するが，液滴の輪郭の明瞭化のために，背後から弱い均一拡散光も加えている．液滴の内部領域の像ひずみの補正を容易にするために，テレセントリックレンズを用いて撮影し（図(c)），それに対応する屈折補正式を導出した．Ninomiya ら [2] は 2 液の屈折率を一致させて光学ひずみの問題を解消している．

液滴の境界付近の拡大画像を図(d)に示す．液滴の外周部の太く暗い輪郭上の白点は近傍のトレーサが境界面に映った鏡像である．液滴がカメラの視野を 1〜1.5 s で通過する間に撮影した画像から PTV で速度を求め，それから液滴に対する相対速度を算出した．液滴側面の平均速度分布と渦度分布を図(e)に示す．液滴の水平軸沿いの垂直方向速度分布を図(f)に示す．3 種類の抵抗係数と速度分布の変化はコンタミネーションの程度に対応している．抵抗係数の大きい（コンタミネーションが強い）液滴

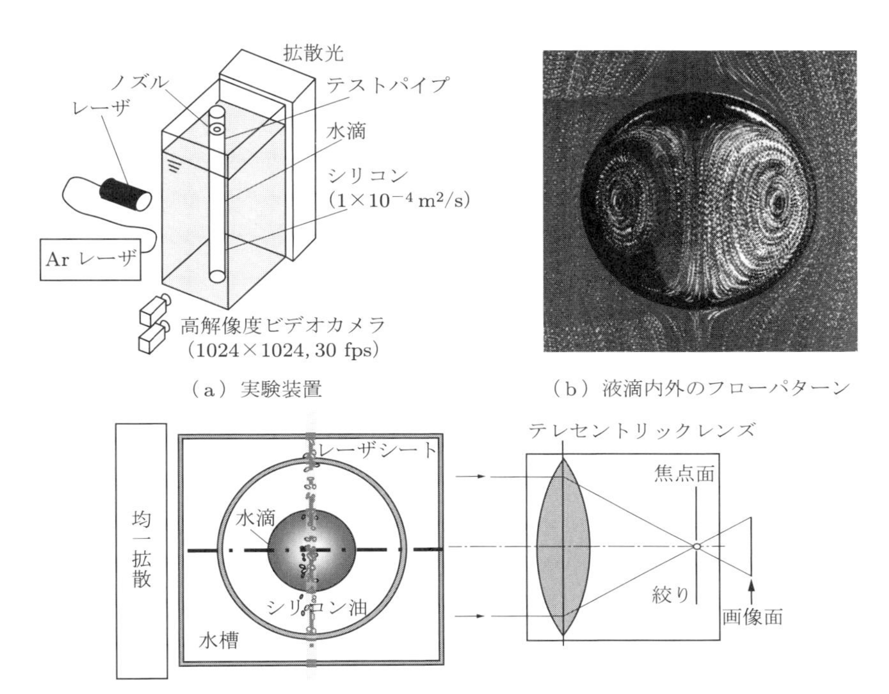

(a) 実験装置

(b) 液滴内外のフローパターン

(c) 照明状態とテレセントリックレンズを用いた撮影

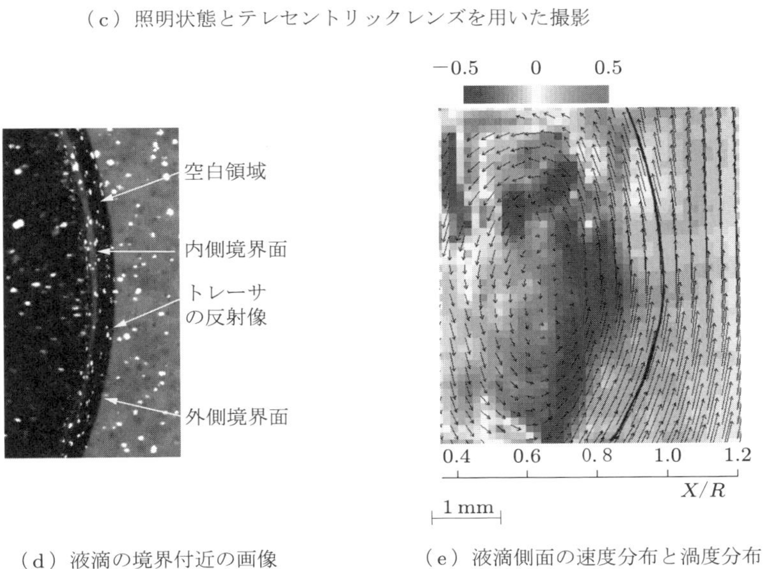

(d) 液滴の境界付近の画像

(e) 液滴側面の速度分布と渦度分布 $C_{\mathrm{D}} = 23$

図 9.17 液液界面近傍の流れ

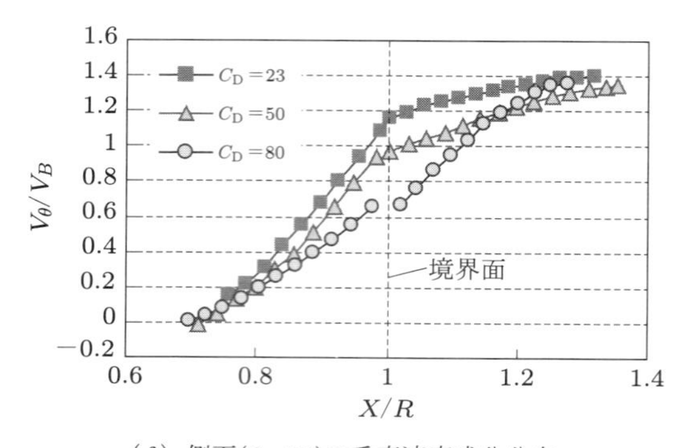

（f） 側面(θ=90)の垂直速度成分分布

図 9.17 液液界面近傍の流れ（つづき）

では液滴内外での速度勾配の不連続は大きくなっている．

参考文献

[1] Yamauchi, M. et al.: PIV measurement at close region to interface of a water drop in oil, *Theoretical and Applied Mechanics*, Vol.49, pp.165–170, 2000.
[2] Ninomiya, N. & Yasuda, K.: Visualization and PIV measurement of the flow around and inside of a falling droplet, *J. Visualization*, Vol.9, No.3, pp.257–264, 2006.

9.18 軸対称衝突噴流

実験と画像解析の条件

①計測方法	2 次元，光シート面内の速度 2 成分
②代表速度	ノズル出口速度 292.6 mm/s（$Re = 13100$）
③対象流体	水，25 ℃，大気圧
④トレーサ	ナイロン，平均粒径 150 μm，比重 1.02，粉砕状
⑤解析領域	W92×H88×D5 mm^3
⑥検査領域	—
⑦撮　影	距離約 1.6 m，レンズ $f = 50$ mm，レンズ絞り $f/5.6$
⑧画像記録	CCD カメラ，512 × 480 pixel×8 bit，サンプリング周波数 60 Hz
⑨照　明	ストロボスコープ，シート厚さ 5 mm，1 J/pulse，パルス幅 $\Delta T =$ 20 μs，パルス間隔 $\Delta t = 16.67$ ms
⑩画像解析	粒子追跡法，3 時刻パターンマッチング法
⑪誤ベクトル	瞬時速度変動の絶対値が RMS 値の 3 倍より大きいものを排除
⑫取得ベクトル	瞬時 150〜300
⑬使用コンピュータ	CPU/PA-RISC 99 MHz，メモリ/112 MB，HDD/10 GB

概要　軸対称衝突噴流（axi-symmetric impinging jet）は，円形ノズルから噴出した流れが平板に衝突する流れで，よどみ領域で高い熱・物質伝達が得られる．制御性に優れていることから，工業的に幅広く利用されている流れである．本実験では，水を作動流体とする軸対称衝突噴流のよどみ領域の乱流特性を，2 次元 PTV を用いて測定した．

図 9.18 (a) に実験装置の概略を示す．装置全体は水面下に設置されている．図 (b) に流れ場の形状および座標系を示す．軸対称性の確保のため，流れ場全体が直径 950 mm の円筒側壁（板厚 2 mm の透明アクリル板）で囲まれており，流体はこの円筒側壁とノズル円板との環状のすきまから流出する．ノズル－衝突壁の距離は約 230 mm であり，ノズル直径の約 6 倍である．図 (c) に計測システムの概略を示す．噴流軸を含む 2 次元断面内の速度 2 成分の測定には，光シートを用いる 2 次元 PTV を適用した．光シートをガラス板越しに垂直上方より照射し，可視化されたトレーサ粒子の運動を円筒側壁越しに白黒 CCD カメラで撮影した．本実験では，連続する 16 frame のフィールド画像をリアルタイムでディジタル化し，各フィールドあたり 300 程度のトレーサ粒子像のデータを得た．この処理を撮影断面あたり 10 分から数時間にわたって繰り返すことにより，乱流諸量の算出に必要なサンプル数を確保した．図 (d) は瞬時速度ベクトル分布の例である，軸を含む断面を撮影したものである．上方の線が衝突壁であり，ノズルは上方に位置する．図 (e) は平均速度ベクトル分布

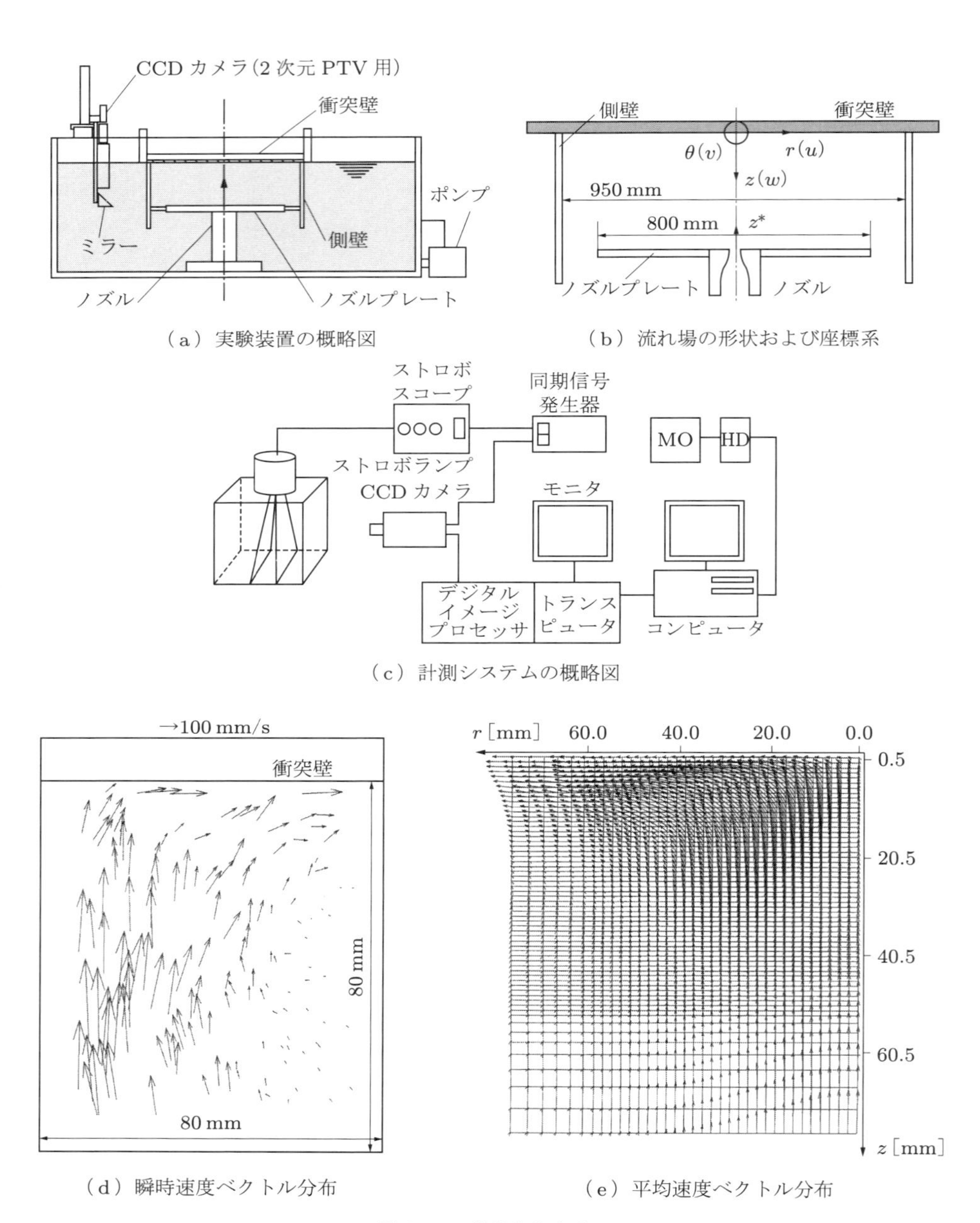

図 9.18　軸対称衝突噴流

の例であり，上記のように得られた瞬時ベクトルを各々の平均化セルで積算し，平均をとったものである．このセルはよどみ領域では軸方向に 1 mm，半径方向に 2 mm，それ以外の領域は徐々に粗くなるように設定した．各セルで得られたベクトルはおおむね 10000 個以上である．

参考文献 Nishino, K. et al.: Turbulence statistics in the stagnation region of an axisymmetric impinging jet flow, *Int. J. Heat Fluid Flow*, Vol.17, pp.193–201, 1996.

9.19 リブレット壁面上の乱流

実験と画像解析の条件

①計測方法	3 次元，直方体内の速度 3 成分
②代表速度	中心速度 74.8 mm/s（$Re = 6050$），173 mm/s（$Re = 14000$）
③対象流体	水，20 °C，大気圧
④トレーサ	ナイロン 12，平均粒径 200〜250 μm，比重 1.02
⑤解析領域	W30×H30×D25 mm^3
⑥検査領域	—
⑦撮　影	距離約 0.5 m，レンズ f = N.A.，レンズ絞り f/N.A.
⑧画像記録	NTSC CCD カメラ，512×480 pixel×8 bit，サンプリング周波数 60 Hz，追記型レーザディスクに記録後，オフラインで処理
⑨照　明	ストロボスコープ，0.67 J/pulse，パルス幅 $\Delta T = 4$ μs，パルス間隔 $\Delta t = 1/60$ s
⑩画像解析	3 台のカメラによる粒子空間位置の算出，3 次元空間内での粒子追跡
⑪誤ベクトル	4 時刻間の追跡による除去
⑫取得ベクトル	瞬時最大 500 個，平均 200 個，総数 2×10^7 個
⑬使用コンピュータ	Titan3020（CPU/R3000 64 MHz）

概要　リブレット（riblet）は，壁面上に微細な縦溝をつけることによって乱流摩擦抵抗を低減できるデバイスである．溝の間隔を粘性長さで無次元化した値が 15 程度のときに最大 8% の低減率をもたらすこと，30 以上では逆に抵抗が増大することなどが知られている．しかし，実験室実験で低いレイノルズ数の流れ場を想定した場合にも溝間隔は数ミリメートル以下と小さく，従来の熱線，LDV といった手法では十分な精度，空間解像度が得られなかった．本計測では，3 次元 PTV を用いることにより，幅 3.5 mm，高さ 2.2 mm の溝内部の流れを含めて速度情報を得た．また，種々の乱流統計量を算出すると共に，条件付きサンプリングによる乱流準秩序構造の抽出を行った．

図 9.19 (a)はテスト部とカメラ配置の概略を，図(b)はリブレットの断面形状を示したものである．撮影は壁面にはめ込んだガラス窓を通して行った．図(c)に瞬時速度ベクトル分布の例を示す．700〜1000 個の粒子画像から，最大約 500 個の速度ベクトルが得られた．図(d), (e)は $Re = 14000$（抵抗増大条件）における流れ方向平均速度の等値線，流れに直交する断面内の平均速度ベクトルである．谷の内部まで計測できていることが確認できると共に，本計測でリブレット面上にプラントルの第 2 種 2 次流れが発生することが初めて明らかになった．この 2 次流れは高速の流体を谷の内

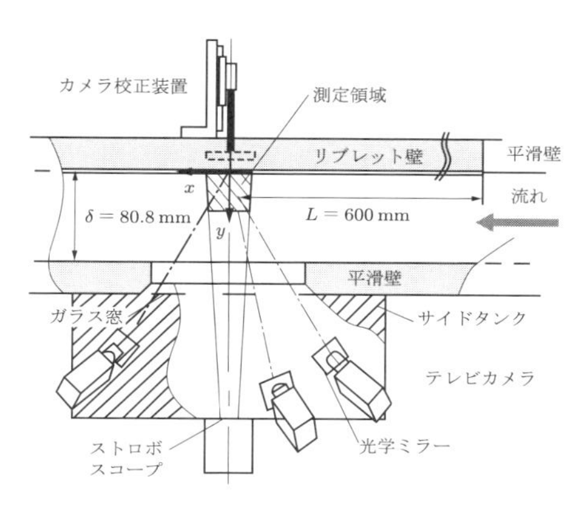

（a）テスト部の概略図

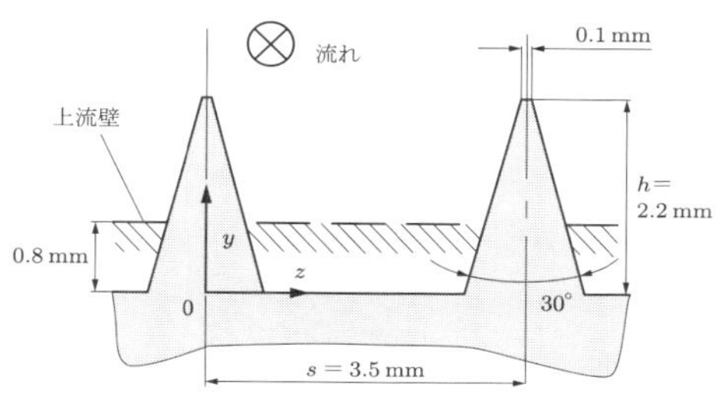

（b）リブレット断面形状

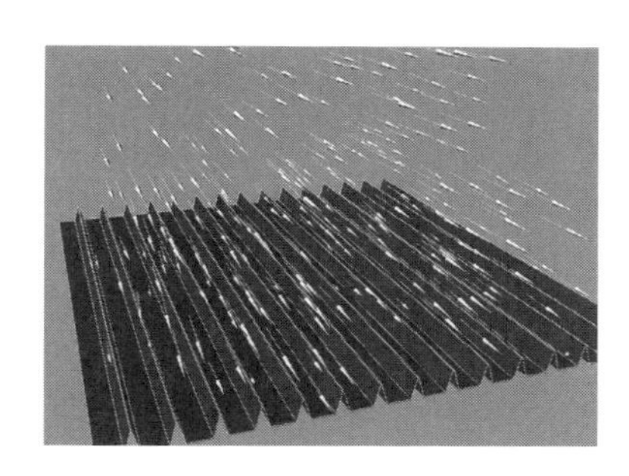

（c）瞬時速度ベクトル分布の例

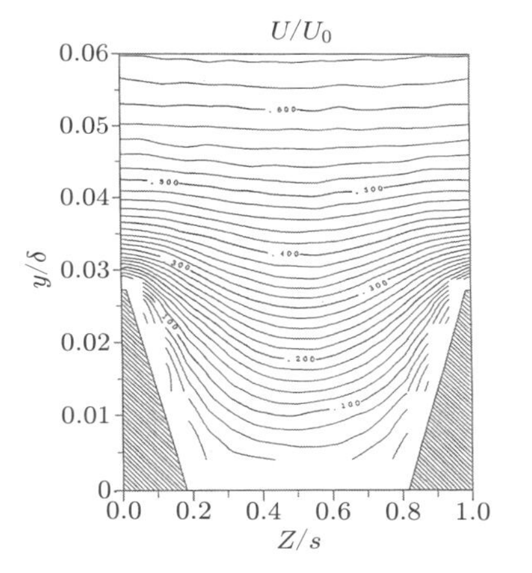

（d）流れ方向平均速度の等値線（Re＝14000）

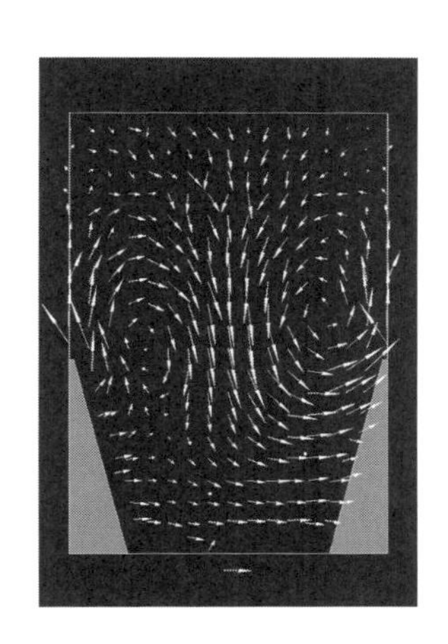

（e）Re＝14000（抵抗増大条件）における2次流れ平均速度ベクトル

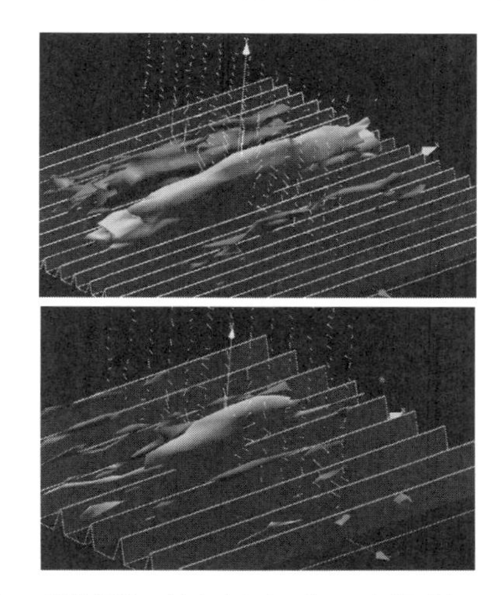

（f）4象限解析で抽出されりブレット壁面上のストリーク構造（上：Re＝6050，下：Re＝14000）

図 9.19　リブレット壁面上の乱流

部に導き，$Re = 14000$（溝間隔 31 粘性長さ）で抵抗が増大する要因となっている．また，図(f)は 4 象限解析に基づく条件付き抽出法で得られた壁近傍のストリーク構造である．$Re = 6050$（抵抗低減条件）ではリブレット壁上でも平滑面と同様の構造が観察できるが，$Re = 14000$ では流れ方向に短いことがわかる．

参考文献 Suzuki, Y. & Kasagi, N.: Turbulent Drag Reduction Mechanism Above a Riblet Surface, *AIAA J.*, Vol.32, No.9, pp.1781–1790, 1994.

9.20　微粒子の粒径計測

実験と画像解析の条件

①計測方法	3 次元，自由落下する球形ガラス粒子の速度 3 成分および粒子径
②代表速度	0.2～1.6 m/s（自由落下粒子の終端速度）
③対象流体	空気，19 ℃，大気圧
④トレーサ	ガラス粒子，鉄，ポリエチレン，アルミナ，ステンレス，ナイロン，シラス
⑤解析領域	W3×H3×D3 mm^3
⑥検査領域	—
⑦撮　影	距離 150 mm，レンズ $f = 105$ mm，レンズ絞り $f/16$
⑧画像記録	CCD カメラ 512 × 480 pixel×8 bit，サンプリング周波数 10 Hz
⑨照　明	0.5 J/pulse，パルス幅 $\Delta T = 3$ µs，パルス間隔 $\Delta t = 80$～300 µs
⑩画像解析	2 時刻パターンマッチング
⑪誤ベクトル	なし
⑫取得ベクトル	約 1000～3000
⑬使用コンピュータ	CPU/PA-RISC 99 MHz，メモリ/112 MB，HDD/10 GB

概要　分散混相流（固気二相流：gas-solid two phase flow）の粒子径・速度の同時計測を可能とするステレオ PIV を開発した．ステレオ撮影を用いることで粒子の 3 次元位置を直接計測して，従来は粒子から間接的にしか評価できなかった粒子のピント面からのずれを直接測定し，被写界深度の影響を除去することが可能となった．また，精度向上および処理の自動化のため，二値化しきい値選定の影響を受けにくい，粒子輪郭検出アルゴリズムを考案した．鉛直管内を自由落下する球形ガラス粒子を測定し，それらの粒子径分布および速度 3 成分を求めることにより，本計測手法の健全性を確認した．

図 9.20 (a)に測定装置の概略を示す．ステレオ画像を得るために 2 台の CCD カメラと鏡を配置し，異なる視点から共通の測定領域を撮影する．背景照明は 2 台のストロボ装置より供給され，ファイバライトガイドで 1 ヶ所に導かれ，すりガラスに照射される．塩化ビニル管端直後を計測領域とした．図(b)は公称平均粒子径 100 µm の原画像データである（パルス間隔 $\Delta t = 100$ µs）．図(c)に粒子径と瞬時速度 3 成分の測定結果を示す．図中，実線と破線は静止大気中を自由落下する球形粒子の終端速度の理論値である．視野奥行方向の速度成分である V の不確かさ区間を破線で示したが，測定値のばらつきはこの不確かさ区間に収まっていることがわかる．図(d)に粒子サンプルの顕微鏡写真を示す．図(e)は投影面積相当径について，ステレオ撮影法と顕微鏡測定の結果を比較したものである．球形の鉄と球形に近いポリスチレンにつ

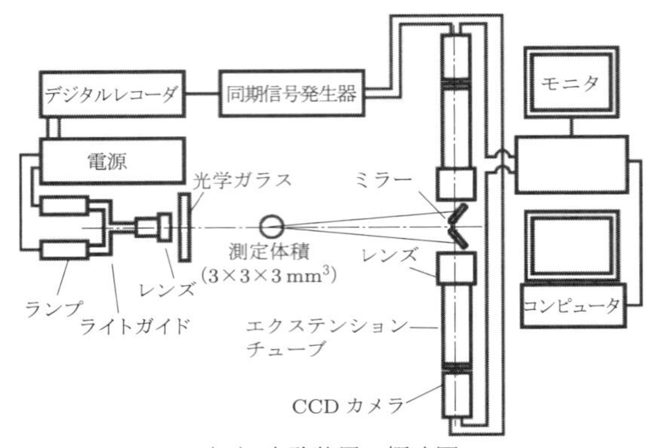

（a） 実験装置の概略図

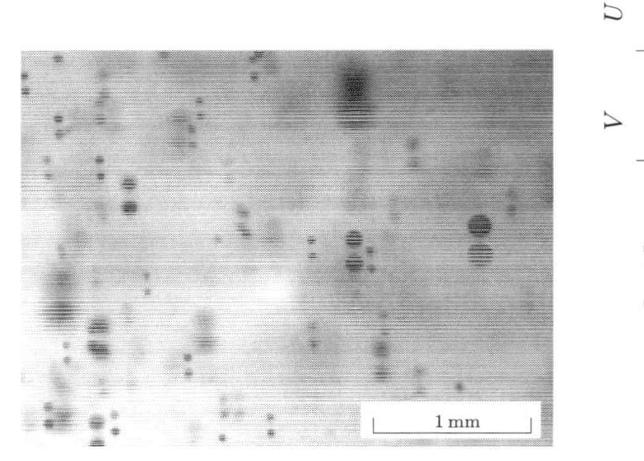

（b） 自由落下粒子画像の一例

（c） 落下粒子の粒子径と速度との相関

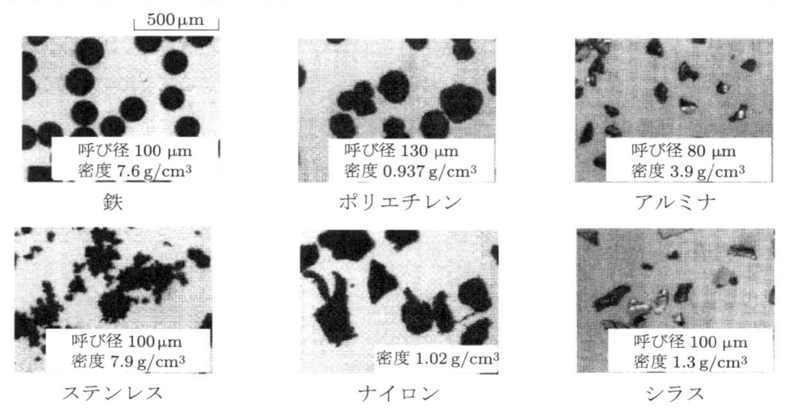

（d） 粒子サンプルの顕微鏡写真

図 9.20 微粒子の粒径計測

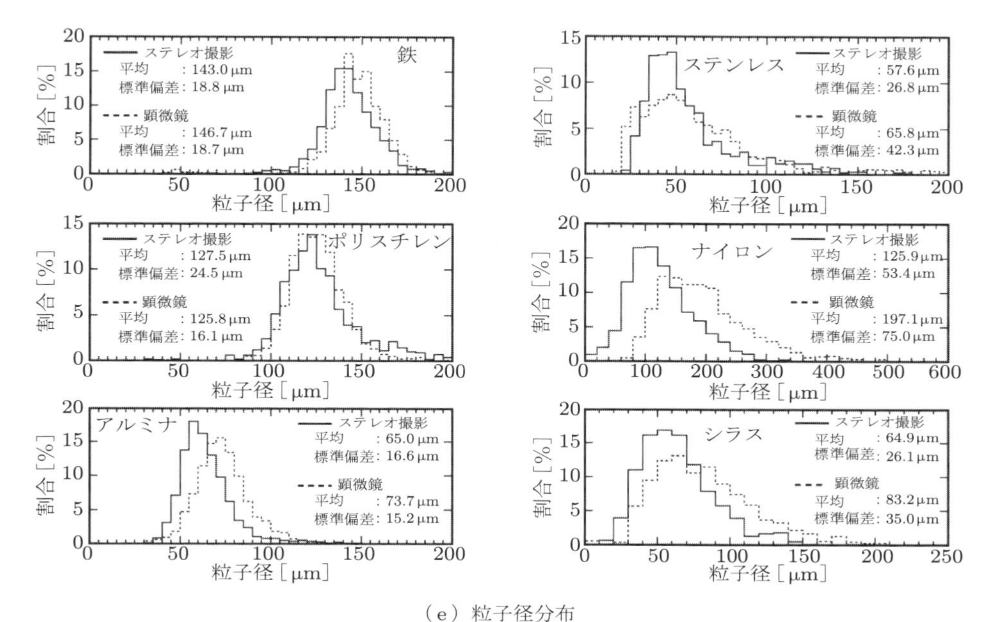

（e）粒子径分布

図 9.20 微粒子の粒径計測（つづき）

いては，両測定結果は互いに良好に一致している．非球形の度合いが強いアルミナ，シラスの各粒子では，粒度分布は定性的には一致しているものの，平均粒子径には 9 ～18 μm の差異が見られ，顕微鏡測定のほうが一貫して大きな値を与える．これは，顕微鏡測定では非球形粒子がプレパラート上でもっとも安定する姿勢をとり，投影面積が大きくなる方向を対物レンズに向ける傾向があるためと考えられる．

参考文献 Nishino, K. et al.: Stereo Imaging for Simultaneous Measurement of Size and Velocity of Particles in Dispersed Two-Phase Flow, *Meas. Sci. Tech.*, Vol.11, pp.633–645, 2000.

9.21 平面噴流

実験と画像解析の条件

①計測方法	ステレオ，光シートの面内の速度3成分
②代表速度	$u = 0.08\,\mathrm{m/s}$，$u_{\max} = 0.12\,\mathrm{m/s}$，$u_{\min} = 0.0\,\mathrm{m/s}$
③対象流体	水，25°C，大気圧
④トレーサ	ナイロン12，平均粒径50 μm，比重1.02
⑤解析領域	W140×H80×D2 mm^3
⑥検査領域	W2×H2×D2 mm^3
⑦撮　影	距離約0.5 m，レンズ $f = 60\,\mathrm{mm}$，レンズ絞り $f/3.5$
⑧画像記録	CCDカメラ，1008×1018 pixel×8 bit，サンプリング周波数30 Hz
⑨照　明	ダブルパルスNd:YAGレーザ，シート厚さ2 mm，20 mJ/pulse，パルス幅 $\Delta T = 6\,\mathrm{ns}$，パルス間隔 $\Delta t = 8\,\mathrm{ms}$
⑩画像解析	直接相互相関法，検査領域 28 × 28 pixel
⑪誤ベクトル	瞬時速度：周辺速度ベクトルとの比較とピーク置き換え，平均速度：なし
⑫取得ベクトル	瞬時 60 × 39，総数 60 × 39 × 70 時刻（処理時間　約100 min）
⑬使用コンピュータ	CPU/450 MHz，メモリ/384 MB，HDD/100 GB

概要　平面噴流（2次元噴流，plane jet）の主流方向に垂直な断面をステレオPIVで計測し，時間方向を流れ方向に置き換えることで，渦度3成分の3次元分布を得た．作動流体の水は，流水槽より整流部および矩形ノズル（幅 $B = 30\,\mathrm{mm}$，スパン方向長さ $L = 300\,\mathrm{mm}$）を経て，平面噴流として流出する．ノズル出口内側（両側）に矩形スロット（断面 $4 \times 1\,\mathrm{mm}^2$，長さ45 mm）を5 mm間隔で約 60 × 2 個設け，スパン方向波長λ（40 mm）の吸い込み・吹き出しによるじょう乱を噴流の初期せん断層に与えた．じょう乱周波数 $f = 1.2\,\mathrm{s}^{-1}$ $(= 1/T)$，ストローハル数 $St = fB/V_0 = 0.45$（V_0 はノズル出口流速），噴流レイノルズ数 $Re_{\mathrm{B}} = 2300$ とした．2台のCCDカメラを図9.21(a)に示すように配置し，それぞれシャインフラグ条件を満たすよう，CCDカメラの撮像面がレンズ主平面に対してわずかに傾けてある．カメラ光軸と流路壁の交点付近にプリズム（三角柱状のアクリル容器に水を満たしたもの）を置くことで非点収差を抑制した．カメラ校正は2 mm間隔の格子板を計側面に設置してその画像を撮影し，各格子点の画像座標と実座標を求め，最小二乗法によって画像座標と実座標を対応づける写像関数を3次多項式で近似した．計側面は $x/B = 4$ における y-z 平面であり，1条件で約4.7 s（70時刻）の時間的に連続した瞬時速度分布を得た（図(b)）．

渦の3次元構造を推定するためにテイラーの凍結仮説に基づいて x 方向の空間的広

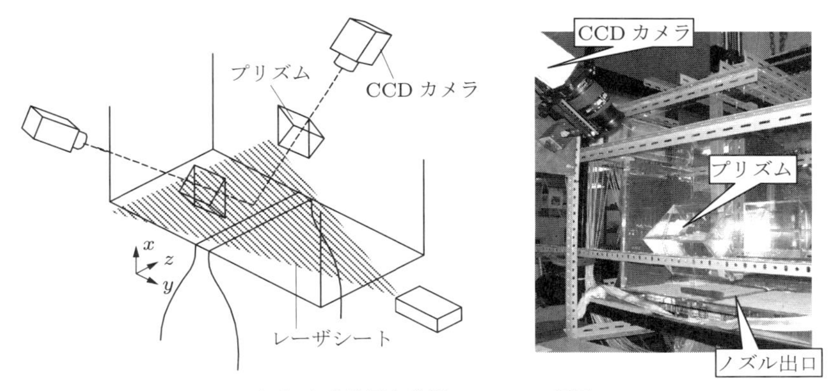

（a）実験装置と計測システムの配置

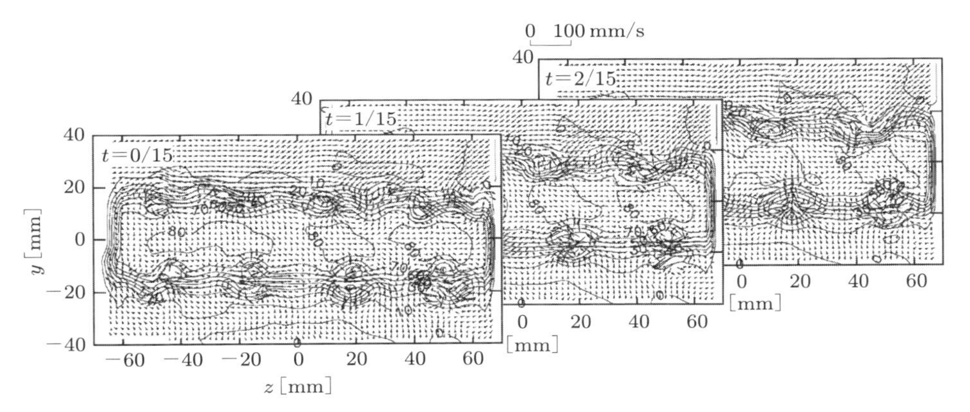

（b）時系列瞬時速度分布

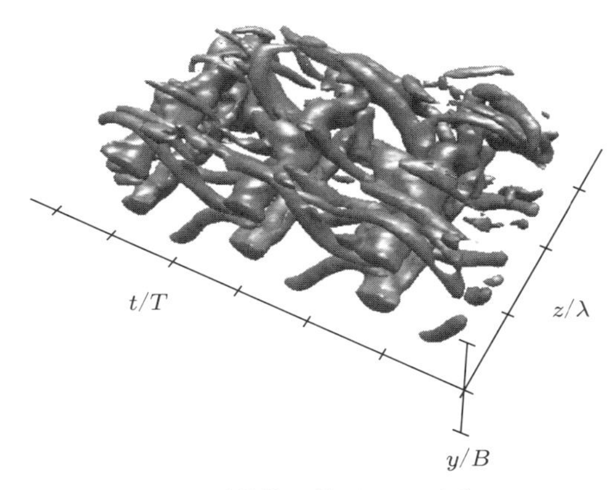

（c）渦度等値面（$|\omega|=2V_0/B$）

図 9.21　平面噴流

がりを時間方向 t への広がりと等価であると仮定し，渦度各成分を次式で定義する．

$$\omega_x = \frac{\partial w}{\partial y} - \frac{\partial v}{\partial z}, \qquad \omega_y = \frac{\partial u}{\partial z} - \frac{\partial w}{\partial t}\frac{1}{V_\mathrm{c}}, \qquad \omega_z = \frac{\partial v}{\partial t}\frac{1}{V_\mathrm{c}} - \frac{\partial u}{\partial y}$$

ここで，渦の移流速度を $V_\mathrm{c} = V_0/2$ とおく．こうして得られた渦度等値面を図(c)に示す．せん断渦とリブ構造が明瞭に捉えられており，乱流の 3 次元構造の把握が可能となった．

参考文献 Sakakibara, J. & Anzai, T.: Chain-link-fence structures produced in a plane jet, *Phys. Fluids*, Vol.13, No.6, pp.1541–1544, 2001.

9.22　運動・変形する血管内の壁面せん断応力計測

実験と画像解析の条件

①計測方法	走査型ステレオ PIV 計測による 3 次元計測
②代表速度	壁面せん断応力計測（$u_{\max} = 1.0\,\mathrm{m/s}$）
③対象流体	グリセリン水溶液（血液模擬物質）
④トレーサ	蛍光粒子 FLUOSTAR（イービーエム株式会社），平均粒径 15 μm，比重 1.1
⑤解析領域	$\mathrm{W}10\times\mathrm{H}10\times\mathrm{D}0.1\,\mathrm{mm}^3$（走査ピッチ 0.15 mm，走査範囲〜10 mm）
⑥検査領域	$\mathrm{W}0.1\times\mathrm{H}0.1\times\mathrm{D}0.1\,\mathrm{mm}^3$
⑦撮　影	レンズ $f=85\,\mathrm{mm}$，レンズ絞り $f/16$，ベローズ接写撮影，ロングパスフィルタ（550 nm，CVI メレスグリオ），Scheimplüg 配置
⑧画像記録	高速度カメラ（CMOS）$1024\times1024\,\mathrm{pixel}\times8\,\mathrm{bit}$，サンプリング周波数 500 Hz
⑨照　明	ダブルパルス Nd:YLF レーザ，波長 527 nm，出力 8 mJ/pulse，周波数 1 kHz
⑩画像解析	FFT 再帰的相互相関法，最小検査領域 8×8 pixel，50% オーバーラップ
⑪誤ベクトル	周囲速度との比較．ただし，誤ベクトルは，見かけ上存在しない．
⑫取得ベクトル	1 走査面あたり瞬時 10000 オーダー
⑬使用コンピュータ	CPU/XeonX5690 3.5 GHz，メモリ/32 GB，HDD/2 TB

概要　内皮細胞は血管の恒常性を司る重要な細胞として血管内面に存在する．内皮細胞は，壁面せん断応力の時空間的特徴をセンシングする機能を有しており，血流の異常は疾患の発症や進行に関連している．ゆえに，壁面せん断応力の計測技術を確立することは，生体流体力学の進展に不可欠といっても過言ではない．一方，血管は幾何学的に複雑 3 次元であり，また，血圧の変動に応じて周期的な運動・変形を繰り返す．そのため，流体力学の相似則を安易に適用できない．ここでは，実形状・弾性壁の脳動脈瘤モデルによる 3 次元壁面せん断応力計測の事例を紹介する．

1）走査型ステレオ PIV 計測

屈折率マッチングを駆使してステレオ PIV を多断面走査計測できるシステムを開発した（図 9.22 (a), (b)）．まず，タンク内に脳動脈瘤モデルを留置する（図(c)）．血管モデルの内外は，屈折率を管理したグリセリン水溶液であり，瘤モデルと合致させる．これによりキャリブレーションを一度行えば，モデルを水溶液中で自在に走査することでステレオ PIV のスキャン計測が可能となる．ここでは，瘤全域を対象としたため，計測断面数はおよそ 60 断面であった．空間解像度を約 100 μm，時間解像度を 500 Hz とし，蛍光粒子をトレーサに用いた（図(d)）．計測は，時間窓 30 ms のも

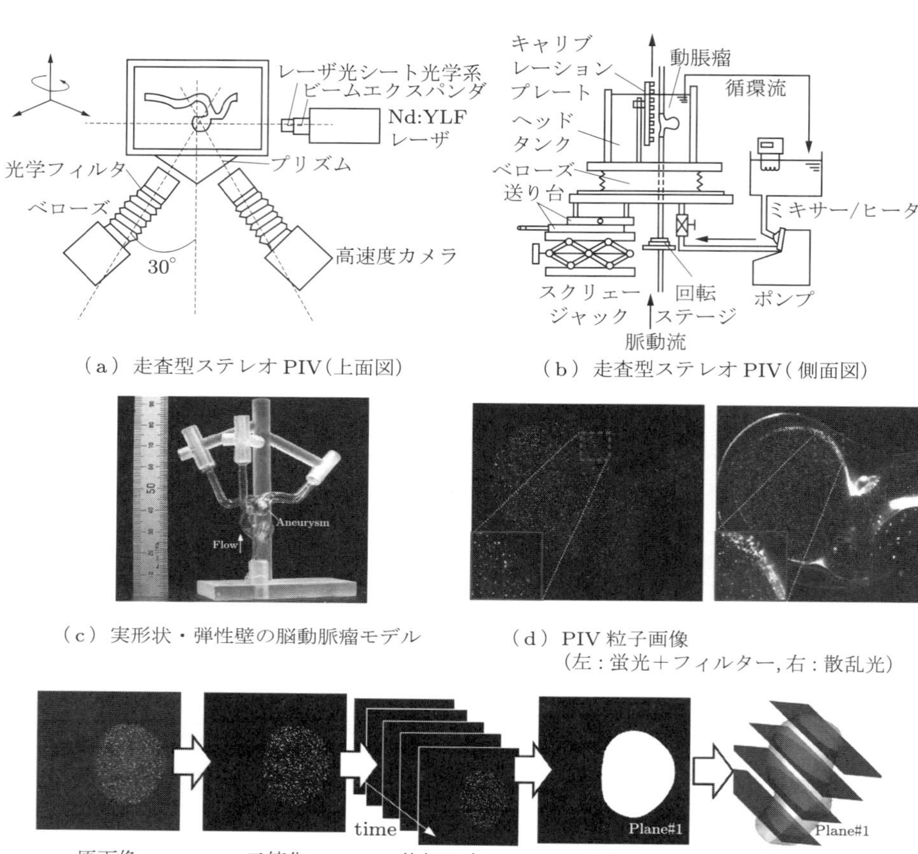

（a）走査型ステレオ PIV（上面図）

（b）走査型ステレオ PIV（側面図）

（c）実形状・弾性壁の脳動脈瘤モデル

（d）PIV 粒子画像
（左：蛍光＋フィルター，右：散乱光）

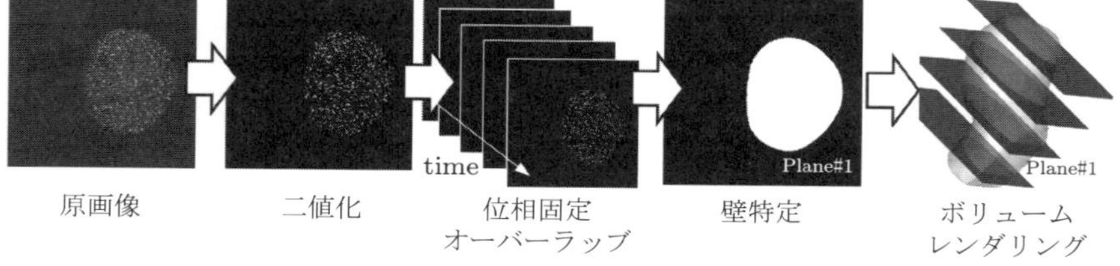

（e）血管内腔形状の再構築

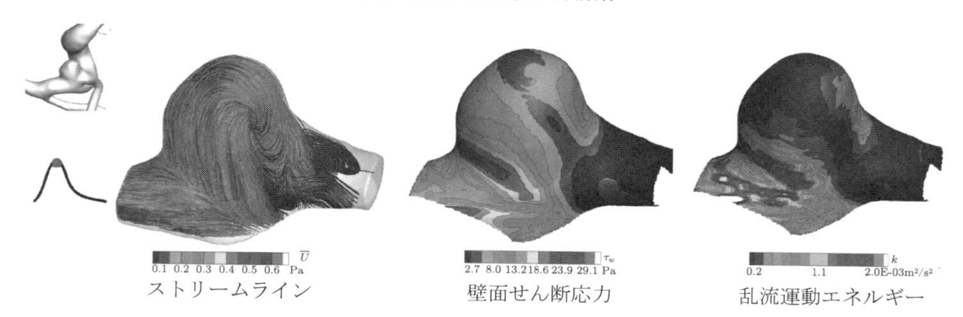

（f）走査型ステレオ PIV 計測結果の一例

図 9.22　運動・変形する血管内の壁面せん断応力計測

と位相固定的に統計処理を行っている．

2）壁面せん断応力の算出

精度ある壁面せん断応力計測には，信頼ある壁特定精度が求められる．ここでは，粒子画像を位相固定で重ね合わせることで壁面を特定した．不確かさは，倍率に依存するが ±15 μm 程度である．多断面で処理を行った後にボリュームレンダリングを駆使して瘤内腔形状を 3 次元構築した（図(e)）．つぎに，速度ベクトルの信頼性である．相互相関解析は直交座標系 (x, y, z) で行うのが一般であるが，その場合，壁近傍の検査領域が壁面とオーバーラップする．これは，粒子密度低下によるランダム誤差の増幅だけでなく，速度ベクトル位置が検査体積の中心に配置されてしまうことでバイアス誤差の原因となる．ここでは，オーバーラップ領域内のベクトルを解析対象から排除することで対応した．最終的に壁面からの距離を一定にして該当部の速度ベクトルを周囲から補間することで壁面せん断応力を計測した（図(f)）．

参考文献　Yagi, T., et al.: Experimental insights into flow impingement in cerebral aneurysm by stereoscopic particle image velocimetry: transition from a laminar regime, *J. R. Soc. Interface*, Vol.10, 20121031, 2013.

9.23 旋回乱流予混合火炎

実験と画像解析の条件

①計測方法	波長型二平面内速度3成分，二平面内の速度3成分と3平面 PLIF の同時計測
②代表速度	流量 200～300 L/min（燃焼室流入口での主流方向断面平均速度 3.34～5.01 m/s）
③対象流体	メタン・空気予混合気，当量比 1.0，300 K，0.1 MPa
④トレーサ	SiO_2，平均粒径 1 μm
⑤解析領域	W12.6×H12.6×D0.210 mm^3（二平面間隔：340 μm）
⑥検査領域	W175×H175×D210 $μm^3$（二平面間隔：340 μm）
⑦撮　影	単焦点マイクロレンズ 200 mm，レンズ絞り $f/8$，2倍テレコンバータと液晶シャッタを使用
⑧画像記録	CCD カメラ（4台），2048 × 2048 pixel
⑨照　明	Nd:YAG レーザ（200 mJ/pulse ×2台）+色素レーザ2台（Nd:YAG レーザ（532 nm）のレーザ光の一部を 560 nm に変換），厚さ 210 μm
⑩画像解析	相互相関法，検査領域 36 × 36 pixel
⑪誤ベクトル	瞬時：フーリエカットオフ法
⑫取得ベクトル	瞬時 14400 × 2，総数 14400 × 2 × 216 時刻（処理時間　約 1 day）
⑬使用コンピュータ	スーパーコンピュータ（TSUBAME 1.0）

概要　ガスタービン燃焼器や自動車エンジンなどの各種燃焼器内で観察される乱流燃焼現象を解明することは，高効率かつ低環境負荷燃焼技術の確立に重要である．乱流と燃焼反応が複雑に干渉する乱流燃焼を解明するには，PIV と平面レーザ誘起蛍光法（PLIF）の同時計測が有効である．図 9.23 (a)にガスタービン燃焼器を模擬した旋回乱流予混合燃焼器を示す．流入口にはスワーラが取り付けられており，これにより旋回流が形成される．この燃焼内に形成される乱流予混合火炎の火炎特性と乱流特性を検討するために，二平面での CH ラジカルの PLIF，一平面での OH ラジカルの PLIF および波長型二平面ステレオ PIV の同時計測（図(b)）が行われている．図(a)に示す火炎の直接写真において，PLIF は白実線領域で，ステレオ PIV は白破線領域で計測が行われている．また，CH ラジカルの PLIF は OH ラジカルの PLIF の計測面を挟む二平面で行われ，ステレオ PIV の計測面は二つの CH ラジカル PLIF の計測面とほぼ一致するように設定されている．燃焼場の PIV では，トレーサとして固体粒子を採用する必要がある．しかし，レーザ光を固体粒子に照射した場合，偏向が散乱光で保存されないため，偏向型の二平面 PIV を行うことは難しい．この計測例では，Nd:YAG レーザ（532 nm）の光の一部で色素レーザを励起して 560 nm のレー

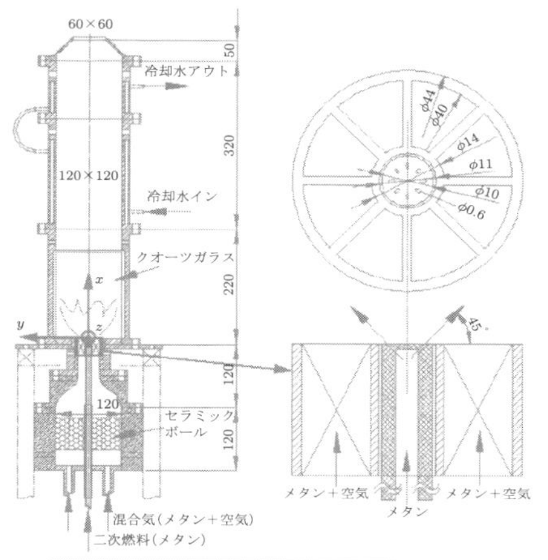

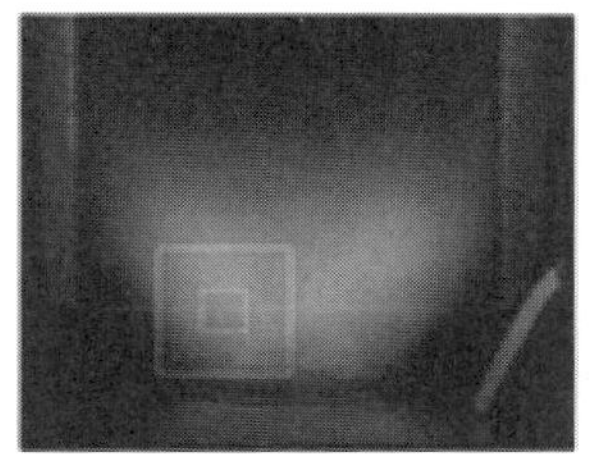

（a）旋回乱流予混合燃焼器の概要と火炎の直接写真

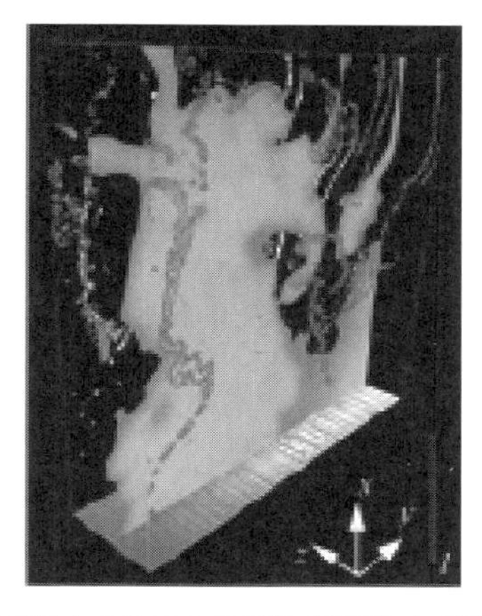

（c）典型的な3次元火炎構造（背面および前面でのCH-PLIF結果，OH-PLIFから得られる未燃領域）

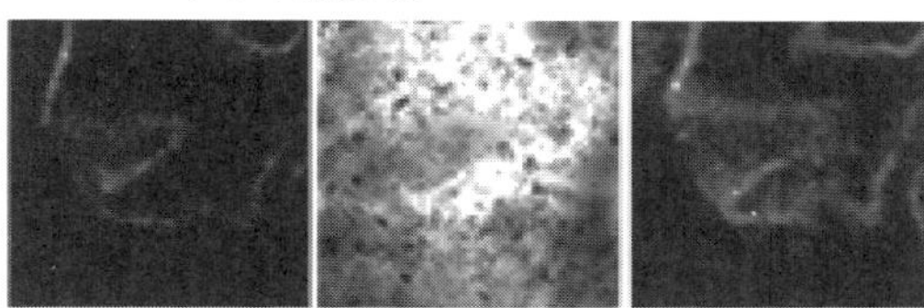

（d）3平面PLIF結果と歪み速度強度（左：背面でのCH-PLIF結果，中：中央断面でのOH-PLIF結果（濃淡）と歪み速度強度（等値線），右：前面でのCH-PLIF結果）

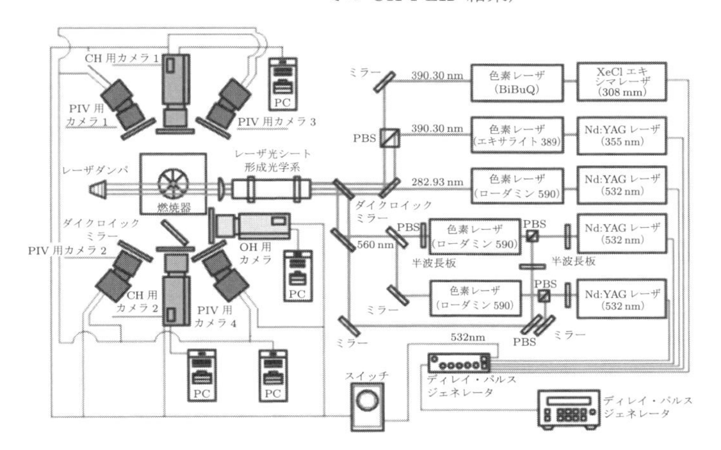

（b）二平面CH-PLIF，一平面OH-PLIFおよび波長型二平面ステレオPIVの同時計測システム

図9.23 旋回乱流予混合火炎の計測

ザ光を発振させることで，波長型二平面ステレオPIVを実現している．

乱流中での火炎面特性を議論するには，火炎面の曲率と乱流運動によって火炎面に作用する歪み速度に関する情報が必要となる．図(c)にこの同時計測で得られた典型的な3次元火炎構造を示す．計測面の間隔は理解しやすいように実際のスケールの15倍で描かれている．乱流中の火炎面は非常に複雑な3次元構造を有しており，その多くは乱流運動に起因している．この計測では微小間隔が異なる二平面のステレオPIV結果から，速度勾配9成分が得られる．図(d)は歪み速度強度と3平面PLIFの結果を示している．PLIFからは火炎面曲率を，PIVから歪み速度を高精度で見積もることが可能であり，このような同時計測から乱流燃焼機構が解明されることが期待されている．

参考文献 Shimura et al.: Simultaneous dual-plane CH PLIF, single-plane OH PLIF and dual-plane stereoscopic PIV measurements in methane-air turbulent premixed flames, *Proc. Combust. Inst.*, Vol.33, pp.775–782, 2011.

9.24 乱流の普遍的微細構造

実験と画像解析の条件

①計測方法	二平面内速度 3 成分，時系列計測（最高 26.7 kHz）
②代表速度	$u = 1.63\,\mathrm{m/s}$，$u_{\mathrm{RMS}} = 0.443\,\mathrm{m/s}$
③対象流体	空気，標準状態
④トレーサ	DOS，平均粒径 1 μm
⑤解析領域	W8.0×H4.0×D0.618 mm^3 と D0.507 mm（二平面間隔：584 μm）
⑥検査領域	W375×H375×D618 $\mu\mathrm{m}^3$ と D507 μm（二平面間隔：584 μm）
⑦撮　影	単焦点マイクロレンズ 200 mm，レンズ絞り $f/11$，2 倍テレコンバータ使用
⑧画像記録	高速度 CMOS カメラ（4 台），512 × 256 pixel（15.8 kHz）or 256 × 256 pixel（26.7 kHz）
⑨照　明	高繰り返し Nd:YAG レーザ，50 W×2 台，厚さ 618 μm と 507 μm
⑩画像解析	相互相関法，検査領域 24 × 24 pixel
⑪誤ベクトル	瞬時および時系列連続ベクトル：フーリエカットオフ法
⑫取得ベクトル	瞬時 820 × 2，総数 820 × 2 × 7900/s × 7.5 s（処理時間　数日間）
⑬使用コンピュータ	スーパーコンピュータ（TSUBAME 1.0）

概要　乱流中には普遍的な特性を有する微細渦構造（コヒーレント微細構造）が存在することが，直接数値計算（DNS）の詳細な解析から明らかにされている．そのような微細構造を実験的に計測するために，時系列 2 平面ステレオ PIV 計測が行われている．乱流の普遍的微細構造はすべての乱流場に存在するため，図 9.24 (a)に示す比較的単純な円形乱流噴流が計測対象として選択した．図(b)に計測システムの概略図を示す．時系列計測を実現するために，発振周波数 10 kHz で 50 W の出力を有する高繰り返し Nd:YAG レーザ 2 台が光源として用いられている．また，2 台のレーザ光源のみで二平面でのステレオ PIV を可能とするために，図(b)に示すような偏光を利用して二つの平行ビームを生成する特殊な光学系が開発されている．画像取得には 4 台の高速度 CMOS カメラが用いられており，シャインフラグ条件を満足するように配置されている．さらに，二平面の散乱光を取り分けるために，カメラの前部に偏光ビームスプリッタ（PBS）が配置されている．

乱流の微細構造を計測するには，乱流の DNS と同程度の空間分解能で PIV 計測をする必要がある．この計測では，検査領域の大きさをコルモゴロフ・スケール η の 2.7 倍，レーザ光シート厚さと二平面の距離を約 4η 程度に設定している．図(c)は典型的な速度ベクトルと渦度分布を示す．図中の二平面の間隔は実際の距離の 10 倍に描かれている．図示した結果の時間間隔は 507 μs である．高時間分解能での計測で

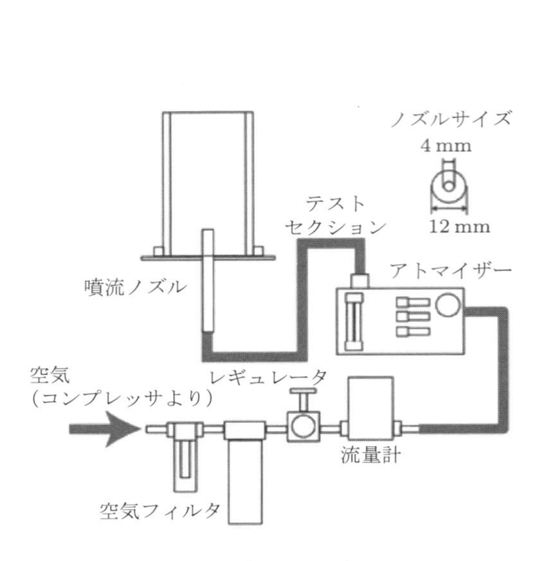

(a) 乱流噴流装置の概要

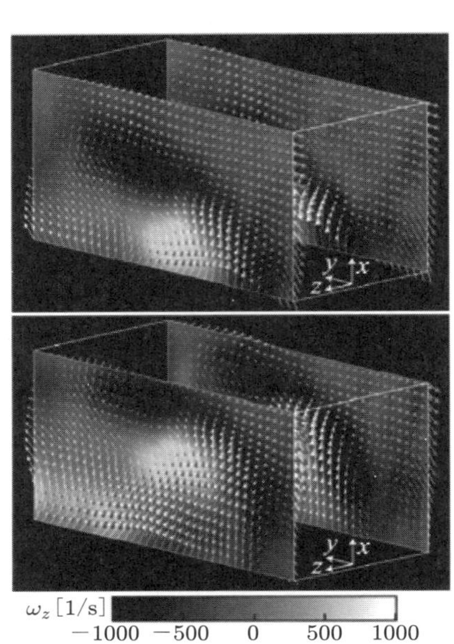

(c) 典型的な速度ベクトル分布と渦度分布
(上と下の時間間隔は 507μs)

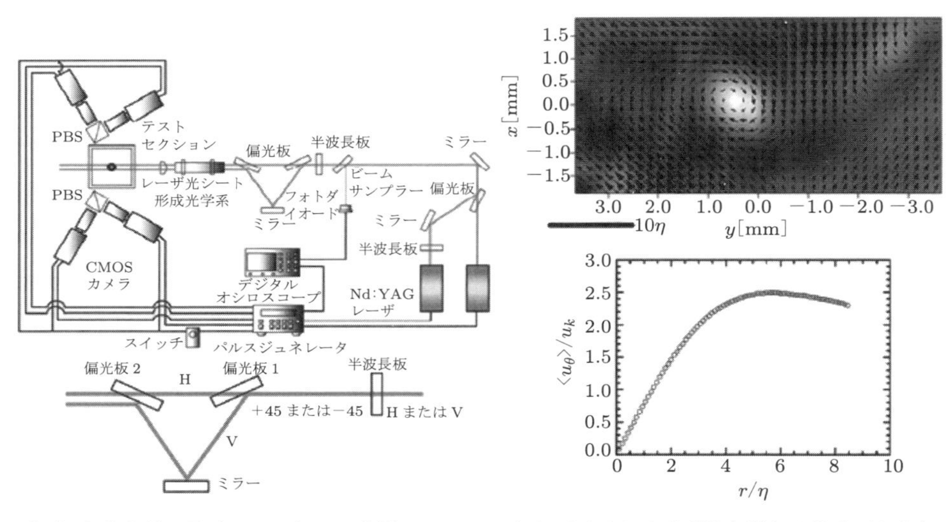

(b) 上時系列二平面ステレオ PIV 計測システム
(下：平行ビーム生成光学系)

(d) 険出された典型的な微細渦構造（上速度ベクトルと速度勾配テンソルの第二不変量分布，下：平均周方向速度分布)

図 9.24　乱流の普遍的微細構造の計測

あるため，PIV 計測であっても熱線流速計や DNS と同様のエネルギースペクトルなども得ることが可能である．とくに 2 平面でのステレオ PIV 計測であるため，速度勾配 9 成分すべてを高い精度で得られることは非常に優位である．図(d)にこの計測から検出された典型的な微細渦構造を示す．平均周方向速度が最大となる位置を半径とすると，この渦の直径は 11.4η 倍である．平均周方向速度の最大値はコルモゴロフ速度 u_k の 2.5 倍であり，比較的強いコヒーレント微細渦である．直径と最大周方向速度の最頻値は，それぞれ約 8η と $1.2u_k$ であることが明らかにされており，乱流の普遍的微細構造の存在が実験的に検証されている．

参考文献　Tanahashi, M. et al.: Measurement of fine scale structure in turbulence by time-resolved dual-plane stereoscopic PIV, *Int. J. Heat Fluid Flow*, Vol.29, pp.792–802, 2008.

9.25 実車体まわりの流れ

実験と画像解析の条件

①計測方法	スキャニングステレオ PIV，光シート面内の速度 3 成分
②代表速度	$u = 60 \sim 120$ km/h
③対象流体	空気，25℃
④トレーサ	DEHS，平均粒径 2 μm，衝突式 2 流体噴霧ノズル
⑤解析領域	W1740×H1003×D6 mm^3
⑥検査領域	W20.4×H20.4×D6 mm^3
⑦撮　影	被写体距離 4000 mm，レンズ $f = 105$ mm，レンズ絞り $f/2.0$
⑧画像記録	CCD カメラ，4008 × 2672 pixel，サンプリング周波数 1.5 Hz
⑨照　明	ダブルパルス Nd:YAG レーザ，シート厚さ 6 mm，200 mJ/pulse，パルス幅 $\Delta T = 5$ ns，パルス間隔 $\Delta t = 40 \sim 80$ μs
⑩画像解析	FFT 相互相関法，検査領域 32 × 32 pixel，75% オーバーラップ
⑪誤ベクトル	相関空間にて第一ピークと第二ピークの比が 1.2 以下を除去
⑫取得ベクトル	瞬時 330 × 150，総数 330 × 150 × 100 時刻，53 断面
⑬使用コンピュータ	CPU/2 GHz，コア数 2，メモリ/4 GB，HDD/2 TB，PC 数/16

概要　サイドミラーまわりの流れ場は空力騒音や空力抵抗に大きな影響を及ぼす．この流れ場は強い 3 次元性を示すため，流れ場計測には 3 次元 PIV 計測が有効である．図 9.25 (a)にスキャニングステレオ PIV 計測の概略を示す．2 台のカメラはレール上に設置され，そのレールはトラバーサと平行に連結されている．トラバース軸と並行に調整された光はトラバーサ上に固定されたシート光学系によってシート状に広げられる．レーザ光シートと 2 台のカメラの相対位置は一定に保持された状態でトラバースされる．本計測システムを車体と平行に設置し，車体前方から後方に向かって計測断面をスキャンさせた．各断面間の距離は 15 mm であり，図(b)に代表的な計測断面を示す．

サイドミラーまわりの Re 数は 10^5 のオーダーであり，車速によって乱流遷移点が異なるため，後流構造が変化する．図(c)にミラー直後の平均化された流れ場を示す．車速が 60 km/h と 120 km/h の場合を比較すると，ミラー下側の流れの変化によって大規模渦構造が変化していることがわかる．このミラー後流はミラーステーやミラーハウジングの形状によっても影響を受けるため，その効果を調べるためには 3 次元的な解析が必要となる．計測された多断面のデータを用いて 3 次元的な流線解析を実施した例を図(d)に示す．3 次元的な渦構造がスキャニングステレオ PIV 計測によって可視化が可能となった．

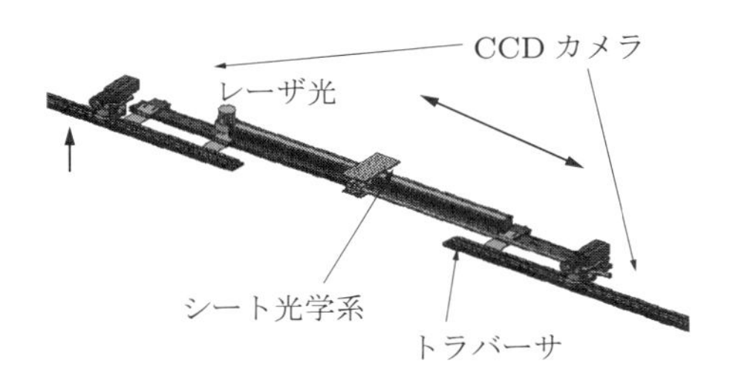

（a）スキャニングステレオ PIV 計測装置

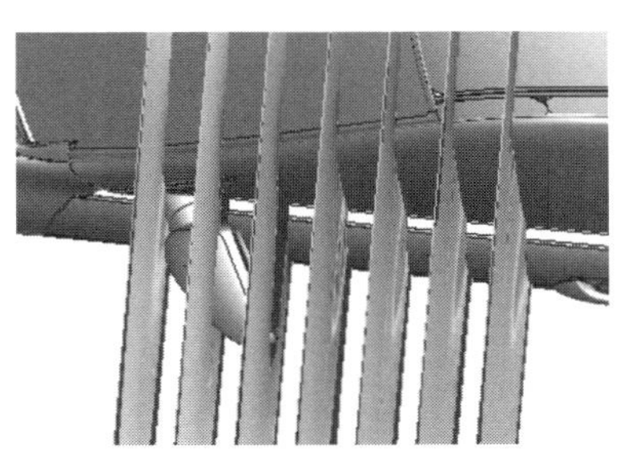

（b）計測断面図

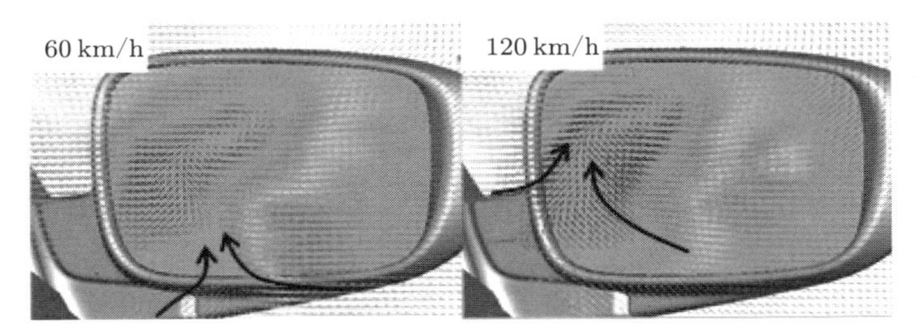

（c）ミラー直後の流速分布

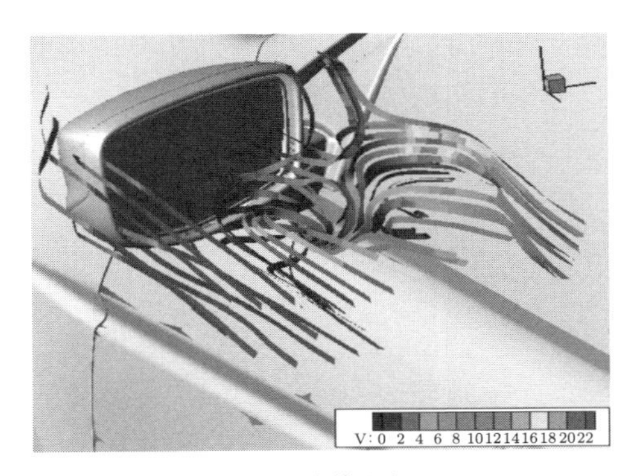

（d）流線分布

図 9.25　実車体まわりの流れ場計測

付録 A　トレーサ粒子一覧表

主として液体用

名称	型番	粒径 [µm]	材質	密度 [kg/m^3]	特徴	販売元	顕微鏡写真
ナイロンパウダー	456	4.1	ポリアミド	1020	球状粒子	日本カノマックス(株)	Glass Hollow Spheres 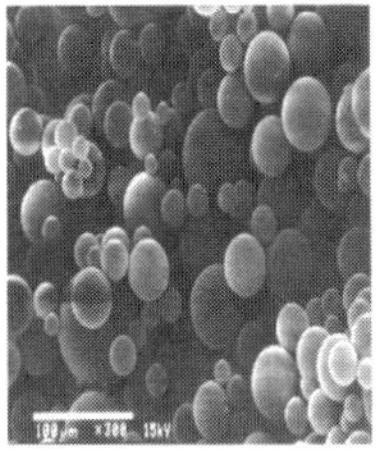
ORGASOL	457	50	ポリアミド	1030	CW レーザによる可視化や大空間の PIV に適す		
Glass Hollow Spheres	1108952	9～13	ホウケイ酸ガラス	1100	中空ガラス粒子のためよく光る．ナイロンでは溶けてしまうようなオイルなどにも使用可		
シルバーコート粒子	SH400S33	8～20	ホウケイ酸ガラス	1700	銀コートされた中空ガラス球状粒子．反射率が高く，大空間の PIV にも使用可		
ダイアイオン	CHP20P	75～150	スチレン－ジビニルベンゼン共重合体	1020	イオン交換用真球樹脂．PIV や流れの可視化用．多孔質のため，使用前に水中で保管		
	HP20	250～700		1020			
ポリアミド粒子	1108948	20	ポリアミド	1100 ～ 1200	ポリアミド製粒子のため，水，オイルに対して使用可		
	1108947	55		1100 ～ 1200			
	1108946	100		1100 ～ 1200			
ポリアミド粒子 HQ	1108892	20	ポリアミド	1030			
	1108893	55		1030			
PSP	PSP-5	1～10	ナイロン 12	1030	ほぼ球形，屈折率 1.5	ダンテック・ダイナミクス(株)	
	PSP-20	5～35					
	PSP-50	30～70					
HGS	HGS-10	2～20	ボロシリケイトガラス	1100	中空ガラス粒子，真球，屈折率 1.52		ダイアミド 3158
S-HGS	S-HGS-10	2～20	銀コーティング・ボロシリケイトガラス	1400	銀コート中空ガラス粒子，真球，高反射率		
ダイアミド	Z2073S	10～800	ナイロン 12	1030	白色粉砕粒子，粒径分散が大きい，視認性良好	ダイセル(株)エボニック	
	1101	400 程度					
	3158	40 程度					

主として液体用

名称	型番	粒径 [μm]	材質	密度 [kg/m^3]	特徴	販売元	顕微鏡写真
ナイロン微粒子	SP-500	5	ナイロン 12	1080	真球粒子	東レ(株)	ダイヤイオン SP20SS 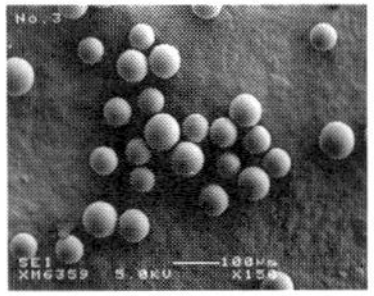
	SP-10	10					
ダイヤイオン	HP20	200～700	スチレン－ジビニルベンゼン共重合体	1020	イオン交換用ポーラス真球粒子，比重 0.6～1.0 の範囲で複数種類あり	三菱ケミカル(株)	
	HP21	250～600					
	HP20SS	60～200					
	SP20SS	37～75					
MCIGEL		70 程度		1020	イオン交換樹脂	三菱ケミカル(株)	MCIGEL 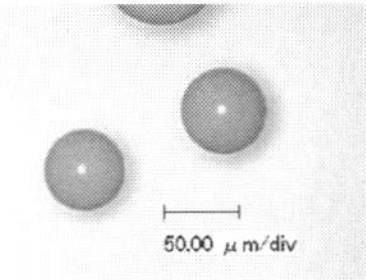
テクポリマー	SBX-6	6 程度	架橋ポリスチレン	1060	真球透明粒子，屈折率 1.59，透明なので水流の可視化にはあまり適さない，粒径調整可能（5～100 μm）	積水化成品工業(株)	
	SBX-8	8 程度					
	SBX-12	12 程度					
	SBX-100	100 程度					
	SBX-200	200 程度					
	MB シリーズ	5～20	ポリメタクリル酸メチル	1190	ガラス転移点 130°C		テクポリマー SBX-12 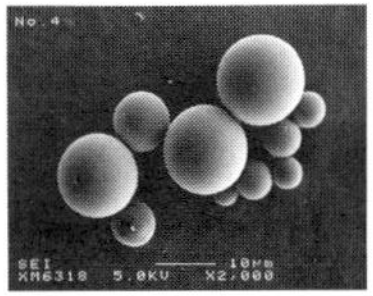
	MBX	5～50	架橋ポリメタクリル酸メチル	1200	粒径調整可能，MBX カラーはカーボンブラックあるいは酸化チタンで着色		
	MBX カラー			1230～1850			
	MBP		架橋ポリメタクリル酸メチル		MBX あるいは SBX と同材料の多孔質球状粒子		
	SBP		架橋ポリスチレン				
ケミスノー	MX シリーズ	1～15	架橋アクリル	1190	単分散粒子，粒径調整可，屈折率 1.49，ニッケル・金被覆可能	綜研化学(株)	MX-500NA（ニッケル・金被膜粒子） 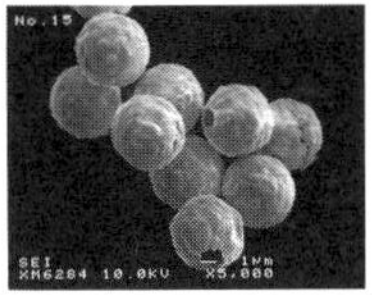
	MR シリーズ	1～数 100	架橋アクリル	1190	粒径調整可，屈折率 1.49		
	MP シリーズ	0.1～1.5	アクリル（非架橋）	1190	単分散粒子，サブミクロン粒子		
	SGP シリーズ	10～55	架橋ポリスチレン	1090	屈折率 1.59		
レオロシール	QS-102	100～250	SiO_2	2200	高純度，化学的不活性	(株)トクヤマ	

主として気体用

名称	型番	粒径 [μm]	材質	密度 [kg/m^3]	特徴	販売元	顕微鏡写真
酸化シリカ	04-Si	4	二酸化ケイ素	2200	燃焼場用の固体粒子で，耐熱温度は約 350°C	日本カノマックス(株)	酸化チタン
Aerosil 200	1108954	5～6	二酸化ケイ素	2200	燃焼場用の固体粒子で，耐熱温度は約 1800°C		
グラファイト粒子	1108973	3.5	黒鉛	2200	450 度以下でのエンジン内部の PIV に適した粒子		
酸化チタン	1108953	20 nm（プライマ粒子），150～250 nm（クラスタ粒子）	酸化チタン	3900～ 4200	燃焼場用の固体粒子で，耐熱温度は約 1800°C		
標準粒子	粒径標準粒子	0.02～0.9 1.0～160.0 200～1000	ポリスチレン	1050	平均粒径は米国国家標準局のトレーサビリティを確立，真球粒子，100 種類以上	モリテックス(株)	ドライ蛍光粒子：粒径約 30 μm，密度 1050 kg/m^3
		0.5～1.6	シリカ	2400～2500			
		2～20	ボロシリケイトガラス	1800～2200			
		30～2000	ソーダライムガラス	2500～2550			
	研究用粒子	0.028～750	ポリスチレン スチレン－ジビニルベンゼン共重合体	各種			
オルガソルパウダー	UD	5	ナイロン 6	1020～1030	ジャガイモ形状，多孔質，粒径分散は比較的小さい，視認性良好，ナイロン 6/12 粒子あり，酸化チタン入り粒子あり	アルケマ(株)	オルガソール 2002D
	EXD	10					
	D	20					
	ES3	30					
	ES4	40					
	ES6	60					

主として気体用

名称	型番	粒径 [μm]	材質	密度 [kg/m³]	特徴	販売元	顕微鏡写真
リルサン粒子		およそ 30〜100	ナイロン 11		塩結晶状の粉砕粒子，白色，蛍光色など豊富	アルケマ(株)	フローセン UF-80
フローセン	UF-1.5	10〜20	ポリエチレン	922	乳白色ジャガイモ形状	住友精化(株)	
	UF-4	15〜25	同上	925			
	UF-20	20〜30	同上	918			
	UF-80	20〜30	同上	918			
エクスパンセル	DE#551	40〜60 平均 40 程度	塩化ビニリデン/アクリロニトリル	36±4（かさ密度）	熱膨張性中空真球粒子	日本フィライト(株)	エクスパンセル DE#551
	DE#461	40〜60		50±5（かさ密度）			
	DU#551	5〜30 平均 10 程度	同上	1300	膨張温度：100〜140°C		
	DU#461	同上			膨張温度：110〜150°C		
	DU#051	同上			膨張温度：110〜150°C		
Q-CEL	5020	5〜115 平均 60	ガラス	200	真球度の高い無機質中空ガラス	ポッターズ・バロティーニ(株)	
	5020FPS	5〜90 平均 40		200			
	7014	5〜160 平均 80		140			
	7040S	5〜90 平均 45		400			
Nipsil	E-200A	2.5	SiO_2		耐熱温度 1200°C	東ソー・シリカ(株)	Nipsil SS-50
	E-220A	1.5					
マツモトマイクロスフェアー	F シリーズ	10〜30 の各種	塩化ビニリデン/アクリロニトリル	1000〜1130	熱膨張性マイクロカプセル，最高膨張率 20〜70	松本油脂製薬(株)	
	MFL シリーズ	20，100 の各種	ポリアクリロニトリル	130〜200	中空球体，表面を炭酸カルシウムなどで被覆，耐熱性 150°C 程度まで		
	M シリーズ	1〜60 の各種	ポリメチルメタクリレート	800〜1170	中実球状，中空多孔質球状，おわん型など各種		

主として気体用

名称	型番	粒径 [μm]	材質	密度 [kg/m³]	特徴	販売元	顕微鏡写真
ゴッドボール	B-6C	0.5〜6	SiO_2	2100（真密度） 180〜400 （かさ密度）	中空多孔質球形粒子	鈴木油脂工業(株)	ゴッドホール B-6C
	B-25C	0.5〜25					
	E-2C	0.5〜3.0		2100（真密度） 180〜400 （かさ密度）	中実多孔質球形粒子		
	E-6C	0.5〜6.0					
	D-11C	0.5〜11.0					
	E-16C	0.5〜18.0					
フェノセット・マイクロスフィア	BJO-0930	65	フェノール樹脂	104（かさ密度）	マイクロバルーン	巴工業(株)	マイクロバルーン
	BJO-0804	60		100〜150（かさ密度）			
	EPO-0360	40		210（かさ密度）			
石松子		35 程度	松の花粉	1100	短時間の測定に適する	日本粉体工業技術協会	
水性ペイント		20 程度			安価，入手容易		
ラテックス		数 10 程度			高価，粒径が揃っている		

蛍光粒子

名称	型番	粒径 [μm]	材質	密度 [kg/m³]	特徴	販売元	顕微鏡写真
蛍光粒子（発光色 赤）	1002099	0.3	ポリスチレン	1050	蛍光染料（ローダミン 6G）をポリスチレン粒子中に配分．YAG や YLF の Green（542 nm）で励起し，Red（612 nm）を発光．受光側には，Red のバンドパスフィルタが必要	日本カノマックス（株）	蛍光粒子（Orange） 
	1001717	0.5	ポリスチレン	1050			
	1001902	0.9	ポリスチレン	1050			
	1001851	2	ポリスチレン	1050			
	1005149	2	ポリスチレン	1050	蛍光染料（ローダミン B）をポリマー粒子中に配分．YAG や YLF の Green（542 nm）で励起し，Red（584 nm）を発光．受光側には，Red のバンドパスフィルタが必要		
	1003190	10	メラミン	1510			
	1108944	20〜50	アクリル	1190			
	1108976	1〜20	ポリスチレン	1050			
	1010166	1〜20	アクリル	1190			
	R300	0.3	ポリスチレン	1050	蛍光染料（ローダミン B またはローダミン 6 G）をポリスチレン粒子中に配分．YAG や YLF の Green（542 nm）で励起し，Red（612 nm）を発光．受光側には，Red のバンドパスフィルタが必要		
	R500	0.5	ポリスチレン	1050			
	R900	0.9	ポリスチレン	1050			
蛍光粒子（発光色 オレンジ）	Fluostar	15	ポリマー	1100	ローダミン B をカプセル化した発光効率の高いポリマー粒子．YAG や YLF の Green（550 nm）で励起し，Orange（580 nm）を発光．気液二相流や壁近傍の PIV に適す		
FPP	PMMA-RHB-10	1〜20	ローダミン B 染色メラミン樹脂	1500	真球，屈折率 1.68，蛍光粒子（励起波長：〜550 nm，蛍光波長：〜590 nm）	ダンテック・ダイナミクス（株）	
	PMMA-RHB-35	20〜40					

蛍光粒子

名称	型番	粒径 [μm]	材質	密度 [kg/m^3]	特徴	販売元	顕微鏡写真
蛍光粒子	蛍光粒子	0.025〜5.1 0.025〜3.0 0.05〜2.0	ポリスチレン	1050	グリーン，レッド，ブルーの蛍光色	モリテックス(株)	
		6〜165	スチレン－ジビニルベンゼン共重合体	1050	ドライ蛍光粒子		
		1〜20 2〜15 2〜25 1〜10	重金属		非球状蛍光粒子		

粒子発生器

名称	型番	粒径 [μm]	材質	密度 [kg/m^3]	特徴	販売元	
可視化用煙発生装置	8304	約 0.3〜1	グリコール系発煙剤	1115	常温状態の煙を発生，発生量：15〜80 L/min，発煙濃度は，10 段階ステップで可変	日本カノマックス（株）	
シーディングジェネレータ	1108926	約 0.2（DEHS 使用時）	DEHS（di-ethy-hexyl-sebacat），植物油	916	アトマイズ方式のオイルミスト発生器，発生量：1〜7.5 m^3/h，発生濃度：10^8 個/cm^3（DEHS 使用時） 加圧環境下（10 bar）での使用も可		
超音波式トレーサー供給装置	0360	約 3	水	1000	超音波式のミスト発生器で，実験環境を汚したくない場合の実験に適す．霧化量：3.6 L/h．超音波加湿素子を 6 個内蔵		
固体粒子発生装置	PB100	粒子による	固体粒子	適用粒子による	スターラーを利用した発生器．スワールにより，固体粒子を凝集させることなく発生 作動圧力：最大 1 bar 発生流量：400 L/h 粒子容量：230 cm^3		
	PB200	粒子による	固体粒子	適用粒子による	20 bar までの圧力下の流体へ固体粒子を供給，作動圧力：最大 20 bar，発生最小流量：1 L/s，粒子容量：8000 cm^3		
フルイダイズドベッド粒子発生器	3216	0.2〜10	固体粒子	適用粒子による	ガラスビーズによる流動層を用いて粉体を分散させ粒子を発生，発生量：10〜30 L/min，発生濃度：20 g/m^3 以下（適用粒子に依存）		

粒子発生器

名称	型番	粒径 [μm]	材質	密度 [kg/m^3]	特徴	販売元	
ヘリウムソープバブル発生装置	1108985	約 300	空気，ヘリウム，専用石鹸液	約 1	微小なシャボン玉を発生．散乱光強度が大きく大空間のボリューム計測に適す 発生ノズル数：最大 50 シャボン玉発生数：40000 個/s/ノズル	日本カノマックス(株)	
PIVPart		1〜2	DEHS，オリーブオイルなどのオイル類	0.916（DEHS）	1 μm 程度の均一液滴粒子を大量に発生させることが可能．良好な気流への追随性．（〜超音速）	西華デジタルイメージ株式会社（販売者） PIVTec（製造者）	
CTS-1000	CTS-1000	3〜4	DEHS，オリーブオイルなどのオイル類	0.916（DEHS）	ラスキンノズルの約 2 倍程度の粒径の均一液滴粒子を大量に発生させることが可能．良好な気流への追随性（〜60 m/s）．高輝度．大型モデルもあり		
オイルミスト発生器	FtrOMG	1〜5	オイル（オリーブオイル，大豆油など）	オリーブオイル＝約 910 kg/m^3，大豆油＝約 920 kg/m^3	小型から大型まであり，用途に応じて選択可．	（株）フローテック・リサーチ	
ポータースモーク	PS-2005	10	グリコール類		防災訓練や舞台演出にも利用される煙発生装置	ダイニチ工業(株)	
大容量発煙装置	煙じぇる君		LN_2/LCO_2	ほぼ 1	演出用発煙装置	日本酸素(株)	

付録B　PIVシステム一覧表(2017年7月現在)

開発・製作/販売	システム名	主な仕様	
カトウ光研株式会社	FlowExpert†	手法	画像相関法：直接相互相関法，再帰的相関法，全画像変形，アンサンブル相関法，Correlation-Based Correction，粒子マスク相関法 粒子追跡法：2値化相関法，粒子マスク相関法，移動平均2値化相関法，Grid point interpolation ステレオPIV：直接相互相関法，再帰的相関法，全画像変形，アンサンブル相関法，Correlation-Based Correction，粒子マスク相関法
		撮像装置	USB高速度カメラkシリーズ PhantomVシリーズ 各種高解像度カメラ
		照明装置	PIV Laser Gシリーズ(CW) ダブルパルスNd:YAGレーザ 赤色レーザダイオード光源(CW)
		その他	リアルタイムPIVシステム システムシュリーレン 各種画像処理システム
開発・製作：LaVision GmbH 販売：日本カノマックス株式会社	FlowMaster	手法	画像相関法：2次元2成分速度測定 ステレオPIV：2次元3成分速度測定 トモグラフィックPIV：3次元3成分速度測定 4D-PTV (Shake The Box粒子追跡法)：大空間3次元3成分速度測定 その他：GPUによる直接相互相関法，セルフキャリブレーション，ボリュームセルフキャリブレーション
		撮像装置	ダブルフレームPIVカメラ 超高感度sCMOSカメラ ハイスピードカメラ
		照明装置	ダブルパルスNd:YAGレーザ，ハイスピードNd:YAGレーザ，ハイスピードNd:YLFレーザ，CWレーザ，高輝度LED (パルス，連続光)，粒子発生装置
		その他	粒子発生装置，アトマイザ，煙発生装置，固体粒子発生装置，フルイダイズドベッド粒子発生器，ヘリウムソープバブル発生装置，計測装置，熱線流速計，レーザドップラ流速計，二相流計測装置，レーザ干渉画像法粒径測定装置，シャドウイメージ法粒径測定装置，ポータブル粒径分布測定器，マルチターン飛行時間型質量分析装置

開発・製作/販売	システム名	主な仕様	
西華デジタルイメージ株式会社	Koncerto	手法	FFT 相互相関など
		撮像装置	各種高感度，高解像度，高速度カメラ
		照明装置	各種レーザ
		その他	
開発・製作：Dantec Dynamics A/S 販売：ダンテック・ダイナミクス株式会社	DynamicStudio PIV システム	手法	画像相関法：2 次元 2 成分速度測定 粒子追跡法：2 次元 2 成分速度測定 ステレオ PIV：2 次元 3 成分速度測定 3 次元 PTV：3 次元 3 成分速度測定 トモグラフィック PIV：3 次元 3 成分速度測定
		撮像装置	各種 PIV 用ダブルフレームカメラ，各種高速度カメラなど
		照明装置	ダブルパルス Nd:YAG レーザ（65〜200 mJ），高繰り返しパルスレーザ（〜10 kHz），CW 固体レーザ（〜5 W）など各種仕様のレーザ取扱あり，ライトガイドアーム，ライトシート光学系など
		その他	PIV 応用（マイクロ PIV，LIF，画像干渉粒子解析など），噴霧解析 （PDA，シャドー法など），CTA，LDA，煙発生装置，トラバース装置など
株式会社ディテクト	Flownizer†	手法	画像相関法：2 次元 2 成分速度測定 ステレオ PIV：2 次元 3 成分速度測定 粒子追跡法：2 次元 2 成分速度測定 フレームストラドリングによる高速度時系列 PIV
		撮像装置	各種ハイスピードカメラ 1280 × 1024 pixcel，2000 fps 2560 × 2048 pixcel，250 fps など フレームストラドリング対応高解像度カメラ
		照明装置	LD 励起 YVO4 レーザ ダブルパルス Nd:YAG レーザ
		その他	リアルタイム相関処理に対応可 ソフトウェアの特注開発も対応可
開発・製作：Quantel, Oxford Lasers 販売：株式会社日本レーザー	—	手法	—
		撮像装置	Full HD PIV カメラ：LS-15 PIV-Cam（1920 × 1080 pixel/15 fps）
		照明装置	ダブルパルスレーザ：EverGreen シリーズ（70，145，200 mJ × 2/15 Hz） 高繰り返しダブルパルスレーザ：FireFly300 W（Max 48 kHz/3 W） CW レーザ：DPGL シリーズ（100 mW〜8 W @ 532 nm） CW レーザ：DPRLu5 W（5 W @ 640 nm）

† FlowExpet と Flownizer はカトウ光研(株)と(株)ディテクトの共同開発品.

開発・製作/販売	システム名	主な仕様	
		その他	シャインフルーク・マウント/モータードライブ・シャインフルーク・マウント，多関節ビーム・デリバリーアーム，噴霧トレーサー発生装置，PC コントロール・5 チャンネル・タイミング装置
株式会社フローテック・リサーチ	FtrPIV FtrPIV-Stereo FtrPIV-Dynamic FtrPIV-DynamicLite	手法	標準 PIV（2 次元 2 成分 PIV），マイクロ PIV（2 次元 2 成分 PIV）：直接相互相関法，デフォメーショングリッド，マルチグリッド，マルチコリレーション ステレオ PIV（2 次元 3 成分 PIV）：上記標準 PIV に加え，統合スマートカメラ校正，粒子像逆投影 高時間分解能標準 PIV（Time-resolved 2 次元 2 成分 PIV），中時間分解能標準 PIV（2 次元 2 成分 PIV）：上記標準 PIV に加え，時系列フィルタリング トモグラフィック PIV：上記標準 PIV に加え，3 次元粒子輝度分布の MART 再構築と多断面ステレオ PIV 解析（3 次元 3 成分 PIV），統合スマートカメラ校正，MART アルゴリズム，粒子像逆投影
		撮像装置	PIV カメラ（1600 × 1200 pixel，40 fps），高速度カメラ（20000 fps @ 1024 × 1024 pixel），中速度カメラ（333 fps @ 2048 × 1088 pixel），長作動距離顕微鏡と PIV カメラ（1600 × 1200 pixel，40 fps）
		照明装置	ダブルパルス Nd:YAG レーザ，高繰り返しダブルパルス Nd:YLF レーザ，高繰り返しダブルパルス Nd:YAG レーザ，連続発振レーザ
株式会社ライブラリー	Flow-vec（PIV） plusPIV（PIV） Move-tr/2D（PTV）	手法	画像相関法：2 次元 2 成分速度測定 粒子追跡法：2 次元 2 成分速度測定
		撮像装置	なし（基本構成は，解析ソフトウェアのみ．オプションとして高速度，高解像度カメラシステムあり）
		照明装置	8/20/100 mW の半導体励起レーザ照射装置
		その他	リアルタイム計測，濃度計測，噴霧計測，エンジン油膜厚計測

付録 C　VSJ-PIV 標準画像

6.3 節で解説したように，PIV では解析手法の精度評価を行うために人工画像が用いられる．人工画像をインターネット上で誰もが自由に利用できるようにすることを目的として，（一社）可視化情報学会，PIV 標準化・実用化研究会において VSJ-PIV 標準画像がつくられた．詳しくは実際に Web サイト（http://www.vsj.jp/~pivstd/）にアクセスしていただくとわかりやすい．ここでは，標準画像の種類について記載しておく．

（1）2 次元標準画像

画像生成のためのベースとなる流速分布は既知である必要がある．また，より一般的な流れ場を対象とするため，3 次元流れであることが望ましい．このようなことから，流速分布として 3 次元 LES（large eddy simulation）による衝突噴流場を選択した．2 次元噴流が平面に衝突する流れ場であり，噴流レイノルズ数 Re が 6000 の乱流状態である．解析領域は，ノズル幅を B として，x 方向 $53B$，y 方向 $10B$，z 方向 $3.9B$ である．この領域を，$300 \times 100 \times 34$ の不等間隔メッシュに分割し，LES を用いて 3 次元過渡解析を実施した．画像データは，ある瞬間の流速分布をベースとして生成した．

No.	平均画像速度 [pixel/interval]	最大画像速度 [pixel/interval]	相対面外速度* [1/interval]	粒子個数 [-]	平均粒子径 [pixel]	粒子径標準偏差 [pixel]
01	7.4	15.0	0.017	4000	5.0	1.4
02	22.0	45.0	0.060	4000	5.0	1.4
03	2.5	5.1	0.006	4000	5.0	1.4
04	7.4	15.0	0.017	10000	5.0	1.4
05	7.4	15.0	0.017	1000	5.0	1.4
06	7.4	15.0	0.017	4000	5.0	0.0
07	7.4	15.0	0.017	4000	10.0	4.0
08	7.4	15.0	0.17	4000	5.0	1.4
21	4.2	9.5	0.04	4000	7.0	2.0
22	4.2	9.5	0.15	4000	7.0	2.0
23	4.2	9.5	0.04	12000	7.0	2.0
24	4.2	9.5	0.04	1000	7.0	2.0
41	4.1	7.1	0.006	3000	6.0	2.0

* 面外方向速度を光シート厚さで除したもの

(2) 3 次元過渡標準画像

2 次元標準画像と同じ流れ場の LES 解析結果を用いて 3 次元標準画像を構築した．複数台のカメラによる撮影，光シートおよび円筒形光による照明などによって 3 次元流れ場を可視化している．これらの画像により，ステレオ PIV や 3 次元 PTV などの評価を実施することも可能である．可視化画像データだけではなく，グリッド点における流速変動データおよび粒子の 3 次元位置，画像上への投影データをファイルとして提供している．

なお，これらの過渡 3 次元画像はインターネットで配布されると共に，希望者に CD-R を無償で配布している．詳しくは Web サイトを参照されたい．

1) 過渡 2 次元 PIV（#301，#302）

2 次元照明（光シート）を行い，正面から撮影した画像である．過渡データを含んでいるが，画像自体は 2 次元流速分布計測に用いることができる．

2) ステレオ PIV（#331，#337）

光シート照明であるが，カメラを 3 台設置し画像を取得している．披写界深度は無限大とし，画像のぼけは考慮していない．しかし，水中に置かれたターゲットを意図し，容器壁面における光の屈折を考慮している．このため，カメラの位置は水平に設置してあるが，直接的な 3 次元再構築は若干困難となっている．なお，位置のわかっている参照粒子を写した画像も準備してあり，これらの画像を用いて画像校正を実施して 3 成分のベクトルを再構成することになる．

3) 3 次元 PTV（#351，#352，#371，#377）

全体照明とし，カメラを 3 台設置している．粒子の個数を減らすことで，粒子の重なりを減らしている．粒子の 3 次元位置を再構築した後，追跡することで流速を算出する．なお，粒子の 3 次元位置再構築の検証に用いるため，粒子の正解位置情報もファイルに提示されている．

No.	粒子数	屈折率	時間［ms］	備考
#301	3000	1.00	720	2 次元照明（粒子多）
#302	500	1.00	720	2 次元照明（粒子少）
#331	6000	1.33	720	シート照明ステレオ PIV，3 次元性小
#337	6000	1.33	400	シート照明ステレオ PIV，3 次元性大
#351	2000	1.33	720	全体照明，水平 3 カメラ
#352	300	1.33	720	全体照明，水平 3 カメラ
#371	500	1.33	720	全体照明，3 カメラ（カメラ誤差あり）
#377	500	1.33	200	全体照明，下部からの 3 カメラ

付録 D　フーリエ変換と相関関数

1 次元時系列信号解析や 2 次元画像処理では，扱う信号の中に含まれる支配的な周波数成分の解析や，2 種類の異なる信号の位相差を知ることなどを目的として，スペクトル解析（spectrum analysis）[1] が行われる．ここではスペクトル解析で重要な役割を果たすフーリエ変換と相関関数の数学的関連を，1 次元信号を例にとって示す．

まず，フーリエ変換および逆変換の定義は式(D.1)および式(D.2)で与えられる．f は原信号，F はそのフーリエ変換である．原信号が時系列信号であれば x，ξ はそれぞれ時間および角周波数を表し，1 次元的な空間情報であれば空間座標と空間角周波数を表す．

$$F(\xi) = \frac{1}{2\pi}\int_{-\infty}^{\infty} f(x)e^{-j\xi x}\mathrm{d}x \tag{D.1}$$

$$f(x) = \int_{-\infty}^{\infty} F(\xi)e^{j\xi x}\mathrm{d}\xi \tag{D.2}$$

ただし，式(D.1)の左辺の積分の係数 $1/2\pi$ は，式(D.2)の逆変換につく場合や，両式に等しく $(1/2\pi)^{1/2}$ がかけられる場合もあるが，ある信号にフーリエ変換そして逆変換を施したとき，その結果がもとの信号と一致するよう，全体として $1/2\pi$ がかかっていればよい．また同様に，もう一つの信号 g とそのフーリエ変換 G も定義できる．

ここで，信号 f と g の相互相関関数 C_{fg} をつぎのように定義する．

$$C_{fg}(\Delta x) = \overline{f(x)g(x+\Delta x)} = \lim_{L\to\infty}\frac{1}{L}\int_{-\frac{L}{2}}^{\frac{L}{2}} f(x)g(x+\Delta x)\mathrm{d}x \tag{D.3}$$

式中で Δx は空間座標のずれの量であり，相互相関をとる際，信号 f，g をどの座標位置で対応付けるかを表している．式(D.3)の $g(x+\Delta x)$ をフーリエ逆変換

$$g(x+\Delta x) = \int_{-\infty}^{\infty} G(\xi)e^{j\xi(x+\Delta x)}\mathrm{d}\xi \tag{D.4}$$

で表し，積分を整理するとつぎのようになる．

$$\begin{aligned} C_{fg}(\Delta x) &= \lim_{L\to\infty}\frac{1}{L}\int_{-\frac{L}{2}}^{\frac{L}{2}} f(x)\left\{\int_{-\infty}^{\infty} G(\xi)e^{j\xi(x+\Delta x)}\mathrm{d}\xi\right\}\mathrm{d}x \\ &= \lim_{L\to\infty}\frac{1}{L}\left[\int_{-\infty}^{\infty} G(\xi)e^{j\xi\Delta x}\left\{\int_{-\frac{L}{2}}^{\frac{L}{2}} f(x)e^{j\xi x}\mathrm{d}x\right\}\mathrm{d}\xi\right] \end{aligned} \tag{D.5}$$

$f(x)$ は積分範囲（$-L/2$，$L/2$）以外では 0 であると仮定すると積分範囲の置き換えができ，$f(x)$ を含む積分は式(D.1)に示すフーリエ変換の共役形式 F^* を用いてつぎのように表すことができる．

$$
\begin{aligned}
C_{fg}(\Delta x) &= \lim_{L\to\infty}\frac{1}{L}\left[\int_{-\infty}^{\infty} G(\xi)e^{j\xi\Delta x}\left\{\int_{-\infty}^{\infty} f(x)e^{j\xi x}\mathrm{d}x\right\}\mathrm{d}\xi\right] \\
&= \lim_{L\to\infty}\frac{1}{L}\left\{\int_{-\infty}^{\infty} 2\pi F^*(\xi)G(\xi)e^{j\xi\Delta x}\mathrm{d}\xi\right\} \\
&= \int_{-\infty}^{\infty}\left\{\lim_{L\to\infty}\frac{2\pi}{L}F^*(\xi)G(\xi)e^{j\xi\Delta x}\right\}\mathrm{d}\xi \qquad \text{(D.6)}
\end{aligned}
$$

一方，相互相関関数 C_{fg} は，クロススペクトル S_{fg} の逆フーリエ変換としてつぎのように定義される．

$$
C_{fg}(\Delta x) = \int_{-\infty}^{\infty} S_{xy}(\xi)e^{j\xi\Delta x}\mathrm{d}\xi \qquad \text{(D.7)}
$$

式(D.6)と式(D.7)を比較すると，クロススペクトル S_{fg} は

$$
S_{fg}(\xi) = \lim_{L\to\infty}\frac{2\pi}{L}F^*(\xi)G(\xi)e^{j\xi\Delta x} \qquad \text{(D.8)}
$$

として得られる．

なお，つぎのように，フーリエ変換を $\mathscr{F}$，逆変換を $\mathscr{F}^{-1}$ と表すこともある．

$$
F = \mathscr{F}(f)
$$

$$
f = \mathscr{F}^{-1}(F)
$$

参考文献

[1] 日野幹雄：スペクトル解析，朝倉書店，pp.40–46，1977.

付録 E　最小二乗法

座標 x 上に流速データ u が K 個あり，これらのデータをそれぞれ，$x_1, x_2, x_3, \ldots, x_k$，および $u_1, u_2, u_3, \ldots, u_k$ と表す．このとき，最小二乗法により流速分布をある関数 $u = f(x)$ に近似したい場合，次式で与えられる二乗偏差 g が最小となる $f(x)$ を見出す．

$$g = \sum_{k=1}^{K} \{f(x_k) - u_k\}^2 \tag{E.1}$$

いま，関数 $f(x)$ が N 個の未知数 $a_1, a_2, a_3, \ldots, a_N$ の関数であるとする．このとき，式(E.1)の g が最小値になるような未定係数 a_1～a_N を求めるためには，g を a_1～a_N で偏微分した次式がいずれの a_i $(i = 1$～$N)$ に対しても同時にゼロとなることが必要条件となる．

$$\frac{\partial g}{\partial a_i} = 2\sum_{k=1}^{K} \{f(x_k) - u_k\} \frac{\partial f(x_k)}{\partial a_i} = 0 \tag{E.2}$$

たとえば，関数 $f(x)$ を 1 次関数 $f(x) = a + bx$ で与えた場合には，式(E.2)より，つぎの二つの式が導かれる．

$$\frac{\partial g}{\partial a} = 2\sum_{k=1}^{K} (a + bx_k - u_k) = 0 \tag{E.3}$$

$$\frac{\partial g}{\partial b} = 2\sum_{k=1}^{K} (a + bx_k - u_k)x_k = 0 \tag{E.4}$$

式(E.3)，(E.4)より，未知数 a，b は，つぎの 2 次元連立 1 次方程式を解くことによって得られる．

$$Ka + \left(\sum_{k=1}^{K} x_k\right) b = \sum_{k=1}^{K} u_k \tag{E.5}$$

$$\left(\sum_{k=1}^{K} x_k\right) a + \left(\sum_{k=1}^{K} x_k^2\right) b = \sum_{k=1}^{K} u_k x_k \tag{E.6}$$

関数 $f(x)$ がより高次の多項式 $f(x) = a + bx + cx^2 + dx^3 + \cdots$ である場合でも，上述の導出方法にならって連立 1 次方程式が導かれる．また，座標 (x, y) 上の 2 次元流速分布や，(x, y, z) 上の 3 次元流速分布でも同様に誘導できる．なお，関数 f に指数関数，三角関数，特殊関数などを含む複雑な形式を与えた場合では，得られる連立方程式が非線形項を含むようになる．その場合には，代数的に解けなくなったり，あるいは解の一意性が保証されなくなることに注意が必要である．

索　引

数字・欧文

あ行

か行

さ行

た行

な行

は行

ま行

や行

ら行

わ行

一般社団法人 可視化情報学会
事務局
〒114-0034 東京都北区上十条 3-29-20 アルボォル上十条 103
TEL 03-5993-5020 FAX 03-5993-5026
http://www.visualization.jp/

編集担当 加藤義之(森北出版)
編集責任 石田昇司(森北出版)
組　版 ウルス
印　刷 エーヴィス
製　本 ブックアート

PIV ハンドブック(第2版)

2002年7月20日 第1版第1刷発行
2013年12月25日 第1版第4刷発行
2018年5月31日 第2版第1刷発行

編　者 一般社団法人 可視化情報学会
発行者 森北博巳
発行所 森北出版株式会社
東京都千代田区富士見 1-4-11(〒102-0071)
電話 03-3265-8341 / FAX 03-3264-8709
http://www.morikita.co.jp/
日本書籍出版協会・自然科学書協会 会員

Printed in Japan / ISBN978-4-627-67182-9

MEMO